国家出版基金项目

中国煤矿生态技术与管理

煤矿固体废物利用技术与管理

李树志　霍彬彬　李学良◎编　著
王栋民　郭广礼◎主　审

中国矿业大学出版社
·徐州·

内 容 提 要

本书以技术研发和推广应用的成果为基础,全面分析了我国煤矿固体废物的产生、分类组成、理化特性及堆放和利用对环境的影响,重点系统介绍了煤矸石、粉煤灰、煤气化渣 3 种主要固体废物在建筑材料、混凝土制备、建设工程、地下充填、农业复垦、土壤改良、生态修复、物质回收等方面的利用技术和应用,详细解读了我国近几年制修订和发布的与煤矿固体废物利用相关的国家法律、行政法规和标准规范,对煤矿固体废物利用技术的研究与应用具有参考价值。

本书可供煤炭、环保、建筑、建材等领域科研与设计部门的工程技术人员和管理人员使用,也可供高等学校相关专业师生参考。

图书在版编目(C I P)数据

煤矿固体废物利用技术与管理/李树志,霍彬彬,李学良编著.—徐州:中国矿业大学出版社,2023.12

ISBN 978 - 7 - 5646 - 5299 - 9

Ⅰ. ①煤… Ⅱ. ①李… ②霍… ③李… Ⅲ. ①煤矿—废物综合利用 Ⅳ. ①X752

中国版本图书馆 CIP 数据核字(2021)第 275346 号

书　　　名	煤矿固体废物利用技术与管理
编 著 者	李树志　霍彬彬　李学良
责 任 编 辑	马晓彦　吴学兵
出 版 发 行	中国矿业大学出版社有限责任公司
	(江苏省徐州市解放南路　邮编 221008)
营 销 热 线	(0516)83885370　83884103
出 版 服 务	(0516)83995789　83884920
网　　　址	http://www.cumtp.com　E-mail:cumtpvip@cumtp.com
印　　　刷	苏州市古得堡数码印刷有限公司
开　　　本	787 mm×1092 mm　1/16　印张 26　字数 649 千字
版 次 印 次	2023 年 12 月第 1 版　2023 年 12 月第 1 次印刷
定　　　价	168.00 元

(图书出现印装质量问题,本社负责调换)

《中国煤矿生态技术与管理》
丛书编委会

丛书总负责人：卞正富

分册负责人：

《井工煤矿土地复垦与生态重建技术》　卞正富

《露天煤矿土地复垦与生态重建技术》　白中科

《煤矿水资源保护与污染防治技术》　冯启言

《煤矿区大气污染防控技术》　王丽萍

《煤矿固体废物利用技术与管理》　李树志

《煤矿区生态环境监测技术》　汪云甲

《绿色矿山建设技术与管理》　郭文兵

《西部煤矿区环境影响与生态修复》　雷少刚

《煤矿区生态恢复力建设与管理》　张绍良

《矿山生态环境保护政策与法律法规》　胡友彪

《关闭矿山土地建设利用关键技术》　郭广礼

《煤炭资源型城市转型发展》　李效顺

丛书序言

中国传统文化的内核中蕴藏着丰富的生态文明思想。儒家主张"天人合一",强调人对于"天"也就是大自然要有敬畏之心。孔子最早提出"天何言哉?四时行焉,百物生焉,天何言哉?"(《论语·阳货》),"君子有三畏:畏天命,畏大人,畏圣人之言。"(《论语·季氏》)。他对于"天"表现出一种极强的敬畏之情,在君子的"三畏"中,"天命"就是自然的规律,位居第一。道家主张无为而治,不是说无所作为,而是要求节制欲念,不做违背自然规律的事。佛家主张众生平等,体现了对生命的尊重,因此要珍惜生命、关切自然,做到人与环境和谐共生。

中国共产党在为中国人民谋幸福、为中华民族谋复兴的现代化进程中,从中华民族永续发展和构建人类命运共同体高度,持续推进生态文明建设,不断强化"绿水青山就是金山银山"的思想理念,生态文明法律体系与生态文明制度体系得到逐步健全与完善,绿色低碳的现代化之路正在铺就。党的十七大报告中提出"建设生态文明,基本形成节约能源资源和保护生态环境的产业结构、增长方式、消费模式",这是党中央首次明确提出建设生态文明,绿色发展理念和实践进一步丰富。这个阶段,围绕转变经济发展方式,以提高资源利用效率为核心,以节能、节水、节地、资源综合利用和发展循环经济为重点,国家持续完善有利于资源能源节约和保护生态环境的法律和政策,完善环境污染监管制度,建立健全生态环保价格机制和生态补偿机制。2015年9月,中共中央、国务院印发了《生态文明体制改革总体方案》,提出了建立健全自然资源资产产权制度、国土空间开发保护制度、空间规划体系、资源总量管理和全面节约制度、资源有偿使用和生态补偿制度、环境治理体系、环境治理和生态保护市场体系、生态文明绩效评价考核和责任追究制度等八项制度,成为生态文明体制建设的"四梁八柱"。党的十八大以来,习近平生态文明思想确立,"绿水青山就是金山银山"的理念使得绿色发展进程前所未有地加快。党中央把生态文明建设作为统筹推进"五位一体"总体布局和协调推进"四个全面"战略布局的重要内容,提出创新、协调、绿色、开放、共享的新发展理念,污染治理力度之大、制度出台频度之密、监管执法尺度之严、环境质量改善速度之快前所未有。

面对资源约束趋紧、环境污染严重、生态系统退化加剧的严峻形势,生态文明建设成为关系人民福祉、关乎民族未来的一项长远大计,也是一项复杂庞大的系统工程。我们必须树立尊重自然、顺应自然、保护自然,发展和保护相统一,"绿水青山就是金山银山""山水林田湖草沙是生命共同体"的生态文明理念,站在推进国家生态环境治理体系和治理能力现代化的高度,推动生态文明建设。

国家出版基金项目"中国煤矿生态技术与管理"系列丛书,正是在上述背景下获得立项支持的。

我国是世界上最早开发和利用煤炭资源的国家。煤炭的开发与利用,有力地推动了社会发展和进步,极大地便利和丰富了人民的生活。中国 2 500 年前的《山海经》,最早记载了煤并称之为"石湟"。从辽宁沈阳发掘的新乐遗址内发现多种煤雕制品,证实了中国先民早在 6 000~7 000 年前的新石器时代,已认识和利用了煤炭。到了周代(公元前 1122 年)煤炭开采已有了相当发展,并开始了地下采煤。彼时采矿业就有了很完善的组织,采矿管理机构中还有"中士""下士""府""史""胥""徒"等技术管理职责的分工,这既说明了当时社会阶层的分化与劳动分工,也反映出矿业有相当大的发展。西汉(公元前 206—公元 25 年)时期,开始采煤炼铁。隋唐至元代,煤炭开发更为普遍,利用更加广泛,冶金、陶瓷行业均以煤炭为燃料,唐代开始用煤炼焦,至宋代,炼焦技术已臻成熟。宋朝苏轼在徐州任知州时,为解决居民炊爨取暖问题,积极组织人力,四处查找煤炭。经过一年的不懈努力,在元丰元年十二月(1079 年初)于徐州西南的白土镇,发现了储量可观、品质优良的煤矿。为此,苏东坡激动万分,挥笔写下了传诵千古的《石炭歌》:"君不见前年雨雪行人断,城中居民风裂骭。湿薪半束抱衾裯,日暮敲门无处换。岂料山中有遗宝,磊落如磐万车炭。流膏迸液无人知,阵阵腥风自吹散。根苗一发浩无际,万人鼓舞千人看。投泥泼水愈光明,烁玉流金见精悍。南山栗林渐可息,北山顽矿何劳锻。为君铸作百炼刀,要斩长鲸为万段。"《石炭歌》成为一篇弥足珍贵的煤炭开采利用历史文献。元朝都城大都(今北京)的西山地区,成为最大的煤炭生产基地。据《元一统志》记载:"石炭煤,出宛平县西十五里大谷(峪)山,有黑煤三十余洞。又西南五十里桃花沟,有白煤十余洞""水火炭,出宛平县西北二百里斋堂村,有炭窑一所"。由于煤窑较多,元朝政府不得不在西山设官吏加以管理。为便于煤炭买卖,还在大都内的修文坊前设煤市,并设有煤场。明朝煤炭业在河南、河北、山东、山西、陕西、江西、安徽、四川、云南等省都有不同程度的发展。据宋应星所著的《天工开物》记载:"煤炭普天皆生,以供锻炼金石之用",宋应星还详细记述了在冶铁中所用的煤的品种、使用方法、操作工艺等。清朝从清初到道光年间对煤炭生产比较重视,并对煤炭开发采取了扶持措施,至乾隆年间(1736—1795 年),出现了我国古代煤炭开发史上的一个高潮。17 世纪以前,我国的煤炭开发利用技术与管理一直领先于其他国家。由于工业化较晚,17 世纪以后,我国煤炭开发与利用技术开始落后于西方国家。

中国正式建成的第一个近代煤矿是台湾基隆煤矿,1878 年建成投产出煤,1895 年台湾沦陷时关闭,最高年产为 1881 年的 54 000 t,当年每工工效为 0.18 t。据统计,1875—1895 年,我国先后共开办了 16 个煤矿。1895—1936 年,外国资本在中国开办的煤矿就有 32 个,其产量占全国煤炭产量总数的 1/2~2/3。在同一时期,中国民族资本亦先后开办了几十个新式煤矿,到 1936 年,中国年产 5 万 t 以上的近代煤矿共有 61 个,其中年产达到 60 万 t 以上的煤矿有 10 个(开滦、抚顺、中兴、中福、鲁大、井陉、本溪、西安、萍乡、六河沟煤矿)。1936 年,全国产煤 3 934 万 t,其中新式煤矿产量 2 960 万 t,劳动效率平均每工为 0.3 t 左右。1933 年,煤矿工人已经发展到 27 万人,占当时全国工人总数的 33.5% 左右。1912—1948 年间,原煤产量累计为 10.27 亿 t[①]。这期间,政府制定了矿业法,企业制定了若干管理章程,使管理工作略有所循,尤其明显进步的是,逐步开展了全国范围的煤田地质调查工作,初步搞清了中国煤田分布与煤炭储量。

我国煤炭产量从 1949 年的 3 243 万 t 增长到 2021 年的 41.3 亿 t,1949—2021 年累计采出煤炭 937.8 亿 t,世界占比从 2.37% 增长到 51.61%(据中国煤炭工业协会与 IEA 数据综合分析)。原煤全员工效从 1949 年的 0.118 t/工(大同煤矿的数据)提高到 2018 年全国平均 8.2 t/工,2018 年同煤集团达到 88 t/工;百万吨死亡人数从 1949 年的 22.54 下降到 2021 年的 0.044;原煤入选率从 1953 年的 8.5% 上升到 2020 年的 74.1%;土地复垦率从 1991 年的 6% 上升到 2021 年的 57.5%;煤矸石综合利用处置率从 1978 年的 27.0% 提高到 2020 年的 72.2%。从 2014 年黄陵矿业集团有限责任公司黄陵一矿建成全国第一个智能化示范工作面算起,截至 2021 年年底,全国智能化采掘工作面已达 687 个,其中智能化采煤工作面 431 个、智能化掘进工作面 256 个,已有 26 种煤矿机器人在煤矿现场实现了不同程度的应用。从生产效率、百万吨死亡人数、生态环保(原煤入选率、土地复垦率以及煤矸石综合利用处置率)、智能化开采水平等视角,我国煤炭工业大致经历了以下四个阶段。第一阶段,从中华人民共和国成立到改革开放初期,我国煤炭开采经历了从人工、半机械化向机械化再向综合机械化采煤迈进的阶段。中华人民共和国成立初期,以采煤方法和采煤装备的科技进步为标志,我国先后引进了苏联和波兰的采煤机,煤矿支护材料开始由原木支架升级为钢支架,但还没有液压支架。而同期西方国家已开始进行综合机械化采煤。1970 年 11 月,大同矿务局煤峪口煤矿进行了综合机械化开采试验,这是我国第一个综采工作面。这次试验为将综合机械化开采确定为煤炭工业开采技术的发展方向提供了坚实依据。从中华人民共和国成立到改革开放初期,除了 1949 年、1950 年、1959 年、1962 年的百万吨死亡人数超过 10 以外,其余年份均在 10 以内。第二阶段,从改革开放到进入 21 世纪前后,我国煤炭工业主要以高产高效矿井建设为标志。1985 年,全国有 7 个使用国产综采成套设备的

---

① 《中国煤炭工业统计资料汇编(1949—2009)》,煤炭工业出版社,2011 年。

综采队,创年产原煤 100 万 t 以上的纪录,达到当时的国际先进水平。1999 年,综合机械化采煤产量占国有重点煤矿煤炭产量的 51.7%,较综合机械化开采发展初期的 1975 年提高了 26 倍。这一时期开创了综采放顶煤开采工艺。1995 年,山东兖州矿务局兴隆庄煤矿的综采放顶煤工作面达到年产 300 万 t 的好成绩;2000 年,兖州矿务局东滩煤矿综采放顶煤工作面创出年产 512 万 t 的纪录;2002 年,兖矿集团兴隆庄煤矿采用"十五"攻关技术装备将综采放顶煤工作面的月产和年产再创新高,达到年产 680 万 t。同时,兖矿集团开发了综采放顶煤成套设备和技术。这一时期,百万吨死亡人数从 1978 年的 9.44 下降到 2001 年的 5.07,下降幅度不大。第三阶段,煤炭黄金十年时期(2002—2011 年),我国煤炭工业进入高产高效矿井建设与安全形势持续好转时期。煤矿机械化程度持续提高,煤矿全员工效从 21 世纪初的不到 2.0 t/工上升到 5.0 t/工以上,百万吨死亡人数从 2002 年的 4.64 下降到 2012 年的 0.374。第四阶段,党的十八大以来,煤炭工业进入高质量发展阶段。一方面,在"绿水青山就是金山银山"理念的指引下,除了仍然重视高产高效与安全生产,煤矿生态环境保护得到前所未有的重视,大型国有企业将生态环保纳入生产全过程,主动履行生态修复的义务。另一方面,随着人工智能时代的到来,智能开采、智能矿山建设得到重视和发展。2016 年以来,在落实国务院印发的《关于煤炭行业化解过剩产能实现脱困发展的意见》方面,全国合计去除 9.8 亿 t 产能,其中 7.2 亿 t(占 73.5%)位于中东部省区,主要为"十二五"期间形成的无效、落后、枯竭产能。在淘汰中东部落后产能的同时,增加了晋陕蒙优质产能,因而对全国总产量的影响较为有限。

虽然说近年来煤矿生态环境保护得到了前所未有的重视,但我国的煤矿环境保护工作或煤矿生态技术与管理工作和全国环境保护工作一样,都是从 1973 年开始的。我国的工业化虽晚,但我国对环保事业的重视则是较早的,几乎与世界发达工业化国家同步。1973 年 8 月 5—20 日,在周恩来总理的指导下,国务院在北京召开了第一次全国环境保护会议,取得了三个主要成果①:一是做出了环境问题"现在就抓,为时不晚"的结论;二是确定了我国第一个环境保护工作方针,即"全面规划、合理布局、综合利用、化害为利、依靠群众、大家动手、保护环境、造福人民";三是审议通过了我国第一部环境保护的法规性文件——《关于保护和改善环境的若干规定》,该法规经国务院批转执行,我国的环境保护工作至此走上制度化、法治化的轨道。全国环境保护工作首先从"三废"治理开始,煤矿是"三废"排放较为突出的行业。1973 年起,部分矿务局开始了以"三废"治理为主的环境保护工作。"五五"后期,设专人管理此项工作,实施了一些零散工程。"六五"期间,开始有组织、有计划地开展煤矿环境保护工作。"五五"到"六五"煤矿环保

---

① 《中国环境保护行政二十年》,中国环境科学出版社,1994 年。

工作起步期间,取得的标志性进展表现在[①]:① 组织保障方面,1983 年 1 月,煤炭工业部成立了环境保护领导小组和环境保护办公室,并在平顶山召开了煤炭工业系统第一次环境保护工作会议,到 1985 年年底,全国统配煤矿基本形成了由煤炭部、省区煤炭管理局(公司)、矿务局三级环保管理体系。② 科研机构与科学研究方面,在中国矿业大学研究生部环境工程研究室的基础上建立了煤炭部环境监测总站,在太原成立了山西煤管局环境监测中心站,也是山西省煤矿环境保护研究所,在杭州将煤炭科学研究院杭州研究所确定为以环保科研为主的部直属研究所。"六五"期间的煤炭环保科技成效包括:江苏煤矿设计院研制的大型矿用酸性水处理机试运行成功后得到推广应用;汾西矿务局和煤炭科学研究院北京煤化学研究所共同研究的煤矸石山灭火技术通过评议;煤炭科学研究院唐山分院承担的煤矿造地复田研究项目在淮北矿区获得成功。③ 人才培养方面,1985 年中国矿业大学开设环境工程专业,第一届招收本科生 30 人,还招收17 名环保专业研究生和 1 名土地复垦方向的研究生。"六五"期间先后举办 8 期短训班,培训环境监测、管理、评价等方面急需人才 300 余名。到 1985 年,全国煤炭系统已经形成一支 2 500 余人的环保骨干队伍。④ 政策与制度建设方面,第一次全国煤炭系统环境保护工作会议确立了"六五"期间环境保护重点工作,认真贯彻"三同时"方针,煤炭部先后颁布了《关于煤矿环保涉及工作的若干规定》《关于认真执行基建项目环境保护工程与主体工程实行"三同时"的通知》,并起草了关于煤矿建设项目环境影响报告书和初步设计环保内容、深度的规定等规范性文件。"六五"期间,为应对煤矿塌陷土地日益增多、矿社(农)矛盾日益突出的形势,煤炭部还积极组织起草了关于《加强造地复田工作的规定》,后来上升为国务院颁布的《土地复垦规定》。⑤ 环境保护预防与治理工作成效方面,建设煤炭部、有关省、矿务局监测站 33 处;矿井水排放量 14.2 亿 m^3,达标率 76.8%;煤矸石年排放量 1 亿 t,利用率 27%;治理自然发火矸石山 73 座,占自燃矸石山总数的 31.5%;完成环境预评价的矿山和选煤厂 20 多处,新建项目环境污染得到有效控制。

回顾我国煤炭开采与利用的历史,特别是中华人民共和国成立后煤炭工业发展历程和煤矿环保事业起步阶段的成就,旨在出版本丛书过程中,传承我国优秀文化传统,发扬前人探索新型工业化道路不畏艰辛的精神,不忘"开发矿业、造福人类"的初心,在新时代做好煤矿生态技术与管理科技攻关及科学普及工作,让我国从矿业大国走向矿业强国,服务中华民族伟大复兴事业。

针对中国煤矿开采技术发展现状和煤矿生态环境管理存在的问题,本丛书包括十二部著作,分别是:井工煤矿土地复垦与生态重建技术、露天煤矿土地复垦与生态重建

---

① 《当代中国的煤炭工业》,中国社会科学出版社,1988 年。

技术、煤矿水资源保护与污染防治技术、煤矿区大气污染防控技术、煤矿固体废物利用技术与管理、煤矿区生态环境监测技术、绿色矿山建设技术与管理、西部煤矿区环境影响与生态修复、煤矿区生态恢复力建设与管理、矿山生态环境保护政策与法律法规、关闭矿山土地建设利用关键技术、中国煤炭资源型城市转型发展。

丛书编撰邀请了中国矿业大学、中国地质大学（北京）、河南理工大学、安徽理工大学、中煤科工集团等单位的专家担任主编，得到了中煤科工集团唐山研究院原院长崔继宪研究员，安徽理工大学校长、中国工程院袁亮院士，中国地质大学校长、中国工程院孙友宏院士，河南理工大学党委书记邹友峰教授等的支持以及崔继宪等审稿专家的帮助和指导。在此对国家出版基金表示特别的感谢，对上述单位的领导和审稿专家的支持和帮助一并表示衷心的感谢！

丛书既有编撰者及其团队的研究成果，也吸纳了本领域国内外众多研究者和相关生产、科研单位先进的研究成果，虽然在参考文献中尽可能做了标注，难免挂一漏万，在此，对被引用成果的所有作者及其所在单位表示最崇高的敬意和由衷的感谢。

卞正富

2023 年 6 月

本 书 前 言

随着我国煤炭工业向西部转移、高强度规模性开采和煤炭产业链延伸发展,煤矿固体废物的产生量和累计堆存量呈现逐年增加趋势,造成了严重的生态环境问题和经济损失。近年来,我国愈发重视煤矿固体废物对土地、土壤、水体、大气等造成的生态环境影响。煤矿固体废物引发社会矛盾事件时有发生,不仅影响矿区居民身体健康、破坏矿区景观,而且还影响当地社会稳定。

本书中的煤矿固体废物是指煤基固体废物,是在煤炭开采、洗选加工、深度加工、煤矸石发电等过程中排放的固体废物,主要包括煤矸石、粉煤灰、煤气化渣、锅炉灰渣、煤泥、露天矿剥离物等煤矿固体废物,不包括煤矿职工生活、医疗等废物和垃圾。

近年来煤基固体废物综合利用虽然取得了显著成效,但我国以煤为主的能源结构没有改变,且随着西部煤炭产能加大、洗选量不断增加、煤炭化工产业的发展,洗选矸石和煤灰渣产量显著增加,造成煤基固体废物综合利用的压力及东西部利用不平衡的压力增大。"十四五"时期,我国开启了全面建设社会主义现代化国家新征程,以推动高质量发展主题,全面提高资源利用效率的任务更加迫切。受煤炭资源禀赋、发展战略、能源结构等因素的影响,未来我国煤基固体废物仍将面临西部产生强度高、利用不充分、综合利用产品附加值低的严峻挑战。

本书以煤矿固体废物相关技术研发和推广应用成果为基础,全面分析了我国煤矿固体废物的产生、分类组成、理化特性及堆放和利用对环境的影响,重点系统介绍了煤矸石、粉煤灰、煤气化渣3种主要固体废物在建筑材料、混凝土制备、建设工程、地下充填、农业复垦、土壤改良、生态修复、物质回收等方面的利用技术和应用,详细解读了我国近几年制修订和发布的与煤矿固体废物利用相关的国家法律、行政法规和标准规范。本书成果对煤矿固体废物利用的技术研究、成果推广应用、运营管理具有现实意义。

本书由李树志、霍彬彬、李学良编著。其中,第一章、第五章、第六章、第七章、第八章、第十一章由李树志主笔编写,第二章、第四章、第十章由霍彬彬主笔编写,第三章、第九章由李学良主笔编写;同时霍彬彬执笔编写了第一章、第三章、第五章、第六章、第七章、第九章部分内容,李学良执笔编写了第五章、第六章、第七章、第八章部分内容。全书由李树志统稿定稿。郭孝理、赵晗博、门雷雷参加了部分内容的修改编写工作。

在本书的编写与出版过程中,得到了中国矿业大学(北京)王栋民教授、中国矿业大学郭广礼教授的诚恳指导并提出了宝贵的意见,书中引用了一些学者发表的论著资料,在此一并表示衷心感谢!

由于作者水平有限,书中难免有疏漏之处,恳请读者批评指正。

作 者
2023 年 9 月

目　录

第一章 绪 论

第一节 固体废物的特性与分类

一、固体废物的定义及范畴

随着我国工业化和城市化进程的不断加快,固体废物的产生量和累计堆存量呈现逐年增加趋势,造成了严重的环境污染危害和经济损失。近年来,我国对固体废物造成的水体、大气、土壤等污染问题愈发重视。关于固体废物的定义,由于不同学科研究的范围和方式有所差别,各学科给出的定义也有所不同(周炳炎等,2005)。在环境法的视野下,固体废物的一般定义是:在社会的生产、流通、消费等一系列活动中产生的一般不再具有原使用价值而被丢弃的以固态和泥状赋存的物质,或者是提取目的组分后弃之不用的剩余物质。《中华人民共和国固体废物污染环境防治法》(以下简称《固体废物污染环境防治法》)指明,固体废物是指在生产、生活和其他活动中产生的丧失原有利用价值或者虽未丧失利用价值但被抛弃或者放弃的固态、半固态和置于容器中的气态物品、物质以及法律、行政法规规定纳入固体废物管理的物品、物质,主要包括生活垃圾、一般工业固体废物、农业固体废物、危险废物以及新兴固体废物等。

固体废物往往是其他污染的源头,其危害具有明显的持久性和不可逆性。固体废物污染引发社会矛盾的事件普遍存在,不仅危害人体健康,破坏城市景观,而且影响环境安全和社会稳定(桑宇等,2022;徐淑民等,2019;李国学,2005)。固体废物一般是针对原过程而言的,生产活动中产生的固体废物称为废渣;生活过程中产生的固体废物称为垃圾。在生产或生活过程中,绝大多数原料、商品或消费品通常只利用了某些有效成分,而产生的固体废物仍有对其他生产或生活过程有用的成分,经过一定的技术加工利用,可以将其转变为有关行业的生产原料或直接再利用。固体废物的处理是通过物理、化学、生物、物化及生化方法将固体废物转化为适于运输、贮存、利用或处置的过程。固体废物处理的目标是无害化、减量化、资源化。在资源紧缺的时代背景下,固体废物的资源化利用是解决世界各国固体废物问题的常用有效方法(董发勤等,2014)。

根据物质的存在状态划分,废物包括固态、液态和气态废弃物质。在液态和气态废弃物中,若其污染物质混掺在水和空气中,直接或经处理后排入水体或大气,习惯上将它们称为废水和废气,纳入水环境或大气环境管理范畴;而对于其中不能排入水体的液态废物和不能排入大气的、置于容器中的气态废物,因其具有较大的危害性,则将其归入固体废物管理体系。

二、固体废物的性质

(一)"资源"和"废物"的相对性

从定义来看,固体废物是在某一时间和地点丧失原有利用价值甚至未丧失利用价值而被丢弃的物质,是在一定时间被放弃的资源,因此,此处的"废"具有明显的时间和空间特征。

从时间的维度来看,固体废物仅仅是在目前有限的科学技术经济条件下,无法对其加以利用。目前,诸多资源滞后于人类社会的需求,但我们必须相信随着科学技术的发展,以及人们消费需求的转变,终有一天固体废物会变成另一种可供循环使用的有用资源。

从空间的维度来看,固体废物是相对于某一过程或某一方面没有使用价值,但并非在一切过程或一切方面都没有使用价值。某一过程或某一方面的固体废物,往往会成为另一过程或另一方面的原料。例如,煤矸石发电、高炉渣生产水泥、从电镀污泥中回收贵金属等。

事实上,进入经济体系中的物质,仅有10%~15%以建筑物、工厂、装置器具等形式积累起来,其余都变成了固体废物。因此,固体废物成为一类量大面广的新资源将是必然趋势。"资源"和"废物"的相对性是固体废物的最主要特征。值得注意的是,固体废物的资源属性有其前提和条件。例如,对生活垃圾而言,首先,从环境保护角度看,它是污染源,在其收集运输、处理处置、资源能源回收利用的各个环节都可能对大气、水体、土壤等环境介质产生一定程度的污染;其次,从经济学角度来看,生活垃圾中蕴含着物质和能量,但它是具有负价值的物质,要实现其中蕴含的物质和能量的回收利用,必须有新的物质和能量输入,同时必然产生新的污染排放,既要付出相应的经济成本,也要付出相应的环境代价;最后,从物质属性上看,生活垃圾主要是由碳、氢、氧、氮、硫、钙、硅、铁、铝等元素组成的有机物和无机物,如果不计成本、不惜代价,的确可以做到物尽其用,甚至全量回收利用,但是如果回收利用的经济成本高于其固有价值,全生命周期污染排放也高于其他方案,那么这样的回收利用就是得不偿失和不可持续的。因此,如果说生活垃圾是资源,也是在特定时空背景下有严格条件限制的资源,这个限制条件就是经济效益、社会效益、环境效益的平衡。

因此,就生活垃圾而言,其污染源属性是首要的,资源属性是其次的,二者之间的关系是辩证的,需要从生命周期角度加以审视。当我们将生活垃圾作为污染源加以治理时,必须要考虑其资源属性,尽可能回收其中蕴含的资源与能源(贾亚娟等,2019)。同时,当我们将生活垃圾作为资源加以利用时,也要考虑其污染属性,控制资源化全过程的二次污染,以及产品应用可能带来的长期环境影响。

(二)成分的多样性和复杂性

据估计,我国固体废物年产生量近120亿t,且以5%~7%的趋势持续增长,而累计堆存量也达到了约800亿t。究其原因,是由于我国的科学技术水平有限,不可能做到完全利用和消耗从自然界所取得的可供我们利用的资源。固体废物成分复杂、种类繁多、大小各异,无机物与有机物、无金属与有金属、有气味与无气味、有毒性与无毒性等都存在(杨名等,2021;王海成等,2021)。尤其是近年来化工产业的兴起,生产出大量成分复杂的合成材料,而这些合成材料在自然环境中并不存在,这些合成材料废弃后与其他固体废物一起,使得固体废物的成分愈趋复杂。因此,可以说固体废物为人类提供的信息几乎多于其他东西。

(三)危害的潜在性、长期性和灾难性

固体废物对环境的污染有别于废水、废气等非固态废物,主要会对大气、水体以及土壤造成严重的污染,恶化周围的环境。因固态废物中有害成分在环境介质中的迁移、转化是非瞬发的,在较短时间内难以发现,造成危害的隐蔽性和长期性,且需要耗费极大的物力、财力才能将其负面影响清除。例如,固体废物的浸出液在土壤中的迁移是一个比较缓慢的过程,其危害可能在数年甚至数十年后才能呈现。从某种意义上讲,固体废物,特别是有害固体废物对环境造成的危害可能要比废水、废气造成的危害严重得多。

(四)污染"源头"和富集"终态"的双重性

废水和废气既是水体、大气和土壤的污染源,又是接受其所含污染物的环境。固体废物往往是许多污染成分的终极状态。例如,一些有害气体或飘尘,通过治理,最终富集成废渣;一些有害溶质和悬浮物,通过治理最终被分离出来成为污泥或残渣;一些含重金属的可燃固体废物,通过焚烧处理,有害金属浓集于灰烬中。但是,这些"终态"物质中的有害成分,在长期的自然因素作用下,又会转入大气、水体和土壤,又成为大气、水体和土壤环境污染的"源头"。

固体废物还具有来源广、种类多等特点。固体废物污染防治正是利用这些特点,力求使固体废物减量化、资源化、无害化。按其不同特性分类收集、运输和贮存,进行合理利用,尽量变废为宝;对那些不可避免地产生和无法利用的固体废物需要进行处理,减少环境污染。

三、固体废物的分类

固体废物的科学分类对其进行深入研究以及处理、处置和资源化利用具有重要意义。

固体废物按组成可分为有机废物和无机废物;按形态可分为固态、半固态和液(气)态废物;按污染特性可分为危险废物和一般废物;按来源可分为工业固体废物、矿业固体废物、农业固体废物、有害固体废物和城市垃圾等(罗庆明等,2022;张农科,2017)。

《固体废物污染环境防治法》中,将固体废物分为工业固体废物、生活垃圾、建筑垃圾、农业固体废物和危险废物五大类。固体废物的类别、来源和主要组成物见表1-1。

表1-1 固体废物的类别、来源和主要组成物

类别	来源	主要组成物
工业固体废物	冶金工业	指各种金属冶炼和加工过程中产生的废物。如高炉渣、钢渣、铜铅铬汞渣、赤泥、废矿石、烟尘、各种废旧建筑材料等
	矿业	指各类矿物开发、利用加工过程中产生的废物。如废矿石、煤矸石、粉煤灰、煤气化渣、烟道灰、炉渣等
	石油与化学工业	指石油炼制及其产品加工、化学品制造过程中产生的固体废物。如废油、浮渣、含油污泥、炉渣、碱液、塑料、橡胶、陶瓷、纤维、沥青、油毡、石棉、涂料、化学药剂、废催化剂和农药等

表 1-1(续)

类别	来源	主要组成物
工业固体废物	轻工业	指食品工业、造纸印刷、纺织服装、木材加工等轻工部门产生的废物。如各类食品残渣、废纸、金属、皮革、塑料、橡胶、布头、线、纤维、染料、刨花、锯末、碎木、化学药剂、金属填料、塑料填料等
	机械电子工业	指机械加工、电器制造及其使用过程中产生的废弃物。如金属碎料、铁屑、炉渣、模具、砂芯、润滑剂、酸洗剂、导线、玻璃、木材、橡胶、塑料、化学药剂、研磨料、陶瓷、绝缘材料，以及废旧汽车、冰箱、微波炉、电视、电扇等
	建筑工业	指建筑施工、建材生产和使用过程中产生的废物。如钢筋、水泥、黏土、陶瓷、石膏、砂石、砖瓦、纤维板等
	电力工业	指电力生产和使用过程中产生的废物。如煤渣、粉煤灰、烟道灰等
生活垃圾	居民生活	指日常生活过程中产生的废物。如食品垃圾、纸屑、衣物、庭院修剪物、金属、玻璃、塑料、陶瓷、炉渣、碎砖瓦、废器具、粪便、杂品、废弃电器等
	商业、机关	指商业、机关日常工作过程中产生的废物。如废纸、食物、管道、碎砌体、沥青及其他建筑材料、废汽车、废电器、废器具，含有易爆、易燃、腐蚀性、放射性的废物，以及类似居民生活栏内的各类废物
建筑垃圾	城市建设与维护	指建设单位、施工单位新建、改建、扩建和拆除各类建筑物、构筑物、管网等，以及居民装饰装修房屋过程中产生的弃土、弃料和其他固体废物
农业固体废物	种植业	指作物种植生产过程中产生的废物。如稻草、麦秸、玉米秸、根茎、落叶、烂菜、废农膜、农用塑料、农药等
	养殖业	指动物养殖生产过程中产生的废物。如禽畜粪便、死禽死畜、死鱼死虾、脱落的羽毛等
	农副产品加工业	指农副产品加工过程中产生的废物。如畜禽内容物、鱼虾内容物、未被利用的菜叶、菜梗和菜根、稻壳、玉米心、瓜皮、果皮、果核、贝壳、羽毛、毛皮等
危险废物	核工业、化学工业、医疗单位、科研单位等	主要来自核工业、核电站、化学工业、医疗单位、制药业、科研单位等的废物。如放射性废渣、粉尘、污泥等，医院使用过的器械和产生的废物、化学药剂、制药厂废渣、废弃农药、炸药、废油等

第二节　工业固体废物的组成特征

一、工业固体废物概况

（一）概念

工业固体废物是指在工业生产活动中产生的固体废物，即工业生产过程中排入环境的各种废渣、粉尘及其他废物；可分为一般工业废物（如采矿废石、煤矸石、矿山尾矿、高炉渣、钢渣、赤泥、有色金属渣、粉煤灰、煤气化渣、硫酸渣、废石膏、盐泥等）和工业有害固体废物。工业固体废物产生量是指企业在生产过程中产生的固体状、半固体状和高浓度液体状废弃物的总量。

典型的工业固体废物来源如图 1-1 所示(马世申,2021)。

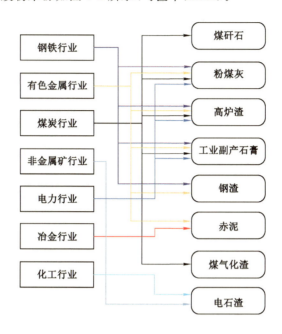

图 1-1 典型的工业固体废物来源

(二)危害

工业固体废物的排放需堆积、露天晾晒等,这些方式均会占用大量土地,造成人力物力的浪费。在此过程中,许多工业固体废物中的有害物质通过淋溶渗透进入土壤中,破坏了土壤内的生态平衡,超出了土壤的环境承载力,令土壤丧失了自净能力,土壤中的污染物又会随降雨流入水体中,对水体产生污染,对人类的健康产生不良影响。粉状的工业固体废物也有可能会随风飞扬,污染大气,有的还会散发臭气和毒气。

(三)处理

工业固体废物经过适当的工艺处理,可成为工业原料或能源,较废水、废气容易实现资源化。工业固体废物几乎都可加工成建筑材料,或从中回收能源和工业原料。一些工业固体废物已被制成多种产品,如可以制成水泥、混凝土骨料、砖瓦、纤维、铸石等建筑材料;也可从中提取铁、铝、铜、铅、锌、钒、铀、锗、钼、钪等金属;还可用于制造肥料、土壤改良剂等。此外,工业固体废物还可用于处理废水、矿山灭火,以及用作化工填料等。

如今工业固体废物的处理大多以工业部门处理为主,即在政府的管理下,由排放的工业部门、工厂进行处理和利用。随着工业固体废物排放量的增长,日本等国发展了专业化承包处理。

工业固体废物受工业生产过程等因素的影响,成分常有变化,给处理和利用造成困难。工业固体废物往往要经过一定处理过程方可利用,如高温形成的渣须经冷却,湿法生成的渣须经干燥,粉尘须经收集,因此成本较高。目前,许多国家致力于循环利用方面的研究。近年来,我国加强了对工业固体废物资源的利用,其中,副产石膏、煤矸石、冶炼渣、粉煤灰、尾矿等的综合利用率明显提高,技术革新也推动了工业固体废物利用行业的发展。目前,利用处理工业固体废物的技术主要有尾矿胶结充填地下采空区、粉煤灰制造提取活性炭、粉煤灰制造轻质耐火砖、泵送煤矸石填充、纯脱硫石膏制造纸面石膏板、赤泥中回收铁、工业废渣制备陶瓷坯料技术等。

（四）产生情况

自 2003 年以来,我国工业固体废物的产生量持续逐年增加,尤其是冶金、火力发电等工业排放量最大,其综合利用率始终保持在 60% 左右,在 2009 年达到最高值 67.76% 之后,便稍微下降而维持在相对较低的水平。2021 年 3 月 18 日,国家发展和改革委员会等 10 部委发布的《关于"十四五"大宗固体废弃物综合利用的指导意见》认为,受资源禀赋、能源结构、发展阶段等因素影响,未来我国大宗固体废物仍将面临产生强度高、利用不充分、综合利用产品附加值低的严峻挑战,目前大宗固体废物累计堆存量约为 600 亿 t,年新增堆存量近 30 亿 t,2019 年我国大宗固体废物综合利用率达到了 55%。如今只是有限的几种工业固体废物得到利用,如美国、瑞典等利用了钢铁渣,日本、丹麦等利用了粉煤灰和煤渣。其他工业固体废物仍以消极堆存为主,部分有害的工业固体废物采用填埋、焚烧、化学转化、微生物处理等方法进行处置。

20 世纪 90 年代初,全国工业固体废物产生量约为 6 亿 t。如 1989 年工业固体废物产生量为 5.7 亿 t(不包括乡镇工业,下同),比上年增加 0.1 亿 t,增长 1.8%,工业固体废物累计堆存量达 67.5 亿 t,较上年增加 1.6 亿 t。1990 年,全国工业固体废物产生量为 5.8 亿 t,比上年增长 1.8%,工业固体废物的排放量为 0.5 亿 t,比上年下降 9.5%,其中排入江河的工业固体废物为 0.1 亿 t,比上年下降 8.1%,工业固体废物累计堆存量为 64.8 亿 t,占地面积为 58 390 hm²,比上年增加 2 986 hm²。1991 年,全国工业固体废物产生量为 5.9 亿 t,比上年增长 1.7%,固体废物排放量为 0.3 亿 t,比上年下降 40%,其中排入江河的工业固体废物为 0.1 亿 t,与上年持平,工业固体废物累计堆存量为 59.6 亿 t,占地面积为 50 539 hm²,比上年减少 7 851 hm²。1992 年,全国工业固体废物产生量为 6.2 亿 t,比上年增长 5.1%,工业固体废物排放量为 0.3 亿 t,其中排入江河的工业固体废物为 0.1 亿 t,与上年持平,工业固体废物累计堆存量为 59.2 亿 t,占地面积为 54 523 hm²,比上年增加 3 984 hm²,占用耕地面积为 3 711 hm²,比上年减少 1 485 hm²。

2011 年,全国一般工业固体废物产生量为 32.3 亿 t,综合利用量为 19.5 亿 t,贮存量为 6.0 亿 t,处置量为 7.0 亿 t,倾倒丢弃量为 0.04 亿 t,综合利用率为 59.9%。全国工业危险废物产生量为 3 431.2 万 t,综合利用处置率为 76.5%。与煤、冶金、有色金属、非金属矿相关的废物比例分别为 42%、34%、19% 和 4%。全国工业固体废弃物堆存占地面积达 6.7 万 hm²,其中占用农田面积约 0.7 万 hm²。全国工业固体废物产生量,从 21 世纪初的 8 亿 t 左右增加到 2012 年的 33.25 亿 t,增加 3 倍多,年均增加约 33%,此后逐年有所下降,如 2013 年和 2014 年工业固体废物产生量分别为 33.09 亿 t 和 32.56 亿 t,这可能与这一时期工业企业结构调整、经济放缓有关。

根据 2019 年中国统计年鉴,2017 年全国一般工业固体废物产生量为 331 592 万 t,其中综合利用量(包含了对往年贮存量的利用)为 181 187 万 t,处置量为 79 798 万 t,贮存量为 78 397 万 t,倾倒丢弃量为 73.04 万 t。

中国生态环境部发布的《2019 年全国大、中城市固体废物污染环境防治年报》显示:

2018 年,200 个大、中城市一般工业固体废物产生量达 15.5 亿 t,综合利用量为 8.6 亿 t,处置量为 3.9 亿 t,贮存量为 8.1 亿 t,倾倒丢弃量为 4.6 万 t。一般工业固体废物综合利用量占利用处置总量的 41.7%,处置和贮存分别占比 18.9% 和 39.3%,综合利用仍然是处理一般工业固体废物的主要途径。2018 年各省(区、市)一般工业固体废物产生情况见图 1-2。

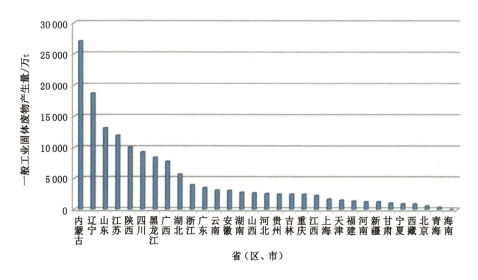

图 1-2　2018 年各省(区、市)一般工业固体废物产生情况

(五)分类

工业固体废物根据性质可分为一般工业废物(主要有高炉渣、钢渣、赤泥、有色金属渣、粉煤灰、煤渣、硫酸渣、废石膏、脱硫灰、电石渣、盐泥等)和工业有害固体废物(即危险固体废物);根据来源可分为矿业固体废物、冶金工业固体废物、能源工业固体废物、石油化工业固体废物、轻工业固体废物和其他等。

1. 矿业固体废物

矿业固体废物简称矿业废物,是指开采和洗选矿石过程中产生的废石和尾矿。矿石开采过程中,需剥离围岩,排出废石;采得的矿石亦需经洗选提高品位,排出尾矿。矿业废物大量堆存会造成土地污染,或造成滑坡、泥石流等灾害;废石风化形成的碎屑和尾矿,可被水冲刷进入水体,被溶解渗入地下水,被风吹进入大气;废物中的砷、镉等剧毒元素或放射性元素直接危害人体健康。为消除污染,应对矿业固体废物进行无害化处理,开展废石和尾矿的综合利用。

2. 冶金工业固体废物

冶金工业固体废物是指冶金(金属冶炼)生产过程中产生的各种固体废弃物。该类工业固体废物主要包括炼铁炉中产生的高炉渣,炼钢过程产生的钢渣,有色金属冶炼产生的各种有色金属渣(如铜渣、铅渣、锌渣、镍渣等),从铝土矿提炼氧化铝排出的赤泥,以及轧钢过程产生的少量氧化铁渣。

3. 能源工业固体废物

能源工业固体废物是指燃料燃烧后所产生的废物,亦称为燃料废渣。该类工业固体废物主要包括燃煤设备产生的煤渣、燃油装置产生的油渣,主要有煤渣、烟道灰、煤粉渣、页岩灰以及燃煤发电过程中产生的粉煤灰、炉渣等。

粉煤灰是煤燃烧所产生的烟气中的细灰。粉煤灰大部分是球状、表面光滑的细小颗粒,比表面积为 2 000~4 000 cm^2/kg。一般粉煤灰的化学成分为 SiO$_2$(40%~60%)、Al$_2$O$_3$(15%~40%)、Fe$_2$O$_3$(4%~20%)、CaO(2%~10%)、MgO(0.5%~4%)、SO$_2$(0.1%~2%)。粉煤灰中所含晶体矿物主要有莫来石、α-石英、方解石、钙长石、硅酸钙、赤铁矿和磁铁矿等,此外还有少量未燃煤(孙红娟等,2021)。粉煤灰在我国每年排出量很大(一般燃用 1 t 煤产生 250~300 kg 粉煤灰),若不处理,则会造成大气粉尘污染,排入河湖等水体也会造成水污染、河流淤塞,而其中 SO$_2$ 等有毒化学物质还会对环境甚至人类造成危害。

炉渣或煤渣是从工业和民用锅炉及其他设备燃煤所排出的废渣,其化学成分为 SiO$_2$(40%~50%)、Al$_2$O$_3$(30%~35%)、Fe$_2$O$_3$(4%~20%)、CaO(1%~5%);其矿物组成主要有钙长石、石英、莫来石、磁铁矿和黄铁矿,含有大量硅玻璃体(Al$_2$O$_3$·2SiO$_2$)和活性 SiO$_2$、活性 Al$_2$O$_3$ 以及少量的未燃煤等。目前该类废渣在我国分布很广,利用量远没有排出量大,弃置堆积时还可放出含硫气体污染大气及危害环境。

4. 石油化工固体废物

石油化工固体废物是指石油炼制、加工和化工生产过程中产生的固体废物。石油炼制行业固体废物主要有酸碱废液、废催化剂和页岩渣;石油化工和化纤行业的固体废物主要有废添加剂、聚酯废料、有机废液等。

石化工业固体废物的特点:① 有机物含量高。原油处理的损失率为 0.25%,其中大部分含在固体废物中。如石油炼制工业,油品酸、碱精制产生的废碱液,油的含量高达 5%~10%,环烷酸含量达 10%~15%,酚含量高达 10%~20%。石油化工、化纤行业产生的固体废物中绝大多数为有机废液,此外,罐底泥、池底泥油含量都高于 60%。② 危险废物种类多。如石油炼制产生的酸碱废液,不但含有油、环烷酸、酚、沥青等有机物,还含有毒性、腐蚀性较大的游离酸碱和硫化物。有机废液中 60% 以上的物质属危险废物。油含量高的罐底泥、池底泥具有易燃易爆性,也属于危险物质。③ 多数石化固体废物利用价值较高,利用途径较多,只要采取适当的物化、熔炼等加工方式即可从废催化剂、污泥、废酸碱液、页岩渣中获得有用物质。

5. 轻工业固体废物

轻工业固体废物是指轻工生产、加工过程中产生的固体废物。该类工业固体废物主要包括食品工业、造纸印刷工业、纺织印染工业、皮革工业等生产过程中产生的污泥、动物残体、废酸、废碱、废纸、废塑料、废布头以及其他废物。

(六)工业固体废物产生、贮存及排放方式

1. 产生方式

① 连续产生;② 定期批量产生;③ 一次性产生;④ 事故性产生或排放。

2. 贮存方式

① 件装容器贮存;② 散状堆积贮存;③ 池、塘、坑贮存。

3. 排放方式

① 连续排放;② 定期清运排放;③ 集中一次性排放。

（七）工业固体废物的形态与污染物特征

工业固体废物的形态分为固态（如炉渣、煤粉渣、页岩灰等）和半固态（如废水处理污泥）。污染物特征主要有：① 不同工业产品的生产，产生的固体废物类别因使用的原辅材料不同而不同；② 相同工业产品的生产，因工艺和原辅材料的产地不同，主要污染物含量也不同；③ 同一工业产品，相同的生产工艺和原辅材料，因生产工况条件和员工实际操作的变化，所产生的污染物含量也会变化。

二、工业固体废物的组成与性质

工业固体废物的组成具有相对稳定性。工业固体废物中以尾矿和采煤、燃煤产生的废物最多，占总量的 80％左右，而煤矸石、炉渣和粉煤灰约占产生量的 50％，这与我国矿物资源主要靠自给、开采量大、能源以煤为主有密切关系。工业固体废物的类型不同，其组成也不同。下面主要按矿业固体废物、冶金工业固体废物、化学工业固体废物、放射性废物这四大类来分别阐述工业固体废物的组成。

（一）矿业固体废物

1. 来源

矿业固体废物主要来自矿物开采和加工利用过程中产生的固体废物。各种矿石开采过程中，产生的矿渣数量大，涉及范围广。矿石的开采方法有露天开采和地下开采两种，其中，露天开采产生了剥离物，地下开采产生了废石。一般大中型露天矿山剥离量都在数百万吨，地下采矿井巷工程每年要产生数十万吨以上的废石；在选矿作业中每选出 1 t 精矿，平均要产出几十吨或上百吨的尾矿，有的甚至要产出几千吨尾矿。矿山的剥离废石、掘进废石、选矿废石、废渣、各种尾矿等都属于矿业固体废物。

2. 产生量

（1）开采露天矿：每采 1 m³ 矿石，需剥离掉 8～10 m³ 的剥离物（土岩）。如：开采 1 m³ 铝土矿，甚至要剥离 13～16 m³ 的土岩。

（2）开采地下矿：开采 1 t 矿石，排出石渣约 3.6 t。

（3）选矿：选出 1 t 精矿，产生几十吨、上百吨甚至上千吨尾矿。

（4）冶炼：每冶炼 1 t 金属，也要产生数吨的冶炼渣。

中国尾矿产生量很大，占工业固体废物的 30％以上，年产量在 1.8×10^5 t 以上。此外，每年排放 10^8 t 的露天矿山剥离物和地下矿废石，未统计在工业固体废物范围内。

3. 主要类别和性质

（1）露天矿：其剥离物一般为土岩混杂、块度大小不一的固体废物，其性质随围岩的性质而变化。

（2）地下矿：形态上是大小不同的石块，其性质也随围岩的组成而变化。

（3）有色金属的尾矿：一般由矿石、脉石及围岩中所含矿物组成，其主要化学成分为 SiO_2、CaO、MgO、Fe_2O_3、K_2O、Na_2O 等。

（二）冶金工业固体废物

1. 来源

冶金工业固体废物主要来自各种金属冶炼过程中或冶炼后排出的所有残渣废物，主要包括高炉渣,钢渣,轧钢、铁合金、烧结、有色金属冶炼渣及铝冶炼固体废物。

2. 产生量

(1) 高炉渣固体废物:通常每炼 1 t 生铁可产生 300～900 kg 渣。

(2) 钢渣固体废物:① 转炉钢渣。一般生产 1 t 钢产生 130～240 kg 钢渣。② 平炉钢渣。生产 1 t 钢产生 170～210 kg 钢渣。③ 电炉钢渣。以废钢为原料,生产特殊钢,目前,生产 1 t 电炉钢产生 150～200 kg 钢渣。④ 精炼渣(钢包渣)。以熔融粗钢液为原料,生产精炼钢,每精炼 1 t 钢水产生 20～50 kg 钢包渣。

(3) 轧钢固体废物:轧钢时产生的酸洗废液是钢铁厂具有代表性的污染物。

(4) 铁合金固体废物:1 t 火法冶炼铁合金产生 1 t 左右废渣。

(5) 烧结固体废物:每生产 1 t 烧结矿产生 20～40 kg 烧结粉尘。

(6) 有色金属冶炼渣:目前,每年产生有色金属冶炼渣约 4.25×10^6 t。

(7) 铝冶炼固体废物:每生产 1 t 氧化铝产生 1～1.75 t 赤泥。

(三) 化学工业固体废物

1. 来源

化学工业固体废物来自化学工业生产中排出的工业废渣,主要包括硫酸矿渣、电石渣、碱渣、煤气炉渣、磷渣、汞渣、铬渣、盐泥、污泥、硼渣、废塑料以及橡胶碎屑等,涉及化肥、农药、染料、无机盐等工业企业(徐淑民等,2019)。

2. 产生量

目前,全国共产生化学工业固体废物 2.8 亿～2.9 亿 t,占工业固体废物的 8.9%～9.3%。

3. 主要类别和性质

(1) 无机盐工业固体废物

无机盐工业特点:① 生产厂家多、产量多。有 20 多个行业,近 800 种产品,年产数百吨固体废物。② 布局分散,生产规模小。③ 设备密闭性差,"三废"治理落后。

废物组成:主要有 Cr、氰化物、Pb、P、As、Cd、Zn、Hg 等,毒性大。

污染源:主要有铬盐、黄磷、氰化物和锌盐等。

铬渣年排量为 10×10^4～12×10^4 t,历年积存铬渣 1.5×10^6～2×10^6 t,黄磷年排量为 2.4×10^5～3.6×10^5 t,氰化钠年排量为 1.3×10^4～2.0×10^4 t,锌盐年排量为 6×10^3～1.2×10^4 t。

(2) 氯碱工业固体废物

成分:氯碱工业固体废物主要含汞盐、汞膏、废石棉隔膜、电石渣、废汞催化剂等。

排量:① 废石棉产生量为 0.4～0.5 kg/t;② 汞膏排量较小,Hg 含量为 97%～99%,Fe 含量为 1%;③ 含废汞催化剂排量为 1.43 kg/t,Hg 含量为 4%～6%。

(3) 磷肥工业固体废物

废物成分:P、F、Si。

危害:占用大片土地,由于风吹雨淋,使废物中可溶性 F 和 P 进入水体,造成水体污染。

(4) 氮肥工业固体废物

氮肥工业固体废物主要有造气炉渣、各种废催化剂。表 1-2 为氮肥工业主要废渣的产生量及组成。

表 1-2 氮肥工业主要废渣的产生量及组成

废渣名称	产生量	主要成分
煤造气炉渣	0.7～0.9 t（以 1 t 氨计）	SO_2、Al_2O_3、Fe_2O_3、CaO、Mg
油造气炭黑	16～25 kg	C
变换废催化剂	0.47 kg	Fe_2O_3、MgO、Cr_2O_3、K_2O、Mo
合成废催化剂	0.23 kg	Fe_2O_3、Al_2O_3、K_2O
甲醇废催化剂	4～18 kg（以 1 t 甲醇计）	Cu、Zn、Al_2O_3、S
硝酸氧化炉废渣	0.1 kg（以 1 t 硝酸计）	Pt、Rh、Pd、Fe_2O_3、SiO_2、Al_2O_3、Ca

（5）纯碱工业固体废物

产生量：一般生产 1 t 纯碱，产生废液 9～11 m^3，其中固体废物量为 200～300 kg，年产废液 1 300～1 400 m^3、废渣 $3×10^5$～$4×10^5$ t。

（6）硫酸工业固体废物

硫酸工业固体废物主要为粉尘，生产 1 t 硫酸产生粉尘 46～57 kg。

（7）有机原料及合成材料工业固体废物

废物特点：① 废渣少。一般生产 1 t 产品，产生几千克至几吨废渣。② 组成复杂。主要为高浓度有机物，具有毒性、易燃性、爆炸性，可焚烧处理。

（8）染料工业固体废物

染料工业产生的固体废物主要有：① 染料生产工艺的硝化、酸化、耦合、水解、氯化等产生的铁泥、铜渣、有机树脂、废母液、废酸等；② 染料产品分离、精制过程中产生的过滤液及蒸馏残液等。

（9）感光材料工业固体废物

感光材料工业生产中产生的固体废物主要有：① 胶片涂布及整理过程中产生的废胶片；② 乳剂制备及胶片涂布中产生的废乳剂；③ 片基生产中产生的过滤用的废棉垫及废片基；④ 涂布含银废水处理回收的银泥及废水生化处理的剩余活性污泥等。

感光材料工业固体废物的组成较复杂，含有大量的有机物及重金属，主要污染物有明胶、卤化银、三醋酸纤维素酯等。若处理不当会对环境造成一定危害。

染料和感光材料工业固体废物大多具有回收价值，搞好综合利用是消除污染、保护环境的重要途径。

（四）放射性废物

放射性废物指含有放射性核素或被放射性核素污染，其浓度或活度大于国家审管部门规定的清洁解控水平，并且预计不再利用的物质。放射性废物尽管各种各样，但却具有一些共同特征：

（1）含有放射性物质。它们的放射性不能用一般的物理、化学和生物方法消除，只能靠放射性核素自身的衰变而降低。

（2）射线危害。放射性核素释放出的射线通过物质时会发生电离和激发作用，对生物体会引起放射性废物固化处理装置辐射损伤。

（3）热能释放。放射性核素通过衰变放出能量,当废液中放射性核素含量较高时,这种能量的释放会导致废液的温度不断上升甚至自行沸腾。

放射性废物的危害包括物理毒性、化学毒性和生物毒性(吴宜灿等,2020;易树平等,2011)。通常主要是物理毒性,有些核素如铀还具有化学毒性,此外,对于混合废物还含有有毒、有害化学污染物。至于生物毒性,仅来自医院的个别废物。物理毒性指的是辐射作用,大剂量照射可出现确定性效应,小剂量照射会出现随机性效应。放射性废物来自三大领域:核能开发、核技术应用、伴生放射性矿物开采利用。其产生量占工业固体废物产生量的3%～5%。按近年(2011—2015年)全国工业固体废物年均产生量近33亿t推算,放射性废物的产生量为1亿～1.6亿t。2016年,214个大、中城市工业危险废物产生量达3 344.6万t,综合利用量为1 587.3万t,处置量为1 535.4万t,贮存量为380.6万t。工业危险废物综合利用量占利用处置总量的45.3%,处置、贮存量分别占比43.8%和10.9%。2018年,200个大、中城市工业危险废物产生量达4 643.0万t,综合利用量为2 367.3万t,处置量为2 482.5万t,贮存量为562.4万t。工业危险废物综合利用量占利用处置总量的43.7%,处置、贮存量分别占比45.9%和10.4%。有效地利用和处置是处理工业危险废物的主要途径,部分城市对历史堆存的危险废物进行了有效的利用和处置。

三、工业固体废物的利用领域

目前,我国工业固体废物综合利用工作长期以来一直受到国家的重视。工业固体废物的综合利用主要集中在建工建材、环保应用、化工产品、高附加值利用等领域,如图1-3所示(马世申,2021)。

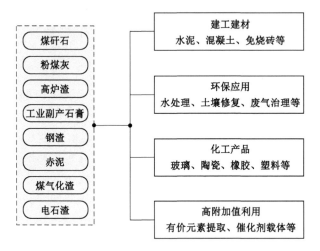

图1-3 工业固体废物的利用领域

建工建材:工业固体废物生产建筑材料,主要有代替黏土作水泥原料,生产加气混凝土砌块、陶粒、烧结砖、免烧砖、钙硅板等;在水利、道路工程方面,用于大体积混凝土、泵送混凝土、高低标号混凝土、沥青混凝土、灌浆材料、稳定路面基层,以及护坡、护堤工程和修筑水库大坝等。

环保应用:工业固体废物用于改良土壤,可制作磁化肥、微生物复合肥、农药等;废气、废水处理中,工业固体废物能吸附悬浮物、脱除有色物质、降低色度、吸附并除去污水中的耗氧物质。

化工产品:工业固体废物可提取高纯度明矾用以合成矾土、制备 SiC 粉末及制取玻璃陶瓷等;工业固体废物还可作为塑料、橡胶工业中的填料,使制造成本大大降低。

高附加值利用:将工业固体废物中的有价稀有金属元素等有用组分提取出来,用于合成沸石分子筛、地质聚合物、催化剂载体、陶瓷和橡胶等领域。

综合来看,工业固体废物由于各自特殊的物化性质以及富含多种有用组分,被广泛应用于建工建材、环保应用、化工产品、高附加值利用等领域。但是在高附加值利用领域尤其是有用组分提取和利用仍处于起步阶段,存在着技术不成熟、工艺复杂且无法实现工业化等问题,目前仍主要应用于建工建材领域,其工艺简单,技术较为成熟,且消纳量大。我国在 1999 年全球绿色建材发展与研讨会上明确提出绿色建材的概念,即采用清洁生产技术,不用或少用天然资源和能源,大量使用工农业或城市固态废弃物生产的无毒害、无污染、无放射性,达到使用周期后可回收利用,有利于环境保护和人体健康的建筑材料。建工建材产品主要由胶凝料和骨料以一定工艺结合生成。工业固体废物可以用于制备无机胶凝材料,形成复合胶凝体系。粉煤灰、赤泥、气化渣等均含有硅铝酸盐矿物,同时都具有一定的水化活性,可以在碱性条件下发生水化作用,生成水化硅酸钙凝胶(C—S—H)、水化铝酸钙凝胶(C—A—H)等水化产物,具有类似水泥石的结构和特性。气化渣具有较好的颗粒级配,可以替代石子作骨料。因此,进行粉煤灰-赤泥-气化渣复合胶凝体系力学性能研究是很有意义的。

第三节 煤矿固体废物的产生与利用现状

一、煤矿固体废物的分类

煤矿固体废物在本书中是指煤基固体废物,是在煤炭开采、洗选加工、煤化工、矿区电厂、工业锅炉等中排放的固体废物,不包括煤矿职工生活、医疗等固体废物和垃圾。煤矿固体废物可分类为煤矸石、露天矿剥离物、煤泥、粉煤灰、锅炉灰渣、煤气化渣等,具体来源和分类叙述如下:

(1)煤矸石:采煤生产过程和洗煤加工过程中排放的固体废物,是一种在成煤过程中与煤层伴生的一种含碳量较低、比煤坚硬的黑灰色岩石。煤矸石包括巷道掘进过程中的掘进矸石,采掘过程中从顶板、底板及夹层里采出的矸石,以及洗煤过程中挑出的洗矸石。

(2)露天矿剥离物:煤炭露天开采时,为揭露所采煤层而剥离覆盖在煤层之上的表土、岩层、岩石和不可采矿体的总称。覆盖岩石一般包括黏土泥质岩、砂岩及石灰岩,其中主要是泥质岩。剥离物的排放量与露天矿所处的地理位置、剥离深度有关。

(3)煤泥:煤粉含水形成的半固体物,是煤炭生产过程中的一种产品,根据品种和形成机理的不同,其性质差别非常大,可利用性也有较大差别,其种类众多,主要有炼焦煤选煤厂的浮选尾煤、煤水混合物产出的煤泥、矿井排水夹带的煤泥、矸石山浇水冲刷下来的煤泥等。

(4)粉煤灰:矿区电厂或自备电厂燃烧煤粉所产生的粉状废渣。粉煤灰的主要成分为硅、铝、铁,含有较丰富的磷和钾,一般含全磷 0.1%,含全钾 1%～4%,含氮很低,同时还含有硼等微量元素,其机械组成大约相当于粉沙壤土。因此,在农业上可将它们用作肥料和改良土壤。粉煤灰可能含有砷、汞及其他重金属等,含量超过环保要求指标的粉煤灰、煤灰渣不能用作肥料,水溶性硼含量超过 3～4 mg/kg 的也要减量使用。

(5)锅炉灰渣:煤矿供热锅炉和生活锅炉燃烧原煤后产生的粉煤灰和炉渣,是生产、生活上燃烧原煤生成的块状废渣。锅炉灰渣是燃煤中的矿物质在炉内燃烧而造成的高温作用下,经受了一定的物理化学变化后所形成的最终产物。高温炉渣的及时输送处理是锅炉安全运行的必要环节。

(6)煤气化渣:煤炭深加工时煤气炉制气过程中产生的废渣,在造气生产环节会产生包括粉煤灰、造气炉渣等废渣,另外在进行煤气化和煤精制的过程中,需要加入催化剂参加反应,催化剂经多次反应后活性会下降,从而产生废催化剂等危险废物。

综合考虑露天矿剥离物数量巨大、很难综合利用、主要为堆存绿化;煤泥来源较分散、数量较少,且多数燃烧利用;煤矿锅炉供热逐渐被矸石电厂和集中供热取代,煤矿燃烧原煤产生的锅炉灰渣也越来越少。因此,本书主要分析介绍煤矸石、粉煤灰、煤气化渣 3 种煤矿固体废物的相关内容。

二、煤矸石的产生与利用现状

(一)煤矸石的产生

煤矸石是主要的工业固体废物之一,来源于煤炭生产和洗选加工环节。随着我国社会经济的快速发展,能源需求快速扩张,为满足经济社会发展的需要,煤炭生产规模逐年扩大,2003—2013 年间,我国的原煤产量从 18.3 亿 t 快速增长至 39.7 亿 t,10 年时间,煤炭产量翻番。我国的原煤产量于 2013 年达到历年峰值后,2014—2021 年原煤产量有所波动和稍有增长,分别为 38.74 亿 t、37.47 亿 t、34.11 亿 t、35.24 亿 t、36.8 亿 t、37.5 亿 t、39.0 亿 t、41.3 亿 t。我国煤矸石的产排量与原煤产量增长趋势基本一致,据统计,煤矸石产排量为原煤产量的 15%～20%,煤矸石年产排量由 2006 年的 3.78 亿 t 增长到 2015 年的 7.44 亿 t,然后煤矸石产排量基本在该数量上下徘徊(如图 1-4 所示),煤矸石产排量占全国工业固体废物总量的 20% 左右。

煤炭行业一般将煤矸石分为两大类:一类是煤矿建井、开拓掘进和采煤过程中,剥离(分离)出来的热值极低的掘进矸,此类煤矸石一般体积较大,含煤量极低,可通过人力和机械方式将其与煤分离,从井下单独运输排出地面或从井下直接选出后作为充填材料用于采空区充填;另一类是煤炭开采出来的原煤,其中有混入煤层中间的夹矸,以及煤层的顶底板脱落后混入的碳质页岩类岩石,原煤经过洗选后,这些岩石被分离出来,一般热值相对较高,称为洗矸。

煤矸石产排量与众多因素有关,从煤层赋存条件来看,我国不同成煤期、不同赋存区域、不同的煤层厚度、不同煤种煤质等情况,都会影响煤矸石产排量;从人为因素来看,采掘工艺差异、技术装备水平高低和差别化的顶底板管理方式等,也会影响煤矸石产排量。从来源上可以看出,煤矸石是煤炭生产、洗选过程中的副产物,当前技术上尚无法避免煤矸石的产生,煤矸石的产排量与原煤产量、原煤入选量紧密关联(详见图 1-5),煤矸石问题将长期伴随煤炭工业的发展。

图 1-4 2011—2021 年全国煤矸石产排量

数据来源:《2021—2022 年中国大宗工业固体废物综合利用产业发展报告》。

图 1-5 煤炭生产、洗选与煤矸石产排量的关系

煤矸石来源于煤炭生产和洗选加工过程,因此,我国历年和新增的煤矸石主要分布在主要的产煤省份(王玉涛,2022)。2010 年年底,全国煤矸石产排量约为 5.76 亿 t,10 个主要产煤省区煤矸石产排量占总量的 84.5%,前 5 个省区的煤矸石产排量占总量的 61.9%。至 2015 年年底,煤矸石产排量达到约 7.44 亿 t,10 个主要产煤省区煤矸石产排量占总量的 88.1%(详见表 1-3),前 5 个省区的煤矸石产排量占比上升到 69.7%,其中山西、内蒙古、陕西、贵州和新疆等省区煤矸石产排量和比重均呈上升趋势。

表 1-3 我国主要产煤省区煤矸石产排情况

地区	洗矸总量/万 t		采掘煤矸石量/万 t		煤矸石总量/万 t		占全国比重/%	
	2010 年	2015 年	2010 年	2015 年	2010 年	2015 年	2010 年	2015 年
全国合计	29 882.5	44 805	27 691.0	29 629	57 573.5	74 434	—	—
山西省	8 790.7	14 163	6 043.3	6 042	14 834.0	20 205	25.8	28.6
内蒙古	3 146.4	7 130	3 781.3	5 797	6 927.7	12 927	12.0	18.3
陕西省	2 889.5	4 472	3 464.6	4 178	6 354.1	8 650	11.0	12.2
山东省	2 648.5	2 348	1 369.8	1 564	4 018.3	3 911	7.0	5.5

表 1-3(续)

地区	洗矸总量/万 t		采掘煤矸石量/万 t		煤矸石总量/万 t		占全国比重/%	
	2010 年	2015 年	2010 年	2015 年	2010 年	2015 年	2010 年	2015 年
安徽省	2 198.3	2 287	1 310.2	1 340	3 508.5	3 627	6.1	5.1
河南省	2 581.0	1 945	2 010.0	1 084	4 591.0	3 029	8.0	4.3
河北省	1 803.6	1 476	1 239.0	818	3 042.6	2 294	5.3	3.3
贵州省	989.5	1 746	1 410.0	1 509	2 399.5	3 254	4.2	4.6
新疆	460.0	1 297	540.0	1 171	1 000.0	2 469	1.7	3.5
黑龙江省	1 236.0	1 182	713.5	695	1 949.5	1 878	3.4	2.7

(二)煤矸石的一般特性

1. 发热量

煤矸石中含有少量可燃有机质,在燃烧时能释放一定的热量。一般来说,煤矸石发热量的大小与固定碳、挥发分和灰分含量有关,随挥发分和固定碳含量的增加而增大,随灰分含量的增加而减小。发热量是评价煤矸石的一个重要指标,也是进行燃烧计算时不可缺乏的基本数据。过去,发热量常用 cal/g 或 kcal/kg 表示;在国际单位制中用 J/g 或 MJ/kg 表示。二者之间的换算关系为:1 J=0.239 1 cal;1 cal=4.181 6 J。

煤矸石发热量与煤的发热量测定方法相同,可采用量热计测定。

根据燃烧产物中水的状态不同,发热量的数值可有 2 种。

(1) 高位发热量(Q_{gr})

这是假定燃烧废气中所有的水汽都冷凝下来成为零度时的液态水,在这种条件下,单位质量的燃料完全燃烧后放出的热量。

(2) 低位发热量(Q_{net})

这是燃烧废气中的水汽仍以气态(假定为 20 ℃)逸出时单位质量的燃料完全燃烧后放出的热量,这种发热量较接近工业实际情况。

高位发热量和低位发热量的换算关系,可用下式表示:

$$Q_{ar,gr,p} = Q_{ar,net,p} + 6(M_{t,ar} + 9H_{ar}) \tag{1-1}$$

式中 $Q_{ar,gr,p}$——应用煤(或煤矸石)的恒压高位发热量,MJ/kg;

      $Q_{ar,net,p}$——应用煤(或煤矸石)的恒压低位发热量,MJ/kg;

      $M_{t,ar}$——应用煤(或煤矸石)中全水分含量,%;

      H_{ar}——应用煤(或煤矸石)中的氢含量,%。

2. 活性

煤矸石中的多数矿物,其晶格质点常以离子键或共价键结合。当煤矸石磨细或煅烧后,严整的晶面受到破坏,在颗粒尖角、棱边处,键力不饱和程度的点数增加,自由能未被迭补,从而提高了煤矸石的活性。

煤矸石在一定温度下煅烧,原来的结晶相大部分分解为无定形物质,结晶相居次要地位,因此,煅烧后的煤矸石具有较高的活性。细化颗粒和无定形物质具有高活性的表现是多方面的,如高化学反应性、高吸附能力、高凝聚性等。活性的大小,除了与煤矸石物相组成有关外,还与煅烧温度有关。以黏土矿物为主的煤矸石,在煅烧过程中发生一系列变化,加热到一定温度时,黏土矿物的晶格失去稳定性而瓦解,转变为半晶质或非晶质,继续加热时,某些组分又重新结晶,出现新的晶质,所以,在非晶化的同时,往往又伴随新结晶相的增多,非晶质相应减少,非晶化过程与重新结晶同时进行。

从理论上讲,要获得煅烧煤矸石最高活性的温度,应该是煤矸石中所含黏土矿尽可能分解为无定形物质,而新生成的结晶又最少时的温度。例如,研究表明,在 400~650 ℃ 时,高岭石脱水之后,转变为偏(介稳)高岭土($Al_2Si_2O_7$)。在 850~870 ℃ 时,偏高岭土分解成 γ-Al_2O_3 和无定形 SiO_2。这时的温度应是高岭土具有最大活性的时候。在更高的温度下,γ-Al_2O_3 和无定形 SiO_2 又会生成莫来石($Al_6Si_2O_{13}$),无定形 SiO_2 还结晶成方英石(SO_2)。水云母在 800~900 ℃ 下晶格破坏,而 900 ℃ 以后开始生成镁和铁尖晶石($MgAl_2O_4$ 及 $FeAl_2O_4$)。蒙脱石的若干组分还能生成顽火辉石($MgSiO_3$)、堇青石($Mg_2Al_4Si_5O_{18}$)、钙长石($CaAl_2Si_2O_8$)。因此,活性的大小与煅烧温度有着密切的关系。

3. 熔融性

煤矸石的熔融性是指煤矸石在某种气氛下加热,随着温度的升高而产生软化、熔化现象。加热熔融的过程,是煤矸石中矿物晶体变化、相互作用和形成新相的过程。煤矸石在熔化过程中有 3 个特征温度:开始变形温度 t_1、软化温度 t_2 和流动温度 t_3(称熔化温度)。一般以煤矸石的软化温度 t_2 作为衡量其熔融性的主要指标。

测定煤矸石熔融性的方法有熔点法(角锥法、高温热显微镜法)和熔融曲线法。通常采用角锥法作为标准方法。此法操作方便,不需要复杂的设备,效率高,具有一定的准确性。角锥法操作要点是:将煤矸石粉与糊精混合,塑成一定大小的三角灰锥体,将其放在特殊的灰熔点测定炉中以一定的升温速度加热,观察并记录灰锥体变形情况,从而确定其熔点。当灰锥体受热至尖端稍为熔化开始弯曲或棱角变圆时,该温度即为开始变形温度 t_1;继续加热,灰锥体弯曲至锥尖触及托板,灰锥体变成球或高度不大于底长的半球形时,此时已达到了软化温度 t_2;最后,当灰锥体熔化或展开成高度不大于 1.5 mm 的薄层时,即达到流动温度 t_3。

煤矸石熔融的难易程度,主要取决于煤矸石中矿物组成的种类和含量多少。我国煤矸石的熔融温度大多较高,t_2 多大于 1 250 ℃,最高可超过 1 500 ℃。黄铁矿和氧化钙含量较高的煤矸石,t_2 温度通常低于 1 250 ℃,但高于 1 000 ℃。煤矸石中 Al_2O_3 和 Fe_2O_3 的含量直接影响其熔融温度,前者与其熔融温度成正比,而后者成反比。根据经验判断:煤矸石中 Al_2O_3 含量大于 40% 时,t_2 一般都超过 1 500 ℃;Al_2O_3 含量大于 30% 时,t_2 也多在 1 300 ℃ 以上。与 CaO、MgO、K_2O、Na_2O 等碱性氧化物都起着降低煤矸石熔融温度的作用。SiO_2 含量为 45%~60% 时,煤矸石的熔融温度随 SiO_2 含量的增加而降低,SiO_2 含量大于 60% 时,熔融温度无变化规律。

4. 可塑性

煤矸石的可塑性是指把磨细的煤矸石粉与适当比例的水混合均匀制成泥团,当该泥团受到了高于某一数值剪切应力的作用后,泥团可以塑成各种形状,除去应力后,泥团能永远保持其形状。这种性质称为可塑性。

煤矸石可塑泥团和煤矸石泥浆的区别在于固、液之间比例不同,由此引起煤矸石泥团颗粒之间、颗粒与介质之间作用力的变化。泥团颗粒之间存在 2 种力:吸力和斥力。吸力主要有范德瓦耳斯力、局部边-面静电引力和毛细管力。吸力作用范围约离表面 2×10^{-3} μm，毛细管力是塑性泥团颗粒之间的主要吸力，在塑性泥团含水时，颗粒表面形成一层水膜，在水的表面张力作用下紧紧吸引。斥力是指由带电颗粒表面的离子间引起的静电斥力。在水介质中这种力的作用范围约距颗粒表面 2×10^{-2} μm。

由于煤矸石泥团颗粒间存在这2种力，当水含量高时，形成的水膜较厚，颗粒相距较远，表现出颗粒间的作用力以斥力为主，即呈流动状态的泥浆；若水含量过少，不能保持颗粒间水膜的连续性，水膜中断了，则毛细管力下降，颗粒间靠范德瓦耳斯力聚集在一起，很小的外力就可以使泥团断裂，则无塑性。

毛细管力(P)与介质表面张力(σ)成正比，而与毛细管半径(r)成反比，计算式如下：

$$P = 2\sigma / (r\cos\theta) \tag{1-2}$$

式中 θ——润湿角。

煤矸石颗粒愈细，比表面积愈大，颗粒间形成的毛细管半径愈小，毛细管力愈大，塑性也愈大。

煤矸石矿物组成不同，颗粒间相互作用力也不相同。高岭石的层与层之间是靠氢键结合，比层间为范德瓦耳斯力的蒙脱石结合得更牢固，故高岭石遇水不膨胀。但是，蒙脱石的比表面积约为 100 m^2/g，而高岭石为 $10 \sim 20$ m^2/g，由于比表面积相差悬殊，故毛细管力相差甚大。一般说来，可塑性的大小顺序是：蒙脱石＞高岭石＞水云母。

可塑性的高低用塑性指数表示。煤矸石泥团呈可塑状态时，含水率的变化范围代表着煤矸石泥团的可塑程度，其值等于液性限度(简称液限)与塑性限度(简称塑限)之差。这时所讲的液限，就是煤矸石泥团呈可塑状态的上限含水率(干基)，当煤矸石泥团中含水率超过液限时，则泥团呈流动状态。所谓塑限，就是煤矸石泥团呈可塑状态时的下限含水率(干基)，当煤矸石泥团中含水率低于塑限时，煤矸石泥团即呈半固体状态，不再有塑性。

塑性指数用 I_p 值表示：

$$I_p = W_y - W_s \tag{1-3}$$

式中 W_y——液性限度，%；

W_s——塑性限度，%。

5. 硬度

煤矸石的硬度是直接影响破碎、粉磨工艺和设备的选择，影响成型设备的设计和制备工艺的重要指标。硬度的表示法有多种，常用的有莫氏硬度等级和普氏硬度系数2种。岩石的硬度一般采用普氏硬度系数表示，因为岩石绝大多数是由多种矿物组成的，往往显示一定的方向性；矿物硬度通常用莫氏硬度等级表示。由于莫氏法简单易行，便于野外测试，故大多数人愿意采用莫氏硬度等级来表示原料的硬度。

普氏硬度系数是苏联学者普罗托基阔诺夫提出的，用 f 来表示岩石的坚固性系数，坚固性愈大的岩石，普氏硬度系数也愈大。常见的岩石普氏硬度系数介于 $1 \sim 20$ 之间。测定岩石普氏硬度系数的方法很多，最简单的方法是用 5 m×5 m×5 m 岩体试样，使其受单向压缩，设其极限抗压强度为 R(kg/cm^2)，将 R 值以 100 除之得一抽象数，此数即为 f 值。

$$f = R/100 \tag{1-4}$$

根据 f 值的大小，将各种岩石的坚固程度分成 10 级。

（三）煤矸石的利用现状

1. 煤矸石利用经过多年发展已取得积极成效

煤矸石处置与综合利用方法和途径很多（图1-6），主要有填坑筑路、土地复垦、塌陷区回填、高热值燃料煤矸石发电和生产建材产品等方面。

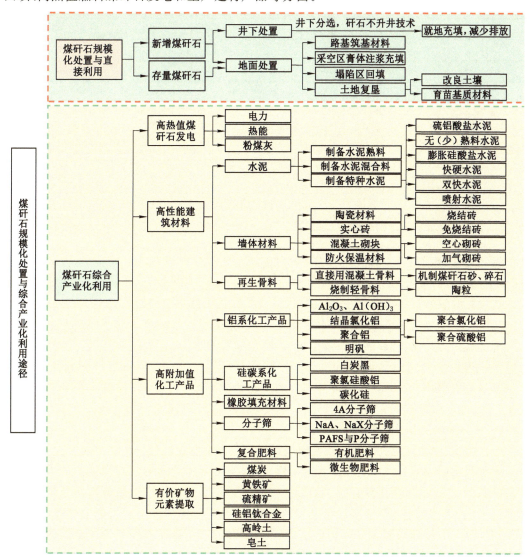

图 1-6 煤矸石规模化处置与综合产业化利用途径

2006年以来,我国的煤矸石产生量呈现较快幅度的增长,各级煤炭企业和资源综合利用企业依靠科技进步,开拓利用渠道,克服煤炭经济下行压力,积极推进煤矸石综合利用工作的开展（田怡然等,2020;周楠等,2020;徐良骥等,2014）。煤矸石综合利用量由2006年的2亿t增加到2011年的4.1亿t,5年时间利用量增长超过100%。"十二五"以来,我国每年的煤矸石利用量均保持在4亿t以上的高水平（详见表1-4）。2015年,在煤炭经济下行、绝大多数企业经营困难的情况下,我国煤矸石综合利用量仍然达到了4.53亿t,综合利用率为 64.2%。2019 年煤矸石的综合利用率已达 70%。

表 1-4 煤矸石利用总体概况

年份	煤炭产量/亿 t	煤炭洗选量/亿 t	煤矸石排放量/亿 t	煤矸石利用量/亿 t	煤矸石利用率/%
2006	23.73	7.80	3.78	2.05	53.0
2007	23.36	11.00	4.78	2.53	53.0
2008	27.88	12.50	5.00	3.00	60.0
2009	29.80	14.00	5.60	3.50	62.5
2010	32.40	16.50	5.94	3.65	61.4
2011	33.10	18.00	6.59	4.10	62.2
2012	36.50	20.50	7.18	4.48	62.4
2013	39.70	23.90	7.36	4.67	63.4
2014	38.70	24.20	7.19	4.66	64.8
2015	37.50	24.70	7.06	4.53	64.2
2016	34.10	23.45	6.58	4.37	66.4

　　煤矸石综合利用经过多年的发展,利用途径上呈现较为典型的区域特征,方式更加多样化,不同地区的综合利用率也有一定的差别。"十二五"期间,华东、华中、东北地区等煤炭消费中心的煤矸石综合利用率较高,西南、西北地区等主要产煤省份受限于煤矸石产生量、地理位置、综合利用产品市场需求等诸多因素,利用率较低。华北地区煤炭产量和原煤入选量都远高于其他省份,煤矸石集中排放,利用途径有限,综合利用率偏低。从利用途径上看,华东、华中、东北地区煤矸石综合利用途径以煤矸石发电、煤矸石建材、沉陷区治理和土地复垦为主;西南、西北地区煤矸石综合利用途径以煤矸石建材、填坑筑路和采空区回填为主;华北地区煤矸石综合利用途径则以煤矸石发电、煤矸石建材和填坑筑路为主。

　　2. 煤矸石利用发展面临的紧迫问题

　　(1) 煤矸石产排量基数过大,新增未利用煤矸石量保持在高位

　　由于我国的煤炭生产和消费总量规模巨大,煤炭资源随着煤炭开发强度的加强呈逐步变差的趋势,加上大规模机械化开采的推广,导致原煤灰分快速提高,煤矸石的年新增产排量居高不下。与此同时,受煤炭经济下行的影响,煤炭企业出现大面积亏损,以煤炭企业投入为主的煤矸石综合利用也受到了较大冲击。在此背景下,我国每年新增未利用的煤矸石量连续几年保持在 2.5 亿 t 左右(详见图 1-7)。

　　(2) 煤矸石产生区域进一步向西部、西北部环境脆弱的经济欠发达地区转移

　　随着东部矿区资源的日渐枯竭,煤炭需求增量部分和原有东部产能转移部分都将集中到晋、陕、蒙、宁、新等西部、西北部矿区,这部分地区生态环境脆弱,环境自我修复能力差,而煤炭开采过程中引发的地表沉陷、地表植被破坏、地表水和地下水系破坏、固体废弃物堆存等在西部、西北部矿区造成的损害将更为突出,环境约束压力必将日益加大。在西部、西北部矿区,煤矸石、煤泥等固体废物呈区域高度集中密集排放,废弃物的处置消纳成本进一步提高,减少环境破坏和损害的投入成本会更加高昂。与此同时,煤矸石、煤泥等综合利用产品经济运输半径有限,而西部、西北部矿区一般又远离城市消费中心,煤矸石、煤泥等资

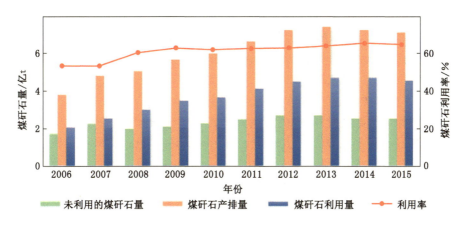

图 1-7 煤矸石产生与综合利用情况

源综合利用产品运输的问题按照现状将难以解决。

（3）煤矸石固体废物通过非法途径进入民用煤市场或掺入商品煤中，环境污染隐患极大

由于煤矸石、煤泥存在一定的热值，成本非常低廉，将煤矸石破碎和煤泥烘干后，掺入商品煤中，无法通过肉眼直接将其从商品煤分辨出来，因此，不法商贩通过非法手段将煤矸石、高灰分煤泥当作常规燃料拿到市场上贩卖或将煤矸石直接掺入洗选后的商品煤中出售现象时有发生。进入民用环节后，煤矸石、煤泥中富含的硫分和灰分，通过燃烧过程大量释放到大气环境中，造成空气污染。而掺了煤矸石的商品煤，加大了运力损失，在终端消费环节造成设备损耗增加、环保投入增加、污染物增加等多种危害。煤矸石、煤泥掺入商品煤的危害在煤炭形势好、价格高的时候体现得尤为明显，在煤炭主产区，煤炭价格较低时，也存在着煤矸石、煤泥进入民用燃煤市场的问题。这些危害，长期以来都被忽视，并未引起相关主管部门的重视。随着国家对大气环境治理的重视程度的日益加深，煤矸石、煤泥通过综合利用堵住源头的问题也将摆上新的议事日程。

（4）煤矸石建材发展进入瓶颈期，实施煤矸石源头减量进程缓慢，扶持政策亟待出台

2000 年以来，各级煤炭企业建设的煤矸石建材企业，由于政策、市场、技术和经营机制等原因，大多处于经营困境，民营资本经营的煤矸石建材企业经营状况也面临政策、市场和技术方面的问题。目前，利用煤矸石生产建材产品消费煤矸石量保持在 5 000 万 t 左右。作为煤矸石综合利用的重要方式之一，发展煤矸石建材，既能解决煤矸石堆存占地、自燃等问题，又能替代黏土砖的使用，保护土地资源（王爱国等，2019）。制约煤矸石建材发展的主要瓶颈，主要还是集中在煤矸石建材产品市场、产品技术和产品标准等方面，要解决这些问题，一是强化矿区所在地限制黏土砖的政策执行；二是鼓励和扶持相关企业和研究机构，加大煤矸石建材产品的技术研发，通过给予财税方面的优惠政策，扩大行业的吸引力；三是研究解决煤矸石建材运距问题，如何采取积极措施加以应对是当务之急，应尽快出台包括政府向矿区建材企业集中采购煤矸石建材产品、财政对使用者进行补贴等优惠政策，切实保障煤矸石在利废建材领域的综合利用发展。

传统的东部、中部矿区，经过多年的发展，煤矸石综合利用已形成一套行之有效的发展思路，且综合利用产品的市场需求旺盛，综合利用率一直高于全国平均水平。随着东部、中

部矿区煤炭产量压减,煤炭产能进一步向西部、西北部矿区转移。在西部、西北部矿区,传统煤矸石综合利用产品的市场空间有限,煤矸石作为工业固体废物,从根本上解决西部、西北部矿区煤矸石新增量大的问题,从源头上减少煤矸石固体废物产生量,才是提高煤矸石综合利用率的根本出路(杨长俊,2022)。

煤矸石井下充填技术是目前煤矸石综合利用途径中最值得推广的方式之一,可以降低采煤塌陷程度、保护地下水资源、提高煤炭资源回收率,同时还可将煤矸石、粉煤灰等废弃资源进行回填处理,减少堆存占压土地和无组织排放,一举多得(郭彦霞等,2014;卞正富等,2007)。目前,东部河北、山东、两淮、河南等地,煤矸石井下充填工作成效较为显著。该技术推广应用的主要障碍是煤矸石井下充填过程导致采出煤炭的综合成本增加,亟待国家出台包括增值税退税在内的优惠扶持政策。

三、粉煤灰的产生与利用现状

(一)粉煤灰的产生

粉煤灰是现代燃煤电厂的副产品,它是在燃煤供热、发电过程中磨成一定细度的粉煤在粉煤炉中经过高温燃烧后,由烟道气带出并经除尘器收集的粉尘(图1-8)(张祥成等,2020)。煤炭是由各种物质组成的,其中有一部分为不可燃烧的矿物质。这种不可燃烧的矿物质,一般统称为煤的灰分。煤的灰分主要来源于生成煤的植物所固有的矿物杂质,以及因地壳变化随植物带入的泥沙杂质,并在碳化过程中与可燃物质化合在一起,只有经过高温燃烧才能分解析出。另外,煤在开采和运输过程中,还混入一些矸石、页岩、岩石等杂质,这些杂质也是煤中灰分的一部分。

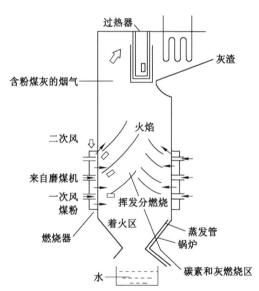

图1-8 粉煤灰的产生

粉煤灰的形成过程主要分为如下三个阶段,如图1-9所示(程芳琴,2016)。

第一阶段:煤开始燃烧阶段,易挥发组分首先从矿物质与固定碳连接的缝隙间不断逸出,使煤颗粒变成多孔型煤炭颗粒。此时的煤炭颗粒状态基本保持为原煤粉的不规则碎屑

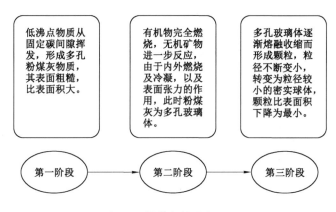

图 1-9 粉煤灰的形成过程

状,但因其具有多孔性,所以其表面积比较大。

第二阶段:随着燃烧温度继续升高,煤炭颗粒中的有机质完全燃烧,其中的矿物质也将脱水、分解、氧化成为无机氧化物,此时的煤粉颗粒变成多孔烧结体,尽管其形态大体上仍维持与第一阶段中的多孔型煤炭颗粒相同,但比表面积却明显地小于多孔型煤炭颗粒。

第三阶段:随着燃烧进一步进行,多孔玻璃体逐渐熔融收缩而形成球体,粒径不断变小,孔隙率不断降低,最终变为密度较高、粒径较小的密实球体,颗粒比表面积下降为最小并随气流逸出,收集形成了粉煤灰。粉煤灰粒子的构成和沉积机理如图 1-10 所示(程芳琴,2016)。

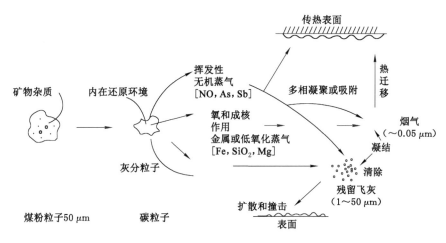

图 1-10 粉煤灰粒子的构成和沉积机理

煤的灰分含量是衡量煤质优劣的主要指标之一。煤的灰分含量越高,煤的发热量越低。灰分含量在 12% 以下的各种原煤和洗混煤,称为低灰分的优质煤;灰分含量在 40% 以上的各种原煤与洗混煤,称为高灰分的低质煤。另外,灰分含量在 16%～40% 的煤泥、水采煤泥和灰分含量在 32% 以上的洗中煤,亦称为低质煤。目前,我国火力发电厂用煤,一般为未经洗选或筛选的原煤,灰分含量多在 25% 左右,高者达 40%～50%。为了提高综合经济效益,一般坑口电厂多烧低质煤,远离煤矿的电厂则烧含灰分较低的原煤或经过筛选加工的煤。

送入锅炉内的燃煤所含的灰分,在煤燃烧后都要通过不同形式排出来,从锅炉排出的灰渣量理论上应该等于送入炉内的燃煤中所含的灰量。但是,由于煤在燃烧过程中,总有一部分固态的可燃物质(即固定碳)没有燃尽,并化合于灰渣中,因此,锅炉实际排出的灰渣量往往大于送入炉内的燃煤中所含的灰量。

在锅炉排出的灰渣中,除有一部分灰量随烟气排于大气外,其余都将由除灰渣系统排出。锅炉排出的灰渣大体上可分为飞灰和炉渣两部分。由于燃烧方式不同,飞灰和炉渣的比例也不相同。煤粉炉为悬浮燃烧,燃烧后残留的灰渣大部分是以极小的颗粒形态存在,并随着烟气的流动离开炉膛,通常将这部分灰称为飞灰,也就是习惯所称的粉煤灰。少部分残渣是以稍大的颗粒形态落下,从炉膛下部的灰斗排出,通常将这部分渣称为炉渣。炉渣按炉型不同又分为固态渣和液态渣。大容量锅炉通常把省煤器下灰斗的落灰计入炉渣内,把空气预热器下灰斗的落灰计入飞灰内。链条炉的炉渣占的比例较大,飞灰占的比例较小。各种炉型的灰渣比例见表1-5。

表1-5　各种炉型的灰渣一般比例

炉型	比例/%	
	飞灰	炉渣
固态排渣煤粉炉	约90	约10
液态排渣煤粉炉	约60	约40
立式旋风炉	40~45	60~55
卧式旋风炉	15~30	85~70
竖井式煤粉炉	约85	约15
层燃链条炉	15~30	85~70
抛煤机链条炉	25~40	75~60

随烟气带出的飞灰量通过除尘器时大部分被分离下来。一般干式旋风除尘器可分离80%左右;洗涤式水膜除尘器可分离90%左右;文丘里洗涤式除尘器可分离95%左右;电气除尘器效率较高,可分离95%~98%,如果运行维护得好,可分离99%。除尘器不能分离的少部分细小的飞灰颗粒,随烟气内烟囱排至大气。

据统计,2006—2008年中国粉煤灰的产生量分别是3.52亿t、3.88亿t和3.95亿t;2013年,粉煤灰产生量达到4.6亿t,占一般工业固体废物的14.8%,综合利用量为4.0亿t;2014年,粉煤灰产生量为45 924.0万t,占一般工业固体废物的14.7%,综合利用量为40 664.3万t。据统计,2020年全国全口径发电量为7.42万亿kW·h,其中火力发电量为5.28万亿kW·h,煤电发电量为4.61万亿kW·h。2020年,粉煤灰产生量约为6.5亿t,近几年我国燃煤电厂粉煤灰产生量持续增加,2015—2020年我国粉煤灰产量及增速详见图1-11。

（二）粉煤灰的一般特性

粉煤灰的物理特性包括密度、堆积密度、比表面积、原灰标准稠度和需水量等,这些性质是化学成分及矿物组成的宏观反映。由于粉煤灰的组成波动范围很大,这就决定了其物

图 1-11 2015—2020 年我国粉煤灰产量及增速

资料来源：中国建筑材料工业规划研究院，华经产业研究院整理。

理特性的差异较大。据有关数据统计显示，我国部分燃煤电厂粉煤灰的基本物理性质见表 1-6。

表 1-6 粉煤灰的基本物理性质

项目		范围	均值
密度/(g/cm³)		1.9～2.9	2.1
堆积密度/(g/cm³)		0.53～1.26	0.78
比表面积/(cm²/g)	氧吸附法	800～195 000	34 000
	透气法	1 180～6 530	3 300
原灰标准稠度/%		27.3～66.7	48.0
需水量/%		89～130	106

在粉煤灰的物理性质中，细度和粒度是比较重要的，它直接影响着粉煤灰的其他性质，粉煤灰越细，细粉比重越大，其活性也越大。细度是评价粉煤灰品质的重要指标之一，通常以 45 μm 筛余量（%）作为其细度指标。粉煤灰细度与煤粉细度、燃烧温度、电厂锅炉类型、收尘设备等都有关系。粉煤灰的粒径主要分布在 0.5～300 μm 内，平均粒径在 10～30 μm 内。火力发电厂的锅炉是以磨细的煤粉作为燃料的，当煤粉喷入炉膛中，就以细颗粒火团的形式进行燃烧，充分释放热能。目前主要采用静电除尘方式，不同设备、地区收集到的粉煤灰粒径差异较大。总之，粉煤灰实际上是一些矿物组成不同、粒径粗细不同、颗粒形态不同、各种颗粒组合的比例不同的机械混合物。粉煤灰的"先天不足"正是由于这种不均匀性、差异性和多变性造成的。就应用角度而言，受到充分燃烧最终形成的玻璃微珠含量越多越好。

（三）粉煤灰的利用现状

近年来，我国的能源工业稳步发展，发电能力年增长率约为 7.3%。每燃烧 1 t 原煤，能产生粉煤灰 250～300 kg，还有 20～30 kg 炉渣。无论是煤粉炉、链条炉，还是沸腾炉，灰渣排放总量约为燃煤总量的 1/3。每发 1 kW·h 的电，需标准煤约 300 g，产生粉煤灰约

100 g。燃煤发电机组,1 kW 的装机容量,年排放粉煤灰 1 t 左右。电力工业的迅速发展,带来了粉煤灰排放量的急骤增加,燃煤热电厂每年所排放的粉煤灰总量逐年增加,1995 年粉煤灰排放量达 1.25×10^8 t,到 2000 年达到约 1.53×10^8 t。2009 年我国煤炭产量在 3.01×10^9 t 左右,排灰量约为 4.5×10^8 t。国际环保组织"绿色和平"在北京发布的《煤炭的真实成本——2010 中国粉煤灰调查报告》指出:中国所面临的粉煤灰问题的规模在全世界都是绝无仅有的,粉煤灰是火力发电的必然产物,每消耗 4 t 煤就会产生 1 t 粉煤灰。中国的火电装机容量从 2002 年起呈现出爆炸式的增长,因此,粉煤灰排放也在过去 8 年内增长了 2.5 倍,"绿色和平"在粉煤灰样品中还检测出 20 多种对环境和人体有害的物质,其中包括可能导致神经系统损伤、出生缺陷甚至癌症的重金属。按照报告的估算,中国每年约有 2.5×10^4 t 的镉、铬、砷、汞和铅这五种国家重点监控的重金属随粉煤灰的排放进入自然环境中。"绿色和平"针对部分火电厂灰场附近的地表水和地下井水的检测也显示出多种有害物质的浓度超过了国家的相关标准。

随着我国大宗固体废物综合利用产业技术的发展,粉煤灰综合利用成熟技术已有百余项,2020 年,我国粉煤灰综合利用量约 5.07 亿 t,综合利用率为 78%。2015—2020 年我国粉煤灰综合利用量及增速详见图 1-12。

图 1-12　2015—2020 年我国粉煤灰综合利用量及增速
资料来源:中国建筑材料工业规划研究院,华经产业研究院整理。

粉煤灰是一种放错地方的资源,我国是一个人均占有资源储量很有限的国家,而粉煤灰可以作为一种再生资源却成为污染环境和危害人类健康的废弃物,没有得到有效利用,这是可持续发展中必须解决的资源回收利用问题(卞正富等,2007;张祥成等,2020)。充分认识和利用粉煤灰,是推动中国电力工业及相关产业可持续发展的关键。在 20 世纪 50 年代,中国就已开始粉煤灰的利用,并在 20 世纪 60 年代成立专门的机构来开展这项工作。

相比国外,我国的粉煤灰利用率相对偏低,2019 年综合利用率为 78%(详见图 1-13),粉煤灰的综合利用包括以下几个方面。

1. 建筑建材方面的应用

(1)粉煤灰水泥。粉煤灰主要由活性 SiO_2 和 Al_2O_3 组成,因此可用作水泥生产中黏土组分的替代品。粉煤灰广泛用于水泥生产,可以提高产量,降低成本,改善水泥某些性能。

(2)粉煤灰混凝土。实践证明,在配制混凝土时加入适量的粉煤灰,可以改善混凝土的

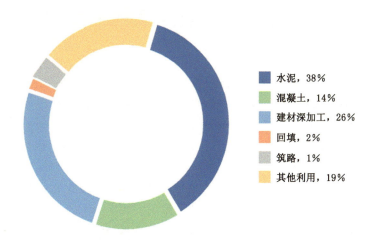

图 1-13　2019 年我国粉煤灰利用现状

资料来源:《我国粉煤灰利用现状及展望》,华经产业研究院整理。

性能,提高产品质量,降低产品的生产成本和工程成本。

（3）烧结粉煤灰砖。烧结粉煤灰砖是以粉煤灰和黏土为主要原料,辅以其他工业废渣,经一系列工序烧结而成。烧结粉煤灰砖具有质量轻、黏土消耗量少、焙烧周期短、质量好等优点。

（4）粉煤灰砌块。与黏土制品相比,粉煤灰砌块质量轻、强度大、保温性和耐久性好,还可以减少施工周期,降低施工成本。

（5）粉煤灰砂浆。使用粉煤灰替代传统建筑砂浆中的水泥和砂等组分配置成粉煤灰砂浆,可以有效降低施工成本,同时也能保证项目质量。

（6）粉煤灰陶瓷。以废料陶瓷、建筑垃圾、河道淤泥等作为原料,通过采用先进的发泡方法和生产工艺,高温焙烧制造出的泡沫陶瓷材料,具有气孔率高、比表面积大、耐高温和耐腐蚀等优点。

2. 农业方面的应用

（1）改良土壤。粉煤灰的质地大致为:粉砂粒占 92%,黏性颗粒占 8%,保水能力为 57%,导热系数小,亲水性弱,容重低,孔隙率为 0%。在黏质土壤中加入适量的粉煤灰,可以有效保存土壤中的水、气、热、肥。粉煤灰的加入也能够提高土壤中微生物的活性,有利于植物的生长。

（2）粉煤灰制化肥。粉煤灰含有迄今已知的植物生长所需的大部分营养素,可以作为一种复合肥料施用于土壤中。但单施用粉煤灰并不能让作物达到高效增产的目的,且粉煤灰施用过多也会对田地造成损害。据此,人们将粉煤灰进行加工处理,制成多种高效复合化肥。这种化肥具有非常好的增产效果,并且价格低廉,用量较少。目前,市面常见的有粉煤灰硅钙肥、粉煤灰复混肥、粉煤灰磁化肥等,这些肥料的肥效较长,增产效果也较明显。

3. 化工方面的应用

（1）合成分子筛。分子筛是一种用碱、铝、硅酸钠等合成的泡沸石晶体。因其吸附能力强,可以筛分不同大小的分子,所以广泛用于催化、吸附等领域。

（2）提取氧化铝。粉煤灰中 Al_2O_3 的含量仅次于 SiO_2，因此，从粉煤灰中提取铝资源成为国内外学者研究的重点。目前，从粉煤灰中提取氧化铝的工艺主要有碱法、酸法、酸碱联合法。

（3）提取稀有金属。粉煤灰中含有镓、锂、钒、镍等微量稀有金属元素，对这些微量元素进行提取和高附加值利用，是实现粉煤灰精细化利用的重要途径。

4. 环保方面的应用

（1）粉煤灰中所含物质多呈不规则多孔形式，比表面积大，同时粉煤灰中还含有一些活性基团，这就使其具有较强的吸附能力，能够作为吸附剂处理污水和烟气。粉煤灰的吸附主要表现在物理吸附和化学吸附两个方面，正常情况下，物理吸附和化学吸附作用同时存在，但在溶液浓度、温度、吸附时间等不同条件下体现出的优势不同。

（2）粉煤灰作为一种"宝贵"的资源，要依靠科学技术，从保护环境、节约资源的角度全面利用这一丰富的资源。要加大研发投入，积极利用国际先进技术和装备，研发新产品，建立技术创新体系，生产具有高附加值的产品，不断扩大利用面，提高利用率。随着社会的发展，科学技术的进步，以及国家相关政策的支持，粉煤灰将会成为一种造福于人类的宝贵资源。

四、煤气化渣的产生与利用现状

（一）煤气化渣的产生

煤气化渣是煤与氧气或者富氧空气发生不完全燃烧生成 CO 与 H_2 的过程中，煤中无机矿物经过一系列物理化学转变伴随煤中残碳颗粒形成的固态残渣，可分为粗渣和细渣两类。每年煤气化渣的排放量达到几千万吨。在煤气化过程中，气化炉内的原煤颗粒在高温下快速分解，随着挥发分的不断挥发，碳的石墨化程度不断加深，生成煤焦。然后氧气、蒸气等气化剂扩散到颗粒内部，进行气化反应，产生合成煤气。随着反应的进行，当煤焦颗粒达到破碎临界状态时，继续反应，煤焦颗粒开始破碎，经过均相及非均相反应，煤中矿物质等成分转变为熔渣。一部分熔渣附着在气化炉壁，以熔融态沿炉壁流入炉底后，经激冷凝固形成粗渣，其粒径较大；另一部分被气流带出，随合成气进入后续净化工序，形成颗粒较小的细渣。最终，气化系统排出粗渣和细渣两种形式的渣样。煤气化粗渣和细渣形成示意图如图 1-14 所示（史兆臣等，2020）。

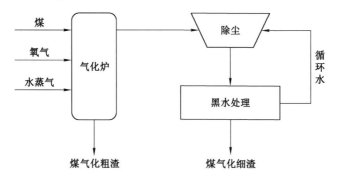

图 1-14　煤气化粗渣和细渣形成示意图

　　粗渣是顺着气化炉壁,经过渣口下降管在激冷室淬冷,迅速固化为固体小颗粒沉降在激冷室底部,最终产生于气化炉的排渣口。粗渣残碳量较低,残碳量随着煤气化炉种类、煤气化炉操作条件以及煤种的不同波动较大,一般为 5％～30％,其粒径分布主要在 4～16 目之间,主要由浆化煤炭颗粒在煤气化炉中高温、高压的条件下,经过熔融—激冷—凝结等流程,在煤气化炉底部排出的含水渣,其含量可占煤气化残渣排量的 60％～80％。

　　细渣是由激冷室中的飞灰和悬浮在激冷水中的细颗粒渣组成的,它们随黑水排放进入灰水处理系统,产生于合成器的除尘装置。细渣残碳量较高,一般可高于 30％,其由气化炉顶部的气流所带出,并经洗涤净化、沉淀得到的含水渣,其含量可占煤气化残渣排量的 20％～40％。煤气化渣的成分含量波动较大,其主要与原料种类、气化炉种类以及操作条件有紧密的相关性,并且地区与气化工艺对煤气化渣的成分含量影响较大,但主要成分均为 SiO_2、Al_2O_3、CaO、MgO、Fe_2O_3、TiO_2 等无机相和残碳,SiO_2、Al_2O_3、Fe_2O_3 三者含量之和可达 70％以上。按照煤颗粒、粗渣与细渣的物理化学特性并结合中间产物的分析,其中的化学反应和物质转变过程如图 1-15 所示(吕登攀,2021)。

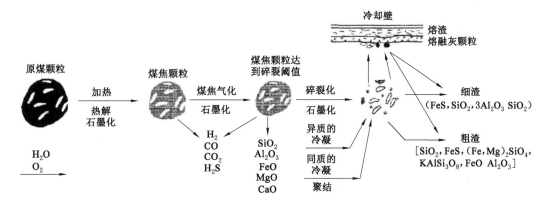

图 1-15　煤颗粒在气化炉中气化过程图

　　当快速加热时,原煤颗粒由于挥发性物质的释放而膨胀,产生大颗粒尺寸的壳状炭,伴随着由于热变质导致的石墨化过程,从而生成煤焦。然后气化剂(H_2O、O_2)在煤焦表面上扩散并进入孔中,在孔中气化剂与碳微晶边缘的活性位点接触,引起气化反应。随着反应的进行,孔隙逐渐被侵蚀,炭壳慢慢变薄,最终导致空洞形成,变得更加易碎。当达到碎裂阈值时,焦炭颗粒会碎裂,停留一段时间后,熔渣因煤中矿物质与焦炭碎片发生非均相及均相反应而生成。

　　煤在气化炉中经历了燃烧、气化等热转化过程后,煤中的矿物质和其他无机组分先后经历了破裂、团聚和熔融等过程,最终与部分未参与反应的煤或煤焦形成灰渣,煤气化渣的形成历程如图 1-16 所示(朱菊芬等,2021)。

　　(二)煤气化渣的利用现状

　　据不完全统计,2018 年煤化工行业转化煤炭约 9 556 万 t,2019 年上半年转化煤炭约 5 570万 t。随着煤气化技术的更新和大规模推广应用,导致煤气化渣大量产生,其年产量超过 3 300 万 t。

　　目前,国内外针对煤气化渣的资源化利用研究主要集中于以下几个方面:掺烧热方面

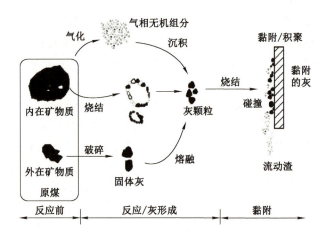

图 1-16　煤气化渣的形成历程

的应用、建筑材料方面的应用、高附加值材料制备方面的应用、水体与土壤修复方面的应用等。煤气化渣的资源化利用方式如图 1-17 所示。

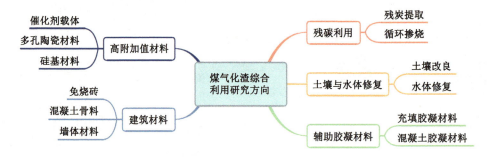

图 1-17　煤气化渣的资源化利用方式

1.掺烧热方面的应用

对气化灰渣的掺烧利用途径主要是指对残碳含量高的气化细渣直接与不同等级的原煤进行配比掺混后用于再燃烧。

2.建筑材料方面的应用

随着建筑材料成本的增加和需求的扩大,煤气化粗渣作为一种性能较好的骨料和胶凝原料,被更多地用于建筑材料的生产,如墙体材料、胶凝材料、免烧砖等。

3.土壤与水体修复方面的应用

目前许多学者尝试将煤气化渣用作土壤改良剂,在土壤中添加一定量的煤气化细渣后,发现碱沙地土壤的一些理化性质得到了有效改善。

4.高附加值材料制备方面的应用

有诸多学者对煤气化渣的高值化利用(如催化剂载体、陶瓷材料、硅基材料等)进行了探索研究。充分利用煤气化细渣中石英玻璃微珠和残碳,制备出碳-硅介孔硅基材料、介孔玻璃微球等。

第四节 煤矿固体废物利用发展趋势

一、煤矸石利用发展趋势

(一)煤矸石利用状况分析

自20世纪50年代开始,我国已经提出煤矸石综合利用研究,但将其作为一种资源开发是在20世纪70年代后才兴起的。从20世纪80年代至今,国家和一些地方政府出台了一系列关于煤矸石综合利用的法规政策,以提高煤矸石综合利用率。通常黏土岩质煤矸石可用于生产煤矸石砖、水泥,制备陶瓷;含煤较多的煤矸石可用于电厂发电、生活取暖;含煤较少的煤矸石适合用于筑路及复垦回填材料;合成碳化硅、制备分子筛,也可用于生产有机复合肥,改良土壤等。遵循"减量化、资源化、无害化"三大原则,加大对煤矸石控制与利用的力度。自"十一五"计划以来,人们整体环境保护意识逐渐增强,加大了对煤矸石综合治理方面的投资力度,另外加工技术日趋成熟,我国煤矸石资源化利用领域逐渐拓宽,煤矸石利用率不断提高。

目前,我国对煤矸石综合利用主要集中在以下几个方面:① 煤矸石在建材中的应用,包括煤矸石制砖、煤矸石砌块、煤矸石陶粒。其中,我国煤矸石制砖从20世纪60年代开始至今,已积累了丰富的实践经验,产品也逐步多样化,从实心砖到空心砖、低标号砖到高标号砖,还研制了免烧砖、装饰砖等,我国的煤矸石制砖已实现规模化生产,年产量可达200多亿块,与黏土砖相比,每年可节省224万t标准煤,可节约土地面积1 870~2 670 hm²。煤矸石砌块是以自燃或人工煅烧煤矸石为骨料,以水泥等为胶结材料,加入少量外加剂,按一定比例计量配料、加水搅拌,经振动成型、蒸汽养护等工艺制成;其质量轻、强度高、成本低,性能相对稳定,可应用于承重墙、隔墙、保温块等多种制品。煤矸石陶粒具有质量轻、强度高、保温性能好、抗震防火等特点,广泛应用于建筑装饰材料,利用煤矸石生产混凝土轻骨料(陶粒),目前已可研制出700~900 kg/m³的高强陶粒、500~700 kg/m³的普通陶粒、小于500 kg/m³的超轻陶粒以及多孔陶粒等多个品种,并已投产使用。② 煤矸石在水泥及混凝土中的应用。煤矸石因为其潜在的火山灰活性,将其活化后,在水泥中主要应用于代替黏土烧制水泥、作为胶凝材料代替水泥、生产新型水泥。煤矸石作为混凝土掺和料具有利用工业废渣、降低水泥用量、改善水泥混凝土性能的作用。煤矸石已被广泛应用于水泥生料、熟料及新型水泥的研发与应用,在水泥中的掺量达到30%,使得水泥中吨熟料(非标准煤)由475 kg降至378 kg,同时,提高了水泥的生产效率,降低了能源的消耗。

(二)煤矸石综合利用发展趋势

我国中东部地区由于煤矸石排放量的减少、工程直接利用的增加等原因,煤矸石用作建筑材料呈现越来越少的趋势。我国西部地区随着经济快速发展,煤矸石作为资源的开发与利用成为越来越重要的研究方向,将煤矸石应用于不同的领域可以很好地缓解环境保护与经济发展的矛盾。煤矸石在传统建筑材料利用方面若是要再提高综合利用率难度会越来越大,可能会呈现逐渐下降趋势,因此煤矸石利用的重点发展方向应是开发和推广高附加值的建筑材料。煤矸石属煤系高岭土,是与煤共生的泥岩夹矸,利用其生产沸石、陶瓷材料、耐火材料也是煤矸石综合利用的重要途径。煤矸石在水泥及混凝土中的应用也有前景,因其潜在的火山灰活性,将其活化后可代替黏土烧制水泥、作为胶凝材料代替水泥、生产新型水泥。煤矸石主要利用方向是开发大宗利用途径,重点是在矿井充填、生态治理、土壤改良、工程建设等方面的利用。

总体来看,解决煤矸石综合利用问题的重点和难点主要是在西部:一是西部经济不发达,煤矸石利用难度大、目前利用率低;二是西部生态脆弱,环境容量低,煤矸石处置和利用要求高且成本高;三是西部煤矸石排放量大且产废企业生产率高,源头控制和生产中消耗利用技术难度大;四是全国煤矸石利用率的总体提高今后主要是靠西部,但西部本来煤矸石利用率就低,还要承担东部煤矸石利用量减少带来实际利用率降低的压力,这就造成全国煤矸石利用率的提升困难,技术难度增大;五是解决煤矸石综合利用的出路是除加强推广目前综合利用途径和方法外,重点是开发矿井充填、生态治理、土壤改良、工程建设等大宗利用途径。同时,调整开采工艺、实施井下排矸、发展煤矸井下分离矸石不升井技术,从源头上减少煤矸石固体废物产生量也是提高煤矸石综合利用率的根本出路。

二、粉煤灰利用发展趋势

(一)粉煤灰利用状况分析

粉煤灰的综合利用有多种途径:① 作为水泥的混合原料。粉煤灰中的主要成分就是氧化硅与氧化铝,经过粉碎并且与水混合后,不会产生硬化反应,而与石灰石进行混合后,掺入水以后,将成为胶状,之后会在空气中甚至在水中持续硬化,这十分有利于粉煤灰在建筑材料方面的推广。② 作为硅酸盐水泥的附加原料。粉煤灰既可以当作硅酸盐水泥的生产原料,也可以当作粉煤灰水泥的原材料,甚为熟料。③ 作为混凝土的混合原料。粉煤灰作为钢筋混凝土的混合原料,是目前混凝土转化率较高的一种方式。粉煤灰包含大量的玻璃体,玻璃体的表面平滑,可以有效提高混凝土表面的顺滑性。当前,国内粉煤灰作为混凝土的混合原料常见于大体积混凝土、高质量混凝土、楼房混凝土、泵送混凝土。混凝土中采用粉煤灰来代替细化材料,可以有效降低混凝土成本,增加混凝土的流动性,降低混凝土中原料分层以及堵塞输送管道的可能性。④ 作为建筑原料。建筑物所使用的砖瓦以及砖块的生产过程中可以采用粉煤灰作为原材料,生产过程简单、方便,可以大规模消耗粉煤灰,是粉煤灰消耗量最大的一种方式。采用粉煤灰来生产建筑材料的主要产品包括承重砖、实心砖、空心砖。⑤ 在农业应用方面,粉煤灰的主要成分为硅化物、铝化物以及铁化物,并且其中还具有少量的钙、镁、钠、铝、硼、磷、锰、锌等元素,这些元素均可以有效改善土地的性能。粉煤灰可以作为肥料的原材料,也可以作为肥料的添加剂,制成特种肥料,例如磁性复合肥、硝酸磷钾肥、硫酸钾复合肥。⑥ 有用物质的再利用。粉煤灰中的部分物质具有一定经济价值,主要包括玻璃微珠、金属化合物。煤炭中存在一些无法燃烧的物质,在高温的作用下熔化,形成熔滴状态,经过冷却后,形成非晶体状态,该物质就是玻璃微珠。玻璃微珠质量轻、绝缘性能好、强度高,并且具有一定的耐热性。工业使用过程中,采用简单的物理方法就能实现回收,包括风力分选、液体浮选等工艺。粉煤灰中主要的金属为铝、钒、锗、铀,但是含量较少,提取难度也较大,一般需要多种化学反应继续提取。总之,在大宗固体废物综合利用中粉煤灰是利用率最高的,也是用途最广泛的,但再提高综合利用率也是难度最大的固体废物。

（二）粉煤灰综合利用发展趋势

我国粉煤灰生产趋势是东部产生量稳定或逐渐在减少、西部产生量逐渐在增加。粉煤灰综合利用率是东部高、西部低，且今后利用率的提升也是东部容易、西部困难，这就造成粉煤灰大宗固体废物利用的总体难度会越来越大、总体成本会越来越高。粉煤灰在传统建筑材料利用方面若是要再提高综合利用率难度会越来越大，发展方向重点突破应是开发高附加值的建筑材料。粉煤灰主要利用方向是在保持目前用于水泥、混凝土和建筑材料深加工产品等利用率的前提下，大力开发工程大宗利用途径，重点是在矿井充填、生态治理、土壤改良、道路建设、工程建设等方面的利用。

同时，国内的建筑砖块还主要采用农业黏土作为原材料，大规模地生产该类砖块，需要消耗大量的黏土，破坏农业，用粉煤灰代替黏土来生产砖块以及砖瓦，可以有效减少黏土的消耗。粉煤灰是建筑高速公路的良好材料，可以直接采用粉煤灰作为公路建筑原材料。粉煤灰遇水后可以较好地结成块状，避免了路基下沉的情况，施工简单方便，并且可以有效降低公路建筑成本。在大型的矿井或者大坑中，可以采用粉煤灰进行直接填充，这种处理方式对粉煤灰的性能并没有规定，是粉煤灰最简单的处理方式，一般采用劣质的粉煤灰。

三、煤气化渣利用发展趋势

（一）煤气化渣利用状况分析

随着煤化工产业的迅猛发展，煤气化渣的年排放量与日俱增，其规模化处置与资源化利用迫在眉睫。目前煤气化渣规模化处置利用主要聚焦在建工建材、生态治理等方面，但因其含碳量高、杂质高等特点，导致建筑材料掺量低、品质不稳定，生态治理二次污染严重等问题，经济和环境效益差，煤气化渣利用率较低，因此，煤气化灰渣规模化安全处置技术亟待解决。煤气化灰渣综合利用率较低的原因除受其本身的特性影响外，还受以下原因影响：① 人们普遍认为煤气化是一种清洁技术，煤气化渣对生态环境和人类健康的危害并没有得到充分重视；② 原煤、气化工艺条件和排渣方式等因素的不同使煤气化渣的理化性质差异较大；③ 在传统资源化领域，粉煤灰占据了很大比例，煤气化渣与之相比缺乏竞争力；④ 煤气化渣在高值化利用方向仍旧处于探索研究阶段，未达到规模化应用，经济效益较低。合理处理处置煤气化渣，既能回收部分能量，也有利于环境保护。同时，开发操作简易、适应性强且具有一定经济效益的煤气化渣综合利用技术路线，是目前煤气化渣能够综合利用的技术途径和迫切需求。

（二）煤气化渣综合利用发展趋势

煤气化渣是煤气化过程中不可避免的产物，其主要产生于气化炉的排渣口和合成气的除尘炉的排灰口。所以，随着煤气化工业的发展，煤气化渣将会大量的产生。煤气化渣用于水泥基混凝土建筑材料、水泥基混凝土的制备中。因为煤气化渣的粒径具有一定级配，且与粉煤灰的成分相近，可作为混凝土生产过程中的骨料和掺和料。泡沫混凝土是一种新型建筑节能材料，具有防火性能优良、轻质、隔热效果较好、施工方便等特点，煤气化渣中含有大量的含硅玻璃体和活性 SiO_2、活性 Al_2O_3，具有潜在的火山灰活性，可作为泡沫混凝土生产过程中的骨料和掺和料。煤气化渣具有和粉煤灰相近的性质，应用于制备新型砌体材料是常见且切实可行的应用途径，具备节能、利废、环保的特性。煤气化渣与硅酸盐水泥具有相近的化学成分,因此还可用其取代部分水泥制备硅酸盐水泥。此外,由于煤气化渣中残碳的含量较高,水泥生料中炉渣的掺入可提高物料的预烧性,进而使熟料的产量和质量提高。我国铝土矿资源不足,氧化铝进口依存度高,应用高铝粉煤灰再生生产氧化铝,在减少煤气化渣对土地占用与水体污染的同时,有利于铝工业的可持续发展。

我国每年产生大量煤气化渣,这些煤气化渣不仅影响环境,造成资源浪费,还浪费大量的热能,显热回收是铁合金煤气化渣综合利用的重要方向。当前对煤气化渣简单填埋处理、制备普通的水泥和建筑材料等利用方向,已远远不能满足当前国家的环保要求和可持续发展要求,制备高附加值产品是煤气化渣综合利用的另一途径,例如用煤气化渣处理气化废水。研究表明,固定床气化炉的炉渣,具有和活性炭相类似的性能,用于处理气化废水时,对煤气废水中的COD(化学需氧量,水体有机污染的一项重要指标)和酚有明显的去除效果,可以减轻废水生化处理的负担。吸附有机物后炉渣作为循环流化床锅炉的原料,避免了二次污染问题。

在资源化利用方面,结合煤气化渣的资源特点,目前主要在碳材料开发利用、陶瓷材料制备、铝/硅基产品制备等方面引起广泛关注,虽然经济效益相对显著,但均处于实验室研究或扩试试验阶段,主要存在成本高、流程复杂、杂质难调控、下游市场小等问题,无法实现规模化利用。因此,为了提高企业经济效益,同时解决企业环保难题,结合煤气化渣堆存量大、产生量大、处理迫切的现状以及富含铝硅碳资源的特殊属性,建议煤气化渣的综合利用采用"规模化消纳解决企业环保问题为主+高值化利用增加企业经济效益为辅"的煤处置思路。开发过程简单、适应性强、具有一定经济效益的煤气化渣综合利用技术路线,是目前的煤气化渣利用的有效途径和迫切需求。

总体来看,除积极研究拓展上述煤气化渣的综合利用途径外,还应加强粗、细煤气化渣的分类收集、贮存、分选利用、直接利用和大宗利用途径和技术的研发,如细渣分选脱碳利用、细渣掺烧利用、尾渣地下固化充填、土壤改良等综合利用处置技术。

第二章　煤矿固体废物的理化性质

第一节　煤矸石的理化性质

一、煤矸石的来源与分类

（一）煤矸石的来源

煤矸石是采煤过程和选煤过程中排出的固体废物，是一种在成煤过程中与煤层伴生的含碳量较低、比煤坚硬的黑灰色岩石，一般每采 1 t 原煤排出矸石 0.2 t 左右。煤矸石产生主要有三种途径：① 采煤或者煤巷掘进过程中，煤层中夹杂的矸石和部分顶底板岩石随煤一起产出，最终被拣出的矸石；② 井筒与巷道施工过程中开凿出的矸石；③ 选煤厂在煤炭分选过程中选出的矸石。这三种途径产生的煤矸石比例如表 2-1 所示（王栋民等，2021）。

表 2-1　煤矸石的来源及生产情况

煤矸石来源及产生情况	井巷掘进施工排除的白矸	采煤过程中拣出的普矸	选煤过程中产生的洗矸
所占比例/%	30～50	5～20	40～60

其中，煤层顶板常见的岩石包括泥岩、粉砂岩、砂岩、砂砾岩；煤层底板的岩石多为泥岩、页岩、黏土岩、粉砂岩；煤层夹矸的岩石有黏土岩、碳质泥岩、粉砂岩、砂岩等。

岩石巷道掘进时产生的煤矸石，通常称为白矸，主要岩石有泥岩、页岩、粉砂岩、砂岩、砾岩、石灰岩等。

煤炭分选过程中产生的煤矸石，又被称为洗矸，其中主要由煤层中的各种夹石如高岭石、黏土岩、黄铁矿等组成。

（二）煤矸石的分类

对煤矸石的分类和命名不仅是煤矸石综合利用的基础工作，而且是一项综合性较强的工作。各地煤矸石成分复杂，物理化学性能各异，不同的煤矸石综合利用的途径对煤矸石的化学成分及物理化学特征要求也不一样。为煤矸石进行科学、合理的分类对推动煤矸石资源化利用具有十分重要的理论和实际意义，主要体现在最大限度地对煤矸石进行物尽其用、基于利用途径对煤矸石进行归类堆放、为探索高附加值利用煤矸石技术途径和其长远发展提供决策性依据。

关于煤矸石的分类和命名，目前国内外尚无系统、完整和统一的方案，多是不同研究者根据某些特征提出自己的分类标准。煤矸石的分类及命名方案很多，其中最简单、最常用的是以煤矸石的产地来分类。煤炭生产部门则习惯用颜色来分类命名，如黑矸、灰矸、白矸、红矸等；或根据矸石产出层位来分类命名，如顶板矸、夹石矸等。煤矸石常见的分类依据有按来源分类、按自燃状态分类、按分级分类法分类以及按利用途径分类(王栋民等,2021)。

1. 按来源分类

根据煤矸石的产出方式即来源可以将煤矸石分为煤巷矸、岩巷矸、过火矸、洗矸及手选矸5类。

(1)煤巷矸

煤矿沿煤层掘进过程中所排出的煤矸石,统称为煤巷矸。这类煤巷矸的特点是排量大,且有一定的含碳量及热值。

(2)岩巷矸

煤矿沿岩层掘进过程中所排出的煤矸石,统称为岩巷矸。这类煤矸石的特点是岩种杂、排量集中、含碳量低(有的根本不含碳)。

(3)过火矸

凡是堆积在煤矸石山上经过自燃的煤矸石,统称过火矸。这类煤矸石一般呈红褐色、褐黄色及灰白色,以砂质泥岩及泥岩居多,烧失量低,且有一定的活性。

(4)洗矸

洗矸是从煤炭洗选过程中排出的煤矸石。洗矸的特点是排量集中、粒度较细、含碳量和含硫量均高于其他各类煤矸石。

(5)手选矸

手选矸是指混在原煤中产出,在井下、井口或选煤厂由人工拣出的煤矸石。手选矸具有一定的粒度,排量小,热值变化较大。此外,在手选煤矸石的同时,一些与煤共生、伴生的矿产资源往往亦同时被选出。

2. 按自燃状态分类

在自然界中,煤矸石以未燃矸石(风化矸石)和自燃矸石两种形态存在,这两种矸石在内部结构上有很大的区别,因而其胶凝活性差异很大。

(1)未燃矸石(风化矸石)

未燃矸石(风化矸石)是指经过堆放,在自然条件下经风吹、雨淋,从块状结构分解成粉末状的煤矸石。该种煤矸石由于在地表下经过若干年缓慢沉积,其结构的晶型比较稳定,其原子、离子、分子等质点都按一定的规律有序排列,活性也很低或基本上没有活性。

(2)自燃矸石

自燃矸石是指经过堆放,在一定条件下自行燃烧后的煤矸石。自燃矸石一般呈陶红色,又称红矸。自燃矸石中碳的含量大大减少,氧化硅和氧化铝的含量较未燃矸石明显增加,与火山灰渣、浮石、粉煤灰等材料相似,也是一种火山灰质材料。自燃矸石的矿物组成与未燃矸石相比有较大的差别,原有高岭石、水云母等黏土类矿物经过脱水、分解、高温熔融及重结晶而形成新的物相,尤其生成的无定形 SiO_2 和 Al_2O_3 使自燃煤矸石具有一定的火山灰活性。

3. 按分级分类法分类

以上方法对煤矸石进行分类只能反映煤矸石某一方面的特性,不利于煤矸石的综合利用。欧洲各主要产煤国、美国、澳大利亚等国对煤矸石的综合利用进行了大量的研究,提出过多种分类方案,其中以苏联的研究最具代表意义。他们按煤矸石的来源、特点、成分等不同指标分等级列出分类符号,然后根据各种利用途径对煤矸石质量的要求,填入所需的分类符号。根据分类符号所规定的质量要求,可以方便地选择煤矸石的加工工艺和综合利用途径。

20 世纪 80 年代以来,我国科技工作者针对我国的煤矸石情况进行了较为深入的研究,同时借鉴国外的分类方法,提出了各种分类方案,并采用多级分类命名的方法,希望能够充分反映煤矸石的物理化学以及岩石矿物学特征,以期为煤矸石的综合利用提供方便。其分类方法介绍如下:

(1)中煤科工集团重庆研究院有限公司提出煤矸石的三级分类命名法,三级分别为矸类(产出名称)、矸族(实用名称)、矸岩(岩石名称)。该方案首先按煤矸石的产出方式将其分为洗矸、煤巷矸、岩巷矸、手选矸和剥离矸五类,最后按煤矸石的岩石类型划分矸岩。

(2)中国矿业大学以徐州矿区煤矸石的研究为基础,提出了华东地区煤矸石分类方案。该方案是以煤矸石在建筑材料方面的利用为主要途径的一种分类方案。分类指标为岩石类型、含铝量、含铁量和含钙量,四个指标均分为四个等级,除岩石类型以笔画顺序排等级外,其他三个指标都以含量多少排等级,以阿拉伯数字表示等级次序。以岩石类型等级序号为千位数字,依次与其他三个指标的等级序号组成一个四位数,作为煤矸石分类代号。

4. 按利用途径分类

按分级分类法分类虽然能比较全面地反映煤矸石的相关特征,但该方法过于复杂。鉴于煤矸石活性与煤矸石所含黏土矿物种类以及数量相关,便于煤矸石建筑材料资源化利用,有些人建议按煤矸石黏土矿物组成和数量对煤矸石进行分类,按煤矸石中高岭土、蒙脱土和伊利石含量多少将煤矸石分为高岭土质矸石、蒙脱土质矸石、伊利石质矸石和其他矸石,其他矸石是指所含黏土矿物总量小于 10% 的煤矸石。根据煤矸石主要利用途径,一是作为原料,二是利用其热值,结合煤矸石的矿物组成、铝硅比、碳含量和全硫含量,可以对煤矸石进行以下分类:

(1)根据煤矸石的岩石矿物组成特征,可以将其分为高岭石泥岩、碳质泥岩、砂质泥岩、伊利石泥岩、砂岩与石灰岩类煤矸石。高岭石泥岩、伊利石泥岩可以用来生产多孔烧结料、煤矸石砖、建筑陶瓷、含铝精矿、硅铝合金、道路建筑材料等。砂质泥岩、砂岩可以用来生产建筑工程用的碎石、混凝土密实骨料。石灰岩主要可以用来生产胶凝材料、建筑工程用的碎石、改良土壤用的石灰等。

(2)根据煤矸石中 Al_2O_3 含量与 SiO_2 含量比值,可以将其分为高铝质、黏土岩质和砂岩质类煤矸石。煤矸石中化学成分铝硅的比例,即 Al_2O_3 与 SiO_2 的质量比,是确定煤矸石综合利用途径的一个重要指标。一般地说,铝硅比大于 0.5 的煤矸石,铝含量高,硅含量较低,其矿物成分以高岭石为主,含有少量的伊利石、石英,质点粒径小,可塑性好,无膨胀现象,可作为制造高级陶瓷、煅烧高岭土及分子筛的原料等。

(3)根据固定碳的含量可以将其分为四个等级:Ⅰ级 <4%(少碳的);Ⅱ级为 4%~6%(低碳的);Ⅲ级为 6%~20%(中碳的);Ⅳ级 >20%(高碳的)。其中,Ⅳ级煤矸石的发热量较高(6.27~12.54 MJ/kg),可以作为燃料;Ⅲ级煤矸石的发热量为 2.09~6.27 MJ/kg,可用作生产水泥、砖等建材制品;Ⅰ级、Ⅱ级煤矸石的发热量在 2.09 MJ/kg 以下,可作为水泥的混合材料、混凝土骨料和其他建材制品的原料,也可用于采煤塌陷区的复垦和矿井采空区回填等。

(4)按煤矸石中硫元素的总质量占化学成分的比例(简称全硫量),也可将煤矸石分为四类:Ⅰ类含硫量 <0.5%,Ⅱ类含硫量为 0.5%~3%,Ⅲ类含硫量为 3%~5%,Ⅳ类含硫量

＞5%。煤矸石的全硫量,一是可以决定煤矸石中的硫是否有回收价值,二是可以决定煤矸石的工业利用范围。全硫量达 5% 的煤矸石即可回收其中的硫精矿;而用作燃料的煤矸石,则需要根据其全硫量的多少,在燃烧过程中采取相应的除尘、脱硫措施,以减少烟尘和二氧化硫的排放,防止由此产生大气环境污染。

实际上,不同类型的煤矸石在质量上有很大的差距,发热量($Q_{gr,ad}$)大部分在 $2.09 \sim 8.36$ MJ/kg;灰分(A_d)一般为 $60\% \sim 90\%$,其发热量随着固定碳含量的增加而增加;挥发分(V_d)一般为 $10\% \sim 30\%$;硫分($S_{t,d}$)一般在 1% 以下。发热量在 4.18 MJ/kg 以上的煤矸石占到总矸石量的 1/3 以上。尤其是山西省,高位发热量的煤矸石占比较高,发热量在 4.18 MJ/kg 以上的煤矸石占总矸石量的 50% 以上。我国部分省(区)煤矸石工业分析见表2-2。

表 2-2 我国部分省(区)煤矸石工业分析

省份	矿井	$Q_{gr,ad}$/(MJ/kg)	M_{ad}/%	A_d/%	V_d/%	C_d/%	$S_{t,d}$/%
山西	黄家堡矿	1.21	0.66	85.22	11.82	2.96	1.17
	东山煤矿	7.72	1.31	74.45	9.23	16.82	—
	荫营煤矿	10.77	1.58	61.36	9.66	28.98	0.47
内蒙古	长汉沟矿	0.72	1.92	90.72	7.69	1.59	0.65
	红石矿	6.98	0.86	68.48	15.20	16.32	0.77
	平沟矿	8.95	0.82	64.59	15.90	19.51	0.38
河南	平顶山三矿	0.84	1.25	90.14	9.67	0.29	0.59
	平顶山二矿	6.6	0.91	69.24	18.12	12.64	0.89
	大峪沟矿务局3号井	8.45	0.14	59.78	28.18	12.04	0.36
宁夏	乌兰矿	1.60	0.76	87.27	10.48	2.25	—
	石嘴山二矿	6.36	0.92	71.61	14.88	16.61	1.55
	石嘴山一矿	3.97	0.89	79.40	13.14	10.37	3.02
陕西	象山矿	1.88	1.62	83.37	10.52	6.11	0.39
	东坡矿	6.34	1.10	71.64	12.90	15.46	1.32
	权家河矿	9.08	0.96	65.37	11.67	22.96	1.40

尽管当前煤矸石的分类方法很多,但尚未形成一个统一的、明确的分类及命名方案。只有对各地区的煤矸石物理、化学以及岩石矿物性质进行系统的研究,建立起比较完备的煤矸石数据库,才能基于煤矸石综合利用来确定煤矸石的分类。从有利于煤矸石综合利用,且分类简单的方面来说,有些人认为根据煤矸石的碳含量和矿物组成进行分类是一种比较适合的分类方法。

目前通用且普遍被认可的分类依据为 1985 年 1 月,中煤科工集团重庆煤炭研究院有限公司王长根提出来的分类依据,即三级分类命名法,他提出将煤矸石分为岩巷矸、煤巷矸、洗矸、手选矸和剥离矸等;1991 年 5 月,二级分类命名方案由焦作矿业学院的葛宝勋提出,他将煤矸石分为自燃矸、煤巷矸、洗矸、岩巷矸、手选矸;1998 年,最新的命名方案由焦作工学院的邓寅生提出,他在分析上述所有二级、三级分类方案的基础上,对以上两种方法进行了整合和汇总,提出将煤矸石分为井岩巷矸、煤巷矸、手选矸、选煤矸和自燃矸(过火矸)五类;2001 年,关于煤矸石的命名再次被开创性地进行改进,基于对前两个分类方案认真分析的基础上,中国矿业大学北京研究生部许泽胜又提出了将煤矸石分为手选矸、自燃矸、煤巷矸、岩巷矸、洗矸五类。从这四类方案中我们可以看出,最后两种方式略有不同,根据以往的习惯,他们在大类划分命名上基本相同,都包含了我国煤矸石产业分类的基本类型,都十分全面地阐述了煤矸石基本性质。综上所述,煤矸石按产出方式划分为煤巷矸、岩巷矸、手选矸、选煤矸、自燃矸(过火矸)。

二、煤矸石的组成与形态结构

(一)煤矸石的化学组成

煤矸石的主要化学成分是 SiO_2、Al_2O_3,其他成分包括 CaO、MgO、Na_2O、K_2O、C 和微量元素,如 Ti、V、Co、Ga 等。其中 Al_2O_3 是一种重要的基础工业原料,我国煤矸石中 Al_2O_3 含量一般在 30% 左右,也有部分煤矸石中 Al_2O_3 含量低于 20% 或高于 40%,我国部分地区高岭土质矸石中 Al_2O_3 含量可以达 40% 以上。我国常见煤矸石的化学成分见表 2-3,部分地区煤矸石的具体化学组成见表 2-4(杨权成,2020;段万明,2003;韩宝平,2010;蒋翠蓉,2009)。

表 2-3　我国常见煤矸石的化学成分

成分	SiO_2	Al_2O_3	Fe_2O_3	CaO	MgO	TiO_2
含量/%	30~65	15~40	2~10	1~4	1~3	0.5~4.0

表 2-4　我国部分地区煤矸石的化学组成

矸石产地	矿物含量/%					岩石类型
	SiO_2	Al_2O_3	Fe_2O_3	CaO	MgO	
开滦唐山矿风井洗矸	51.3	21.83	6.43	3.53	2.24	SiO_2含量40%~70%;Al_2O_3含量15%~30%;属黏土类矸石
峰峰码头选煤厂洗矸	52.26	30.09	5.78	2.58	0.62	
鸡西滴道选煤厂洗矸	64.67	23.28	3.97	0.32	1.06	
阜新海州选煤厂洗矸	61.13	17.71	10.32	5.02	4.38	
淄博洪山矿矸石山	57.87	18.9	6.17	4.17	8.27	
徐州大黄山矿矸石山	65.81	21.39	5.64	1.34	0.83	
淮南望丰岗选煤厂洗矸	61.29	29.75	4.35	0.76	0.63	
萍乡高坑矸石山	65.42	21.87	3.95	0.7	1.6	
平顶山一矿主井矸石山	63.34	25.56	4.76	1.07	0.49	
甘肃山丹煤矿三槽底板	89.2	1.54	1.59	7.23	0.01	SiO_2>70%属砂岩矸石
湖南连邵金竹山一平硐	90.45	0.36	2.59	0.14	0.00	
内蒙古海勃湾洪湾矿山一号	50.72	44.17	1.88	0.71	0.51	Al_2O_3>40%属铝质岩矸石
山东兖州北宿矿18层底板	51.03	40.68	2.82	0.81	1.29	
南票矿务局选煤厂洗矸	49.14	40.68	1.93	0.72	0.13	
兖州唐村矿16层底板	1.69	1.13	2.6	86.09	1.78	CaO>30%属钙质岩矸石
云小龙潭矿矸石山	14.28	2.98	4.98	68.6	1.40	

煤矸石发热量一般为 3 346～6 273 J/g(800～1 500 cal/g),其无机成分主要是硅、铝、钙、镁、铁的氧化物和某些稀有金属。煤矸石主要化学成分组成及用途如表 2-5 所示。煤矸石的组成成分表明煤矸石蕴含丰富的资源,科学地利用煤矸石可使其变废为宝。

表 2-5 煤矸石主要化学成分及其用途

成分	用途
CaO	用于钢铁、农药、医药、非铁金属、肥料、制革、制氢氧化钙,实验室氨气的干燥和醇脱水
TiO_2	熔点很高,被用来制造耐火玻璃、釉料、珐琅、陶土、耐高温的实验器皿等
SiO_2	作为制造玻璃、石英玻璃、水玻璃、光导纤维和耐火材料的原料
Al_2O_3	作为铝电解的主要原料
MgO	用于橡胶、塑料、电线、电缆染料、油漆、玻璃、陶瓷等
Fe_2O_3	用于油漆、油墨、橡胶等工业

以山西省煤矸石为例,分别取 500 g 全粒级煤矸石、各粒级筛分煤矸石进行制样,粉碎至 200 目(74 μm)以下,在 105 ℃下烘干 2 h,采用 X 射线荧光光谱仪(XRF)分析样品中的物质组成及元素组成,得出主要成分的测试结果如表 2-6 和图 2-1 所示。

表 2-6 各粒级煤矸石 XRF 分析结果汇总表

粒级	Fe_2O_3含量/%	Al_2O_3含量/%	SiO_2含量/%
原矿	2.768	26.55	55.05
+50 mm	2.915	25.99	57.35
50～25 mm	2.963	26.45	56.24
25～13 mm	2.675	27.66	55.11
13～6 mm	2.167	28.73	52.47
6～3 mm	1.887	28.61	51.39
3～1 mm	2.031	28.21	50.65
−1 mm	2.211	26.95	47.05

分析表上数据及结果曲线可知,各粒级煤矸石中 Al_2O_3、SiO_2 为样品主要成分,合计占原样含量的 75% 以上,Fe_2O_3 含量约为 2%。各粒级目标矿物含量分布差异不明显,SiO_2 的含量随粒级的减小略有下降。

(二)煤矸石的矿物组成

煤矸石是由多种沉积岩共同组成的集合体,不同种类的沉积岩又主要是由成岩矿物所组成。煤矸石的主要矿物组成见表 2-7。

根据煤矸石的类型及地域分布,对各地煤矸石进行XRD分析,结果如图2-2所示。根据由XRD的物相鉴定结果以及煤矸石的化学成分而得出的示性矿物组成结果可知,不同类型的煤矸石具有不同的矿物组成,黏土岩类煤矸石主要由黏土矿物和陆源碎屑矿物石英、白云母及少量自生矿物组成。我国北方的黏土岩类煤矸石和南方的同类煤矸石相比,在黏土矿物的成分上稍有不同:北方黏土岩类煤矸石的黏土矿物全部为高岭石,而南方黏

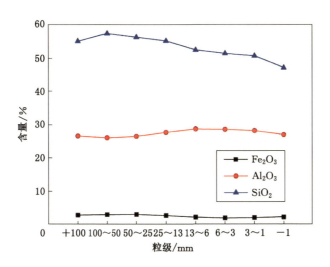

图 2-1　各粒级煤矸石 XRF 分析结果曲线

表 2-7　煤矸石的主要矿物组成

矿物种类	矿物名称	说明
硅酸盐类矿物	石英	砂岩主要矿物
	长石类:正长石	
	闪石类:普通角闪石	
	辉石类:普通辉石	
黏土矿物	高岭土类:高岭石	黏土岩主要矿物
	膨润土类:蒙脱石	
	水云母类:水白云母	
碳酸盐矿物	方解石	石灰石主要矿物
	白云石	
	菱铁矿	
硫化物	黄铁矿	
	白铁矿	
铝土矿	水硬铝矿	铝质岩主要矿物
	水软铝矿	
	三水铝矿	
其他矿物	石膏	
	磷灰石	
	金红石	

土岩类煤矸石的黏土矿物中除了高岭石外,还含有一定量的伊利石,这也是南方黏土岩类煤矸石的特征矿物,反映了其形成的气候条件。此外南方煤矸石中还含有较多的白云母,这也是南方、北方煤矸石在矿物成分上的一个显著差别。砂岩类煤矸石在矿物组成上除了黏土矿物外,还含有较多的陆源碎屑矿物,特别是出现了钾长石。碳酸盐岩类煤矸石(钙质

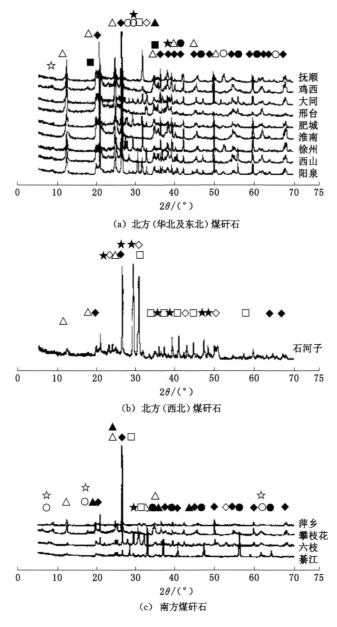

(a) 北方(华北及东北)煤矸石

(b) 北方(西北)煤矸石

(c) 南方煤矸石

△—高岭石;◆—石英;☆— 白云母;■—蒙脱石;●—黄铁矿;◇—菱铁矿;
○—钾长石;★—方解石;□—白云石;▲—绿泥石;◎—伊利石。

图 2-2　各地煤矸石 XRD 分析

煤矸石)在矿物组成上以方解石、白云石为主,黏土矿物含量相对较少,同时也含有一定的陆源碎屑矿物石英。在一些过渡类型煤矸石中,常具有独特的矿物组合特征,如贵州六枝煤矸石(黏土岩型向碳酸盐岩过渡)中陆源碎屑矿物石英、白云母与碳酸盐矿物并重,同时含有相当量的黏土矿物;重庆綦江煤矸石属于黏土岩型煤矸石,但其石英矿物含量相对较少,而黄铁矿含量显著增加。这些不同的矿物组成可能导致煤矸石具有不同的性能。

　　煤矸石中普遍存在高岭石、石英两种晶相矿物,其他可能存在的晶相矿物包括伊利石、

绿泥石、白云母、长石、黄铁矿、菱铁矿、赤铁矿、方解石等。此外,煤矸石中还包含一定量的
非晶相物质,主要是水分、碳质、风化物等。煤矸石中的矿岩主要包括黏土岩类、砂岩类、砾
岩类、碳酸岩类、石灰岩类和铝质岩类等沉积岩。石英属于砂岩类,因其抗风化能力很强,
不易分解,所以在矸石中大量存在。高岭石、伊利石、绿泥石、白云母、长石等同属于铝质黏
土类矿物,是煤矸石中含量较大的一类矿物。煤矸石中含铁矿物主要以菱铁矿和赤铁矿形
式存在,部分新产出的煤矸石中还含有黄铁矿。碳酸盐类矿物方解石是煤矸石中主要的含
钙矿物。表 2-8 对比了不同国家煤矸石的矿物组成,可见石英、黏土类矿物、含碳物质是最
主要的矿物。煤矸石的矿物组成主要受到黏土矿物的影响,典型的煤矸石含有 $50\%\sim70\%$
的黏土矿物、$20\%\sim30\%$ 的石英以及 $10\%\sim20\%$ 的其他矿物和碳杂质。与世界其他国家相
比,我国煤矸石中高岭石含量丰富($10\%\sim67\%$),石英含量中等($15\%\sim35\%$)。高岭石活
性易于激发,为其进一步资源化转化提供了便利。

表 2-8　不同国家煤矸石的矿物组成　　　　　　　　　　　单位:%

矿物	比利时	捷克斯洛伐克	德国	西班牙	英国	苏联	中国
伊利石	80	10~45	41~66	20~60	10~31	5~30	10~30
高岭石	12	20~45	4~25	3~30	10~40	1~60	10~67
绿泥石	5	0~15	1~3	0~7	2~7	—	2~11
石英	8	10~50	13~27	5~57	15~25	—	15~35
铁矿石	0.5	0~25.0	0.5~5.0	—	2~10	0.2~8.0	2~10
有机物	10	0~25	5~10	4~30	5~25	8~40	5~25

（三）煤矸石的形态结构

煤矸石的原矿粒度较大,其中黄铁矿主要以结核体、块状、粒状等宏观形态为主,矿物
之间呈细粒浸染状,洗矸中的黄铁矿以块状、脉状、结核状及星散状四种形态存在,而硅质
煤矸石的宏观形态呈黑色隐晶质结构,矿物构造为纹层状和块状。

煤矸石组成的岩石类型多种多样,同时经历了许久的地层演变和风化影响,矿物组成
种类也比较多,含量最多的是黏土矿物和石英、方解石、长石、沸石及少量的硫铁矿及碳杂
质等。其岩石的组成结构与构造很复杂,主要是由以下五部分组成:

① 页岩类型:泥质页岩、碳质页岩、粉砂质页岩。

② 泥岩类型:泥岩、碳质泥岩、粉砂质泥岩。

③ 砂质岩型:砂岩、泥质粉砂岩。

④ 碳酸盐岩类型:石灰岩、泥灰岩。

⑤ 其他:煤颗粒与硫结核。

其中:泥质页岩主要以不透明的黑色矿物质为主,其中含有少量的石英和黏土矿物,颜
色主要表现为灰黄色或深灰色,大部分呈片状结构,质地比较软,极易风化和粉碎。碳质页
岩主要是以石英为主,其中含有一定量的黑色矿物和少量云母,颜色主要表现为黑灰色或
黑色,大部分呈片状结构,较易风化和粉碎。砂质页岩主要成分是云母和石英,也包含了不
透明矿物质与碳酸盐矿物质,颜色主要表现为灰白色或深灰色,结构较粗糙,不容易被风化
且坚硬难粉碎。砂岩主要是指砂质、泥质、石灰粉砂,颜色主要表现为深灰色和黑灰色,大

部分表现为椭圆形、块状,结构粗糙,很难被风化及粉碎。

我国部分地区矿区的煤矸石堆外观颜色及形状特点如图 2-3 所示。

|黑龙江富力矿|山东枣庄|安徽淮南|
|河北开滦|山西大同|陕西黄陵|

图 2-3　全国部分矿区的煤矸石堆外观颜色及形状特点

由图 2-3 能发现山东枣庄、安徽淮南、山西大同这些矿区煤矸石山表面大块颗粒多,这种大颗粒就是泥质或者是碳质煤矸石,颜色主要表现为黑色或灰黑色,较容易风化,同时堆积后容易发生自燃现象,这种情况是因为堆积的煤矸石时间短或者没有彻底自燃。那些年代久远且已彻底发生自燃的煤矸石的颗粒大部分比较细小,大颗粒含量少之又少,颜色主要表现出灰白色或红褐色,这种自燃后的煤矸石往往具有良好的级配和使用性,是填筑路基材料的首选。

三、煤矸石的理化性质

(一)煤矸石的物理性质

1. 煤矸石的颜色

煤矸石的颜色取决于煤矸石在煤层中的分布和煤矸石矿物中可变成分的含量,越靠近煤层含碳量越高,故煤矸石多呈现灰色、灰褐色或黑褐色,若煤矸石中铁含量较高,则呈现黄色或带红色。

2. 煤矸石的力学性能

煤矸石力学性能的高低决定了其能否作为混凝土骨料使用。煤矸石的硬度为 3 左右,其风化程度越严重,岩石的力学性能越低,抗压强度为 300~4 700 Pa。

3. 煤矸石的密度和堆积密度

煤矸石的密度为 2 100~2 900 kg/m³,堆积密度为 1 200~1 800 kg/m³,自燃煤矸石的堆积密度为 300~900 kg/m³。

4. 煤矸石的吸水特性和塑性指数

煤矸石的吸水特性对煤矸石综合利用的影响很大。煤矸石的多孔性决定了煤矸石的吸水特性,煤矸石的吸水率为 2.0%～6.0%,塑性指数为 3.0～15.0。自燃煤矸石的吸水率为 3.00%～11.60%,塑性指数为 1.03～0.80。

5. 煤矸石的烧结性能

煤矸石的烧结温度一般高于 1 000 ℃,低于高岭石的烧结温度,属于中低等的耐火材料。

6. 煤矸石的自燃特性

煤矸石具有自燃性能,长期堆放会使煤矸石内部的热量积累,当矸石山的温度达到煤矸石自燃的临界温度时,煤矸石便会自燃。通常,当煤矸石的含硫量较高(>3%)、含碳量也较高(>20%)时,大面积堆放时极容易发生自燃,尤其是在干燥地区。

7. 煤矸石的多孔性

相对于未自燃煤矸石,自燃煤矸石拥有更多的孔隙,且孔隙的结构非常复杂。这是由于煤矸石中含有可燃性碳物质等,自燃后往往含有较多的孔隙,形成一种多孔的结构层。

(二)煤矸石的化学性质

化学性质是评价煤矸石特性并决定煤矸石利用途径的重要指标,包括煤矸石的化学组成。煤矸石的矿物组成十分复杂,但从其化学组成上看,煤矸石主要是由无机质、有机质和少量稀有元素组成的混合物。

1. 无机质

煤矸石的无机质主要为矿物质和水,矿物质以氧化硅(SiO_2)和氧化铝(Al_2O_3)为主。通常煤矸石无机质的主要化学成分如表 2-9 所示。其化学成分的含量和种类随着矿物成分的不同而变化,因此可以用氧化物的含量来判别煤矸石的类型。

表 2-9　煤矸石无机质化学组成和煤矸石类型的关系

主要化学成分	煤矸石类型
SiO_2 为 40%～70%;Al_2O_3 为 15%～30%	黏土岩矸石
SiO_2>70%	砂岩矸石
Al_2O_3>40%	铝质岩矸石
CaO>30%	钙质岩矸石

2. 有机质

煤矸石中有机质主要是煤,包括碳、氢、氧、氮、硫等多种化学元素。煤矸石的发热量主要取决于煤矸石中有机质的含量,煤矸石的含碳量是决定煤矸石工业用途的主要依据。

3. 稀有元素

煤矸石中常见的伴生元素及微量元素很多,有 Ga、Co、Cu、Be、V、Zn、Mn、Mo、Ni、Pb、In、Bi、Ge 等。除此之外,煤矸石中可能还含有一定量有害、有毒及放射性元素,会对环境和人类造成危害。

四、煤矸石的活性特征及激发方式

(一)煤矸石的活性介绍

煤矸石的活性主要来源于所含的黏土类和云母类矿物,当煤矸石加热到一定温度,一般为 700～900 ℃时,黏土类和云母类矿物的结晶相因发生热分解而破坏,变成无定形的非晶体 SiO_2 和 Al_2O_3 而具有活性(刘锁,2016;段晓牧,2014;Wu et al.,2016;国家经贸委等,2000;刘博等,2017)。

1. 煤矸石活性影响因素

影响煤矸石活性的主要因素有煤矸石的化学组分和煤矸石的结构。

(1) 化学组分对煤矸石活性的影响

煤矸石中含有大量的化学组分,各种成分的含量不同以及各成分之间的比例不同都会对煤矸石的活性产生不同程度的影响。

① SiO_2 是煤矸石中的主要组分之一,它对于煤矸石玻璃体结构的形成有很大的作用。但在煤矸石中 SiO_2 的含量一般偏高,得不到足够的 MgO、CaO 来与之化合,所以含量偏多时往往影响了煤矸石的活性。特别当 SiO_2 存在于结晶矿物中时,更影响了煤矸石的活性。

② Al_2O_3 也是决定煤矸石活性的主要因素,其含量相对较低时,煤矸石活性较好。

③ CaO 是煤矸石的主要成分之一,其含量越高,煤矸石的活性越大,因为 CaO 易与 SiO_2 在遇水时反应生成 $CaSiO_3$ 等矿物组分,提高系统的反应能力,所以在将煤矸石应用于建材行业时要求 CaO 含量适当高一些。

④ Fe_2O_3 在煤矸石中含有一定的量,能在煤矸石冷却过程中形成大量铁酸盐矿物和中间相,提高煤矸石活性,所以 Fe_2O_3 含量越高煤矸石的活性越强。

⑤ 在煤矸石中大多数的镁以稳定的化合状态存在。MgO 能促使煤矸石玻璃化,有助于形成显微不均匀结构,但 MgO 若含量偏高且以方镁石形态存在,则会因水化而使体积膨胀,导致制品安定性不良,所以 MgO 含量太高时会影响煤矸石的应用。

针对上述情况,利用煤矸石视其成分含量一般应控制在如下范围: SiO_2 为 55%～70%; Al_2O_3 为 15%～25%;CaO 为 65% 左右; Fe_2O_3 为 2%～8%;MgO<3%。

(2) 结构对煤矸石活性的影响

从微观结构上来说,结构缺陷越多,晶体晶格畸变程度越大或呈无定形形态,其反应活性就越高。关于煤矸石结构对活性的影响国内外很多文献都做了详细分析。新鲜的煤矸石和风化的煤矸石都具有稳定的结晶结构,其原子、离子、分子等质点都按特定的规律呈周期性的有序排列,活性很低或基本上没有活性。对煤矸石做 X 射线衍射研究发现:煤矸石的主要结晶成分为高岭石、蒙脱石和伊利石;经 700 ℃ 煅烧以后,煤矸石的衍射谱上高岭石的衍射峰基本消失不见,而且没有新的衍射峰出现,说明高岭石已经分解,产物为无定形的氧化硅和氧化铝。而且经过煅烧后的煤矸石水泥的强度比未经煅烧的强度高,说明煤矸石在煅烧过程中产生了活性物质。

可以看出,高岭石是煤矸石中的有效矿物,其含量高低决定了煅烧后无定形活性物质含量的多少,进而一定程度上决定了煤矸石火山灰活性的强弱。以部分地区煤矸石为例,对其高岭石矿物含量进行定量分析,结果见表 2-10。分析结果显示北方煤矸石中高岭石的含量普遍较高,南方煤矸石中高岭石的含量普遍较低,钙质煤矸石中高岭石的含量最低。

表 2-10　原状煤矸石中高岭石组分的 XRD 定量分析结果

产地	质量比*	衍射强度(脉冲数)/s^{-1}		高岭石质量分数/%
		高岭石	α-Al$_2$O$_3$	
辽宁抚顺	30∶70	134 170	1 213 475	32.11
	70∶30	279 927	469 338	31.81
黑龙江鸡西	30∶70	174 804	1 406 854	36.08
	70∶30	407 693	630 725	34.12
新疆石河子	30∶70	31 772	1 325 250	6.30
	70∶30	61 579	619 378	5.95
山西大同	30∶70	56 450	550 725	51.02
	70∶30	191 010	123 425	48.14
江西萍乡	30∶70	109 423	1 266 356	25.08
	70∶30	218 362	510 779	22.80
四川攀枝花	30∶70	100 894	1 260 839	23.24
	70∶30	204 410	532 292	20.48
贵州六枝	30∶70	13 475	345 721	11.32
	70∶30	21 663	126 716	9.12
重庆	30∶70	23 379	302 277	22.46
	70∶30	36 127	97 067	19.85
河北邢台	30∶70	224 451	1 487 223	43.28
	70∶30	534 692	676 828	42.13
山东肥城	30∶70	131 040	1 228 756	30.07
	70∶30	250 501	471 983	28.31
安徽淮南	30∶70	231 501	1 397 654	48.10
	70∶30	538 668	616 443	46.60
山西西山	30∶70	230 456	1 302 595	51.37
	70∶30	470 619	486 282	51.62
山西阳泉	30∶70	153 474	1 167 682	38.17
	70∶30	321 347	452 886	37.84

注：* 表示煤矸石与 α-Al$_2$O$_3$ 质量比,参考混合物的试样组成中纯高岭石与 α-Al$_2$O$_3$ 质量比为 50∶50,纯高岭石与 α-Al$_2$O$_3$ 的衍射强度脉冲数分别为 823 548 s^{-1} 和 1 024 872 s^{-1}。

（二）煤矸石的活性评价

煤矸石活性的大小与其物相组成和煅烧温度等条件有关,通过高温煅烧的方法可以使煤矸石中矿物的晶体结构发生畸变,提高其化学反应,使之成为具有类似胶凝特性的混凝土骨料。煤矸石的热活化活性是指其与生石灰、水混合后,经过物理作用和化学作用后,将其他散粒状物料胶结为整体,并具有一定力学强度的性能,由于煤矸石的成因、化学组成、矿物组成、物理状态(粗细)、堆存时间等差异较大,很难建立一种准确、快速、便捷的胶凝活性评价方法,学者们提出了多种火山灰活性的评价方法。

1. 强度评价法

强度评价法是将火山灰质材料与其他胶凝材料混合,以其硬化体所呈现的强度作为火山灰活性的指标。强度试验能够综合反映混合材料在水泥中的作用,在《用于水泥中的火山灰质混合材料》(GB/T 2847—2022)中规定,抗压强度法即测定掺入30%活性混合材料的28 d硅酸盐水泥抗压强度与纯硅酸盐水泥28 d抗压强度之比,比值大于0.65的,认为混合材料存在火山灰活性,该值越高,表明煤矸石的火山灰活性越大。对比样品的胶砂加水量固定为238 mL,而火山灰质水泥砂的加水量按跳桌流动度125~135 mm时的水灰比计算,混合材料要求含水率小于1%,细度要求0.08 mm方孔筛筛余量5%~7%,硅酸盐水泥熟料安定性合格,强度标号为42.5以上。抗压强度比K按下式计算,计算结果保留至整数:

$$K = \frac{R_1}{R_2} \tag{2-1}$$

式中　　K——抗压强度比,%;

　　　　R_1——掺活性混合材料试验样品28 d抗压强度,MPa;

　　　　R_2——对比样品28 d抗压强度,MPa。

硬化体的强度是反映该硬化体结构的一个综合性指标,因此,强度试验法能综合反映火山灰材料在水泥基材料中的作用。

2. 火山灰活性试验法

火山灰活性试验法是指在(40±1)℃的条件下,通过与水化水泥共存的液相中呈现$Ca(OH)_2$的量和同样碱性介质中达到饱和的$Ca(OH)_2$的量相比较而确定的,如果该溶液中$Ca(OH)_2$浓度低于饱和浓度,则判定该材料具有火山灰活性,或火山灰活性合格。因此,应先画出在(40±1)℃时,$Ca(OH)_2$在游离碱度(OH$^-$)为0~100 mmol/L溶液中的溶解度曲线,以总碱度(OH$^-$浓度)为横坐标,以$Ca(OH)_2$浓度为纵坐标,见图2-4。曲线上方的$Ca(OH)_2$浓度是饱和的,曲线下方的$Ca(OH)_2$浓度是不饱和的。材料的火山灰活性越大,则消耗的$Ca(OH)_2$越多,因而试验结果处于溶解度曲线的下方。根据试验结果点的位置,判定材料是否具有火山灰活性。

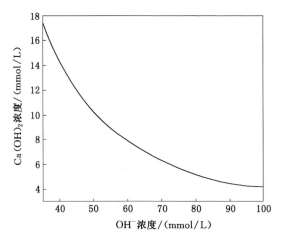

图2-4　评定火山灰活性曲线

3. 酸碱溶出法

煅烧煤矸石在碱性溶液或酸性溶液中溶出硅酸根和铝酸根离子的能力，可以反映其化学反应活性的高低。离子溶出法是通过测定煤矸石在溶液中溶出的硅酸根离子（简称为 Si 离子）和铝酸根离子（简称为 Al 离子）的量来计算煤矸石样品中活性 SiO_2 与 Al_2O_3 的量。煤矸石中的 Si、Al 的溶出可以用下式表示，即煤矸石中硅氧四面体和铝氧四面体解聚的过程：

$$Al\text{-}Si \text{ 颗粒}+OH^- \longrightarrow Al(OH)_4^- + Si(OH)_3^+ \tag{2-2}$$

（三）煤矸石的活性激发

由于煤矸石是火山灰质混合材料，自身几乎没有水硬性胶凝特性，因而需要在一定的物理化学激发下，改变煤矸石的化学组成和内部结构，才能提升煤矸石的火山灰活性。提高煤矸石活性的活化途径有热活化、机械活化、化学活化、复合活化和微波辐射活化等方法（Finkelman et al.，2002；Akdemir et al.，2003；Qian et al.，2015；范跃强，2016；左鹏飞，2009；杨莎莎等，2017；傅利锋，2016）。

1. 热活化

煤矸石经过自燃或煅烧，矿物相发生变化，是产生活性的根本原因。煤矸石中黏土矿物成分，经过适当温度煅烧，便可获得与石灰化合成新的水化物的能力。所以煤矸石又可视为一种火山灰活性混合材料，其活性大小的衡量标准是黏土矿物含量。煅烧旨在利用高温下煤矸石微观结构中各微粒产生剧烈的热运动，脱去矿物中的结合水，钙、镁、铁等阳离子重新选择填隙位置，致使硅氧四面体和铝氧四面体不可能充分地聚合成长链，形成大量的自由端的断裂点，质点无法再按照一定规律排列，形成热力学不稳定态玻璃结构，从而使烧成后的煤矸石中含有大量的活性氧化硅和氧化铝，从而达到活化的目的。煤矸石的主要矿物成分是高岭石、蒙脱石、石英砂、硅酸盐矿物、碳酸岩矿物，少量铁钛矿及碳素，且高岭石含量最高。高岭石在 500～800 ℃脱水，晶格破坏，形成无定形偏高岭土，具有火山灰活性。

$$Al_2O_3 \cdot 2SiO_2 \cdot 2H_2O \xrightarrow[\text{煅烧}]{500\sim800\ ℃} Al_2O_3 \cdot 2SiO_2 + 2H_2O \tag{2-3}$$

在 900～1 000 ℃之间，偏高岭土又发生重结晶，形成非活性矿物：

$$Al_2O_3 \cdot 2SiO_2 + Al_2O_3 \cdot 2SiO_2 \xrightarrow[\text{煅烧}]{900\sim1\,000\ ℃} 2Al_2O_3 \cdot 3SiO_2 + H_2O \tag{2-4}$$

这些无定形的 SiO_2 及 Al_2O_3 在 CaO、$CaSO_4$ 和水的存在下，会发生如下反应而产生强度：

$$Al_2O_3 + 3CaO + 3CaSO_4 + 32H_2O = 3CaO \cdot Al_2O_3 \cdot 3CaSO_4 \cdot 32H_2O \tag{2-5}$$

$$Al_2O_3 + 3CaO + CaSO_4 + 12H_2O = 3CaO \cdot Al_2O_3 \cdot CaSO_4 \cdot 12H_2O \tag{2-6}$$

$$Al_2O_3 + 4CaO + 13H_2O = 4CaO \cdot Al_2O_3 \cdot 13H_2O \tag{2-7}$$

$$SiO_2 + CaO + xH_2O = CaO \cdot SiO_2 \cdot xH_2O \tag{2-8}$$

当温度过高（大于 1 050 ℃）时，无定形的 SiO_2 及 Al_2O_3 重新结合生成莫来石晶体，又使活性降低：

$$2SiO_2 + 3Al_2O_3 = 3Al_2O_3 \cdot 2SiO_2 \tag{2-9}$$

而温度过低时，煤矸石中的碳燃烧不完，使水泥标准稠度用水量增大，同时，高岭土组分分解不彻底,活性组分比重相对减少,从而使活性下降。

煤矸石煅烧过程中,一般在 1 000 ℃左右便有莫来石生成,到 1 200 ℃以上时,生成量显著增加。莫来石的大量生成,将降低煤矸石的活性。通过上面化学反应式可以看出,在煅烧过程中,煤矸石中的高岭土在一定温度下发生脱水和分解,生成偏高岭土和无定形的硅铝氧化物,这些无定形的硅铝氧化物在 CaO、CaSO$_4$ 和水的作用下,会发生反应而产生强度,成为活性的主要来源。但是不同的性状的煤矸石具有各自不同的最佳煅烧温度,煅烧温度太低,煤矸石黏土矿物不能脱水分解,所形成的偏高岭土及无定形的活性 Al$_2$O$_3$ 和 SiO$_2$ 等数量不足,因此活性较低;同样,煅烧温度过高,则可能生成铝硅晶石或者其他的晶体矿物,这些矿物基本上没有水化活性。

其中,热活化的研究侧重于通过对煤矸石热活化过程及其结构变化的研究,以寻求最佳煅烧温度范围以及制备条件。不同煅烧温度的煤矸石活性表明,煤矸石中黏土矿物加热分解、玻璃化和熔融是煤矸石产生活性的主要原因,而熔融性主要取决于它的化学成分和矿物组分。煤矸石加热时有中温活性区和高温活性区两个活性温度区,如表 2-11 所示。

表 2-11　高温煅烧煤矸石的活性温度区

中温活性区	活性降低区	高温活性区
600～950 ℃	900～1 400 ℃	1 200～1 700 ℃

煤矸石中黏土矿物加热到 600～950 ℃时,由于晶格遭到破坏,变为非晶质而具有活性,但随着温度的继续升高,其中矿物组分又重结晶,煤矸石活性又逐渐降低,此活性区最优煅烧温度范围的确定,取决于煤矸石中矿物的种类和数量。煤矸石中含有大量的 SiO$_2$ 和 Al$_2$O$_3$,在高温煅烧过程中,它们具有稳定的相变特征,但由于煤矸石是各种矿物组分的混合物,这些混合物并没有一个固定的熔点,而仅有一个熔化温度范围。煤矸石随着煅烧温度的升高,相继生成尖晶石、方英石和莫来石,一般在 1 200 ℃以上时,这些结晶体又陆续形成玻璃体和熔融体,此温度范围即为煤矸石的高温活性区。煅烧的煤矸石经不同冷却方式后,其配制胶砂的强度试验结果表明,煤矸石经高温煅烧后,不同的冷却方式对煤矸石的活性影响较大,高温煅烧的煤矸石受急冷时,其中的晶格扭曲变形来不及形成规则的晶体,而呈现出大量的玻璃体。煤矸石煅烧温度越高,冷却速度越快,煤矸石的热活化活性就越大。试验采取 950 ℃煅烧 2 h,然后采用两种不同方法冷却,一种为自然冷却,一种为水淬,最后磨粉按 30%的掺入量成型,胶砂强度试验如表 2-12 所示。

表 2-12　煅烧煤矸石不同冷却方式配制的胶砂强度

冷却方式	3 d强度/MPa		28 d强度/MPa	
	抗折	抗压	抗折	抗压
自然冷却	4.44	21.7	7.33	43.5
水淬	4.75	22.9	7.44	46.2

2. 机械活化

机械活化通常也称为物理活化,是指通过将物料磨细以提高其活性的活化方法。通过机械粉磨能够使颗粒迅速细化,提高了颗粒的比表面积,增大了水化反应的界面。机械活化在煤矸石的处理方面具有很好的效果,通过磨细煤矸石使其颗粒变得很小,不仅可以填充硬化结构的毛细孔,起到密实增强的作用,而且还能增加煤矸石的比表面积,同时其颗粒表面出现错位、点缺陷和结构缺陷,SiO_2 和 Al_2O_3 的无定形程度增加,颗粒表面自由能增加,从而提高其火山灰活性,它可以更多地消耗 $Ca(OH)_2$ 和石膏,促进煤矸石与水泥水化产物的二次反应,使生成的水化产物增加,从而提高强度。

3. 化学活化

化学活化主要是通过添加各种碱性激发剂,使聚合度高的硅酸盐网络解聚,进一步生成 CSH、CAH、AFt、AFm 等物质。化学活化中的激发剂应该具备两种作用:其一是提供一种强极性环境,破坏煤矸石表面的 Si—O 键和 Al—O 键;其二是能够参与反应,生成具有凝胶作用的物质。煤矸石在碱性作用下的化学活性机理可以用下式表示,在碱的作用下,结构中的 Si—O—Si 和 Al—O—Al 共价键断裂:

$$n(Al_2O_3 \cdot 2SiO_2) + H_2O \xrightarrow[\text{激发}]{NaOH} n(OH)_3-Si-O-Al-O-(OH)_3 \qquad (2\text{-}10)$$

$$n(OH)_3-Si-O-Al-O-(OH)_3 \xrightarrow[\text{激发}]{NaOH} Na(-Si-O-Al-O-Si) + H_2O \quad (2\text{-}11)$$

由于化学反应生成稳定的三维聚合铝酸盐结构水化物,消耗了生成物,使整个反应过程得以不断进行,从而使 Si—O 键和 Al—O 键不断被破坏,促使结构解体,反应形成的铝酸盐水化产物不断交织,连生聚合,产生无序的网络结构,激发了煤矸石的活性,可使煤矸石水泥砂浆化学反应更加彻底,提高其混凝土材料的力学性能。

4. 复合活化

复合活化法一般是将煤矸石先煅烧,在热活化的基础上,进行进一步机械活化或加入化学激发剂进一步激发煤矸石活性。综上所述,本试验将采用煅烧热活化的方式对煤矸石活性进行激发,一方面是考虑到煅烧过程可以除去煤矸石中含有的少量煤及有机物,另一方面,通过对煤矸石进行煅烧还可以破坏煤矸石中矿物稳定的晶体结构,提高其化学反应活性,可以改善混凝土的力学性能及微观结构。结合作为混凝土骨料自身的特点,煅烧的起始温度选择为 500 ℃。如果煅烧温度高于 900 ℃,则煅烧需要的能耗较大,导致成本过高,不符合废弃物利用的经济效应原则。

5. 微波辐射活化

微波辐射活化法的主要原理是利用微波加热来破坏煤矸石中 Si—O 键和 Al—O 键结构,使得煤矸石的物相组成和微结构发生改变,而形成一定活性的 SiO_2 和 Al_2O_3。

微波辐射活化技术与传统加热技术相比具有一定的优势。传统加热技术是由外部热源通过热传导或热对流由表及里的加热方式;微波辐射活化技术是利用微波的热效应和化学效应,使物质内部的分子在微波高频电场的作用下进行剧烈振动、快速转动、摩擦而迅速升温。其特点有:① 热惯性小,升温速度快;② 选择性加热的特点;③ 高效节能,热效率高;④ 安全环保,操作简单。

（四）煤矸石的燃烧特性

1. 煤矸石燃烧阶段划分

参照煤燃烧的研究方法，煤矸石的燃烧过程可分为四个阶段，分别是外在水分失重阶段、内在水分失重阶段、挥发分燃烧失重阶段和固定碳燃烧失重阶段。具体过程为：煤矸石受热表面和孔隙里的外在水分蒸发，随后内在水分蒸发，随湿度升高可燃挥发分逐渐析出，当有足够氧气时，析出的可燃挥发分燃烧，最后是煤矸石中固定碳的着火燃烧。

有学者认为煤矸石的主要燃烧阶段包括挥发分燃烧和固定碳燃烧，并发现固定碳燃烧的峰较宽，说明燃烧过程较缓慢，故对固定碳燃烧的控制与挥发分燃烧相比更容易。然而，结合差热分析试验结果发现这两个燃烧阶段应该为：大部分固定碳及挥发性物质的燃烧和内部固定碳及少量挥发性物质的燃烧。

此外，一些煤矸石的燃烧只存在一个失重峰，这些煤矸石的燃烧过程是从挥发分的着火燃烧开始的，相对较高的挥发分含量会使挥发分的析出和燃烧过程更加剧烈，从而表现为挥发分着火燃烧过程和固定碳燃烧过程相重合。进一步分析认为，对高岭石含量较高的煤矸石，燃烧失重过程中还包含了高岭石的脱羟基。此外，一些研究还报道了煤矸石的动力学参数，煤矸石燃烧的活化能在 $300\sim600$ ℃时约为 70.75 kJ/mol，在 $700\sim1\,000$ ℃时约为 28.21 kJ/mol。

2. 煤矸石燃烧影响因素

（1）挥发分

煤矸石中挥发分含量越高越容易着火，可燃性能越好，固定碳含量越高越不易燃尽，燃尽性能越差，燃烧后期煤矸石中的高灰分会在一定程度上阻碍氧分子向可燃质扩散，故挥发分燃烧在煤矸石的燃烧过程中占有重要地位。

（2）粒度

粒度和升温速率也对煤矸石的燃烧有一定影响，其中粒度增大对燃烧的影响主要体现在初始阶段的阻碍作用，但在较高温度后影响变小。

（3）升温速率

升温速率增加对燃烧的影响主要体现在热重曲线向高温区的移动，这与颗粒内外温差增大导致挥发分析出延迟有关，同时最大燃烧速率也会呈增大趋势，这可能是由短时间挥发分的析出量增加造成的。

（4）燃烧气氛

研究发现当 O_2 浓度为 21％时，煤矸石在 N_2/O_2 气氛下的燃烧性能优于 CO_2/O_2 气氛下，这是因为 O_2 在 CO_2 中的扩散率是在 N_2 中的 80％，CO_2 中的低扩散率会影响 O_2 向颗粒表面的转移，较低的 O_2 扩散率会影响析出挥发分的燃烧。但当 O_2 浓度高于 30％时，在 CO_2/O_2 气氛下煤矸石的反应性更高，这是由于随着 O_2 向燃料表面转移速度的增加，脱挥发分和挥发分氧化速度增加，使煤矸石颗粒的着火时间缩短，O_2 浓度的增加使碳颗粒界面处的 CO 氧化以及 CO_2 和碳颗粒的气化逐渐占据主导地位。

（5）助剂

添加碱金属化合物等助剂可以提高煤矸石的燃烧性能，其原因是挥发分的析出会制约煤矸石的燃烧过程，通过添加碱金属化合物（NaCl、$NaNO_3$、Fe_2O_3、CaO）可明显降低挥发分的初期湿度，改善煤矸石的着火性能。

第二节　粉煤灰的理化性质

一、粉煤灰的来源与分类

（一）粉煤灰的来源

燃煤在锅炉中燃烧后，其固体副产物主要由两种方式排出：颗粒较大的由锅炉底部排出，我们称作炉渣或者底灰；质轻、颗粒细度较小的灰会随烟道气的气流上升，这种细灰即为粉煤灰。

（二）粉煤灰的分类

粉煤灰通常显灰色，是一种粗糙而有待研磨的，绝大多数显碱性的，本质上又具有耐火性的原料。粉煤灰主要的化学组成为 SiO_2、Al_2O_3、CaO、Fe_2O_3、FeO 等，其物相主要以无定形相为主（邵宁宁，2017；高占国等，2003；蒙井，2021）。

1. 按照 CaO 含量分类

根据粉煤灰中 CaO 含量的不同，可将粉煤灰进行分类，通常采用 ASTM（美国材料试验协会）分类法将粉煤灰分为 C 类灰（高钙灰）和 F 类灰（低钙灰）两种，其他分类标准具体见表 2-13。

表 2-13　粉煤灰的分类标准

分类方法		具体分类标准
ASTM 分类法	F 类灰（低钙灰）	F 类灰通常由无烟煤或烟煤燃烧得到，具有火山灰特性；C 类灰通常由褐煤或次烟煤燃烧得到，这类灰不仅具有火山灰特性，而且显示某些胶凝性
	C 类灰（高钙灰）	
McCarthy 分类法	低钙灰	CaO 含量<10%
	中钙灰	CaO 含量为 10%～19.9%
	高钙灰	CaO 含量>20%
Majko 分类法	F 类灰	不凝结硬化；水中不稳定
	中等胶凝性 C1 类灰	60 min 内凝结硬化；水中稳定
	强胶凝性 C2 类灰	15 min 内凝结硬化；水中稳定

2. 按照 McCarthy 分类法分类

随着粉煤灰的商业化应用，又可将粉煤灰分为Ⅰ、Ⅱ、Ⅲ级灰，分类指标主要有粉煤灰筛余量、需水量比、含水量等，具体见表 2-14。

3. 按照 Majko 分类法分类

需要注意的是，表 2-13 中前两种分类方法都是依据粉煤灰中 CaO 的含量进行分类的，而 Majko 分类法是根据粉煤灰的使用性能进行分类的。

Majko 分类法：直接根据粉煤灰自身是否具有胶凝性而分类，调制水灰比为 0.4 的纯粉煤灰浆体，并测定其凝结时间及在水中的稳定性。

表 2-14　商业化粉煤灰的分级标准

指标	级别		
	Ⅰ级灰	Ⅱ级灰	Ⅲ级灰
45 μm 筛余量(不大于)/%	12	20	45
需水量比(不大于)/%	95	105	115
烧失量(不大于)/%	5	8	15
含水量(不大于)/%	1	1	不确定
SO_3 含量(不大于)/%	3	3	3

4. 按照燃烧方式分类

粉煤灰是煤在燃煤锅炉中燃烧的产物,因此其品质除了与原料(主要是燃煤种类、煤粉粒度等)因素有关以外,另外一个重要的因素就是锅炉的类型和运行状况。按照燃烧方式,锅炉可分为层燃炉(链条炉和抛煤机炉)、煤粉炉、流化床炉、液态排渣炉(包括旋风炉)等。不同燃烧方式的锅炉,其工作运行条件(炉膛温度、送风量等)也大不相同,导致其产出的粉煤灰和灰渣的品质也大有差异,同时飞灰与灰渣的比例也会有所不同,具体总结如表 2-15 所示。这其中,我国主要盛行的粉煤灰有两种:煤粉炉粉煤灰和循环流化床粉煤灰,这两种粉煤灰不仅储量巨大,而且年产生量大。

表 2-15　锅炉种类及其对应的灰渣情况

锅炉种类	炉膛温度/℃	灰渣特性
煤粉炉	1 450~1 700	煤粉炉的飞灰粒度大多为 3~100 μm,粒度小于 10 μm 的占 20%~40%,小于 44 μm 的占 60%~80%
层燃炉	1 300~1 400	飞灰粒度大多为 100~200 μm,较粗,品质较差
旋风炉	1 600~1 700	出渣率非常高,高达 85%~90%,而飞灰仅占 10%~15%
循环流化床炉	750~900	灰渣含硫量较高,活性相对较高,铁含量通常也较高

二、粉煤灰的组成与形态结构

(一)粉煤灰的化学组成

煤粉炉粉煤灰和循环流化床粉煤灰是最典型的两种粉煤灰,其中煤粉炉粉煤灰是将煤粉喷入煤粉锅炉内,在 1 300~1 600 ℃条件下燃烧后排出的飞灰,其排放量约占所有粉煤灰比例的 80%。而循环流化床粉煤灰是含硫煤与脱硫剂按一定比例混合之后,850~900 ℃条件下在循环流化床锅炉内燃烧后排出的飞灰。两种锅炉的原理和构造差异,导致煤粉在炉膛内的燃烧方式、燃烧温度等参数差异较大。因此,两种锅炉所产生的粉煤灰在物理和化学性质上也有很大差别,表 2-16 给出了一些煤粉炉粉煤灰和循环流化床粉煤灰的化学组成。由表 2-16 可以发现,粉煤灰中主要物质为 SiO_2、Al_2O_3、Fe_2O_3 及 CaO 等金属氧化物。

表 2-16　煤粉炉粉煤灰和循环流化床粉煤灰的化学组成

粉煤灰种类	化学组成/%									
	SiO₂	Al₂O₃	Fe₂O₃	CaO	MgO	K₂O	Na₂O	P₂O₅	Ti₂O	烧失量
煤粉炉粉煤灰 1	43.27	48.16	2.07	2.35	0.09	0.36	0.04	0.21	1.80	2.2
煤粉炉粉煤灰 2	40.20	48.04	1.97	1.57	0.12	0.48	0.04	0.26	2.06	3.37
煤粉炉粉煤灰 3	40.09	48.10	1.98	1.62	0.18	0.39	0.12	0.22	2.09	3.41
循环流化床粉煤灰 1	37.26	51.63	1.99	2.33	0.13	0.32	0.04	0.15	2.09	5.38
循环流化床粉煤灰 2	37.90	49.89	2.10	2.85	0.26	0.32	0.56	0.16	1.95	5.72
循环流化床粉煤灰 3	37.09	51.64	2.06	2.41	0.21	0.34	0.23	0.22	2.12	5.31

（二）粉煤灰的矿物组成

　　某粉煤灰的 XRD 特征谱图如图 2-5 所示。粉煤灰是由煤中的无机矿物质经高温灼烧后所残留的氧化物和硅酸盐矿物组成的一种混合物，其物相主要是玻璃体，占 50%～80%。粉煤灰中的主要矿物质有莫来石（$3Al_2O_3 \cdot 2SiO_2$）、石英、硅酸二钙、方解石、钙长石、磁铁矿、赤铁矿、铝硅酸盐钙或硅酸钙。这些矿物在粉煤灰中一般以多相集合体的形式出现，不以单矿物状态存在。尽管粉煤灰主要为玻璃质，但从炉膛出来的原灰表面有大量的 Si—O—Si 键，经与水相互作用后，颗粒表面将出现大量的羟基，使其具有显著的亲水性、吸附性和表面化学活性。但是未燃尽的碳粒则具有疏水性，是憎水的。

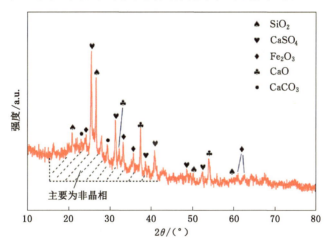

图 2-5　某粉煤灰的 XRD 特征谱图

　　由于煤粉各颗粒的化学成分并不完全一致，依据煤中矿物在不同温度下的演化行为，可知燃烧过程中形成的粉煤灰在排出的冷却过程中，会形成不同的物相。煤中矿物在不同温度下的转化如图 2-6 所示。随着温度升高，煤中的黏土类矿物质会发生分解（图 2-7）。以高岭石（$Al_3Si_2O_3 \cdot 2H_2O$）为例，高岭石在 327 ℃ 左右开始失去结晶水，转化为偏高岭土（$Al_2Si_2O_7$），当温度超过 1 000 ℃ 时，偏高岭土转变为更稳定的莫来石（$Al_6Si_2O_{13}$）。煤中的碳酸盐主要是方解石（$CaCO_3$），其在 650 ℃ 开始分解为 CaO；在弱还原气氛下，硬石膏（$CaSO_4$）在 900 ℃ 以上分解为 CaO；当温度超过 1 000 ℃ 时，方解石和硬石膏分解生成的

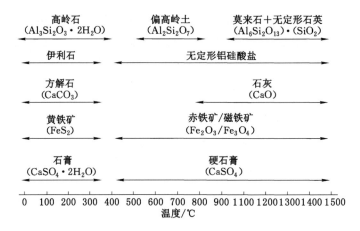

图 2-6　煤中矿物在不同温度下的转化

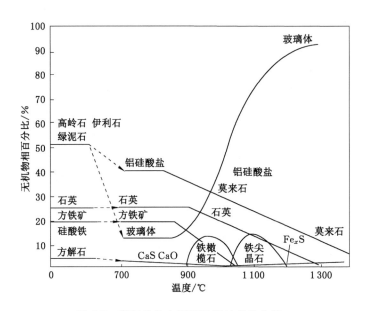

图 2-7　煤灰矿物含量随温度的变化曲线

CaO 可与 SiO_2、Al_2O_3 发生反应生成钙长石($CaAl_2Si_2O_8$)、钙黄长石($Ca_2Al_2SiO_7$)和硅酸钙($CaSiO_3$)等钙质硅铝酸盐。通常,钙黄长石在含钙量较高的情况下生成黄铁矿(FeS_2),FeS_2 是煤中最主要的含铁矿物质,易被氧化为赤铁矿(Fe_2O_3)和磁铁矿(Fe_3O_4),在 1 100 ℃ 以上,两者均可与 SiO_2 和 Al_2O_3 在弱还原气氛下反应生成铁橄榄石(Fe_2SiO_4)和铁铝尖晶石($FeAl_2O_4$)等铁质硅铝酸盐。在升温过程中,石英会多次发生晶型转变。在 573 ℃ 时,α-石英和 β-石英发生相互转化,当温度超过 870 ℃ 时转变为磷石英,至 1 470 ℃ 时转变为方石英。高温下煤灰中部分矿物质之间容易形成低温共熔体系,从而使粉煤灰的熔融温度降低,当温度超过粉煤灰的流动温度时,晶体矿物质就会转变为玻璃态物质。因此,从物相上讲,粉煤灰是由晶体矿物和非晶体矿物组成的混合物(程芳琴,2016;柯国军等,2005;方军良等,2002)。

　　粉煤灰中晶体矿物质的含量与其冷却速度密切相关。一般来说,当冷却速度较快时,粉煤灰中玻璃体的含量就较多；反之，玻璃体在缓慢冷却过程中容易析出晶体，从而降低玻璃体含量。粉煤灰中矿物组成的波动范围较大，一般晶体矿物主要包括石英、莫来石、氧化铁、氧化镁、生石灰及无水石膏等，而非晶体矿物则主要为玻璃体、无定形碳和次生褐铁矿，其中玻璃体含量占 50％以上。粉煤灰中 $FeO—SiO_2—Al_2O_3$ 相平衡图如图 2-8 所示。从整体上来看，粉煤灰的矿物组成落在莫来石区域，在富铁区域首先发生熔融，液相也可能是在富铁共熔区域内首先形成。

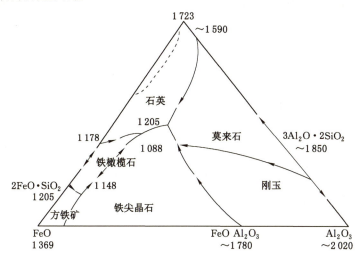

图 2-8　煤灰中 $FeO—SiO_2—Al_2O_3$ 相平衡图

三、粉煤灰的理化性质

（一）粉煤灰的物理性质

粉煤灰是固体物质的细分散相，颜色为灰白色至黑色，在其形成过程中，由于表面张力作用，粉煤灰颗粒大部分为空心微珠，微珠表面凹凸不平，极不均匀，微孔较小，一部分因在熔融状态下互相碰撞而连接，成为表面粗糙、棱角较多的蜂窝状粒子，颗粒粒径集中在 10～1 000 μm，占 85％以上。粉煤灰的形貌特征如图 2-9 和图 2-10 所示，其颗粒不均匀性示意图如图 2-11 所示。正是基于此，粉煤灰的粒度较细，密度为 2.1～2.4 g/cm^3，低于土壤颗粒的密度，比表面积为 2 000～4 000 cm^2/g，在粒径上相当于砂级（如表 2-17 所示）。粉煤灰吸附气态水和吸水的能力与土壤大致相同，最大吸湿量为 415～812 g/kg，最大吸水量为

图 2-9　粉煤灰的外观

417~1 038 g/kg,不同粉煤灰之间的差异较大。

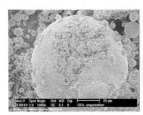

图 2-10　粉煤灰中的球形颗粒 SEM 图像

表 2-17　不同粉煤灰颗粒特征

颗粒类别和名称		颗粒形貌和结构	粒径/μm
球状颗粒	漂珠	薄壁空心球状,壁厚约为直径的 10%,壁上常有孔洞	30~100
	空心沉珠	厚壁的空心球状玻璃体,壁厚约为直径的 30%	30~80
	复珠	鱼卵状空心玻璃珠,壳内有大量的微珠和碎屑	100~200
	密实微珠	实心的玻璃微珠,表面光滑,颜色差异较大	<45
	富铁微珠	暗色微珠	<45
渣状颗粒	海绵状玻璃渣	海绵状的不规则多孔颗粒	30~200
	碳粒	多孔球状	30~250
	钝角颗粒	未熔融或部分熔融颗粒,主要成分为石英	50~250
	碎屑	各种颗粒的碎屑	<30
	黏聚颗粒	各种颗粒的黏聚体	50~250

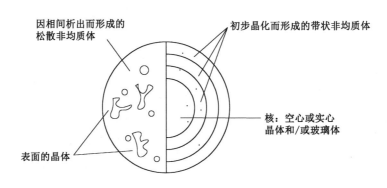

图 2-11　粉煤灰颗粒不均匀性示意图

　　粉煤灰的背散射电子图像如图 2-12 所示,主要包含了空心球、矿物颗粒(石英)、团聚颗粒以及不规则的无定形颗粒等。从颗粒的成分来分析,粉煤灰主要包含了无铝硅酸盐颗粒和少量的富铁颗粒。铁相通常是和铝-硅相融合在一起,而富钙的颗粒是非硅酸盐矿物,几乎不含铝、硅成分。由于粉煤灰主要成分为无定形矿物颗粒,这些非晶态的矿物在常温有水的条件下,能够和 CaO 发生反应生成水硬性凝胶,所以粉煤灰具有火山灰活性,是常见的水泥混凝土活性掺和料。

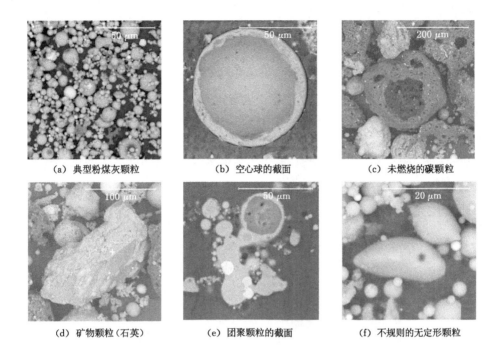

| (a) 典型粉煤灰颗粒 | (b) 空心球的截面 | (c) 未燃烧的碳颗粒 |
| (d) 矿物颗粒(石英) | (e) 团聚颗粒的截面 | (f) 不规则的无定形颗粒 |

图 2-12 粉煤灰的背散射电子图像

（二）粉煤灰的化学性质

粉煤灰所含的化学元素是硅、铝、铁、钙,含有多种重金属元素及稀有元素如镉、硒、砷,而所含的铁、锌、铜、钼、硼是植物生长发育所必需的,这些微量元素的含量差异很大,均比土壤的含量高,粉煤灰施入土壤能为作物提供一定数量的微量元素,因为煤的产地分布不同,煤的化学元素组成或含量有所差异,另外所用煤的品级高低不同,也可使得所产生粉煤灰的化学组成或含量不同。

四、粉煤灰的活性特征及激发方式

（一）粉煤灰的活性介绍

粉煤灰的活性包括物理活性和化学活性两个方面。物理活性包括颗粒形态效应和微骨料效应,颗粒形态效应主要是指粉煤灰中球形玻璃体起滚珠轴承作用,从而使掺粉煤灰体系的流动性提高,起减水作用。微骨料效应是指粉煤灰颗粒充当微小骨料,均匀分布在体系之中,填充孔隙和毛细孔,改善体系的孔结构和增大密实度。物理活性主要在掺粉煤灰体系的早期发挥作用。

粉煤灰的化学活性指粉煤灰的火山灰性质,它来源于煤粉在高温燃烧后收缩成球状液珠后迅速冷却而形成的玻璃体中可溶性的 SiO_2、Al_2O_3,它们与石灰和水混合后能生成水化硅酸钙和水化铝酸钙,粉煤灰中的玻璃体越多,火山灰化学反应性能越强。由于粉煤灰中的玻璃体是保持高温液态结构排列方式的介稳结构,在常温常压下其结构仍然很稳定,表现出较高的化学稳定性,因此在自然环境下一般要经过 1 个月或更长时间的激发,化学活性才能较显著地表现出来。

1．粉煤灰的三大效应

粉煤灰在混凝土中的有益效应包括形态（滚珠）效应、微骨料效应和火山灰效应 3 种类型。

（1）形态（滚珠）效应

形态（滚珠）效应泛指各种应用于混凝土和砂浆中的矿物质粉料，由其颗粒的外观形貌、内部结构、表面性质、颗粒级配等物理性状所产生的效应。粉煤灰中含有大量的玻璃微珠，粒形完整，表面光滑，即使粉煤灰等量取代水泥（通常是超量），粉煤灰玻璃微珠除极少量的富铁微珠外，密度均小于水泥颗粒，能使砂浆中浆体的体积增加，因此可以明显地改善砂浆的和易性。

（2）微骨料效应

微骨料效应是指粉煤灰微细颗粒均匀分布于水泥浆体的基相之中，如同微细的骨料一样，这样的硬化浆体，也可以看作"微混凝土"，如图 2-13 所示。砂浆或混凝土的硬化过程及其结构和性质的形成，不仅取决于水泥，而且还取决于微骨料。

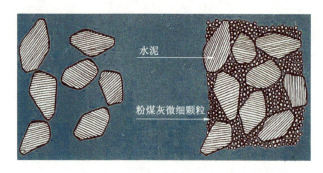

图 2-13　微骨料填充效应原理图

（3）火山灰效应

粉煤灰中的 SiO_2、Al_2O_3 等硅酸盐玻璃体，与水泥、石灰拌水后产生的碱性激发剂 $Ca(OH)_2$ 发生化学反应，生成水化硅酸钙等凝胶，对砂浆起到增强作用。火山灰效应是指粉煤灰活性成分所产生的这种化学效应。如将粉煤灰用作胶凝组分，则这种效应自然就是最重要的基本效应。粉煤灰水化反应的产物在粉煤灰玻璃微珠表层交叉连接，对促进砂浆或混凝土强度尤其是抗拉强度的增长起了重要的作用（如图 2-14 所示）。粉煤灰的形态（滚珠）效应和微骨料效应主要与混凝土的工作性和耐久性相关，而与混凝土强度最相关的火山灰效应是指粉煤灰中玻璃质的 SiO_2、Al_2O_3 能和水泥水化产生的高碱型水化硅酸钙凝胶及 $Ca(OH)_2$ 晶体发生反应（即"火山灰反应"），生成低碱型的水化硅酸钙凝胶，有利于混凝土中凝胶数量的增多、结构的增密，以及优化混凝土界面过渡区，如图 2-15 所示。综合来看，粉煤灰效应对混凝土强度的影响过程是随龄期的增长从负效应逐渐向正效应转变的过程。

2．粉煤灰活性的影响因素

粉煤灰活性与自身的化学组分、物相组成、颗粒形状以及颗粒尺度分布密切相关。粉煤灰的活性化学组分通常是指活性 SiO_2 和 Al_2O_3，这是形成胶凝材料的物质基础；粉煤灰中的碱金属氧化物和碱土金属氧化物是粉煤灰的辅助胶凝活性物质，对粉煤灰的活性有积

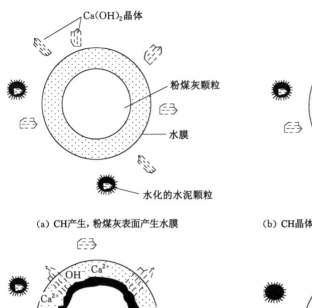

(a) CH产生,粉煤灰表面产生水膜　　　(b) CH晶体在粉煤灰表面定向生长,碱性薄膜溶液形成

(c) 粉煤灰表面被腐蚀,发生火山灰反应　　　(d) 粉煤灰表面被进一步腐蚀,产生大量凝胶

图 2-14 粉煤灰火山灰反应原理图

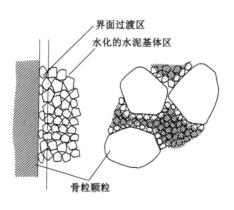

图 2-15 火山灰效应优化混凝土界面过渡区结构

极贡献。粉煤灰的物相组成通常包括玻璃体(约占 70%)、结晶相和少量未燃碳,其中具有活性的物相组成是玻璃体,结晶相和未燃碳对粉煤灰的活性贡献不大。影响粉煤灰活性的主要因素如下。

（1）物理因素

物理因素是指粉煤灰的颗粒形状和颗粒尺度分布对活性的影响因素。通常情况下,粉煤灰球形细颗粒含量越多,需水量越小,活性越高;在一定的细度范围内,粉煤灰颗粒越细,球形颗粒越多,颗粒形态效应和微骨料效应越强,掺混体的密实度越大,减水效果越明显,活性越高。此外,粉煤灰活性还与其颗粒群分布有关。研究表明,粉煤灰颗粒尺度在$5.012\sim19.953~\mu m$范围内物理活性较好,有利于增强粉煤灰微骨料效应,加大粉煤灰掺混体的密实度。

（2）化学与物相因素

化学与物相因素是指粉煤灰的化学组分和物相组成及结构对活性的影响因素。化学组分和物相组成对粉煤灰活性的影响是相互关联的,不能简单按照粉煤灰中氧化硅、氧化铝和氧化铁的含量来判断粉煤灰的活性。通常分布在石英、莫来石、尖晶石等晶体中的氧化硅、氧化铝和氧化铁对粉煤灰活性的贡献不大,而只有分布在玻璃体中的氧化硅、氧化铝和氧化铁才对活性有贡献;粉煤灰中的碱金属氧化物和碱土金属氧化物是粉煤灰的辅助胶凝活性物质,对粉煤灰的活性有积极贡献,这主要是因为它们对粉煤灰玻璃相结构具有解聚作用,使得玻璃相聚合程度降低,易于释放活性。粉煤灰中的玻璃相含量和玻璃相结构即聚合程度是影响粉煤灰活性的最主要因素。一般而言,玻璃相含量越高,玻璃相聚合程度越低,粉煤灰的活性就越大。此外,粉煤灰中的玻璃体由硅氧四面体、铝氧四面体等作为网络框架结构单元,而玻璃体聚合度与玻璃体中m_{Si}/m_O、m_{Al}/m_O的比值密切相关,比值越大,聚合度就越高,自由顶点就越少,结构就越致密,越难解聚。通常粉煤灰中的这两种比值都较高,而位于网络结构外体的具有解聚作用的碱金属和碱土金属氧化物含量较低,这是粉煤灰中的SiO_2和Al_2O_3较难溶出、活性难以释放的主要原因。

影响粉煤灰活性效应的因素较多,不同因素对粉煤灰效应的影响强度差别较大。通常情况下,粉煤灰的火山灰效应明显高于微骨料效应,而微骨料效应又高于形态效应,且形态效应在粉煤灰量较小的情况下有利。不同粉煤灰效应与粉煤灰掺量和混凝土强度的关系曲线如图 2-16 所示。

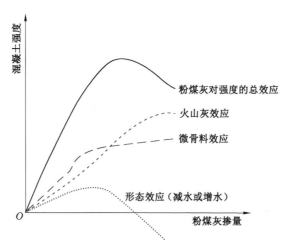

图 2-16　粉煤灰效应曲线

（二）粉煤灰的活性激发

粉煤灰活性激发途径有物理活化、化学活化、水热活化和复合活化等4种。

1. 物理激发

物理激发即机械粉磨，早在20世纪70年代，北京市就着手磨细灰的开发应用，目前大部分粉煤灰经过普通粉磨，可得到比表面积在5 000 cm²/g以下的磨细粉煤灰，粉煤灰经机械粉磨，含玻璃珠的粗颗粒即微珠粘连体被分散成单个微珠，较大的玻璃体和碳粒变成细屑，虽然颗粒表面积增大，表面吸附的水量增加，但是球形颗粒增多，发挥"滚珠"作用，使体系的流动性增加，和易性改善，从而减少了需水量。薄壁空心颗粒被挤破，其内部的微珠外露分散，形成大量的新表面和表面活性中心，而且球形微珠的增多也使需水量降低。另外，在扫描电镜下可以看到，细小的玻璃微珠虽未被破碎，但其表面惰性层被磨去，也增加了表面活性点，加快了活性 Al_2O_3、SiO_2 的溶出和水化的速度。而且，粉磨使粉煤灰的平均粒径变小，使体系具有更好的填充性质。

虽然机械粉磨激发粉煤灰活性工艺简单、成本较低，但是由于机械粉磨的激发效果随粉煤灰粒径的减小呈指数下降，而且细磨粉煤灰对体系的强度贡献主要来自颗粒优化产生的形态效应，而对玻璃体表面破坏带来的火山灰效应还在其次，因此机械粉磨较适用于粗灰，对细灰的作用不是很明显，难以较大幅度地提高粉煤灰的活性。研究表明，粉煤灰粉磨到比表面积为4 000 cm²/g时，已经能充分发挥其物理活性效应，继续增加细度对提高其活性无明显作用，因为10 μm以下的颗粒在一般粉磨中较少受到粉磨作用，细小的玻璃珠很难被破碎，随粒径减小，使粒径减小同样程度所需的能耗急剧增加。一般来说，物理激发对粉煤灰的早期强度（7 d和28 d）贡献较大。

粉煤灰的磨细工艺有原状灰直接粉磨、先分选后粉磨和先粉磨后分选三种，其中先分选后粉磨工艺最为经济。将某电厂的粉煤灰按粒径大于80 μm、80～45 μm、小于45 μm分级后再进行粉磨，按《水泥胶砂强度检验方法（ISO法）》（GB/T 17671—2021）测定粉磨对水泥胶砂抗压强度的影响，结果显示，大于粒径80 μm的粉煤灰经过0.5 h粉磨后，7 d和28 d强度提高都超过100%，而对另外两种较细的分选粉煤灰的强度提高都不明显。而且对粒径大于80 μm的粗灰，将粉磨时间由0.5 h延长到1.5 h，体系的7 d和28 d强度提高均不超过20%。

2. 化学激发

常用的粉煤灰的化学激发方法有酸激发、碱激发、硫酸盐激发、氯盐激发和晶种激发等。由于粉煤灰与水泥相比"先天性缺钙"，其中CaO含量一般小于10%，而后者却超过60%。Ca^{2+}是形成胶凝性水化物的必要条件，所以在所有的激发方法中，首先必须提供充足的 Ca^{2+}。我国粉煤灰多为"贫钙"且颗粒表面致密的 CaO—SiO_2—Al_2O_3 系统，需要提高粉煤灰早期化学活性。粉煤灰活性化学激发的基本思路为：一是"补钙"，提高体系的CaO与 SiO_2 的质量比；二是破坏玻璃体表面光滑致密、牢固的 Si—O—Si 和 Si—O—Al 网络结构；三是激发生成具有增强作用的水化产物或促进水化反应。

（1）碱性激发剂

碱性激发剂有 $Ca(OH)_2$、NaOH、KOH 和 Na_2SiO_3 等。

① $Ca(OH)_2$

粉煤灰-石灰体系是粉煤灰最基本的活性激发体系，$Ca(OH)_2$ 能与粉煤灰大量的铝硅玻璃体中的活性 SiO_2、Al_2O_3 发生火山灰反应，生成具有较高强度和水硬性的水化硅酸钙和水

化铝酸钙,该反应过程由两步进行:

第 1 步是粉煤灰颗粒受溶液中 OH^- 或 H_3O^+ 的作用,粉煤灰表面电离出 SiO_4^{4-}、AlO_2^- 等,在强碱性条件下,M^+ 与活性 SiO_2 等反应生成活性 $M_2O \cdot xSiO_2(aq)$。

第 2 步是 Ca^{2+} 在静电引力作用下被吸引在粉煤灰颗粒周围,与从粉煤灰颗粒表面溶出的 SiO_4^{4-}、AlO_2^- 等和活性 $M_2O \cdot xSiO_2(aq)$ 反应,生成水化硅酸钙和水化铝酸钙。

有研究发现,在石灰溶液存在的条件下,能把粉煤灰颗粒中的铝和硅有效溶解出来的 pH 值是 13.3 或更高,但是在 25 ℃ 下 $Ca(OH)_2$ 饱和溶液的 pH 值只有 12.45。因此对于粉煤灰结构致密的玻璃体,单纯的石灰在常温常压下激发,可溶性 SiO_2、Al_2O_3 少,水化体系强度低,激发效果不理想,石灰的形态[CaO 和 $Ca(OH)_2$]影响到对粉煤灰的激发效果。以往的研究结果倾向于 CaO 的激发效果好于 $Ca(OH)_2$,因为 CaO 遇水消解产生热量和消耗水可以促进粉煤灰活性的激发和降低硬化体系的孔隙率。而有研究认为当以等当量 CaO 为比较条件时,$Ca(OH)_2$ 比 CaO 更有利于粉煤灰活性激发,这可能是因为 CaO 颗粒较粗,水化反应后剩余较多的游离氧化钙,从而可能会引起体系的安定性不良,也可能是因为 CaO 的消解用水使体系的需水量增大,其消解使其他物质(如 SiO_4^{4-})受到抑制。

② NaOH 和 KOH

粉煤灰的化学成分呈弱酸性,在碱性环境中其活性最容易被激发。如前所述,粉煤灰活性激发的关键是使 Si—O 和 Al—O 键断裂。在 OH^- 的作用下,粉煤灰颗粒表面的 Si—O 和 Al—O 键断裂,Si—O—Al 网络聚合体的聚合度降低,而且 OH^- 浓度越大,对 Si—O 和 Al—O 键的破坏作用越强,NaOH 的作用可归结为式(2-12)和式(2-13):

表面硅烷醇基团的中和反应:

$$—Si—OH + NaOH \longrightarrow —Si—ONa + H_2O \qquad (2\text{-}12)$$

这种酸碱中和反应在表面上反复进行,也就是碱对粉煤灰表面的侵蚀过程。

内部硅烷键逐步破坏导致 $[(Si,Al)O_4]_n$ 结构解体:

$$—Si—O—Si + 2NaOH \longrightarrow 2(—Si—ONa) + H_2O \qquad (2\text{-}13)$$

由于 —Si—ONa (SiONa)可溶,Na^+ 被 Ca^{2+} 置换,生成水化硅酸钙沉淀,这样,$Ca(OH)_2$ 不断溶解出 Ca^{2+}、OH^-,OH^- 留在液相中保持较高 pH 值,而 Ca^{2+} 置换出的 Na^+ 可反复使用,使上述反应不断进行。因此,NaOH 加速了粉煤灰与 $Ca(OH)_2$ 的反应。

研究认为,NaOH 作用下火山灰吸收反应分 2 个阶段进行:第 1 阶段主要是粉煤灰中具有不饱和键的硅酸根和铝酸根与 $Ca(OH)_2$ 的快速反应,网络状铝硅酸盐基本不参与反应;第 2 阶段的反应主要是 OH^- 作用下,部分网络状玻璃体结构解体,并与溶液中的 Ca^{2+} 生成水化硅酸钙和水化硅酸铝等胶凝性产物。第 2 阶段涉及硅氧四面体和铝氧四面体在 OH^- 侵蚀下,四面体自由度逐渐增加,直至 Si—O—Si 键的减少以 $H_2SiO_4^-$ 的形式进入液相等一系列过程,反应速度缓慢。Na^+ 和 K^+ 等阳离子对提高玻璃体的反应活性也有一定的作用,它们是硅酸盐玻璃网络的改性剂,促使网络解聚。

碱对粉煤灰的激发效果受多种因素的影响:① 水化体系中 Ca^{2+} 应维持一定浓度。如果在粉煤灰中单独加 NaOH 或 KOH,尽管玻璃体结构能够解体,但不能生成具有强度的水化产物。② 碱的浓度。体系的反应程度随碱浓度的提高而提高。③ 水化体系成型后养护温度。在 90 ℃以内,硬化体的强度随养护温度的提高而增大,在室温下几乎没有水化反应发生,如 NaOH 和 KOH 激发体系,养护温度为 65 ℃时直到 24 h 后才产生强度,而 85 ℃时 2 h 就有较高的强度。④ 高温养护时间。养护时间越长,平均强度越高。⑤ 激发剂的类型。同等条件下,NaOH 的激发效果好于 KOH,即使两者分别与 Na_2SiO_3 复合激发,在碱激发剂中以 NaOH 与 Na_2SiO_3 复合激发效果最好。

Na_2SiO_3 可水解生成 NaOH,使液相的 OH^- 增多,pH 值(13.10)比 $Ca(OH)_2$ 饱和溶液的 pH 值(12.45)明显升高,因此 Na_2SiO_3 激发本质是强碱激发。同时,它能水解生成硅胶,这些硅胶可与 Ca^{2+} 反应生成水化硅酸钙凝胶,加速了粉煤灰与 $Ca(OH)_2$ 的反应。由于 Na_2SiO_3 的双重作用,使其激发效果优于 NaOH。Na_2SiO_3 的掺量增大、养护温度提高,其激发作用增强。

(2) 硫酸盐激发剂

硫酸盐激发剂常有石膏($CaSO_4 \cdot 2H_2O$、$CaSO_4$ 和 $CaSO_4 \cdot 1/2 H_2O$)和 Na_2SO_4 等。试验发现,硫酸盐单独与粉煤灰混合加水,28 d 乃至更长时间均不能凝结,硫酸盐不能单独激发低钙灰的活性,必须用石灰补钙才能充分激发粉煤灰的活性。要使粉煤灰活性激发生成类似于硅酸盐水泥的水化产物,CaO 或 $Ca(OH)_2$ 是激发粉煤灰活性的必要条件,而硫酸盐则是激发粉煤灰活性的充分条件,所以也可以把粉煤灰-石灰-硫酸盐系统看成激发粉煤灰活性最为基本的系统。硫酸盐对粉煤灰活性的激发机理主要是 SO_4^{2-} 在 Ca^{2+} 作用下,与夹杂在粉煤灰颗粒表面的凝胶及溶解于液相中的 AlO_2^- 反应生成水化硫铝酸钙 AFt,反应式为式(2-14)和式(2-15)。

$$AlO_2^- + Ca^{2+} + OH^- + SO_4^{2-} \longrightarrow 3CaO \cdot Al_2O_3 \cdot 3CaSO_4 \cdot 32H_2O \tag{2-14}$$

部分水化铝酸钙也可与石膏反应生成 AFt:

$$3CaO \cdot Al_2O_3 \cdot 6H_2O + 3(CaSO_4 \cdot 2H_2O) + 20H_2O \longrightarrow 3CaO \cdot Al_2O_3 \cdot 3CaSO_4 \cdot 32H_2O$$
$$\tag{2-15}$$

AFt 粉煤灰颗粒表面形成纤维状或网络状包裹层,其紧密度要小于水化硅酸钙层,有利于 Ca^{2+} 扩散到粉煤灰颗粒内部,与内部活性 SiO_2、Al_2O_3 反应,使得粉煤灰的活性被继续激发。用 SEM 观察以 $CaSO_4$ 做激发剂的粉煤灰-水泥硬化体(粉煤灰取代率为 35%和 55%,在 65 ℃下养护 6 h 后再在 27 ℃水中养护至 7 d),发现早期有大量的 AFt 存在,孔结构分析表明,该硬化体孔尺寸小,孔隙率低。

其次,SO_4^{2-} 也能置换出 C—S—H 凝胶中的部分 SiO_4^{4-},被置换出的 SiO_4^{4-} 在外层又与 Ca^{2+} 作用生成 C—S—H,使粉煤灰活性激发得以继续进行;同时 SiO_4^{4-} 的存在又促进活性 Al_2O_3 的溶出,并且 SiO_4^{4-} 还可以吸附于玻璃体表面 Al^{3+} 网络中间体活化点上,使 Si—O 和 Al—O 键断裂。另外,SiO_4^{4-} 生成的 $CaSO_4$ 和 AFt 有一定的膨胀作用,可以填补水化空间的空隙,使硬化体的密实度提高,起到补偿收缩的作用。硫酸盐的激发效果与盐的种类、掺量、粉煤灰含钙量和养护条件等因素有关。

Na_2SO_4 激发效果优于 $CaSO_4$ 类,因为 Na_2SO_4 易溶解于水,且可与体系中 $Ca(OH)_2$ 反应生成高度分散的 $CaSO_4$,这种 $CaSO_4$ 比外掺的石膏更容易生成 AFt,另一方面,Na_2SO_4 可与体系中的 $Ca(OH)_2$ 反应生成 NaOH,增加了体系的碱性,因此 Na_2SO_4 的激发实际上是强碱和硫酸盐的双重激发。

在 $CaSO_4$ 类激发剂中,激发效果由强至弱的顺序为:煅烧硬石膏>二水石膏>半水石膏>硬石膏。许多研究者部分地证明了这一规律,但有学者认为 $CaSO_4$ 类激发剂的作用在早期和后期有所不同,对于等当量的 SO_3,硬石膏的激发作用体现在早期,二水石膏的激发作用体现在后期。煅烧硬石膏溶解度小,Ca^{2+} 浓度低,抑制铝酸三钙(简称 C_3A)快速水化的能力相对较小,而促进硅酸三钙(简称 C_3S)水化的能力得到加强;石膏煅烧分解产生了 CaO 且使结构松弛,从而兼有 CaO 引起的碱激发作用和 $CaSO_4$ 的硫酸盐激发作用,因此激发效果好,煅烧石膏理想煅烧温度为 1 000~1 200 ℃。硫酸盐激发剂的掺量在 0~5% 范围内,硬化体强度随掺量的增加而增大,超过这一范围,将会产生不利影响,掺量过大,后期会继续生成 AFt,引起制品的膨胀开裂,对 Na_2SO_4 还会引起后期泛霜和碱骨料反应。硫酸盐最佳掺量为 1.2%~3.0%(以 SO_3 计)。

有研究表明,硫酸盐激发剂与粉煤灰的含钙量有一定的关系,Na_2SO_4 对高钙灰(HFA)激发作用强,后期表现更为明显,养护温度对激发作用有重大影响,在掺量相同时,激发作用随养护温度的提高而提高。

(3)氯盐激发剂

常用氯盐激发剂有 $CaCl_2$ 和 $NaCl$。$CaCl_2$ 对粉煤灰火山灰反应影响较小,其激发作用主要通过形成水化氯铝酸盐、提高体系 Ca^{2+} 浓度和降低水化产物的 ξ 电位来实现。氯盐中的 Ca^{2+} 和 Cl^- 扩散能力较强,能够穿过粉煤灰颗粒表面的水化层,与内部的活性 Al_2O_3 反应生成水化氯铝酸钙,如式(2-16)所示。

$$Ca^{2+} + Al_2O_3 + Cl^- + OH^- \longrightarrow 3CaO \cdot Al_2O_3 \cdot CaCl_2 \cdot 10H_2O \qquad (2\text{-}16)$$

使水化物包裹层内外渗透压增大,并可能导致包裹层破裂,从而促进了水化。研究表明,加入 $CaCl_2$ 粉煤灰-石灰系统形成了固态 $C_4AH_{13} \longrightarrow C_3A \cdot CaCl_2 \cdot 10H_2O$。$CaCl_2$ 由于使体系 Ca^{2+} 浓度提高,C_4AH_{13} 的形成可以提前,还可以与 $Ca(OH)_2$ 反应生成不溶于水的氧氯化钙复盐,从而增加胶凝体系的固相成分,使水化体系强度提高。研究表明,$CaCl_2$ 对低钙粉煤灰(LFA)的激发效果要比高钙粉煤灰(HFA)明显,这可能与 $CaCl_2$ 能为前者提供生成水化物所需的 Ca^{2+} 有关,$CaCl_2$ 能提高粉煤灰体系的早期和中期强度,尤其对 LFA 的后期(90 d,180 d)强度提高作用显著。而有研究者用 $CaCl_2$ 激发废弃粗粉煤灰时发现,$CaCl_2$ 的掺入只略微提高了强度,远不及 Na_2SO_4 的激发效果,这可能与 $CaCl_2$ 对强度的贡献主要在于形成类似钙钒石结构的 $3CaO \cdot Al_2O_3 \cdot CaCl_2 \cdot 10H_2O$ 产物,而废弃粗粉煤灰则由于颗粒大、活性低而难于提供足量的铝酸盐有关。$NaCl$ 对粉煤灰火山灰反应影响亦较小,其激发作用主要是通过形成 $NaOH$,增加玻璃结构解体能力来实现的,但有研究者发现,$NaCl$ 的掺量即使达到 5%,也没有起到激发作用。Cl^- 会引起钢筋锈蚀,这使氯盐作为激发剂受到了较大限制。

3.高温激活

高温激活粉煤灰活性的主要方法是蒸汽养护。在水热的条件下,玻璃体网络的结构更容易被破坏,$[SiO_4]^{4-}$ 四面体聚合体解聚成单聚体和双聚体,而且温度越高,破坏作用越强。在蒸汽养护条件下,活性 Al_2O_3、SiO_2 更加容易溶出,加快了矿物结构的转移和水化产物的形成。试验表明,在 70 ℃ 蒸汽养护条件下,粉煤灰体系的抗压强度比可达 1.50~1.80。有研究人员用 TMS(三甲基硅烷化)方法对粉煤灰-石灰-水压蒸系统进行分析发现,在蒸汽养护条件下,粉煤灰-石灰体系中 $[SiO_4]^{4-}$ 四面体聚合体的解聚有很大的加速。他们采用的是南通华能电厂的干排灰。粉煤灰与石灰的质量比为 7：3,140 ℃蒸汽养护 3 h,体系 SiO_2 中 $[SiO_4]^{4-}$ 单聚体含量从原灰的 4.85% 上升到 21.07%。一般来说,粉煤灰掺量越高,蒸汽养护激发的效果或优势越明显。但是蒸汽养护只能应用于粉煤灰预制构件,如粉煤灰砖、粉煤灰砌块、粉煤灰硅钙板以及粉煤灰加气混凝土砌块等,无法用于路面、大坝等大体积混凝土。

4. 复合激活

通常单独使用一种激活措施不能显著地提高粉煤灰体系的强度,在实际应用时,须综合各种物理和化学的激活方法,即复合激活,一般来说,复合激活的效果要优于单独激发。习国华等分别用质量分数为 80% 和 100% 的干排灰代替 525# 水泥,掺入 5% 的石灰,4% 的石膏和 3% 的复合激发剂生产的混凝土,经蒸汽养护 4 h,其抗压强度分别达到 25.3 MPa 和 20.1 MPa。南京化工大学采用工业废渣、矿物、石膏等复合激发剂,并伴以 20 min 的机械粉磨,使粉煤灰掺量为 50% 的 525# 水泥达到 425# 普通硅酸盐水泥的标准,7 d 抗压强度由 26.8 MPa 提高到 33.4 MPa。

（三）粉煤灰活性激发方法的选择

粉煤灰活性激发方法的选择首先应针对粉煤灰原料的理化特性和粉煤灰利用指标要求来确定。对于将粉煤灰用于无机凝胶材料的建材化利用而言,首先要考虑粉煤灰颗粒分布特性和化学组成特性。对于以粗颗粒(比表面积小于 400 m^2/kg)为主的粉煤灰而言,应优先选用机械粉磨,降低粉煤灰颗粒细度,改善颗粒级配,提高粉煤灰活性;对于含碳量较高的粉煤灰而言,应首先考虑分选除碳后,再进行物理激发和化学激发,提高其活性;对于含钙量较高的高钙灰而言,应侧重考虑碱金属盐(Na_2SO_4 或 $NaCl$)的化学激发方法,以达到充分利用粉煤灰自身组分的目的;对于细度较好,而火山灰反应慢的粉煤灰而言,应优先考虑化学激发。在使用化学激发方法时,一定要注意控制加入激发剂的量,避免产生负面影响。比如,在加入碱金属类激发剂时,要注意制品的泛碱问题;在引入硫酸根离子激发剂时,要注意避免制品的后期微膨胀问题;在添加氯根离子激发剂时,应避免氯离子对混凝土中金属铁的腐蚀问题。

此外,粉煤灰活性技术的选用应该遵循成熟、高效、低成本的原则。目前,在工业上应用较为成熟的粉煤灰活性激发技术主要有机械粉磨激发法、压蒸热力激发法和化学添加剂激发法三类。微波辐射、电极化等方法尚处于实验室研究阶段,离工业应用还有一段距离。值得关注的是,上述已经成熟应用的机械粉磨激发法、压蒸热力激发法和化学添加剂激发法的复合使用将取得协同放大的激发效果,成为粉煤灰高效激发应用技术的发展方向。

第三节　煤气化渣的理化特征

一、煤气化渣的组成与形态结构

（一）煤气化渣的化学组成

煤气化炉渣主要是由 Si、Al、Ca 的氧化物与大部分残碳组成,此外还含有少量的 K、Na、Mg、Fe 的氧化物夹杂其中。煤气化渣由于煤种的成分差异、造渣助溶剂不同而导致其化学组分发生波动,并且会因为气化工艺的不同引起参数的变化。部分气流床炉渣的化学组成见表2-18,尽管各类渣样化学成分存在一定差异,但均以 SiO_2、Al_2O_3、CaO、Fe_2O_3 为主。不同煤气化技术得到的煤气化渣的碳含量差异较大,且细渣碳含量较粗渣碳含量高(姚阳阳,2018;吕学涛,2019;仇韩峰,2021)。

表 2-18　部分气流床炉渣的化学成分

炉型	炉渣类型	相对质量分数/%							
		SiO_2	CaO	Fe_2O_3	Al_2O_3	MgO	TiO_2	Na_2O	K_2O
陕西未来能源四喷嘴气化炉	粗渣	41.44	17.37	17.37	13.91	2.26	0.65	1.40	1.46
	细渣	35.93	17.19	18.13	15.48	2.11	0.88	2.31	1.39
宁煤集团四喷嘴气化炉	粗渣	30.43	19.68	22.74	14.90	3.76	1.31	1.72	1.64
鲁西化工航天炉	粗渣	32.82	15.04	5.41	12.25	0.90	0.44	0.66	0.96
陕西神木化学工业公司 Texaco	粗渣	41.12	12.88	4.98	12.72	1.23	0.61	1.49	1.94
	细渣	32.20	4.33	2.49	8.87	0.69	0.52	0.54	1.23
宁煤集团 Texaco	粗渣	31.83	19.80	18.40	15.83	4.68	1.33	2.13	1.46
宁煤集团 GSP	粗渣	50.59	8.77	12.06	18.44	3.27	1.18	1.20	2.13
贵州天福化工 Shell	粗渣	48.12	7.15	10.47	30.63	0.74	0.32	0.46	0.62
山东瑞星集团航天炉	飞灰	47.36	6.82	10.80	30.85	0.91	0.38	0.48	0.66
	粗渣	46.70	11.36	10.56	22.07	0.85	1.55	—	1.60

（二）煤气化渣的矿物组成

与其他煤基固体废物相比,煤气化渣的矿相较为简单,主要分为晶相与非晶相两类。相关研究结果表明煤气化渣晶相主要为石英相,随煤源、炉型及气化工艺不同,部分地区的气化渣中还出现了方解石、莫来石、斜长石、钙长石等晶相。非晶相主要指铝硅酸盐玻璃相和无定形残碳。煤气化渣中矿相主要是原料煤中含有的黏土矿物在高温气化过程中经过复杂的物理化学变化而形成的。部分气流床炉渣主要矿物组成见表2-19。已知粉煤空心微珠主要为漂珠与沉珠,而煤气化渣中存在的球状玻璃体结构可能为煤灰中的沉珠,并且其中的无定形残碳具有与煤焦炭相似的结构;煤气化残渣中的石英主要是在煤气化过程中未来得及参与反应的石英颗粒残留,并且石英颗粒会与高岭石成分在 800 ℃左右发生反应,并产生新的矿物质或者非晶质物质;煤气化残渣中的莫来石经由高岭石、偏高岭土、Al—Si尖晶石,最后到莫来石的一系列转换得到;在大约1 200 ℃时莫来石与方钙石反应会生成钙长石,而方解石在炉中受热分解形成方钙石。

表 2-19　部分气流床炉渣的主要矿物组成

炉型	炉渣类型	矿物组成
神木化学工业公司 Texaco	粗、细渣按照比例混合	玻璃相+无定形物(残碳)>90%,石英+方解石+斜长石<10%
宁煤集团 Texaco	粗渣	基本呈玻璃态结构,含有部分石英晶体、少量镁铝柱石,含有机质
	细渣	基本呈玻璃态结构,含有部分石英晶体,少量 Fe_2O_3,含有机质

表 2-19(续)

炉型	炉渣类型	矿物组成
宁煤集团四喷嘴	粗渣	非晶态玻璃态为主;结晶度为 10.75,石英 43.95%、莫来石 22.67%、方铁矿 2.88%、方解石 30.50%
宁煤集团 GSP	粗渣	基本呈玻璃态结构,含有部分石英晶体、钙铝长石,含有机质
	细渣	基本呈玻璃态结构,含有部分石英晶体,含有机质
煤粉气流床	细渣	晶体主要为莫来石和各相态石英
	粗渣	晶体主要为 FeS、硬石膏和石英
贵州天福化工 Shell	粗渣	玻璃态质量分数为 72% 以上,微量的莫来石、石英和铁相
	飞灰	玻璃态质量分数为 74% 以上,微量的莫来石、石英和铁相
山东瑞星集团航天炉	粗渣	含有大量的玻璃相和部分残碳,未检出晶相物质

Texaco 与 GSP 气化炉产生的粗、细渣灰样中大多呈无规则玻璃体结构,无机矿物质的固有晶型经过高温氧化后大多发生玻璃化反应生成无固定形态的玻璃体物质,但仍有部分未熔融而保持晶体结构,Texaco 粗渣中含有少量镁铝柱石,而 GSP 粗渣中含有钙铝长石(图 2-17)。可见,煤气化渣主要由大量的非晶态物质和少量的结晶矿物质组成,由于细渣在气化炉内的停留时间较粗渣短,故细渣的可燃物含量较粗渣高,因此热值较高且粒径较小的细渣更适合于循环流化床掺烧利用。

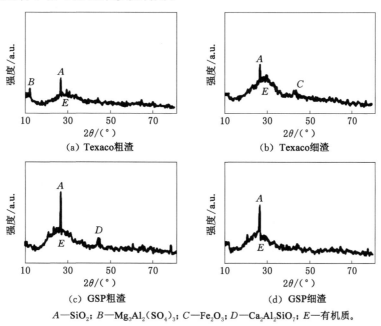

$A—SiO_2$; $B—Mg_3Al_2(SO_4)_3$; $C—Fe_2O_3$; $D—Ca_2Al_2SiO_7$; $E—$有机质。

图 2-17 Texaco、GSP 煤气化渣的 XRD 图谱

二、煤气化渣的理化性质

(一)煤气化渣的物理性质

煤气化细渣的颗粒分为多孔不规则颗粒、絮状物、黏附性球状颗粒和独立大球形颗粒

四种;煤气化粗渣分为多孔不规则颗粒、光滑密实颗粒、光滑球形颗粒、球状物和针棒状物。颗粒元素分布表明细渣中球形颗粒主要为铝硅酸盐矿物,多孔状与絮状颗粒为碳颗粒,黏附小球型颗粒为碳与无机颗粒混合体。而粗渣中颗粒主要为铝硅酸盐矿物颗粒或者碳与无机颗粒结合体,含碳量显著低于细渣。煤气化渣的宏观及微观形貌如图 2-18 和图 2-19 所示。对比煤气化渣的宏观形貌,粗渣的粒度明显高于细渣,细渣偏黑,粗渣和细渣中都存在大颗粒,但粗渣中更多,且粒径更大。煤气化粗渣微观结构主要包括 3 部分:① 表面相对致密且光滑的无定形大颗粒;② 表面由絮状物包裹的疏松无定形大颗粒;③ 大量附着于光滑颗粒表面、疏松大颗粒表面以及镶嵌在内部的玻璃相小球状颗粒,如图 2-20 所示。疏松大颗粒表面絮状物质主要是残碳结构物,小球状颗粒由矿物质团聚熔融形成。有关研究表明:表面疏松的不规则大颗粒中含有的主要元素为 O、C、Ca、Al、Si,其中碳元素质量分数为 50% 以上;小球形颗粒与平滑不规则大颗粒中含有的主要元素基本一致,主要有 O、Si、Al、Ca、C、Fe,碳元素质量分数较小,煤气化粗渣活性主要来源于后两者形态中的物质(屈慧升等,2022;袁蝴蝶,2020;吕登攀,2021;朱菊芬等,2021)。

(a) 粗渣   (b) 细渣

图 2-18 煤气化渣的宏观形貌

(a) 细渣   (b) 粗渣

图 2-19 煤气化渣的微观形貌

气流床煤气化炉渣资源化利用受限的物理特性主要包括以下 3 种。

1. 含水率高

除 Shell 炉、SE 炉等部分干粉气流床飞灰采用陶瓷过滤、旋风除尘干法排放外,煤气化炉粗渣、细渣多数为湿法排放。细渣采用真空过滤机脱水,粗渣采用捞渣机在提升过程靠水自重脱水。湿排粗渣、细渣含水率为 40%~60%,且大部分水分存于渣粒高度发达的孔隙结构中,干燥难度大、成本高,是其资源化利用的制约因素。

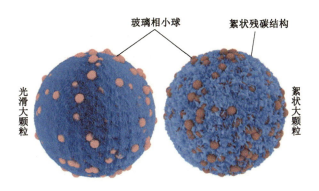

图 2-20　煤气化粗渣的微观组成示意

2. 残碳含量高

原料煤在气化炉内转化率非100％，因此气化渣中含有未燃尽的残碳颗粒。部分气流床炉渣的残碳质量分数见表2-20，由于炉型和工艺条件不同，炉渣中残碳质量分数差异较大，总体为细渣高于粗渣；主要因为粗渣是炉内熔渣沿炉壁向下进入气化炉激冷室，在水浴中激冷固化形成，停留时间长、温度高，反应更充分，细渣是未燃尽碳颗粒与微细矿物质颗粒在合成气的夹带作用下从合成气出口直接排出，在炉内停留时间比粗渣短。《用于水泥和混凝土中的粉煤灰》（GB/T 1596—2017）规定，最低等级Ⅲ级灰烧失量≤10.0％；《硅酸盐建筑制品用粉煤灰》（JC/T 409—2016）规定，非烧结硅酸盐制品用粉煤灰烧失量≤10.0％。因此气流床炉渣的高烧失量是制约其应用的关键因素之一。

表 2-20　部分气流床炉渣残碳质量分数

炉型	炉渣种类	残碳质量分数/％
宁煤集团 Texaco	粗渣	6.09
	细渣	14.44
咸阳化学工业公司 Texaco	粗渣	23.94
宁煤集团四喷嘴	粗渣	13.40
陕西未来能源四喷嘴气化炉	粗渣	18.79
	细渣	30.57
山东华鲁恒升四喷嘴	粗渣	15.32
鲁西化工航天炉	粗渣	27.99
山东瑞星集团航天炉	粗渣	5.00
宁煤集团 GSP	粗渣	7.40
	细渣	27.33
贵州天福化工 Shell	粗渣	1.20
	飞灰	1.36
安庆 Shell	粗渣	3.67
	飞灰	24.02
	黑水滤饼	66.24

3. 性质不稳定

气化炉渣性质与原煤性质、气化炉型及工艺、运行工况、添加剂成分与数量等因素有关，受反应程度和停留时间的影响，任何条件的变动都会造成气化炉渣的组成和结构变化，导致性质不稳定，为其利用带来困难。

(二)煤气化渣的化学性质

煤气化渣主要矿物相为非晶态铝硅酸盐，夹杂着石英、方解石等晶相，富含 Si、Al、Ca、C 资源的化学组成特点和特殊的矿相构成是煤气化渣回收利用的基础。其中，SiO_2、Al_2O_3 以及 CaO 是火山灰的主要组分，因此煤气化渣具有一定潜在的火山灰活性。

三、煤气化渣的活性特征及激发方式

(一)煤气化渣的活性介绍

煤气化渣的主要成分除碳以外，还有活性 SiO_2、Al_2O_3 等成分，具有潜在的火山灰活性，这为煤气化渣用作矿物掺和料替代部分水泥，从而减少水泥的用量，缓解生产能耗及降低 CO_2 排放的问题奠定了基础。常见的矿物掺和料如粉煤灰矿粉等，由于其潜在胶凝特性在水泥混凝土中的应用已经非常广泛，并且合理利用矿物掺和料显著提升了水泥混凝土的性能，这也为煤气化渣的充分利用提供了新的思路(宋瑞领等，2021；杨潘，2021；雷彤，2017)。

(二)煤气化渣的活性激发

1. 物理激发

通过类似粉磨等机械方法，使煤气化粗渣中的矿物晶体产生缺陷与位错，形成大量的微小粒子，并通过粉磨过程将一部分机械能转化为煤气化渣颗粒的内能或表面能，激发剂的分子可吸附于煤气化渣颗粒表面、微裂纹间，能够降低煤气化渣颗粒表面自由能，中和裂纹处 Si—O 共价键和 Ca—O 离子键断裂后产生的不饱和电荷，阻止 Ca^{2+} 和 O^{2-} 重新组合提高细颗粒的分散度。煤气化渣经过粉磨后其矿物晶格会发生畸变，同时尺寸变小，降低了煤气化渣矿物晶体中的结合键能，增大了与激发剂的接触面积，使激发剂更易与煤气化渣微粉颗粒进行化学反应，加速煤气化渣水化反应进程。同时煤气化渣中的玻璃体通过机械力破坏后，铝酸盐、硅酸盐等活性微小粒子从玻璃体中分离，加快煤气化渣活性成分的水化。

2. 化学激发

对于煤气化渣而言，玻璃体的化学键包括 Al—O 键与 Si—O 键，并且两者分别以 [AlO_4] 四面体形式、[AlO_6] 配位多面体形式及 [SiO_4] 四面体形式存在。在机械力作用下，煤气化渣表面产生断裂键，并通过碱性激发剂的配合作用，[AlO_4] 四面体解聚生成 $H_3AlO_4^{2-}$，[SiO_4] 四面体解聚生成 $H_3SiO_4^-$。$H_3AlO_4^{2-}$、$H_3SiO_4^-$ 与 Ca^{2+}、Na^+ 等发生水化反应生成类沸石水化产物。当晶体中的 [AlO_6] 配位多面体发生解聚时，其解聚生成的 $Al(OH)_2^+$ 与 $H_3SiO_4^-$、OH^-、Ca^{2+}、Na^+ 等发生水化反应生成类沸石水化产物。随着水化反应的进行，玻璃体中的 Al—O 键与 Si—O 键不断被破坏，直至玻璃体完全解聚。因此，化学激发机理是通过创造一个碱性环境使煤气化渣中的玻璃体充分解聚的过程，常用的激发剂有石膏、碱金属盐及复合激发剂等。

(1)碱金属盐

通常所说的碱金属盐主要为碱金属的碳酸盐与硅酸盐，例如碳酸钠、碳酸钾、硅酸钠等。众多专家学者在不同方面研究了碱金属盐环境下辅助胶凝材料的水化机理,大量研究表明选择合适的碱金属盐辅助胶凝材料的活性激发效果显著。

(2) 石膏

石膏分为无水石膏、半水石膏及二水石膏。石膏作为激发剂时,其主要作用就是与铝酸三钙反应生成钙矾石,从而提高胶凝体系的早期强度。当 SO_4^{2-} 随石膏掺量减少而减少时,钙矾石会逐渐转变为单硫型水化铝酸钙。钙矾石生成反应式为:

$$3CaO \cdot Al_2O_3 \cdot 6H_2O + 3CaSO_4 + 25H_2O \Longrightarrow 3CaO \cdot Al_2O_3 \cdot 3CaSO_4 \cdot 31H_2O$$

$$(2\text{-}17)$$

三种石膏中无水石膏的溶解速度及溶解度最大,因此,用无水石膏作为激发剂提高胶凝体系的早期强度效果最好,适量石膏作为激发剂使用可以显著改善胶凝体系的抗硫酸盐侵蚀性能。

(3) 复合激发剂

复合激发剂是指同时使用两种或两种以上的激发剂,其激发效果要优于单组分激发剂的激发效果。在胶凝体系水化初期,激发剂中生成的 NaOH 提高了胶凝体系浆体的碱度,加快了煤气化渣胶凝体系中玻璃体的解聚,铝酸钙与 SO_4^{2-} 反应生成钙矾石。同时 NaOH 会对水化产物的聚合产生不利影响,需要引进一定的 $Al_2(SO_4)_3$ 来增加水化产物中钙矾石与水化铝酸钙的数量,提高水泥石密实度,从而使早期强度提高。有试验研究表明,通过将硅酸钠与无水石膏配制成复合激发剂来激发钢渣水泥胶凝体系的活性,所制得的无熟料钢渣、矿渣水泥满足国家的相关标准。将硅酸盐、硫酸盐、铝酸盐三种原料复合制得的激发剂,对钢渣-矿渣水泥胶凝体系进行活性激发,所得产品性能良好。将 Na_2CO_3 与 Na_2SiO_3 以一定的比例复合,所制得的激发剂能显著激发钢渣-粉煤灰体系的活性。综合来看,选择适宜的激发剂进行复合,也是激发煤气化渣活性的一种重要方式。

3. 高温重构

通过高温改性,使煤气化渣中的硅氧网络结构发生部分解聚,使其聚合度降低,网络结构化学键断裂,形成聚合度较小的硅氧多面体结构,并且在高温作用下,煤气化渣中的钙质极易侵入硅氧聚合结构中并导致网络结构不稳,并发生部分 Si—O 键的断裂(Ca²⁺ 是一种网络结构校正离子,可以改变煤气化渣玻璃相的结构及 Si、Al 的配位状态使玻璃相结构无序化增加,提高玻璃相的活性,并在一定环境状态下可以打开 Si—O、Al—O 键),导致高配位的网络中间体 Al 及部分 Ca 较多地渗入,从而使网络结构中部分强峰的化学位移向低场移动,改性煤气化渣的化学活性会提高。

第三章　煤矿固体废物建筑材料利用技术

第一节　煤矸石生产建筑材料

　　煤矸石是与煤伴生的一种含煤高岭土,是在煤资源的开采和清洗等处理过程中排出的固体废物,含碳量为 20%～30%,其他主要成分是 Al_2O_3、SiO_2 以及少量的 MgO、Na_2O、Fe_2O_3、CaO、K_2O、SO_3、P_2O_5 和稀有元素等微量成分。用煤矸石来生产相应的建筑材料具有很好的效果,因此,其在我国的发展速度很快,技术也比较成熟,同时煤矸石的使用量也比较大,所生产的建筑材料还具有诸多优点,比如质量轻、吸水率低、强度高及化学稳定性好等(周楠等,2020)。一般使用煤矸石可以制成砖瓦、轻骨料、水泥、加气混凝土及混凝土空心砌块等,特别是使用煤矸石制成的陶粒轻骨料,具有轻质、高强、保温、高附加值等优点,同时配制成的高性能混凝土也符合高层建筑对轻质和高强的要求。近年来,一些研究人员对煤矸石制成的陶粒轻骨料进行了大量的研究,这也是煤矸石资源化利用未来发展的重点之一。

一、煤矸石生产水泥

　　水泥是基本的建筑材料,素有"建筑工业的粮食"之称,是三大重要建筑材料之一,使用范围广,用量大。2018 年我国水泥的产量达到 22.1 亿 t,中国水泥产量已占到全球约 55%,居世界首位。据我国官方的行业数据统计,煤矸石在煤炭开采行业的产生量年均约为 4.6 亿 t,但其综合处理或利用率却不足一半。近年来,许多国家都在研究和开发将煤矸石应用于水泥工业的方法,逐步形成一种生产水泥的新工艺技术(吴振华等,2020;陈杰等,2019;李霖皓等,2019)。目前,我国水泥品种有 60 余种,煤矸石在水泥工业中主要有三大应用途径,分别是:煤矸石作原燃料生产水泥;煤矸石作生产水泥混合材料;煤矸石生产无熟料及少熟料水泥。例如,义煤集团腾跃水泥厂每年利用煤矸石约 30 万 t。

　　(一)煤矸石作原燃料生产水泥

　　煤矸石能作为原燃料生产水泥,主要根据煤矸石和黏土的化学成分相近的特点,代替黏土提供硅酸铝质原料;根据煤矸石能释放一定热量的特点,可代替部分优质燃料,通常,这类煤矸石的热量能达到 6 270～12 550 kJ/kg。

　　目前我国用煤矸石作原燃料生产水泥主要采用半干法立窑生产。

　　1. 生产原理

　　煤矸石中的 SiO_2、Al_2O_3 和 Fe_2O_3 含量较高,与黏土的化学成分相似,故可代替黏土与石灰石、铁粉及硅质胶等原料一起配料;煤矸石含有一定数量的碳,可以代替部分燃料;以煤矸石代替黏土作原料来烧制水泥可以节能节土。因为煤矸石中含有较多微量元素,使煤矸石的熔点比黏土低,提前出现熟料烧成液相,硅酸二钙(2CaO·SiO_2,简写为 C_2S)在液相的作用下逐步溶解,煤矸石矿物较易与 Ca^{2+} 扩散解聚的 $Si—O$ 结构中解离出来的 SiO_4^{4-} 和 C_2S 反应,从而生成水泥的主要矿物成分硅酸三钙($3CaO \cdot SiO_2$,简写为 C_3S),因此在较低温度下也能够完成熟料烧结反应;而且煤矸石中的金属硫化物和金属氧化物发生氧化反应,可放出一部分热量,使得制水泥的能耗降低。其反应原理方程式如式(3-1)~式(3-4)所示:

$320\sim360$ ℃:

$$C_3AH_6 \longrightarrow C_3AH_{15} + 4.5H_2O \tag{3-1}$$

$520\sim540$ ℃:

$$7C_3AH_{15} \longrightarrow C_{12}A_7 + 9CaO + 10.5H_2O \tag{3-2}$$

540 ℃:

$$Ca(OH)_2 \longrightarrow CaO + H_2O \tag{3-3}$$

$500\sim750$ ℃:

$$C_2SH(C_2SH_2) \longrightarrow \beta\text{-}C_2S + 4.5H_2O \tag{3-4}$$

2. 生产流程

煤矸石作原燃料进行水泥生产的工艺与普通水泥的生产工艺基本相同。将原料按一定比例配合,磨细成生料,烧至部分熔融,得到以硅酸钙为主要成分的熟料,再加入适量的石膏和混合材料,磨成细粉而制成水泥,即所谓"两磨一烧"。在这其中,需要说明的一点就是应该按照煤矸石中的 Al_2O_3 含量进行一定的配料,所配生料的化学成分应该满足生产高质量水泥的需求。一般而言,若 Al_2O_3 的含量在 25% 及以下,那么则可使用煤矸石直接代替黏土来进行生产;若 Al_2O_3 的含量在 25% 以上,在实际配料过程中应该适当地加入一定量的石膏等材料进行配置,以防止水泥发生快速凝结的情况。

3. 原燃料选择

水泥的质量主要取决于熟料的质量。要烧成高质量的熟料,关键是选择质量合格的原料,配成合适的生料。

(1)石灰质原料

它以碳酸钙为主要成分,是提供水泥熟料中的 CaO。对石灰质原料的质量要求见表 3-1。在使用 Al_2O_3 含量高的煤矸石时,石灰石中 SiO_2 含量偏高一些更便于配料,这样可以适当降低对石灰石品位的要求。

表 3-1　石灰质原料的质量要求　　　　　　单位:%

品位		CaO	MgO	R_2O	SO_3	燧石或石灰
石灰石	一级品	>48	<2.5	<1.0	<1.0	<4.0
	二级品	45~48	<3.0	<1.0	<1.0	<4.0
泥灰石		35~45	<3.0	<1.2	<1.0	<4.0

(2)煤矸石

大煤矸石与黏土化学成分类似,可提供生产水泥熟料所需的 SiO_2 和 Al_2O_3,作为硅铝质原料可代替黏土生产水泥。依据煤矸石中 Al_2O_3 含量多少,可把煤矸石分为低铝(20%±5%)、中铝(30%±5%)和高铝(40%±5%)三类。

低铝煤矸石的成分与黏土相似,用于生产普通水泥的配料中;利用高铝煤矸石和石灰石按一定配比,在立窑中煅烧成氟铝酸钙型双快水泥,一天的强度可达 20~30 MPa。当煤矸石中 Al_2O_3 含量高于 28% 时,也可作为生产硫铝硅酸盐水泥的原料。

各类煤矸石与石灰石、铁粉搭配,按普通水泥和双快水泥(快凝、快硬)计算(煤灰包括在煤矸石灰分内一起计算),可粗略地用表 3-2 表示熟料中 Al_2O_3 含量变化趋势及可能得到的水泥品种。

表 3-2　煤矸石组成与煤矸石水泥品种

煤矸石灰成分 Al_2O_3	石灰石 CaO/%					
	53±2		49±2		≤47	
	Al_2O_3/%	品种	Al_2O_3/%	品种	Al_2O_3/%	品种
	水泥品种					
低铝(20%±5%)	7±1	普通水泥 喷射水泥	≤7	抗硫酸盐水泥 普通水泥	≤6	油井水泥 抗硫酸盐水泥
中铝(30%±5%)	7~10	普通水泥(高铝) 喷射水泥	≤8	普通水泥 (高铝)	≤7	
高铝(40%±5%)	≥10	喷射水泥 双快水泥	7~10	普通水泥(高铝) 喷射水泥	≤8	普通水泥 (高铝)

生产实践表明,用煤矸石生产普通水泥时,一般要求如下:① 应选择以黏土矿物为主组成的碳质页岩和泥质岩煤矸石。在不加校正料时,按煤矸石灰成分计算 Al_2O_3 应小于 30%、SiO_2 应大于 50%、发热量在 1 500 kcal/kg 以上。② 优先利用不需进行预均化的洗选煤矸石。使用堆放煤矸石时,必须进行预均化。③ 煤矸石中硬质砂岩含量不宜过高,否则会因难磨细、电耗大、经济上不合算而不宜利用。④ 煤矸石产地到水泥厂运距不宜过长。⑤ 煤矸石有害成分不宜超过要求,否则会因影响水泥质量而不能利用。因此,煤矸石能否代土、节能,要做可行性研究。

4. 立窑烧制水泥熟料

(1) 立窑

煤矸石作原燃料生产水泥广泛使用立窑煅烧水泥熟料(姚嵘等,2001)。立窑具有热耗低、投资少、收获快、需要钢材少、占地面积小等优点。按照加料卸料方式,可分为普通立窑和机械化立窑(旋窑)两类。普通立窑是指人工加料和卸料,或机械加料而人工卸料。机械化立窑是采用机械加料和机械卸料。

普通立窑有 ϕ1.5 m×6 m 及 ϕ2 m×8 m 两种,年产 1 万~2 万 t 水泥的小厂使用较多。机械化立窑一般规格为 ϕ2.5 m×10 m,日产 170~220 t。与普通立窑相比,机械化立窑改善了操作和卫生条件,受热均匀,产量高,熟料质量好,是小水泥厂的发展方向。机械化立窑装料过程是将生料和煤经自动称量、混匀、成球后落入加料器,均匀地撒入窑内,加料器可正反向旋转,卸料算子可回转,对熟料起破碎作用。一般从窑底鼓风,也可设腰部通风。

(2) 立窑煅烧工艺

用煤矸石配料在立窑中煅烧熟料,欲达到优质、高产、低消耗的目的,采用先进的煅烧工艺是十分重要的。

① 保证生料质量稳定是烧熟料的前提。生料稳定的含义包括保证生料成分和流量稳定、准确配煤和料球质量稳定。

保证生料成分和流量稳定,就必须确定最佳的原料方案。煤矸石要进行预均化,入磨料的给量和粒度要合适,水分控制在 $1\%\sim2\%$,磨出生料的细度要控制在 4 900 目筛筛余量不超过 10% ,磨细后生料也要进行均化,使生料 $CaCO_3$ 滴定值波动在 $\pm0.2\%$ 以内。

准确配煤。用煤矸石配料在立窑中烧水泥熟料时,为了给煅烧提供合适的热量,在料球中或边料中要外加煤炭。要加准、加匀,经常要根据煤质变化及时调整加煤量。用无烟煤时粒度要求小于 5 mm,其中小于 3 mm 的含量要大于 80% ,烟煤的粒度可适当放粗。

料球质量稳定。立窑煅烧的工艺特点是含有燃料的生料球由窑的上部向下运动,供燃烧用的空气由窑下部向上运动,通过料球间的缝隙与燃料反应,煅烧物料。由于缝隙分布不均匀等原因,很难在窑的横断面上达到通风均匀,因而影响熟料质量,这是立窑的最大弱点,所以必须十分重视提高成球质量,使布风均匀,达到煅烧均匀。一般要求生料球直径控制在 $5\sim10$ mm,在风压较低时,生料球直径可提高到 $8\sim15$ mm。料球强度一般要求从 $1.3\sim1.8$ m 高的孔隙度自由落地时不破碎。成球水分控制在 $12\%\sim14\%$ 之间。料球的孔隙率不低于 27% ,最好达到 $30\%\sim32\%$ 。一般水泥厂采用成球盘成球。

② 选择合适的煅烧方法。根据窑的横断面上中部通风差、耗热低,边部通风较好、耗热高的特点,为了保持全断面加热均匀,煤矸石制水泥宜采用中料全黑生料差热煅烧法,即将中料制成全黑生料球(煤矸石加少量好煤组成),边料由中料加入部分粒状煤进行煅烧。此法可降低煤耗,熟料质量也有所提高。

③ 在稳定底火的基础上,采用二大三快、浅暗火操作。稳定底火,主要是为了保证高温煅烧。这就要做到不漏生、不结柱烧流。加料轻撒薄盖,窑面成蝶形。普通立窑卸料不宜过深,各卸料口应均衡卸料,每次出窑 $40\sim50$ cm,每班卸料 $8\sim12$ 次。底火深度稳定在 1 m 左右。底火不宜过深,否则烧成带过长,冷却不好,通风阻力增大;底火不宜过浅,以免烧成带太短,使物料反应不完全。生烧料增多,料球预热不够,窑面散热较多,耗热高,窑面温度高,料球遇热易炸,不利于通风。

在稳定底火基础上,采用大风、大料(二大)和快烧、快冷、快卸(三快)操作制度,做到风料平衡,可以降低废气中 CO 含量,降低热耗,加快烧成速度,保证烧成质量,提高产量。

浅暗火操作的特点是底火不太深,窑面火苗微露。在普通立窑上操作时,哪里火苗微露,就轻撒薄盖一层料球,既有利于提高窑温,又方便看火操作,这是普遍采用的煅烧方法。

总之,立窑煅烧熟料应遵循稳定性料,稳定底火,保证高温,采用"二大""三快"的浅暗火操作原则。

(3) 水泥的制成

熟料烧成以后,尚需加入适量的石膏和混合材料磨制成水泥。为了保证磨制出合格的水泥,必须注意控制以下因素。

① 熟料要有一定存放期,要求按质堆放,搭配使用。这样有利于游离钙消解,改善安定性;有利于降低入磨物料温度,提高磨机产量;有利于水泥质量的稳定。

② 石膏掺入量。石膏的掺入不仅起缓凝作用,对提高强度、减少干缩也有很好的效果。最合适的掺入量要根据熟料中 C_3A 含量、碱含量、混合材料质量与掺入量、水泥粉磨细度等情况,通过试验来确定。立窑厂的石膏掺入量一般为 3%～5%。煤矸石生产水泥时,C_3A 含量一般较高,石膏掺入量可适当高一点。

③ 混合材料的掺入量。与普通水泥一样,可以掺入矿渣、粉煤灰、煅烧煤矸石等。掺入量要根据水泥品种、熟料质量等情况确定,要求做到掺入量准确。

④ 水泥的粉磨细度。水泥的细度直接影响水泥的质量、产量和成本。一般立窑厂细度控制在 4 900 目筛筛余量为 5%～9%,最好在 5%～7% 范围内;比表面积控制在 3 000～3 200 cm^2/g。

5. 煤矸石烧制水泥实例

一般先进行低温处理,形成活性煤矸石渣后,再与生石灰、晶种按比例配合入磨机粉磨。粉磨后的混合料经水热合成、低温焙烧形成水泥生料,然后加入一定量的石膏,制成低温合成煤矸石水泥。煤矸石生产水泥可以替代一部分黏土,节省燃料,降低生产成本。据测算,一个年产 20 万 t 的水泥厂,用煤矸石代替黏土生产 525# 普通水泥,产生效益见表 3-3。

表 3-3　煤矸石生产水泥效益

效益	项目		参数值
经济效益	节约原料	单价/(元/t)	0.94
		总金额/(万元/a)	1.22
	节约煤炭	单价/(t/a)	669.96
		总金额/(万元/a)	40.2
环境效益	CO_2 减排/(t/a)		1 607.9～1 875.9
	SO_2 减排/(t/a)		6.7
	NO_x 减排/(t/a)		4.96

中国葛洲坝集团水泥有限公司使用的是兴山县天宁矿业集团耿家河煤炭有限公司供应的煤矸石,由于该煤矿产量较小,煤矸石的供应量为 100 t/d,到厂价为 28 元/t(17% 全额增值税)。对煤矸石进厂质量控制指标如表 3-4 所示。该公司主要用于生料配料代替页岩,由于煤矸石本身有约 2 900 kJ/kg 的热量,利于降低烧成煤耗。该公司现使用的原材料有石灰石、砂岩、煤矸石、黄磷渣、硫酸渣。燃料有烟煤,其成分见表 3-5。烟煤的化学分析及工业分析结果见表 3-6。根据原燃料情况及窑上的煅烧情况,该公司采用石灰石、砂岩、煤矸石、硫酸渣进行配料,得出熟料率值 KH 为 0.940±0.02,SM 为 2.55±0.1,IM 为 1.75±0.10。生料最佳配比见表 3-7。采用煤矸石后,由于煤矸石硬度远大于煤,对立磨磨辊磨损较重,对水泥窑煅烧过程没有明显不良影响。

表 3-4　煤矸石进厂质量控制指标

参数	水分	SiO_2	Al_2O_3	R_2O	$Q_{net,ar}$
指标	≤7.0%	≥60%	≥13%	≤2.0%	≥2 850 kJ/kg

表 3-5　烟煤的成分　　　　　　　单位：%

名称	烧失量	SiO$_2$	Al$_2$O$_3$	Fe$_2$O$_3$	CaO	MgO	K$_2$O	Na$_2$O	R$_2$O
石灰石	38.89	7.00	2.31	0.87	48.43	0.76	0.59	0.12	0.51
砂岩	3.04	85.36	5.20	0.71	1.90	0.55	0.61	0.31	0.71
煤矸石	12.24	65.18	15.47	2.15	0.96	2.13	1.63	0.53	1.60
硫酸渣	2.46	14.64	3.05	50.60	21.56	5.32	0.13	0.23	0.32
铁矿石	10.15	11.40	5.89	55.82	8.96	3.18	1.10	0.13	0.85
页岩	10.49	56.00	13.19	4.54	6.60	5.16	2.55	0.33	2.01

表 3-6　烟煤化学分析

名称	M_{ar}/%	M_{ad}/%	A_{ad}/%	V_{ad}/%	$S_{net,ad}$/%	$Q_{net,ar}$/(kJ/kg)
烟煤	8.50	0.71	21.42	28.56	0.99	23.29

表 3-7　生料最佳配比　　　　　　　单位：%

名称	配比	烧失量	SiO$_2$	Al$_2$O$_3$	Fe$_2$O$_3$	CaO	MgO	SO$_3$	K$_2$O	Na$_2$O	R$_2$O	$\sum$
石灰石	87.00	38.89	7.00	2.31	0.87	48.43	0.76	—	0.59	0.12	0.51	98.97
砂岩	6.60	3.04	85.36	6.50	0.71	1.90	0.55	—	0.61	0.31	0.71	98.98
钢渣	2.10	2.46	5.00	3.05	50.6	21.56	5.32	—	0.13	0.23	0.32	88.35
磷渣	3.00	0.58	41.72	4.89	0.35	44.4	1.29	0.31	1.31	0.63	1.49	95.48
煤矸石	1.30	12.24	65.18	15.47	2.15	0.96	2.13	—	1.63	0.53	1.60	100.29
煤灰	3.58	—	43.09	30.91	5.26	8.21	0.93	5.08	0.56	0.16	0.53	94.20
生料	100.00	34.25	12.68	2.70	1.89	42.72	0.84	—	0.58	0.14	0.52	95.80
灼烧生料	1.52	—	19.28	4.11	2.88	64.98	1.27	—	0.88	0.21	0.79	93.61
灼烧白生料	96.42	—	18.59	3.96	2.78	62.65	1.23	—	0.85	0.20	0.76	90.26
熟料	100.00	—	20.13	5.07	2.97	62.94	1.26	—	0.87	0.20	0.78	93.63

　　煤矸石的低位热值为 2 900 kJ/kg,按生料配比计算,其理论上可为熟料煅烧提供的热值 Q_1 为 57.34 kJ/kg 熟料,实物煤耗为 139.6 kg/t 熟料,其原煤低位热值 Q_2 为 23 287 kJ/kg,由此可得每吨熟料理论上可节约实物煤耗为 2.5 kg/t 熟料。在实际生产过程中,当生料入窑后,由于存在一系列的物理化学变化,煤矸石燃烧所放出的热量不可能完全用于生料的预热分解,因此实际节煤量要小于此值。

　　为保证分解炉温度梯度确保炉内煤粉完全燃烧,将高温风机的使用频率由原来的 37 Hz 提高到 38 Hz,以增加系统用风量。煤矸石相较于原煤燃烧有一定滞后,如表 3-8 所示。

　　从使用煤矸石配料连续数月的盘库数据来看,其实物煤耗为 138.5 kg/t 熟料,每吨熟料节约原煤 1.1 kg,按年产熟料 80 万 t 计,年节约原煤 880 t,经济效益可观。

　　煤矸石有害成分主要是碱金属,按照钠当量计算为 1.6%,煤矸石中所携带碱金属会引起熟料碱含量增加约 0.13%。一般预分解窑熟料碱含量控制在 1.0% 以内,该生产线在掺入煤矸石后熟料碱含量控制在 0.8%～0.9% 之间,对熟料烧成过程影响不大,所得熟料质量见表 3-9。

表 3-8　使用煤矸石后回转窑上主要参数的变化

参数	C1 出口温度/℃	炉中温度/℃	分解炉出口温度/℃	C5 出口温度/℃
未掺入煤矸石	315	880	865	750
掺入煤矸石	330	881	868	756

表 3-9　熟料质量

项目	熟料 3 d 抗压强度/MPa	熟料 28 d 抗压强度/MPa	熟料初凝时间/min	熟料标准稠度/%	流动度/mm
未掺入煤矸石(月平均)	37.2	59.0	130	25.6	182
掺入煤矸石(月平均)	38.0	58.5	135	26.0	186

采用生料阶段煤矸石按照 1.3% 的比例掺入,其对熟料强度的影响无明显变化,但对水泥流动度有一定促进作用,显然生料阶段煤矸石配料技术还有一定的提升空间。

流化床煅烧煤矸石生产水泥工艺流程如图 3-1 所示。

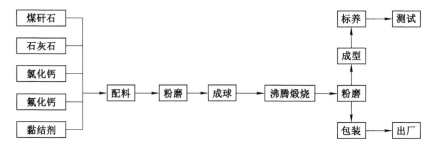

图 3-1　流化床煅烧煤矸石生产水泥工艺流程图

我国在煤矸石生产水泥及水泥混合材料方面的应用也较早,早在 1964 年,临沂地区水泥厂就在全国率先使用煤矸石代替高炉矿渣作混合材料。但煤矸石生产水泥的工业化发展缓慢,到 2005 年以煤矸石和粉煤灰为原料的水泥生产能力仅为 2 900 万 t,主要原因是难以突破水泥中煤矸石掺入量低的技术瓶颈。我国在发展高掺量煤矸石水泥方面做了很多努力,如内蒙古蒙西水泥集团"高掺煤矸石复合硅酸盐 425#R 水泥"于 1999 年被列入国家"火炬计划",2002 年"高掺煤矸石(≥33%)生产复合硅酸盐 525#R 水泥"经专家评审被认定为该年度国家重点新产品。尽管如此,在实际生产中,煤矸石的掺加量仍然很低,2009 年内蒙古蒙西水泥集团生产的水泥中煤矸石掺入量仅为 6.5%。而国内外在煤矸石生产水泥方面目前仍停留在如何充分激发煤矸石的水泥化活性以提高其掺入量等应用开发阶段,全球煤矸石用于生产水泥的比例尚不足 15%。

(二)煤矸石作生产水泥混合材料

1. 混合材料概述

在磨制水泥时,除掺加 3%～5% 的石膏外,还允许按水泥的品种和标号,掺入一定数量的材料与熟料共同粉磨,习惯上称此材料为混合材料。

在保证质量的前提下,水泥中掺入混合材料可提高产量、降低成本;可改善水泥性能,例如改善水泥的安定性,提高混凝土的致密性、不透水性、耐水及耐硫酸盐等溶液侵蚀性能,减少水化热(裴国华,2012;刘谦等,2021);可生产多标号、多品种水泥。

水泥混合材料的分类见表 3-10。

表 3-10 水泥混合材料的分类

种 类		名 称	来 源	作 用
非活性混合材料		砂岩、长石、石灰岩等	天然	增加产量
活性混合材料	矿渣混合材料	高炉矿渣、钢渣、铝渣	炼铁废料、炼钢废料、炼铝废料	增加产量、改善性能、降低成本
	火山灰混合材料	硅藻土、沸石、浮石、页岩灰、凝灰岩	天然	增加产量、改善性能、降低成本
		煅烧煤矸石、烧黏土、粉煤灰、煤渣	人工	

2. 煤矸石作水泥混合材料活性产生原理

凡天然或人工矿物质原料磨成细粉,拌和水后本身虽未硬化,但与气硬性石灰或硅酸盐水泥混合加水拌成胶泥状态后,由于这种煤矸石中活性 SiO_2 和 Al_2O_3 能与石灰石或水泥水化后生成的 $Ca(OH)_2$ 在常温、常压下起化学反应,生成稳定的不溶于水的水化硅酸钙和水化铝酸钙等水化物,在空气中能硬化,并在水中继续硬化,从而产生强度。因此,煤矸石煅烧后,含有活性 SiO_2 和 Al_2O_3,就可以作为活性火山灰质混合材料使用。

煤矸石活性的高低,除与化学成分、细度有关外,主要取决于热处理温度。煤矸石煅烧过程中,当加热到某一温度时,黏土矿物分解,晶格破坏,变成非晶质,形成无定形 SiO_2 和 Al_2O_3,具有活性。继续加热到一定温度时又重结晶,新晶相增多,非晶质相应减少,活性降低。因此,煤矸石最佳煅烧温度一般为 $800\sim900$ ℃,此时煅烧产物的活性最高。由于炉膛内温度不均,往往实际的煅烧温度为 1 000 ℃。人工煅烧煤矸石的方法有多种,国内主要使用堆炉、平窑、隧道窑、立窑和沸腾炉煅烧等。

3. 煤矸石作混合材料生产火山灰水泥

(1)生产工艺流程

用煤矸石作混合材料生产火山灰水泥的工艺流程与生产普通水泥基本相同。一般流程是熟料、煅烧煤矸石和石膏按比例配合后入水泥磨磨细,入水泥库然后包装出厂。

(2)原料要求

① 熟料:是水泥产生强度的基本组分,也是煤矸石混合材料活性激发剂。因此希望熟料中的 C_3S 含量高。熟料的强度高,煤矸石掺入量增加。熟料的游离石灰不宜超过 3%。

② 煅烧煤矸石:应以黏土矿物为主要成分,自燃煤矸石应均化,人工煅烧时,应控制烧失量指标。技术要求中规定烧失量小于 15%,从生产实践看,烧失量超过 8% 时,对耐久性特别是抗冻性有明显影响。因此,为保证水泥质量,烧失量应小于 8%。

③ 石膏。除了天然二水石膏、硬石膏外,也可用氟石膏、磷石膏、盐场硝皮子等工业废

渣,采用时需经过试验。

(3) 混合材料配比的确定

煤矸石作混合材料生产火山灰水泥的配比,一方面应根据水泥的标号要求及现场使用的需要,另一方面与熟料和煤矸石的质量以及生产厂设备(粉磨能力)有关。

① 煤矸石掺入量:通常根据水泥要求的标号(如要求生产 325# 火山灰水泥)、熟料质量(如 425# 熟料),做一系列掺不同百分比的煅烧煤矸石的强度试验,如掺入 40% 能达到 325# 要求,则决定掺入量为 40%。

② 石膏掺入量:适当掺入石膏,能提高水泥的强度,但达到一定值后,随着加入量的增加,强度下降。当水泥中 SO_2 含量为 2%～2.5% 时,湿胀率最小;超过 3.5% 时,湿胀率急剧增大。因此要求水泥中 SO_2 含量不超过 3.5%,一般石膏掺入量为 3%～5%。

(4) 水泥磨粉细度

根据《通用硅酸盐水泥》(GB 175—2007)规定,火山灰水泥细度要求 0.080 mm 方孔筛筛余量不得超过 10.0%,实际生产中细度一般控制在 8.0% 以下。

(三)煤矸石生产无熟料及少熟料水泥

1. 概述

煤矸石生产无熟料水泥是以煅烧煤矸石为主要原料,掺入适量石灰石膏磨细制成的水硬性胶凝材料,有时也掺入少量熟料作激发剂。生产这种水泥方法简单,投资少、收效快、成本低、规模可大可小。标号能达到 200～300 号,经蒸汽养护的抗压强度可达 40.0 MPa 以上。

煤矸石生产少熟料水泥也是以煤矸石为主要原料制成,但用熟料代替石灰作为主要原料之一。它与无熟料水泥相比,具有凝结快、早期强度高、劳动条件好、省去蒸汽养护、简化使用工艺等特点,标号可达 300～400 号。

以上两种水泥,可作为砌筑水泥使用,节省高标号水泥。

2. 生产工艺

一般生产工艺流程是煅烧煤矸石、石灰加少量熟料或单用熟料、石膏按比例配合磨细,然后入库即获得无熟料或少熟料水泥。

煤矸石的技术要求与作混合材料生产火山灰水泥基本相同,要求含碳量低、活性高、成分稳定,煅烧温度在 650～1 050 ℃之间。

近年来许多地方采用沸腾炉煅烧法。掺入量根据煅烧煤矸石的活性、石膏和石灰(或熟料)的质量确定,一般占 60%～70%,如用蒸汽养护,掺入量可超过 70%。

石灰(或熟料)是提供 $Ca(OH)_2$ 与煅烧煤矸石中活性组分作用生成水硬性胶凝材料的原料。一般用量变动在 15%～30% 之间,大部分采用新鲜生石灰。

石膏加入是为了加速水泥硬化,提高强度。一般掺入量为 3%～5%。根据水泥中 SO_3 的总含量(3.5%～4.0%)来控制石膏的掺入量。

二、煤矸石制碱胶凝材料

(一)碱激发煤矸石简介

碱激发材料是使用硅铝质或硅铝钙质固体废物与碱溶液混合制备的新型黏结材料,具有高强度、卓越耐久性和低环境影响,是可替代普通波特兰水泥(OPC)最有前景的胶凝材料,其稳定性好,具有较高的抗压强度。一般情况下,它的抗压强度 1 d 可达 68 MPa,28 d 强度可高达 150 MPa,其后期强度还会继续增大;尤其是抗拉强度比硅酸盐水泥浆体高得多,硅酸盐水泥一般为 1.6~3.3 MPa,而碱胶凝材料则高达 30~190 MPa。因此碱胶凝材料可以代替水泥应用于建筑领域。1957 年,乌克兰基辅建工学院使用碎石、炉渣或高炉矿渣磨细,或生石灰加高炉矿渣和硅酸盐水泥混合后,再加入 NaOH 溶液或水玻璃溶液调制净浆,得到了强度高达 120 MPa、稳定性好的胶凝材料(王栋民等,2021;朱龙涛等,2022)。

煤矸石是煤炭开采中排放量最大的固体废物,具有与黏土矿物相似的化学成分。因此,可将煤矸石用作建筑材料。原状煤矸石的活性极低,不宜作胶凝材料使用。在高温下煤矸石中的偏高岭土晶格结构变得紊乱,α-石英晶格结构发生扭曲,内部的矿物晶相分解成具有火山灰活性的 SiO_2 和 Al_2O_3 组分。综合制备碱胶凝材料的原料和激发剂,可将其归为两类:一种是主要化学成分为 CaO 和 SiO_2 的碱激发含钙固体废物(矿渣、钢渣和赤泥等);另一种是主要化学成分为 SiO_2 和 Al_2O_3 的碱激发低钙固体废物(粉煤灰、偏高岭土和煅烧煤矸石等)。铝硅酸盐低聚体是碱激发硅铝酸盐材料的主要水化产物,反应物不同则水化产物也有所不同。前者的主要反应产物是 C—(A)—S—H 凝胶,后者的主要反应产物为钠铝硅铝酸盐(N—A—S—H 凝胶)。煤矸石中层状结构的黏土矿物(高岭石和伊利石)在经 750 ℃ 煅烧,先后失去了游离水和部分结构水,其层状结构和晶体结构部分被破坏,一部分铝由六配位变成四配位,矿物结构处于疏松多孔态、内部断键多和比表面积大的亚稳定状态,结构中的 SiO_2 和 Al_2O_3 具有较大的可溶性。在用适量的碱溶液(NaOH 溶液或钠水玻璃)与其混合,养护温度低于 100 ℃ 的条件下,就能形成类似于沸石的碱硅铝酸盐网络结构材料。

制备煤矸石碱胶凝材料需要大量利用煤矸石,不会产生新的环境污染,符合国家可持续发展战略的要求;且材料来源广泛,生产过程中一般不需要高温烧成,不排放 CO_2。同时,利用煤矸石生产煤矸石碱胶凝材料具有很好的经济效益。建造同样规模的碱胶凝材料厂的基建投资仅为硅酸盐水泥厂的 10%~30%,碱胶凝材料能充分利用资源,节约能源,降低成本。与硅酸盐水泥相比,煤矸石碱胶凝材料的成本只需前者的 50%,煤耗低 70%,电耗低 50%。

(二)碱激发煤矸石反应机理

烧煤矸石的碱激发过程是一个化学过程。经 750 ℃ 煅烧的煤矸石其层状结构和晶体结构被破坏,一部分铝由六配位变成四配位,矿物结构处于疏松多孔态、内部断键多和比表面积大的亚稳定状态,主要结构键是 Si—O 键和 Al—O 键,它们分别以 $[SiO_4]^{4-}$ 四面体和 $[AlO_4]^{5-}$ 四面体的形式存在,结构中的 SiO_2、Al_2O_3 具有较大的可溶性,在碱溶液的作用下,结构中 Si—O—Si 和 Al—O—Al 共价键衰竭并断键,形成离子进入溶液,$[SiO_4]^{4-}$ 和 $[AlO_4]^{5-}$ 结合形成三维网络结构,称为三维聚合铝酸盐结构,其聚合模式如式(3-5)~式(3-7)所示:

$$2SiO_2 + 6Ca(OH)_2(aq) \longrightarrow 3CaO \cdot 2SiO_2 \cdot nH_2O + 3Ca(OH)_2 \qquad (3-5)$$

$$Al_2O_3 + 3Ca(OH)_2 + 3CaSO_4 + 23H_2O \longrightarrow 3CaO \cdot Al_2O_3 \cdot 3CaSO_4 \cdot 31H_2O \qquad (3-6)$$

$$Al_2O_3 + 3Ca(OH)_2 + CaSO_4 + 9H_2O \longrightarrow 3CaO \cdot Al_2O_3 \cdot CaSO_4 \cdot 12H_2O \qquad (3-7)$$

由于在式(3-7)中的反应不断发生,并生成稳定的三维聚合铝酸盐结构水化产物,消耗了式(3-6)中反应生成物,使式(3-6)的反应得以不断进行下去,从而使烧煤矸石中 Si—O 键和 Al—O 键不断被破坏,烧煤矸石结构解体。反应形成的铝酸盐结构水化产物不断交织、连生聚合,产生高强度无序的结构材料。在网络结构中,Al^{3+} 取代 Si^{4+} 后,它占据在硅离子的位置上,$[SiO_4]^{4-}$ 和 $[AlO_4]^{5-}$ 四面体由四个角的共有氧原子相连,由于铝离子为三价离子,在铝离子的周围带负电荷,为了平衡电价,带正电荷的钠、钾等碱离子充填在凝胶体的通道中,而获得相对稳定的凝胶体结构。由于碱离子的这种特殊结构,在碱离子与其他离子进行交换时,不至于因碱离子的失去而导致结构破坏。因此,该胶凝材料水化产物形成后具有一定的强度和耐水性。

(三)碱激发的选择

在制备地质聚合物浆材的过程中需要激发剂提供必要的环境,因此激发剂的种类对地质聚合物注浆材料的性能起到重要作用。激发剂的种类分为碱性激发剂和酸性激发剂。酸性激发剂目前研究较少,目前研究中碱性激发剂在制备地质聚合物的使用中较为成熟。碱激发地质聚合物通常以强碱作为激发剂,其中最广泛的两种阳离子为 Na^+ 和 K^+,而所用的碱金属阳离子会影响缩聚过程从而影响材料的微观结构和性能。研究发现钾离子的存在增加了所形成凝胶相的无序程度,同时提高了地质聚合物凝胶的抗压强度。还有研究发现 K^+ 存在下缩合反应的加速使系统无法重组到较低能级,因此观察到总孔隙体积通常较高从而对强度产生不利影响。利用碱激发剂可以制备出性能较好的地质聚合物浆材,但其本身作为一种强碱,在聚合反应后残留的激发剂依旧会对施工对象产生不良影响,所以开发出效果更好且实用性更广的激发剂依旧是地质聚合物注浆材料的研究重点。

三、煤矸石制砖

煤矸石制砖是以煤矸石为主要原料,通过传统工艺制成各种建筑用砖的新兴项目。2002 年 6 月 30 日以来,全国 160 个城市禁止使用黏土砖,这就为煤矸石制砖带来了良好的发展空间。目前,煤矸石主要用于制造建筑墙体材料中的煤矸石砖,一种远远优于传统黏土砖的新型砖。它具有高硬度、抗压缩性、抗折性、耐酸和耐盐性。其应用广泛,部分企业还生产了高级建筑材料,如饰面砖等产品(周楠等,2020;郭彦霞等,2014;《煤矸石砖》编写组,1986)。煤矸石代土生产砖瓦可以做到烧砖不用土或少用土,烧砖不用煤或少用煤,大量节省耕地,减少污染。

煤矸石砖的规格和性能要求与普通黏土砖基本相同,标准尺寸为 240 mm×115 mm×53 mm,其余性能指标符合《烧结普通砖》(GB/T 5101—2017)的要求。

煤矸石内燃砖是我国开发较早且利用较为普遍的矸石建材产品。利用煤矸石烧砖可分为内燃和超内燃焙烧两种方法。内燃焙烧法是将煤矸石和黏土混合在一起作原料,也可以全部用低热值煤矸石作原料,焙烧过程中煤矸石产生的全部热量将砖烧熟,制得内燃砖。超内燃焙烧法就是全部用煤矸石作原料,每块砖坯所含的热量,除把砖本身烧熟外,还有富余热量,余热可以利用,制得的砖称为超内燃砖。热工计算的结果表明,每块标准砖烧成热量为 950~1 200 kcal/kg,砖坯所含的热量大于此值时,就属于超内燃。例如:广东省茂名矿务局煤矸石平均发热量为 550~580 kcal/kg,每块砖坯干重 2.4 kg,每块含热量 1 320~1 390 kcal,超过每块标准砖烧成所需热量,即是超内燃焙烧,此时在焙烧窑上可设置余热锅炉。义煤集团公司已在义马矿区千秋矿、常村矿、耿村矿、曹窑矿等建成了煤矸石砖厂,每年利用煤矸石约 35 万 t。同煤集团与西安墙体材料研究设计院合作,投资 1.8 亿元开工建设 2.4 亿块/a 煤矸石制烧结砖工程,2009 年 6 月一期工程 1.2 亿块/a 生产线建成,该项目工程选用塔山洗矸为基本原料,其硬度、塑性、热值均满足相关标准要求,各种理化指标经实验室检验符合国家建筑节能墙体材料要求,每年可消耗煤矸石 80 万 t,减少了环境污染和土地占用,节约了煤矸石治理成本,同时还安置了 400 人就业,带动了相关机械加工、运输、服务等行业,促进了地方经济发展,为企业健康发展增添了活力。

（一）煤矸石制砖原料要求

不同煤矿产生的煤矸石成分和性质变化很大,并不是所有的煤矸石均能制砖。其中泥质和碳质煤矸石质软,易粉碎成型,是生产矸石砖的理想原料;砂质煤矸石质坚,难粉碎,难成型,一般不宜制砖;含石灰岩高的煤矸石,在高温焙烧时,由于 $CaCO_3$ 分解放出 CO_2,会使砖坯崩解、开裂、变形,即使烧制成品,一经受潮吸水后,制品也要产生开裂、崩解现象,一般不宜制砖。含硫铁矿高的煤矸石,煅烧时产生 SO_2 气体,造成体积膨胀,使制品破裂,烧成遇水后析出黄水,影响外观。

制砖煤矸石需对其化学成分、工艺性质等按要求进行选择。

1. 化学成分

（1）SiO_2:一般含量控制在 50%～70%,煤矸石中的 SiO_2 主要以石英和黏土矿物形式存在。如果 SiO_2 含量高,则石英矿物多,黏土矿物少;反之,如果 SiO_2 含量低,则石英矿物少,黏土矿物多。

石英在焙烧过程中,发生多次晶型转变并伴随体积变化（表 3-11）,易发生爆裂而严重影响砖体的完整性。

表 3-11　石英晶型转变及其体积变化

重构式转变	温度/K	体积变化/%	位移式转变	温度/K	体积变化/%
α-石英→α-鳞石英	1 273	+16.0	β-石英→α-石英	846	+0.82
α-石英→α-方石英	1 273	+15.4	γ-鳞石英→β-鳞石英	390	+0.2
α-石英→石英玻璃	1 273	+15.5	β-鳞石英→α-鳞石英	436	+0.2
石英玻璃→α-石英	1 273	+0.9	β-方石英→α-方石英	423	+2.8

SiO_2 含量高,干燥焙烧收缩小,制品抗压强度高,是砖的主要骨料。石英硬度高、可塑性差,在混合材料中起到降低煤矸石泥料可塑性的作用,适当的石英含量可以减少坯体在干燥与烧成过程中的收缩作用,有助于提高成品率;当 SiO_2 含量超过 75% 时,制品的力学强度降低,特别是抗折强度降低显著。

值得指出的是,在石英各种晶型转变中,573 ℃ 的转变虽然体积变化小,但转变速度快,控制不当最易产生裂纹。煤矸石中的 SiO_2 含量应严格控制,当 SiO_2 含量过高时,可用筛选法除去煤矸石中的大粒径砂质岩石。

（2）Al_2O_3:含量一般控制在 10%～30% 为宜,以 15%～20% 为佳。Al_2O_3 含量高,可提高塑性指数、耐火度及制品的抗折强度,是制品的次要骨料。

煤矸石中的 Al_2O_3 主要以黏土形式存在,多为高岭石或伊利石,少部分可能以长石、铝土矿形式存在。因此,适当提高 Al_2O_3 含量,会提高黏土矿物含量,从而提高煤矸石泥料的塑性,最终能提高坯体强度和制品的抗压与抗折强度。此外,由于煤矸石的熔点随 Al_2O_3 含量增加而迅速提高，Al_2O_3 含量的增加将提高制品的烧结温度，特别是当其含量超过 35%时，制品易出现欠火现象。由于选择了高 Al_2O_3 含量的煤矸石原料制砖而导致烧结困难、质量差的煤矸石砖厂较为常见，应该引起重视。

（3）Fe_2O_3：是助熔剂，含量控制在 2%～8%之间，最好不大于 5%。

煤矸石中铁多以黄铁矿的形式存在，量小时则以其他矿物的杂质形式存在。Fe_2O_3 是一种助熔剂，Fe_2O_3 含量高，可降低焙烧温度：Fe_2O_3 含量每升高 1%，烧结温度下降 18 ℃。因此，适度的 Fe_2O_3 含量可降低制品的烧结温度。氧气充足时，铁矿物转化为 Fe_2O_3，Fe_2O_3 是着色剂，使制品呈红色；含量<1%时制品呈黄白色，含量越高颜色越深，当含量>9%时制品呈酱红或酱紫色。在缺氧条件下，铁矿物生成 FeO，制品呈蓝、灰色；Fe_2O_3 含量>5%，在高温焙烧时，砖的表面易出现膨胀泡，影响外观。由于硫铁矿硬度大（6～6.5），难以磨细，煅烧时，由于局部铁含量过高易出现铁斑、铁瘤而影响外观。

（4）CaO：煤矸石中的 CaO 是有害组分，主要以方解石（$CaCO_3$）的形态存在，也有少量以石膏（$CaSO_4 \cdot H_2O$）形式存在，含量一般控制在 2%以内。含量如果高于 2%，必须降低粒度，使 CaO 在砖坯中均匀分布，降低不均匀膨胀性，但当 CaO 含量超过 6%时，不宜作烧砖原料。CaO 在煤矸石中多以 $CaCO_3$ 的形式存在。如果方解石颗粒较细，并均匀地分布在黏土中，一部分会与 Al_2O_3、SiO_2 反应生成稳定的多元化合物，一般至 1 000～1 050 ℃可保证砖体达到足够的强度，但烧成范围变窄。方解石颗粒粒径>1 mm 时，在砖焙烧过程中不会完全转化为化合物，而是分解成生石灰 CaO，成品砖中未化合的生石灰遇水生成熟石灰 $Ca(OH)_2$，同时固相体积膨胀 97%。这就是高 CaO 砖遇水发生爆裂的原因。

$CaCO_3$ 受热后化学反应如下：

$$CaCO_3 \longrightarrow CaO + CO_2 \uparrow \tag{3-8}$$

CaO 吸水后化学反应如下：

$$CaO + H_2O \longrightarrow Ca(OH)_2 \tag{3-9}$$

CaO 最高允许含量与煤矸石粉碎后粉料的粒径有关（如表 3-12），粒径小于 3 mm，一般以含量不超过 2.5%为宜。

表 3-12　CaO 最高允许含量与煤矸石粉碎后粉料粒径间的关系

CaO 最高允许含量/%	2.5	4	5
粒径极限/mm	3	1	0.5

另外，适当提高砖的烧成温度、延长焙烧时间，或在原料中加入质量分数为 0.2%～0.5%的 NaCl 溶液也可放宽 CaO 最高允许含量。无论采取哪种方法，其根本目的都是促进 CaO 与其他成分化合而消除危害。

（5）MgO：一般要求含量不超过 1.5%。

MgO 多以 $MgCO_3$ 的形式存在，且往往与 $CaCO_3$ 共生成 $Ca \cdot Mg[CO_3]_2$，是烧结砖瓦的有害组分。$MgCO_3$ 在 590 ℃分解为 MgO，与 CaO 相比，MgO 水化反应速率更慢，体积膨胀更大，因此潜伏时间更长、危害更大。MgO 含量过高，焙烧时易使制品变形，若吸收空气中水分，也会发生体积膨胀及泛霜现象，影响制品的稳定性。

（6）SO_2：硫是烧结砖的有害组分，在煤矸石中多以 FeS_2 形式存在，燃烧过程中易产生

大量 SO_2 气体，造成体积膨胀，使制品崩溃，通常煤矸石中的 SO_2 含量应控制在 $1\%\sim3\%$ 以内。

影响砖质量的另一个因素是泛霜，砖出现泛霜的根源是煤矸石中含有 MgO 和 $MgSO_4$，泛霜是一种砖或砖砌体外部的直观现象。它分为砖块和砌体两种泛霜。砖块的泛霜是由于砖内含有可溶性硫酸盐，遇水潮解，随着砖体吸收水量的不断增加，可溶解度由大逐渐变小。当外部环境发生变化时，砖内水分向外部扩散，作为可溶性的硫酸盐，硫酸盐溶解到水中并沿砖的孔隙由内部向表面迁移，待水分消失后，可溶性的硫酸盐形成晶体，集聚在砖的表部呈白色，称为白霜，出现白霜的现象称为泛霜。煤矸石空心砖的白霜以 $MgSO_4$ 为主，不仅影响建筑物的美观，而且会使砖体分层和松散，直接影响建筑物的寿命。

综上所述，对用于生产烧结砖的煤矸石原料，其化学成分（即灰成分）应符合表 3-13 的要求。

表 3-13　用于烧结砖煤矸石原料的化学成分

SiO_2	Al_2O_3	Fe_2O_3	CaO	MgO	S
$50\%\sim70\%$	$10\%\sim30\%$	$2\%\sim8\%$	$<2.5\%$	$<1.5\%$	$<1\%$

2. 塑性指数

塑性指数是评价制砖原料的一项重要参数，在制砖行业，塑性是指黏土-水物质在它的最大稠度时能够被挤压成型并在解除压力后能保持成型后形状的一种能力。这种能力的大小以塑性指数来表示。高的塑性指数有利于挤出成型，但干燥和焙烧时容易产生裂纹；低的塑性指数虽有利于干燥和焙烧，但又会给成型带来困难。如果塑性指数低于 7，不仅挤出成型困难，制品的强度也较低，一般来说，塑性指数一般控制在 $7\sim17$ 之间。如果塑性指数偏高，可适当掺加瘦化剂（如河砂等）；如果塑性指数偏低，则粒度要细，或掺入少量黏土来调整，有条件的可通过加热蒸汽或热水搅拌来提高塑性。

对于低塑性的煤矸石原料可采取以下措施提高其塑性（尹青亚等，2020；彭凯等，2009）：① 降低原料的粒度。在破碎后增加筛分工序，严格控制粉料的粒度。② 适当增加原料的陈化时间。目前国内煤矸石空心砖厂的陈化时间基本上是按 3 d 考虑的。应根据原料性质的不同，通过陈化试验来确定原料的最佳陈化时间，提高原料的可塑性。③ 有条件的地方可通过掺入一些肥黏土以采用热水或蒸汽搅拌来提高原料的可塑性。

3. 煤矸石粒度

煤矸石粉料中细颗粒比例增多，可提高成型性能和制品的抗压强度（彭凯等，2009；孙颖等，2019；宋文娟等，2011）。但如果料磨得过细，耗电和耗钢量增加，干燥时易出现裂纹。制砖原料中粗粒过多，影响外观和砖的质量，使砖坯和制品易产生裂缝。因此，原料一般要求粒度控制在 3 mm 以下，粒度小于 0.5 mm 的含量不低于 50%；当 CaO 含量小于 2% 时，粒度大于 3 mm 的含量应少于 3%；当 CaO 含量大于 2% 时，粉料中最大粒度应小于 2 mm。

从图 3-2 可以看出：当煤矸石颗粒比较大时，随着粒度减小，煤矸石原料塑性提高很快；但在颗粒粒度达到 0.177 mm 之后，再减小颗粒粒度对塑性的提高效果渐趋不明显。而原料粒度每提高一个等级，对于工业生产来说，破碎成本将大幅度提高，所以实际生产中煤矸石原料并不是越细越好。生产中煤矸石原料的粒度应根据原料的性能特点（主要指塑性的

高低、含钙量的高低以及其他有害物质的高低)、挤出机挤出压力的高低、生产产品的质量
要求等具有情况来确定。

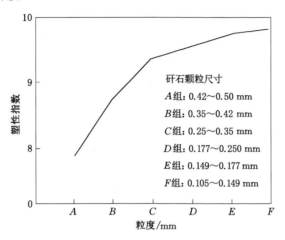

图 3-2　煤矸石破碎细度与塑性指数间的关系

4. 发热量

全矸制内燃砖,一般每块砖的发热量控制在 $950\sim1\,200$ kcal,并要保持稳定。若发热
量低,则要加煤,以免欠烧。由于煤矸石性质不同,烟煤矸石的挥发分高、起火快,发热量要
求可低些;无烟煤矸石的挥发分低、起火慢,发热量要求要高些。在全矸制超内燃砖时,余
热要设法散失或加以利用,以防过火。

(二)煤矸石制砖工艺

煤矸石制砖的工艺过程和制黏土砖基本相同,主要包括原料的制备、成型、砖坯的干燥
和焙烧等工艺过程(樊懂平,2013;张相红等,2003)。多数煤矸石制砖采用的是软塑成型工
艺,图 3-3 是煤矸石制砖工艺原则流程。

1. 原料的制备工艺

原料的制备工艺主要是把选择好的原料经过剔除杂质、均化、粉碎、困存和陈化、搅拌
混合、蒸汽处理等工序制备成适宜成型的泥料。

(1)剔除杂质

煤矸石在开采及运输过程中不可避免地会混入砂岩、石块、石灰石、铁物质、编织袋、草
根、绳子、木块等杂物。砂岩、石块硬度高,难以破碎、粉碎,极大地影响破碎设备、粉碎设备
的使用寿命,影响其磨损程度和破碎、粉碎效率,且降低原料的塑性;石灰石是产生爆裂的
主要原因,生产中必须减少石灰石的含量;铁物质如螺栓、螺母、铁钉、铁丝、铁块等对破碎、
粉碎设备及成型设备影响很大,必须剔除;黄铁矿(FeS_2)是干燥砖坯和烧成制品泛霜的间
接原因,焙烧中爆裂则是块状、粒状黄铁矿造成的主要缺陷,坯体中的黄铁矿还能同有机质
等一道形成还原黑心,黄铁矿的加热分解释放出 SO_2、SO_3,气味刺鼻,其形成的亚硫酸腐蚀
窑车等钢结构件以及厂房等,因此必须将其尽量清除;编织袋、草根、绳子、木块等难以破
碎,容易堵塞筛板、筛孔,影响成型坯体的外观质量,也必须清除。清除煤矸石原料中杂质
的方法,除了将煤矸石在进行有用矿物回收(例如黄铁矿的回收)的同时进行净化外,我国
煤矸石砖厂主要在煤矸石山处装车前、在板式给料机前后进行人工拣选。

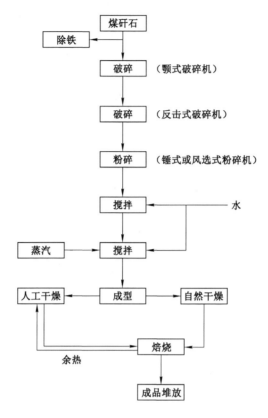

图 3-3　煤矸石制砖工艺原则流程

（2）均化

煤矸石由于其开采部位、开采时间的不同，以及堆料的特殊性，造成其原料成分波动特别大。此外，物料具有离析现象。堆场中堆料是从料堆顶部沿着自然休止角滚落，较大的颗粒总是滚落到料堆底部两端，而细粒料则留在上半部，大小颗粒的成分不同引起料堆横断面上成分的波动。

原料成分的较大波动实际上就是原料的各种化学成分发生了较大变化，未经均化的原料，其化学组成的分布肯定是很不均匀的，这样就会影响烧成的质量。原料均化可以确保产品的质量均匀；在不增加原料的情况下，增加产量，降低成本；可以减小烧窑调整的难度；达到高热值煤矸石与低热值煤矸石的混合使用，不致造成高热值时排出大量余热，否则，在煤矸石热值较低的情况下为保证砖的烧成，需要掺煤或投煤，这就增加了生产操作环节和生产成本。

原料均化是消除成分波动，满足生产工艺技术所规定的要求。对于煤矸石烧结砖生产线，其整个原料制备均化系统分为三个环节，即煤矸石山原料装车运输的合理搭配、原料的预均化堆场、粉碎加水后的陈化均化库。这三个环节对均化任务各尽其能，各有所长，必须合理搭配。

（3）粉碎

原料的粉碎是煤矸石制砖的重要工序，是获得良好颗粒组成的关键，能使硬质物料"释放"出足够数量的自由黏土物质。

根据煤矸石的物理性质、最大粒度和要求的粒度、产量等参数选择粉碎工艺流程及设备。在煤矸石生产中,一般采用两级或三级粉碎机高速磨机和球磨机等。当煤矸石的含水量高于10%时,宜采用笼形粉碎机;当煤矸石中石灰石含量高或塑性低时,宜采用球磨机或风选式球磨机磨出部分细料作掺配用。

为保证粉碎物料的粒度均匀化要求,可在锤式粉碎机后增加筛分工序,严格控制粉碎后原料的粒度。在粉碎后增加筛分工序,可以带来以下好处:① 增加原料的可塑性。在水的作用下,粒度越小,表面积越大,粉料外层的薄膜滑动能力越强,因而可以增加或改善产品成型时的可塑性。② 提高坯体的致密性。粉料的粒度小,则料之间的空隙就小,提高了容重,进而增强了成品砖的抗冻性能。③ 加快反应速率。在焙烧过程中,坯体内的各种组分,因表面积大,反应速率比粗料要快,同时可降低焙烧温度。④ 对有害物质起分散作用。矸石中的 CaO、MgO 含量超过一定的范围是有害的,若粒度过大,会使砖发生爆裂;粒度过小,煤矸石中的 CaO、MgO 吸收水分后,所生成的 $Ca(OH)_2$、$Mg(OH)_2$ 因体积膨胀而产生的应力就会愈小。因此,控制较小的粒度,可以对有害的杂质起分散作用。⑤ 提高砖的强度。粉料的粒度越小,坯体的致密性越好,砖体的抗压强度就越高。

(4) 困存和陈化

在制砖工艺过程中,困存的概念是指经粉碎的物料未经均匀化处理在料库中储存;陈化是指已经均匀化处理的物料在密封空间中有压力作用下储存。

制砖原料的陈化对成品砖的质量、生产工艺的稳定具有相当大的意义。原料的陈化除了能保证生产过程可靠、顺利地进行,需要原料不间断、不受干扰地供应,并使原料有所储备,进而均衡受气候影响而发生的采掘量波动和各供需生产制度不同波动外,还是整个制备系统的组成部分。原料经过陈化,可以达到以下目的:① 原料均匀地被水润湿。陈化提供了加入原料中的拌和水进入紧密团聚在一起的粒团间隙,所需的足够的扩散时间。② 原料疏解,就是使所有塑性组分都得以膨胀,使团聚紧密的原料团粒疏松。使原料充分疏解是减小成型、干燥和焙烧过程中的应力、消除各种缺陷的前提。③ 生物化学作用过程有助于原料的疏解和塑化。大多数煤矸石都含有有机物质(例如生物残余物等)。它们在陈化过程中形成有机胶体物质,能增加原料的塑性。陈化过程中产生的物质有机酸类等也可起到塑化料作用,缩短了要储存的时间。通常,陈化使泥料颗粒细化、可塑性提高,坯体和产品强度增加,尤其显著的是改善成型性能,提高坯体在干燥过程中的抗裂性能。④ 对原料可以实行批量混合。制品形状越复杂、空心砖壁厚越薄,质量要求越高,泥料必须越均匀。陈化使组成成分和含水率都得到均匀化。总之,陈化使物料被水均匀润湿、泥料疏解,进行化学、生物化学的作用;对原料实行批量混合,保证了生产的均衡性和连续性。通常,困存和陈化的结果,能使颗粒细化,促进组分和含水率均匀化,使塑性指数、湿坯抗压强度、干抗弯强度、抗剪强度等有明显提高。陈化参数主要有陈化时间、陈化水分和陈化温度。

煤矸石原料经一定时间的陈化后,一般都能改善其成型性能和烧结性能,提高产品的质量,最明显的是提高原料塑性,特别是在陈化的初期效果比较明显,一般陈化时间为 3 d,原料塑性就可得到较大的提高,再延长陈化时间,其性能的改善渐趋不明显,且导致陈化库增大,投资增加,生产运行成本提高(主要是带式输送机装机功率的提高)。对于硬塑挤出,由于要求成型含水量小,陈化时间可以稍长些,在冬天,由于室温低,可以适当延长陈化时间。

煤矸石原料陈化的效果与原料加入的水量有很大的关系。加水过多,超过了成型的原料含水量,生产中将难以调整;加水过少,则原料不能被水充分润湿,不能充分疏解,陈化效果就差。一般来讲,陈化水分应稍小于成型水分或与成型水分相同,生产中既容易调节,又能达到预期的陈化效果。

陈化温度的提高可以使原料均化程度提高,使离子的扩散速度加快,促使原料中的有机物质尽快形成有机胶体物质,而增加原料的塑性,缩短陈化时间。一般陈化温度在夏天可以达到 35～40 ℃(温度太高则不利于工人的操作,厂房必须采取适当的保温措施);在冬天,陈化温度也应在 20 ℃以上,以保证原料的陈化效果(除厂房采取保温措施外,北方地区还必须增加采暖设施)。

(5) 搅拌混合

煤矸石泥料浸水性较差,为提高泥料塑性,必须加水搅拌。可采用 2～3 级搅拌方式,第一级采用双轴搅拌机,第二级采用轮碾搅拌机(第三级采用双轴搅拌机)。搅拌水分是决定码烧湿坯高度的主要因素,也是决定砖窑产量的重要条件。当煤矸石泥料含水率大于 16% 时,湿坯的强度难以达到码坯的要求,并加大了坯体的干燥收缩,故不宜采用一次码烧。搅拌水分还与成型方法有关,半硬塑挤出成型时,成型水分以 15%～17%为宜;硬塑挤出成型时,成型水分以 13%～15%为宜 。

(6) 蒸汽处理

在制备过程中,向给料机、陈化器或搅拌机中通入蒸汽处理泥料,称蒸汽处理。其主要功能有:减少拌和水量,提高泥料均匀化程度和泥条的稳定性,降低成型机动力消耗或提高螺旋挤泥机的生产能力,减少成型机的磨损,节省干燥时间和能量,促使物料充分疏解,改善坯体性能。

2. 成型工艺

原料的塑性指数是制砖时挤出成型的重要指标,是能否生产高质量砖的先决条件。一般最佳塑性指数为 10～12,塑性指数低于 6,就很难成型,塑性指数大于 13,物料粒度过小,成型时需要较高含水率,不仅坯体强度过低,而且干燥收缩过大,不宜一次码烧。我国多数煤矸石的塑性指数为 7～12(占 80%以上),符合一次码烧要求。煤矸石砖坯的成型方法可分为塑性成型、半干法成型和硬成型。生产时,煤矸石实心烧结砖可采用半硬塑挤出成型法,挤出压力一般为 1.5～2.0 MPa;煤矸石多孔烧结砖及空心烧结砖可采用硬塑挤出成型法,挤出压力一般为 2.0～3.0 MPa,当挤出压力大于 3.0 MPa 时,耗电量增大,产量降低,经济上不合理。

3. 砖坯的干燥工艺

砖坯的干燥有自然干燥及人工干燥两种方法。自然干燥所需的时间长,占地面积大,正规的矸砖厂逐步推广人工干燥,即在干燥室内用热气体干燥砖坯。

目前,采用较多的是逆流式正压送风、负压排潮的人工干燥方式。干燥主要影响到干燥周期、干燥介质温度、湿度和流速等。干燥周期通常在 22 h 以上,若时间过短,砖坯未干透,烧成时会出现爆裂现象。干燥介质温度不能太高,如果温度太高,容易引起砖坯表面产生细微裂纹,进入焙烧窑烧成时,裂纹将继续扩大,造成制品出现裂纹;如果温度过低,坯体脱水太慢,会影响制品产量。通常应控制干燥窑前段温度在 100 ℃以下,干燥窑内截面水平温差为 13～18 ℃。干燥介质湿度不能过大,应使高温水气及时排出,防止砖坯吸潮垮塌,通常排潮湿度在 90%～100%。干燥介质应当由多个风道进入,避免由于进风口处风速过大,使得砖坯急速干燥,产生裂纹缺陷。经过干燥的砖坯,其含水率应小于 6%。

4. 焙烧工艺

焙烧工艺是将干燥好的坯体经高温焙烧,使其成为成品的操作,在窑内通过气体和物料之间逆向流动产生热交换,从而实现坯体生料变为熟料的热处理过程。它是煤矸石烧结砖整个生产工艺的最后一个重要环节。

由高岭石、伊利石、蒙脱石、云母类等矿物组成的煤矸石料,在高温下发生相反应,晶体变化,生成新相,转变成矸砖。研究发现,在低石灰石含量的黏土岩煤矸石烧成制品中通常含有石英、方解石、赤铁矿、白榴石、尖晶石等矿物和无定形物质,有时含有莫来石。

(1) 焙烧过程

坯体在焙烧过程中,随着温度升高,由坯烧成砖,大体可分为以下几个阶段:

① 干燥及预热阶段(20～400 ℃)。在这个阶段主要脱除结晶水以外的各种水分。工艺上要注意过分干燥的砖坯进入潮湿气氛的干燥带再度吸湿,导致制品发生面层网裂;还应避免坯体脱水过快,严重时会引起坯体爆裂。

② 加热阶段(400～900 ℃)。在 400～700 ℃温度范围内将脱去大部分结晶水。大量研究表明,在加热到 450～600 ℃时,黏土岩坯体发生强烈膨胀,易生成从内部边缘发展的裂纹。由于大约在 575 ℃时 β-石英突然相变为 α-石英,体积突然膨胀,在这个阶段,坯体内可燃质剧烈燃烧,黄铁矿急剧分解,都能使坯体产生裂纹。如果可燃组分燃烧产生的气态产物受致密表面阻止不能排出时,易使砖表面起泡。当温度略低于 900 ℃时,石灰石分解,如果坯体中石灰石颗粒较粗,高温分解后留在砖体内的 CaO 颗粒也较大,当出窑砖受湿空气作用时,CaO 消解,体积膨胀几倍,压力足以使砖碎裂。因此,要尽量在原料制备过程中消除隐患,在焙烧时控制加热速率,减少制品缺陷产生。

在加热阶段产生的另一种现象是还原性黑心的形成。当加热内燃砖坯时,表面温度较内部高,表层发生吸热反应 $CO_2 + C \longrightarrow 2CO$。CO 从表面向内部扩散,在坯体内部发生放热反应 $2CO \longrightarrow CO_2 + C$,$CO_2$ 向表面扩散,碳则在坯体内部沉淀;当加热速度较快时,坯体内部分剩余碳来不及燃烧,亦还原成碳;此外高价红色 Fe_2O_3 被还原成黑褐色 Fe_3O_4。由于上述原因形成了还原性黑心,可能降低砖的抗冻性能。

③ 烧成阶段(900 ℃至最高温度段末端)。在烧成阶段,除在低温下就已经开始的固相反应继续进行外,还发生颗粒的熔融、烧结以及新结晶相的生成等高温变化过程,同时,产品颜色生成,强度增大。

在烧成阶段,生成的新结晶相主要是钙铝硅酸盐。除了高温液相发展,新结晶产生外,坯体中微孔体积减小,熔融液相流入颗粒缝隙中,使颗粒彼此靠近,坯体体积收缩,最终得到致密的砖。一般煤矸石砖的焙烧温度不低于 900 ℃且不高于 1 100 ℃,保温时间不少于 15～18 h。

④ 冷却阶段(由最高温度下降起始)。从烧成阶段的末端直到约 600 ℃,坯体冷却很快。在此阶段,砖尚处于准塑性状态,冷却时坯体内部产生温差,表面收缩快,内部缓慢收缩,当表层拉应力超过弹性膨胀能力时就产生裂纹。因此要控制冷却速度在 400 ℃以下,制砖原料很少表现出对快速降温的敏感性。

(2) 焙烧窑

焙烧窑分为间歇式和连续式两类。连续焙烧窑主要有轮窑和隧道窑两种;有条件的地方应采用比较先进的隧道窑烧砖。该窑易实现一次码烧,保证烧成温度和实现自动控制,从而保证焙烧质量。

① 隧道窑的焙烧原理。隧道窑是一个长的隧道,两侧有固定的窑墙,上面有窑顶,沿着窑内轨道移动的窑车构成窑底,窑车上装有焙烧的制品。在隧道中部设有固定的焙烧带,焙烧制品从一端进入,从另一端卸出。热烟气与窑车相对移动,由窑车的出口端进入冷空气,冷却烧成制品,被加热了的空气用于焙烧带燃烧;燃料产生的烟气流经预热带预热砖坯,而后从窑头的两侧墙内所设的排烟孔流经烟道与烟囱或排烟机排入大气中。整个隧道窑按其长度方向的温度分布不同可区分为预热带、焙烧带、保温带和冷却带。

② 隧道窑的结构。隧道窑又可分为一次码烧和二次码烧隧道窑。一次码烧隧道窑即砖坯的干燥和焙烧可同时在一条窑中完成,一般窑长不宜短于 110 m。二次码烧窑则砖坯的干燥和焙烧分开进行,一般窑不宜短于 90 m。例如焦作矿务局的小断面一次码烧全自然煤矸石砖隧道窑,长×宽×高为 108 m×1.48 m×1.40 m,有效断面积为 1.98 m²,轨道坡度为 4%,轨距为 600 mm;码高 11 层,每立方米码放 279 块。全长 108 m 中,排潮带 26 m,焙烧带 48 m,保温带 10 m,冷却带 10 m。焙烧周期为 36 h 左右,隧道窑为全负压集中通风,窑头设总风机一台,抽取窑室及排潮带烟道的气体,另一台导热风机从焙烧带两侧烟道抽出高温气体,跨越预热带,从拱顶送入排潮湿带加快坯体干燥。排潮方法采用顶送风,侧排潮。窑的出口为进风口,不设窑门;窑的进口设窑门、烟道,总风道分别设有板式闸门调节风量。该窑在保温带设余热锅炉 1 台。

四、煤矸石陶粒

陶粒是一种外壳坚硬、表面具有隔水保气的釉层、内部多孔的陶质粒状物,质量轻,具有一定的抗压强度,主要用作结构混凝土和保温结构混凝土的骨料。我国最早于 1972 年开始研制煤矸石陶粒,由大庆龙风四公司采用尾矿粉与煤矸石以 1:1 的比例研制成尾矿粉煤矸石陶粒,并得到了实际应用。据统计,我国现堆存的煤矸石中约有 40% 适用于烧制煤矸石陶粒(宋伟,2021;谢晓康,2020)。

(一)煤矸石陶粒制备工艺

1. 成型方法

陶粒的成型方法通常是将经过粉磨后的粉体原料,通过造粒设备将其制成具备一定强度的球形生胚,生胚经烧结后就是陶粒支撑剂。目前造粒的方法主要包括喷雾造粒法、流化床法、糖衣机造粒法及强力混合造粒法。不同造粒方法所使用的造粒设备如图 3-4 所示。

喷雾造粒法是先将原料制成乳浊液或是悬浊液,然后将料液投入喷雾干燥机中,喷出的雾滴在干燥塔中与热介质直接接触,从而将料液中的溶剂迅速蒸发,形成的固体球状颗粒通过旋风分离塔得以收集。喷雾造粒法成球速度快,生产周期短,可用于大规模商业化生产。

流化床造粒法的机理主要包括团聚和涂布,一种造粒机理是多个粒子在黏结剂的作用下形成"液桥"团聚在一起形成一个大粒子,表面被黏结剂包覆的粒子与周围的粒子发生碰撞,结合在一起,颗粒间通过"固桥"的作用形成大颗粒。利用此机理成球虽然成球速度快,但是制备的陶粒球形度差,粒度不均匀,生胚强度差。另一种造粒机理是以母粒作为晶核,在其表面反复喷涂料液,使粉体原料附着在母粒表面,干燥后形成大颗粒。按照此机理造

（a）喷雾干燥机　　（b）流化床造粒机　　（c）糖衣机　　（d）强力混合造粒机

图 3-4　造粒设备

粒成球周期较长,但是制备的陶粒球形度好,机械性能强。

糖衣机造粒法是较为原始的一种造粒方法,首先将粉体原料投置于糖衣锅中,通过锅体的转动,使原料混合均匀,然后向锅中加入水或其他黏结剂,表面有水的小颗粒会吸附周围的粉料,使其不断壮大,最终形成具有一定粒径的陶粒。糖衣机造粒法虽然操作简单,制备的陶粒球形度好,机械强度高,但是制造周期过长,陶粒产出量过低,并不适用于工厂的大规模生产。

强力混合造粒法是将原料置于料筒中,通过搅拌棒的正向旋转和料筒的反向旋转使粉料在料筒中滚动,待原料混合均匀后,向料筒中加入水或是其他黏结剂,粉料与黏结剂充分接触形成微球,然后,微球可以吸附周围的粉料使自身不断壮大,最终形成球形颗粒。在此过程中不仅要注意黏结剂的投入量,而且搅拌棒和料筒的转速对最终形成的陶粒的球形度、粒径和机械强度都有重要影响。强力混合造粒法制备的陶粒的球形度不及糖衣机造粒法,但是通过二次整形或是二次成球法制备出的陶粒也能具备较好的球形度。该方法成球速度快,陶粒产出率高,生胚的机械强度高,操作也较为简单方便,所以特别满足实验室的造粒需求。

2. 覆膜方法

目前,陶粒的覆膜方法一般是通过加热搅拌的方法将树脂包覆在陶粒表面。我国专利公开了一种方法,先将骨料加热然后将偶联剂和树脂的混合溶液(偶联剂占树脂质量的 0.5%～2%)与骨料一起搅拌,这样就能将增强树脂涂覆在骨料表面,再加入固化剂使树脂发生固化,冷却后过筛,即可得到树脂覆膜支撑剂。邓浩等提出将陶粒加热到 250 ℃左右,保持 2～3 min,待温度降至 200 ℃,先加入偶联剂与陶粒一起搅拌,使偶联剂均匀地附着在陶粒表面,再加入酚醛树脂和环氧树脂的混合液,搅拌 5～10 min,均匀混合后再加入固化剂,在陶粒黏结成块之前加入润滑剂使其分散,最后搅拌 2～3 min 之后,冷却过筛即可得到覆膜陶粒支撑剂。相比于一次覆膜法,我国专利公开了一种三次覆膜法制备树脂覆膜陶粒支撑剂,即先将骨料加热至 100～300 ℃,然后第一次加入 20%～30% 的树脂,20%～40% 的固化剂和 20%～40% 的分散剂,接着将剩余的树脂、固化剂和分散剂等分成两次分别加入,结果表明三次覆膜支撑剂的抗破碎性能明显优于一次或是两次覆膜支撑剂。

3. 煤矸石陶粒制备实例

（1）制备流程

首先,将煤系高岭土生料和熟料按照 3∶7 的质量比称取 2 kg,再按照试验配方在原料中加入一定量的添加剂,然后将全部粉料投放于强力混合造粒机中,接着将料筒的转速设置为 30 r/min,搅拌棒的转速设置为 10 r/min,使粉料在干粉状态下进行 10～15 min 的充分混合。经均匀混合后的粉料,加入清水使其成球,清水以喷雾的方式加入,在粉料成球期间,要根据成球情况及球体粒径大小,调节清水的喷入量和料筒及搅拌棒的转速。待造粒完成后,取出料筒中的陶粒,将其进行干燥处理,干燥后的陶粒经标准筛筛分出 20～40 目的母球。然后将母球和混合均匀的粉料按照 1∶1 的质量比,再次投置于强力混合造粒机中,通过调节转速和加水量,使母球长大。然后,将干燥后的陶粒经 18～30 目的标准筛进行筛分处理,最终获得试验所需要的陶粒支撑剂生胚,如图 3-5(a)所示。最后,将陶粒支撑剂生胚置于 KSL-1700X 箱式高温炉中,以 5 ℃/min 的升温速率将其加热到目标温度,保温 4 h,陶粒随炉冷却,待冷却至室温后取出。因为陶粒支撑剂在高温烧结过程中会有一定的体积收缩,所以冷却后的陶粒需要再次经过 20～40 目的标准筛筛分,即可获得陶粒支撑剂成品,如图 3-5(b)所示。

(2)覆膜方法

称取一定量洗净后的陶粒支撑剂,将其放置于箱式高温炉中,加热到 250 ℃左右,保温 10 min,然后立即取出,待陶粒支撑剂降至 190 ℃左右,加入表面活性剂,快速搅拌使其与陶粒表面充分接触,待温度降至 150 ℃左右,加入溶于乙醇的环氧树脂,仍需要快速搅拌使环氧树脂与陶粒支撑剂均匀混合,待温度降至 80 ℃左右,加入三乙烯四胺,使环氧树脂发生部分固化,但是要在覆膜陶粒彼此粘连之前加入硬脂酸钙,使其具有较好的分散性。最后将半固化的覆膜陶粒支撑剂置于 110 ℃的烘箱中,保温 24 h,使陶粒支撑剂表面的环氧树脂完全固化,然后将其进行 20～40 目的筛分处理,并且将获得的覆膜陶粒支撑剂用乙醇洗掉表面的硬脂酸钙,即可获得覆膜陶粒支撑剂,如图 3-5(c)所示。

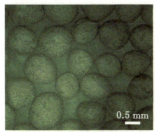  

(a) 陶粒支撑剂生胚　　　　(b) 烧结后的陶粒支撑剂　　　　(c) 覆膜陶粒支撑剂

图 3-5　陶粒支撑剂

(二)煤矸石陶粒研究进展

符合烧胀要求的煤矸石经破碎(粒径小于 10 mm)、预热(温度为 250 ℃)、烧胀(温度为 1 100～1 200 ℃)、冷却、分级,制成煤矸石陶粒。煤矸石陶粒具有耐热、抗冻、耐酸碱、防腐蚀及热膨胀系数低等性能,可广泛用作高速公路、飞机场跑道的路面材料,还可用作保温、隔音、隔热墙体材料及重油脱水和工业用水的过滤材料等。西安墙体材料研究设计院的研究人员以煤矸石为主要原料,与 20%～40%的页岩掺配可焙烧出密度为 500 级左右的陶粒,全煤矸石在 1 150～1 230 ℃温度范围内可以焙烧出密度为 800 级的陶粒,并拟建年产 5 万 m³的煤矸石陶粒生产线,产品主要用于生产高性能混凝土。

以煤矸石替代黏土、页岩等资源性原料烧制陶粒轻骨料，一方面节省资源，处理有害固体废物，另一方面还可利用煤矸石自身含有的易燃易分解的有机成分在高温煅烧阶段造孔，而获得密度低的陶粒，因此煤矸石是生产陶粒轻骨料的一种理想原料。煤矸石陶粒因具有容重轻、吸水率低、强度高的特点，故适用于制作各种建筑预制件。近年来，研究工作者详细探索了原料配比、粉磨细度、外加剂和煅烧工艺等对煤矸石陶粒的强度和孔径分布特征的影响作用，同时对陶粒的膨胀机理进行了深入研究，普遍观点认为原料化学成分是导致陶粒膨胀的关键因素，但对膨胀气体来源持不同观点。研究者中有人认为绿泥石、云母类矿物加热分解产生的 NH_3 对陶粒的膨胀起主要作用；而有人却认为引起陶粒膨胀的是铁与碳氧化还原所形成的 CO 和 CO_2 气体。目前上述第二种观点占主导。

第二节 粉煤灰生产建筑材料

粉煤灰是火力发电厂中粉煤燃烧后产生的固体残留物，它是一种工业副产品，如果不能得到有效利用，将成为一种污染环境的固体废物。在近 20 年里，废弃物与副产品的应用受到越来越多的关注。粉煤灰的综合利用也是发展的趋势，在建筑方面的利用主要是生产水泥、砖和砌块等建筑材料（韩怀强等，2001；芈振明等，1993；李国学，2005）。

一、粉煤灰水泥

粉煤灰水泥采用粉煤灰代替矿渣进行水泥混合材料的制作，能够有效改善水泥材料的硬度和强度。经过试验，在水泥中同时放入一样配比的粉煤灰和矿渣，拥有粉煤灰的水泥混合材料其强度更高（丰曙霞等，2017）。目前，在我国水泥行业中，粉煤灰利用有如下两种途径：一是粉煤灰与熟料一起混磨，做水泥混合料；二是代替黏土作为原料，配制生料。在水泥中掺入粉煤灰后，能显著降低水泥的水化热，是用作大坝水泥的优良品种（程海勇等，2016）。粉煤灰水泥经过几十年的试验研究和生产应用，已大批量稳定生产，成为我国目前六大水泥品种之一。

（一）粉煤灰水泥的生产工艺

粉煤灰水泥的生产工艺流程：粉煤灰水泥的生产工艺流程与普通水泥、矿渣水泥以及火山灰水泥的生产工艺流程基本相同。因此，一般大、中、小型水泥厂均可进行生产。

上海水泥厂用湿排粉煤灰生产粉煤灰水泥。粉煤灰由车船运至水泥厂，经下料漏斗通过带式输送机运至烘干窑进行干燥，然后再与熟料、石膏按一定比例共同粉磨。其生产工艺流程如图 3-6 所示。

永登水泥厂用干排粉煤灰生产粉煤灰水泥。粉煤灰用 K15 型水泥车厢运进厂，经受料伸缩管、空气输送斜槽、入双仓式空气泵将粉煤灰分别送往储库或加料仓，加料仓内的粉煤灰经弹性叶轮给料器和吹灰器分别从磨头吹入磨机中，并按一定比例与熟料、石膏共同粉磨。

根据上海水泥厂和永登水泥厂生产的经验，初步比较用干灰和湿灰生产粉煤灰水泥的主要优缺点如下。

1. 湿灰生产的优缺点

湿灰运输方便，不需要专门的密封装运设备。生产时，粉煤灰虽需要进行烘干，但设备

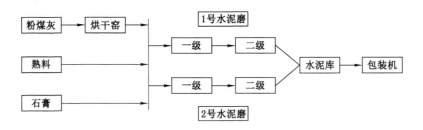

图 3-6　湿排粉煤灰水泥生产工艺流程

易于解决,一般可利用水泥厂原有的烘干设备进行。它的缺点是密封和收尘措施应严密,不然易污染车间环境,影响生产,而且,由于收尘时细灰飞损较大,也会影响水泥质量。此外,由于湿灰易黏结成团,很难烘干,这就给水泥的粉磨带来一定的困难。加之湿排灰中含有相当数量的粗颗粒(即炉底渣),因而也影响粉磨效率。上海水泥厂用湿灰试生产 500 号粉煤灰泥时,由于粉煤灰脱水困难,干燥后的粉煤灰含水量一般仍在 5%~8%,因而在磨制掺 30% 粉煤灰水泥时,磨机台时产量与细度相近的普通水泥比较,有较显著的下降,电耗也相应增加。据初步测定,台时产量由 12.5 t 下降到 8.5 t,电耗也由 31 kW·h/t 增加到 46 kW·h/t。可见用湿灰生产粉煤灰水泥是不太合理的,但是当供灰的电厂仍采用湿排灰工艺时,用湿灰生产粉煤灰水泥也是可行的。

2. 干灰生产的优缺点

当采用干灰生产粉煤灰水泥时,由于干灰不需要进行干燥,因而省去了烘干工序,节省了因烘干需要的燃料和电力,这是它的最大优点。但是需要有密封装置的运输设备,这是它的缺点。永登水泥厂用干灰生产 500 号粉煤灰水泥时,磨机台时产量与同标号的普通水泥比较可提高 20% 左右,电耗约降低 10%。可见干灰有利于粉煤灰水泥的生产。

我国很多电厂目前还是采用湿排灰方法处理粉煤灰,这使综合利用粉煤灰受到一定的影响。为促进粉煤灰水泥的生产,除水泥厂外,还需要火力发电厂、运输系统和有关设计科研单位的共同努力,解决干排灰的供应和输送等问题。

(二)粉煤灰水泥生产质量控制

在生产粉煤灰水泥时,必须正确控制原材料的质量,熟料、粉煤灰、石膏的合理掺量和水泥的粉磨细度。只有正确掌握以上几个方面才能获得合理的技术经济指标。

1. 原材料的质量控制

稳定粉煤灰水泥的质量,首先,要控制熟料的质量,根据熟料质量的变化情况及时调整粉煤灰的掺量和粉磨细度。因此,生产厂应经常对熟料进行质量检验。

其次,应该对粉煤灰的质量进行控制。其中粉煤灰的含碳量、含硫量应作为例行生产控制的指标,必须经常加以检验。取样的要求视原料的情况而定,如粉煤灰来自一个化学成分变动不大的电厂,则每班分析一次即可;对于来源较广或煤种常有变化的电厂粉煤灰,则应适当增加分析次数,以便做到及时掌握原材料的情况,保证粉煤灰水泥的正常生产。此外,在粉煤灰水泥粉磨之前对粉煤灰的水分应经常加以控制,建议入磨前粉煤灰的含水量以不超过 2% 为宜,这是因为原材料的水分对磨机的操作影响较大,如果粉煤灰含有较多的水分,则不利于水泥的生产。

对于粉煤灰的活性指标,由于试验结果需耗时较长,故一般可不作为例行生产时经常控制的技术条件。但由于各种各样的原因,粉煤灰的质量总会有变化,因而在生产粉煤灰水泥的过程中,应定期加以检验。

粉煤灰的取样应分批进行,每批数量视具体情况而定。取样办法可参照《用于水泥中的火山灰质混合材料》(GB/T 2847—2005)的有关规定进行。

对于粉煤灰来源广、变化大的水泥厂,为保证水泥的生产质量,可以通过测定水泥强度的方法直接控制粉煤灰的质量。通常是用预先选储好的具有代表性的水泥熟料,在配料、细度等相同条件下,对各种粉煤灰配制的水泥进行强度检验。还可采取统一的蒸汽养护方法,以便尽快地观察水泥后期强度变化情况,找出规律,作为生产时控制粉煤灰质量的方法。

2. 粉煤灰和石膏掺量的控制

生产粉煤灰水泥时,粉煤灰的掺量一般控制在 20%～40%;水泥中的 SO_3 应不超过3.5%。由于各厂的原材料、生产工艺以及对水泥品质要求等不完全相同,因此对于粉煤灰和石膏的掺量应通过试验选定。

当配比确定后,控制熟料、粉煤灰、石膏三者的入磨比例是稳定水泥质量的重要措施之一。最好采用自动控制的质量配料秤,如采用简易自动配料秤或电子秤自动控制喂料。也可采用圆盘喂料器或螺旋喂料器对熟料、粉煤灰、石膏三种原材料分别进行喂料,并用磨头定期抽查的方法,经常检查各物料的入磨比例,以便及时加以调整。除在入磨时控制物料比例外,还应定期取水泥样品进行粉煤灰掺量与 SO_3 含量的分析,根据分析的结果再做入磨物料比例的调整。生产控制时取样分析水泥中粉煤灰掺量与 SO_3 含量的次数,视磨头控制物料喂料的严密程度而定。波动少的,每班取样分析一次即可;否则,需要增加分析次数,采取勤分析勤调整的办法。

分析水泥中粉煤灰掺量的方法,简单介绍如下:称取 0.5 g 试样,准确至 0.000 1 g,置于 250 mL 锥形瓶中,加 40 mL 0.4 mol/L HCl 溶液,盖上表面皿于电炉上加热煮沸约1 min。然后用蒸馏水洗涤瓶壁与表面皿,加 3～5 滴酚酞酒精溶液指示剂,用 0.2 mol/L NaOH 溶液回滴过量酸,由无色至出现微红色为止,记录消耗的 NaOH 量。

用上述方法分别测定粉煤灰、熟料与粉煤灰水泥的 NaOH 耗用量后,按下式计算出水泥中粉煤灰掺量:

$$粉煤灰掺量 = \frac{V_1 - V_0}{V_2 - V_0}$$

式中　V_0——粉煤灰水泥耗用 NaOH 量,mL;

V_1——粉煤灰耗用 NaOH 量,mL;

V_2——熟料耗用 NaOH 量,mL。

3. 粉磨细度的控制

控制水泥的粉磨细度是保证水泥质量的关键措施之一。水泥粉磨得越细,强度越高。但是,细度过细,磨机产量将会显著降低,耗电量大幅度增加,并不经济。因此,对水泥细度的控制,是在一定的粉磨工艺条件下,力求一个比较经济合理的细度指标。可通过试验确定生产某一标号水泥时所要求的细度指标。在生产过程中还应及时分析,随时进行调整。

必须指出,对于混合粉磨配制的粉煤灰水泥,以筛析法确定水泥细度较为合理。这是因为粉煤灰与熟料的易磨性相差很大,混合粉磨时,往往熟料颗粒较粗,粉煤灰颗粒较细,此时水泥比表面积虽然较大,但往往由于磨机钢球级配不良而使得熟料颗粒过粗,从而影响水泥的强度。筛析法能比较正确地反映熟料粉磨的细度情况,有利于粉煤灰水泥的生产质量控制。

（三）粉煤灰水泥推广存在的问题

利用粉煤灰作水泥混合料来生产各种粉煤灰水泥,对于提高水泥质量、降低水泥成本、大量消耗粉煤灰都有好处,应大力推广。但是,目前利用粉煤灰生产水泥的量并不大,存在的主要问题如下。

1. 湿排粉煤灰直接利用困难大

我国目前电厂采用湿法排灰或干灰湿排约占 95%,这样带来的问题:一方面,湿排粉煤灰不能直接用来生产水泥,必须经过干燥,而目前又缺乏成本低、效率高的干燥设备,势必使得粉煤灰水泥生产企业能耗提高、效益降低,影响其用湿粉煤灰生产水泥的积极性;另一方面,湿排灰一般都是粉煤灰和炉底渣混排,排出料的组分变化很大,不利于保证粉煤灰水泥的质量。

2. 电厂粉煤灰的质量波动较大

许多地区粉煤灰含碳量超过 8%,达不到Ⅱ级粉煤灰的指标要求(运行正常的现代电厂粉煤灰烧失量一般不超过 3%),这直接影响到包括粉煤灰水泥在内的粉煤灰产品的质量。因此,对原煤提出一定要求,提高操作技术,加大研究和发展粉煤灰资源价值再创造技术,是稳定粉煤灰质量、推广粉煤灰在水泥及相应技术领域得到广泛应用所面临的又一迫切课题。

二、粉煤灰砖

（一）烧结粉煤灰砖

烧结粉煤灰砖是以粉煤灰和黏土为主要原料,再辅以其他工业废渣,经配料、混合、成型、干燥及焙烧等工序而成的一种新型墙体材料。

我国烧结粉煤灰砖始于 1964 年,多年来均将粉煤灰掺入黏土、煤矸石及页岩中制砖,取得了一定的社会效益和经济效益。而真正用于生产是 20 世纪 70 年代,最初采用塑性挤出工艺,粉煤灰掺量难以提高,一般在 25% 左右。之后,一些研究单位用可塑性较高的黏土,采用硬塑挤出工艺,使粉煤灰掺量提高至 45%。为了进一步提高粉煤灰掺量,一些单位开始进行压制成型高掺量粉煤灰的研究,使粉煤灰的掺量提高至 70% ~80%,同时对黏土的可塑性要求更高了(韩凤兰等,2017;江嘉运,2007;刘振阁等,1999)。由此看来,粉煤灰烧结砖从最初掺入黏土中部分取代黏土,已发展到以黏土作黏结剂,使粉煤灰得以成型而烧制成砖。如今烧结粉煤灰砖向轻质、承重和具有装饰效果的方向发展。产品质量应符合《烧结普通砖》(GB/T 5101—2017)的要求。建筑设计与施工按《砌体结构设计规范》(GB 50003—2011)、《砌体结构工程施工质量验收规范》(GB 50203—2011)执行。

生产烧结粉煤灰砖与普通黏土砖相比,具有如下优点:

(1)保护环境,节约耕地。烧结粉煤灰砖中的黏土耗用量按 40% 计,则每万块砖可少用黏土 8 m³。

(2)节约能耗。焙烧外燃黏土砖(轮窑焙烧),每万块耗标准煤 0.7 t 左右,而采用粉煤灰内燃烧结工艺,基本实现了焙烧不用煤(粉煤灰掺量50%,热值2 508 kJ/kg以上),并能抽取焙烧余热进行人工干燥。

(3)减轻建筑荷重,降低劳动强度。每块烧结粉煤灰砖平均质量为2.0 kg,比普通黏土砖轻0.5 kg。

(4)提高效率,降低成本。烧结粉煤灰砖干燥、焙烧周期均比黏土砖短。

(5)砖质量好。特别是压制成型的烧结粉煤灰砖产品尺寸准确、棱角整齐、外观漂亮、耐久性好,其力学性能与普通黏土砖相当,甚至更好,保温隔热性能优于普通黏土砖,表观密度比普通黏土砖小。

我国生产的粉煤灰烧结砖包括普通实心砖、大块空心砖、普通空心砖、拱壳砖以及挤出瓦等。这些产品被广泛用在工业厂房、烟囱、水塔、住宅、剧院街道上,使用情况良好。粉煤灰烧结砖的基本生产工艺流程见图3-7。

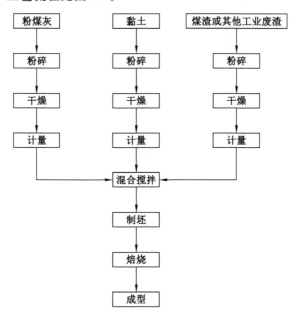

图 3-7　粉煤灰烧结砖的基本生产工艺流程

1. 烧结粉煤灰砖对原料的要求

(1)粉煤灰

用来生产烧结粉煤灰砖的粉煤灰,目前还无标准。大量试验研究认为,烧结粉煤灰砖对粉煤灰性能要求不严,甚至劣质粉煤灰也可用来制砖,但粉煤灰的含碳量对烧结性能有一定影响。我国用于制砖原料的粉煤灰,通常按颗粒大小可分为粗、中、细三类:粗颗粒为1 900目筛筛余量大于40%;中颗粒为4 900目筛筛余量为20%～40%;细颗粒为4 900目筛筛余量小于20%。

粉煤灰的粒度对烧结粉煤灰砖坯的成型、干燥和焙烧都有直接影响。如果粉煤灰颗粒粗,掺量又高,则可塑性差,不易成型,同时使制坯机泥缸、螺旋及搅拌机刀叶磨损较快,这样的砖坯,虽然对快速干燥有利,但烧成温度高,不易掌握,同时吸水率高,砖的抗冻性能较差。若粉煤灰颗粒较细,掺量又小,砖体密实程度虽然可以提高,但干燥又不适宜,可能发生裂纹而影响制品的质量及工艺操作技术,热导率增大,烧成热耗提高。一般说来,粉煤灰的颗粒大小与掺量多少,以保证成型时泥条不在滚床上发生断裂、切出的坯体棱角完整、烧好的砖符合标准为宜。

此外,对粉煤灰的技术要求尚有以下几点:

① 颗粒度:通过 3 mm 筛孔,筛余量不得超过 3%。

② 堆积密度:不超过 800 kg/m³。

③ 含水量:低于 20%。

④ 发热量:不小于 4 187 kJ/kg。

⑤ 掺配误差:±5% 以下。

（2）黏土

粉煤灰在煤粉燃烧时已失去化学结合水,且颗粒较黏土粗,所以塑性极低,因而生产烧结粉煤灰砖必须掺入黏合剂,目前黏土居多。烧结粉煤灰砖所用的黏土,除化学成分应符合一般制砖黏土要求外,其塑性是决定掺灰量大小的首要条件。黏土颗粒越细,其塑性指数越大。黏土塑性指数大,则黏土的可塑范围也大,掺入的粉煤灰量亦高。一般,塑性指数大于 15 的高塑性黏土可掺入 60% 粉煤灰;塑性指数在 8~15 的中塑性黏土可掺入 30%~50% 的粉煤灰;塑性指数小于 7 的低塑性黏土掺入粉煤灰比较困难。

为了大量掺入粉煤灰,必须设法提高黏土的可塑性。由于一般使用的黏土多是沉积形成,因而分层现象明显,上下土层差别很大,应该采用上下结合、坡式作业的方法采掘黏土。使用前黏土要经过风化、冻融、困闷或机械处理,以增加可塑性并尽量使混合料均匀一致。生产时,为充分发挥黏土的胶结作用,成型过程要加强机械处理,最好是粉碎黏土;若湿黏土粉碎有困难,则必须加强混合料的粉碎和搅拌,以充分发挥黏土胶结作用,否则均匀的混合料中会夹杂黏土颗粒,对干燥、焙烧均会造成不良影响。

（3）混合料

烧结粉煤灰砖的混合料属于中低可塑性料,一般要求混合料的塑性指数大于或等于 7,否则制坯困难。

2. 生产烧结粉煤灰砖的工艺要点

（1）烧结粉煤灰砖的成型工艺及优缺点

烧结粉煤灰砖的成型工艺主要有挤出成型工艺、半干压成型工艺 2 种。挤出成型工艺生产烧结粉煤灰砖适用于生产多孔砖和空心砖,产量高,但是,当粉煤灰掺入量大于 50% 时成型困难,需要采用大功率、高真空度的双级真空挤砖机,并要求黏土有较高的塑性,必要时还需添加少量黏结剂。半干压成型工艺能够较容易地成型塑性差的原料,粉煤灰掺入量可达 85% 以上,制品外观质量好,但产量低,不利于生产空心砖。

（2）码窑技术

码窑是烧好砖的前提,俗话说,"七分码,三分烧"。对于烧结粉煤灰砖来讲,码窑尤为重要,因为粉煤灰中的残余碳已掺入坯体内部,码窑过程实际上也是燃料在窑内的分布过程。烧结粉煤灰砖码窑的疏密程度、码窑形式不仅关系到窑内气体运动的阻力大小,而且也决定了窑内热源的多少和热源分布的均匀性。焙烧产品的质量、产量以及余热利用均与码窑工序有直接的关系。当然还能利用外投燃料、风闸做一定范围的调整,但如果码窑形式不当,往往会使窑温相差甚大,此时用外投燃料和风闸也是无能为力的。稍不注意,多投燃料还会引起局部过火,出现面包砖事故。

局部码窑密度的原则是上密下稀,边密中稀。因为码密的地方,就是多加了燃料,所以在热损失大的地方要码得密些,中部火力不易散发出去就要码得稀些,以防止中部出现过火砖。窑墙处比中部热损失大,轮窑外窑墙、隧道窑两端处热损失比内窑墙处还大,因此边部比中部码得密些,轮窑外窑墙比内窑墙处更密些,窑拱上散热比较大,尤其是抽余热的轮窑、隧道窑存在换热管道,窑皮的散热量更大,所以上部要码得密些。另外热气体具有上升力,上部码得密可以加大阻力,减少上部空气量,避免上部温度过高,促使上下温度一致。

(3)焙烧

砖坯在窑中经过预热后,随着温度的继续升高,粉煤灰达到燃点,开始自燃。坯体经升温达到烧成温度后保温而形成固相,再冷却为具有一定物理力学性能的制品,这个过程称为焙烧。焙烧过程要注意4点:

① 点火。由于烧结粉煤灰砖的坯体内部含有粉煤灰残余碳,点火时间不要过长,以防止过烧。

② 预热。烧结粉煤灰砖预热带要长些,以免当达到预热带后段时,部分粉煤灰残余碳开始燃烧,冲破纸档(由于温度过高将纸档烤破)。所以,一般要求烧结粉煤灰砖焙烧预热带保持6~7个窑室,同时,在预热带中应防止凝露裂缝和干缩裂缝。

③ 焙烧带长度。焙烧带长度的确定要以保证砖坯均匀烧结为目的。粉煤灰烧结砖焙烧时传热较好,在高温持续焙烧时可适当缩短,但不宜太短,倘若过短,焙烧易出现砖的"黑心""压花"。

④ 保温带长度。粉煤灰烧结砖一般要求保温带较长,减少空气流入量,降低过剩空气量系数,加强砖的保温作用。同时,保温带的延长,对减少砖的"黑心""压花"等弊病也是有益的。为加强保温,焙烧粉煤灰烧结砖时,一般砖厂都采用两层普通黏土砖封闭窑门。

(二)蒸制粉煤灰砖

1. 概述

蒸制粉煤灰砖是以电厂粉煤灰和生石灰或其他碱性激发剂为主要原料,也可掺入适量的石膏及一定量的煤渣或水淬矿渣等骨料,按一定比例配合,经搅拌、消化、轮碾、压制成型,在常压或高压蒸汽养护下制成的一种墙体材料。它的基本工艺流程见图3-8。

生产蒸制粉煤灰砖与普通黏土相比,具有下列优点:

① 变废为宝,保护环境。

② 节约土地。

③ 不需焙烧,仅需提供养护用的蒸汽,故燃料消耗低。

④ 机械化程度和劳动生产率高。

⑤ 不受季节气候影响,可以全年生产。

⑥ 产品容重轻,热导率小,对改善建筑性能、降低建筑成本有利。

2. 蒸制粉煤灰砖对原材料的要求

(1)粉煤灰

① 粉煤灰的活性越高,越有利于提高砖的强度,尤其是采用常压养护方法生产粉煤灰砖时更为重要。一般为了保证砖的强度,生产中要求粉煤灰中 Al_2O_3 含量应在15%以上,SiO_2 含量在40%以上。

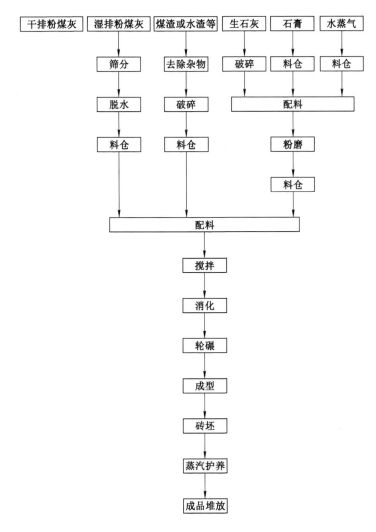

图 3-8　蒸制粉煤灰砖基本工艺流程

② 粉煤灰中未燃碳的含量应控制在 15% 以下,否则,它不但影响粉煤灰的活性,而且对高压养护的粉煤灰砖还有其他破坏作用。原因是,粉煤灰中的未燃碳多数以厚孔的焦炭或半焦炭与煤的混合体存在。这种颗粒有较大的饱水能力,因此,增大了砖坯成型时的加水量。成型水分的增大,使砖坯在蒸制过程中容易产生较激烈的湿、热交换破坏力,脱水后又会使砖内部不密实而降低强度。同时由于未燃碳能在大气的作用下逐渐氧化,形成孔隙;吸水后又含显著软化,造成体胀,降低砖的强度,影响砖的吸水性、耐水性和抗冻性等耐久性能。

③ 粉煤灰中的 SO_3 含量要求控制在 2% 以下,原因如下:

a. 粉煤灰中的一部分 SO_3 来自碱金属硫酸盐及硫酸镁等可溶性盐,这种可溶性盐随着水分的迁移而集中在砖的表面,脱水后这些盐又被析出而形成白霜污染制品。当砖受到干湿度变化的影响时,会使析出的可溶性盐进一步失去结晶水或又使无水盐转化为带结晶水的盐,这种失水或增水的过程会使砖的体积发生变化、结构受到破坏,因此会导致砖的微裂或疏松,影响砖的耐久性能。

b. 粉煤灰中的另一部分 SO_3 来自硫化铁及硫化钙,它们很不稳定,在常温并有水存在的条件下极易水解,亦伴随着体积的膨胀,影响砖的耐久性。

④ 湿排粉煤灰的水分要求控制在 30%~33% 的范围内,因为含水量偏大,消化时易发生结仓,碾压和成型困难,压制的砖坯有黏模、表面出浆、弯曲等弊病,甚至无法成型;含水量过低,会造成混合料消化不完全和碾压时碾轮压不着料,碾压效果不佳。另外,从生产控制角度考虑,应防止粉煤灰含水量波动过大。因为这不仅影响到混合料中的水分,而且由于粉煤灰含水量波动会造成整个配比不准确,尤其采用体积计量时,应仔细控制。

生产中要求粉煤灰松散干密度应大于 $600~kg/m^3$,以确保物料内部结构密实,颗粒级配合适。按《硅酸盐建筑制品用粉煤灰》(JC/T 409—2016)的规定,其细度为 0.045 mm,方孔筛筛余量不大于 55%。

(2) 生石灰

生石灰是蒸制粉煤灰砖的主要原料之一,起着激发粉煤灰活性、使砖具有一定物理力学性能的作用,其质量的优劣直接影响产品的质量及成本。生产中对生石灰有如下要求:

① 有效含钙量尽可能高:因为含钙量高的生石灰不仅可以提高制品强度,而且可以减少生石灰在制品中的用量,从而降低成本。

② 消化速度快:可以缩短混合料消化工序的周期,减少工艺设施,提高生产效率。

③ 消化温度尽可能高:因为高温有助于砖坯在蒸汽养护处理前初期强度的增长。

④ 氧化镁含量尽可能低:生石灰中的 MgO 是煅烧石灰石时其中 $MgCO_3$ 分解的产物,$MgCO_3$ 的分解温度(700 ℃)低于石灰石中 $CaCO_3$ 的分解温度(900 ℃),因此即使在正常温度下煅烧的生石灰,其 MgO 也成为过烧成分。过烧的 MgO 在常温下消化速度极为缓慢,以至于在砖坯成型后,特别是在蒸制阶段仍继续甚至激烈地消化,导致体积膨胀而使砖开裂。

⑤ 使用时最好是正火新鲜生石灰,原因如下:

a. 过烧生石灰会使 CaO 分子之间结构变得紧密或与 SiO_2、Al_2O_3 及 Fe_2O_3 等杂质在高温下熔化而形成表面渣化层,使消化速度变慢。

b. 欠烧生石灰会引起石灰石中的 $CaCO_3$ 未能得到充分的分解,因此使生石灰中的有效 CaO 含量减少,品质降低,很不经济,而且生石灰中残存石灰石颗粒的增多会使坯料的塑性受到影响。

c. 非新鲜生石灰由于很难避免长期与空气接触,往往吸收了空气中的水分而部分水化,生成熟石灰。该过程由于水分不足,在水热作用下易发生"过热现象"使 $Ca(OH)_2$ 脱水并和周围粒子胶结成紧密体,从而降低生石灰的质量。同时,空气中的 CO_2 也会使 $Ca(OH)_2$ 还原成无胶结力的惰性材料 $CaCO_3$,影响生石灰质量。生石灰质量技术要求见表3-14。

表 3-14　生石灰质量技术要求

混合料消化方式	化学成分/%		消化速度/mm	消化温度/℃	过火灰/%	欠火灰/%
	α-CaO	MgO				
料仓消化	>60	<5	<15	>60	<5	<7
地面消化	>50	<5	<30	>50	<5	<10

有时在蒸制粉煤灰砖的生产过程中,也可用生石灰下脚料、电石渣等工业废渣代替生石灰。电石渣作为代用品时的质量技术要求见表 3-15。

表 3-15　电石渣质量技术要求

化学成分		0.2 mm 孔筛筛余量/%	88 μm 孔筛筛余量/%	其他
α-CaO	MgO			
>50	<5	<5	<30	不含乙炔残留

(3) 石膏

石膏在蒸制粉煤灰砖的生产过程中起着加速水化反应、提高水化物结晶度、提高砖的早期强度,特别是抗折强度等作用。蒸制粉煤灰砖可采用天然石膏和工业废石膏,它们可以是二水石膏、半水石膏或无水石膏。

生产中要求石膏细度为 88 μm 孔筛筛余量不大于 15%,$CaSO_4$ 含量不小于 65%。若使用工业废石膏,除要求 $CaSO_4$ 含量合适外,对其中其他杂质也应加以限制。如采用磷石膏时,要求含 P_2O_5 数量不超过 3%;采用氟石膏时,应先用石灰中和至呈微碱性,以保证其中 HF 含量极少。

(4) 细骨料

在蒸制粉煤灰砖的生产过程中,细骨料的主要作用是改善混合料粒的级配、成型性能及增加密实度,从而达到提高强度或减少收缩的目的。因为细而均一的粉煤灰,颗粒内部本身空隙就多,加之细而均一的物料级配差,孔隙率大,物料中空气含量高,成型时物料中空气不易排出而产生空气的回弹,导致砖坯的层裂,影响砖的强度,特别是抗折强度偏低。若向细而均一的粉煤灰中掺入一定量的粗颗粒硅材料(如煤渣、高炉水淬矿渣、硬矿渣及砂子等),使混合料具有适宜的颗粒级配,则不仅可以改善砖坯的成型性能,还能满足成型砖的各项物理力学性能指标。在蒸制粉煤灰砖的生产过程中对细骨料的要求如下:

① 5~10 mm 以上的颗粒含量应少于 15%,否则将影响砖的棱角整齐。

② 不应含有机杂质、黏土块、铁块及含镁量高的夹杂物。这是由于有机杂质及黏土块的存在会降低砖的强度,铁块的存在会损坏设备,造成事故。含镁量高的夹杂物在蒸制过程中会导致砖发生炸裂。

③ 采用煤渣作为细骨料时,体积稳定性应良好,含碳量应控制在 20% 以下。这是由于煤渣中常含有过烧的石灰僵块(即过烧的 CaO 和 MgO),常温下氧化速度极慢,当制品成型后,特别是蒸汽养护过程将继续消化或激烈消化,使制品龟裂、疏松,强度下降。含碳量过高的煤渣与粉煤灰一样会使砖软化、膨胀,影响砖的质量及应用。工业废渣作细骨料时,其具体技术指标见表 3-16。

表 3-16　工业废渣细骨料的技术要求

化学成分/%				细度/%		体积安定性	垃圾及其他有机杂质
MgO	K_2O+Na_2O	SO_2	烧失量	>5~10 mm 颗粒	>1.2 mm 颗粒		
<5	<2.5	<5	<20	<15	≤25	良好	不得含有

3. 蒸制粉煤灰砖混合料的制备

（1）配合比的确定

蒸制粉煤灰砖混合料配合比的选择直接影响砖的物理力学性能及技术经济效果，其优先原则一般考虑如下几个方面：

① 应满足建筑用砖的各项物理力学性能要求，特别是强度和耐久性应符合产品质量标准中的指标要求。

② 在满足蒸制粉煤灰砖的各项物理力学性能指标的前提下，应尽量选择石灰、石膏用量的下限，以降低产品的成本。

③ 应与生产工艺条件相适应。

④ 配合比中原材料的种类不宜过多，以减少工艺处理的环节。

⑤ 原材料的选择应因地制宜，就地取材，并应优先利用各种工业废渣，以利于改善环境，降低砖的成本。

粉煤灰砖配合比中各种物料的掺入量为：石灰掺量主要与养护条件、粉煤灰的品种和细度有关。采用蒸压养护时，石灰的掺入量可以少一些。粉煤灰的颗粒细，生石灰的掺入量大。在配合比中，要求有效 CaO 含量在 12%～14% 范围内，折合成石灰掺入量为 20%～25%。石膏的掺入量一般要求为石灰用量的 8%～11% 或混合料总量的 1.6%～2.2%。粉煤灰的掺入量采用蒸压养护时用量偏高一些，一般在 55%～75% 范围内；煤渣的掺入量采用蒸压养护时，可以偏少，一般在 13%～28% 范围内。

混合料中细骨料的掺入是为了调节粉煤灰颗粒级配，提高产品质量，其掺入量应以组成最佳颗粒级配为目标加以确定。

（2）混合料的配制

混合料的配合比确定后，最重要的是确保物料计量准确与均匀，因此选择合适的计量方法和精确的计量设备与配料方式显得十分重要。当各组分材料配制好后，需进入搅拌机进行混合，目的是使物料混合均匀。搅拌是产品获得预期质量的基础。搅拌时要加水，加水量应满足生石灰消化及接近成型要求，最好一次加水就能满足，使碾压中不再加水或少加水。因为搅拌后，混合料经消化，水分可以充分渗入物料中，而碾压时加入的水分，往往较多地留在颗粒表面，如加水过多，则不利于砖坯成型，也不利于砖强度的增长。

采用干排粉煤灰与生石灰时，最好加入热水搅拌，加水方式以喷雾状为宜，这将有利于生石灰的消化并防止混合料的结团。在采用湿排粉煤灰时，搅拌水分可用控制粉煤灰滤饼的含水量进行调整。

混合料的最佳搅拌时间，应根据拌后物料的均匀性及工艺平衡予以确定。在计量基本正确的情况下，搅拌的均匀程度可按其瞬间出料的有效 CaO 变动范围加以评定。一般双轴搅拌机搅拌时间为 1.8 min，间歇式搅拌机搅拌时间为 2～3 min。

（3）混合料的消化

生石灰遇水后会发生水解，生成 $Ca(OH)_2$，放出热量，并使体积膨胀 2～3 倍，这个过程叫作生石灰的消化。在采用生石灰配制混合料时，需要进行消化处理，其目的如下：

① 使生石灰充分消解，以便各原料之间进行反应，并防止在蒸制过程中生石灰消化引起体积膨胀，使砖炸裂。

② 提高混合料的可塑性，便于成型。

常用的混合料消化方式有两种,即地面堆放消化和仓式消化。

a. 地面堆放消化。地面堆放消化是将混合料置于室内,进行自然堆放,使生石灰的消解热量部分积储起来,用以提高介质的温度促使生石灰加快消化,这种地面堆放的混合料放置 8~16 h(根据气温、季节等确定),既使生石灰达到了消化的目的,又起到了 $Ca(OH)_2$ 溶液在物料中的渗透作用,增加混合料的塑性,使混合料在压制过程中成型压力可以适当地提高,有利于砖坯及成品的强度。其优点是操作简单,混合料消化质量好;缺点是堆放热量散失多,消化时间长,堆放占地面积大,劳动条件差,效率低,不适于大规模生产。

b. 仓式消化。仓式消化是将加水搅拌后的混合料置于一定容量的料仓中存放,使生石灰的消化热充分地积储起来,用提高介质温度的方法加快生石灰的消化。正常情况下,混合料在消化仓中只需停留 1.5~4 h 即可达到消化的目的。

仓式消化按操作方式又分间歇式和连续式两种。间歇式的缺点:一是易造成结仓,影响生产;二是当仓顶进料时易发生颗粒分离现象,影响砖的质量。连续式的缺点是耗电量大。

(4)轮碾

在蒸制粉煤灰砖的生产中,消化处理后的混合料必须进行轮碾处理。经轮碾后的坯料受到压实、增塑、搅拌与活化等作用后,可塑性好,成型性能得到改善,使制得的砖坯密实,可提高产品强度。

轮碾时要求根据具体的工艺条件,注意选择碾轮的质量、轮碾时间和加料量,确保轮碾高质、高效。

4. 蒸制粉煤灰砖的成型和养护

砖坯成型方法有塑性法和半干法两种。

① 塑性法:将含水量较高的混合料通过挤泥机挤成泥条,然后按要求尺寸切断成砖坯。

② 半干法:将含水量较低的混合料放在规定尺寸的砖模内,通过压制或振动而形成砖坯。

我国使用较多的砖坯成型方法是半干法。

砖坯成型的主要质量指标首先是容重,其次是外观。为了确保砖坯有足够的容重,必须根据具体物料选择好成型压力、成型水分和成型时的加压方式。考虑到蒸制粉煤灰砖的主要原材料是粉煤灰,粉煤灰的特点是颗粒细、容重轻、孔隙率大、摩擦系数大、颗粒级配不好,因此成型时一般选用双面三次压制成型的方法。其目的是使加压速度与摩擦系数大的粉煤灰细颗粒之间的压力传递层数多、速度低相适应,克服摩擦系数大的颗粒之间传递压力移动时所遇到的阻力。同时在三次加压的过程中,最大可能排出多余空气,防止砖坯在蒸养过程中因为空气的热胀冷缩导致砖坯层裂,保障了砖体成型,从而提高砖坯极限的成型效果。除此之外,还要注意调整成型前后混合料或砖坯的含水量。实践表明,成型水分高些,产品强度也高。如果成型水分过高,成型时砖坯就会变软,最终使得砖坯结构强度降低码放时易变形,影响产品的强度和耐久性。

砖坯的外观要求其外形尺寸控制在规定的公称范围内,砖坯棱角整齐、表面平直,无分层裂缝、断裂弯曲及疏松等情况。

蒸制粉煤灰砖成型后,必须在饱和蒸汽的湿热介质中进行养护处理。目的在于加快成型坯体中胶结料的凝结硬化过程,增加制品的结晶度,使砖坯在较短的时间内达到预期的产品机械强度和其他物理力学性能指标的要求。生产中常用的养护方式有两种,即常压蒸汽养护和高压蒸汽养护,两者主要区别见表 3-17。

表 3-17 常压蒸汽养护和高压蒸汽养护方式的区别

养护方式	饱和蒸汽绝对压力/Pa	养护温度/℃	养护设备	设备投资	产品质量	产品成本
常压蒸汽养护	0.1	95～100	砖石或钢筋混凝土构筑的蒸汽养护室	低	可生产性能符合要求的产品	高
高压蒸汽养护	0.9～1.6	174～200	密闭的圆筒形金属高压釜	高	产品在干燥收缩、抗干旱循环和抗冻性方面性能优越	低(石灰掺入量少)

(三)免烧免蒸粉煤灰砖

1. 概述

我国 170 个城市已于 2003 年 6 月 30 日前禁止使用实心黏土砖,到 2005 年年底所有的省会城市全面禁止使用实心黏土砖。免烧免蒸粉煤灰砖是近几十年开发出的新型墙体材料之一,它以粉煤灰为主要原料,用水泥、石灰及外加剂等与之配合,经搅拌、半干法压制成型、自然养护制成一种砌筑材料,其主要工艺流程见图 3-9。

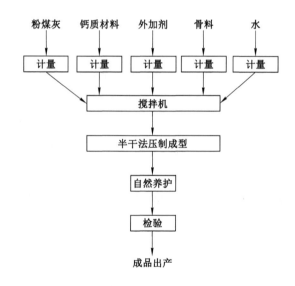

图 3-9 免烧免蒸粉煤灰砖主要生产工艺流程

(1)免烧免蒸粉煤灰砖的优点

① 比传统的压制烧结粉煤灰砖、蒸制粉煤灰砖的能耗低。

② 粉煤灰掺入量高,可达 80%,且不用黏土。

③ 设备投资少,生产成本低,便于小规模生产。

④ 生产工艺比较简单。

（2）免烧免蒸粉煤灰砖的缺点

① 自然养护所需时间长（一般需 28 d 后才能出厂），需要用大量场地，生产受季节影响。

② 砖的强度低：由于传统的免烧免蒸粉煤灰砖出发点和指导思想的限制，使用石灰、水泥、石膏等胶凝材料将粉煤灰黏结起来，粉煤灰仅作为一种活性骨料使用，没有发挥粉煤灰的潜在活性。

③ 耐水性差：由于免烧免蒸粉煤灰砖中水泥用量并不十分高，其强度依靠石灰、石膏及水泥的共同作用而形成，在水化反应程度较低的情况下，这种材料属于气硬性或半气硬性的。

④ 抗冻性、抗碳化能力差，干缩性大。

⑤ 成本高。

（3）免烧免蒸粉煤灰砖的性能、用途

免烧免蒸粉煤灰砖的规格与普通黏土砖相同。它的强度可达 15 MPa，各项性能可达到《蒸压粉煤灰砖》（JC/T 239—2014）的要求，可用于填充墙、隔墙及低层民用建筑的承重墙，适合在农村建筑中使用。

2. 免烧免蒸粉煤灰砖对原材料的要求

（1）粉煤灰

粉煤灰在免烧免蒸粉煤灰砖中，一是作为骨料起骨架作用，二是作为胶结料的一种组分。因此，不仅要求其化学成分满足硅铝含量在 60% 以上、含碳量小于 15% 等，而且对于它的级配亦应加以考虑，但不一定是越细越好。一般要求粉煤灰质量除应符合《硅酸盐建筑制品用粉煤灰》（JC/T 409—2016）中关于成分的要求外，对于其细度还应根据试验结果加以确定。

制作免烧免蒸粉煤灰砖的粉煤灰宜采用干排灰，采用湿排灰时应把含水量控制在 25% 以下。

（2）水泥

制作免烧免蒸粉煤灰砖可采用各种水泥。水泥的作用：一是水化初期生成水化物，赋予砖早期强度；二是其水化生成的 $Ca(OH)_2$ 进一步与粉煤灰中活性组分反应（二次水化反应），生成水化硅酸钙和水化铝酸钙，使组织更加细密，强度继续提高，同时可提高砖的耐久性、抗冻性和抗渗透性，但其成本高，通过试配，在保证质量的前提下，应尽量少用，建议选用 325 号普通硅酸盐水泥或矿渣水泥，掺入量宜控制在 5% 左右。

（3）石灰

石灰可以与粉煤灰中的活性组分合成水化硅酸钙和水化铝酸钙（晶体或它们的凝胶）而形成一定强度。

石灰首先要碾磨成粉状，细度要求 0.2 mm 筛筛余量小于 5%，其次要求有效 CaO 含量高，消化温度高，消化速度适中。

（4）外加剂

制作免烧免蒸粉煤灰砖，应选用能提高材料强度，改善材料性能，稳定材料质量，起到激化、催化和促进反应及晶体发育功能作用的各种外加剂。外加剂分有机和无机两类。

免烧免蒸粉煤灰砖有多种配合比,选用适当的固化剂可以提高砖的强度,水泥、生石灰或 MgO 等可用作固化剂,在选择固化剂的同时最好能将早强、减水、抗冻等同时考虑。

(5) 骨料

制作免烧免蒸粉煤灰砖,当粉煤灰级配不良时,可掺入粒径为 3 mm 左右的煤矸石、砂、煤渣等骨料。骨料的加入能使搅拌更均匀,在加压成型时,骨料起传递压力的作用,可减少砖坯的层裂,使产品更为致密,从而提高砖的强度,减少收缩。

3. 免烧免蒸粉煤灰砖的生产原理和技术要求

(1) 免烧免蒸粉煤灰砖的强度来源

免烧免蒸粉煤灰砖是在常温常压下自然淋水养护,其强度来源近似于常温常压下自然养护的硅酸盐水泥制品依靠水化产物获得强度。其基本原理主要是粉煤灰中硅铝玻璃体与石灰和水泥中的水反应:

$$CaO + H_2O \longrightarrow Ca(OH)_2 \qquad (3\text{-}10)$$

$$CaO \cdot SiO_2 + H_2O \longrightarrow CaO \cdot SiO_2 \cdot H_2O + Ca(OH)_2 \qquad (3\text{-}11)$$

$$mCa(OH)_2 + SiO_2 + xH_2O \longrightarrow mCaO \cdot SiO_2 \cdot xH_2O (水化硅酸钙) \qquad (3\text{-}12)$$

$$mCa(OH)_2 + Al_2O_3 + xH_2O \longrightarrow mCaO \cdot Al_2O_3 \cdot xH_2O (水化铝酸钙) \qquad (3\text{-}13)$$

水化硅酸钙(CSH)和水化铝酸钙(CAH)两种水化产物将粉煤灰颗粒胶结在一起,组成骨架结构,承受载荷,从而形成一定强度。如果上述反应中存在二水石膏($CaSO_4 \cdot 2H_2O$)则发生如下反应:

$$mCaO \cdot Al_2O_3 \cdot xH_2O + CaSO_4 \cdot 2H_2O \longrightarrow mCaO \cdot Al_2O_3 \cdot CaSO_4 \cdot (x+2)H_2O$$

$$(3\text{-}14)$$

CSH、CAH 及钙钒石(水化硫酸铝钙)正是免烧免蒸砖的强度来源,而它们的生成速度的快慢、强度形成时间的长短与反应条件和粉煤灰本身的硅铝含量、活性及配料成分有关。为了提高其反应速率,在常温下反应常采取的措施有如下几项:

① 提高石灰 CaO 的活性含量,生成较多的 $Ca(OH)_2$,增加其在高硅铝玻璃体表面的扩散能力,使粉煤灰结构中的长链和网络体断裂、解体,使水化反应速率增大。

② 选择 SiO_2、Al_2O_3 含量高,含碳量少,细度高的高活性粉煤灰。

③ 加入适量的激发剂,激发硅铝玻璃体活性并尽快与 $Ca(OH)_2$ 发生水化反应。

④ 加入适量减水剂,减小成型时水固比,使固体颗粒形成最佳的堆积密度。

(2) 免烧免蒸粉煤灰砖生产的基本要求

① 加入一定量的骨料:如加入碎石膏、粗砂、炉渣、钢渣等,以便使原料级配合理,确保砖的抗压强度。

② 采用半干法高压成型制砖:最小选用 60 t 压砖机,压强不低于 20 MPa,一般选用 60~70 t 砖机,保证砖坯具有高的密实强度。

③ 加入适量石灰:加入石灰是保证在砖的养护后期生成尽量多的 CSH、CAH 等水化产物,提高砖的强度。

提高免烧砖的强度,一是要选择硅铝玻璃体含量高的粉煤灰;二是要提高生石灰的活性成分;三是要加入适量的外加剂,促使生成足够的 CSH、CAH。

(3) 免烧免蒸粉煤灰砖的配合比

为了保证免烧免蒸粉煤灰砖具有一定的强度和其他使用性能,必须根据具体的物料选择合理的配合比。在一定的成型设备条件下,配合比的选择既要保证有足够的胶结料(水泥、石灰等用量),又要有足够的细骨料来适应这种成型设备,以便满足砖坯成型时的密实度和强度要求,减少缺陷,最终生产出合格的产品。

三、粉煤灰砌块

(一) 概述

我国传统的墙体建筑材料红砖用土量大,烧制 100 万块红砖要破坏 1 亩土地,对于我国这样一个人口众多、耕地资源有限的国家而言,保护和节约每一寸田地意义重大。因此,推进粉煤灰砌块等建材业的发展,有利于促进墙体材料改革,限制或停止红砖的生产。

粉煤灰空心砌块与黏土制品比,质量轻、强度高、保隔热、隔音性能好、耐久性好(陈忠范等,2008;鄢朝勇,2002)。在施工过程中,与砖相比其优点是:比砌砖体可以提高工效 1 倍以上,而且可以大大减轻劳动强度,把工人从繁重的体力劳动中解放出来,并起到节约工期、降低工程造价的作用。这正符合当前墙体材料向轻质、高强、空心、大块方向发展的要求。

我国利用粉煤灰研究生产的各种砌块有蒸养粉煤灰硅酸盐砌块、蒸压粉煤灰加气混凝土砌块等。

(二) 蒸养粉煤灰硅酸盐砌块

蒸养粉煤灰硅酸盐砌块是以粉煤灰、石灰、石膏为胶凝材料,以煤渣、高炉硬矿渣、膨胀矿渣等工业废渣或砂石等为骨料,按比例配合,经加水搅拌、振动成型、常压蒸汽养护制成的以硅酸盐为主要成分的墙体材料。

其主要规格为(880～1 180) mm×380 mm×(180～240) mm,抗压强度可分为 100 号和 150 号两个标号。它是一种没有孔洞的中型密实砌块,也是我国最早(1960 年)形成生产规模的粉煤灰制作建筑制品的利用项目。一般每生产 1 m³ 产品,可利用粉煤灰 420 kg。它的基本生产工艺流程见图 3-10。

粉煤灰硅酸盐砌块质轻、强度高、耐久性不亚于黏土砖,可用于使用年限为 50～100 年的多层民用与工业建筑的承重和非承重墙。根据防火性试验结果,砌块的耐燃时间超过规定的耐火极限,系非燃烧体,故可用于防火要求为一级的建筑物,也可用作框架结构的填充墙及围护墙。不过,需注意如下几个方面:

① 砌块一般不宜用于具有酸性侵蚀介质的建筑物,但在有足够依据并采取有效防护措施时,可用于这些建筑物的非承重结构。

② 砌块砌体对外界温度、湿度等比较敏感,不宜用于密封性要求较高的建筑物中,也不宜用于铸铁和炼钢车间、锅炉间、公共浴室等建筑的承重墙中。

③ 砌块砌体不宜用于有较大振动影响的建筑物,如锻锤车间和空气压缩机房等建筑物的承重墙中。

总之,为确保工程质量,使用粉煤灰硅酸盐砌块要与具体工程的建筑设计和施工技术相配套。

1. 蒸养粉煤灰硅酸盐砌块对材料的质量要求

(1) 粉煤灰

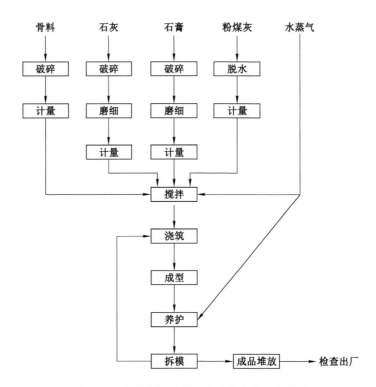

图 3-10 蒸养粉煤灰硅酸盐砌块生产工艺流程

粉煤灰是电厂锅炉排出的废渣,其排出方式有干排、湿排、混排和分排。生产粉煤灰硅酸盐砌块以干排灰为好,使用湿排灰时,为适应工艺上要求和保证制品质量,需经脱水处理,使粉煤灰的相对含水量减小 40%。脱水处理一般常用方法有自然沉降法、自然沉降-真空脱水法和浓缩-真空过滤法。其脱水效果及优缺点见表 3-18。

表 3-18 湿排粉煤灰脱水方法比较

脱水方式	脱水效果	优点	缺点
自然沉降法	脱水后含水量较高,约为 50%	简单方便,投资省,可进行连续作业,无动力消耗	不防冻,怕雨淋,灰粒粗细分布不均,灰水进口端粒粗,溢流端粒细,生产时需搭配使用
自然沉降-真空脱水法	含水量达到 40% 左右,达到使用要求	脱水效果比自然沉降好,动力耗用较少	积灰颗粒分级现象仍然存在,沉灰池需按要求专建,并要添置真空管、真空泵,投资比自然沉降法大
浓缩-真空过滤法	脱水效果最佳,可使含水量达到 33% 左右	工作效率和脱水比前两种好,生产不受气候影响	动力消耗较大

粉煤灰的技术指标包括细度、粒径、烧失量、SiO_2 含量、SO_3 含量和含泥量。细度 $45~\mu m$ 筛余不大于 60%,粒径小于 $0.5~mm$,烧失量小于 10%,SiO_2 含量大于 50%,SO_3 含量小于 3%,含泥量小于 1%。SO_3 超标会影响砌块的强度和耐久性。烧失量过大则会导致未与胶凝材料发生结合的残余碳浮于坯体表面,影响坯体的强度。

粉煤灰硅酸盐砌块进行蒸养的目的是使粉煤灰中的活性 SiO_2 和 Al_2O_3 与石灰、石膏在水热条件下生成水化产物,使粉煤灰砌块获得强度。因此,为了确保砌块强度,要求粉煤灰中 SiO_2 含量不低于 40%,Al_2O_3 含量不低于 15%。

有关粉煤灰这些品质要求可见行业标准《硅酸盐建筑制品用粉煤灰》(JC/T 409—2016)。

(2) 石灰

适当的石灰用量是确保粉煤灰砌块具有足够强度和耐久性的重要因素。在粉煤灰硅酸盐砌块中使用的石灰应是生石灰(CaO),而不宜采用消石灰[$Ca(OH)_2$]。这是因为生石灰在加水搅拌消化时,能放出大量的热,生成活性高的初生态 $Ca(OH)_2$,很容易与粉煤灰中的活性 SiO_2 和 Al_2O_3 进行水化反应,有利于提高砌块初始强度及其抵抗蒸汽养护过程中的温度应力和冷凝水的软化能力,避免砌块产生酥松裂缝。同时,生石灰可减少用水量,在消化时能吸收混合料中的游离水分,提高砌块的强度和耐久性。而采用消石灰生产的砌块强度低,表面往往容易疏松分层,抗冻性和碳化稳定性均差。

生产实践表明,生产粉煤灰砌块用的生石灰质量应符合下列要求:① 有效 CaO 含量不低于 50%;② MgO 含量小于 5%;③ 生石灰的消化温度一般不低于 50 ℃,消化时间在 30 min 以内。

(3) 石膏

石膏($CaSO_4$)促进并参加水化反应,增加水化产物数量,其反应如下:

$$3CaO + Al_2O_3 + 3CaSO_4 + 32H_2O \longrightarrow 3CaO \cdot Al_2O_3 \cdot 3CaSO_4 \cdot 32H_2O \quad (3\text{-}14)$$

$$3CaO + Al_2O_3 + CaSO_4 + 12H_2O \longrightarrow 3CaO \cdot Al_2O_3 \cdot CaSO_4 \cdot 12H_2O \quad (3\text{-}15)$$

石膏可以延缓生石灰的消化放热反应,能有效地抑制生石灰消化过程中的热膨胀,改善粉煤灰砌块的结构,提高其密实度,从而大大提高其强度。

生产粉煤灰砌块可采用半水石膏、二水石膏,也可采用制造磷酸的废渣磷石膏、制造氢氟酸的废渣氟石膏或废模型石膏。使用磷石膏时,要求其中的 P_2O_5 含量不大于 3%,防止由于 P_2O_5 过多而阻碍水化反应。

(4) 骨料

用于生产粉煤灰硅酸盐砌块的原料有煤渣、高炉硬矿渣、膨胀矿渣、天然砂石等。不同种类的骨料对砌块强度影响并不大,主要影响砌块的容重。由于用煤渣等工业废渣生产的砌块具有价廉、质轻、保湿性好、强度满足要求等显著的优点,各砌块厂多以煤渣等工业废渣为骨料。但是,煤渣、矿渣等工业废渣内可能有过烧的石灰或含铁杂质等成分,因此用它们生产砌块时,要求其体积安定性试验合格,以免因过烧的石灰或含铁杂质缓慢氧化等原因引起砌块在堆放、使用过程中产生局部胀裂的现象。

以煤渣为骨料生产粉煤灰硅酸盐砌块时,其质量应符合下列要求:① 烧失量不大于 20%;② 体积安定性试验合格;③ 不含垃圾、有机质等杂物。

2. 砌块的生产工艺

(1) 原材料的加工和处理

粉煤灰硅酸盐砌块所用原材料品种较多,而且各具特点,为了保证砌块的正常、均衡生产,对原材料的储存和加工处理提出了特定要求,表 3-19 对常用原材料的储存、处理参数及原因进行了归纳。

表 3-19　常用原材料储存、处理参数及原因

项目	粉煤灰		石灰	天然石膏	磷石膏	煤渣	硬矿渣
储存方式及原因	棚储,避免雨淋	仓储,避免雨淋及粉尘污染	仓(棚)储,避免粉尘;减少对空气中水分吸收而消化	露天	露天	露天	露天
储存期及原因	7～10 d		15 d 防止降低活性	30～60 d	10～15 d,工业磷石膏含水,堆放时间可缩短,使用前不用破碎磨细	>30 d,确保体积安定性合格	>30 d,确保体积安定性合格
含水量	<65%						
破碎粒径			<30%	<30%		最大<40 mm,1～2 mm<20%	最大<40 mm,1～2 mm<20%
细度	见标准 JC/T 409—2016	见标准 JC/T 409—2016	4 900 孔筛筛余量 20%～5%,提高分散度,增强水化作用,增加砌块强度,改善性能	4 900 孔筛筛余量 20%～25%,提高分散度,增强水化作用,增加砌块强度,改善性能			

（2）砌块混合料制备

混合料制备的主要工序是配料计量与搅拌,总体要求配料计量准确,搅拌均匀。达到这两个目标需满足如下要求：

①　几种原材料的计量时间必须小于混合料的搅拌时间。

②　为了尽可能减小称量误差,计量方法以质量法为好,是±3%。

③　称量范围能适应迅速改变配合比的要求。

④　搅拌设备宜选用强制式搅拌机或轮碾式搅拌机。

⑤　投料顺序：对于采用一次性投料法,为粉煤灰、石膏粉、生石灰粉、骨料、水；对于采用二次性投料法,为先投粉煤灰、石膏粉和生石灰及 2/3 需水量,待打浆 1 min 后,再投骨料和余下的 1/3 需水量。

⑥　混合料搅拌质量以控制均匀件参数<10%和混合料工作度 15～30 s 为准。但生产实践经验表明,使用强制式搅拌机时,粉煤灰小型空心砌块易成球,不易搅拌均匀,合理的净搅拌时间控制在 3 min 较佳。当轮碾式搅拌机拌和,可解决拌和物成球的问题,轮碾机兼具疏解、碾压粉碎与搅拌混合三大功能,可大大提高砌块的质量与强度。

（3）砌块成型

粉煤灰砌块的混合料属于半干硬性轻质混凝土,将其注入模具后,宜采用振动成型法,

以确保制品的密实度。生产实践表明，振动成型法所选用设备振动台的成型工艺参数见表 3-20。

表 3-20　粉煤灰砌块振动台成型工艺参数

振动频率/(次/mm)	振幅/mm	混合料振动高度/mm	净振时间/s
2 000～3 000	0.3～0.5	<300	30～90

砌块生产采用的模具一般为组合式钢模具，有立模、平模两种。常用的是立模，原因是：从经济角度讲，用同样容积的钢模，立模可以比平模节约 28% 的钢材，造价降低 20%；从砌块在建筑上使用角度讲，尽管立模生产的砌块由于顶端和底面所受振动不均匀，造成顶底的表观密度和强度分别相差 7% 和 10%，但这个影响幅度并不大，相反因立模生产的砌块两个大面都很平整，厚度偏差很小，使砌体内外墙面均较平整，可节约抹灰砂浆和粉刷工料等。

（4）砌块的养护

粉煤灰砌块进行蒸汽养护的目的是加速制品中胶凝材料的水热反应，使制品在较短的时间内凝结硬化，达到预期的强度等各项物理指标。养护的要求：在确保产品质量的前提下，尽量缩短养护周期，提高钢模养护设备的利用率，降低蒸汽的耗量。为此，通过广大科研和生产人员的试验研究与生产实践，制定出了我国自己的一套合理养护制度，即静停、升温、恒温、降温 4 个阶段。

（5）成品检验和堆放

砌块应进行检验，按合格品强度等级和质量等级堆放，并贴好标识。堆放场地应平整，干燥通风。堆放高度不超过 1.6 m，垛堆之间保持适当的通道，以便搬运，应有防雨措施，防止砌块积水，以免砌块上墙时因含水量过高而导致墙体开裂。

（三）蒸压粉煤灰加气混凝土砌块

蒸压粉煤灰加气混凝土砌块是以粉煤灰、水泥、石灰为主要原材料，用铝粉作发气剂，经配料搅拌、浇注、发气、切割、高压蒸汽养护而成的多孔建筑材料。它具有质轻（密度为 $0.5～0.7 \text{ g/cm}^3$）、防火性能好、抗压强度高、弹性模量低、保温隔音性能好[$0.1～0.15 \text{ kg/(m·h·℃)}$]和可加工性等特点，主要用作框架结构建筑的内、外墙，工业厂房的围护墙，普通建筑及 3～5 层民用建筑的承重墙体材料，特别是在寒冷地区（利用其保温性）、地震区（利用其轻质、强度高的性能）作建筑材料尤为合适。但是，这种砌块的生产技术要求较高，需用大型钢模具、切割机、高压釜等设备，建厂投资较大，产品施工要求较严格，在推广和应用此项技术时要做好技术经济评估。

1. 生产粉煤灰加气混凝土砌块对原材料质量的要求

生产粉煤灰加气混凝土砌块所用主要原材料有石灰、水泥、粉煤灰、石膏和铝粉（或铝膏），辅助材料有稳泡剂、干铝粉脱脂剂（采用铝膏时不用）及其他调节剂等。

（1）石灰

生产粉煤灰加气混凝土砌块应采用有效 CaO 含量大于 60%，消化 10～30 min 的钙质生石灰。它在制品生产中的作用主要有以下两个方面：

① 提供钙质成分生石灰中的有效 CaO 与粉煤灰中的活性 SiO_2、Al_2O_2 在水热条件下

反应,生成结晶状或胶体状的水化硅酸钙、铝酸钙产物,使制品具有一定强度和其他性能。

② 生产过程中对料浆发气、稠化一方面提高料浆的碱度,使铝粉发气;另一方面消解放出的热量,加速料浆的发气、稠化和硬化。

(2) 水泥

生产粉煤灰加气混凝土砌块应采用硅酸盐水泥和普通硅酸盐水泥。它在制品生产中的作用主要是调节加气混凝土料浆的稠化时间,保证料浆浇注稳定。同时,水泥的水化、凝结、硬化可提高坯体的强度,并可提供 $Ca(OH)_2$ 与粉煤灰中的硅铝成分起反应,使产品具有一定的强度和较好的耐久性。

(3) 粉煤灰

生产粉煤灰加气混凝土砌块所用粉煤灰的质量应符合《硅酸盐建筑制品用粉煤灰》(JC/T 409—2016)的规定,其在制品生产中的作用是与石灰中的有效 CaO 在水热作用下,生成更多的水化产物,满足产品的强度和其他性能需要。需要指出的是,生产粉煤灰加气混凝土砌块,在要求具有高强度的同时,还要求具有低干缩值等其他性能。因此,对粉煤灰的细度要求并非越细越好。

(4) 石膏

生产粉煤灰加气混凝土砌块时各种石膏均可使用。它在制品生产中的作用是抑制石灰消解,调节石灰消化速度,降低消化温度;增加坯体强度,使坯体在搬运、切割、蒸养过程中可以承受各种作用,减少坯体损伤;促进 CaO 和 SiO_2 的水化作用,提高产品强度。

(5) 铝粉

生产粉煤灰加气混凝土砌块采用的铝粉有带脂干铝粉和膏状铝粉两种。它们应分别符合《铝粉 第 2 部分:球磨铝粉》(GB/T 2085.2—2019)和《加气混凝土用铝粉膏》(JC/T 407—2008)要求。一般由于铝粉膏使用比较方便,常被优先选用。适量铝粉在制品生产中的作用是在碱性料浆中反应产生足够多的 H_2 均匀分布在料浆中,从而形成许多微小气孔,并使气孔具有良好的气孔结构。如果铝粉使用量不当,会引起铝粉的发气速度与料浆的稠化速度不适应,制品会出现气泡形状不良、裂缝、料浆沉陷、沸腾、塌模等现象,导致产品不合格。

(6) 干铝粉脱脂剂

生产粉煤灰加气混凝土砌块用的干铝粉,在加工磨细过程中,为了避免着火爆炸,需加入油脂。但当使用时,则只有脱去这些油脂才利于反应。因此,一般常用平平加(高级脂肪酸环氧乙烷)、拉开粉(二丁萘磺酸钠)、植物皂素、合成洗涤剂等表面活性剂来脱脂。

(7) 稳泡剂

为了确保粉煤灰加气混凝土砌块生产时,料浆与铝粉反应产生的足量气体在整个体系中保持均匀稳定,避免由于表面张力作用引发体系不稳定,气泡合并、破裂现象的发生,需在料浆中加入降低液体表面张力的物质——气泡稳定剂,即稳泡剂。常用的稳泡剂有皂粉、可溶油、氧化石蜡皂等。

(8) 其他调节剂

为了改善粉煤灰加气混凝土砌块的生产性能和产品性能,需加入各种外加剂,统称调节剂。例如,为了提高发气速度,可使用 NaOH、$NaHCO_3$ 等调节剂;为了延缓开始发气时间,避免发气过快,可使用水玻璃调节剂等。

2．粉煤灰加气混凝土砌块的生产工艺

粉煤灰加气混凝土砌块生产的具体步骤包括原材料准备、配料浇注、发气静置、切割、蒸压养护、后加工和检验、堆存出厂等工序。其生产工艺参数见表3-21。

表 3-21　粉煤灰加气混凝土砌块生产工艺参数

项目	分项	要求参数
原材料	粉煤灰	符合 JC/T 409—2016 中Ⅰ、Ⅱ级粉煤灰的要求
	石灰	钙质石灰,有效 CaO 含量>60%,中速消化石灰
	水泥	宜用硅酸盐水泥和普通硅酸盐水泥
	石膏	可用各种石膏
	铝粉	符合 GB/T 2085.2—2019 或行业标准
配合比	粉煤灰∶石灰∶水泥	70 左右∶(10~20)∶(10~20)
	石膏	外加 3%~5%
	铝粉	占干料重的(6~8)/104
	水料比	0.6~0.7
浇注	投料顺序	粉煤灰→水→水泥、石灰、石膏→铝粉
	搅拌时间	料浆搅拌 30 min,加入铝粉后搅拌 30 s
	料浆初始温度	入模时 40 ℃
	浇注高度	2/3 模高
发气静置、切割	坯体最高温度	控制在 90 ℃以下
	静置时间	2~3 h
蒸压制度	抽真空	由常压至−0.08~−0.06 MPa,0.5 h
	升压	升至 1.0 MPa
	恒压	维持 1.0 MPa,0.5~10 h(据制品表观密度、厚度不同而定)
	降压	由 1.0 MPa 至常压,0.5~1.5 h
制品堆放时间		堆存时间至少 5 d

四、粉煤灰陶粒

(一) 概述

粉煤灰陶粒是以粉煤灰为主要原料(85%左右),掺入适量石灰(或电石渣)、石膏、外加剂等,经计量、配料、成型、水化和水热合成反应或自然水硬性反应而制成的一种人造轻骨料。根据焙烧前后体积的变化,将其分为烧结粉煤灰陶粒和膨胀粉煤灰陶粒两种。前者比后者容重大、强度高,因而应用范围也有所不同。

粉煤灰陶粒一般是圆球形,粒径为 5~15 mm,表皮粗糙而坚硬,呈淡灰黄色,内部有许多细微气孔,呈灰黑色,具有优异的性能,如密度低、筒压强度高、孔隙率高、软化系数高、抗冻性良好、抗碱骨料反应性优异等。特别由于陶粒密度小,内部多孔,形态、成分较均一,且具一定强度和坚固性,因而具有质轻、耐腐蚀、抗冻、抗震和隔绝性(保温、隔热、隔音、隔潮)良好等特点,比天然石料具有更为优良的物理力学性能。利用陶粒这些优异的性能,可以将它广泛应用于建材、园艺、食品饮料、耐火保温材料、化工、石油等部门,应用领域越来越广。在陶粒发明和生产之初,它主要用于建材领域,由于技术的不断发展和人们对陶粒性能的认识更加深入,陶粒的应用早已超过建材传统范围,不断向新领域扩展(晏方等,2020;谢士兵等,2019;朱万旭等,2017)。

粉煤灰陶粒常用来配制强度为100~500号各种用途的轻质混凝土和陶粒粉煤灰大型墙板等,当用它制作建筑构件时,则可缩小截面尺寸,减轻下部结构及基础荷重,节约钢材和其他材料用量,降低建筑造价。同时,由于粉煤灰陶粒混凝土还具有隔热、抗渗、抗冲击、耐热、抗腐蚀等优良性能,现在陶粒在建材方面的应用范围已经由100%下降到80%,在其他方面的应用范围已占20%。随着陶粒新用途的不断开发,它在其他方面的比例将会逐渐增大。目前已被广泛应用在高层建筑、桥梁工程、地下建筑工程、造船工业及耐热混凝土等工程。现在,已有很多种方法来制造粉煤灰陶粒,如烧结法主要有高温烧结法、低温烧结法,免烧法主要有真空挤压法、发泡蒸汽养护法等。粉煤灰陶粒生产工艺流程见图3-11。

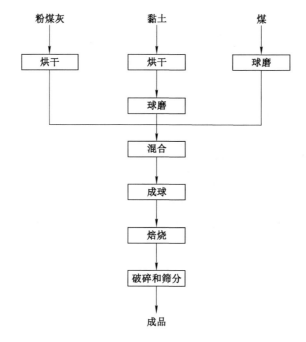

图3-11 粉煤灰陶粒生产工艺流程

(二)生产粉煤灰陶粒的原材料质量

1. 粉煤灰

粉煤灰是生产粉煤灰陶粒的主要原料,约占混合料总量的80%。粉煤灰陶粒的生产应优先使用干排灰;若使用湿排灰,必须对其进行脱水处理,常用脱水方法有真空过滤脱水、离心脱水、天然脱水三种。脱水后的含水量因脱水方法的不同而不同,在具体生产中应根据生料球制备工艺对含水量的要求而选择合适的脱水方法。

生产粉煤灰陶粒对粉煤灰的质量要求见表3-22。

表 3-22　生产粉煤灰陶粒对粉煤灰的质量要求

项目	质量要求	备注
含碳量	≤10%,含量稳定	当含碳量超过陶粒配合比中对碳的需求量时,焙烧时会产生过烧
细度	4 900 孔筛筛余量<40%	
化学成分	一般不受严格限制,但希望 Fe_2O_3 含量 $M \leq 10\%$、$(Na_2O + K_2O)$ 含量高、SO_3 含最低	Fe_2O_3 还原产生的 FeO 起显著助熔作用。FeO 过多,会使焙烧温度降低,不利于焙烧控制;$(Na_2O + K_2O)$ 在起助熔作用的同时,还可降低焙烧温度,使焙烧温度范围变宽,有利于焙烧控制
高温性质	高温变形温度为 1 200～1 300 ℃,软化温度为 1 500 ℃左右	

2. 黏结剂

粉煤灰自身成球性差,为了便于粉煤灰成球,并使其能满足焙烧要求,常少量掺加黏土、页岩、煤矸石、纸浆液等黏合剂中的一种,以改善混合料的塑性,提高生料球的机械强度和热稳定性,促进焙烧熔融作用,有效地提高陶粒质量。

作为黏结剂在满足黏结性高的同时,还应含有足够的助熔成分。常用的黏结剂有黏土、水玻璃、树脂、植物油、合成油脂、面粉和糊精、纸浆废液、糖精、水泥和沥青等。黏土湿润后具有黏结性和可塑性;烘干后硬结,具有干强度,而硬结的黏土加水后又能恢复黏结性和可塑性,因而具有较好的复用性。但如果烘烤温度过高,黏土被烧死或烧枯,就不能再加水复塑。黏土资源丰富,价格低廉,所以应用广泛。我国多数采用黏土作黏结剂,掺入量一般为 10%～17%。黏土的塑性好,掺入量可减少;若粉煤灰细度小,则黏土掺入量也可适量减少。

此外,固体黏结剂的粒度和含水量也应符合要求,否则需在使用前进行烘干脱水和磨细处理。

3. 固体燃料

当粉煤灰的含碳量低,不能满足焙烧要求时,需掺加少量固体燃料。固体燃料一般可选用无烟煤、焦炭下脚料、碳质煤矸石、炉渣(含碳量大于 20%)等。

固体燃料的掺入量由粉煤灰的含碳量和所掺燃料的固定碳含量、燃烧设备等决定。对固体燃料的要求是挥发分少、灰分少、含固定碳高、含三氧化硫量少。同黏结剂要求相同的是,固体燃料的粒度和含水量也应合格,粉煤灰的细度一般控制在 45 μm 筛筛余量≤45%。否则,在使用前要进行烘干和磨细处理。

由于各地粉煤灰的成分差异较大,在决定建厂之前,建议委托有关科研设计单位对粉煤灰和黏结剂的基本性能、合理配合比、烧结烧胀性能、烧结温度和温度范围、堆积密度等指标进行全面分析试验,确定最佳的原料配合比和工艺参数,必要时须做中试。

(三)粉煤灰陶粒生产的工艺要求

1. 黏结剂和固体燃料的掺加方式

黏结剂一般分为粉末状和浆液状两类。粉末状黏结剂可以在配料时加入,与混合料一起混合成球,也可以配成浆液状,在配料时加入或成球时喷洒加入。补充固体燃料的掺入方式也常分为两种,即内掺和外掺。内掺就是将粉末状燃料在配料时加入,与配合料共同混合,成球时焙烧。外掺就是将固体燃料破碎分为 5~10 mm 的颗粒,与生料球混合进行焙烧。

2. 原材料配合比确定及配料混合

原材料的配合比影响因素除与原材料有关外,还与粉煤灰陶粒的种类及焙烧设备有关,具体情况见表 3-23。

表 3-23　粉煤灰陶粒生产原材料配合比的影响因素

影响因素		配合比的调整情况	备注
焙烧设备	旋窑	黏结剂的掺入量应增加,固体燃料不掺入	
	立窑	固体燃料掺入量较少	热效率高
	烧结机	固体燃料掺入量较多	热效率低
原材料性能	粉煤灰	含碳量多,固体燃料应少加或不加,否则,应多加	
	黏土	塑性好,掺入量可减少,否则应多加	一般黏土塑性指数为 10 左右时,掺入量大于 15%;塑性指数为 15 左右时,掺入量为 13%~15%

实际生产中原材料配合比的主要控制指标有两项:一是粉煤灰和所掺固体燃料的总含碳量;二是黏土掺入量。以此为依据,结合理论配合比和原材料的性能、质量,就可计算出配料时各种原料的实际掺量。天津市硅酸盐制品厂采用的配合比控制指标(干基,质量分数):总含碳量 4%~6%,黏土掺入量 13%~15%。

根据配合比计算出原材料的掺入量后,需要进行计量配料。常用的配料方法有体积配料法和质量配料法。前者的优点是配料连续,工艺、设备简易,便于实现自动化,缺点是配料误差较大,需严格控制。该法仅适用于允许配料误差波动范围大的焙烧设备,如烧结机。后者的优点是配料比较准确;缺点是工艺、设备较复杂,间断性配料,因而实现自动化也比较困难。

配料的混合设备有混合筒、双轴搅拌机、砂浆搅拌机等。搅拌设备的选择与成球工艺有关。干灰成球时可选用双轴搅拌机,半干灰成球时可选用混合筒,湿灰成球时可选用砂浆搅拌机等。

3. 生料球的制备

粉煤灰陶粒生料球的制备方法有回转成球筒法、对辊制粒机法、挤出制粒机法、圆盘成球机法等。由于圆盘成球机法综合优势明显,目前国内外粉煤灰陶粒生产线多数采用此法制备生料球,质量、节能、经济效果显著。

(四)粉煤灰陶粒的应用

(1)粉煤灰陶粒以质轻、高强的特点用作高层建筑和市政桥梁工程时,可缩小构件截面尺寸,减轻下部结构及基础荷重,节约钢材和其他材料用量,降低工程造价,加快施工进度。

(2)粉煤灰陶粒以保温、连续级配、质轻等特点应用于建筑墙板和建筑砌块时,可减少水泥用量,减轻重量,增加建筑保温、隔音性能,目前我国约有 40％的陶粒被用于建筑墙板和砌块,高强陶粒还可用作承重墙板和砌块,并省去外墙保温环节。

（3）粉煤灰陶粒混凝土具有隔热、抗渗、抗冲击、耐热、抗腐蚀等优良性能,是地下建筑工程、造船工业及耐热混凝土等工程的首选骨料。

（4）粉煤灰陶粒混凝土具有良好的耐火性能,可直接用于高温窑炉及烟囱的耐火内衬。

（5）公路声屏材料必须具有耐酸碱、耐水、耐火、强度高、吸声系数高、吸声频带宽等特点,粉煤灰陶粒混凝土完全满足这些要求并得以应用。

（6）粉煤灰陶粒以表面粗糙坚硬、耐磨、抗滑、抗冻融等特性,用于筑路工程,可显著提高道路的抗滑性能,提高车辆行驶安全性,用于软土地基和高寒地区,可延长道路的使用寿命。

（7）粉煤灰陶粒以多孔、吸水和不软化等特点,可用作水的过滤剂、花卉的保湿载体和用于蔬菜的无土栽培等。

第三节　煤气化渣生产建筑材料

相对于传统的直接燃烧法,煤气化技术显著减少了环境污染的问题,但其气化过程产生的渣中碳含量仍然较高,不仅引起气化过程中热值的损失,而且限制了煤气化渣作为水泥及混凝土掺和料的使用,从而造成资源浪费。目前,针对煤的气化技术、合成气净化技术以及排气口下游延伸的多联产技术与工程应用,国内外相关研究较多,而针对煤气化渣特征及综合利用方面研究相对较少。

煤气化渣是气化过程中不可避免的副产物,是煤中灰分和助熔剂在经历高温高压等一系列反应后形成的融熔液态渣及未燃烧的碳,经过水淬后形成的固体废弃物。由于它是煤炭部分氧化以还原为主并在高温条件下急冷形成的,与普通电厂中粉煤灰的形成过程存在较大差异,因此两者化学组成、颗粒形态、矿物相组成均存在较大差异,为此针对煤气化渣综合利用进行研究时不能照搬粉煤灰的利用技术。

目前,国内外针对煤气化渣的建筑材料应用主要集中在胶凝材料、骨料、混凝土、墙体材料以及免烧砖等方面(牛国峰,2021;曲江山等,2020;刘琪等,2020)。

一、煤气化渣胶凝材料

（一）概述

煤气化渣的主要组分为 Al_2O_3、SiO_2、CaO、Fe_2O_3 等,与硅酸盐水泥的成分相近,且具有一定的活性,是一种优良的水泥原料。此外,由于煤气化渣中残碳量较高,因此将其掺入水泥生料中可提高物料的预烧性能,进而提高熟料的产量和质量。

（二）煤气化渣粉制备

煤气化渣具有一定的潜在火山灰活性。为了使煤气化渣的潜在火山灰活性得到充分的激发,本书选用物理化学的活化方式对煤气化渣进行活化。煤气化渣粉的制备流程如图 3-12 所示:将煤气化渣自然风干→确定可用煤气化渣目数范围→筛分得到可用煤气化渣→用制样机粗碎→将粗碎后的煤气化渣用筛子筛分→按比例称取过筛后煤气化渣和激活

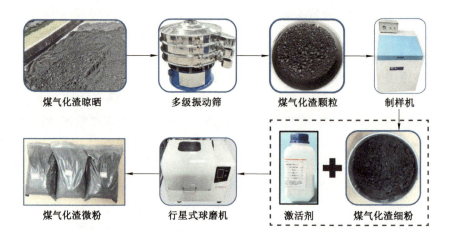

图 3-12　煤气化渣粉的制备流程

剂→倒入行星式球磨机研磨→获得煤气化渣活性粉体。

（三）煤气化渣胶凝材料性能

　　煤气化渣用作胶凝材料代替部分水泥，与粉煤灰进行对比，掺入后会使流动度降低，早期强度略高于同掺入量下粉煤灰，但后期不及粉煤灰。煤气化渣组的早期水化放热较高，并且在水化产物中可以发现结晶度较低的纤维状 C—S—H 凝胶，这也可能是早期胶砂强度较高的原因之一。粉磨对煤气化渣物化性质的改善较大，粉磨时间足够长，比表面积增大，其力学性能有显著提升。结合能耗与经济成本，粉磨时间不宜过长（粉磨时间与比表面积关系如图 3-13 所示）。

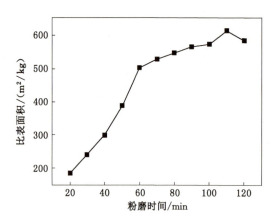

图 3-13　不同粉磨时间煤气化渣和比表面积关系

　　如图 3-14 所示，煤气化渣在水泥模拟环境中，Ca^{2+} 溶出率较低，缺乏自硬性，Si^{4+}、Al^{3+} 随时间增长，溶出率增大，表明煤气化渣存在水化活性，为煤气化渣用作水泥矿物掺和料提供了条件。碱性环境促进 Si^{4+}、Al^{3+} 溶出，并且高温使 Si—O 键和 Al—O 键更容易断裂，表明煤气化渣在适当条件的激发下，活性增大，如图 3-14 所示。适当的碱性环境和温升有利于煤气化渣活性的激发。

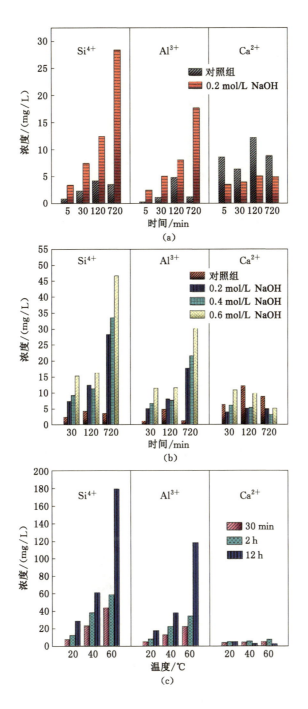

图 3-14　气化渣离子溶出特性

　　对于复合水泥浆体而言,小掺入量的煤气化渣后期可促进水化产物生成,无害孔、少害孔增多,孔隙率减小,可改善复合胶凝材料体系力学性能。高掺入量煤气化渣替代过多水泥,水化产物减少,碱性降低,煤气化渣活性无法被完全激发,导致有害孔、多害孔增加,孔隙率增大,结构疏松,力学性能会有所下降,如图 3-15 和图 3-16 所示。与大多数矿物掺和料一样,只有适量的添加才可以起到优化调节体系矿相组成的作用。

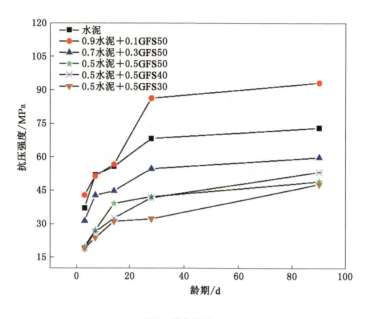

GFS—煤气化渣。

图 3-15　净浆抗压强度

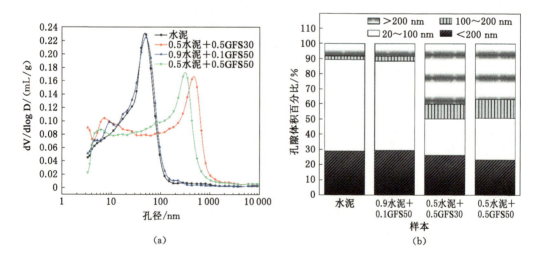

(a)　　　　　　　　　　　　(b)

GFS—煤气化渣。

图 3-16　3 d 孔结构

　　合适细度的煤气化渣能够显著提升水泥砂浆的后期强度,其中在 20%、30% 和 40% 的掺入量下,粉磨 60 min 的煤气化渣均表现出较好的提升作用,如图 3-17 所示。比表面积过大会引起煤气化渣颗粒在水泥基材料体系中的团聚,影响其强度。

　　同时,可选取合适的激发剂对煤气化渣微粉进行活性激发,例如重钙、碳酸钠、硫酸钠、改性单氰胺、聚合多元醇等外加剂,对煤气化渣复合胶凝材料的力学强度及耐久性均有不

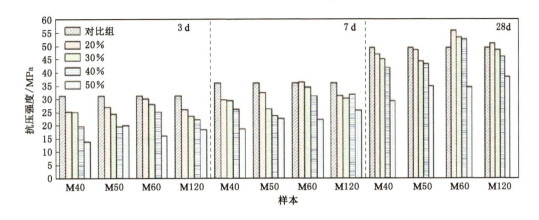

图 3-17　掺加不同粉磨时间煤气化渣砂浆的抗压强度

注：M40～M120 分别指代粉磨 40～120 min 的煤气化渣。

同程度的改善效果。例如，复合激发剂中石灰掺入量、水玻璃模数与掺入量及高盐废水掺入量，对煤气化渣胶凝材料的抗压强度均有一定的影响。水玻璃中的 Na_2O 为体系提供了 OH^-，可使煤气化渣中活性物质溶出，产生大量 $[SiO_4]^{4-}$、$[AlO_4]^{5-}$，使水化产物增多；水玻璃中的 SiO_2 可降低水化产物的钙硅比，硅氧四面体链变长，提高产物的聚合度，生成较多 $C-S-H$、$N-A-S-H$ 等水化产物，使试样结构更加密实，体系的后期强度明显增大。复合激发剂对煤气化渣的激发效果显著，主要是因为激发剂可提供较多的 SO_4^{2-}、Cl^- 及 OH^-，使煤气化渣活性被激发，并且引入 Ca^{2+}，促进 $Ca(OH)_2$、$C-S-H$、$N-A-S-H$、钙矾石和水化氯铝酸钙等物质的生成，使试样孔隙率降低。

此外，助磨剂的使用也可以在煤气化渣粉磨过程中起到一定作用。例如，化学外加剂与机械粉磨协同改性后的煤气化粗渣，在适量掺入量（10%）下，复合体系中硅酸三钙和硅酸二钙晶体的衍射峰强均有较为明显的降低，说明未反应物质的结晶度降低，水化程度加深，这对体系强度的发展具有积极影响。但随着掺入量的增加，体系的力学强度下降明显，如图 3-18 和图 3-19 所示。

高含量 SiO_2 和 Al_2O_3 的煤气化渣也可部分取代水泥中的矿物成分用于道路基层材料。煤气化渣中玻璃相含量高使其具有较高的火山灰效应，有利于水化产物后期强度的增长。虽然煤气化渣水泥基层材料抗压强度和劈裂强度略低于 PC32.5 水泥基层材料，但仍满足道路基层的使用要求。此外，含煤气化渣水泥胶凝材料的抗裂性能优于 PC32.5 水泥胶凝材料，能有效避免基层在低温和变温环境中干缩开裂，这也是煤气化渣的一项优势。然而，煤气化渣中的残碳会导致其水泥基层强度下降，利用时应格外注意。

综上，在控制煤气化渣粗渣含碳量的基础上可以将其粉磨至一定细度并对其活性进行激发，作为辅助胶凝材料用于水泥混凝土中。煤气化渣制备活性粉体，可以从自身活性激发以及与多源固体废物复合制备活性粉体出发，针对不同技术和应用的需求，所达到的指标也不尽相同，大致的研究思路如图 3-20 所示。

制备的胶凝材料对照《混凝土用复合掺合料》（JG/T 486—2015），根据需求进行技术调整（见表 3-24）。

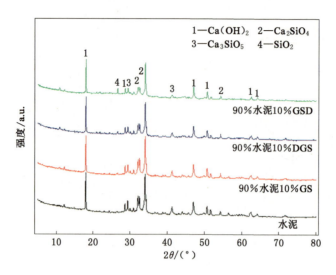

GSD—先球磨后添加化学激发剂煤气化渣；DGS—球磨时添加化学激发剂煤气化渣；GS—球磨煤气化渣。

图 3-18   煤气化粗渣-水泥复合胶凝材料 3 d 水化产物 XRD

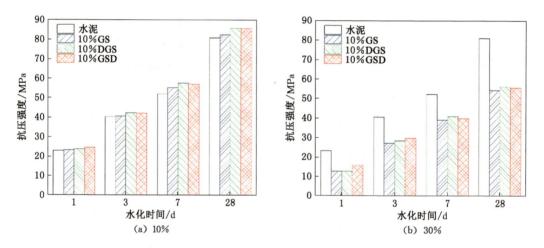

GSD—先球磨后添加化学激发剂煤气化渣；DGS—球磨时添加化学激发剂煤气化渣；GS—球磨煤气化渣。

图 3-19   不同掺入量改性煤气化粗渣-水泥各龄期抗压强度的变化规律

表 3-24   指标要求

序号	项目		普通型			早强型	易流型
			Ⅰ级	Ⅱ级	Ⅲ级		
1	细度(45 μm 筛余)(质量分数)/%		≤12	≤25	≤30	≤12	≤12
2	流动度比/%		≥105	≥100	≥95	≥95	≥110
3	活性指数	1 d	—	—	—	≥120	—
		7 d	≥80	≥70	≥65	—	≥65
		28 d	≥90	≥75	≥70	≥110	≥65

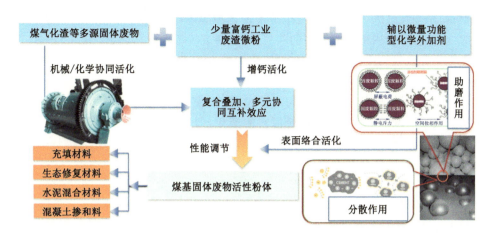

图 3-20　研究思路

二、煤气化渣砖

(一)概述

利用煤气化渣中的残碳作为造孔剂和内部燃料,可降低烧结制品的密度和导热率,从而制备保温隔热、低密度的墙体材料。

(二)煤气化渣砖制备工艺

烧结砖的生产工艺主要包括原料处理、配料、混料、陈化、成型、干燥、烧结等过程,其试验工艺流程如图 3-21 所示。

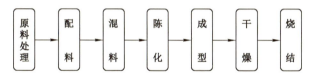

图 3-21　试验工艺流程

1. 原料处理

传统工艺中,黏土是制备烧结砖最主要的原料。在现代制砖工业中,煤矸石、粉煤灰、页岩、赤泥、铁尾矿等固体废物都成为烧结砖的原料被加以利用,但是这些原料的可塑性比较低,因此在烧结过程中,需要加入部分黏土或者其他黏结剂,否则成型会遇到困难。一般来说,制备烧结砖的原料最佳的塑性指数是 $10\sim13$。烧结砖原料内部的化学成分对烧结砖有如下影响:① SiO_2 是烧结砖中含量最多的原料,以 $50\%\sim70\%$ 为宜。如果含量太高,会降低原料的可塑性,影响砖坯的成型,而且在高温下容易发生体积膨胀,影响烧结砖机械性能;如果含量太低,烧结砖的机械性能同样会降低。② Al_2O_3 含量一般为 $15\%\sim25\%$。如果含量太高,会提高烧结砖的烧结温度,浪费不必要的能源;如果含量太低,烧结砖的强度会大大降低。③ Fe_2O_3 是烧结砖的一种着色剂,含量一般在 $3\%\sim10\%$。含量太高时会降低烧结砖的耐火度。Fe_2O_3 也是一种助熔剂,可以降低烧结砖的烧结温度。④ CaO 一般在原料中以 $CaCO_3$ 的形式存在,含量 $<5\%$。如果含量太高,会降低烧结砖的烧成范围,导致

制品变形;如果颗粒过大,甚至会使烧结砖爆裂。⑤ MgO含量<3%,也是一种助熔剂。含量太高时,会使烧结砖内部生成较多的镁盐,导致烧结砖产生泛霜现象。⑥ 烧失量<15%。烧失量太大会导致烧结砖内部孔隙率增大,进而影响烧结砖的机械性能。

2. 陈化

① 可以使原料与水充分接触,均匀地被润湿;② 使原料疏解,即让可塑性成分膨胀,可以减小材料成型时候的应力;③ 有助于原料的塑化,即原料中的部分有机物会形成有机胶质物体,增加原料的可塑性。

3. 成型

烧结砖的成型工艺主要有塑性成型和半干压成型两种。塑性成型主要是指烧结砖坯料的含水率为12%~30%时,在外力作用下压制成有一定形状、尺寸的成型工艺;半干压成型主要是指烧结砖坯料含水率少于10%时,在较高的外力(700~1 500 MPa)作用下压制成型的工艺。

4. 干燥

干燥的目的是排出烧结砖坯料中结合水以外的自由水和吸附水。一般温度控制在110 ℃左右。如果温度过高,坯料中的水分蒸发太快容易导致坯体开裂;如果温度太低,会降低生产效率。

5. 烧结

烧结是烧结砖制备工艺的核心环节。一般情况下,坯体的烧结分为四个阶段:① 低温阶段,一般是室温至300 ℃。这个阶段主要是排出坯体内部的残余水分,这个过程坯料会伴随有小部分的失重。② 中温阶段,一般是300~950 ℃。这个阶段坯体内部会发生复杂的物理化学反应,比如坯料中结构水和结晶水的排出、有机物和可燃物的氧化反应、石英晶体的晶型转变、碳酸盐和硫酸盐的分解等。因此必须设计特定的热处理制度以补偿或者减少这些反应给烧结砖带来的损害。③ 烧成阶段,一般是950 ℃至最高烧结温度。这个阶段坯体内会逐渐形成低共熔硅酸盐熔体、新的晶核的形成和晶体的长大,以及氧化还原反应和分解反应。④ 冷却阶段,主要是指坯体从烧结温度降低到室温的过程。这个过程中,主要会发生硅酸盐熔体的再结晶和冷却、石英晶体的晶型转变等。

(三)煤气化渣砖性能

用阿基米德法测量烧结试样的体积密度和吸水率。用切割机将烧结试样加工成尺寸为10 mm×10 mm×10 mm的小立方体,再通过万能试验机测量其抗压强度。随着煤气化渣加入量以及最高烧成温度的变化,制品体积密度与抗压强度变化如图3-22所示。

由图3-22(a)可知:随着煤气化渣的增多,烧结温度为1 050 ℃和1 100 ℃的烧结砖的抗压强度整体呈现降低趋势,从最高的18.76 MPa和33.34 MPa降低到1.51 MPa和14.15 MPa,可能是在这个过程中,坯料内部的残碳和有机物等坯料发生氧化还原反应,造成坯体内部孔隙变多,损坏了坯体的机械强度;当烧结温度为1 150 ℃时,制品的抗压强度随着煤气化渣掺入量的增多呈上升趋势,从35.79 MPa增加到49.71 MPa,对照坯料分解温度区间可知,1 150 ℃有一个放热峰可能是坯体内部逐渐析出晶体,形成了制品的"骨架",同时在1 150 ℃,硅酸盐熔融液相逐渐形成,将"骨架"黏结在一起,提高了制品的强度。

由图3-22(b)可知:制品的密度随着煤气化渣的增多呈现出下降的趋势。从烧结温度为1 150 ℃时最高的1.62 g/cm³降低到烧结温度为1 050 ℃时的1.51 g/cm³,主要是因为煤气化渣内部的烧失量偏高,随着煤气化渣掺量的增加,坯体的失重增大,导致质量变轻,

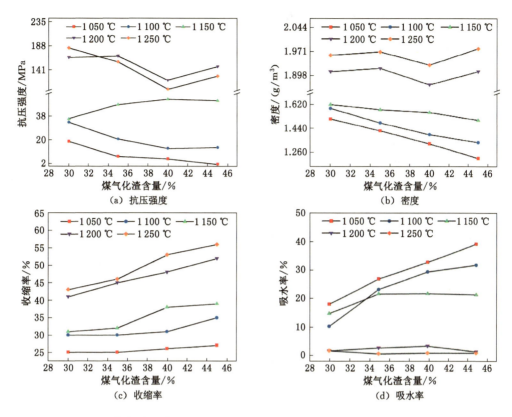

图 3-22　煤气化渣掺入量对烧结砖抗压强度、密度、收缩率和吸水率的影响

从而影响了制品的密度。

由图 3-22(c)可知：制品的收缩率随着煤气化渣的掺入量逐渐增加，呈现出一致的趋势。1 200 ℃和 1 250 ℃的收缩率都在 40% 以上，可能是因为在 1 200 ℃和 1 250 ℃这两个阶段，坯体内部的熔融液相增多，由于黏滞液相的作用，逐步填充了坯料中煤气化渣烧失造成的空洞，最高的收缩率是烧结温度为 1 250 ℃时的 56%，而烧结温度为 1 050 ℃时，制品的收缩率比较均匀，在 25%～27% 这个范围内。烧结温度为 1 100 ℃和 1 150 ℃时，制品的收缩率在 30%～39% 之间。因此利用煤气化渣制备烧结砖时，应该合理控制煤气化渣的掺入量，避免制品的严重变形。

由图 3-22(d)可知：在烧结温度为 1 200 ℃和 1 250 ℃时，制品的吸水率随着煤气化渣掺入量的增多，变化幅度很小，比较稳定，基本保持在 0.43%～3.17% 范围内。可能是因为在这两个烧结温度下，坯体内部形成的硅酸盐熔融液相较多，封闭了坯体内部几乎所有的内部孔隙，只有少量的外部孔保留下来。当烧结温度为 1 050 ℃、1 100 ℃和 1 150 ℃时，制品的吸水率随着煤气化渣掺入量的增多而逐渐增加，这主要是因为随着煤气化渣的增多，在同一个烧结温度下，坯体内部的孔隙也逐渐增加，导致坯体内部形成错综复杂的孔隙，促成坯体吸水率的上升。

由图 3-23(a)可知：当煤气化渣的掺入量为 35%、40% 和 45% 时，制品的抗压强度随着烧结温度的升高，先增大后降低，在烧结温度为 1 200 ℃时达到最大；在 1 250 ℃时存在降低的趋势，可能是因为在 1 250 ℃时，坯体内部局部区域产生的发泡现象所致。发泡剂可能是氧化铁和碳,氧化铁在高温下会分解释放 O_2,同时氧化铁也会释放 CO_2。

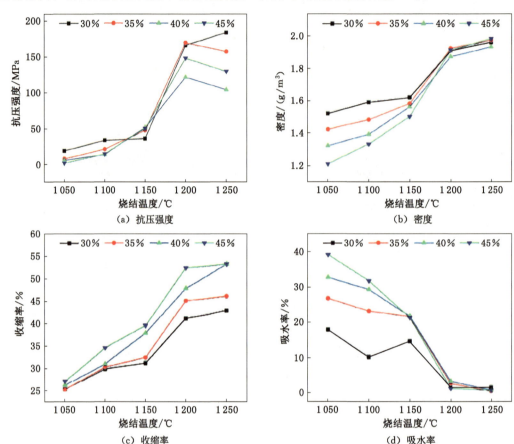

图 3-23　烧结温度对煤气化渣烧结砖抗压强度、密度、收缩率和吸水率的影响

随着温度的升高,制品内部发生复杂的物理化学反应。新晶相的形成成为支撑制品的重要骨架结构,同时熔融液相的增多,导致制品体积逐渐收缩,对照图 3-23(b)和 3-23(c)可知,制品的密度和收缩率增大。

由图 3-23(d)可知:当煤气化渣的掺入量为 30% 时,制品的吸水率随着烧结温度的升高,先降低后增大又降低,从烧结温度为 1 050 ℃时最高的 17.93% 降低到烧结温度为 1 100 ℃的 10.17%,又增加到烧结温度为 1 150 ℃的 14.65%,最后降低到 1.5%。这可能是因为在 1 050 ℃时,坯体内部烧失造成的孔隙比较多;温度升高到 1 100 ℃时,坯体内部开始产生部分熔融液相,填充了部分孔隙,导致吸水率降低;当温度继续升到 1 150 ℃时,因为坯体内煤气化渣掺量少,所形成的熔融液相生成量比较少,同时坯体内部发生了部分氧化还原反应,释放部分气体,导致坯体内部一些孔隙没有封闭;最后在烧结温度为 1 200 ℃和 1 250 ℃时,熔融液相进一步增多,因此这两个烧结温度烧制的制品吸水率达到最低。

烧结温度为 1 200 ℃和 1 250 ℃时,制品的性能指标异常也体现在这些方面:在 1 200 ℃和 1 250 ℃下烧结,同一种煤气化渣掺入量的情况下,所制备的烧结砖的抗压强度、密度、收缩率和吸水率这四个指标的数据比较接近,起伏很小,可能是因为过量的液相导致制品变成致密的烧结砖,同时由于高温下,液相黏度也在减小,制品会产生变形,也就说俗称的过烧现象。

三、煤气化渣陶粒

(一) 概述

陶粒是一种有坚硬的外壳,内部为蜂窝状多孔构造,且有一定强度的规则球体或不规则形状的陶瓷颗粒,具有密度小、比表面积大、孔隙率高、化学和热稳定性好、保温隔热等优点,广泛用于水处理、保温隔热及花卉栽培。20 世纪末 21 世纪初,我国生产陶粒的原料主要为黏土和页岩等不可再生资源,但在陶粒产量大幅度增加,为我国创造良好的经济效益及给人类生活带来福祉的同时,也耗费大量自然资源。近年来,我国生产陶粒的原料发生结构性变化,固体废物废渣、尾矿、污泥等作为原料生产陶粒的占比在逐年提高。陶粒原料的主要组成成分为 SiO_2 与 Al_2O_3,煤气化炉渣的主要组成成分也是 SiO_2 与 Al_2O_3,与陶粒原料成分的契合度极高。因此,利用煤气化炉渣作为主要原料制备中空陶粒,不仅可以减少自然资源的消耗,而且可以消纳固体废物。有研究团队对宝鸡和新疆地区煤气化炉渣开展了综合利用研究,在脱碳过程中偶然发现煤气化炉渣可以发泡生产中空陶粒,并在此基础上展开了研究,结果表明:利用粗渣颗粒制备中空陶粒收得率大于 90%。

(二) 煤气化渣陶粒制备工艺

煤气化炉渣粗渣在烘箱中于 110 ℃烘干 12 h 后,将煤气化炉渣粗渣装入窑具中,设置中温试验炉的升温程序,将装有煤气化炉渣匣钵放入炉中,然后升温至 700 ℃并且保温 2 h,再分别升温至 750 ℃、800 ℃、850 ℃和 900 ℃,再次分别保温 2 h。样品待中温试验炉自然冷却后取出,获得中空陶粒。

(三) 煤气化渣陶粒性能影响

将烘干且筛除细粉的煤气化炉渣粗渣置于中温试验炉,分别在 750 ℃、800 ℃、850 ℃和 900 ℃保温 2 h 后发泡成球。测量出的堆积密度如表 3-25 所示。利用 Factsage 7.0 软件中 Viscosity 模块对新疆煤气化炉渣的黏度随温度的变化进行了模拟计算,如图 3-24 所示。从图 3-24 可知:新疆煤气化炉渣的高温液相黏度按指数规律随温度的升高而逐渐下降。当炉渣的温度处于 600 ℃时黏度较大,炉渣黏度处于大约 1 300 ℃左右变得较低,这是因为当温度小于 1 300 ℃时,炉渣中结晶相含量高,增加了黏度;当温度高于 1 300 ℃左右,炉渣已经完全熔融,这是由于熔体中离子团之间的缔合作用随着温度的升高而变弱,致使黏度降低。表 3-25 给出了新疆煤气化炉渣在不同温度下发泡获得的中空陶粒的堆积密度。从表 3-25 可知,对于新疆煤气化炉渣,结合高温玻璃相的黏度随着处理温度的逐渐升高而呈指数逐渐下降的规律,煤气化炉渣烧制的中空陶粒的堆积密度应该随之下降,新疆煤气化炉渣在 750～850 ℃之间堆积密度升高,900 ℃时降低,这样的变化可能与形成的中空陶粒的粒径和颗粒级配不同有关。

表 3-25 利用新疆煤气化炉渣热处理获得中空陶粒的堆积密度

温度/℃	750	800	850	900
堆积密度/(g/mL)	0.42	0.46	0.49	0.34

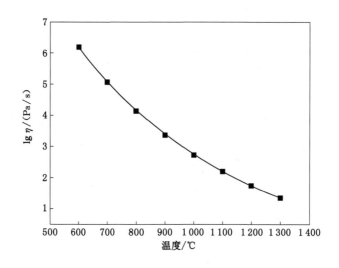

图 3-24 新疆煤气化炉渣黏度随温度的变化

(注:图中 η 表示黏度。)

图 3-25 为利用新疆煤气化炉渣粗渣在四种不同温度下烧制的中空陶粒的壁厚的显微结构照片。根据不同温度的显微结构照片上的比例尺,换算成中空陶粒实际的壁厚,结果如表 3-26 所示。熔体的黏度是无机材料制造过程中需要控制的一个重要工艺参数。煤气化的运行状态由煤气化炉渣的高温黏度特性所决定,炉渣的黏度与流动性有关,黏度越低流动性越好。由表 3-26 可知:煤气化炉渣在不同温度下烧制的中空陶粒的壁厚是有所不同的,随着温度的上升,中空陶粒的壁厚呈下降趋势。结合图 3-24 可知,这是由于煤气化炉渣的黏度随着温度的上升而逐渐下降,流动性更好,释放气体的速率更快,硅酸盐玻璃熔体膨胀的效果更好,致使煤气化炉渣吹制的中空陶粒的壁厚越薄;黏度越高,流动性变差,硅酸盐玻璃熔体膨胀速率变慢,致使煤气化炉渣吹制的中空陶粒的壁厚越厚。这说明以煤气化炉渣为原料吹制的中空陶粒的壁厚与黏度有一定关系。

表 3-26 利用新疆气化炉渣热处理获得中空陶粒的壁厚

温度/℃	750	800	850	900
壁厚/μm	8.42	6.78	6.72	5.08

图 3-26 为利用新疆地区的煤气化炉渣粗渣所制备的中空陶粒 X 射线衍射图谱。此衍射图谱反映了四种不同的烧成温度(750 ℃、800 ℃、850 ℃和 900 ℃)对煤气化炉渣制备的中空陶粒物相组成的影响。由图 3-26 可知:新疆气化炉渣在 750 ℃下制备的中空陶粒物相包含透辉石($CaMgSi_2O_6$)、辉石($CaMgAl_2SiO_6$)、钙铝黄长石($Ca_2Al_2SiO_7$)以及钙长石($CaAl_2Si_2O_8$)。钙长石与过量的 CaO 和 Al_2O_3 发生反应生成钙铝黄长石。800 ℃左右没有出现新的物相。在 850 ℃左右,出现大量的辉石相。随着温度的升高,在 900 ℃左右辉石的衍射强度逐步削弱。石英(SiO_2)为煤气化炉渣原料含有的矿物质,在 750 ℃左右其衍射线趋于消失,正如图 3-26 所呈现的在 750 ℃左右石英相消失。这是因为石英在高温下与 Al_2O_3、CaO 等成分发生反应,致使新的物相或非晶态的玻璃体物质生成。

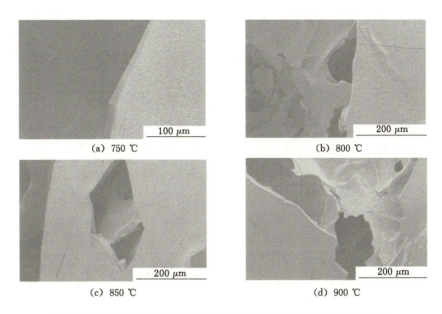

图 3-25　不同温度下煤气化炉渣烧制的中空陶粒壁厚的 SEM 照片

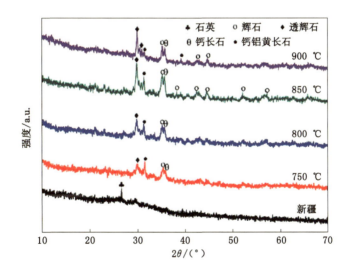

图 3-26　新疆煤气化炉渣发泡获得中空陶粒的 X 射线衍射图谱

　　图 3-27 是新疆煤气化炉渣在四种不同温度（750 ℃、800 ℃、850 ℃以及 900 ℃）下发泡获得的中空陶粒的形貌结构照片。由图 3-27 可以看出：新疆煤气化炉渣在不同温度下烧制的中空陶粒均形成近似球体的形状，外观有一层坚硬的外壳。煤气化炉渣经过适当温度热处理，由原来不规则多角状变为近似球体，为了便于看清中空陶粒内部结构，观察前将外壳进行了人为破坏，结合图 3-26 可以得出，由于陶粒的物相组成大部分是硅酸盐和铝酸盐化合物，所以其内部构成了疏松多孔的蜂窝状网格结构。

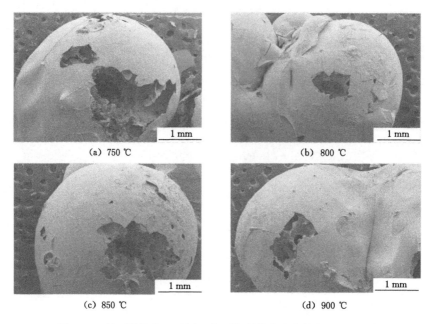

(a) 750 ℃   (b) 800 ℃

(c) 850 ℃   (d) 900 ℃

图 3-27   新疆煤化炉渣不同温度下烧制的中空陶粒的 SEM 照片

第四章 煤矿固体废物骨料制备混凝土技术

第一节 煤矸石骨料制备混凝土

一、煤矸石骨料混凝土

煤矸石骨料包括煤矸石用作混凝土普通骨料与煤矸石轻骨料,煤矸石轻骨料包括煅烧煤矸石轻骨料和自燃煤矸石轻骨料。我国堆存的煤矸石中有 40% 左右适合用于烧制轻骨料。以煤矸石为主要原料,经烧制而成的轻骨料称为煅烧煤矸石轻骨料。过火的煤矸石经筛分后,可直接得到轻骨料,我国有 10% 左右的过火煤矸石经破碎筛分即可直接制得轻骨料,这种轻骨料称为自燃煤矸石轻骨料。自燃煤矸石轻骨料以其质量好、储量大、易开采、价格低廉的特点,在轻骨料家族中占有一席之地。如果能将煤矸石制备成轻骨料,不仅能够为实现混凝土轻质、高强、保温等提供技术途径,还可减少占用可耕农田的面积,降低废弃物对环境的污染,具有可观的经济效益和巨大的社会效益(董作超,2016)。

(一)煤矸石轻骨料

自燃煤矸石轻骨料的生产可按《轻集料及其试验方法 第 1 部分:轻集料》(GB/T 17431.1—2010)的技术要求进行,自燃煤矸石轻骨料的放射性要符合《建筑材料放射性核素限量》(GB 6566—2010)的规定。

(1)煤矸石轻骨料对煤矸石的技术要求。煅烧煤矸石轻骨料由碳质泥岩或泥岩类煤矸石经破碎、粉磨、成球、烧胀、筛分而成。在烧制轻骨料时,煤矸石中的 SiO_2 含量在 55%~65%、Al_2O_3 含量在 13%~23% 为佳。对于易溶组分,CaO 与 MgO 的总含量宜在 1%~8%,Na_2O 加上 K_2O 的总含量宜在 2.5%~5%,Fe_2O_3 和 C 是煤矸石中的主要膨胀剂,前者含量宜在 4%~9%,后者含量宜在 2% 左右。含碳量过高时,可采用洗选的方法脱碳,或采用配入不含或少含碳的煤矸石降低碳含量,也可采用在颗粒膨胀前进行脱碳,烧掉多余的碳。

(2)煤矸石轻骨料的制备原理。煤矸石制备轻骨料的原理是由于煤矸石中含有各种金属氧化物、碳酸钙和硫铁矿等,它们在高温下分解溢出气体,使物料在塑性阶段产生膨胀,形成孔隙结构。由于煤矸石矿物成分的复杂性,它在制备轻骨料的过程中发生着复杂的化学和物理反应。

400~800 ℃,该温度范围内所发生的反应是有机物的挥发与碳酸镁的分解。有机物析出其挥发物和干馏产物,而在快速升温或缺氧条件下,有机物要完全氧化,温度要接近于其软化温度,该温度内发生的反应式如式(4-1)~式(4-4)所示:

$$C + O_2 \stackrel{}{=\!=\!=} CO_2 \uparrow \tag{4-1}$$

$$2C + O_2 \stackrel{}{=\!=\!=} 2CO \uparrow (缺氧条件下) \tag{4-2}$$

$$CO_2 + C = 2CO \uparrow （缺氧条件下） \tag{4-3}$$

$$MgCO_3 = MgO + CO_2 \uparrow （400 \sim 500 \ ℃） \tag{4-4}$$

800~1 000 ℃，碳酸钙的分解以及硫化物的分解和氧化，黄铁矿的分解较为复杂，在氧化气氛和非完全氧化气氛中的反应机制不同，其反应方程式如式(4-5)~式(4-9)所示：

$$CaCO_3 = CaO + CO_2 \uparrow （850 \sim 950 \ ℃） \tag{4-5}$$

$$FeS_2（黄铁矿） = FeS + S \uparrow （近 900 \ ℃） \tag{4-6}$$

$$S + O_2 = SO_2 \uparrow \tag{4-7}$$

$$4FeS_2 + 11O_2 = 2Fe_2O_3 + 8SO_2 \uparrow （1 000 \pm 50 \ ℃，缺氧气氛下） \tag{4-8}$$

$$2FeS + 3O_2 = 2FeO + 2SO_2 \uparrow \tag{4-9}$$

1 000~1 300 ℃，石膏的分解与重新反应，有机质和铁的氧化还原反应产生一些气体，该阶段被认为是促使具有一定黏度煤矸石轻骨料膨胀的主要原因，其反应方程式如式(4-10)~式(4-13)所示：

$$2Fe_2O_3 + C = 4FeO + CO_2 \uparrow \tag{4-10}$$

$$2Fe_2O_3 + 3C = 4Fe + 3CO_2 \uparrow \tag{4-11}$$

$$Fe_2O_3 + C = 2FeO + CO \uparrow \tag{4-12}$$

$$Fe_2O_3 + 3C = 2Fe + 3CO \uparrow \tag{4-13}$$

(3) 煤矸石轻骨料生产工艺技术要求煤矸石烧制的方法有两种，即成球法与非成球法。成球法是将煤矸石破碎、粉磨后制成球状颗粒，将球状颗粒送入回转窑，预热后进入脱碳阶段，料球内的碳开始燃烧，继之进入膨胀阶段，此后经冷却、筛分成具有规定粒度分布的骨料，其松散密度一般在 1 000 kg/m³ 左右。非成球法是指将煤矸石破碎到 5~10 mm 的颗粒，铺在烧结机炉排上，当煤矸石点燃后，料层中部温度可达 1 200 ℃，底层温度小于 350 ℃。未燃的煤矸石经筛分分离，再返回重新烧结，烧结好的轻骨料经喷水冷却、破碎、筛分成具有规定粒度分布的骨料，其密度一般在 800 kg/m³ 左右。与非成球法相比，成球法具有以下优点：① 筒压强度高达 1~2 MPa，其原因是成球法制备过程中原料经混合搅拌后，各种成分分布均匀，煅烧后无明显的强度缺陷方向，成球法样品一般为规则的球形，通常情况下圆球体抗压强度要高于其他几何形体；② 内部结构均匀，气孔分布无明显的方向性，而非成球法样品沿层理方向膨胀较大，使得气孔沿层理方向定向分布。

(4) 自燃煤矸石轻骨料技术要求是指粒径大于 5 mm、堆积密度不大于 1 100 kg/m³ 的自燃煤矸石。按其堆积密度分为 900、1 000 和 1 100 三级；按其最大粒径分为 10 mm、20 mm、30 mm 和 40 mm 四级；按其质量指标分为一等品(B)和合格品(C)两级。轻粗骨料的颗粒级配应符合表 4-1 的要求，其中对 5~10 mm 粒级的 $1/2D_{max}$ 累计筛余不做规定。平均粒型系数不应大于 2.0，其中粒型系数大于 2.5 的颗粒的含量一等品应小于 10%，合格品应小于 20%；轻粗骨料的抗压强度应符合表 4-2 的要求。与耐久性有关的指标有吸水率、软化系数、安定性、坚固性与有害物质含量等，具体要求为：吸水率不应大于 10%，软化系数不应小于 0.8，用煮沸法检验粗轻骨料的安定性，其质量损失不应大于 5%，用硫酸钠溶液法测定，经 5 次干湿循环后的质量损失不应大于 5%，自燃煤矸石轻粗骨料的有害物质含量应满足表 4-3 的要求。

表 4-1　自燃煤矸石轻粗骨料粒度分布

筛孔尺寸	D_{min}	$1/2D_{max}$	D_{max}	$2D_{max}$
累计筛余(质量分数)/%	≥90	40~60	≤10	0

表 4-2　自燃煤矸石轻粗骨料的抗压强度/MPa

密度等级	一等品	合格品
900	≥3.5	≥3.0
1 000	≥4.0	≥3.5
1 100	≥4.5	≥4.0

表 4-3　自燃煤矸石轻粗骨料的有害物质含量

项目名称	硫酸盐含量(按 SO_3 计)	烧失量	含泥量
指标/%	≤1.0	≤5	≤3

注:用于非配筋混凝土时,SO_3含量为 1.5%。

粒径小于 5 mm、堆积密度不大于 1 200 kg/m³ 的自燃煤矸石称为自燃煤矸石轻细骨料。按其堆积密度分为 1 100 和 1 200 两级,其中 1 100 级的堆积密度不大于 1 100 kg/m³,1 200 级的堆积密度为 1 100~1 200 kg/m³。自燃煤矸石轻细骨料的颗粒级配如表 4-4 所示。自燃煤矸石轻细骨料有害物质含量如同自燃煤矸石轻粗骨料,如表 4-3 所示,控制指标包括硫酸盐含量、烧失量和含泥量。

表 4-4　自燃煤矸石轻细骨料的颗粒级配

筛孔尺寸/mm	累计筛余(质量分数)/%		
	粗砂	中砂	细砂
10.00	0	0	0
5.00	0~10	0~10	0~5
0.63	50~80	30~70	15~60
0.16	>85	>75	>65

(二)煤矸石普通骨料

除了用煤矸石制备轻骨料混凝土外,煤矸石也可以直接用于配制低强度等级的普通混凝土。虽然煤矸石骨料的强度低于普通骨料(碎石、卵石),但是由于混凝土拌和物搅拌时,矸石的孔隙具有吸水作用,造成矸石颗粒表面的局部低水灰比,增加了矸石骨料表面附近水泥石的密实性,同时因为矸石颗粒表面粗糙且具有微孔,提高了矸石与水泥石的黏结力,这样在矸石的周围就形成了坚硬的水泥石外壳,约束了骨料的横向变形,使得矸石在混凝土中处于三向受力状态,从而提高了矸石的极限强度,使得煤矸石混凝土的强度与普通混凝土的强度接近。

二、煤矸石骨料混凝土性能

(一)煤矸石普通骨料对比其他骨料

据研究资料显示,以鹤壁市掘进煤矸石进行探索性试验,分别采取天然砂、煤矸石砂、天然石子、煤矸石石子四种骨料进行 C30 混凝土试验,测试 1 d、3 d、7 d 抗压强度(如图 4-1 所示)。可知,矸石砂和矸石子制备的 C30 混凝土强度良好,几乎均优于天然砂和天然石,且经水洗后的矸石子效果更佳。

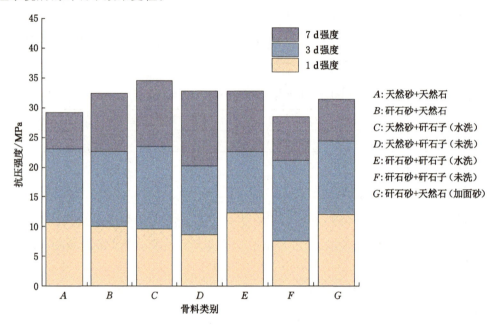

图 4-1 C30 不同骨料混凝土强度对比

华侨大学研究者曾进行煤矸石用作混凝土骨料的研究,并对煤矸石混凝土骨料的设计方法和计算公式提出建议。对垫层一类次要或临时建筑物,可直接使用煤矸石作为粗骨料;对于一般新建筑可将煤矸石筛选以减少针、片状颗粒,或选用砂岩煤矸石作为粗骨料;对于重要建筑物,暂不适用煤矸石骨料。砂质煤矸石中含有大量石英,造成煤矸石易磨性差,降低煤矸石的胶凝性能,也可对砂质煤矸石进行分级,分选出来的大颗粒是粒级分配合理的细骨料,可以代替砂用作细骨料,而煤矸石中去除砂的部分可以作为胶凝材料的原料。

用山西汾西矿务局高阳煤矿煤矸石开展煤矸石混凝土的研究,对 C15、C20 和 C25 三种强度等级的混凝土进行配合比试验,坍落度控制在 3~5 cm,试件经过标准养护 28 d 后,相应的强度分别为 24.1 MPa、33.4 MPa 和 40.3 MPa,其强度比预计值高得多。采用慢冻法(历时一个月)进行煤矸石的抗冻试验,试验结果表明,冻融 50 次后,混凝土试件整齐完好,无破损,质量损失仅为 0.77%,远小于《普通混凝土长期性能和耐久性能试验方法标准》(GB/T 50082—2009)要求的 5%。混凝土强度损失最大为 16.6%,亦小于标准要求的 25%。因此,自燃煤矸石混凝土具有较好的抗冻性能。

混凝土会由于种种人为或非人为原因导致其耐久性降低,影响其结构的使用寿命。目前对煤矸石骨料混凝土的研究主要集中在抗硫酸盐腐蚀、冻融循环、抗碳化性能等耐久性研究方面。

通过对煤矸石混合骨料混凝土的抗硫酸盐侵蚀试验研究认为：混合骨料混凝土存在一个最佳的配合比，当煤矸石替代碎石量为35%，粉煤灰替代水泥量为20%，矿渣替代水泥量为10%时，混合骨料混凝土的耐久性为最优；对普通煤矸石混凝土、掺入粉煤灰与矿渣的煤矸石混凝土和经过硫酸盐侵蚀的煤矸石混凝土进行了微观分析，发现煤矸石混凝土经过硫酸盐侵蚀后影响并不明显。

当对自燃煤矸石轻骨料混凝土结构的耐久性进行系统研究时，考察了不同颜色（黄色、白色、混合）自燃煤矸石混凝土的抗渗性、抗冻性、碳化性能以及长期强度，结果表明：强度刚刚满足C20等级的三个自燃煤矸石混凝土，其抗渗等级都达到P10以上，抗冻性可以满足F50的要求，与同强度等级的普通混凝土有着相似的抗冻性。而对基准配合比下的自燃煤矸石轻骨料混凝土而言，其28 d快速碳化速度比普通混凝土要大30%，碳化速度系数要大43.6%，与其他轻骨料混凝土相比，其碳化速度要小27%，碳化速度系数要小25%。另外，自燃煤矸石混凝土长期强度随着龄期的增长而提高，低强度等级混凝土1年龄期的强度能增长一倍，高强度等级混凝土4年龄期强度增长约50%。煤矸石混凝土冻融和碳化交替环境下的耐久性能研究试验中表明：混凝土的相对动弹性模量变化率与循环数呈负相关；在首次循环中，冻融对强度的增大起负作用，但影响水平较低，仅为0.32%~2.06%，碳化后的强度产生增长，最大增长率为7.11，在二次循环中，水灰比大的混凝土受冻融影响较大；碳化深度与碳化时间呈正相关，混凝土的水灰比越大，其对碳化深度的影响就越大。

（二）煅烧与非煅烧煤矸石骨料对比

由图4-2可以看出，煤矸石粗骨料混凝土立方体抗压强度随时间的发展规律与普通混凝土相似，前期阶段（3~14 d）抗压强度发展迅速，中期阶段（14~28 d）发展速度放缓，但抗压强度已接近设计强度，后期阶段（28~90 d）抗压强度增加得很小，达到平台状态。其中，煅烧煤矸石粗骨料混凝土立方体抗压强度随时间而增加的现象与前述微观分析现象相符，相较于未煅烧煤矸石粗骨料混凝土，煤矸石粗骨料界面结构更为密实，混凝土趋于一个整体。

对于煅烧和未煅烧煤矸石粗骨料混凝土而言，由图4-2所示：当水灰比为0.45和0.50时，煤矸石粗骨料混凝土均在28 d时强度达到设计要求（高于图中水平虚线）；水灰比为0.35和0.40时，煤矸石粗骨料混凝土仅有在较小煤矸石代替率下才能在28 d达到设计强度（替代率小于30%），当代替率高达50%及以上时，60 d龄期的煤矸石粗骨料混凝土的强度仍低于设计要求（低于图中水平虚线），而当养护至90 d时才刚能达到目标强度。替代率越大，早期强度越小，随着时间推移，强度会逐渐发展，但是采用煤矸石用作粗骨料的混凝土强度均低于普通混凝土强度。

当混凝土目标强度等级小于C40时，不同替代率均可满足混凝土的强度要求，取用的煤矸石粗骨料替代率最大可为100%，即完全替代普通碎石。当混凝土目标强度等级高于C40时，煤矸石作为粗骨料取代普通碎石的用量需要引起注意，因为当取代率 $r=70\%$ 和100%时，即使养护龄期达到90 d，混凝土的强度仍未达到设计要求，对于替代率 $r=50\%$ 时，混凝土需要养护至28 d以后甚至更久才会达到目标。仅有替代率 $r=30\%$ 时，混凝土后期强度才可以达到设计目标。

综上所述，图中曲线说明采用煤矸石替换粗骨料是可行的。但是早期强度依据替代率

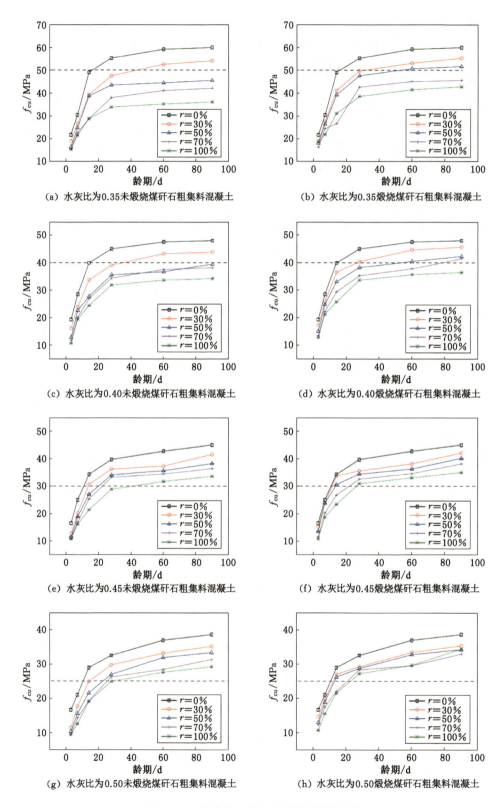

图 4-2　立方体抗压强度随养护龄期的变化

的增加而次第减小。因此,在应用煤矸石粗骨料混凝土时,应根据不同设计要求,选用不同替代率。

以 28 d 强度为代表,分析煤矸石粗骨料的煅烧处理对立方体抗压强度影响,影响结果以不同替代率煤矸石混凝土抗压强度($f_{cu,r}$)与普通混凝土抗压强度($f_{cu,0}$)比值进行表示,分析结果如图 4-3 所示。不同水灰比下,混凝土强度均随煤矸石粗骨料替代率增加而减小,当水灰比小于 0.45 时,煤矸石煅烧后对混凝土立方体抗压强度产生影响规律较统一,表现为煅烧煤矸石混凝土强度高于未煅烧煤矸石混凝土。当水灰比为 0.45 时,煤矸石粗骨料进行煅烧处理对混凝土抗压强度产生影响很小,100%煤矸石粗骨料替代率的抗压强度提高仅为 6.7%;而当水灰比为 0.50 时,只有替代率大于 50%,煅烧煤矸石混凝土抗压强度才会大于未煅烧煤矸石混凝土。由此可见,煤矸石粗骨料进行煅烧后会在一定程度上提高混凝土立方体抗压强度,提升程度主要在 2%～10%之间,提升程度最大值为 13.8%。可见提升程度并不大,实际应用中可不对煤矸石粗骨料进行煅烧处理。

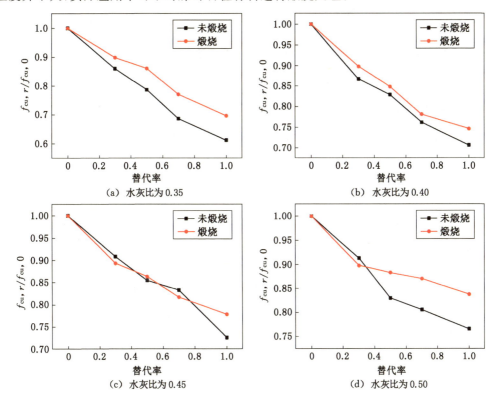

图 4-3　替代率对煤矸石骨料混凝土抗压强度的影响

三、煤矸石作骨料的注意事项

国内外的专家学者对煤矸石的基本力学性能进行了分析后,通过拌制煤矸石沥青混合料的混凝土,提出了煤矸石沥青混凝土的基本要求:由于不同矿区的不同煤矿伴生的煤矸石差别较大,其品质也差异较大,因此在利用煤矸石配置混凝土时,需要在试验室测试煤矸石的基本物理力学性能,这些力学性能主要包括煤矸石的压碎值、煤矸石的磨耗损失、沥青的黏附性和流动性等,这些物理性质都需要满足相对的规范要求。但是由于针片状的煤矸石所占的分量较大,在分析煤矸石的掺加比例后,需要明确煤矸石沥青混合料中针片状煤矸石的基本含量,以保证煤矸石能够满足规范的基本要求;配置煤矸石沥青混凝土的时候,应该优先选用含碳量比较低的煤矸石石料,掘进矸的基本物理化学性质比较稳定,推荐使用;拌制煤矸石沥青混凝土的时候,需要分析煤矸石沥青混合料最基本的物理化学性质技术性能指标,以保证配制出来的混凝土能够满足使用要求。由于煤矸石内部的烧失量和挥发分的存在,在对煤矸石进行加热的过程中容易发生爆裂现象,因此在配制过程中对煤矸石沥青混合料的生产工艺设备影响较大,必须对煤矸石的基本性质加以控制,这些指标主要涉及加热煤石后石的料破碎百分率、燃烧炉加热损失率等一系列指标;在对煤矸石的储存使用过程中,必须对其进行严格的单独存放,杜绝各种材料进行混合。虽然许多专家学者开展了大量的室内试验研究煤矸石的基本物理化学性能,证明了煤矸石基本用于生产煤矸石绿色混凝土,但是由于国家缺乏相应的行业规范,而且全国各大矿区的煤矸石性能差异较大,所以煤矸石在建筑材料中的应用还只是停留在起步阶段,需要对煤矸石混凝土开展更为广阔的试验研究,以促进相关行业标准和规范能够更快地颁布实施。

第二节　煤气化骨料渣制备混凝土

一、煤气化粗渣制备骨料技术

煤的气化与煤的燃烧不同,煤气化在以还原为主的高温反应下形成,与普通电厂粉煤灰的形成过程差异较大,其组成和结构与粉煤灰不同。煤气化渣颗粒为多孔疏松组织,微孔很大,吸水并且储水,与水泥配合有利于水泥的养生。鉴于煤气化渣潜在的利用价值,粗渣的成分与锅炉灰渣相似,可以同锅炉灰渣一并利用,用于道路的面层和基层、道路路堤、轻骨料以及制备混凝土用轻骨料等。而细渣由于含碳量较高,烧失量往往超过20%,其高碳含量在道路与建材等应用中属于有害物质。根据《用于水泥和混凝土中的粉煤灰》(GB/T 1596—2017),可用于水泥和混凝土中的粉煤灰的烧失量不得高于15%,故细渣不能直接用于上述领域,但若选择将细渣掺混到流化床等锅炉中进行燃烧,减少细渣的烧失量,节约燃料煤,同时细渣燃烧后的低碳灰可以用于水泥、混凝土等建材、建工领域(武立波等,2021;雷彤,2017;朱菊芬等,2021;袁蝴蝶,2020)。

(一)煤气化渣骨料要求

煤气化粗渣颗粒有大有小,具有如同细骨料和砂一般的级配,用煤气化粗渣替代细骨料或砂,加工简单,是煤气化粗渣用于混凝土的一种有效途径,且煤气化粗渣具有火山灰活性,能与无机胶凝材料发生反应,使混凝土的后期强度有所提高。

煤气化粗渣作为细骨料使用则需要符合《建设用砂》(GB/T 14684—2022)的指标要求,例如压碎值、坚固性、含泥量、石粉含量、泥块含量、细度模数等方面的要求。其中小颗粒中存在不利于砂浆工作性和力学性能的未燃烧碳,因此在颗粒级配设计时需要尽可能减少0.15 μm以下的煤气化粗渣颗粒。综合煤气化粗渣矿物学特征及化学性质,理论上经过级配设计的煤气化渣可以作为细砂使用,其考察的主要指标有压碎值和坚固性等。

其中,煤气化渣砂的质量损失和压碎值应符合表4-5和表4-6的规定。

表 4-5　坚固性指标

类别	I	II	III
质量损失/%	≤8		≤10

表 4-6　压碎指标

类别	I	II	III
单级最大压碎指标/%	≤20	≤25	≤30

（二）煤气化渣骨料存在的问题

煤气化渣烧失量较高且已超过国家和行业标准,较高的残碳量抑制了煤气化渣与水泥或石灰之间的胶凝反应,阻碍水化物的胶凝体和结晶体的生长互相连接,降低混凝土的抗冻性和强度;残余碳含量与煤的种类、气化工艺条件、运行状况等因素有关,不同类型的煤气化渣中残余碳含量差别较大。一般来讲,细渣的停留时间比粗渣短,造成细渣较粗渣残余碳含量高、机械强度低,另外,残碳在粗、细渣中的分布也不均匀。较高的残余碳含量将不利于煤气化渣用作水泥和混凝土原料,这是由于残碳本身属于多孔惰性物质,不仅会使新拌混凝土的需水量增加,造成混凝土泌水增多,干缩变大,使混凝土的强度和耐久性明显降低,而且还会在颗粒表面形成一层憎水膜,对水化物的结晶体、胶凝体的生长和他们相互间的联结起到阻碍作用,破坏混凝土内部结构,造成内部缺陷,从而降低混凝土的抗冻性。此外,煤气化渣中 SO_3 含量不得高于 3%[《用于水泥和混凝土中的粉煤灰》(GB/T 1596—2017)],过多的 SO_3 可能导致水泥混凝土中生成硫铝酸钙,引起混凝土膨胀开裂。这些对煤气化渣在建筑方面的大范围使用提出了挑战。

二、煤气化粗渣制备骨料混凝土技术

（一）煤气化渣普通混凝土

据部分学者的研究成果表示,利用煤气化渣和粒化高炉矿渣替代中砂制备混凝土,耐久性发展良好,其中,替代率为 20% 时性能最好。煤气化粗渣与细渣经过粉磨后代替部分天然砂作为细骨料制备的混凝土试件,由于煤气化渣潜在的胶凝性,掺入煤气化粗渣的混凝土试件的力学强度和工作性均有一定程度的改善,而掺入细渣对强度的影响不利。煤气化渣会降低混凝土干缩率,但由于研磨后的煤气化渣比表面积增大,也会给干缩率带来不利影响,综合结果表明,研磨后的粗渣更加适合在混凝土中用作细骨料。当利用煤气化渣替代石头制备发泡混凝土时,发现随着煤气化渣掺量的增加,对渗透系数的影响甚微,但对混凝土抗压强度和抗折强度的不利影响加大。煤气化渣具有一定的强度并且具有火山灰活性,即煤气化渣中含有活性硅氧玻璃体,能够在常温下与 $Ca(OH)_2$ 发生反应生成 C—S—H、C_3AH_6 并形成强度,应用于混凝土中也可大大提高混凝土的后期强度。此外,也有研究发现将煤气化渣作为细骨料添加到混凝土中,抗冻融性小于使用天然细骨料的混凝土,但结果需待考证。

（二）煤气化渣陶粒混凝土

陶粒具有强度高,耐火性、抗热震性好,且保温隔热等优良特性,因此,在轻骨料、耐火材料、建筑工程领域应用广泛。据学者研究表明,煤气化粗渣73%、水泥15%、石英砂12%制备非烧结陶粒,其抗压强度可达到6.76 MPa,吸水率为20.12%。某股份有限公司也以煤气化渣为原料,采用在一定温度下加热产生热膨胀特性的方法制备了轻质混凝土骨料,性质优良。

（三）煤气化渣路基混凝土

此外,煤气化渣制备骨料也可应用在路基材料中。据部分研究学者表示,煤气化细渣并不适合应用于半刚性基层材料中,而煤气化粗渣则可以,并确定出悬浮密实与骨架密实结构的最佳水泥、石灰和煤气化粗渣的掺量分别为4%、3%和20%（或30%）。在工程应用中,依托实体公路修筑了200 m水泥稳定煤气化渣路面底基层试验段,钻芯取样结果表明煤气化渣路面基层材料7 d无侧限抗压强度达2.2~6.8 MPa(图4-4所示),并且经历冬季−15 ℃的冰冻,春季消融后未见冻融破坏现象;而90 d强度增长至11.9 MPa,表明煤气化渣路面基层材料不仅可满足各等级公路基层材料强度要求而且抗冻性良好。

（a）水泥稳定煤气化渣取样

（b）水泥粉煤灰煤气化渣取样

图4-4　煤气化炉渣路面基层7 d钻芯样

煤气化渣作为道路材料的利用方法目前主要包括煤气化渣作为路基材料和煤气化渣作为路面基层材料两种,并且研究表明路基材料掺入煤气化渣不仅强度满足标准要求,且抗冻性良好。作为道路材料的煤气化渣主要是粗渣,因为经筛分、磁选后可得到粒径较大的煤气化粗渣,其结构密实、稳定性高,与骨料、砂浆等材料混合后可确保工程质量,粗渣的残碳量相对较低,在一定程度上抑制了硅酸盐等矿物在粗渣中的聚合,并且粗渣不具有水硬性,从而提高制品的强度和耐久性。总的来说,煤气化渣颗粒较稳定且基本无毒无害,与路石材料相比粒径更小,在拌和过程中可以填充孔隙从而增大密实度,其外形部分呈球状,表面光滑,在外力作用下起到缓冲作用,能降低和延缓材料裂纹的产生与发展,从而可以改善路面的抗裂性、耐久性,并且能增强混合料的强度和密实性。同时煤气化粗渣可以作为填料改性特殊的道路材料、用作石油沥青铺面混合物或者取代水泥中的矿物成分制备道路材料。

总之,由于煤气化粗渣的残碳量比细渣的低,且具有一定的级配,适合作为路基材料,并且诸多研究表明煤气化粗渣经过简单的处理即可达到道路材料的应用标准,本身不存在明显的缺陷,因此,煤气化粗渣作为路基材料具有很好的发展前景。但细渣由于烧失率较大一般不能用于路基材料,但从粉煤灰的研究角度出发,细渣分选后得到的低碳粉煤灰可应用于路基材料,但目前尚无类似的研究。

（四）煤气化渣充填材料

矿井充填材料结构（见图4-5）与混凝土类似,矿井充填材料主要包含两部分,一部分是起胶凝作用的矿井充填水泥,一部分是骨料,其中矿井充填水泥可以采用具有火山灰活性的粉煤灰、矿粉等固体废物替代,骨料可以采用煤矸石等具有一定硬度的固体废物替代。理论上讲,矿井充填材料属于一种可控低强度混凝土,组分中包含胶凝材料、骨料、水和外加剂。煤气化渣制备矿井充填材料可分为两方面:一方面是机械化学改性后的煤气化渣粉制备活性粉体作为矿井充填水泥使用,这一途径在前面活性粉体制备小节中有提到,是属于活性粉体的下游产品;另一方面是煤气化粗渣代替砂石或煤矸石制备骨料。这两部分研究内容的技术可行性在前面章节分别有说明,这里不再赘述。

图4-5 矿井充填材料

煤气化渣具有较高的非晶相,从无定形矿物相和化学成分可以看出其具有一定的火山灰反应活性,但高含碳量致使其不能直接应用于矿山充填。煤气化渣的含碳量随粒径的增大而减小,其粒径的微观形貌前面章节有提到,分为形状不规整的大颗粒块体、圆球状的玻璃体、絮状的残碳三种类型,其对应的粒径大小和含碳量依次降低,使用过程中可经过合理的筛分和级配设计进行优化。

部分学者研究结果表明（如图4-6所示）,以水泥和煤气化渣为原料制备矿井充填材料,在水泥含量为6%时,充填体的强度即可满足自立的要求,采用煤气化渣作为充填骨料,充填材料的成本是可以接受的。采用粉煤灰、炉底渣、脱硫石膏和水泥为主要胶凝材料,以煤矸石和煤气化渣为骨料,可开发一种性能优良的可控低强度材料（CLSM）用于矿井充填,且制备的不同煤气化渣掺量下的 CLSM 混合物,均达到了理想的 28 d 抗压强度要求。煤气化渣替代部分煤矸石作为骨料使用,可使体系结构更加致密,降低 CLSM 的膨胀率、密度、孔隙率等性能指标。

也有学者采用硫酸钠对煤气化渣粉进行活性激发并制备充填水泥,其制备的充填料浆的流动性可满足矿山充填管道运输要求,适当的硫酸钠可改善料浆的流动性,且可显著激发气化粗渣粉的活性。在最佳配比（骨胶比）为 2:8,总固体质量分数为 80%,硫酸钠质量分数为 2% 时,各类重金属浸出量均低于国家标准,满足环保要求。

针对煤气化渣应用于矿山充填中强度低的问题,有部分学者研究了激发剂对煤气化渣

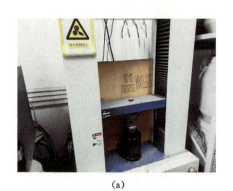 

(a)　　　　　　　　　　　　　(b)

图 4-6　试件抗压强度试验

活性的影响,并将其部分替代粉煤灰用于矿山充填,其结果表明:单掺激发剂时,最优激发剂及其掺量为 0.5%氢氧化钙、2.5%硫酸钙、2.0%聚合盐,对比未激发组,其 3 d 抗压强度比分别为 116.9%、113.9%、117.0%;复掺激发剂时,最优激发剂掺量组合为 0.125%氢氧化钙、0.625%硫酸钙、1.000%聚合盐,对比未激发组,其 3 d 抗压强度比可达到 127.4%。试验表明,改性后的煤气化渣充填体强度可以满足矿山充填强度要求。

第五章 煤矿固体废物建设工程利用技术

第一节 煤矸石的工程特性

为了研究煤矸石的物理特性、颗粒组成、压缩性、水稳性等特性,选取岱河矿南部煤矸石 6 场煤矸石进行相关试验研究。

一、煤矸石的力学特性

煤矸石与煤系地层共生,是多种岩石组成的混合物,属沉积岩。煤矸石的岩相和矿物成分分布特性差异很大,取决于含煤地层的围岩性质。所选取的煤矸石外观呈黑色、红色、黄色、白色等多种颜色,并以黑色和红色为主。现场实地调查发现,煤矸石的岩性以砂岩、页岩为主。

(一)煤矸石块体的密度

选取岱河矿南部煤矸石 6 场煤矸石进行试验,完成了煤矸石块体的颗粒密度、自然密度和饱和密度试验,相关试验数据的统计特征见表 5-1。

表 5-1　煤矸石 6 场煤矸石块体的密度

性　质	统计个数	变化范围/(g/cm³)	平均值/(g/cm³)	标准差/(g/cm³)	变异系数
颗粒密度	10	2.238～2.791	2.537	0.156	0.05
天然密度	30	2.351～2.761	2.561	0.116	0.04
饱和密度	30	2.426～2.832	2.603	0.101	0.04

从岩块的密度指标分析,各类煤矸石的密度变化范围不大,这主要和煤矸石的原岩性质有关。

(二)煤矸石的力学特性试验

煤矸石能否作为积水沉陷区复垦建筑用地地基材料,取决于其自身的物理力学性质,在正常条件下,由于回填煤矸石部分位于地下水位以下,要求一定的水稳定性(姚苏琴等,2021;徐良骥等,2014;孙亚楠等,2019)。针对这一特点,本次试验对煤矸石岩块的软化系数、耐崩解性指数、耐冻性能、抗压强度、渗透性等指标进行了试验。

1. 煤矸石块体的软化系数

煤矸石软化性大小,常用软化系数来衡量。软化系数用 K_d 来表示,即:

$$K_d = \frac{R_w}{R_d} \tag{5-1}$$

式中　R_w——岩石饱水状态的抗压强度;

R_d——岩石干燥状态的抗压强度。

软化系数的取值范围在 0～1 之间,其值越大,表明材料的耐水性越好。软化系数反映煤矸石耐风化、耐水浸的能力。煤矸石块体的软化系数试验结果见表 5-2。

表 5-2　煤矸石的软化系数

统计个数	变化范围	平均值	标准差	变异系数
30	0.55～0.91	0.76	0.101	0.13

一般认为:软化系数 $K_d>0.75$ 时,岩石的软化性弱,同时也说明岩石的抗冻性和风化能力强;而 $K_d<0.75$ 时,岩石的软化性较强,同时也说明岩石的工程地质性质较差。

从试验结果可知,煤矸石块体受岩性和结构组成特征的影响,软化系数变化范围为 0.55～0.91,以其平均值评价,煤矸石块体应属非软化岩石。

2. 煤矸石的耐崩解性

根据煤矸石的耐崩解性指数将其耐崩解能力分为很低(<30%)、低(30%～<60%)、中等(60%～<85%)、中高(85%～<95%)、高(95%～<98%)和很高(>98%)6 个级别。

为分析煤矸石的耐崩解性质,室内采用干燥和浸水两个标准循环测定煤矸石的耐崩解性指数,试验结果见表 5-3。试验结果表明,除黄白色粗砂岩的耐崩解性相对较差外,其余各深颜色砂岩、粉砂岩的耐崩解性指数均较大,水稳性较好。相比之下,页岩煤矸石大多数已经风化成 0.075 mm 以下的细颗粒,含量不大,对煤矸石地基的水稳性非常有利。

表 5-3　煤矸石的耐崩解性指数 Id2

岩性	耐崩解性指数/%	耐崩解性评价结果
灰黑色粉砂岩	96	高
灰黑色细砂岩	89	中高
灰褐色细砂岩	94	中高
黄白色粗砂岩	83	中等

3. 煤矸石块体的抗压强度

为查明煤矸石块体的抗压强度,在 YE-200A 型液压式压力试验机上完成了 10 组抗压强度试验。试样尺寸为 $\phi50$ mm×100 mm。

煤矸石块体的抗压强度试验结果(表 5-4)表明,煤矸石的抗压强度变化范围较大,这主要与岩石的风化程度和结构有关。

表 5-4　煤矸石的抗压强度

状态	统计个数	变化范围/MPa	平均值/MPa	标准差/MPa	变异系数
干	30	30.0～147.5	88.3	34.13	0.38
饱和	30	20.1～120.3	67.5	28.99	0.42

从饱和单轴抗压强度的数值分析,以粗砂岩的强度最低,变化范围为 20.1～45.5 MPa,平

均值为 30.2 MPa,饱和单轴抗压强度标准值为 21.4 MPa,其坚硬程度属较软岩和较硬岩范围。

相比之下,粉砂岩和细砂岩的饱和单轴抗压强度变化范围为 38.2～120.3 MPa,平均值为 76.8 MPa,其坚硬程度属较硬岩和坚硬岩范围。

总体分析,煤矸石的饱和单轴抗压强度均不小于 20 MPa,除少数较软岩石外,多数为较硬岩石,适宜作为复垦建筑用地地基充填材料。

二、煤矸石击实试验

煤矸石击实试验是用锤击来增加煤矸石密度的一种方法。在击实作用下,煤矸石的干容重随其含水量而变化,能使煤矸石达到最大密度所需的含水量成为最佳含水量,相应的干容重称为最大干容重。击实试验是确定煤矸石压实施工参数的主要手段(邬俊等,2021;杨闯等,2017;周锦华等,2003)。

击实试验采用标准试验方法中的重型Ⅱ.1 和重型Ⅱ.2 击实试验方法。有关仪器参数见表 5-5。

表 5-5　重型击实仪主要参数

类别	锤底直径/mm	击锤质量/kg	落高/mm	击实筒			每层击数	击实功/(kJ/m³)
				内径/mm	筒高/mm	容积/cm³		
1	50	4.5	450	100	127	997	27	2 687.0
2	50	4.5	450	152	120	2 177	98	2 677.2

试验时,每组分 3～5 层分别进行击实,允许最大粒径为 38 mm。试验前,将试样中粒径大于 38 mm 的颗粒取出,并求得其百分率,把粒径小于 38 mm 的部分选出做击实试验。对试验所得的最大干密度和最优含水量进行校正。最大干密度和最优含水量的校正公式如下:

$$\rho'_{dm} = \frac{1}{\frac{(1-0.01p)}{\rho_{dm}} + \frac{0.01p}{G'_s}} \tag{5-2}$$

$$w'_0 = w_0(1-0.01p) - 0.01pw_2 \tag{5-3}$$

式中　ρ'_{dm}——校正后的最大干密度,g/cm³;

$\frac{(1-0.01p)}{\rho_{dm}}$——用粒径小于 38 mm 的煤矸石样试验所得的最大干密度,g/cm³;

p——试料中粒径大于 38 mm 颗粒的百分率,%;

G'_s——粒径大于 38 mm 颗粒的毛体积相对密度;

w'_0——校正后的最优含水量,%;

w_0——用粒径小于 38 mm 的煤矸石样试验所得的最优含水量,%;

w_2——粒径大于 38 mm 颗粒的吸水量,%。

(一)天然级配下的击实试验

取天然级配下的煤矸石样进行了 3 组击实试验。其干密度和含水量的关系曲线如

图 5-1 所示。

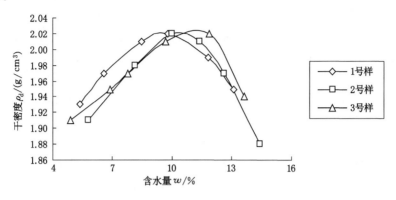

图 5-1　天然级配下的 ρ_d-w 关系曲线

　　试验结果表明,在最大干密度附近,含水量的变化范围较窄,校正后最大干密度平均值为 2.05 g/cm³,相应的最优含水量平均值为 10.6%(表 5-6)。

表 5-6　击实试验结果

样品编号	最优含水量/%	校正后最优含水量/%	最大干密度/(g/cm³)	校正后最大干密度/(g/cm³)
1	9.8	9.5	2.02	2.04
2	10.3	10.0	2.02	2.03
3	11.2	10.6	2.03	2.05

　　根据天然级配下煤矸石的击实试验结果,取煤矸石的最小干密度为 1.32 g/cm³,最大干密度为 2.05 g/cm³,煤矸石的颗粒密度取 2.55 g/cm³,最大孔隙率为 48.2%,最小孔隙率为 19.6%,不同相对密度下煤矸石的干密度计算结果见表 5-7。

表 5-7　不同相对密度下煤矸石的干密度

相对密度/%	孔隙率/%	干密度/(g/cm³)
50	36.9	1.61
60	34.1	1.68
70	30.9	1.76
80	27.6	1.85
90	23.7	1.95
95	21.7	1.99

　　从表 5-7 可知,与孔隙率 35% 对应的煤矸石的相对密度在 56% 左右,相应的干密度为 1.65 g/cm³ 左右,压实系数将会达到 0.80。当压实系数为 0.90 时,煤矸石的相对密度为 80%,相应的干密度为 1.85 g/cm³。

（二）击实前后煤矸石颗粒组成的变化情况

根据煤矸石粒径来区分,属于粗粒土中的砾粒,根据级配情况,又可分为级配良好与级配不良好。为研究击实可能造成煤矸石颗粒破碎的程度以及颗粒级配变化情况,对煤矸石天然级配条件下击实前后的颗粒分布特征进行了试验。煤矸石在击实前后的粒度分布详见表5-8。

表 5-8 煤矸石击实前后的粒度分布

粒组统称	粒组名称	击实前含量/%	击实后含量/%
粗粒	粗砾（20～60 mm）	21.8～26.3	11.4～16.6
	细砾（2～20 mm）	43.3～47.2	44.1～51.6
	砂粒（0.075～2 mm）	16.8～18.6	21.0～21.2
细粒	—	10.0～13.4	16.0～18.2

天然级配下煤矸石粒度组成中以粒径 5～20 mm 的含量大,累计含量达 30.0%～36.6%,而粒径 0.075～0.25 mm 的颗粒含量一般小于 9%,有一定程度上的缺失现象。

煤矸石击实后的颗粒分析结果表明,击实作用对 2 mm 以上的粒组的含量影响显著,其颗粒破碎比例较大,总的趋势是击实使粗颗粒破碎,进而使次一级粒组含量比例相对增加（见图5-2～图5-4）。

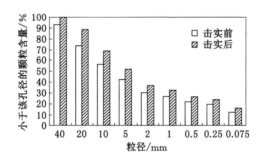

图 5-2　1 号样击实前后的粒度分布对比

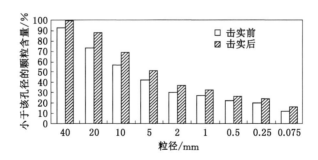

图 5-3　2 号样击实前后的粒度分布对比

击实后,粒径小于 20 mm 的颗粒含量增加 3.3%～14.9%;粒径小于 10 mm 的颗粒含

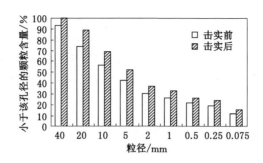

图 5-4　3 号样击实前后的粒度分布对比

量增加 13.5%;粒径小于 5 mm 的颗粒含量增加 8.4%～12.7%;粒径小于 0.075 mm 的颗粒含量增加 4%～6%。颗粒级配趋于良好,见表 5-9。

表 5-9　击实前后煤矸石颗粒组成特性参数的对比

对比指标		d_{10}/mm	d_{30}/mm	d_{60}/mm	C_u	C_c
击实前	范围值	0.012～0.072	0.10～1.78	4.29～12.76	116.8～238.1	0.89～9.86
	平均值	0.045	0.85	9.21	200.5	4.94
击实后	范围值	0.012～0.063	0.055～0.970	3.74～8.23	111.2～333.4	0.24～4.10
	平均值	0.021	0.400	6.09	196.8	1.61

三、煤矸石压缩试验

为研究煤矸石在给定压力下的压缩变形特性,室内在改装的加压渗透装置上完成了 6 种干密度条件下煤矸石的压缩试验。各干密度条件下煤矸石的压缩变形特征如图 5-5 所示。

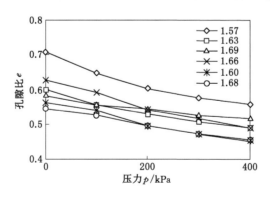

图 5-5　不同干密度下煤矸石的压缩变形特征曲线

试验结果表明,煤矸石粒径的大小对压缩试验结果有明显影响。由于试验压力小于煤矸石的抗压强度,煤矸石在压密过程中极少发生颗粒破碎的现象,压密过程仅表现为颗粒之间接触方式的调整,有明显的弹性变形特征。不同压力段下煤矸石的压缩模量统计见表 5-10。

表 5-10　煤矸石压缩模量统计表

统计指标	E_s(100～200 kPa)	E_s(200～300 kPa)	E_s(200～400 kPa)
统计个数	6	4	8
范围值/MPa	11.19～24.35	12.05～25.78	16.48～48.7
平均值/MPa	18.3	18.66	32.1
标准差	3.135	—	12.544
变异系数	0.28	—	0.39

四、煤矸石抗剪强度试验

煤矸石的抗剪强度是煤矸石块体抵抗剪切破坏的极限能力。其数值等于剪切破坏时滑动面上的剪应力大小，是煤矸石的重要力学性质之一。煤矸石与土类似，其抗剪强度指标包括内摩擦角 φ 与黏聚力 c 两项，为建筑地基基础设计的重要指标（李东升等，2015a；李东升等，2015b；徐献海等，2014）。

为确保建筑物的安全，在各类建筑物地基基础设计中，必须同时满足地基变形和地基强度两个条件。大量的工程实践和室内试验都表明，煤矸石的破坏大多为剪切破坏。

测定煤矸石抗剪强度指标的试验称为剪切试验。剪切试验主要包括直接剪切试验和三轴压缩试验。本次剪切试验主要采用三轴压缩试验。三轴压缩试验实质上是三轴剪切试验。这是测试煤矸石块体抗剪强度的一种较精确的试验。三轴试验的主要特点是能严格地控制试样的排水条件，量测试样中孔隙水压力，定量地获得煤矸石中有效应力的变化情况，而且试样中的应力分布比较均匀，故三轴试验成果较直接剪切试验成果更加可靠、准确。三轴压缩试验可以克服直接剪切试验的下列缺点：

（1）煤矸石试样在试验中不能严格控制排水条件，无法量测孔隙水压力，也就无法计算有效应力。

（2）试验剪切面固定在剪切盒的上、下盒之间，该处不一定正好是煤矸石试样的薄弱面。

（3）试样中应力状态复杂，有应力集中情况，仍按应力均布计算。

（4）试样发生剪切后在上、下盒之间错位。实际剪切面面积逐渐减小，但仍按初始试样面积计算。

根据三轴压缩试验过程中试样的固结条件与孔隙水压力是否消散的情况，可分为三种试验方法。同一种试样，采用三种不同的试验方法，试验结果所得到的抗剪强度指标 φ 与 c 值，一般并不相同。

不固结不排水试验（UU）。在试样施加周围压力 σ_3 之前，即将试样的排水阀关闭，在不固结的情况下即施加轴向力进行剪切。在剪切过程中排水阀始终关闭，即不排水。总之，在施加 σ_3 与 σ_1 过程中都不排水，在试样中存在孔隙水压力 u。

固结不排水试验（CU）。该试验方法与不固结不排水试验不同之处为：施加周围压力 σ_3 时，试样充分排水固结。其中有效应力 $\sigma' = \sigma - u$，通过绘制固结不排水剪切强度曲线，由此获得的黏聚力为有效黏聚力 c'，获得的内摩擦角为有效内摩擦角 φ'。

固结排水试验（CD）。该试验方法与固结不排水试验的主要区别是：在剪切全过程中，自始至终打开排水阀,剪切速率缓慢。

剪切试验中取得的煤矸石强度指标,因试验方法的不同须分别用不同的符号区分,详见表 5-11。

表 5-11 剪切试验成果表达

三轴剪切	
试验方法	成果表达
不固结不排水试验(UU)	c_{uu},φ_{uu}
固结不排水试验(CU)	c_{cu},φ_{cu}
固结排水试验(CD)	c_{cd},φ_{cd}

考虑到煤矸石回填积水区地基下部受浸水影响,室内进行了不同干密度下散体煤矸石的固结不排水测孔压试验和固结排水剪切试验。考虑动力稳定性计算的要求,还专门进行了不固结不排水剪切试验。

为准确控制试样的级配组成,对煤矸石的各级配粒料用水洗过筛后烘干备用。考虑粒径大于 20 mm 的颗粒含量大于 5%,采用等质量代换法重新进行级配控制,即用粒径 5~20 mm 之间的粒料按比例等质量代换超径颗粒含量方法制样。

按照控制级配条件下的干密度及试样体积,称取所需的煤矸石质量,分六等份,将每份试样依次填入试验仓内成样。煤矸石装样的控制干密度界于 1.48~1.82 g/cm³,相当于 0.75~0.91 的压实系数。

根据三轴试验结果绘制某一 σ_3 作用下的主应力差$(\sigma_1-\sigma_3)$与轴向应变 ε 的关系曲线,试验取轴向应变和主应力差$(\sigma_1-\sigma_3)$关系曲线上的主应力差的峰值作为破坏点。当轴向测力计百分表读数不再上升或有明显减小时,表明已出现峰值,继续读数 1~2 次,即可停机;若没有峰值出现,当相邻两级的应力差小于 5 kPa 时,亦可停机。

取置信概率为 95%,煤矸石抗剪强度指标标准值计算公式为:

$$\varphi_k = \psi_\varphi \varphi_m \tag{5-4}$$

$$c_k = \psi_c c_m \tag{5-5}$$

$$\psi_\varphi = 1 - \left(\frac{1.704}{\sqrt{n}} + \frac{4.678}{n^2}\right)\delta_\varphi \tag{5-6}$$

$$\psi_c = 1 - \left(\frac{1.704}{\sqrt{n}} + \frac{4.678}{n^2}\right)\delta_c \tag{5-7}$$

式中　φ_k,c_k——内摩擦角和黏聚力标准值;

ψ_φ,ψ_c——内摩擦角和黏聚力的统计修正系数;

φ_m,c_m——内摩擦角和黏聚力的试验平均值;

δ_φ,δ_c——内摩擦角和黏聚力的变异系数;

n——试验数据的统计个数。

通过三轴压缩试验,可以获得三种不同试验方法的煤矸石抗剪强度指标,见表 5-12 和表 5-13。

表 5-12　煤矸石内摩擦角统计表

统计指标	φ_{uu}	φ_{cu}	φ'	φ_{cd}
统计个数	12	6	6	3
范围值/(°)	37.2～42.1	27.2～33.6	31.0～39.9	43.8～44.3
平均值/(°)	39.7	29.8	33.3	44.1
标准差/(°)	1.808	2.103	3.326	—
变异系数	0.04	0.07	0.09	—
标准值/(°)	38.7	28.1	32.6	—

表 5-13　煤矸石黏聚力统计表

统计指标	c_{uu}	c_{cu}	c'	c_{cd}
统计个数	7	6	6	3
范围值/kPa	1.2～6.5	58.5～166.5	32.3～150.0	24.5～33.1
平均值/kPa	3.17	122.3	83.8	29.0
标准差/kPa	1.912	44.279	43.179	—
变异系数	0.60	0.36	0.51	—
标准值/kPa	1.7	85.8	48.4	—

　　煤矸石的抗剪强度是颗粒之间的滑动摩擦、咬合作用及颗粒破碎后重新定向排列的综合反映。剪切过程中,颗粒之间的滑动摩擦力基本保持不变,咬合作用随颗粒间法向应力增加而减小,颗粒破碎随颗粒法向应力增加而增加。由于颗粒重新定向排列需吸收部分能量,导致煤矸石的抗剪强度指标在峰值以后随法向应力增加而减小。由于煤矸石颗粒的磨圆度较差,剪切时颗粒之间的咬合力大,故试验结果表现为一定的“黏聚力”。

五、浸水对煤矸石地基稳定性的影响

(一)煤矸石的风化和潮解

　　在地表或接近地表的常温条件下,岩石发生的崩解或蚀变,称为风化。风化作用产生的后果是降低了岩石的强度和稳定性,改变了岩石原有的工程性质。潮解是指某些物质在空气中吸收水分,使得表面逐渐变得潮湿、滑润,最后物质就会从固体变为该物质的溶液。

　　煤矸石的风化程度取决于其所处条件和密度。暴露在大气中的表层煤矸石,当温度在冰点以上时会迅速风化,在表层 0.3 m 以下的煤矸石,由于不与空气接触,基本不发生风化现象(李东升等,2016)。煤矸石的密度越大越不易风化,表层的风化层越小。压实煤矸石是避免其风化和潮解的一种有效方法。同时,在其他室外堆积的地方,也挖开进行检查及取样分析,证明埋在地表 300 mm 以下的煤矸石基本上没发生可以观察到的物理变化,而埋在地表下 300 mm 之内的煤矸石,有风化现象出现(呈粉末状)。

　　潮湿的煤矸石处于冷热交替的环境下会迅速潮解,干燥状态下的煤矸石浸入水中会发生潮解,达到一定程度后就不再出现潮解现象,煤矸石处于干湿交替的冻融循环条件下更易潮解,但潮解后体积和重量变化不大。

（二）浸水对煤矸石压缩性影响试验分析

本项试验研究是在实验室进行的，压缩试验为一圆筒，直径为 300 mm、高度为 180 mm，试验允许试样最大粒径为 60 mm，因此，需将煤矸石原级配进行缩尺。根据《土工试验规程》规定，缩尺方法采用相似级配法，试样控制干密度为 1.85 g/cm³，煤矸石在干料状态和浸水饱和状态下的孔隙比、压缩系数、压缩模量和压力之间的变化曲线详见图 5-6～图 5-8，试验结果见表 5-14。

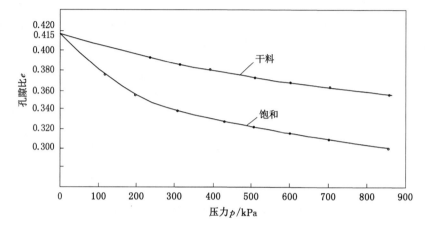

图 5-6   煤矸石 e-p 曲线

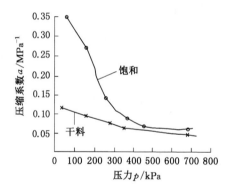

图 5-7   煤矸石 a-p 曲线

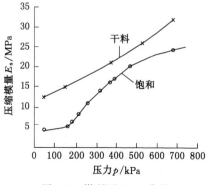

图 5-8   煤矸石 E_s-p 曲线

表 5-14　煤矸石压缩试验结果

试样条件		试验参数	压力等级						
干密度/(g/cm³)	饱和状态		1	2	3	4	5	6	7
1.85	干料	压力/kPa	0	78	233	311	389	505	855
		孔隙比	0.416	0.407	0.392	0.386	0.381	0.373	0.357
		压缩系数/MPa⁻¹	0.115	0.097	0.077	0.064	0.069	0.046	
		压缩模量/MPa	12.4	14.8	16.0	21.9	21.3	31.3	
1.85	饱和	压力/kPa	0	117	194	311	428	505	855
		孔隙比	0.416	0.375	0.354	0.338	0.328	0.323	0.302
		压缩系数/MPa⁻¹	0.35	0.27	0.14	0.085	0.065	0.06	
		压缩模量/MPa	4.0	5.1	11.0	16.0	20.4	24.4	

从图 5-6 的两条曲线可以看出,浸水饱和状态下的煤矸石,随着上部压力的增大,其孔隙比比干燥状态相同压力下的值明显减小。这说明煤矸石浸水饱和后,在上部压力作用下,煤矸石的密实程度得到进一步提高。

从图 5-7 的曲线分布可以看出:在干料状态下,煤矸石的压缩系数随上部压力的增大变化不大,基本上是属于低压缩性地基土;当浸水饱和后,其压缩系数明显增大,变为中压缩性地基土,但是随着上部压力的增大,其压缩系数明显降低,当上部压力大于 300 kPa 时,其基本上恢复为低压缩性地基土。

从图 5-8 可以看出:在干料状态下,煤矸石的压缩模量 E_s 值随着上部压力的增大而提高,在浸水饱和后,其压缩模量普遍降低,但是其随压力增大而提高的变化趋势不变。

综上所述,浸水饱和后,煤矸石的压缩性增大,由低压缩性变为中压缩性地基土,但随着上部压力的增大,其抗压缩的能力在逐渐提高,当上部压力达到 300 kPa 之后,其基本上恢复为低压缩性地基土。

(三)煤矸石地基浸水引起地基下沉

煤矸石浸水后降低了其抵抗压缩变形的能力,从而使建筑与地基之间的力学平衡受到破坏,在建筑荷载的作用下,煤矸石地基会产生压缩变形,即产生地基下沉(黄乐亭等,1996)。

假定地基土压缩时不允许侧向变形(膨胀),即采用完全侧限条件下的压缩性指标,为了弥补这样计算得到的沉降量偏小的缺点,取基底中心点下的附加应力 σ_z 进行计算。煤矸石的压实垫高取 1 m,煤矸石垫层地基的最终沉降量可用下式计算:

$$S = \frac{e_1 - e_2}{1 + e_1} H \tag{5-8}$$

式中　H——煤矸石垫层压实前的厚度,mm;

e_1——根据煤矸石垫层顶面处和底面处自重应力的平均值 σ_c,从图 5-6 的压缩曲线上查得相应的孔隙比;

e_2——根据煤矸石垫层顶面处和底面处自重应力的平均值 σ_c 与附加应力平均值 σ_z(地面建筑荷载)之和,从图 5-6 的压缩曲线上查得相应的孔隙比。

已知煤矸石试料的干密度为 $\rho_d = 1.85 \ \text{g/cm}^3$,比重 $G = 2.62$,因此,饱和密度为:

$$\rho_{sat} = \rho_d + n = \rho_d + 1 - \frac{\rho_d}{G} = 1.85 + 1 - 1.85/2.62 = 2.14(\text{g/cm}^3) \tag{5-9}$$

式中 n——煤矸石的孔隙率。

煤矸石垫层顶面处和底面处自重应力的平均值为:

干料状态:

$$\sigma_c = \frac{1}{2}\rho_d gH = \frac{1}{2} \times 1.85 \times 10^3 \times 9.8 \times 1.0 = 9.065 \ (\text{kPa}) \tag{5-10}$$

饱和状态:

$$\sigma_{bc} = \frac{1}{2}\rho_{sat} gH = \frac{1}{2} \times 2.14 \times 10^3 \times 9.8 \times 1.0 = 10.486 \ (\text{kPa}) \tag{5-11}$$

地面建筑荷载分别取 100 kPa、200 kPa、400 kPa、600 kPa 和 800 kPa,根据图 5-6 上的两条曲线分别求取对应的 e_1 和 e_2 值,列入表 5-15,采用式(5-8)求得两种状态下的沉降量,并绘成曲线图。

图 5-9 为煤矸石浸水前后的压缩沉降曲线,浸水饱和后会使建筑地基的下沉增大,建筑荷载在条形基础上的分布差异不大,其下沉也基本上是均匀的,不会因此而使建筑物产生损坏。

表 5-15   煤矸石垫层浸水前后压缩沉降量

地面建筑荷载/kPa	干料状态				饱和状态				浸水沉降增量
	e_1	e_2	H/mm	S_d/mm	e_1	e_2	H/mm	S_{sat}/mm	$S_{sat} - S_d$/mm
100	0.415	0.404	1 000	7.8	0.411	0.378	1 000	23.4	15.6
200	0.415	0.394	1 000	14.8	0.411	0.352	1 000	41.8	27.0
400	0.415	0.379	1 000	23.3	0.411	0.329	1 000	58.1	32.7
600	0.415	0.368	1 000	33.3	0.411	0.315	1 000	68.0	34.8
800	0.415	0.359	1 000	39.6	0.411	0.304	1 000	75.8	36.2

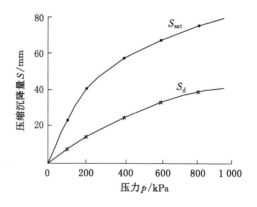

图 5-9   煤矸石浸水前后压缩沉降曲线

第二节 煤矸石建筑地基处理技术

由于煤矸石在充填采煤沉陷区时,采用倾倒或管道自流充填,未进行人工压实处理,则该类型的充填场地地基土孔隙较大,压缩性大且承载力较低(陈利生等,2014)。故需要对这种场地进行地基处理以消除不利影响,从而达到工程建设利用的目标。地基处理就是按照上部结构对地基的要求,对地基进行必要的加固或改良,提高地基土的承载力,保证地基稳定,减少房屋的沉降或不均匀沉降(张清峰等,2013;仝炳炎等,2009)。地基处理的优劣,关系到整个工程的质量、造价与工期,直接影响着建筑物和构筑物的安全。各种不同的地基处理方法,都有其适用性。针对不同的地基情况应恰当地选择不同的地基处理方法。地基处理方法包括强夯法、换填垫层法、桩基础等方法。

一、煤矸石回填地基强夯加固处理技术

(一)煤矸石回填场地及建筑物概况

选取岱河矿南部矸石 6 场煤矸石回填场地进行四层综合实验楼建筑试验。该综合实验楼包括北大厅、前厅和南楼。北大厅长 20.17 m、宽 11.17 m、高 12.10 m,为两层框架结构。门厅为四层混合结构,南北长为 11.47 m、东西宽为 8.82 m、高为 14.83 m。南楼为三层混合结构,长 32.77 m、宽 8.77 m、高 11.53 m。整个实验楼的总建筑面积为 1 635 m²。该综合实验楼所在场地煤矸石回填厚度为 5.1 m。由于煤矸石回填时采用自然倾倒一次回填方法,其地基压缩性较大,承载力不能满足建筑要求。故采用强夯法对煤矸石地基进行加固处理。

(二)强夯加固机理

强夯法适用于处理碎石土、砂土、低饱和度的粉土与黏性土、湿陷性黄土、素填土和杂填土等地基。强夯法具有加固效果显著、适用土类广、设备简单、施工方便、节省劳力、施工期短、节约材料、施工文明和施工费用低等优点。

因土的类型不同,强夯加固的机理亦有所不同。对于粗颗粒、非饱和的土体,通过强夯法给土体施加动力荷载,能使土的骨架变形,土体孔隙减小而变得密实,非饱和土的夯实过程,就是土中的空气被挤出的过程。由于提高了土的密实度,土体抗剪强度提高,压缩性减小。因此强夯法加固处理多孔隙、粗颗粒、非饱和土体,其机理实质是动力密实。对于饱和的细颗粒土,强夯法处理机理则为动力固结。当巨大的冲击能量施加于土体后产生很大的应力波,存在于土体中的微气泡体积压缩,从而使土体体积得到压缩,土体体积压缩后孔隙水压力增加,当增加至上覆压力值时,土体产生液化(局部液化),之后土体结构遭到破坏,使土体产生很多裂隙,改善土体透水性能,使孔隙水顺利逸出,待孔隙水压力消散后,土体固结,强度提高,压缩性减小。

(三)煤矸石地基的强夯试验

1. 起重设备

根据煤矸石垫层的回填情况,选定重锤质量为 9.2 t,落距为 8.7 m,起重设备选用履带式起重机,最大额定起重质量为 16 t,强夯施工时采用自动脱钩装置。

2. 重锤

重锤为方形,底面积为 3.61 m²(1.9 m×1.9 m),高度为 0.8 m,外壳为钢板,内焊钢筋网,浇筑混凝土,为了克服提升时地基土与锤之间的强大吸附力,避免增加起重机的负荷能力,在锤底设有 4 个直径为 100 mm 的排气孔。

3. 自动脱钩装置

强夯重锤采用自动脱钩装置,可实现使用小吨位吊车也能进行强夯的目的。自动脱钩的原理是将吊车钩套入吊钩环开钩锁柄,用 φ9 mm 钢丝绳,通过吊车钩上固定的滑轮,将尾端固定在支座附近,作为开钩拉绳,当夯锤升到预定的高度时,拉绳即刻绷紧,由拉绳带动开钩锁柄,夯锤在重力作用下,离钩自由落下。

4. 夯击能

采用强夯法加固地基时,合理地选择夯击能量对提高夯击效率很重要。选择的依据是场地的地质条件和工程使用要求,按如式(5-12)去估计加固深度,从而选定锤重、落距与相应的夯实设备。夯击能为重锤的质量与落距的乘积。

加固深度:

$$h = k \sqrt{mH} \tag{5-12}$$

式中 k——有效加固深度修正系数,一般为 0.5~0.8,根据现场试验取 0.7;

m——重锤的质量,t;

H——落距,m。

重锤落距按 9 m 计,则算得本次强夯处理的影响深度约为 6.4 m。

5. 强夯夯击次数的确定

为取得强夯处理的设计数据,先在拟建试验楼场地选两个点位进行强夯试验,每个点位夯击 9 次,从试验结果看,第一夯约沉降 200 mm,末一夯只沉降 40 mm,总下沉量约为 900 mm,同时对强夯前后 0.8 m 深的煤矸石进行了试验,由于强夯压密,容重由 19.25 kN/m³,增加为 21.2 kN/m³,增加约 10%。根据这些试验结果,设计试验楼煤矸石地基的夯击次数为 11 次。

(四)强夯后煤矸石地基承载力测试

对煤矸石地基进行强夯后,对该点位又进行了载荷试验,试验结果见表 5-16。

表 5-16   强夯后煤矸石地基载荷试验数据

N_0	1	2	3	4	5	6	7	8	9	10	11	12	13	14
p/kPa	25	50	75	100	125	150	175	200	225	250	300	350	400	450
S/mm	0.34	1.02	1.82	2.8	3.61	4.16	4.7	3.21	6.02	6.8	8.15	9.25	10.78	12.78

根据表 5-16 中数据绘制的强夯后载荷试验 p-S 曲线见图 5-10 所示。由图 5-10 可知,从试验开始到终止,一直是弹性变形,p-S 曲线近似为直线。因试验未能进行到出现比例极限点,故仍按变形控制法确定允许承载力,即按 $S/b=0.017\,5$ 求得 $S=14$ mm,从图中可得强夯后煤矸石地基的允许承载力为 430 kPa。

(五)煤矸石回填地基长期稳定性研究

对于煤矸石回填地基上所建建筑物的长期稳定性,通过建立建筑物及地表沉降观测点

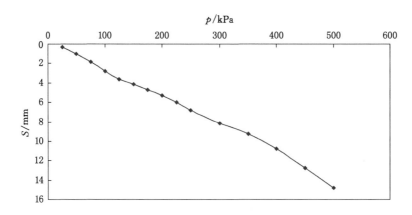

图 5-10 强夯后煤矸石地基载荷试验 p-S 曲线

进行了相关科学研究。

1. 观测站的建立

为了研究煤矸石地基上综合实验楼的沉降规律,在该建筑及地表分别设置了沉降观测点。建筑物水准点共 22 个,预埋在建筑物的基础和墙体之间。地面水准点分为 2 组,一组距墙 2 m 为内排(12 个),一组距内排 5 m 为外排(16 个),基本上每一个墙上点对应有两个地面水准点。地面水准点采用水泥预制,按设计埋在楼的四周。实验楼沉降观测站平面图见图 5-11。

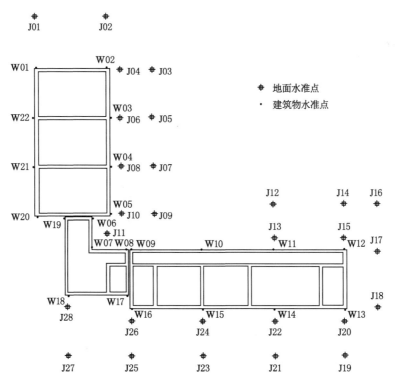

图 5-11 实验楼沉降观测站平面图

2. 观测方法

该站于 1984 年 11 月 12 日建站,11 月 17 日进行首次观测。在建筑施工期间每周进行全面水准观测一次。楼房主体工程建成后的半年时间里每半个月观测一次,以后每个月观测一次。1987 年根据沉降情况每半年观测一次。

3. 沉降分析

煤矸石地基建筑物的沉降规律与建筑物下采煤的沉降规律不同。因为建筑物下采煤随着工作面的推进,建筑物所受的是一个横向动态的下沉影响,它的倾斜、曲率和水平变形变化较大,而煤矸石地基建筑物的沉降只是一个由建筑物本身自重产生的下沉、倾斜、曲率等变化。

煤矸石地基上的建筑物下沉与时间有一定函数关系,其沉降与时间关系曲线见图 5-12。由图 5-12 可见,经过两年后科研楼已趋于稳定。

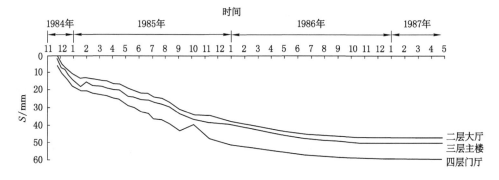

图 5-12 实验楼沉降-时间曲线

1987 年后,由于部分测点遭到破坏,其观测数据缺失。在此仅给出未被破坏测点分别在 1984 年、1989 年、1995 年和 2012 年的长期观测成果,见表 5-17。根据《建筑变形测量规范》(JGJ 8—2016)相关规定,当最后 100 d 的沉降速率达到 0.01～0.04 mm/d 时可认为已进入稳定阶段。建筑沉降速率达到 0.01～0.04 mm/d 时可认为已进入稳定阶段。表 5-17 中测点实际平均下沉速度为 0.001～0.002 mm/d,远小于规范规定,因此可以认为综合实验楼已经达到稳定状态。

表 5-17 综合实验楼部分测点长期观测成果表

观测日期 点名	1984-11-17 高程/m	1989-09-22 高程/m	下沉/mm	1995-05-10 高程/m	下沉/mm	2012-12-23 高程/m	下沉/mm	累计下沉量/mm	1995-05-10—2012-12-23 期间平均下沉速度/(mm/d)
W20	33.913 1	33.826 8	−86.3	33.778 0	−48.8	33.766 9	−11.1	−146.2	0.002
W19	33.945 7	33.853 6	−92.1	33.795 0	−58.6	33.786 8	−8.2	−158.9	0.001
W16	33.942 4	—	—	—	—	33.777 9	—	−164.5	—
J27	33.877 4	33.801 9	−75.5	33.753 0	−48.9	33.743 5	−9.5	−133.9	0.002
J25	33.722 2	33.648 3	−63.9	33.608 0	−50.3	33.600 1	−7.9	−122.1	0.001
J21	33.703 9	33.624 9	−79.0	33.573 0	−51.9	33.555 4	−17.6	−148.5	0.003

通过对综合实验楼的调查得知：一楼至今未发现裂缝；二楼出现 2 条裂缝，宽度为 2.5 mm，三楼发现 4 条裂缝，宽度均小于 2 mm。其损坏情况均在《建筑物、水体、铁路及主要井巷煤柱留设与压煤开采规范》所规定的Ⅰ级变形以内。

通过对科研楼的长期沉降观测证明，在沉陷区煤矸石回填场地经过强夯处理地基建造多层建筑在技术上是可行的。这对在采煤沉陷区煤矸石回填地基上建造更高的大型建筑提供了工程实践经验。

二、煤矸石地基分层回填分层压实处理技术

(一)煤矸石地基分层回填处理工艺

分层振动压实法对大面积分层回填的煤矸石垫层的处理既经济又合理，压实效果理想，不仅能提高煤矸石垫层的密实度和承载力，而且由于分层压实大大降低了孔隙率，隔绝了空气，可防止煤矸石地基自燃、风化及有害物质的析出。其工艺步骤如下。

1. 疏排沉陷区积水

为了实现所填煤矸石均做到分层回填、分层振动压实，应将填矸区积水全部排出，实行无水排矸作业。

2. 剥离表土择区堆存

在煤矸石充填前，分区、分块段将煤矸石预充填非积水区的土源剥离，择区堆存。取土区应选择地势较高的区域，以保持填矸区地势平整，使填矸厚度基本一致，以利于煤矸石分层回填施工。若充填区地表有宜于耕植的腐殖土，要将其剥离堆存于土场，作表层覆土之用。

3. 积水坑清淤工艺

将积水坑积水疏干后，用泥浆泵或水力挖塘机组清除坑底淤泥，避免煤矸石等固体废物充填后滑移和分层碾压时翻浆而影响工程质量。

4. 煤矸石地基处理

实践证明，自然回填未经压实处理的煤矸石沉缩量很大，在未经处理的煤矸石回填层上建造的建筑物会因地基不均匀沉降而产生破坏，所以自然回填的煤矸石必须经过压实处理，才能在其上建造建筑物。

范各庄乡尖角新村地势比较平坦，沉陷积水较浅，施工条件较好，为了达到较好的煤矸石地基压实处理效果，为煤矸石地基防自燃处理提供条件。范各庄乡尖角新村复垦区煤矸石地基采用煤矸石与土分层充填、分层振动压实方法。

尖角新村分区分层进行"回填、层面平整、压实、检测、验收"为一个单循环，力争在一个分区或几个分区内形成流水作业、优化施工的良性循环。分层填筑的厚度依据回填材料和压实机械综合考虑确定，分层厚度以水准测量控制，压实情况通过现场碾压试验确定，施工中以压实遍数进行控制，最终压实遍数则以专人记录为准。需要注意以下几点：

(1)耕植土、有机土不得作建筑地基土。为此，回填复垦区的表土包括塘坡、坑坡的表土，一律剥离不小于 0.3 m，有杂草、庄稼、树木的地方要清除干净。剥离的表土可堆存用于表层覆土，有污染的土源及生活垃圾不得用于回填复垦区。

(2)回填水塘时，先排水、清淤。回填的部分在排水、清淤之后，塘底层可用煤矸石或建筑废墟(不准夹带生活垃圾)垫底，下部煤矸石回填标高控制在 +28.2 m 以下，分层碾压后

再用煤矸石分层回填。

(3) 分层回填。煤矸石分层厚度一般为 0.4~0.5 m,小于此层厚可以,但不可大于此分层的上限;分层回填时,相邻分区之间原则上要求只相差一个分层,且边界应设置 1:4 的过渡缓坡;当一个分区具备先回填到设计标高的条件,且其相邻分区回填工作受限时,则分区回填边界要进行专门处理,如留设过渡带等。

(4) 分层平整。每一个分层都应认真平整,为使推土机平整施工时准确掌握该层厚度,可以在区内设立若干标记作为平整场地的参照物。

为了防止雨后场地内部积水,平整场地应尽量做到有一定坡度,使雨水排向场地外,以免延误施工。

(5) 分区分层压实。压实达标是保证地基有足够强度和稳定性的重要技术措施,是确保工程质量的关键,应精心组织、精心施工。平整、高程测量经检测合格后方可进行碾压。

(二) 分层振动压实法工艺

振动压实法是利用振动压实机械在地基表面施加振动冲击力,以振动压实浅层松散土的地基处理方法,振压冲击力可为机身重量的 2 倍。振动压实法适用于分层回填煤矸石地基的处理。煤矸石地基的振动效果取决于煤矸石的工程性质、颗粒级配、分层厚度、振压机械的振压冲击能和振压遍数等。

1. 振压机的选择

煤矸石地基压实效果的好坏,与振压机的技术参数和特性有关。振压机的静重增加,而其他参数不变,施加给地面的静态和动态压力,基本上与其静重成正比,影响压实深度大致上与振轮的重量成正比。频率和振幅对振压效果影响也很大,如果在频率范围内增大振幅,将会使压实效果和影响深度显著提高。碾压速度对压实效果也有显著影响,如果厚度一定,传递到被压材料内的速度与遍数成正比例。

选择振压机时,还要考虑到振压机的振动质量。振动质量越大,影响越深,可压实厚度越大。大质量的振压机使材料容易达到要求的密实度,在所有其他因素相同的情况下,用大质量的振压机所需要的振压遍数少。另外,还要考虑经济条件,振动质量越大的振压机所需费用越高。

经综合分析,选择了 93 kN 的 CA25 型振动压路机,振动轮直径为 1 523 mm,宽度为 2 134 mm,重量为 49 kN,高振幅击力为 198 kN,振动频率为 30 Hz。

2. 振压层厚度的选择

煤矸石的分层厚度对压实效果影响很大,用同一振压机械进行振压,随着分层厚度的增加,压实效果逐渐变差,当分层厚度增加到一定程度时,即使振压遍数增加,其下部的压实密度也不可能再提高。当分层厚度过小,振压机械的工作效率低,经济上不合理,而且会出现压实效果变差的现象,煤矸石振动压实分层厚度可根据下式估算:

$$H = 0.5Q - 120 \tag{5-13}$$

式中　H——煤矸石分层厚度;

　　　Q——振压机械能力。

尖角新村复垦区煤矸石分层回填厚度为 0.50 m(除最底层外)。

3. 振压遍数的确定

在其他条件一定的情况下,振压遍数越多压实效果越好,但振压遍数达到一定值后,煤矸石层已基本稳定,而再增加振压遍数不但不能起到进一步压实的作用,反而会影响压实效果,而且经济上也不合理,所以在施工之前要通过试验,确定最佳振压遍数。根据国内外振压试验研究结果,振压和行走2～10遍的压实效果非常明显,10趟之后效果一般,5～8遍效果最佳,本项工程通过现场试验,确定振压遍数为8。

4. 振动压实主要技术参数

振动压实主要技术参数包括:振压能力为120～200 kN,分层厚度为0.4～0.8 m,振动频率为25～50 Hz,振压遍数为5～8遍,相对密度大于95%～97%,含水量为7%～11%,煤矸石粒径小于200 mm。

当煤矸石中硫化铁含量大于2%时,采取每回填一定厚度的煤矸石铺设一层黏土或粉煤灰等处理措施,就可防止煤矸石自燃。

尖角新村复垦区面积较大,采用分区、分层进行回填,回填煤矸石采用自卸式汽车运输,推土机整平,振动压路机振动压实。分层回填的过程中,配合密度仪进行充填煤矸石的密度检测。煤矸石回填至+26.5 m时进行地基载荷试验,确定地基承载力,为今后村庄建筑物设计提供依据。

5. 煤矸石地基边坡处理

为使煤矸石地基边坡具有良好的稳定性,并有利于绿化,煤矸石边坡采用1∶1.5放坡,边坡煤矸石也应进行人工整理与夯实,边坡煤矸石覆土厚度为0.5 m。

6. 施工机械设备及煤矸石密实度测量设备

煤矸石回填压实使用如下设备:装载机(在煤矸石山为自卸卡车装煤矸石)、自卸卡车(运输煤矸石)、推土机(根据设计煤矸石分层厚度进行整平)、120～200 kN振动压路机(分层碾压充填煤矸石)、大流量抽水泵、铲运机(运输土)等。煤矸石密实度测量使用如下设备:密度测定器、台秤和天平、取料器等。

第三节　煤矸石道路地基处理技术

煤矸石中含有一定活性物质,具有较好的路用性能和强度,煤矸石可用于公路的路基填料、边坡防护、处理不良土质路段和桥背填土等。利用煤矸石作筑路材料有很多优点:首先,煤矸石在道路工程中用量比较大,而且技术手段简单,无须做特殊处理;其次,对煤矸石的种类和品质要求不高,适用于多种类型的煤矸石。因为煤矸石种类、成分的不同,造成不同煤矸石强度存在很大差异,用于公路建设的煤矸石一般要求有机质含量和烧失量均小于15%,作为路基填料时还需注意剔除或粉碎粒径特别大或粒径超过摊铺厚度的煤矸石。选择吸水量大的煤矸石处理不良土质路段,可以达到更佳的处理效果。合理利用煤矸石作公路建设材料可以降低建设成本。通常在煤矿区煤矸石堆存量大,按照就近取材的原则,矿区周边的公路工程可优先考虑采用煤矸石作为路基的填料,除了普通公路外,新建矿井的进场公路更可采用,既节约资金、保护环境,又能有效改善进场公路的道路状况,减少路面损坏,延长其使用寿命。

筑路修道煤矸石作为筑路基料,具有很好的抗风雨侵蚀性能,其强度、冻稳性和抗温缩防裂性均能满足多种等级公路的规范要求,而且有些混合料的性能还优于常用的基层材料。尤其"红矸石"(燃烧过的煤矸石),可用于空地和公共广场表面装饰、铺路或用于停车场,与铝土矿物混合起来,可以制成满意的防滑路面。在路基、地基、坝基建设中,可以降低修筑成本,改善环境,减少所占土地面积,是大量处理、综合利用煤矸石的一条重要途径。

一、煤矸石及其灰渣作公路路基材料处理技术

根据《公路路基施工技术规范》(JTG/T 3610—2019)和《公路路基设计规范》(JTG D30—2015)对路基填料的要求,煤矸石要作为路基填料,需满足以下条件。

(一)对材料的技术要求

1. 级配要求

路基填筑对填料级配要求不是十分严格,但一定要密实。在实际施工中,不是所有煤矸石都可以满足以上要求,应当从以下方面进行甄选:

(1)从承载力和稳定性上来讲,应采用硬质煤矸石,禁止使用泥结煤矸石。铺筑硬质煤矸石,经过洒水碾压能形成密实结构;而使用泥结煤矸石,在洒水后其强度会迅速下降,碾压过程中产生黏轮,甚至产生翻浆现象。因此需禁止使用泥结煤矸石,否则会导致路基承载力下降,影响道路使用性能。

(2)煤矸石是由各种粒径的颗粒组成,各粒径所占比例由各地区地质情况的不同而没有固定的比例。与级配较差,特别是大颗粒所占比例较大的煤矸石相比,选用自然级配较好的煤矸石经过碾压后产生的结构应更致密。

2. 力学指标

依据路基规范中对填石路基压碎值要求,煤矸石路基压碎值宜小于或等于30%,石料单轴抗压强度不应小于15 MPa,加州承载比CBR值和压实度要求具体见表5-18。

表 5-18 煤矸石路基材料要求

项目分类	路面底面以下深度/m	填料最小强度(CBR)/%			压实度/%		
		高速一级公路	二级公路	三、四级公路	高速一级公路	二级公路	三、四级公路
上路床	>0~0.3	8	6	5	≥96	≥95	≥94
下路床	>0.3~0.8	5	4	5	≥96	≥95	≥94
上路堤	>0.8~1.5	4	3	3	≥94	≥94	≥93
下路堤	>1.5	3	2	2	≥93	≥92	≥94

注:表列压实度是按《公路土工试验规程》(JTG 3430—2020)重型击实试验法求得的最大干密度的压实度。

3. 稳定性要求

(1)煤矸石具有潜在的膨胀不稳定性,应限制其膨胀率。膨胀率过大时,路基会发生较大变形,面层会产生开裂。经过查阅相关资料,其膨胀率应小于40%。当膨胀率过大时,可考虑掺黏土。

(2)经过长期的地质演变,煤矸石中各种化学物质较多,作为路基填料,应确保有利于路基稳定的化学物质的含量。主要应控制以下方面:

① 煤矸石中氧化硅、氧化铝、氧化铁等氧化物总含量要大于80%,氧化物含量较高,其剩余氧化反应才不会对路基产生较大影响。

② 烧失量不应超过 20％。由于煤矸石含固定碳及挥发分较高,易发生自燃,因此有必要对烧失量作出规定。基于此原因,填筑路基煤矸石使用已经燃烧过,即红色或黄色煤矸石的效果最佳,灰褐色煤矸石次之。

③《路基设计规范》中规定有机质含量超过 25％的土不得用于路基填筑,对于煤矸石,对路基稳定不利的有机质含量应当更严格要求,应不超过 15％。

④ 煤矸石中不应含有强崩解性的填料。崩解性太强,会对路基料料间黏结程度造成破坏。

(二)煤矸石路基施工工艺

煤矸石堆中,粗大颗粒占比例较大,细料含量较少,所以煤矸石路基的施工可以参照填石路基和施工进行。但因其物理和化学性质毕竟不同一般石质材料,因此还需采取特殊措施。

煤矸石填筑路基的工艺流程为:基底处理、包边土施工、煤矸石储运、摊铺、碾压、效果检测。在煤矸石原材料合格的情况下,摊铺厚度、含水量、压实度是影响煤矸石路基质量的重要因素。

1. 基底处理

应按照《公路工程质量检验评定标准 第一册 土建工程》(JTG F80/1—2017)对煤矸石施工前的路基进行检测,原地面应进行清理、整平、压实;应对现场的水文和地质情况进行调查,并视不同情况进行以下处理:

(1)干燥地段

对于干燥和排水良好的地段,铺筑前需对原地面进行整平、压实,使之达到规范要求的平整度和压实度。验收合格后,应用黏土做 20 cm 厚的 3％的土质路拱,以便施工过程中排出雨水或地表水,并密封地下水,为煤矸石的填筑提供条件。

(2)潮湿地段

若原地面清理后土壤含水量很大,经翻晒后仍然偏大,无法压实,出现大面积翻浆现象,可取用较大块的煤矸石进行处理。具体情况如下:

在原地面铺一层厚度为 30 cm 左右、料径在 10～12 cm 左右的大块煤矸石,用大吨位振动压路机碾压 4～5 遍。如仍不稳定,采用同样方法再铺 1～2 层即可满足要求。

将潮湿路段犁开后加入红色煤矸石后进行碾压,若潮湿层较厚,则直接挖除换填煤矸石。

按照规范规定,处理后的路基应满足表 5-19 的要求。

2. 包边土施工

在煤矸石摊铺前应首先摊铺包边土。煤矸石路基在空气和水的作用下,易发生自燃和质的变化,因此其边坡防护的要求应比填土路基更加严格。包边土应用易于植被生长的黏土,以塑性指数不小于 15 为宜。包边土宽度不应小于 1 m,确定摊铺厚度时应注意黏土与煤矸石不同的虚铺系数。

3. 煤矸石储运

选用煤矸石除需满足前文要求的物理、化学性能外,还需注意颗粒直径不应过大,尽量提前调节好含水量。

表 5-19　土方路基实测项目

项次	检查项目			规定值或允许误差			检查方法和频率	权值
				高速公路	其他公路			
				一级公路	二级公路	三、四级公路		
1△	压实度 /%	零填及挖方/m	0～0.30	—	—	94	按附录 B 检查 密度法:每 200 m 每压实层测 4 处	3
			>0～0.80	≥96	≥95	—		
		填方/m	>0～0.80	≥96	≥95	≥94		
			>0.80～1.50	≥94	≥94	≥93		
			>1.50	≥93	≥92	≥90		
2△	弯沉(0.01 mm)			不大于设计要求值			按附录 I 检查	3
3	纵断高程/mm			大于 10 或小于 15	大于 10 或小于 20		水准仪:每 200 m 测 4 断面	2
4	中线偏位/mm			50	100		经纬仪:每 200 m 测 4 点,弯道加 HY、YH 两点	2
5	宽度/mm			符合设计要求			米尺:每 200 m 测 4 处	2
6	平整度/mm			15	20		3 m 直尺:每 200 m 测 2 处×10 尺	2
7	横坡/%			±0.3	±0.5		水准仪:每 200 m 测 4 个断面	1
8	边坡			符合设计要求			尺量:每 200 m 测 4 处	1

注:① 表列压实度以重型击实试验法为准,评定路段内的压实度平均值下置信界限不得小于规定标准,单个测定值不得小于极值(表列规定值减 5 个百分点)。小于表列规定值 2 个百分点的测点,按其数量占总检查点的百分率计算减分值。② 采用核子仪检验压实度时应进行标定试验,确认其可靠性。

运输煤矸石时应尽量利用机械装车、大吨位汽车运输,并采取防止扬尘措施,做好环境保护。

4. 煤矸石摊铺

煤矸石应按水平分层法填筑,即按横断面全宽水平分层填筑,摊铺厚度不应超过 35 cm。摊铺过程中,应对超过 15 cm 的大块煤矸石进行破碎或移除至路基外。对于较大块煤矸石集中处和与包边土结合处,应补充细料填充,确保级配良好。

摊铺后应检测煤矸石含水量,若超出最佳含水量±2% 的范围,应进行晾晒或洒水。洒水量应按照以下公式进行计算:

$$M = (W - W_0) \times Q/(1 + W_0) \qquad (5\text{-}14)$$

式中　M——所需洒水量,kg;

　　　W——最佳含水量;

　　　W_0——天然含水量;

　　　Q——需洒水煤矸石的质量,kg。

5. 煤矸石碾压

级配良好的煤矸石与碎石相似,其压实特性都是由骨料中的细料和细骨料对骨料中的空隙填充决定,因此应使用振动压路机进行碾压。通过振动压路机的共振碾压,可以有效减少煤矸石颗粒中的空隙,增大其密实度。煤矸石压实的原则可以参考填土压实原则,即"先静后动,先轻后重,先慢后快,先边后中,先低后高"。应根据压实度的要求,先在试验段确定适宜的压实机械吨位和具体碾压遍数后再大面积进行碾压作业。我试验小组总结的以下数据可供参考:

（1）静压

将 1 台 30 t 振动压路机从路面两边往中间静压 1 遍,轮迹与上一次重叠 40 cm 以上,速度控制在 2～3 km/h。

（2）稳压

开弱振碾压 1 遍,轮迹重叠 1/2,速度为 3～4 km/h。

（3）强振

开强振碾压 4 遍,轮迹重叠 2/3,速度为 3～4 km/h。

（4）消痕和局部处理

静压多次进行消痕,速度为 2～3 km/h。对于局部边角地带,应人工配合小型机械压实到要求的压实度。

6. 效果检测

在煤矸石填筑效果检测中,除一般的标高、宽度、横坡等项目外,需特别重视压实度和弯沉检测。

（1）压实度检测

煤矸石填筑路基后,由于较大粒径的煤矸石被压碎,基本处于土石混合的状态,因此按一般施工单位的检测设备,可以用灌砂法和水袋法检测。但该法存在代表性较差、数据离散性大、费时费力的特点。对于大面积施工,则需参考填石路基的沉降量法控制压实度。

① 灌砂法和水袋法:应按照《公路工程质量检验评定标准　第一册　土建工程》(JTG F80/1—2017)规定的频率进行取样。当施工段落短时,应每点都合格,且样本不少于 6 个;当施工段落长时,应求其代表值进行评定。代表值 K 的计算式为:

$$K = k - ta \cdot S/\sqrt{n} \geqslant K_0 \tag{5-15}$$

式中　k——检验评定段内各测点压实度的平均值;

ta——t 分布表中随测点数和保证率(或置信度 a)而变的系数;采用的保证率:高速、一级公路中基层、底基层为 99%,路基、路面面层为 95%;其他公路中基层、底基层为 95%,路基、路面面层为 90%;

S——检测值的标准差;

n——检测点数;

K_0——压实度标准值。

路基、基层和底基层:$K \geqslant K_0$ 且单点压实度 K_i 全部大于或等于规定值减 2 个百分点时,评定路段的压实度合格率为 100%;当 $K \geqslant K_0$ 且单点压实度全部大于或等于规定极限值时,按测定值不低于规定值减 2 个百分点的测点数计算合格率;当 $K < K_0$ 或某一单点压实度 K_i 小于规定极值时,该评定路段压实度为不合格,相应分项工程评为不合格。

② 沉降量法:沉降量观测标高时需测原地面、虚铺和压实后高程,计算每遍高程变化,

连续两次高程无明显变化即为压实完毕。施工时宜采用较小块的钢板作为沉降观测点。

（2）弯沉检测

施工单位可以采用贝克曼梁法来检测弯沉。弯沉只在路基顶面检测，若弯沉值合格，则说明整体强度已经满足要求。反之，则说明整体铺筑效果不良。

二、煤矸石及其灰渣作铁路路基材料处理技术

（一）铁道部对铁路道砟材料的技术规定

铁道部规定的铁路道砟材料的技术标准为：选用块石、漂石土、碎石土、砂砾、砾砂、粗砂、中砂等材料，粒径为 20～70 mm、大于 70 mm、小于 20 mm 的颗粒各不得超过总重的 5%，大于 100 mm 的颗粒应除去；不洁率小于 0.1 mm 的尘末不应超过总重的 1%，应不含黏土块及其他杂物。

煤矸石的渗水性很强，黏聚性较差，但随着风化成土数量的增加，黏聚性增大；煤矸石中的硅、铝、铁、钙、镁等氧化物在适宜的条件下，能与水化作用下产生的 $Ca(OH)_2$ 发生反应，主要生成硅酸盐，成凝胶状态或纤维结晶体，还生成部分氧化钙和碳酸钙结晶体，使矸石颗粒之间的黏结力增强。另外，开采出的自然状态堆积下的煤矸石颗粒大小不一，可以看作级配较好的碎石料，经过碾压，可排除煤矸石内的空气和水，使之重新排列，密实度大大提高，再加上其间胶凝物质的作用，碾压过的煤矸石强度很高。因此，煤矸石的各项指标可达到或超过铁道部规定的铁路道砟的技术标准，在煤矸石道砟级配及不洁率满足要求的情况下，可以作为铁路道床材料，而级配颗粒大小及不洁率均可在加工过程得到有效控制，使其符合标准。

（二）煤矸石用作路基时的施工工序

铁路路基施工中填方量往往较大，需要的煤矸石量也多，其基本施工工序有：煤矸石的开采、运输、分层摊铺、洒水、碾压（分为初压、复压、终压）、检测等。对原料煤矸石中级配不符合要求的煤矸石，还应适当进行再加工处理后才能被应用。一般再加工可以筛选出不合格的粒径或掺砂性土以改良其性能。在施工工序中把握好含水量和压实度是两个重要环节。

（1）煤矸石的开采：一般都在煤矸石山上进行，由于煤矸石山堆积松散，加上煤矸石的自燃特性，煤矸石山容易崩塌，具有较高的危险性，开采时应特别注意安全，一般采用机械挖采方式进行，人工及其他方式为辅助方式。

（2）运输：由于铁路专用线的施工线路较长，运输距离一般都较远，宜采用大吨位的自卸汽车来运输，采用机械装车对施工更有利。另外，为了减少运输过程中煤矸石对运输沿线环境造成污染，应在运输前对煤矸石进行洒水湿料。

（3）分层摊铺：为了做到碾压密实，摊铺应分层进行，其厚度一般控制在 20～30 cm 为宜。在铁路路基边缘一般可预留 1 m 宽，作为路基边坡覆盖黄土之用，其作用是防止雨水冲刷而造成路基边坡不稳定。煤矸石中粒径大于 15 cm 的块料，可在现场进行破碎处理，不易破碎者可捡除。摊铺的长度可按当日的工程进度确定。

（4）洒水：在摊铺完成以后、碾压之前应及时洒水，其作用可使煤矸石饱水，利于风化，易于碾压密实施工。

（5）碾压：煤矸石摊铺洒水后，待其含水量略大于最佳含水量的2%～3%时，开始碾压。碾压应首先采用大吨位的振动压路机静压2遍，再进行振压3～5遍。而后再利用较轻的压路机静压2～3遍，待碾压表面光洁、无轮迹即可。

（6）检测：碾压成型后应及时进行检测，待检测合格后才能进行下一道循环施工。

第四节 粉煤灰的工程特性

为了研究粉煤灰的物理特性、力学特性、水理性质等特性，选取相城煤矿北部粉煤灰1场粉煤灰试样进行相关试验研究。粉煤灰是一种散粒状物质，属于砂类粉土，其动力特性更接近于砂类土（无黏性土）。

一、粉煤灰的基本物理指标

（一）粉煤灰的颗粒组成

为了研究粉煤灰的物理特性，自相城煤矿粉煤灰充填沉陷区域选取土工试样H1、H2、H3进行试验。粉煤灰的颗粒组成分析见表5-20、表5-21和图5-13。可见，粉煤灰的颗粒以砂粒和粉粒为主，含有一点黏粒，平均粒径为0.069 mm，不均匀系数为6.4，为级配不良型。颗粒分布与距输灰管口远近有关，近粗远细，而颗粒粗细与排列顺序无一定规律，是不规则分布的。

表 5-20 粉煤灰颗粒分析

试验编号				H1(上层)	H2(中层)	H3(下层)
取样深度/m				0.25	0.625	1
颗粒组成百分数/%	砾粒					
	砂粒	粗	2～0.5 mm	0.19	0.83	
		中	0.5～0.25 mm	0.88	4.9	0.06
		细	0.25～0.1 mm	25.8	50.27	1.66
		粉	0.1～0.05 mm	40.58	35.18	18.45
	粉粒	粗	0.05～0.01 mm	20.89	5.86	51.55
		细	0.01～0.005 mm	7.52	1.93	18.19
	黏粒	<0.005 mm		2.8	0.53	5.08
	胶粒	<0.002 mm		1.34	0.5	5.01
有效粒径	d10	mm		0.009	0.054	0.004 8
限制粒径	d60	mm		0.088	0.125	0.034
平均粒径	d50	mm		0.075	0.11	0.023
均匀系数	d30	mm		0.048	0.082	0.011
不均匀粒径	Cu			9.77	2.31	7.08
曲率粒径	Cg			2.91	1	0.74

表 5-21　粉煤灰分类表

试验编号	颗粒级配百分比/%			分类
	砂粒	粉粒	黏粒	
	>0.05 mm	0.05~0.006 mm	<0.005 mm	
H1(上层)	67.45	28.41	4.14	砂性
H2(中层)	91.18	7.79	1.03	砂性
H3(下层)	20.17	69.74	10.09	粉质轻亚黏性

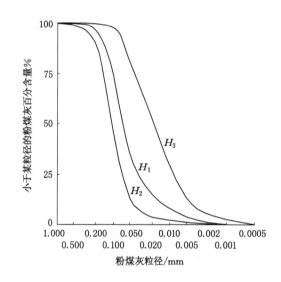

图 5-13　粉煤灰颗粒级配曲线

(二)粉煤灰的基本物理指标

对载荷试验前后的粉煤灰原样进行了基本物理指标测定分析,其结果列于表 5-22 中,从表中可看出粉煤灰含水量为 47.3%~89.1%,密度为 2.058 g/cm³,干密度为 0.692 g/cm³,饱和度为 48.7%~93.75%。由此可见沉陷区灰场的粉煤灰相当松散,含水量很大。经载荷试验加压后的粉煤灰性质有了明显的改善,孔隙率由 66.4% 降至 61.2%。

表 5-22　粉煤灰的基本物理性质

试样编号	取样深度/m	基本物理性质							
		含水量/%	湿密度/(g/cm³)	干密度/(g/cm³)	比重	孔隙比	孔隙率/%	饱和度/%	液限/%
试验前 1-2	0.4~0.6	47.3	1.007	0.684	2.036	1.978	66.4	48.7	41.3
试验前 1-3	0.8~1.0	89.1	1.32	0.7	2.08	1.98	66.4	93.7	74.2
试验后 1-1	0.2~0.4	41.5	1.239	0.875	1.998	1.282	56.2	64.7	59.5
试验后 1-2	0.4~0.6	65.6	1.327	0.801	2.01	1.508	60.1	87.4	60.3
试验后 1-4	0.8~1.0	83.9	1.397	0.76	2.014	1.651	62.3	86.3	70.3
试验后 1-5	1.0~1.2	66.7	1.389	0.833	2.036	1.443	59.1	94.1	49.5

（三）粉煤灰的可塑性

可塑性是对黏性物料而言,取样中仅下层粉煤灰可以做此试验,相关指标见表 5-23。

表 5-23 粉煤灰界限含水量

试验编号	液限 W_l	塑限 W_p	塑性指数 I_p	分类
H3(下层)	53.3%	45%	8.3	粉质轻亚黏土

二、粉煤灰的力学性质

（一）粉煤灰的压缩试验

对荷载试验地点,试验前后的粉煤灰分别做了常规压缩试验,其结果见表 5-24 和图 5-14,从中可看出粉煤灰的压缩规律与土的压缩规律相同。随着压力增大,压缩变形逐渐减小,同时当压力逐渐增大时,压缩稳定时间也逐渐延长。试验前的平均压缩系数为 0.435 MPa^{-1},平均压缩模量为 5.535 MPa,属高压缩性土。经载荷试验加压后的粉煤灰,压缩性有了明显的改善,平均压缩系数降到 0.32 MPa^{-1},平均压缩模量提高到 7.89 MPa,成为中等压缩性土。

表 5-24 压缩试验结果

试样编号	载荷试验前		载荷试验后		
	1-2	1-3	1-2	1-4	1-5
压缩系数/MPa^{-1}	0.48	0.39	0.30	0.40	0.26
压缩模量/MPa	3.38	7.69	8.04	6.95	8.68

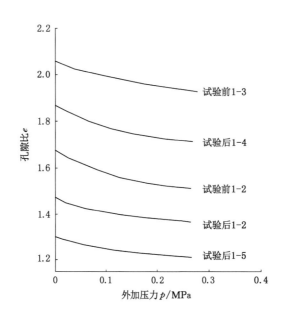

图 5-14 粉煤灰压缩曲线

（二）粉煤灰的抗剪强度

剪切试验采用应变式直剪仪进行直接快剪，垂直压力按 0.1 MPa、0.2 MPa、0.3 MPa、0.4 MPa 分四级加荷方式进行试验，试验结果见表 5-25 和图 5-15，经载荷试验压密后的粉煤灰抗剪强度指标发生了明显变化，黏聚力由 9 kPa 增至 17 kPa，内摩擦角由 31.7°降至 27.8°。

表 5-25　剪切试验结果

试样编号	载荷试验前		载荷试验后		
	1-2	1-3	1-1	1-2	1-5
黏聚力 c/MPa	0.08	0.09	0.25	0.14	0.11
内摩擦角 φ/(°)	32.0	31.5	28.0	26.5	29.0

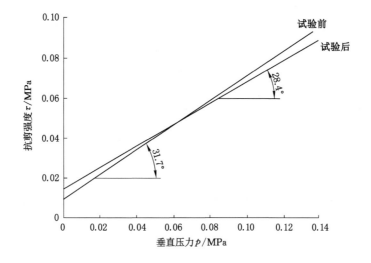

图 5-15　粉煤灰抗剪强度与垂直压力关系曲线

（三）粉煤灰的击实试验

用标准击实仪对每个试样击 25 下，测定不同含水量的干密度。试验结果如表 5-26 和图 5-16 所示。试验结果表明，粉煤灰击实后干密度明显提高，而且在击实过程中有一个使干密度最大的最优含水量，最优含水量平均为 45.1%，最大干密度平均为 0.97 g/cm³。

表 5-26　击实试验结果

试样编号	最优含水量/%	最大干密度/(g/cm³)
H1(上层)	47.6	0.97
H2(中层)	45.5	0.93
H3(下层)	42.14	1.02

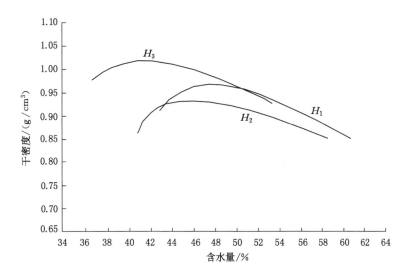

图 5-16　粉煤灰击实曲线

三、粉煤灰的水理性质

(一)粉煤灰的湿化特性

湿化特性是指试块浸入水中以后,由于表层膨胀,内外应力不均而产生的崩解现象。对粉煤灰原状样切取 5 cm×5 cm×5 cm 标准容积试块浸入水中后,上层、中层均在 1 min 内全部崩解。下层因粒度细有一定黏性在 40 min 后才全部崩解。

(二)粉煤灰震动液化的可能性

液化是指处于饱和而松散状态下的砂土,在动力作用下丧失强度,变成流动状态的一种现象。在此仅通过一些直观现象来定性判断:

(1)粉煤灰取样时,取出来的饱和试样放置于手掌中,稍加震动即可表面渗水,试样坍塌。

(2)站在饱和灰层上,双脚抖动,地表出水,脚掌下陷。

(3)在探测灰场粉煤灰厚度时,把上部固结层挖掉后,用钢管就可插到灰层底部,晃动得越厉害,越易插进去。

另外,粉煤灰颗粒细、不均匀系数小、孔隙大、相对密度小,都是粉煤灰抗液化的不利因素。根据以上分析,能定性判断粉煤灰地基可能产生震动液化。

四、粉煤灰的地基承载力

(一)载荷试验确定承载力的方法

通过进行原位静力载荷试验获得载荷-下沉曲线(p-S)后,可按下述三种方法之一确定允许承载力。

1. 由相对沉降确定

取荷载板的沉降 S 等于其宽度 b 的 1%～3% 所对应的压力值,为地基试验深度处的允许承载能力,也就是说承载力由变形来控制。

2. 由比例极限荷载法确定

取 p-S 曲线直线段的终点，即比例极限点所对应的压力作为地基允许承载力，也就是说承载力由强度来控制。

3. 由极限荷载确定

先确定出极限荷载，然后除以 2～3 的安全系数作为地基允许承载力。

总的来看，按上述三种方法确定的允许承载力是偏于安全的，因为载荷条件是埋深为零，而实际基础有一定埋深。

粉煤灰地基载荷试验压力与沉降关系曲线见图 5-17，由图可看出，粉煤灰的 p-S 曲线与一般黏土和密实砂土都不一样，从开始受载，其变形就不是线性的，而表现为黏滞弹性体的特征。它的变形增量随荷载的增加而增大，形成一个完整的曲线，直至发生剪切破坏，而且发生剪切破坏时表现的特征和现象也都不明显。

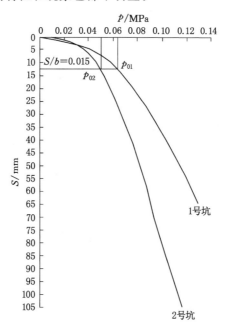

图 5-17 压力与沉降关系 p-S 曲线图

（二）粉煤灰地基允许承载力的确定

根据对粉煤灰 p-S 曲线特征的分析，因 p-S 曲线是一条光滑曲线，找不到相当于比例极限的拐点，极限荷载也很难确定，而且从 p-S 曲线知，粉煤灰地基的变形量比较大，变形对建筑物的破坏起主要作用，故根据变形条件来确定地基的允许承载能力。

根据有关资料介绍，确定允许承载力时，对于黏性土取载荷板沉降值 S 等于其宽度 b 的 2%～3%，对于砂类土取载荷板沉降值 S 等于其宽度 b 的 1%～2%。因粉煤灰既不同于黏性土，也不同于砂类土，可以说是介于两者之间的一种土，另外考虑到建筑的试验性质，粉煤灰地基的允许承载力取载荷板沉降值 S 等于其宽度 b 的 1.5% 所对应的压力值，即 $S/b=0.015$ 所对应的压力。我们使用的载荷板面积是 0.5 m²，其直径是 798 mm，也就是沉降量 $S=12$ mm 所对应的压力值，两个试点用上述方法确定的允许承载力分别为：

1 号试点　　$P_{01} = 63$ kPa

2 号试点　　$P_{02} = 51$ kPa

1 号试点承压板下有一层 30～40 mm 厚的黏土层,承压板周围的黏土开挖范围其直径只有 1.4 m,不满足不应小于 3 倍承压板直径,即 2.4 m 的要求,这样承压板底下的黏土和周围的黏土层,使粉煤灰地基的承载力明显提高。因此确定粉煤灰地基的允许承载力 p_0 为 50 kPa。

第五节　粉煤灰建筑地基处理技术

粉煤灰在工程中作为填筑材料使用,是大量直接利用粉煤灰的一种重要途径。粉煤灰填筑是在工程建设中,利用粉煤灰替代传统的砂、土或其他填筑材料,采取压实工艺,从而使回填体具有一定的工程性能。国外以广泛应用于道路路堤、广场、机场、港区的地基以及用于拦水坝和地貌改造等工程(《火电厂废物综合利用技术》编写组,2015;王爱国等,2019;边炳鑫等,2005)。美国于 20 世纪 70 年代在东海岸西弗吉尼亚州利用粉煤灰进行填方,平均回填厚度为 4.5 m,共用灰 80 万 t,其中 80% 取自灰场,20% 直接取自电厂。共建造了 125 幢一、二层住宅,一直使用未发现任何问题。统计资料表明,国内较长时间以来也在利用粉煤灰作为填筑材料,以吹(回)填法为主。在国内利用粉煤灰作填筑材料,也有不少实例。如大连甘井子电厂厂区及附近大片新地都是用粉煤灰填筑起来的,第一粮库就是建造在粉煤灰回填层上。1986 年在南通经济开发区富金家具厂、邮政大楼场地用粉煤灰填筑,面积为 2.7 万 m^2,填深为 1 m。1987 年同济大学在校内用粉煤灰填筑了一条河滨,然后在上面建造了面积为 216 m^2 的二层楼仓库,基础位于原土和粉煤灰回填层上。

长期以来,淮北电厂的粉煤灰利用的原始形式大多是不经压实等处理直接将其回填至采煤沉陷区,属近期人工填土,普遍未完成自重固结,承载力较低。并且淮北矿区属于高潜水位地区,饱和的粉煤灰很容易引起震动液化。针对此种情况,对于淮北采煤沉陷区内利用充填粉煤灰场地进行工程建设,必须对粉煤灰地基进行处理。处理方法主要有以下两种。

一、换填垫层法

换填垫层法是将基础地面以下一定范围内的粉煤灰挖去,然后回填强度高、压缩性较低,并且没有侵蚀性的黏土、砂、碎石等材料的方法,见图 5-18。其主要作用是提高地基承载力,减小沉降量,加速固结,防止冻胀和消除膨胀土的胀缩。采用换填垫层法处理后的粉煤灰回填场地地基适宜建设低层建筑。

二、桩基础

桩基础是由桩和承台两部分组成,共同承受静、动荷载的一种深基础,见图 5-19。桩基础具有承载力高、稳定性好、沉降量小而均匀、抗震能力强、适应性强等特点,在工程中得到广泛的应用。

对于淮北高潜水位采煤沉陷区粉煤灰回填建设场地,建筑地基在地震等震动荷载作用下极易引发地基液化。所以,采用桩穿越可能液化的粉煤灰回填层,而支承于稳定的坚实土层或嵌固于基岩,在地震造成浅部粉煤灰层液化与震陷的情况下,桩基凭靠深部稳固土

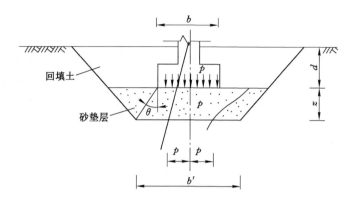

p——垫层底面处土的自重压力值;b—矩形基础或条形基础宽度;

b'—垫层底面宽度;d—基础埋深;z—砂垫层高度。

图 5-18　换填垫层法

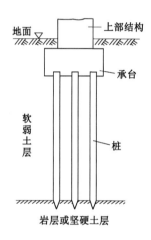

图 5-19　桩基础示意图

层仍具有足够的抗压与抗拔承载力,从而确保上部建筑的稳定,且不产生过大的沉陷与倾斜。常用的桩型主要有预制钢筋混凝土桩、预应力钢筋混凝土桩、钻(冲)孔灌注桩、人工挖孔灌注桩、钢管桩等。采用桩基础处理之后的粉煤灰回填区域,可以建设多层及高层建筑。

第六章　煤矿固体废物地下充填利用技术

第一节　煤矿固体废物地下散体充填开采技术

一、散体材料地下充填开采发展历程

散体充填开采作为绿色开采技术的重要组成,已逐渐发展形成以掘巷充填开采、普采工作面充填开采、综合机械化工作面固体充填开采为代表的技术体系,并被规模化推广应用。

2003年,邢东矿率先应用煤矸石巷式充填开采方法,实现了煤矸石不上井,解放了工广等煤柱资源,产生了典型的示范效应;2006年,新汶泉沟矿应用普采工作面煤矸石充填开采,在长壁工作面煤矸石充填开采方面实现突破;2007年,新汶翟镇矿实现了综合机械化采煤工作面煤矸石充填开采,充填开采效率得到较大提升。2008—2012年,综合机械化工作面固体密实充填采煤技术不断创新发展,相继推广应用至平煤集团、皖北煤电集团、淮北矿业集团、兖州煤业等大型煤炭基地,实现建筑物下、水体下、铁路下等压煤资源充填开采;2013年,采选充一体化技术首次在开滦集团(唐山矿)应用,实现煤矸石井下分选及就地充填;2014—2021年,采选充一体化技术相继在平煤十二矿、山能新巨龙煤矿等煤矿应用,并进一步集约了瓦斯抽采、无煤柱沿空留巷等系统,初步建成采选充＋X技术体系(张吉雄等,2015)。

(一)掘巷充填采煤技术

掘巷充填采煤技术主要是针对我国部分煤矿井下掘进矸石产量大而研发的"井下矸石置换煤柱开采技术"。该技术以掘进的巷道出煤,以掘出的巷道建立充填空间,并采用多孔底卸式输送机等关键装备将岩巷、半煤岩巷掘进过程产生的煤矸石或者煤流矸石等充填材料进行充填采煤,以实现充填体置换出煤炭资源、控制地表沉陷及煤矸石不上井的目的。该技术主要用于解放工广煤柱、条带开采留设、大巷保护煤柱及"三下"压煤的煤柱,已成功应用于我国的邢台、淄博、兖州等矿区。

(二)普采工作面充填采煤技术

长壁普采工作面充填采煤技术实现了长壁采煤工作面的充填开采,其总体工艺流程为:将岩巷和半煤岩巷(煤矸分装)掘进煤矸石或地面煤矸石山煤矸石用矿车运至井下煤矸石车场,经翻车机卸载、破碎机破碎后进入煤矸石仓。通过煤矸石仓下口,经带式输送机或刮板输送机将破碎后的煤矸石运入上、下山,由带式输送机或刮板输送机转载入采煤工作面的回风平巷,再经工作面采空区刮板输送机运至工作面采空区抛矸带式输送机尾部,由抛矸带式输送机向采空区抛矸充填。

我国盛泉矿业有限公司于2006年最早开始试验和使用长壁普采工作面充填采煤技术,该技术充填系统简单,机械化程度较高,装备投资少,充填效果较好,实现了将采掘工作面

产生的煤矸石全部充填到工作面采空区,基本上达到了煤矸石不升井的目的,并回收了煤炭资源,但该技术存在机械化程度低、产能低、人员劳动强度大等问题。

（三）综合机械化工作面固体充填采煤技术

1. 技术原理

所谓综合机械化工作面固体充填采煤技术,是指在综合机械化采煤作业面上同时实现综合机械化固体充填作业。与传统综采相比较,综合机械化固体充填采煤可实现在同一液压支架掩护下采煤与充填并行作业,其工艺包括采煤工艺与充填工艺。

2. 系统布置

综合机械化充填采煤技术增加了一套将地面充填物料安全高效输送至井下并运输至工作面采空区的充填物料运输系统,以及位于支架后部用于采空区充填物料夯实的夯实系统。一般充填材料(矿区固体废物)需从地面运至充填工作面,为实现高效连续充填,需建设投料井、井下运输巷及若干转载系统,最后将固体充填物料送入多孔底卸式输送机,卸落至充填工作面内。综合机械化工作面固体充填采煤系统布置如图 6-1 所示。

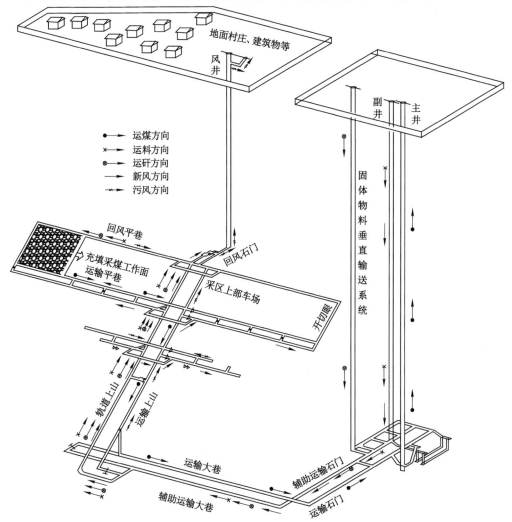

图 6-1　综合机械化工作面固体充填采煤系统布置

综合机械化固体密实充填采煤的运煤、运料、通风、运矸系统如下：

运煤系统：充填采煤工作面→运输平巷→运输上山→运输大巷→运输石门→井底煤仓→主井→地面。

运料系统：副井→井底车场→辅助运输石门→辅助运输大巷→采区下部车场→轨道上山→采区上部车场→回风平巷→充填采煤工作面。

通风系统：新风由副井→井底车场→辅助运输石门→辅助运输大巷→轨道上山→运输平巷→充填采煤工作面；污风由回风平巷→回风石门→回风大巷→风井。

运矸系统：地面→固体物料垂直输送系统→井底车场→辅助运输石门→辅助运输大巷→轨道上山→回风平巷→充填采煤工作面。

由于运矸系统与运料系统有部分运输路线重叠，也即辅助运输石门、辅助运输大巷、轨道上山及回风平巷均为机轨合一巷。因此，在巷道设计中，要充分考虑巷道的断面大小，保证设备的安全运行。

3. 关键技术装备

综合机械化工作面固体密实充填采煤关键设备包括采煤设备与充填设备。其中采煤设备主要有采煤机、刮板输送机、充填采煤液压支架等；充填设备主要有多孔底卸式输送机、自移式充填物料转载输送机等。

（1）充填采煤液压支架

充填采煤液压支架（如图6-2所示）是综合机械化固体密实充填采煤工作面主要装备之一，它与采煤机、刮板输送机、多孔底卸式输送机、夯实机配套使用，起着管理顶板、隔离围岩、维护作业空间的作用，与刮板输送机配套能自行前移，推进采煤工作面连续作业。

（2）多孔底卸式输送机

多孔底卸式输送机是基于工作面刮板输送机研制而成的，其基本结构同普通刮板输送机类似，不同之处是在多孔底卸式输送机下部均匀地布置卸料孔，用于将充填物料卸载在下方的采空区内。多孔底卸式输送机机身悬挂在后顶梁上，与综采面上、下端头的机尾、机头组成整部多孔底卸式输送机，用于充填物料的运输，与充填采煤液压支架配合使用，实现工作面的整体充填。多孔底卸式输送机如图6-3所示。

（3）自移式充填物料转载输送机

为了实现固体充填物料自低位的带式输送机向高位的多孔底卸式输送机机尾的转载，自移式充填物料转载输送机由两部分组成，一部分是具有升降、伸缩功能的转载输送机，另一部分是能够实现液压缸迈步自移功能的底架总成，转载输送机铰接在底架总成上。可调自移机尾装置也有两部分组成，一部分是可调架体，另一部分也是能够实现液压缸迈步自移功能的底架总成。转载输送机和可调自移机尾装置共用一套液压系统，操纵台固定在转载输送机上。自移式充填物料转载输送机如图6-4所示。

4. 充填工艺

充填工艺按照采煤机的运行方向相应分为两个流程，一是从多孔底卸式输送机机尾到机头，二是从多孔底卸式输送机机头到机尾。

（1）当采煤机从多孔底卸式输送机机尾向机头割煤时

充填工艺流程为：在工作面刮板运输机移直后，将多孔底卸式输送机移至支架后顶梁后部进行充填。充填顺序由多孔底卸式输送机机尾向机头方向进行，当前一个卸料孔卸料

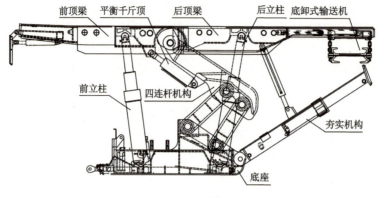

（a）四柱式

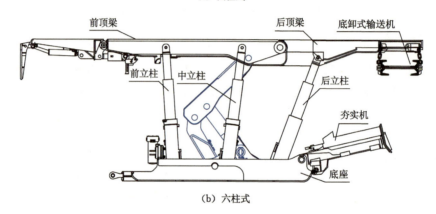

（b）六柱式

图 6-2　典型充填采煤液压支架结构原理图

图 6-3　多孔底卸式输送机图

图 6-4　自移式充填物料转载输送机图

到一定高度后,即开启下一个卸料孔,随即启动前一个卸料孔所在支架后部的夯实机千斤顶推动夯实板,对已卸下的充填物料进行夯实,如此反复几个循环,直到夯实为止,一般需要 2~3 个循环。当整个工作面全部充满,停止第一轮充填,将多孔底卸式输送机拉移一个步距,移至支架后顶梁前部,用夯实机构把多孔底卸式输送机下面的充填料全部推到支架后上部,使其接顶并压实,最后关闭所有卸料孔,对多孔底卸式输送机的机头进行充填。第一轮充填完成后将多孔底卸式输送机推移一个步距至支架后顶梁后部,开始第二轮充填。

(2)当采煤机从多孔底卸式输送机机头向机尾割煤时

充填工艺流程为:工作面充填顺序整体由机头向机尾、分段局部由机尾向机头的充填方向。在采煤机割完煤的工作面进行移架推刮板输送机,然后开始充填。首先在机头打开两个卸料孔,然后从机头到机尾方向把所有的卸料孔进行分组,每 4 个卸料孔为一组。首先把第一组机尾方向的第一个卸料孔打开,当第一个卸料孔卸料到一定高度后,即开启第二个卸料孔,随即启动第一个卸料孔所在支架后部的夯实机,对已卸下的充填物料进行夯实,直到夯实为止。此时关闭第一个卸料孔,打开第三个卸料孔,如此反复,直到第一组第四个卸料孔夯实时即打开第二组的第一个卸料孔进行卸料。按照此方法把所有组的卸料孔打开充填完毕后,再把机头侧的两个卸料孔充填完毕,从而实现整个工作面的充填。

5. 工程应用情况

据不完全统计,我国开展综合机械化工作面固体充填采煤技术的煤矿有 16 座,详见表 6-1。

表 6-1　综合机械化工作面固体充填采煤技术国内应用情况(不完全统计)

序号	煤矿名称	研究或应用年份	序号	煤矿名称	研究或应用年份
1	葫芦素矿	2021	9	邢东矿	2013
2	东曲矿	2019	10	东坪煤业	2012
3	新巨龙煤矿	2017	11	济三矿	2011
4	唐口矿	2014	12	平煤十二矿	2011
5	新元矿	2015	13	杨庄矿	2011
6	泰源煤矿	2014	14	五沟矿	2009
7	唐山矿	2013	15	邢台矿	2007
8	花园煤矿	2012	16	翟镇矿	2006

二、散体材料地下充填投送系统

煤矸石、粉煤灰等散体材料充填投送系统主要由设备选择、充填料制作和输送系统等组成。该系统一般采用大孔径垂直钻孔将充填材料投送到井下,然后使用煤矿常用的带式输送机及刮板输送机等运输设备运到充填工作面(冯国瑞等,2016;郭惟嘉等,2013;刘建功等,2016)。关键技术是投料系统部分,这里作重点介绍。

(一)投料系统与流程

充填材料来自地面,为保障较大的投送能力,一般采用垂直投料井输送。如何安全、高效地将充填材料输送到井下是投料系统的关键技术之一。这需要对投料井的井管直径、料仓进行优化设计。充填物料通过投料井从地面投送到井底带式输送机上,投料管和充填料仓能否经受住充填物料冲击与磨损和投料井施工技术是需要研究的重点。

根据总体设计要求,投料系统输送流程如图 6-5 所示。

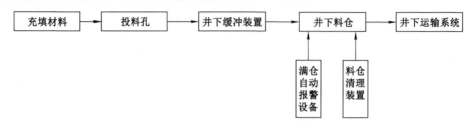

图 6-5　投料系统输送流程

1. 投料井管设计

(1)井管直径确定

井管直径取决于两个因素:① 物料最大颗粒的直径;② 单位时间内所需的物料输送量。井管直径太小直接影响充填料的输送且容易堵管,过大则会增加费用及影响井底接料。一般取大于通过管道最大物料粒径的 3 倍为井管直径。

(2)井管壁厚设计

对于外压薄壁容器主要失效形式,不是强度破坏,而是容器丧失稳定性(此时薄膜应力往往远低于材料的屈服极限)。因此,外压容器设计时,通常是采用保证其临界压力高于设计压力的方法,来保证容器在操作时的稳定性。

考虑填充物中煤矸石硬度较大和孔深较大,对钢管冲击磨损大,综合考虑,投料管宜选用双层耐磨管。

(3)护壁管径确定

为防止堵管,应选取大直径钻孔,固定方式应有利于更换投料管。如某矿选用管径为800 mm、壁厚为 12 mm 的钢卷管护孔壁。

2. 储料仓

(1)储料仓设计。考虑一天充填物料储存量和储料仓上部需安设缓冲装置等因素,设计充填料仓深度时应考虑到缓冲深度。

(2)储料仓清理装置。充填物料含有一定的水分,仓容量较大,易发生堵仓现象。为此,应安设压风快速起闭破拱装置。

(二)投料与输送系统设计原则

(1)投料井位置的选择要依据充填料产地、使用地点,以及井上、下充填料运输路线等各种因素进行确定。

(2)固体充填料运输及上料系统要予以封闭,以防扬起尘粒,污染环境;若为煤矸石与粉煤灰充填料,在投料井上部要设置仓顶除尘器,防止在投料过程中产生的灰尘污染空气。

(3)地面需设有计量系统及投料自动控制系统,从而达到对煤矸石与粉煤灰的配比及充填量的控制,在运矸输送带上设有电子计量装置,在料仓下口设有螺旋定量给料机等。

(4)在投料井中必须设置外套管及耐磨管,防止投料井塌孔。

(5)在储料仓上部设置投料冲击缓冲装置,并在其四周设置挡矸装置。

（6）在投料井下部要设计有储料仓,容量根据充填工作面充填料的循环充填量确定。

（7）设计要有井下储料仓上部满仓自动报警装置,在储料仓下部设置甲带给料机。

（8）井下运矸巷道路线的确定,必须对整个充填区域进行整体优化设计,确保运输线路最短。

（9）开始运输充填料时,开机程序为先开充填面刮板输送机,再开自移式煤矸石与粉煤灰转载机、运矸带式输送机,最后开甲带给料机。

（三）投料井预防堵孔与处理

充填综采工作面正常生产的前提之一是充填料运输连续化,即保证投料系统正常,投料井、储料仓系统不出现堵塞现象。再者,投料井、储料仓堵塞后,处理堵仓也有较大安全隐患。因此,通过合理设计投料井、储料仓结构,可降低堵仓的可能性。

1. 投料井、储料仓结构设计

预防储料仓堵仓是在仓的结构设计上充分考虑引起堵仓的各方面因素,设计合理的结构、形状和衬料等,以杜绝堵仓现象发生。采取的措施如下:

（1）将陶瓷耐磨管套在储料仓仓壁上。陶瓷耐磨管由于表面非常光滑,表面的吸附力非常微弱,具有优良的自润滑性、不黏性,且具有耐冲击、耐磨损、不吸水等优点,可以有效地防止黏仓的发生。

（2）设置伞形缓冲器。伞形缓冲器可缓解充填料下落冲击力,降低充填料的压实度,防止堵仓。

（3）合理设计储料仓下部锁口内壁角度。垂直布置储料仓,发生堵塞的部位大多数在储料仓下部的锁口部,储料仓内壁角度越小,发生堵塞的可能性就越大,但内壁角度太大也会增加工程量和施工难度。经分析,储料仓内壁角应不小于70°,可以防止煤矸石仓内壁不光滑而形成的煤矸石滞留,进而导致堵仓的发生。

（4）在储料仓上口,安设外泄式导风软管,可及时地将储料仓中的空气排到储料仓外部,防止仓内空气被压缩形成自然拱而堵仓。

（5）储料仓底部安装甲带给料机,保证储料仓下放的充填料快速运送出去,以防止堵仓。

2. 安装堵仓报警系统

储料仓为非可视化的一部分,从投料井上口投放的固体充填料下落到储料仓后越堆越高,若不采取措施控制堆积高度,最终将导致积压性堵仓。因此,为及时发现储料仓堵仓,控制井上运输系统停机,在距离储料仓上口以下10 m处安装仓位监控探头,并配备堵仓报警装置,随时监控储料仓情况,一旦发生堵仓事故,仓位监控探头会将堵仓信号传递给堵仓报警系统,堵仓报警系统则立即报警,控制井上运输系统停机,避免堵仓事故进一步恶化。

3. 堵仓处理措施

投料井、储料仓堵塞一般有两种情况:投料井管道堵塞和储料仓下部锁口堵仓。一旦出现堵仓事故,目前采用的处理措施主要有以下几种:

（1）投料井上方抽排。当投料井管道堵塞时,在投料井井口用高压水向投料井管道内的充填料加压,破坏投料井管道堵塞处的自然拱,疏通投料井管道。

（2）钻机钻透法。当投料井管道堵塞时,在储料仓上口用钻机将投料井管道堵塞部分钻通。

（3）采用适量炸药崩震。在投料井管道堵塞时，将适量炸药放在 500 mL 矿泉水瓶里，用钢绞线绑在竹皮上，伸入投料井管道内靠近堵塞位置，用炸药的崩震作用实现疏通。

（4）采用快速起闭器进行疏通。在储料仓下口的甲带给料机两侧各安装一个直径为 500 mm、长度为 2 200 mm、容积为 32 L 的风包，可储存高压压缩气体。每个风包接出 4 根快速起闭器吹气管伸入储料仓下部锁口中。当储料仓下部锁口发生堵仓事故时，打开风包上的阀门，通过快速起闭器吹气口向起拱堵仓处发射高压压缩气体，利用高压压缩气体突然释放产生的气流，对起拱处充填料形成冲击与震动，堵仓部位的物料在高压气流的冲击下发生自然拱松动，最终得到及时疏通。

三、散体材料地下充填开采工艺技术

（一）充填工作面位置

某矿 7606、7608 充填综采工作面对应地面位置位于矿工业广场西北部。地面重点建筑距井下充填工作面水平距离为 80～140 m。东北部靠近 7602 工作面采空区，工作面位于工业广场保护煤柱线内。

（二）煤层及顶底板

煤层为 2 号煤层，属复杂结构煤层，煤层倾角为 $7°～10°$，煤的密度为 $1.8\ t/m^3$，煤层平均厚度为 5.79 m，工作面埋深为 295～335 m。煤层的中下部有一层平均厚度为 0.4 m 的夹矸，把煤层分为上、下两个自然分层，上分层平均厚度为 2.79 m，下分层平均厚度为 2.6 m，工作面直接顶是平均厚度为 4.5 m 的砂质页岩，泥质胶结，基本顶是平均厚度为 2.8 m 的细砂岩；直接底是平均厚度为 6.60 m 的砂质页岩。2 号煤层属于二类自燃煤层，自然发火期为 12～18 个月，煤尘具有爆炸危险性，瓦斯涌出量为 $0.2\ m^3/min$。

充填工作面倾斜长度为 50 m，走向长度为 460 m，可采储量为 $10.81×10^4\ t$。

（三）散体材料地下充填开采工艺

充填工作在完成一刀采煤工作后进行，将支架移直后，调整好充填支架后部充填刮板输送机，依次开动工作面充填刮板输送机、自移式转载机、运矸带式输送机等设备，进行采空区充填。

充填工作主要靠充填刮板输送机和夯实机构共同完成。煤矸石与粉煤灰混合料从地面通过投料井、运矸带式输送机等相关运输设备运至工作面充填刮板输送机上，通过刮板输送机上卸料孔将充填物料充填入采空区内，然后利用夯实装置将充填物料压实并接顶。

充填工作面采煤与充填平行作业，以充填为主，充填与采煤时间比例基本是 2∶1，其工艺流程如图 6-6 所示。

充填工作面充填工艺如下：

在完成一刀采煤工作后，开始充填工作。

（1）每班按照正规循环割完一刀煤（即进尺 0.6 m），推移支架在一条直线上。

（2）移直充填输送机的机头与机尾，检查充填系统完好情况，准备开始充填工作。

（3）首先启动工作面充填刮板输送机，然后依次启动自移式煤矸石与粉煤灰转载机和运矸带式输送机等运输设备，进行采空区煤矸石与粉煤灰充填。

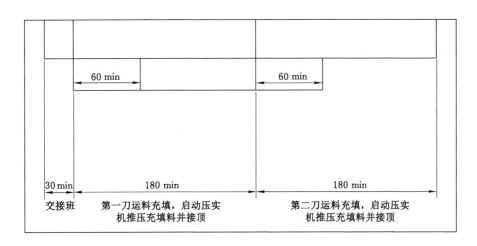

图 6-6　充填工作面采煤与充填工艺流程

（4）从充填输送机机尾向机头方向依次充填，即先打开充填刮板输送机机尾的 1 号卸料孔，对该段架后采空区进行煤矸石与粉煤灰充填，同时打开充填刮板输送机 2 号卸料孔，待 1 号卸料孔对应的架后区域煤矸石与粉煤灰充填至一定高度，即充填的煤矸石与粉煤灰经刮板输送机的下部链条将充填的物料拉平到一定高度时，关闭 1 号卸料孔。

（5）关闭 1 号卸料孔时，同时打开 3 号卸料孔，往 2 号、3 号卸料孔卸料，并启动 1 号卸料孔下的充填区域内支架后部夯实机构对已充填物料的中上部进行夯实，使其与支架后部的顶板接顶并压实。

（6）待 2 号卸料孔充填区域内煤矸石与粉煤灰充填至一定高度时，关闭 2 号卸料孔，对 1 号卸料孔后部夯实后出现的充填空间进行充填，同时启动 2 号卸料孔充填区域内支架后部的夯实机构，并对已充填物料的中上部进行推挤压实，使其与支架后部的顶板接顶并压实。

（7）待 1 号卸料孔后部夯实后出现的充填空间充填完毕时，关闭 1 号卸料孔进行夯实，同时对 2 号卸料孔后部夯实后出现的充填空间进行充填。

（8）待前两个卸料孔空间充满压实后，若 3 号卸料孔后部区域充填工作完成，则打开 4 号、5 号卸料孔后部空间进行充填，同时对 3 号卸料孔后部区域进行夯实，若 3 号卸料孔充填区域内充填工作没完成，可打开 4 号卸料孔对架后的空间进行充填。如此在一个卸料孔区域内物料充填和夯实工作反复 2～3 次，保证充填的物料被压实接顶，以此类推，至整个工作面全部充填并压实完毕，停止第一轮充填。

（9）将充填刮板输送机拉移一个步距，从机尾到机头方向开始，重复以上工序，将充填刮板输送机下面的煤矸石与粉煤灰向其后面夯实，使充填料充分接顶、夯实，最后关闭所有卸料孔，对机头部分进行充填，结束第一轮充填工作。

（10）停止采空区物料充填工作，进行采煤、推移刮板输送机、移架工作，要尽量保证割煤后工作面煤壁的平直度，移架后支架摆放成一直线，并使每次割煤进度步距达到 0.6 m。

（11）割完第二刀煤后，即割煤、推移刮板输送机、移架后，调整充填支架后部的充填刮板输送机，开始第二轮充填工作。如图 6-7 所示。

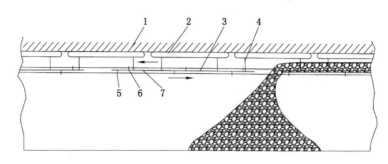

1—顶板;2—支架尾梁;3—卸料孔;4—吊挂链;5—下刮板;6—上刮板;7—充填刮板输送机。

图 6-7　煤矸石与粉煤灰初次充填阶段正面图

（四）充填效果监测

1. 支架压力实测结果

充填工作面共进行为期 65 d 的支架工作阻力实时监测。在此期间,工作面共推进 133 m,222 个循环,平均进尺为 3.0 m/d 左右,最大进尺为 4.8 m/d。

（1）充填工作面支架压力整体偏低,其平均工作阻力仅为 2 448～3 443 kN,说明工作面充填体承担了工作面顶板的部分压力,支架承载载荷减小,因而在充填工作面没有初次来压,也没有明显的周期来压。

（2）从工作面开采以来,支架平均工作阻力最大为 3 443 kN,位于 2 号在线监测分机;最大工作阻力为 5 413 kN,位于 5 号分机,且在 5 号在线监测分机先后出现过安全阀开启现象（出现在工作面推进到约 80 m、130 m 的区域）。由于 2 号在线监测分机与 5 号在线监测分机均位于距工作面两巷 10 m 左右的位置,没有进行密实充填,充填体未能有效控制顶板运动,其顶板传递的部分载荷由支架承担,因而出现近工作面两巷区域部分支架压力明显高于工作面中部现象。

（3）每当工作面推进 30～40 m 时,工作面支架压力会出现整体明显增高现象,特别是距工作面两巷 10 m 左右的范围内,其原因一方面是由于顶板岩层在矿山压力作用下逐步压实了充填体,充填体的压实增大了顶板的下沉量;另一方面是由于在 40 m 左右时为基本顶的极限跨距,此时基本顶下沉加快,其一部分载荷由支架承担。

综上所述,充填开采减弱了工作面的矿压显现,充填体可有效控制顶板的运动。

2. 沿工作面倾斜方向矿压规律

（1）随着工作面的推进,沿工作面倾斜方向整体压力均值及峰值均表现为中间略低、两端稍高。其主要原因是工作面两巷充填密实度相对较弱、中部充填较密实,工作面中部压力部分由充填体承载。

（2）工作面压力均没有达到额定工作压力（38.2 MPa）,最大值仅为 36 MPa,且工作面中部压力均值均维持在 25 MPa 左右。可见,充填开采大大减弱了工作面压力显现。

（3）工作面推进到 50 m 时,支架工作压力整体较高。主要原因是一方面当工作面达到 50 m 左右时,采空区充填体压缩量达到极限,亦即顶板弯曲下沉量达到最大;另一方面基本顶达到其极限跨距,此时表现为顶板下沉变形量增大,工作面整体压力偏高。

3. 两巷超前支承压力实测结果

（1）超前充填工作面 0～4 m 范围内,由于充填体、工作面支架及工作面前方煤体的支撑作用,该区域处于卸压区,单体支柱的工作阻力较小,为低应力区域。

(2)超前充填工作面 4～10 m 范围内,超前压力迅速增加,峰值出现在距离煤壁 6 m 左右的位置,压力值为 28.3 MPa,由于充填体作为采空区支撑体承担了上覆岩层的一部分载荷,充填工作面超前应力的峰值较传统开采影响要小。

(3)超前充填工作面 10 m 以后,属于应力平稳区。

由以上分析可知,充填工作面采空区中煤矸石与粉煤灰作为充填支撑体承担了上覆岩层的一部分载荷,充填工作面的超前应力峰值及影响范围比传统开采影响要小。

4. 充填体实测结果

(1)充填体压力监测仪均有压力,其中最大为 5.5 MPa,说明充填开采充填体对顶板的下沉起到了控制作用。

(2)充填体压力监测仪在工作面后方 15 m 的范围内才有较大压力显示。主要是由于随着工作面的推进,工作面后方的顶板压力由支架与煤壁承载,逐渐转移至充填体,当达到基本顶的跨距(25 m 左右)时,顶板岩层下沉速度加快,充填体被压实。

(3)充填体压力仪距开切眼 40 m 最大压力为 5.5 MPa,距开切眼 15 m 最大压力仅为 3.5 MPa。主要原因是前者处于较充分采动区域,后者由于距开切眼距离较近,顶板部分载荷由煤壁承担。

第二节 煤矿固体废物胶结地下充填开采技术

一、胶结材料地下充填开采发展历程

20 世纪 60 至 70 年代,开始研发和应用尾矿胶结充填技术。由于非胶结充填体无自立能力,难以满足采矿工艺高回采率和低贫化率的需要,因而在水砂充填工艺得以发展并推广应用后,就开始发展胶结充填技术。其代表矿山有澳大利亚的芒特艾萨矿,该矿于 20 世纪 60 年代采用尾矿胶结充填工艺回采底柱,其水泥添加量为 12%。随着胶结充填技术的发展,在这一阶段已开始深入研究充填料的特性、充填料与围岩的相互作用、充填体的稳定性和充填胶凝材料。

国内初期的胶结充填均为传统的混凝土充填,即完全按建筑混凝土的要求和工艺制备输送胶结充填料。其中凡口铅锌矿从 1964 年开始采用压气缸风力输送混凝土进行胶结充填,充填体水泥单耗为 240 kg/m³;金川龙首镍矿也于 1965 年开始应用戈壁骨料作为骨料的胶结充填工艺,并采用电耙接力输送,充填体水泥单耗量为 200 kg/m³。这种传统的粗骨料胶结充填的输送工艺复杂,且对物料级配的要求较高,因而一直未获得大规模推广使用。在 20 世纪 70 至 80 年代,上述充填方式几乎被细砂胶结充填完全取代。细砂胶结充填于 20 世纪 70 年代开始在凡口铅锌矿、招远金矿和焦家金矿等矿山获得应用。细砂胶结充填以尾矿、天然砂和棒磨砂等材料作为充填骨料,胶结剂主要为水泥。骨料与胶结剂通过搅拌制备成料浆后,以两相流管输方式输入采场进行充填。因细砂胶结充填兼有胶结强度和适于管道水力输送的特点,因而于 20 世纪 80 年代得到广泛推广应用。目前,以分级尾矿、天然砂和棒磨砂等材料作为骨料的细砂胶结充填工艺与技术已日臻成熟,并已在二十多座矿山应用细砂胶结充填。

20 世纪 80 至 90 年代,随着采矿工业的发展,原充填工艺已不能满足回采工艺的要求和进一步降低采矿成本或环境保护的需要,因而发展了高浓度充填、膏体充填、块石砂浆胶结充填和全尾矿胶结充填等新技术。高浓度充填是指充填料到达采场后,虽有多余水分渗出,但其多余水分的渗透速度很低、浓度变化较慢的一种充填方式。制作高浓度的物料包括天然骨料、破碎岩石料和选矿尾砂。对于天然砂和尾矿料的高浓度概念,一般是指质量浓度达到了 75% 的充填料浆。膏体充填的充填料呈膏状,在采场不脱水,其胶结充填体具有良好的强度特性。块石砂浆胶结充填是指以块石作为充填骨料,以水泥浆或砂浆作为胶结介质的一种在采场不脱水的高质量充填技术。全尾矿胶结充填是指尾矿不分级,全部用作矿山充填料,这对于尾矿产率低和需要实现零排放目标的矿山是十分有价值的。国外有澳大利亚的坎宁顿矿,加拿大的基德克里克矿、洛维考特矿、金巨人矿和奇莫太矿,德国的格隆德矿,奥地利的布莱堡矿,以及南非、美国和俄罗斯的一些地下矿山都在近年来应用了这些新的充填工艺与技术。国内则分别在凡口铅锌矿、济南的张马屯矿、湘西金矿等矿山投入应用。

目前矿山应用的充填开采方法与技术主要如下:

(1)胶结充填采矿法

胶结充填始于 20 世纪 50 年代的加拿大,经过几十年的发展,高浓度的胶结充填技术现在已经被应用于实践,例如似膏体充填、膏体充填等。胶结充填材料包括胶结剂、充填骨料和水。一般来讲,胶结剂应满足以下两个条件:第一,形成的胶结充填体达到控制岩层移动和地表变形所需的强度;第二,胶结剂和对应的充填材料成本低廉。新型的材料主要有全砂材料与高水速凝材料。前者所固结的砂土中含泥量可达 50% 甚至更高,而水泥含量一般在 20% 左右;后者能将 9 倍于自身体积的水凝结成固体,具有速凝早强的特性。

(2)覆岩离层注浆充填法

覆岩离层注浆充填法是利用矿层开采后覆岩开裂过程中形成的离层空间,借助高压注浆泵,从地面通过钻孔向离层空间注入充填材料,占据空间、减少采出空间向上的传递,支撑离层上位岩层、减缓岩层的进一步弯曲下沉,从而达到减缓地表下沉的目的。

该充填法是近年来才开发研究出来的。研究认为采场离层带的产生是有一定条件的,即在煤层上覆岩层中存在硬度明显不同且具有一定厚度的岩层。试验发现,在工作面前后方 15~20 m 处离层发展最为充分。我国自 20 世纪 80 年代后期先后在大屯徐庄煤矿、新汶华丰煤矿、兖州东滩煤矿等进行了离层注浆试验,不同程度地减缓了地表沉陷,取得了一定的实践经验,获得了一定的效果。但对离层注浆的减沉效果尚存在争论。

(3)冒落带矸石空隙注浆胶结充填减沉法

该技术利用冒落带岩石的碎胀性注入胶结材料对采空区矸石进行固结,现在尚处于试验阶段。此充填法有以下特点:第一,浆液充填至采空区冒落带矸石的空隙;第二,浆液凝固后有胶结性能及一定的强度;第三,充填浆液凝固后无水析出,克服了水砂充填排滤水的难题;第四,充填与采煤平行作业。

(4)粉煤灰部分代替水泥充填法

在应用水砂胶结充填的矿井中,为了节约生产成本和保护生态环境,有人提出用热电厂的粉煤灰部分地代替水泥形成充填料浆,取得了良好的经济与社会效益。粉煤灰是热电厂排弃的废料,占用土地、污染环境,年排放量在 1 亿 t,但利用率仅为 23%。研究表明,粉煤灰是一种人工火山灰材料,具有一定的胶结性能,可以部分地代替水泥,在矿山充填领域具有广阔的应用前景。

(5)煤矸石充填采煤法

在煤矿山,煤炭生产中伴随产生的固体废物煤矸石含量为 15%～25%,我国历年累计堆放的煤矸石约 45 亿 t,而且堆积量还以每年 1.5 亿～2.0 亿 t 的速度增加。美国年产煤矸石量也在 1.5 亿 t,经洗选产生的入选煤量的 30% 作为煤矸石直接排放于煤矸石山。相关专家学者普遍认为,煤矿排矸带来的问题,可以通过煤矸石作为充填材料充填在井下得以解决。

合理的煤矸石充填技术能够置换出更多的煤炭资源,从而提高煤炭资源的采出率。煤矸石充填技术在 19 世纪 50 年代的欧洲煤炭行业中应用较为普遍。美国在长壁工作面以及近距离煤层开采中,就采用了煤矸石充填技术。同时,有研究认为煤矸石充填技术能控制地表的下沉而达到加强矿井通风的管理、防止井下煤炭自燃的目的。风流经过井下通风系统中的风墙、风桥等时会出现漏风的状况,这些都是由于地表运动产生裂隙引起的,充填可以解决上述问题。

二、胶结材料地下充填系统

膏体充填工艺是将煤矸石、粉煤灰、胶结料和适量的水等按照一定比例混合、搅匀,用充填泵输送到井下充填采空区的充填开采工艺(郭忠平等,2013;孙希奎,2017)。充填系统分地面充填料加工系统和管道泵送系统两部分,系统工艺流程如图 6-8 所示。

(一)地面充填料加工系统

地面充填料加工系统主要包括煤矸石破碎子系统和配比搅拌子系统两部分。系统布置应充分考虑场地条件和充填系统的功能需要。

膏体充填站一般分充填楼、破碎机房、煤矸石堆料场、煤矸石给料斗、胶结料仓、粉煤灰仓、蓄水池等建(构)筑物。

充填楼分三层布置:第一层大厅布置两台充填泵及其液压动力装置、控制柜、变电所及控制室等,第二层布置两台搅拌机,充填楼三层布置称料斗和布袋收尘器。破碎机房根据场地实际状况建设在充填楼附近。

1. 充填站测控基本要求

(1)设计原则

充填站检测控制设计原则是"检测准确、控制可靠、操作简便"。

① 检测准确原则。由于充填材料性能,特别是其泵送性能对配比关系敏感,同时受经济成本的限制,配比中考虑的富余量较少,要求各项检测数据,特别是物料计量数据必须准确,这是正确控制的基础。根据国内外充填的经验,质量浓度波动范围需要控制在 ±0.5% 范围以内。

② 控制可靠原则。由于充填工作直接关系到井下采煤工作面的煤炭生产和村庄地表沉降,充填系统停运造成严重管路堵塞,需要较长时间才能够恢复。所以在测控方案的选择及主机与仪表的选用上,要采用先进、成熟技术,关键环节设置失控或超限声光报警信号,并制定事故处理预案。计算机测控系统要与机电二次控制电路联锁,集中操作,并在关键部位配备监视系统。

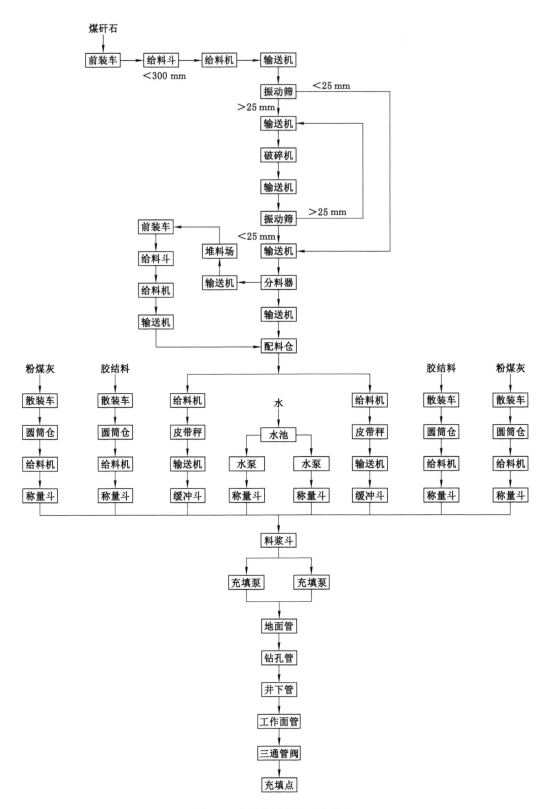

图 6-8 胶结充填系统工艺流程

③ 操作简便原则。考虑操作人员素质,充填站检测控制系统操作必须简便。

（2）检测基本内容与要求

充填站系统检测内容包括料位、水分、称重、流量、密度、压力及来料称重验收 7 个方面。

① 料位:根据需要对粉煤灰仓、胶结料仓、充填料浆缓冲仓等存储装置设置料位计,定时检测料位,并实行上、下限报警。对于水池设置上、下液位计,实现潜水泵自动控制。

② 水分:煤矸石需要及时测定其水分含量,以便及时调整配比。水分测量误差控制在 $\pm 0.5\%$ 以内。

③ 称重:煤矸石、粉煤灰、水、胶结料各自分批以称料斗形式称重计量,保证配比准确,称重误差控制在 $\pm 1\%$ 以内。

④ 流量:充填泵出口管道浆体或清水累计流量测控,累计流量的测量误差控制在 $\pm 1\%$ 以内。

⑤ 密度:监测充填泵出口管道浆体的密度,确保膏体质量。

⑥ 压力:检测充填泵驱动液压缸压力、充填泵出口管道浆体压力。

⑦ 来料称重验收。

需要指出的是,充填过程中,还需要根据煤矸石、粉煤灰取料地点的变化等,及时测定煤矸石的粒级组成、含泥量、水分以及粉煤灰的水分等,为充填系统调整配比提供依据。

2. 煤矸石破碎子系统

（1）系统构成

为了方便系统管理,成品煤矸石配料仓包括在配比搅拌子系统中。破碎子系统设计与充填系统同时工作,一般情况下煤矸石即破即用。该系统也可以单独运行,在不需要充填时也可以安排破碎加工煤矸石,这时所加工出来的煤矸石存放在成品堆料场备用。设备种类如下:

① 装载机。

② 振动给料机。

③ 从振动给料机到振动筛固定通用带式输送机。

④ 强力振动筛。

⑤ 筛下物固定通用带式输送机。

⑥ 移动带式输送机。

⑦ 向煤矸石配料仓输送煤矸石的履带式带式输送机。

⑧ 从成品煤矸石给料斗向煤矸石配料仓输送煤矸石的履带式带式输送机。

煤矸石经过振动筛筛分后,需要破碎加工处理粒径大于 25 mm 的部分,根据现场煤矸石粒度测试结果,确定破碎处理能力。即测出在自然状态下煤矸石中粒径大于 25 mm 的颗粒所占的最大比例,然后计算破碎处理能力。

（2）破碎加工工艺

① 煤矸石破碎要求。膏体充填材料配比试验表明,煤矸石作为膏体充填的骨料,需要由合理的粒级组成,才能够使膏体充填材料既具有良好的流动性能,又具有较高的强度性能,为此对煤矸石破碎加工有以下要求:

a. 最大粒径小于 25 mm。

b. 粒径小于 5 mm 颗粒所占比例为 38% 左右,最少不小于 30%,最多不大于 50%。

破碎加工以后要能够满足上述要求,一般是按照粒径小于 5 mm 和粒径在 5~25 mm 之间两种规格分级,并分别存储,然后再按设计比例配合使用。考虑到充填材料允许煤矸石粒径变化范围较大,为简化煤矸石破碎系统,节省投资,煤矸石只按粒径小于 25 mm 一种规格加工,加工出来的煤矸石中需要控制粒径小于 5 mm 部分的比例通过调节破碎机出料口大小来实现,具体调节办法是在破碎机安装调试期间测定出料口大小与出料中粒径小于 5 mm 的颗粒比例确定。另外,要求装运煤矸石期间发现大块颗粒比较集中时,要与附近颗粒较小的煤矸石搭配使用,为控制煤矸石粒级创造更好的条件。

另外,由于煤矸石中粒径小于 25 mm 的部分的比例大,在进入破碎机前先用振动筛进行筛分,不仅可避免已经满足要求的煤矸石进行不必要的破碎,而且可降低破碎加工成本。

② 煤矸石破碎加工工艺。

第一步,用装载机将原状煤矸石装入原状煤矸石给料斗。

第二步,通过原状煤矸石给料斗下振动给料机均匀供料,输送带将煤矸石送入振动筛进行筛分,筛孔尺寸为 25 mm,粒径小于 25 mm 的煤矸石通过筛底的水平带式输送机运出破碎机房,通过履带式带式输送机送入成品煤矸石配料斗备用,如果不及时使用,则通过移动带式输送机运输到成品煤矸石堆料场存放,使用时用装载机装入成品煤矸石给料斗,通过履带式带式输送机运输到成品煤矸石配料仓。

第三步,将振动筛筛上粒径大于 25 mm 的煤矸石经过水平带式输送机送入反击式破碎机进行破碎加工。

第四步,将破碎加工后的煤矸石通过履带式带式输送机提升到振动筛入料口水平高度,经过水平带式输送机送入另一振动筛进行筛分。筛孔尺寸也为 25 mm,粒径小于 25 mm 的煤矸石进入第二步处理。

第五步,将振动筛筛上粒径大于 25 mm 的煤矸石经过带式输送机送入反击式破碎机进行再破碎加工。

(3)煤矸石破碎加工过程与控制

① 来料称重验收与管理来料称重是一个重要环节,此环节与充填站搅拌、泵送过程是相对独立的,采用地秤对来料车称重计量。

② 煤矸石破碎加工过程需要与配比搅拌子系统协调,煤矸石破碎子系统计算机主要是对设备动作顺序进行控制,对关键设备状况实行可视化监视,取消人工操作。

3. 配比搅拌子系统

(1)设备组成与能力

配比搅拌子系统由两套相同的设备组成,设备种类如下:

① 混凝土搅拌机。

② 煤矸石配料仓及气动卸料闸门。

③ 皮带秤。

④ 履带式带式输送机。

⑤ 胶结料仓(包括配套的仓顶收尘器、卸料蝶阀、破拱装置、仓顶安全阀)、粉煤灰仓(包括配套的仓顶收尘器、卸料蝶阀、破拱装置、仓顶安全阀)和煤矸石缓冲仓。

⑥ 胶结料螺旋给料机和粉煤灰螺旋给料机。

⑦ 供水泵(包括管阀)。

⑧ 胶结料称量斗、粉煤灰称量斗、称水斗、料浆缓冲斗和收尘袋。

配比搅拌子系统由两台搅拌机构成,因为膏体充填材料中胶结料用量少,需要长距离管道输送,对搅拌质量的要求更高,设计搅拌时间从普通混凝土的 30 s 提高到 50 s,因此确定搅拌周期为 90 s,每次搅拌 2 m³。膏体制备能力为 80 m³/h。

(2) 配料精度要求

膏体充填材料中胶结料掺入量极少,按照一般混凝土的概念,是一种"极贫"混凝土,必须按照设计的浓度,以及煤矸石、粉煤灰、胶结料的比例准确制备充填料浆,并充分混合均匀,才能够保证充填材料的流动性能、凝结固化性能,井下采煤工作面充填才能够达到预期的覆岩沉陷控制目标。

根据材料配比试验,要保证材料流动性能稳定,充填料浆的质量浓度变化幅度要求控制在±0.5%范围内。

经试验比较确定,如果充填料浆质量浓度变化幅度在±0.5%范围内,则物料(煤矸石、粉煤灰、专用胶结料、水)计量允许误差≤1.0%,水分检测允许误差≤0.5%。

(3) 配比搅拌工艺

煤矸石、粉煤灰、胶结料和水在使用前的储存方式是:破碎加工好的煤矸石存放在煤矸石配料仓,粉煤灰、胶结料分别存放在各自的圆筒仓内,水存放在蓄水池内。

配比搅拌工艺过程如下:

第一步,称料。4 种充填材料称料同时进行,为缩短循环时间,称料期间快速给料,待给料达到设计值的 90%时,开始慢速给料,直到达到设计值,完成称料。

第二步,投料。在确定搅拌机的放浆口关闭并处于空机状态时,同时打开称量斗和煤矸石缓冲斗将称好的 4 种材料快速投入搅拌机内。投完料后随即关闭各称量斗和煤矸石缓冲斗闸门。

第三步,搅拌。膏体充填材料中胶结料用量少,比一般混凝土需要更长的搅拌时间才能够制成质量良好的膏体浆液,根据经验,每次搅拌时间设置为 50 s。

第四步,放浆。当搅拌时间达到 50 s 时,将搅拌机放浆口打开,把拌制好的膏体浆液放入料浆斗,供充填泵输送下井。料浆放完以后,随即关闭放浆口。

为了提高系统制浆能力,在投料完成以后,即进行下一循环称料工作,上一罐料搅拌好前,下一循环已经准备好,如此循环,直到全部完成。

(4) 制作过程与控制

① 配料过程与控制。膏体充填材料配料涉及煤矸石、粉煤灰、胶结料及水 4 种,其配料过程及其控制如下:

a. 煤矸石定量供给。煤矸石供给子系统包括煤矸石缓冲仓、胶带秤、斗式提升机、水分测定仪和缓冲斗。每个煤矸石缓冲仓设置两个出料口。配料过程中,在规定的时间范围内,首先打开煤矸石缓冲仓出口,给料机同时给料,给料量达到设计值的 90%时,保留一个给料机继续给料,直到达到设计值。

b. 粉煤灰定量供给。粉煤灰供给包括粉煤灰料仓、螺旋给料机和称料斗,在规定时间的配料过程中,首先料仓螺旋给料机快速给料到称料斗,称料斗开始监视进斗物料质量,给料量达到设计值的 90%时,改为慢速给料,达到设计值前适当时间螺旋给料机停机,利用螺旋给料机惯性使所加物料正好达到设计值。在粉煤灰给料过程中如果发现料仓下料不畅，还需要启动振动装置，破拱下料。螺旋给料机直接将粉煤灰运送到充填楼第三层的粉煤灰称料斗，待本次配置粉煤灰全部进入称料斗以后进行称量。

c. 胶结料定量供给。胶结料供给包括圆筒料仓、螺旋给料机、称料斗，在规定时间的配料过程中，首先料仓螺旋给料机快速给料到称料斗，称料斗开始监视进料斗物料质量，给料量达到设计值的 90% 时，改为慢速给料，达到设计值前适当时间螺旋给料机停机，利用螺旋给料机惯性使所加物料正好达到设计值。在胶结料给料过程中如果发现料仓下料不畅，还需要启动振动装置，破拱下料。

d. 水的定量供给。供给系统包括潜水泵、单级离心水泵、调节阀、称水斗。潜水泵负责从观测井中向蓄水池供水，单级离心水泵负责由蓄水池向称水斗供水。在规定时间的配料过程中，水泵开始运转，通过调节阀、管道向称水斗内加水，达到一定程度后，调节阀控制少量给水，水量加到设计值，调节阀截止，水泵停止供水。

在清洗设备和管道过程中，水泵供水量不再用调节阀控制，只受总的清洗时间控制，完成清洗任务后停止水泵运行即可。需要指出的是，充填站在制浆过程中要定期检测煤矸石的含水率，根据煤矸石含水率的变化及时调整充填材料配比。

② 搅拌过程与控制。充填站采用周期式双卧轴混凝土搅拌机拌料，制作膏体料浆，主要是考虑周期式搅拌机在一批料拌好卸出后，再进行下批料的装料和搅拌，易于控制配比和保证拌和质量。

周期式搅拌机制作充填料浆过程是加料、搅拌、出料按周期性循环作业的过程。从称料斗向搅拌机的投料时间为 15～20 s，搅拌时间为 50～60 s，出料时间为 15 s，一个搅拌周期为 90 s。

（二）管道泵送系统

1. 泵送系统设备及要求

管道泵送系统由充填泵机组、充填管、沉淀池等组成。煤矸石堆场设计堆放煤矸石量，考虑保证 5 d 充填的需要，确保在破碎机系统出现故障或者大雨天不影响正常充填。

充填站位置选择要考虑：① 充填材料输送距离较近，一级泵送既能满足近期充填开采需要，又能满足将来充填开采需要；② 尽量少占农田。

2. 充填泵选型

目前，专门生产充填用工业泵的厂家主要为德国的普茨迈斯特公司和施维英公司，充填泵最大充填能力为 150 m^3/h。

国内中联重工、三一重工、飞翼股份等厂家生产的混凝土拖泵也可作为充填泵，混凝土拖泵由于其输送缸尺寸相对较小，在充填能力要求高时，冲程时间短，易损件磨损快。普茨迈斯特公司和施维英公司生产的充填泵的主要技术参数见表 6-2。

KOS25100HP 型充填泵与 KSP220V 型充填泵的区别在于：KOS25100HP 型充填泵的泵送缸容积较大，在相同充填能力时其冲程数较少，有利于降低对易损件的磨损，充填泵运行成本较低；另外，KOS25100HP 型充填泵工业配置的电机功率较大，适应能力更强。因此，一般较多选用 KOS25100HP 型充填泵。近年来，考虑到价格因素和国产泵质量的大幅度提高，国产泵使用量也在逐渐增多。

表 6-2 充填泵的主要技术参数

技术参数	KOS25100HP 型充填泵 （普茨迈斯特公司生产）	KSP220V 型充填泵 （施维英公司生产）
电机功率/kW	2×250	2×250
最大输送量/(m³/h)	150	150
最高泵送压力/MPa	10	10
最大输送量时泵送压力/MPa	8.5	8.5
活塞冲程/mm	2 500	3 100
泵送缸直径/mm	360	300
冲程容积/L	254.3	219.0
泵出口管径/mm	250	150
最大冲程数/(次/min)	10.9	12.7
最短冲程时间/s	5.5	4.7
长×宽×高/(mm×mm×mm)	7 500×1 700×1 500	9 500×1 300×1 300
质量(不包括动力系统)/kg	8 000	6 000

3. 干线充填管

（1）材质选择

考虑到充填系统压力较大，输送距离较长，干线充填管宜选用双层耐磨金属管，耐磨性比普通无缝钢管高，使用寿命长，综合比较，选用双层耐磨金属管是经济的。根据《输送流体用无缝钢管》(GB/T 8163—2018)选择使用 Q345 号钢制造的无缝双层耐磨钢管，抗拉强度主要由外层无缝钢管承担，抗拉强度为 490 MPa。在充填工作面，钻孔空底压力最大，当充填泵达到最大压力 10 MPa 时，钻孔底部压力还要加上输送管道孔深高度。若按照无缝钢管的允许拉应力为其抗拉强度的 50% 计算，考虑不均匀及锈蚀等因素，附加厚度为 2 mm。一般双层耐磨金属管耐磨层厚 8~10 mm，根据国家无缝钢管系列化标准选择外层为 Q345 号钢材的 ϕ219 mm×10 mm 耐磨无缝钢管，耐磨层厚度为 8 mm。

（2）流速选择

膏体充填材料在管道输送中的一个重要特点是无临界流速，可以在很低的流速条件下长距离输送。根据国内外金属矿山充填的经验，一般膏体料浆在管道内的流速控制在 1.0 m/s 以内。浆体的速度过大，料浆流动需要克服的水力坡降大，管道磨损速度也快，能量消耗大；浆体的速度过小，则充填能力不能满足生产需要或需要增加充填管道内径。考虑到煤矿对充填能力的要求要高于对金属矿的要求，充填系统设计流速相对较大。因此，按以上原则进行设计，在充填泵处在最大流量时，保持流速在 1.5 m/s 左右。

（3）管道内径选择

按膏体充填系统流速的设计原则，计算出充填管道允许的最小内径为：

$$D = \sqrt{\frac{10\,000Q_j}{9\pi V_j}} \tag{6-1}$$

式中 Q_j——系统充填能力，m³/h；

V_j——系统最大流速，m/s。

干线充填管道的内径应≥188 mm,充填管道的具体参数还需根据充填系统的最大工作压力及无缝钢管的规格参数确定。

（4）系统最大工作压力验算

充填管道的壁厚主要受充填系统最大工作压力、管道材质和允许磨蚀厚度等控制,而充填系统压力则与充填料浆的流动性能、充填系统管路长度成正比关系。

充填料浆的流动性能要求与充填体的强度要求存在矛盾。在胶结料加量相同的情况下,充填材料强度性能与水用量成反比关系,充填材料中水用量越多,制得的浆体坍落度越大,充填材料凝固体强度越低,越有利于膏体充填料浆的输送。

4. 管道泵送系统工艺流程

管道泵送系统由无缝钢管、高压布料软管、法兰盘、快卡连接头和液控闸板阀等组成。膏体充填料浆采用专用充填泵加压管道输送。

在充填系统中,搅拌机搅拌好的料浆先放入浆体缓冲斗,浆体靠自重给充填泵供料,经过充填泵加压后的充填料浆通过管路,由充填站附近的充填钻孔下井,再沿巷道管道输送到充填工作面,在充填工作面采用胶管阀布料管控制采空区充填顺序。

（1）充填管路布置

① 充填站到充填钻孔之间管道布置。从充填站到充填钻孔之间的管道一般直管长度取 6 m,弯头半径取 1.5 m,为了方便事故处理,每隔 5 根左右的直管,布置 1 个带盲板的三通,以便应急处理堵管。

② 充填钻孔管。钻孔套管一般选用无缝钢管,采用焊接方式连接。

③ 井下干线管。井下干线管是指从充填钻孔孔底到工作面入口前的充填管,其规格与地面充填管相同。

④ 工作面支管。为了实现工作面随支架整体前移,工作面管选择钢编管,沿工作面每隔 15 m 左右布置一个三通,向待充填空间布置一个布料管,布料管的充填采用胶管阀控制。

为避免因充填泵发生故障等原因造成严重管道堵塞事故,在地面充填站附近设立沉淀池,在充填钻孔孔底巷道处开挖事故处理水沟,充填管每隔一段距离设置三通,保证发生意外停机等事故时,能够快速处理,避免充填管,特别是充填钻孔堵塞。

（2）泵送过程与控制

充填泵泵送分充填料浆和清水两种介质,在输送管道中有 4 种情况,即完全充填料浆、完全清水、灰浆推水、水推灰浆。充填泵泵送过程控制的目的是保持泵送速度与搅拌机拌料的速度协调一致,维持泵送系统的连续作业,控制每班充填量。泵送流量的控制以泵送流量计、料浆缓冲仓的料位计等检测仪器观测数据为标准,采用电动调节充填泵泵送油路单向调节阀来实现。

三、胶结材料地下充填开采工艺技术

（一）胶结充填开采工作面设计

1. 工程概况

（1）地表地形、井下位置及四邻采掘情况

充填综采工作面地面位于高阳、临水村以北,340 省道东南,地表被黄土覆盖,地面标高为＋840～＋880 m,工作面标高为＋640～＋680 m。三下采煤 10203 试验工作面位于十采区,东南为矿边界,西北与 10102 工作面(未采)相邻,西南为十采轨道、运输巷保护煤柱,东北为 10204 工作面。

(2) 煤层赋存情况

充填综采工作面开采山西组 2 号煤层,煤层厚度为 2.15 m,地质条件复杂(见表 6-3),上距 1 号煤层 8.03 m,煤层倾角为 3°。

表 6-3　工作面地质构造

构造名称	走向/(°)	倾向/(°)	倾角/(°)	性质	落差/m	对回采的影响程度
F_1	155	65	35	正断层	0.5	不大
F_2	154	64	50	正断层	5.0	较大
F_3	115	205	40	正断层	0.8	不大
F_4	115	205	45	正断层	1.1	较大
F_5	130	40	40	正断层	0.6	不大
F_6	155	245	53	正断层	1.7	较大

2. 工作面设计

为了保证村庄和建筑物安全,收集新阳矿三下采煤各项数据、施工组织等资料,计划在地面为农田的工作面进行试验开采,在十采区内布置三下采煤 10203 试验工作面。设计 10203 工作面运输巷 470 m、材料巷 588 m、开切眼 100 m。10203 工作面可采走向长 347.7 m,2 号煤厚 2.15 m,可采储量为 95 874 t。

3. 支护形式

(1) 顶锚支护

顶板支护采用 $\phi22$ mm×2 200 mm(顶角锚杆用 $\phi22$ mm×2 400 mm)的螺纹钢锚杆和 $\phi17.8$ mm×6 000 mm 的钢绞线锚索,以及菱形网联合支护。每根锚杆、锚索分别配一支 MSCK2355 型树脂药卷和一支 MSK2355 型树脂药卷(快速药卷在下部,超快速药卷在上部),托板(木托块)规格(长×宽×厚)为 400 mm×200 mm×80 mm,托板外加铁饼和螺母,顶板角锚杆采用楔形托板,锚索托盘使用 12 号×600 mm 槽钢。

(2) 锚杆布置形式

材料巷、运输巷两巷锚杆顶锚杆布置为"五、五"矩形,除边角锚杆 75°向帮内倾斜外,其余均垂直于顶板。锚杆间距为 800 mm,排距为 900 mm;每隔 2.7 m 在巷道顶板打一组(2 根)锚索,间距为 1.8 m。开切眼顶锚杆布置形式为"八、八"矩形,锚杆间距为 800 mm,排距为 900 mm,每隔 2 排打一组(3 根)锚索,间距为 1.5 m。

巷道在交岔处或地质变化处,分别布置 $\phi21.6$ mm×6 000 mm 的钢绞线锚索,以加强顶板控制。

(3) 两帮支护

两帮采用 $\phi16$ mm×1 600 mm 的金属圆钢锚杆支护,"三、三"矩形布置,顶板向下 300 mm 处布置一根锚杆,锚杆间距为 800 mm,排距为 900 mm;每根帮锚杆配套一块尺寸为 400 mm × 200 mm ×80 mm(长 ×宽 ×高)的木托块。

（二）胶结材料地下充填工艺

双滚筒采煤机割煤，割煤深度为 0.8 m，采用两采一充，即采煤机割煤 2 刀，采空区充填一次，循环进度为 1.6 m。

充填工艺流程为手指口述安全确认→ 充填准备→检查准备→管道充水→灰浆推水→煤矸石浆推灰浆→正常（轮流）充填→管道清洗（灰浆推煤矸石浆→水推灰浆→压风）→充填结束→验收。

1. 充填准备

（1）吊挂塑料编织袋

工作面进行充填前，支架移直移顺，及时伸出侧护板，保证工作面支架空顶区的直线度。然后，用塑料编织袋在待充填区内构筑完全"封闭"的充填空间。塑料编织袋在吊挂前必须经水浸泡 5 min，以提高塑料编织袋的双抗效果。

10203 工作面使用煤矿用塑料编织袋，规格（长×宽×高）为 18 m×2 m×2.5 m 和 25 m×2 m×2.5 m 两种。塑料编织袋铺设顺序：从工作面低端向高端依次铺设，铺设时人员将充填袋运入待充填区域并将袋子展开，使用电工刀在充填袋的中部开一道 500 mm 长的口，最少 4 人钻入充填袋内，将充填袋撑起，使用 12 号联网丝与充填支架后顶梁上的挂钩连接牢固，然后找准布料管口，将编织袋开与布料管口相应大小的口，将布料管穿过充填袋后与充填袋绑牢，在布料管口的正前方铺设一块长 5 m、宽 2 m 的草帘，长边与出料方向一致，防止料浆冲破充填袋。最后吊袋人员全部钻出充填袋，使用 12 号联网丝，将 500 mm 的开口缝合。

初次充填时由于充填区域的宽度大于 2 m，为了防止料浆将充填袋冲入"落山帮"造成漏浆，必须根据充填袋宽度，在"落山"平行于工作面支设一道木板金属网墙体。使用 22 (25)型单体液压支柱支设，柱距为 1.5 m（每架 1 根）。每 3 根支柱之间使用 3 块 3 m 棚板，与工作面平行均匀布置，使用 8 号铁丝与单体液压支柱绑牢，棚板支架的空隙使用金属网（规格为 6 000 mm×900 mm）与木棚板固定绑牢。

（2）工作面充填管布置

充填管路充填站至工作面总长为 2 150 m，其中立管总长为 168 m，每立方米的料浆在管路中的折合长度约为 38 m。综采充填工作面充填系统中，把铺设在工作面下顺槽内的充填管道称为干线充填管，工作面干线充填管总长为 600 m，采用的是内径 180 mm 的耐压无缝钢管，充填管长 2 m，每 8 根钢管之间安设一个三通，以便发生堵管事故时能够快速及时处理。进入工作面的管道称为工作面充填管，工作面充填管总长 100 m，要求为柔性管，管径为 180 mm。从工作面充填管每隔一定距离分支出向充填点输送料浆的充填管，称为布料管，每根布料管长 1.5 m，采用复合管 ϕ150 mm，每 15～18 m 布置一个布料管。

充填管布置路线：地面充填站→联络巷→管子道→三下集中胶带巷→三下胶带轨道二联络巷→三下轨道巷→三下轨道胶带联络巷→十采胶带 10203 材料联络巷→10203 工作面材料巷各充填点。

工作面充填管布置在支架的立柱后，铺设在支架底座上。工作面共布置 7 个布料管，从工作面刮板输送机机尾向刮板输送机机头方向布置，且布料管间距初步确定为 15～18 m。工作面充填管在每个设置布料管的地点接一个胶管阀，利用胶管阀切换控制充填料浆。充填过程中，工作面由低处向高处依次充填。

2. 检查准备

① 吊挂充填袋检查;② 干线充填管路检查;③ 工作面主管阀检查(都开);④ 布料管阀检查(都关);⑤ 三通阀门检查(打开);⑥ 报告充填站。

3. 管道充水

在工作面上巷安排专人观察充填管末端三通阀门出水情况,见水后,说明管道充满水。报告充填站。

4. 灰浆推水

管道充满水后要下灰浆。

5. 煤矸石浆推灰浆

① 正常见灰浆后,打开第一个布料管胶管阀。

② 充填区正常见煤矸石浆后报告充填站。

6. 正常(轮流)充填

① 首先,将所有布料管接好,并使其处于关闭状态。

② 工作面正常充填,从材料巷第一个布料管开始充填,6~10 min 后立即打开第二布料管胶管阀,然后关闭第 1 个布料管,充填液从第 2 个布料管充填。

③ 在第 2 个布料管充填 6~10 min 后,接通第 3 个布料管,然后关闭第 2 个布料管,依次循环重复。

④ 充填至最后一根布料管充填范围时,应随时分析待充填空间,待充空间为 85 m³ 时,及时通知充填站控制室控制充填量。

⑤ 最后一个布料管充填接近完成时,打开工作面主管路末端阀,见充填袋充满后,关闭最后的布料管阀。

⑥ 充填区已完成充填的布料管应及时拆除与清洗。清洗完成后,再将布料管连接好,等待充填任务完成后,最后进行工作面管道清洗。预计完成一次充填任务需 5 h。

7. 管道清洗

① 出口见清水后联系充填站,要求其压风,管道至少打 2 遍水、2 遍风。

② 不见风,并确认地面充填站停泵后,关闭工作面顺槽充填阀,结束冲洗工作。

③ 三通大阀门清洗、工作面主管阀清洗。

④ 清洗布料管及其阀门。

8. 充填结束、验收

① 岗位工作结束、验收;② 交接班;③ 报告矿调度室。

9. 凝固/检修

充填工作面结束后,充填体凝固时间需要 6~8 h,定在检修班凝固。

10. 充填前及充填过程中应注意的事项

充填工作开始时,必须提前在布料管的上部 2~3 个支架间,按规定悬挂便携式瓦斯监测仪,当充填至下一个布料管时,将瓦斯监测仪依次向上移动。充填过程中,发现瓦斯超限,应立即停止作业,通知瓦斯检查工进行处理,确定无隐患后,方可继续作业。

充填过程中,发现已充填的区域出现明显不接顶,可以打开该区域附近的布料管,进行必要的补充充填。充填程序中,当灰浆推水过程完成后,要利用运料巷的防尘水管,将工作面排水管中少量低浓度的粉煤灰浆排到工作面放水巷,避免堵管。

（三）料浆输送紧急情况处理

1. 煤矸石浆输送不顺畅

遇到煤矸石浆输送不顺畅，如因较长时间没有使用煤矸石，煤矸石下料不正常等，可以关阀停泵处理（先关阀后停泵）。考虑到井下阀门难以完全关闭，每次处理时间控制在30 min 以内，如果处理时间超过 30 min，后续煤矸石浆还不能保证顺畅，则在搅拌煤矸石浆处理好后，先跟进充填灰浆 30 m³ 左右，保证管道恢复满管流，钻孔管内煤矸石浆全部由灰浆替代后，再进行新的煤矸石浆充填。相应的煤矸石浆量要减去中间临时增加的灰浆量。

2. 过稠或过稀煤矸石浆进入料浆斗

由于搅拌机已安装搅拌电流在线检测装置，编制了过稠料浆自动补水处理程序，一般不会出现过稠煤矸石浆进入料浆斗。因粉煤吸水性变化较大，有可能出现过稀煤矸石浆。

对于过稠或过稀煤矸石浆进入料浆斗的处理办法是：煤矸石浆充填过程中采用高液位操作，使料浆斗内始终保持较多的料浆，已有的料浆能够对过稠或过稀煤矸石浆起到一定的调节作用。另外，紧接过稠或过稀煤矸石浆后，采用手动操作，补 1～2 罐偏稀或偏稠灰浆，配合人工对料浆斗内的料浆进行辅助搅拌，避免过稠或过稀煤矸石浆堵管。

3. 料浆流动性与设计值偏差过大

料浆流动性与设计值偏差过大的处理办法是：暂停充填，停泵关阀，再根据已有配比试验结果调整配比，然后恢复泵送（先开阀，后开泵）。

4. 料浆供应不畅，无法满足满管流

采用充填泵间断开启的方式，使料浆斗液位接近高位。然后，按照设定泵送能力（80 m³/h 或 100 m³/h）进行泵送，保证充填系统能力，最终实现全过程满管流。停泵后，必须立刻关阀（但要保证煤矸石浆体在管路停留时间不得超过 90 min，否则会有灰浆被推走）。

5. 充填压力超过 7 MPa

充填试验充填泵工作压力在 6～7 MPa，如果泵送压力超过 8 MPa，系统富余压力就很小，需要适当降低泵送速度，但是最小泵送速度不应小于 80 m³/h（不包括泵启动速度），后续充填料浆则浓度适当降低 1%。

如果充填泵泵送速度为 0、泵送压力持续高于 8 MPa，应立即将后续充填料浆改为灰浆，并按照"高浓度充填系统堵管事故快速处理预案"分析原因，确定对策。

6. 充填泵压力过大而停泵

若充填泵压力过大，应按照"高浓度充填系统堵管事故快速处理预案"进行停泵处理。

7. 事故停机

在进行煤矸石充填时，无论何种原因导致停泵时间累计超过 30 min，或者预计停机时间超过 30 min，则应立即执行料浆推煤矸石浆，直至将煤矸石浆全部推出充填管。

在进行灰浆充填时，无论何种原因导致停泵时间累计时间超过 60 min，或预计停机时间超过 60 min，则立即执行水推灰浆，直至将灰浆全部推出充填管。

（四）充填站及井下充填管路堵管应急处理方法

1. 堵管类型

充填站及井下充填管路堵管分为工作面布料管堵塞、充填平管堵塞和充填立管堵塞。

2. 堵管原因分析

（1）充填泵突然发生故障，停止运转时间过长，使充填管路大量煤矸石浆滞留在管路内，造成管路堵塞。

（2）石浆搅拌稠稀不均，稠浆体在管路内运行阻力过大，使管路局部发生堵塞，造成管路堵塞。

（3）布料管切换时间间隔过长，使浆体凝固，造成管路堵塞。

（4）充填料杂物筛选不净，杂物进入充填管路，造成管路堵塞。

（5）其他原因造成的管路堵塞。

3. 预防堵管措施

（1）加强地面充填泵的检修力度，保证工作面充填期间充填泵的正常运转。

（2）为防止充填站供电线路突然停电，造成充填泵突然停止运转，充填站选择双回路供电线路。

（3）为防止井上水管渗漏、损坏或水泵突然无法正常运转，在井上备用 2 台水泵、2 套管路及 2 个水源井。

（4）为防止充填站供风系统突然无法正常使用，特安装 2 台压风机，一台使用，一台备用。

（5）为防止充填管路出现渗漏及其他问题，井下回管前，要提前在井上对管路进行打压试验，要求充填管路必须达到 12 MPa。在井下，还要采用高压泵对管路进行打压试验，确保管路正常使用。

（6）充填站的各岗位严格按程序进行操作，充填料浆严格按规定进行配比，特别是水量的控制，严禁低于配比要求，防止增加充填料浆的黏度。根据料浆的黏度及时调整配比，适时增加水量。根据黏度仪进行水量调整时，若多次出现黏度不正常，则要打开观察窗观察，及时进行调整。

（7）工作面布料管轮流充填期间，操作人员严格按规定的措施操作，2 个布料管切换时间不超过 15 min，以防充填期间布料管切换时间间隔过长，使浆体凝固而造成管路堵塞。

（8）破碎及筛分岗位要精力集中，按章操作，煤矸石、粉煤灰及其他原料中的杂质应及时拣出。

（9）当设备出现故障或输送困难时，各相关岗位工作人员要及时汇报值班站长，并在值班站长的领导下进行处理。各岗位工作人员有权根据不同情况，提出合理化建议，但要严格执行命令，不得擅自决断。

（10）井下需要停泵时，控制室操作员必须问清要求停泵的原因、停泵时间、电话工及井下跟班领导的姓名，否则一律不得停泵。非紧急情况下停泵，必须先向调度室汇报；紧急情况下停泵，可先停泵，然后再向调度室汇报，主控制室必须及时询问调度室。

（11）若因井下原因停泵，原则上不得超过 15 min；特殊情况下，可停泵 20 min（料浆浓度较小时）。停泵超过 20 min，必须把管路中的料浆排尽。如再重复一次，井下仍不具备开泵条件，则按正常程序清洗。

（12）若因井上原因停泵，原则上不超过 15 min；特殊情况下，可停泵 20 min（料浆浓度较小时）。超过 20 min，则按正常程序清洗。

（13）当输送困难或泵压突然升高时，联系井下工作人员，排除阀门误关闭后，可反复泵送1～2次,然后手动泵送或自动位置最低档泵送。该过程反复2次,井下仍不见浆,联系井下打开刮板输送机机头处的三通,重复上述过程1～2次,仍不见浆,说明井下发生堵管事故,应严格按照堵管处理应急预案进行处理。

(14) 井下充填管路从立管处算起至工作面充填管,每间隔300 m放置一个工具箱,每个工具箱内备有18 in扳手2个、ϕ36 mm的套筒扳手2个、加力杆2个、洋镐1个、ϕ25 mm软管(长30 m)1根、8磅手锤1个、5 t手拉葫芦1个、1 m长的7分钢丝绳套2条;安装电话1部、三脚架两副。守岗人员在充填过程中,不断巡视充填管路,发现漏浆情况,及时通知调度室。

第三节　煤矿固体废物老巷道充填技术

一、煤矸石老巷道充填技术概况

矿井地下老巷道煤矸石充填技术实际上就是煤矸石地下老巷道处置技术,即利用井下停用或废弃老巷道处置利用煤矸石的充填技术。停用或废弃老巷充填煤矸石既可以减少煤矿固体废物在地面的排放,又可以减轻地表开采沉陷灾害和隔离封闭采空区,是实现煤矿绿色开采的理想途径和煤矸石处置利用技术之一。但长期以来由于缺乏高效的充填设备和工艺系统,造成了过去老巷道煤矸石充填量小、矸石充填效果差、工艺复杂和充填成本高,使得老巷煤矸石充填处置利用技术一直无法得到大面积推广应用。目前解决了煤矸石运输设备、巷道抛矸设备、地面投送系统及充填工艺系统,实现了井下煤矸石不出井地下处置及地面投送煤矸石充填处置的广泛利用,取得了显著的环境效益。

二、煤矸石老巷道充填装备

(一) 煤矸石运输设备

一般岩巷掘进速度为70～150 m/月,煤矸石产生量不是很多,所以充填煤矸石运输选用DSP1010/650型带式输送机,机头布置在巷道口部,以机头端受料,机尾端卸料。将自移充填抛矸机的卸载滚筒作为DSP1010/650型带式输送机可移动的机尾,增加卸载滚筒的自动调平、调向和调偏装置,使自移充填装置向后退移过程中,卸载滚筒始终与带式输送机的机头滚筒保持一致(宫守才等,2019;庞立新,2012;裴晓东等,2008)。

(二) 巷道抛矸机

抛矸机即巷道煤矸石充填的自移充填部,该部备有行走装置,行走底盘为双侧电机驱动的履带式行走装置,两个行走电机的功率均为15 kW,制动和转向靠液压操纵,行走转向灵活可靠。在行走底盘上设计安装了回转工作台,将抛射煤矸石装置部分安装在回转工作台上,通过液压控制,抛射装置能在回转工作台上进行高度调整和水平的回转摆动,以适应巷道的高度和宽度变化。其特点如下:

(1) 自移充填装置移动灵活,操纵简便。

(2) 因DSP1010/650型带式输送机可随自移充填部的退移而随时张紧,可实现卸载滚筒卸料点与抛射部分受料点的重合,从而省去过渡部分。

（3）增加了自动调整装置，且手动操纵全部采用液压控制和电气控制，自动化程度更高。

（4）当抛矸机处于巷道凸起段时，因高度方面的原因，自移有一定困难，行走部驱动力略显不足；同时由于履带宽度较窄，当底板浮煤较厚且巷道积水较深时，容易出现"趴窝"现象。

针对上述运输设备存在的不足，采取了以下改进措施：

一是将抛矸机前端改成可伸缩结构，加大其调整范围，增强其对巷道高度变化的适应性。

二是在驱动功率不变的情况下，增大行走部分的传动比，降低行走速度，提高行走驱动力，同时，增大履带宽度，提高行走装置对底板坡度陡、浮煤厚、积水深等各种恶劣条件的适应能力。

经改进的 CTS37.5/83 型抛矸机具有煤矸石抛填、行走和转向、卸载滚筒调偏、调平和调向功能，与 DSP1010/650 型带式输送机配套使用。抛矸机的输送带左右可摆动角度为 14.5°，最大摆动宽度为 4.5 m，带速为 2.5 m/s，摆动高度为 2.8~4.0 m，移动速度为 0.5 m/s，抛矸机的输送带及行走机构为电驱动，液压驱动调整煤矸石充填抛矸机状态，充填时，可前后左右上下移动。

该充填方式用工少，劳动强度低，充填效率较高，充填效果好。CTS37.5/83 型煤矸石抛矸机主要性能技术参数见表 6-4。

表 6-4　CTS37.5/83 型煤矸石抛矸机主要性能技术参数

项　目	参数名称	参数值
适用条件	巷道高度范围/m	2.8~4.0
	巷道宽度范围/m	2.5~4.5
	巷道下倾角度/(°)	0~5
	煤矸石运量/(t/h)	100
	煤矸石粒度/mm	≤150
	巷道长度/m	≤1 000
机头受料部	电机功率/kW	40
	输送带宽度/mm	650
抛射部分	输送带速度/(m/s)	2.5
	电滚筒功率/kW	7.5
	输送带上倾角度/(°)	≤16
	电滚筒直径/mm	400

三、煤矸石老巷道充填系统

（一）煤矸石巷道充填运输系统

岩巷迎头掘进的煤矸石装车后经轨道大巷，进入充填工程上部车场，运至煤矸石仓上口，由推车机、翻车机翻入煤矸石仓，经破碎机把煤矸石破碎到小于或等于 150 mm 粒径，再由给料机、DSP1010/650 型带式输送机运至充填巷迎头，经抛矸机充填，迎头煤矸石在较干燥的情况下边充填、边洒水，以利于煤矸石堆集。抛矸充填完成后，再对巷道充填煤矸石上部的空隙采用注浆法加以充填密实(胡伯,2021;郭胜志等,2012;魏应乐,2011;王彩根,1993)。巷道充填运输系统工艺流程如图6-9所示。

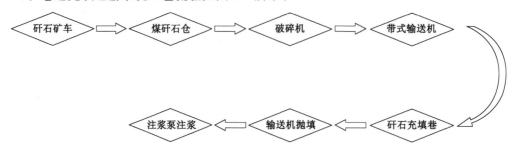

矸石矿车 ⟹ 煤矸石仓 ⟹ 破碎机 ⟹ 带式输送机

注浆泵注浆 ⟸ 输送机抛填 ⟸ 矸石充填巷

图 6-9 巷道充填运输系统工艺流程

(二)煤矸石巷道充填工艺

(1)煤矸石仓的煤矸石经给煤机落到充填巷带式输送机上,由带式输送机运到充填巷带式输送机的卸载滚筒处。

(2)煤矸石经卸载滚筒落到充填抛矸机上,当卸载滚筒水平方向发生变化及抛矸机需左右、高低调节时,受料点情况发生变化,为不影响正常受料,充填抛矸机设计使用了一个超宽(2.2 m)的导料槽。

(3)充填抛矸机向巷道迎头抛填煤矸石,充填抛矸机抛填的同时,可通过调高千斤顶、摆动千斤顶实现左右、高低调节,以便使抛矸机输送带伸到巷道两帮及顶板处进行抛填,实现最佳充填效果。

(4)迎头巷道填满后,充填抛矸机向后退移一个步距(约500 mm)。输送带自动张紧,当完成8个步距(即4 000 mm)时,松开输送带,游动小车复位,张紧液压缸重新伸出,这时,拆除一节中间架,形成下一个循环的开始。

(5)在充填抛矸机退移过程中,通过自动调偏、调向及水平调整,使卸载滚筒始终与充填巷带式输送机的机头驱动滚筒保持轴线平行,以保证充填巷带式输送机正常运行。

(三)煤矸石巷道注浆充填工艺

煤矸石充填抛矸机完成抛矸充填后,再对巷道充填煤矸石的空隙采用注浆法加以充填密实,力争使巷道的充填率达到100%,使充填体内潜在可压缩空间尽可能减小。

粉末煤矸石管道输送及巷道充填注浆系统位于充填巷迎头,煤矸石充填输送机的外部,煤矸石通过筛分设备筛分出粒径小于5 mm的粉末,由注浆系统加压通过粉末煤矸石管道输送管路注入充填煤矸石上部空隙,起到注浆灌缝的作用。

巷道充填注浆工艺流程为:布管→充填料的制备→泵送→空腔封堵→煤矸石充填→撤管移机。

(1)布管:当完成抛矸后,将空腔封堵管道布置于巷道上部空腔入口处,将煤矸石充填管布置于巷道上部空腔深处,为便于拆装选用快速连接接头。

(2)充填料的制备:该过程包括筛分、转运和搅拌三道工序。

为了防止管道输送过程中煤矸石堵管,泵送煤矸石的最大粒度应小于管径的1/3,并要含有一定的水分。因此,首先需要对煤矸石原料进行破碎或筛分,以满足泵送料粒度的要求;然后加水搅拌,以取得适宜浓度的煤矸石浆料,并改善其流动性,用于空腔封堵过程的浆料浓度较高,而用于充填的浆料浓度较低,以便于加压渗透于堆积的煤矸石缝隙中。

煤矸石首先由带式输送机落入螺旋筛,经过筛分不适于泵送的较大颗粒,进入抛矸机后由抛矸机抛至充填面。筛下较细的颗粒经导料槽送入煤矸石注浆泵的搅拌料斗,经加水搅拌制成适宜浓度的煤矸石浆料。

(3)泵送:制备好的煤矸石浆料经由煤矸石注浆泵泵送。泵出的煤矸石浆料经由浓料换向阀分别输入空腔封堵管道和煤矸石充填管道,煤矸石浆料经浓料换向阀只能与两条管道中的一条相通。

(4)空腔封堵:通过浓料换向阀使浓度较高的煤矸石浆料进入空腔封堵管道输送至巷道上部空腔入口处完成对入口的封堵。

(5)煤矸石充填:通过浓料换向阀使浓度较低的煤矸石浆料进入煤矸石充填管道输送至巷道上部空腔深处,并以较高压力将其压入巷道自然堆积的充填煤矸石间隙中。

(6)撤管移机:将空腔封堵管道和充填管道拆下撤出,并将有关设备移至新的工位。

第四节 煤矿固体废物老采空区充填技术

一、老采空区充填简介

(一)发展历程

老采空区是采区煤采完之后形成的具有一定年限的空区,简称老空区。很多老采空区由于年限久远和不规范开采,已经无法查到相关资料对其详细的描述,所以老采空区内部结构极为复杂且很难准确预测。老采空区的充填多是由于它影响到了附近区域或者地表建设,对建设和运营存在安全隐患,所以才对其进行治理。而煤矿老采空区治理最主要的手段就是地表钻孔注浆充填。

老采空区充填治理工程与新采空区充填工程有一定的差异性。老采空区充填材料从流动度、析水率、强度上会与新采空区充填材料有所区别,以达到充填范围的可控和充填体的有效性。

随着国家经济的快速发展,重大基础设施的建设日趋广泛,铁路、公路、电网等覆盖更加密集,以前废弃的不被重视的老采空区成了这些设施建设和运营的重大隐患。例如:广东梅汕高速横跨废弃的星美井田;马脊梁矿新建副立井工业场地建在地下侏罗纪煤层采空区上;四老沟矿南阳路工业场地建在侏罗纪煤层采空区上;等等。

老采空区的治理是不容忽视的问题。充填注浆是老采空区治理的有效方法,所以研制出性能优越、经济可行的老采空区充填材料很有实用价值。如建井研究院在山西承接的几个治理项目:为了消除马脊梁矿新建副立井工业场地下侏罗纪煤层采空区的安全隐患,确保广场内井筒建设及使用安全,对侏罗纪煤层采空区进行了地面钻孔注浆充填;为了消除南羊路工业场地下侏罗纪煤层采空区的安全隐患,确保广场内井筒建设及使用安全,以及避免新建建(构)筑物建成后发生较大的下沉、变形以及陷落性破坏,在矿井建设之前对下伏采空区进行了注浆充填等(张吉雄,2008;冯成功,2017;王小龙等,2020)。

(二)煤矿老采空区充填材料要求

老采空区充填材料要满足自溜或能泵送的要求,与新采空区充填相比,材料的研究时间较晚,研究数量较少。

老采空区充填又可以分为冶金矿山老采空区充填和煤矿老采空区充填。冶金矿山和煤矿根据各自可利用的条件,充填材料又有所区别。

(1)冶金矿山中,尾砂作为金属矿开采的副产品,产生量较大而且不容易安置。所以,对尾砂进行废物再利用,成为冶金矿山老采空区充填的首选。

(2)煤矿的老采空区充填材料研究较充填开采研究较晚,多借鉴于地面钻孔预注浆材料。近年来随着对老采空区充填研究的增多出现了多样化的充填材料。

二、老采空区充填存在的问题

煤矿的老采空区充填材料研究较充填开采研究较晚,多借鉴于地面钻孔预注浆材料,现有的老采空区充填材料在流动性、析水率、强度等方面不能满足老采空区充填材料的要求。

煤矿老空区充填材料大体可分为单液水泥浆、水泥水玻璃浆、水泥粉煤灰浆、水泥黏土浆。单液水泥浆在注浆加固中应用较多,具有结石体强度高、流动范围广等优点;但在老采空区充填中存在材料浪费、析水率高等问题。水泥水玻璃浆是一种特殊的注浆材料,在工程堵水中应用效果较好,具有凝结时间快、前期强度高的特点;但水泥水玻璃浆体后期强度低,且用作充填材料存在经济上的问题。水泥粉煤灰浆是现阶段采空区注浆常用的充填材料。由于粉煤灰是电厂发电产生的废弃物,所以在周边有火力发电厂的地方采用水泥粉煤灰充填注浆,充填体成本较低,而且粉煤灰作为一种改性剂可以改善充填体的性能;但随着粉煤灰用途的增广和用量的增大,水泥粉煤灰价格有所升高,且在一些区域粉煤灰不容易得到。工程实践显示,为了保证充填浆体的析水率和流动度等,充填体还存在强度上的浪费。煤矿的老采空区充填材料研究较充填开采研究较晚,现有的老采空区充填材料在满足流动性、析水率、强度等方面要求的基础上,还应兼顾因地制宜与经济性等因素,因此,实现充填材料的多样化是发展方向。充填材料的性能和经济性是影响采空区充填的重要因素。充分利用当地足够大量的廉价或废弃资源,是解决经济可行性问题的重要途径。让廉价或废弃的资源成为满足充填要求的充填材料,将是研究者不懈努力的方向。

三、老采空区充填技术实例

(一)煤炭矿山老采空区固体废物充填实例

1. 工程概况

煤炭矿山条带式地下采空区一体化治理开发项目位于济宁任城区,任城区是济宁市主城区,全市经济、文化、金融、教育中心,面积为651 km²,常住人口为102.2万。任城区煤炭资源丰富,保有储量为21亿t,辖区分布9对煤矿,核定产能1 500万t。

由于任城区煤矿均处于城市建设规划区内,为保护地表建筑与设施,许多区域采取了资源压覆与条带开采等方法保护,造成资源消耗快、煤矿服务期缩短、沉陷区开发利用难,资源枯竭煤矿转型发展与条带开采沉陷区再开发利用已成为任城区实现可持续高质量发展亟待解决的问题。煤炭资源开采对促进当地经济发展发挥了重要作用,但开采沉陷损毁土地也引发了一系列的生态环境问题。截至2018年底,任城区采煤沉陷面积累计7 090 hm²,其中城市近郊条带式采煤沉陷区约2 330 hm²。随着土地大面积沉陷,经济、社会和生态问题逐渐凸显,建构筑物、水利设施、公路桥梁等受损,城市发展空间受限,生态环境遭到严重破坏。特别是近些年来随着城镇进程的加快及国家对生态环保要求的提高,城市规划发展与煤炭资源开采损毁土地的矛盾更加突出,建设用地不足成为制约城市发展的瓶颈。

任城采煤沉陷区综合治理及城市建设用地开发一体化工程项目,分三期进行(如图 6-10 所示),一期为 100 hm²,二期为 200 hm²,三期为 33 hm²,属于岱庄煤矿最南部的老采空区,该项目是改善济宁市采煤沉陷区生态环境,增加采空区土地再利用,实现人与自然和谐共生的重大民生工程。

图 6-10　任城区地下煤炭条带式采空区一体化治理开发项目区

2. 地质及采矿条件

(1) 地形地貌

项目区东距济宁任城区政府 1 km,处于济—兖—邹—曲城市群的腹地,交通十分便利。项目区地形地貌为近代形成的汶泗河冲洪积平原,地势平坦,地势略呈现西北高东南低,地面标高为 +37.93~+39.87 m,平均标高为 39.29 m,自然地形坡度为 2‰。

(2) 地质条件

区内地层由老至新:奥陶系,石炭系中统本溪组、石炭系上统太原组、二叠系下统山西组、二叠系下统下石盒子组,二叠系上统上石盒子组,侏罗系上统蒙阴组及第四系(如图 6-11 所示),标志层明显。

含煤地层:属全隐蔽的华北型石炭-二叠纪煤田,煤系以奥陶系中统为基底山西组和太原组。山西组含煤层 4 层,煤层平均总厚度为 4.97 m。煤层顶板主要以泥岩为主,厚度为 6.30~15.70 m。之上发育有厚层中粗砂岩,厚度为 11.20~19.49 m。垮落带高度受该厚层中粗砂岩控制。

(3) 采矿条件

岱庄煤矿是山东省淄博矿业集团在济北矿区投资建设的四对特大型现代化矿井之一,核定生产能力为 240 万 t/a,设计开采煤层 3上、3下,开采标高为 −200~−1 000 m,项目区属于岱庄煤矿的 7300、2300 采区,仅开采 3上 煤层,其他煤层均未开采。项目一期 7300 采区开采工作面为 7330、7334 及 7338,工作面走向宽度为 50 m,推进距离为 600~700 m,煤柱宽度为 100 m,采高为 2.8 m,开采时间为 2013 年 10 月至 2014 年 8 月,开采方式为倾向短壁式伏采,顶板管理方式为自由垮落法。

3. 采空区勘察成果

任城区枯竭煤矿转型发展与沉陷区再开发利用成为加快新旧动能转换的重要难题,根据工程需要对项目区采空区进行了地面钻探和综合物探勘察。地面综合物探采用高密度电法探测断层露头区及较浅部塌陷不良地质发育情况,采用可控源音频大地电磁法探测采空区平面分布及积水状况,采用三维地震勘探进行断层与采空区总体发育状况控制。采空

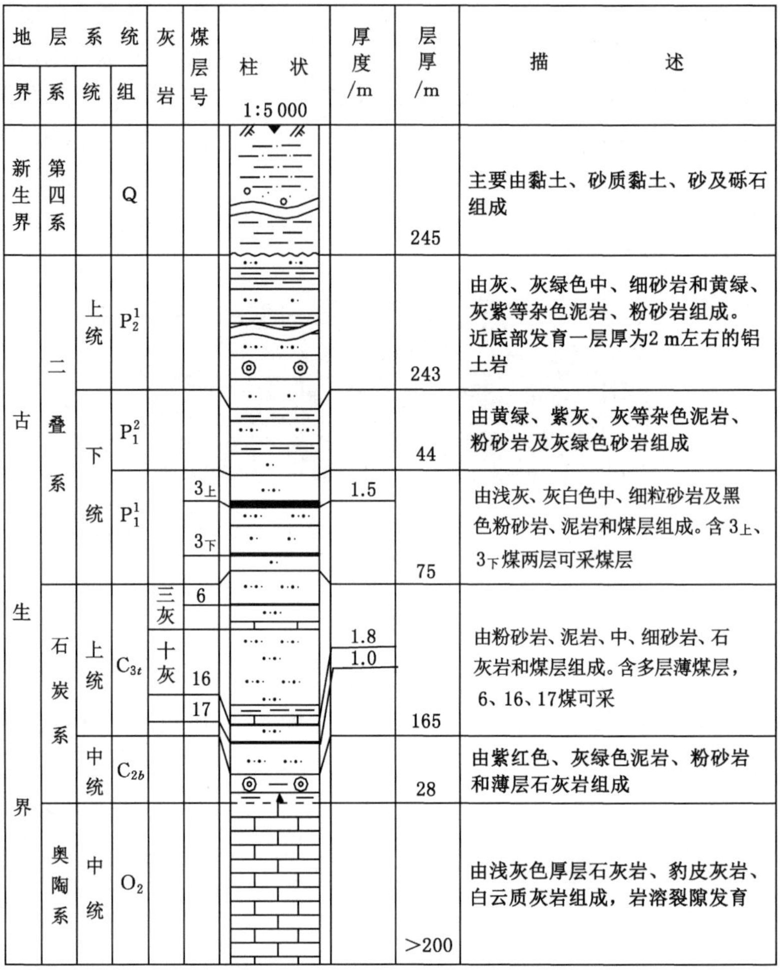

地层系统				灰岩	煤层号	柱状 1:5 000	厚度/m	层厚/m	描述
界	系	统	组						
新生界	第四系		Q					245	主要由黏土、砂质黏土、砂及砾石组成
古生界	二叠系	上统	P$_2^1$					243	由灰、灰绿色中、细砂岩和黄绿、灰紫等杂色泥岩、粉砂岩组成。近底部发育一层厚为2 m左右的铝土岩
		下统	P$_1^2$					44	由黄绿、紫灰、灰等杂色泥岩、粉砂岩及灰绿色砂岩组成
			P$_1^1$		3上		1.5		由浅灰、灰白色中、细粒砂岩及黑色粉砂岩、泥岩和煤层组成。含3上、3下煤两层可采煤层
					3下			75	
	石炭系	上统	C$_3t$	三灰	6		1.8		由粉砂岩、泥岩、中、细砂岩、石灰岩和煤层组成。含多层薄煤层，6、16、17煤可采
				十灰	16		1.0		
					17			165	
		中统	C$_2b$					28	由紫红色、灰绿色泥岩、粉砂岩和薄层石灰岩组成
	奥陶系	中统	O$_2$					>200	由浅灰色厚层石灰岩、豹皮灰岩、白云质灰岩组成，岩溶裂隙发育

图 6-11　项目区地质综合柱状图

区钻探孔内物探采用了综合测井、钻孔冲洗液漏失量观测、钻孔电视、孔间 CT 技术、采空区腔体探测等,探查采空区及上覆岩层垮落、裂隙发育、未冒落腔体等空间展布情况、煤柱状态与分布情况等。

勘察成果标明(详见表 6-5 和图 6-12 所示),煤矿条带使采空区"三带"发育特征明显,采空区上覆岩层裂缝主要发育在底板以上 40 m 范围,实测垮落带高度为 8.00~9.58 m,裂隙带高度为 18.85~77.72 m,弯曲变形带已发育至地表,采空区整体处于非充分采动、不充分垮落、全充水状态,煤柱局部发生了塑性变形破坏,塑性区发育深度为 18.5 m。

表 6-5　煤矿条带式采空区剩余空洞体积估算

区域	面积/m²	平均厚度/m	剩余空隙率/%	空洞体积/m³
采空垮落带	61 750	8.33	15.0	77 157
采空主要裂隙带	112 685	31.67	0.8	28 550
影响区	50 935	2.80	9.0	22 397

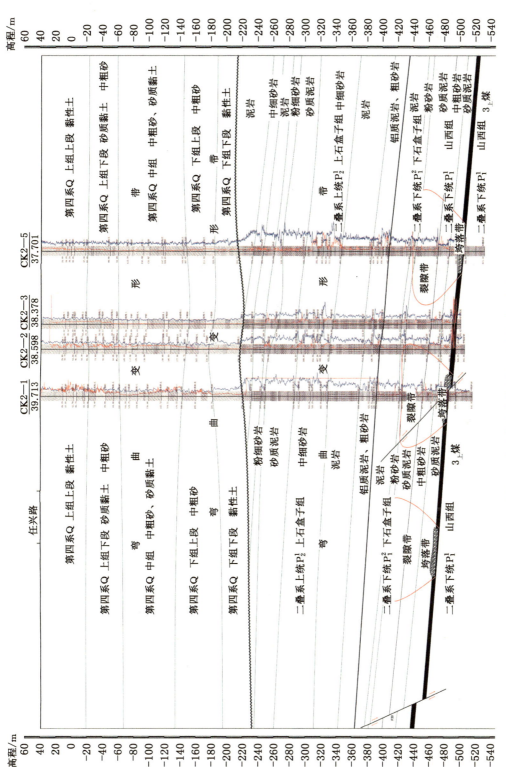

图6-12　煤矿条带式采空区"三带"发育特征

4. 充填治理措施

煤矿地下条带采空区是当时为了保护地面建筑物,煤炭开采多采用条带开采方式,这种采空区地质稳定性差,在城镇改造、城市开发利用时地表仍存在再次沉陷的危险,存在地质灾害隐患,需要进行老采空区注浆充填治理才能安全使用(如图 6-13 所示)。

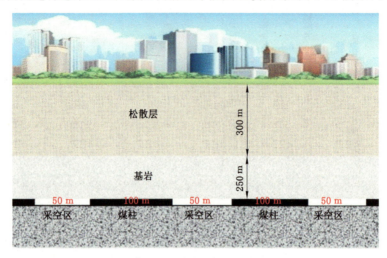

图 6-13　任城区煤矿条带式开采区地上下关系

项目一期南部 7334、7338 工作面采空区采用煤柱保护与墩台注浆相结合局部充填方案。通过对条带开采后遗留煤柱进行注浆保护,防止煤柱受地下水、长期荷载作用,煤柱剥落、风化及塑性区向煤柱内部进一步发展,充分利用煤柱自身强度对上部地层起到承载作用;同时在采空区内设置 50 m×50 m 墩台,起到分担煤柱荷载、降低煤柱内应力,提高地层承载力作用,以降低采空区上覆岩层变形。设计采用垂直钻孔(如图 6-14 所示),共布置钻孔 115 个,其中煤柱保护钻孔 80 个、墩台钻孔 27 个、帷幕钻孔 8 个。

项目一期北部 7330 工作面采空区主要分布在任兴路及其以北区域,存在占用城市道路、城镇土地及房屋拆迁等问题,根据目前工程进度,结合现场实际情况,采用常规垂直钻孔无法满足施工工期要求,确定该采空区采用定向钻孔采空区充填方案。定向钻孔具有施工占地面积小,地表对环境破坏小,技术成熟、可靠的特点。设计定向钻孔 2 个(如图 6-15所示),采用二开井身结构、泥浆钻进工艺。主孔一开后,各施工 5 个分支定向钻孔。

煤矿固体废物主要采用粉煤灰,根据室内配合比试验研究,确定注浆配合比及材料用量。水泥粉煤灰充填浆液适用于全区钻探时不发生掉钻区域及定向钻孔的采空区充填,水与固相配合比为 1∶1～1∶1.3,水泥与粉煤灰配合比为 2∶8、2.5∶7.5 或 3∶7。低浓度再生充填料浆适用于全区钻探时发生小于 0.5 m 掉钻区域,水胶比=1∶(0.75～0.8),水泥∶粉煤灰=1∶(1.8～1.9),胶骨比=1∶(1.0～1.2)。高浓度再生充填料浆适用于 7334 和 7338 工作面钻探时掉钻 0.5 m 及以上区域,水胶比=1∶(0.7～0.8),水泥∶粉煤灰=1∶(2～2.2),胶骨比=1∶(2.3～2.5)。

施工顺序为:① 总体施工顺序应按照先施工边缘帷幕钻孔,后施工保护煤柱钻孔,最后施工墩台钻孔。② 钻孔应采用"分三次序、间隔"的原则进行。成孔过程中应根据前次序灌浆钻孔灌浆情况,结合地层及采空区特征对后次序的孔位、孔距、孔数、孔深进行调整。

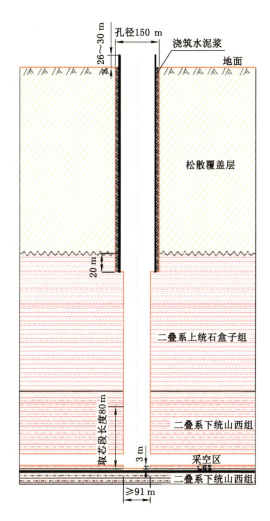

图 6-14 垂直注浆钻孔

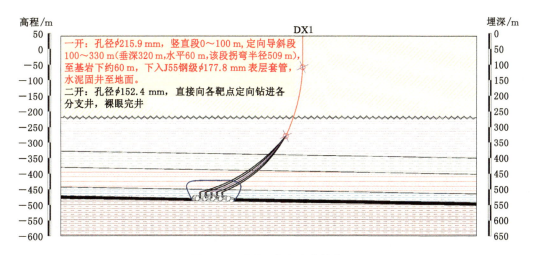

图 6-15 项目区定向注浆钻孔

③ 同一次序钻孔施工应遵循"先产状低,后产状高"的原则进行施工。不同次序的孔,在同一区域内前一次序的孔全部灌浆完成后,方可进行该区域后一次序孔的钻孔施工。④ 本工程分三次序间隔施工,一次序孔浆液可能扩散范围较大,二、三次序将使一序次未充填的空洞得到再次充填,从而提高充填率。

任城区煤矿条带式采空区充填灌浆治理工程施工结束后,委托第三方评价机构进行了工程治理质量检测和治理效果评价,通过采用钻孔取芯、孔内电视、测井、CK3-2 钻孔 VSP 测试,结石体强度检测与施工技术资料检查分析相结合的方式进行施工质量检验。通过检验监测评价和全国知名、权威专家评审确认,在地面钻孔对条带式老采空区进行注浆充填治理,实践证明是可靠、有效的治理方法,治理后可建设 100 m 高建筑物,可按正常场地进行建设使用。

(二)金属矿山老采空区固体废物充填实例

1. 工程概况

金星金矿为含金石英脉型矿体,采矿方法为浅孔留矿嗣后充填采矿法。采场沿走向布置,中段运输平巷布置在矿体下盘脉外,高度与中段高度相同,为 40 m,宽度为矿体厚度,不划分矿块。矿体的顶底板围岩为二长花岗岩,抗压强度较高,岩石基本完整,裂隙不发育,结构致密均匀,岩石较硬,工程地质条件简单。目前采空区主要分布在 4#—3# 线,长约 600 m,标高为 +65～−300 m,平均采幅为 2 m,预计采空区面积为 8.5 万 m³。3# 线附近约 30 m 采空区已采用碎石充填,充填量约为 2.5 万 m³;在 −140 m 中段利用掘进废石充填采空区,充填量约为 0.6 万 m³;2015 年 10 月至今利用尾砂、废石充填约 2 万 m³,累计充填约 5.1 万 m³,预计剩余采空区 3.4 万 m³。

矿山于 2014 年开始建设充填系统,系统主要包括充填站、充填管路和辅助土建工程。其中充填站由两座容积为 500 m³ 的砂仓和一座容积为 100 m³ 的水泥仓组成,该系统设计年工作 300 d,充填能力为 35～72 m³/h,一次最大充填量为 357 m³/d。充填站建成以后使用分级尾砂作为充填骨料,水泥作为充填料的胶结剂,对井下剩余采空区进行胶结尾砂充填。按水泥与尾砂配比为 1∶8、浓度为 68% 计算,矿山胶结充填料浆技术参数如表 6-6 所示。

表 6-6　矿山胶结充填料浆技术参数

充填灰砂比	料浆浓度/%	砂浆技术参数			
		密度/(kg/m³)	水泥用量/(kg/m³)	尾砂用量/(kg/m³)	水用量/(kg/m³)
1∶8	68	1 985	150	1 200	635

在建充填系统制浆能力为 80 m³/h。按每天工作两班,每天连续充填 5 h 计算,每天制浆能力为 400 m³。年工作 330 d,制浆能力为 13.2 万 m³/a。考虑流失系数 1.05 和沉缩比 1.25,计算充填料浆滤水沉降后,可充填采空区 10 万 m³/a,完全满足矿山生产需要。矿山充填管路采用 φ89 mm 塑料管。管路敷设线路为:由搅拌槽接出,通过渣浆泵输送,经地表约 350 m 管路后,由二采区充填井通至井下采空区,对采空区进行充填。充填设备设施参数见表 6-7。

表 6-7　充填设备设施参数

序号	名称	规格型号	数量/台	使用地点
1	立式砂仓	500 m³	2	给料系统
2	水泥仓	100 m³	1	给料系统
3	螺旋给料机	SW150 mm×2 500 mm	2	给料系统
4	高浓度搅拌槽	2 000 mm×21 000 mm	1	搅拌系统
5	渣浆泵	80-2GB-435	1	输送系统

2. 充填措施

矿山采用浅孔留矿嗣后充填采矿法生产,中段高度为 40 m,结合采矿工艺及矿房布置情况,为保证充填体强度,确保充填体密实,设计利用上一水平巷道分层充填采空区。采场顶柱中都预留有充填天井,每个中段充填管路在中段巷与主管路使用三通接通后敷设至待充填采场的充填天井中进行充填作业。同时,在每个充填天井中下放滤水管,直至采场底部的出矿穿,在出矿穿中与隔离墙上预埋的泄水管连通,以期达到充填体良好的滤水效果,保证充填体强度。采空区采用分级尾砂胶结充填,充填过程中,每层充填层高为 2~8 m(采场底部充填难度较大,层高较小),充填准备期为 2 d,每个分层充填时间为 2 d,充填养护期为 7 d,单个矿房全部充填时间约为 72 d。在对采空区实施充填之前,必须将各中段与采空区有连通的井、巷按照设计采取牢固的密闭封堵,以防止充填过程中漏浆。充填过程中在可能跑浆的位置设专人观察,一旦发生跑浆等意外情况,立即使用充填专用电话联系负责人,保证充填工作安全有序进行。

（1）充填管路架设

井下充填管路使用 φ89 mm 塑料管,由待充填采场的上部中段充填管路接出,经中段巷连通至采场充填天井中进行充填作业(如图 6-16 所示)。

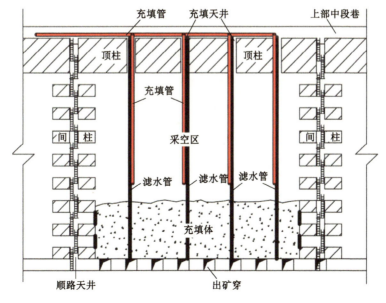

图 6-16　采空区充填管路布置示意

（2）充填体强度及充填材料配比

设计采空区采用尾砂胶结充填,充填骨料采用选矿产生的分级粗粒尾矿,胶结材料选用水泥。设计充填料浆质量浓度为68%。由于矿房留有顶柱,人员不在充填体上作业,因此本研究设计按经验公式(半立方抛物线公式)计算的满足充填矿柱高度的充填体强度约为1.46 MPa,本研究设计充填体强度为2.0 MPa。充填材料配比根据井下采矿生产对充填体强度的要求确定,同时考虑充填成本,特别是胶凝材料的添加量,以及充填材料混匀搅拌后形成的充填料浆的输送性能等因素。全尾砂胶结试块的抗压强度见表6-8。

表 6-8　全尾砂胶结试块的抗压强度

试件编号	灰砂比	浓度/%	不同龄期的抗压强度 /MPa		
			3 d	7 d	28 d
S1	1：4	70	5.17	8.96	12.89
S2	1：6	70	2.04	4.73	5.75
S3	1：8	70	1.63	4.08	4.61
S4	1：18	70	0.23	0.69	0.88

根据充填体的不同作用,尾砂胶结充填料浆常用的配比(灰砂质量比)为1：5~1：15,嗣后胶结充填料浆配比大于1：15。尾砂胶结充填体28 d龄期单轴抗压强度指标要求:1：6配比充填体抗压强度>2.0 MPa,1：15配比充填体抗压强度>1.0 MPa。

金星金矿地下开采采用浅孔留矿嗣后充填采矿法,充填方式为嗣后分层充填,采空区内充填体采用灰砂比为1：6的充填料浆,抗压强度(28 d)>2.0 MPa。

（3）充填物料计算

目前矿山遗留采空区总计约3.4万 m³,采空区全部用尾砂胶结充填。按充填体强度要求的充填料配比按1：6计算,尾砂用量为4.95万 t,水泥消耗量为0.826万 t。

（4）充填倍线计算

根据实际生产经验,68%充填料浆倍线不大于5即可实现管路自流输送,经计算,绝大部分采空区充填倍线大致在5以下,小于允许充填倍线,该部分采空区管路充填倍线满足管路自流要求。部分采空区位置无法进行自流运输充填料浆,将使用泵送充填料浆的方法进行充填工作。

（5）充填密闭墙设计

① 密闭墙位置选择。本研究设计充填密闭墙主要位于出矿穿内,矿山实际选择密闭墙位置时,应充分考虑工程地质情况。矿山分段巷 2 m×2 m 三心拱断面,矿山充填密闭墙宜建在最小断面处,以减少工程量。

② 密闭墙设计计算。目前密闭墙设计计算方法无专用公式,根据作用和使用条件,本研究参照井下防水闸门密闭墙楔形计算方法计算。设计密闭墙主要承受静水压力,静水高度为 2 m。经计算,防水密闭墙混凝土厚度为 0.125 m,结合矿山前期充填实际经验,采用刚性密闭墙,密闭墙厚度为 500 mm,两侧为砖石砌筑,每侧厚度为 115 mm,中间为 C25 混凝土砂浆砌筑,直径为 18 mm 螺纹钢锚杆作为骨架,网度为 700 mm×700 mm,厚度为

270 mm。

③ 密闭墙具体施工。首先应选择好封堵墙的位置,对巷道顶、底及边帮进行处理,清除巷道地板浮渣,在巷道边帮及顶部进行切槽,使隔离墙镶嵌在巷道围岩中。设计密闭墙厚度为 500 mm,两侧为砖石砌筑,每侧厚度为 115 mm,中间为 C25 混凝土砂浆砌筑,厚度为 270 mm,墙体靠近充填体一侧为土工布。施工过程中在巷道四周壁上各打眼 2个,安设 ϕ18 mm 螺纹钢锚杆,锚杆深度为 0.5 m,对应连接。锚杆用于固定密闭墙。密闭墙施工顺序为:先掏巷道边槽,深度为 100 mm,清理工作面废石,并冲洗施工面。两侧砌筑砖石,并埋设充填滤水管,然后在砖石中间灌注混凝土砂浆。顺路联络道密闭墙制作要点为:选择联络道中合适位置,在联络道四周壁上各打眼 2 个,安设 ϕ32 mm 圆钢,对应连接,作为骨架,在骨架上靠近采空区侧固定厚度为 4 mm 的木板,并覆盖土工布。

(6)充填体脱水工艺

为了保证充填体强度达到设计要求,除了采用高浓度搅拌槽将水泥与砂浆充分均匀混合外,还设计采取隔离墙安装泄水管措施,以保证充填体滤水充分,充填体强度达到设计要求。泄水管的制作、安装方法为:在隔离墙下部安装 1 个泄水管,泄水管用直径为 100 mm无缝钢管,在管上每隔 150 mm 钻 4 个直径为 30 mm 泄水小孔,用麻布进行包裹。隔离墙砌筑前,将泄水管制作、安装好砌入隔离墙中;再将直径为 100 mm 的专业滤水管从采场顶部的充填天井中放至采场底部的出矿穿,连接至预埋在隔离墙中的泄水管上,形成充填体滤水系统。充填料浆到达泄水孔位置时,清水由泄水孔溢流泄出,直至充填到上部水平。充填过程中,一旦发现滤水管堵塞等问题导致采空区中大量积水,必须及时使用泥浆泵排除积水,方可进行下一步充填工作。

(7)施工安全要求

① 在实施充填方案过程中,必须根据作业条件和工作性质,制定严格的安全操作规程。按照合理的充填顺序,对采空区底部通道全部密闭封堵,封堵质量检查验收合格后方可进行充填作业。采空区底部隔离墙封堵须牢固,确保质量和封堵密实。

② 采空区充填作业过程中,应制定充填作业程序和安全操作规程。充填作业前,首先检查充填搅拌桶、供水、供电、供料以及输送各个系统是否完好。上料时应按配比要求控制尾砂、水以及胶固粉的填加流量,防止造成充填管道堵塞以及搅拌设备损坏。

③ 在充填作业前,应提前掌握采空区的现状,可采用物探手段了解采空区的范围、位置,以便准确制定充填作业顺序。

④ 充填搅拌站与地下采空区充填地点、可能跑浆的观察位置等必须保持联系畅通,保证充填工作安全有序。尤其是在第一分层的充填过程中,观察位置的人员必须确认自身安全,保证逃生路线畅通,一旦发现大面积跑浆,应及时撤离。

⑤ 采空区需划分区段交替充填,防止造成充填料局部集中,以减少对充填采空区周边的侧压力和扩大滤水面积,缩短滤水时间和循环作业周期,防止发生安全事故。

⑥ 应认真检查作业现场,加强观察采空区充填滤水对地下水引起的变化情况,一旦发现异常,须立即停止充填作业,及时采取处理措施,确保安全生产。

⑦ 冬季充填时,停止充填时应放空管道防止管道冻结,必要时对管道采取保温措施。

(8)应急处置措施。在充填采场下部可能出现跑浆的中段巷道中,预先使用袋子墙设置隔离墙,防止一旦发生跑浆造成的大面积巷道淤堵,影响正常生产工作;须保证观察人员的撤离路线畅通,防止意外发生时人员撤离不及时;每个观测点的观察人员要保证电话畅通,一旦发生跑浆等问题,要立即联系充填负责人,保证充填工作正常进行;除了有固定的观察人员外,还应在每次进行充填时,安排流动观察人员,在充填采场周边进行流动观察,防止出现其他跑浆点。

第七章　煤矿固体废物农业工程利用技术

第一节　煤矸石回填农业复垦技术

我国的国情是人多地少,据 2006 年统计数据,人均耕地只有 0.09 hm²,土地形势非常严峻,破坏土地的复垦和恢复显得尤为重要。因此,采煤沉陷区复垦是我国一项很有必要而又极为迫切的任务,用矿山固体废物(煤矸石、粉煤灰等)充填复垦采煤沉陷区是我国采煤沉陷区土地复垦的主要技术之一,由于它既可以解决沉陷区填充物不足的难题,又恢复了土地,同时也处置了矿山固体废物,减少了固体废物对土地的压占破坏,一举多得,经济、社会和生态环境效益颇高,在矿区得到了广泛应用(张长森,2018;李永生等,2006;胡振琪,2019)。

煤矸石是煤炭开采和加工过程中的产物,是我国目前工业固体废物中排放数量最大的一种。煤矸石产生量一般占原煤产量的 10%～20%,平均在 15% 左右,目前煤矸石历年堆积量达 34 亿 t 以上,占地面积约 22 万 hm²,且堆积量每年增加 1.5 亿～2 亿 t,占地面积增加 300 hm²。矿区煤矸石资源极其丰富,利用煤矸石充填沉陷区造地是较为常用的复垦方法,但煤矸石不同于一般的土壤物质,颗粒粒径相对较大,作为充填物料填充沉陷区造地时,主要填充在沉陷区底部作为土壤基底层,其上覆盖一定厚度的土壤物质,最终构建形成复垦土壤剖面(陈敏等,2017;陈孝杨等,2016)。值得注意的是,煤矸石充当填充物料常常存在着对表层土壤保水保肥能力差的缺陷,有必要进行复垦土壤剖面构建研究。

一、煤矸石充填复垦覆土厚度

煤矸石充填层内部孔隙较大,容易形成水肥向下渗漏的通道,煤矸石充当填基底层往往对上覆土壤层的水肥保持能力较弱,不利于种植农作物的生长发育,因此,利用煤矸石充填复垦构建土壤剖面时必须保证一定的覆土厚度,现有的覆土厚度大多根据经验确定,具有一定的盲目性,复垦经济性不高(李树志等,2006;郭友红等,2010)。

煤矸石充填覆土厚度研究在以往研究成果基础上,采用田间模拟试验方法,从土壤学和植物营养学角度出发,对煤矸石充填覆土厚度进行研究,从而为进一步改进和完善现有重构工艺,为提高复垦耕地生产力提供基础。

(一)材料和方法

试验采用田间试验和模拟试验的方法,于 2006 年在煤炭科学研究总院唐山研究院试验地进行。具体方法如下:首先剥离试验地耕作层土壤(0～30 cm)存放,然后继续将试验地挖成深 1.5 m 的坑,以模拟采煤沉陷坑,再用隔离材料将其分成四个小区,分别充填不同厚度的煤矸石(取自开滦煤矿),构建土壤基层,然后在煤矸石上部覆土,完成采煤沉陷区土壤重构。覆土厚度共设 4 种处理(如图 7-1 所示),即覆土 30 cm(处理 1)、50 cm(处理 2)、70 cm(处理

3)、100 cm(处理 4),附近正常耕地作为对照(CK)。覆土层的理化数据见表 7-1。

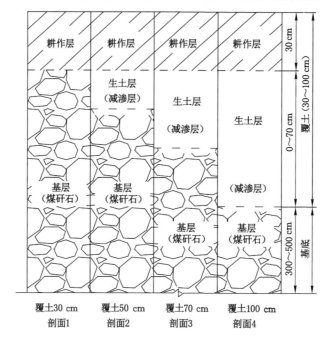

覆土30 cm   覆土50 cm   覆土70 cm   覆土100 cm
剖面1   剖面2   剖面3   剖面4

图 7-1   不同处理的土壤重构剖面示意图

表 7-1   重构土壤表土本底值

项目	pH	有机质 /(g/kg)	全氮 /(g/kg)	碱解氮 /(mg/kg)	全磷 /(g/kg)	速效磷 /(mg/kg)	全钾 /(g/kg)	速效钾 /(mg/kg)
重构土壤	7.5	6.75	0.80	59.74	0.26	2.07	15.20	59.00

在构建小区和对照小区上种植玉米,玉米株距为 0.5 m,行距为 0.55 m。正常耕作管理,统一进行常规管理。在农作物生长的整个生育期内观察其长势长相,待作物收获后,测量玉米的产量。

(二)结果与分析

1. 不同覆土厚度农作物生长试验

试验于 2006 年 5 月 10 日,在不同处理重构土壤和对照土壤上进行玉米播种,2006 年 9 月 13 日至 17 日收获。在农作物的整个生育期内,每周观察一次农作物的长势长相,并在各小区随机选取 9 株样本进行定位观察。结果表明,玉米从出苗至拔节初期,各小区长势基本一致,生长一个月后,覆土厚度 30 cm 的处理在长势长相上逐渐与其他处理出现了差异,这种差异一直延续到农作物收获。

玉米的一生主要包括出苗期、三叶期、拔节期、小喇叭口期、大喇叭口期、抽雄期、开花期、抽丝期、籽粒形成期、乳熟期、蜡熟期和完熟期等十一个生育时期。三叶期是玉米一生中的第一个转折点,玉米从自养生活转向异养生活;拔节是玉米一生的第二个转折点,从拔节至抽雄这一段时间是玉米营养生长和生殖生长并进时期,就是叶片、茎节等营养器官旺盛生长和雌雄穗等生殖器官强烈分化与形成,这是玉米一生中生长发育最旺盛的阶段;抽

雄期是玉米一生中的第三个转折点,玉米从营养生长转入生殖生长,株高不再变化。试验
分四次(5 月 24、6 月 21 日、7 月 5 日、8 月 2 日)记录了玉米从三叶期至抽雄期的株高和基
径数据(如图 7-2 所示)。

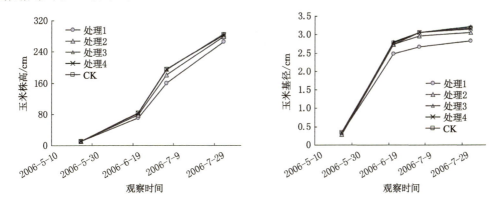

图 7-2　不同覆土厚度对玉米株高和基径的影响

　　图 7-2 表明,玉米从拔节期开始,处理 1(覆土 30 cm)的株高和基径与其他处理出现了差
异,随着生育期不断向前推进,各处理的玉米株高和基径均表现为处理 1<处理 2<处理 3≈处
理 4≈对照。这说明,随着覆土厚度的增加,玉米的长势也越好,当覆土厚度大于 70 cm 后,玉
米长势差异不显著。

　　在相同试验条件下,对于玉米作物来说,30 cm 和 50 cm 的覆土厚度影响了农作物生
长,尤其当覆土厚度为 30 cm 时,该处理的玉米叶片卷曲,明显表现出失水症状,而处理 2 的
玉米叶片长相良好(如图 7-3 所示)。从拔节至抽雄期,为玉米生长旺期,而此时正处于蒸发
量较大的 6、7 月份,处理 1 由于覆土厚度较薄,土壤中的水分和养分不能维持玉米正常生长,
而用于构建基层土壤的煤矸石保水保肥性又较差,因而导致处理 1 与其他处理出现了差异。

处理1(30 cm)　　　　　　　　　　　　　处理2(70 cm)

图 7-3　处理 1 与处理 2 玉米长势对照图

　　以上结果表明,玉米的长势在一定范围内,均随着覆土厚度的增加而趋向于更好,当覆
土厚度大于 70 cm 后,农作物长势差异不显著。这表明,在本次试验条件下,70 cm 左右的
覆土厚度是较经济的覆土厚度。

2. 不同覆土厚度农作物产量试验

作物收获后,对各小区随机选取的9株定位样本进行单独产量测定。图7-4表明,处理1(覆土30 cm)玉米产量显著低于其他处理,其他处理间差异不显著,随着覆土厚度的增加,玉米产量呈升高趋势,对照(CK)最高。这说明覆土厚度对玉米产量有明显影响,这可能与煤矸石层的保水保肥能力较差,对上覆土层水分含量影响较大,从而间接影响到农作物的生长发育,较厚的覆土层有利于土壤水分的保持(如图7-5、图7-6所示)。

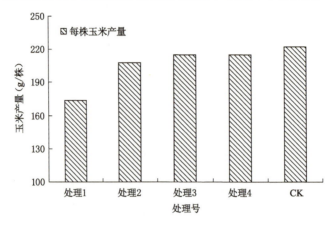

图 7-4 不同重构方法与玉米产量关系图

图 7-5 小区复垦土壤剖面构建图

图 7-6 复垦土壤小区种植试验

3. 试验结果分析

试验采用田间试验和模拟试验的方法,用煤矸石构建土壤基层,煤矸石上部设不同覆土厚度的处理,原状土为对照,进行常规耕作、管理,通过研究不同处理对农作物长势、产量、品质的影响研究了采煤沉陷区土壤重构方法。

研究结果表明,覆土厚度对农作物的长势、产量有一定影响。覆土厚度为 30 cm 的处理1,农作物株高、产量均明显低于其他处理,表明 30 cm 的覆土厚度限制了农作物的生长;覆土厚度为 50 cm 的处理2,农作物株高、产量等指标明显好于处理1,但与其他处理相比,株高较低,说明 50 cm 的覆土厚度对农作物的生长有一定的限制作用;其他处理(处理3、处理4、对照)对玉米生长差异的影响不显著。

由于土壤是植物生长的物质基础,植物的生长受土壤水分、养分、结构等多方面因素影响,而水分和养分又是重中之重,当土壤水分或某种养分达到作物生长的临界值时,就必须进行补充,否则就会限制农作物的生长发育,进而影响其长势长相甚至影响产量与品质,所以良好的土壤基础应该具有一定的物理机械性和耕种性,有一定的持水性和保水保肥能力,并且通透性良好。因而,采用煤矸石或其他固体废物充填进行土壤重构时,覆土厚度更多地要考虑植物生长的要求,包括根系深度、其对水肥的要求等。该试验结果表明,在同等条件下,覆土厚度为 30 cm 和 50 cm 的处理限制或影响了农作物的生长,而覆土厚度为 70 cm 和 100 cm 的处理与对照相比,差异不显著,这说明,70 cm 左右的覆土厚度是土壤重构较为经济合理的覆土厚度。

二、煤矸石充填复垦土壤水分维持技术

根据前述研究成果,煤矸石充填复垦上覆土层厚度不低于 70 cm 才能维持正常的农作物生长,而覆土厚度小于 70 cm 时则可能出现影响农作物生长的现象,可能与煤矸石充填层对上覆土壤层的水分保持能力较差有关。煤矸石筛分试验也表明(见表 7-2),煤矸石中粒径大于 13 mm 的占比为 67%,煤矸石充填层内部大部分为无效孔径,很难保存水分。因此,针对覆土厚度不足可能存在的土壤生产力下降的状况,有必要对煤矸石充填土壤剖面构建方法进行进一步研究,以增强煤矸石充填复垦土壤的保水性能,提高复垦土壤生产力水平。

研究主要通过设置煤矸石充填土壤剖面模拟试验,并结合农作物(玉米)种植试验,通过定期监测煤矸石充填复垦土壤剖面水分动态、植物长势,综合分析不同处理复垦土壤剖面构建方法的优劣,完善充填复垦土壤剖面构建方法。

(一)试验方法

试验样地位于煤炭科学研究总院唐山研究院试验地,采用模拟沉陷坑小区试验的方法,设置不同煤矸石充填剖面构建处理,方法如下:构建长×宽×高为 2 m×2 m×1.2 m 的实验小区模拟沉陷坑,下层充填煤矸石并适当压实,其上充填厚度不等的土壤物质,并采取不同压实度处理作为压实层,然后覆盖正常土壤构建耕作层,同时设置无充填煤矸石和无压实层的完全土壤充填区作为对照,模拟试验小区设计参数见表 7-2。试验用煤矸石材料取自唐山开滦矿区的唐山矿,充填土壤为沙质壤土,初始土壤理化性质见表 7-3。

作物种植:种植农作物选择的是夏玉米(邯郸农科院选育的邯丰 79),2008 年 6 月 30 日种植,种植密度为行距 50 cm、株距 40 cm,50 000 株/hm²,田间管理采用常规大田管理法。

表 7-2　不同复垦处理剖面构建参数表

处理	煤矸石厚度/cm	压实厚度/cm	密度/(g/cm³)	覆土厚度/cm
CK	—	—	1.12	100
TF10-1	80	10	1.20	30
TF10-2	80	10	1.41	30
TF10-3	80	10	1.52	30
TF20-1	70	20	1.22	30
TF20-2	70	20	1.42	30
TF20-3	70	20	1.55	30
T30	90	—	1.12	30
T50	70	—	1.13	50

表 7-3　初始土壤理化性质

粒径名称	黏粒含量/% (<0.002 mm)	砂粒含量/% (>0.05 mm)	粉砂粒含量/% (0.002~0.05 mm)	美国制土壤质地分类
土壤	0.08	59.89	40.02	Sandy Loam
煤矸石	7.58 (>100 mm)	34.58 (>50 mm)　12.82 (>25 mm)	11.97 (>13 mm)　33.05 (<13 mm)	

测定方法：

(1) 水分测定：预先在试验小区中埋设预埋探管，避免长期定位测定对试验小区的扰动。土壤剖面水分测定采用英国 Delta-T 生产的 PR2/6 土壤剖面水分速测仪测定。在农作物整个生育期内(7月至11月)，定期(间隔 20 d 左右)对不同处理复垦土壤剖面水分进行测定。

(2) 株高测定：株高测定在成熟收获期进行，采用米尺测定，从地面至雄穗顶端的距离，每小区从第 3 株起连续调查 6 株，取小区平均数为株高调查值。

(二) 试验结果分析

1. 煤矸石充填对土壤剖面水分分配的影响

煤矸石作为充填物料，由于自身物理特性与自然土壤物质明显不同，其对降雨在整个土壤剖面重新分配产生重要影响。下面以完全充填土壤剖面构建对照处理(CK)、10 cm 压实层的煤矸石充填土壤剖面构建处理(TF10-1)和无压实层的煤矸石充填土壤剖面构建处理(T50)等三种具有代表性构建方式的试验小区为例，将各试验小区的土壤剖面 5 个时段(一个生长季)的监测数据进行平均后分析，避免单次测量误差对分析结果的影响，研究煤矸石充填对土壤剖面水分分配的影响，如图 7-7 所示。

从图 7-7 上可以看出，完全土壤构建小区(CK)的土壤剖面水分含量表现出随土壤深度增加而逐步增加的趋势。而采用煤矸石充填法进行土壤剖面构建的两种复垦处理(TF10-1、T50)却表现出与 CK 完全不同的土壤水分剖面分布特征，土壤水分含量在剖面中随着土壤深度的增加表现出先升高后下降的趋势。

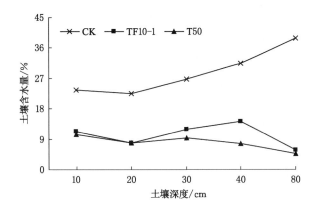

图 7-7　不同复垦处理构建土壤剖面水分分布特征

　　自然土壤水分在不同处理间剖面分布特征差异固然受降雨、植物根系活动、土壤质地等多种因素影响,但在试验处理基本一致的条件下,水分含量在土壤剖面的分配格局主要受整个土壤剖面构建材料性质自身的影响。CK 中水分含量在土壤剖面中逐步增加,一方面源于降雨在重力作用下逐步向土壤深处渗透,且越往下土壤水分受大气蒸发影响越小;另一方面,随着土壤深度的增加土壤紧实度也相应增加,土壤保存水分的能力也随之增强,从而导致土壤水分随着土壤深度增加而逐步增加的规律。TF10-1 和 T50 处理中土壤水分在剖面中先升高后降低则主要与土壤剖面中充填材料差异相关,构建耕地的表层(0～40 cm)主要充填物料为土壤,该层土壤水分分布规律与 CK 基本一致,表现出随土层深度增加而增加的趋势;耕地底层(40～100 cm)充填材料为煤矸石,煤矸石粒径普遍较大,粒径大于 13 mm 的煤矸石占比在 65% 以上,充填煤矸石间形成的孔隙基本为大孔径,因此,煤矸石充填层对水分的保持能力较弱,致使该层含水量明显小于上覆土壤层。

　　从试验结果来看,煤矸石充填土壤剖面构建必须要关注充填材料本身的物理特性,在土壤剖面构建中考虑煤矸石复垦耕地剖面保水性能及采取必要的技术措施,避免复垦耕地质量不高。

　　2. 压实程度对土壤剖面水分的影响

　　煤矸石充填复垦虽然可以减少采煤沉陷区充填物料的不足,但由于煤矸石充填材料自身的物理特性,煤矸石充填层对上覆土壤水分保存性较弱,影响复垦耕地表层土壤的保水保肥性能,容易在枯水季节出现旱情、在雨季出现养分流失现象,且肥料利用率低,农业产出效益不高。在煤矸石充填层与表土层间设置一层经过适当压实的土层作为压实层,以减缓表层土壤水分下渗的速度,有利于增强表层土壤的保水保肥特性。压实处理对土壤的保水效果是试验探讨的问题。试验设置了 10 cm、20 cm 两种压实层厚度,每种压实层厚度有三种压实度梯度处理(见表 7-2)。不同压实层厚度处理土壤剖面水分值虽有所不同,但水分在整个剖面上的变化趋势基本一致,下面仅以压实层厚度为 10 cm 的三种压实度处理(低压实度 TF10-1、中压实度 TF10-2 和高压实度 TF10-3)为例来比较不同压实度对土壤剖面水分的影响。

　　图 7-8 为压实层厚度为 10 cm 的三种压实度处理的土壤水分分布图,不同土壤深度水分含量为 5 次监测数据平均值。从图中可以看出,不同压实度处理的土壤水分在土壤剖面

不同深度表现有所不同,在土壤剖面不同深度(10 cm、20 cm、30 cm、40 cm)中,除了 10 cm 处各处理土壤水分含量差异不大外,其他剖面深度土壤水分含量均随着压实度增加而增加,表现为 TF10-1＜TF10-2＜TF10-3 的趋势。不同处理煤矸石层(80 cm)水分含量均降低明显。对于复垦耕地来说,表层土壤(0～30 cm)持水性能对于农作物的生长发育具有十分重要的意义,为了更直观地反映压实度对表层土壤含水量的影响,将表层土壤不同深度水分含量平均后作为表层土壤平均含水量进行分析。

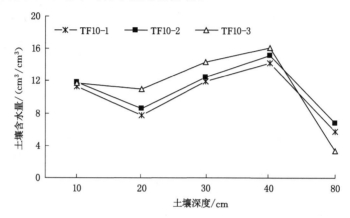

图 7-8　不同压实层压实度对土壤剖面水分影响

图 7-9 为压实层厚度为 10 cm 三种不同压实度处理的表层土壤(0～30 cm)的水分含量图。从图中可以看出,表层土壤平均水分含量大小基本与压实层压实度成正相关关系,压实层压实度增加有利于表层土壤含水量的增加,不同压实度表层土壤平均含水量分别为:低压实度土壤水分含量为 10.33％、中压实度土壤水分含量为 10.96％、高压实度土壤水分含量为 12.38％。中、高压实度处理的土壤表层含水量比低压实度分别增加了 6.1％、19.8％。

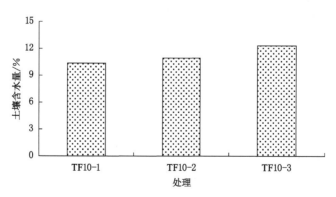

图 7-9　不同压实度表层土壤(0～30 cm)水分含量

不同压实度处理改变了压实层土壤的内部孔隙配比,在一定程度上减少了压实层内的大孔径数量,相应增加了有效毛细管数量,孔隙配比的改变减少了雨水通过大孔径自由渗漏损失途径,此外,毛细管数量的增加也有利于土壤水分的维持。当然,压实层压实度应控制在一定范围内,压实度过高不利于农作物的生长发育;另一方面在阻断土壤水分渗漏的同时也阻断了下层土壤水分的向上输送,煤矸石层水分向上输送在复垦初期并不显著,但在复垦耕地长期耕种过程中会越来越重要,因为随着时间的推移,煤矸石层逐渐风化形成土壤颗粒,煤矸石层有效孔径会逐渐增多,水分向上输送量会逐渐增加。

3. 压实层厚度对土壤剖面水分的影响

从图 7-10 中可以看出,土壤剖面不同深度土壤水分在不同处理(压实层厚度、压实度)间存在差异,但在整个土壤剖面上变化规律基本一致,在煤矸石层上覆土壤中随着深度增加呈现增加趋势,在煤矸石层中则显著减少,明显不同于自然土壤剖面水分分布特征,体现出土壤剖面构建材料的差异性。从不同压实层厚度比较来看,相同土壤深度水分含量也不同,总体来看,压实层越厚,土壤水分含量也相对较高,表明压实层较厚有利于土壤水分的保持。

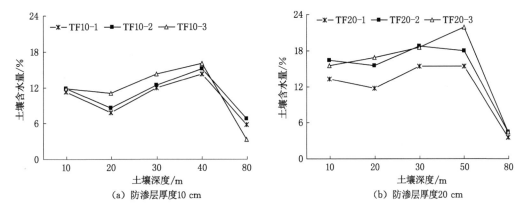

图 7-10　压实层厚度对土壤水分的影响

为了比较的一致性,下面将压实层上 0~30 cm 表层土壤不同深度水分含量进行平均后作为整个表层土壤平均含水量,进一步分析压实层厚度对土壤水分的影响。

从图 7-11 中可以看出,压实层厚度为 10 cm 时表层土壤含水量在 10.33%~12.38% 之间,压实层厚度为 20 cm 时表层土壤含水量在 13.45%~16.97% 之间,压实层厚度为 20 cm 的表层土壤(0~30 cm)含水量普遍大于压实层厚度为 10 cm,表明压实层厚度对表层土壤水分有重要影响。在试验处理中,压实层越厚、压实度越高,对土壤水分保持效果越好,如 TF20-3 表层土壤含水量(16.97%)比 TF10-1(10.33%)高 64.28%。

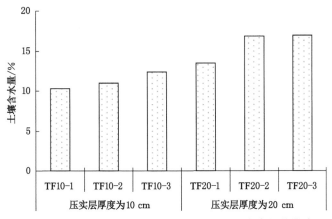

图 7-11　压实层厚度对表层土壤(0~30 cm)含水量的影响

　　土壤含水量随着土壤压实层厚度增加而增加,可能有两方面的原因:一方面增加了煤矸石层上覆有效土壤厚度,土壤厚度的增加延缓了降水下渗速度,增加了降水在土壤层的存留时间;另一方面,压实层越厚,可能对土壤水分的阻隔效果越好,压实层的阻隔作用降低了表层土壤与煤矸石层的土壤水分联系,从而减少了表层土壤的水分流失,从图 7-11 中也可以看出,在压实度相近的处理中,土壤含水量在压实层厚度为 20 cm 中均大于压实层厚度为 10 cm 的现象,表现为 TF10-1＜TF20-1、TF10-2＜TF20-2、TF10-3＜TF20-3。

　　为了综合比较不同处理措施对表层(0～30 cm)土壤水分含量的影响,下面将各处理表层(0～30 cm)土壤水分含量进行平均后进行对比,分析压实层对煤矸石充填复垦土壤剖面水分的影响。

　　从图 7-12 中可以看出,不同处理间表层土壤含水量大小表现出 T30＜T50＜TF10-1＜TF10-2＜TF10-3＜TF20-1＜TF20-2＜TF20-3＜CK 的现象。对于未设置压实层处理的 T30、T50、CK,其土壤表层含水量大小基本与覆土厚度成正比,T30 覆土最薄(30 cm),其表层土壤含水量最低,只有 8.86%,而 CK 覆土最厚(120 cm),其含水量为 24.27%,表明在正常复垦条件下增加覆土厚度是增加耕层含水量的有效方法。比较土层厚度均为 50 cm 的 T50 和 TF20(TF20-1、TF20-2、TF20-3),TF20 不同压实度处理的表层土壤含水量比 T50 增加幅度为 46.09%～84.31%。即使是土层厚度为 40 cm 的处理 TF10(TF10-1、TF10-2、TF10-3),虽然其土层厚度小于 T50,但表层土壤含水量却大于 T50,增加幅度为 12.21%～34.00%。结果表明压实层处理可提高表层土壤含水量,设置压实层对土壤含水量保持效果明显。

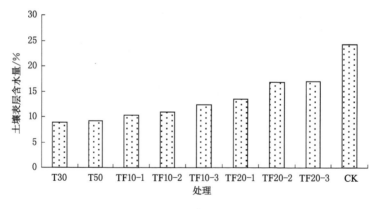

图 7-12　不同处理表层土壤(0～30 cm)含水量

4. 不同土壤剖面构建方法对农作物产量的影响

　　图 7-13 为不同处理玉米农作物产量,从图中可以看出,不同处理间玉米产量大小不同,T30 处理最低,其次是 T50、TF10、TF20,CK 最高,总体上大小排序为 T30(5 289.38 kg/hm²)＜T50(6 109.88 kg/hm²)＜TF10-1(6 418.47 kg/hm²)＜TF10-3(6 576.53 kg/hm²)＜TF10-2(6 665.50 kg/hm²)＜TF20-1(6 923.88 kg/hm²)＜TF20-3(7 079.88 kg/hm²)＜TF20-2(7 197.75 kg/hm²)＜CK(7 746.38 kg/hm²)。不同处理间玉米产量不同可能存在多方面的原因:一方面可能与覆土厚度有关,覆土较薄影响农作物根系生长,此外较薄的覆土厚度也不利于土壤水分保持,影响农作物的水分吸收,最终会体现到农作物的产量上来,如 T30 玉米产量最低,相比较 CK 玉米产量最高;另一方面,一定程度的压实处理通过对土

壤水分的影响从而影响到农作物的产量,但过高的压实度可能会影响到农作物根系的生长,如高压实度处理 TF10-3、TF20-3 的玉米产量并没有相应的中压实度 TF10-2、TF20-2 高。需要说明的是,土壤水分对农作物生长的影响还受制于自然降雨状况,只有当农作物生长受到水分胁迫的条件下才能体现出土壤水分的重要意义。

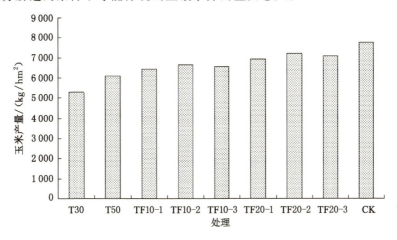

图 7-13　不同处理农作物(玉米)产量

因此,在覆土土源不足的条件下,根据研究结果,设置压实层厚度为 20 cm 的中度压实(密度为 1.42 g/cm³)处理可保证农作物的正常生长,是较佳的煤矸石充填土壤剖面构建方法。当然,需要注意的是,试验结果是在模拟试验小区获得的(如图 7-14 所示),其试验条件与实际大规模煤矸石充填复垦耕地会有较大差异,最终的推广应用效果还有待于进一步的探索研究。

图 7-14　充填土壤剖面优化试验实施图

三、煤矸石其他复垦方向

(一) 生产农肥

为使农作物生长迅速、高产,过量施用化肥现象极为显著,已经给生态环境造成了极大的危害。而且化肥产业本身是一种高耗能产业,需要大量天然气、优质煤等作为原料,随着全球能源的紧缺及其价格的不断上涨,化肥生产成本也在急剧攀升。煤矸石作为我国排放量最大的固体废物之一,含有丰富的植物生长所需的微量元素与营养成分,其有机质含量一般为 15%～25%,是携带固氮、解磷、解钾等微生物的理想基质,可用来制作微生物肥料。施于田间可以有效改良土壤结构,调节土壤疏松度,增加土壤肥力,促进农作物的生长。有试验研究表明采用含碳量较高的煤矸石研制的有机、无机混合肥料施用于苹果树,其产量显著高于等养分含量的掺和化肥及专用肥。

煤矸石中含有非常多的矿物种类,以及 Zn、Cu、Mo、Mn、Co 等农作物生长所需的微量元素,可以将煤矸石中有用的微量元素通过研究新的方法将其提取出来,用于生产微生物有机肥料。一般来说,可将煤矸石制备成新型农业肥料,方法是将煤矸石经粉碎磨细后按一定比例与过磷酸钙混合,混合的同时加入一定量的活化剂和水搅拌均匀后堆沤一段时间即可。此外,研究表明,煤矸石具有吸附水分并降低其蒸发速度的功能,因此,将煤矸石掺和到土壤中可有效改良土壤的结构(增大土壤内部空隙的体积),从而提高土壤的透气性,结果会使土壤更容易吸水,增加土壤的含水率,土壤中含有的各类细菌的活动加强,以上优点都会在一定程度上促进植物的生长。长期使用有机化肥可能导致土壤板结和碱性增大,煤矸石中含有较多酸性氧化物,许多营养成分及多种微量元素,将其与土壤按合适比例混合可改良土壤,调节土壤的疏松度,更有益的方面是可以增加土壤的肥效。

有研究通过盆栽设计试验把煤矸石磨碎,与自然风干的沙土和壤土均过 20 目筛。盆栽试验都用规格相同的花盆,保持总重量不变的情况下,按壤土与沙土和煤矸石的比例进行试验测试,观察小白菜子叶出现所需天数和苗所需天数、全出苗率、株高等,从出苗情况、幼苗形态和幼苗生理指标等几个方面探讨了煤矸石作为有机肥料的可行性,还对于基质是壤土和沙土进行了对比分析,研究表明随着煤矸石添加量增多,壤土的出苗率比沙土高,当煤矸石与沙土的比例在 1∶2 时,小白菜的生长情况及各项指标达到对煤矸石最大的综合利用。

近年来,以煤矸石为载体生产有机复合肥和微生物有机肥料等的技术发展很快。以煤矸石和磷矿粉为原料基质,外加添加剂等,可制成煤矸石微生物肥料,这种肥料可广泛应用于农业、林业、种植业等(图 7-15)。研究表明,煤矸石中的有机质含量越高越好。有机质含量在 20% 以上、pH 值在 6 左右的碳质泥岩经粉碎并磨细后,按一定比例与过磷酸钙混合,同时加入适量添加剂,搅拌均匀并加入适量水,经充分反应活化并堆沤后,即成为一种新型实用的肥料。钱兆淦等利用碳含量较高的煤矸石作为主要原料制成的有机-无机复混肥料,在陕西渭南地区进行田间试验,试验结果表明,苹果树施用煤矸石肥料比施用等养分含量的掺和化肥和市售苹果专用肥增产效果明显,平均增产 19%～37%。

图 7-15 煤矸石生产的有机肥料

利用煤矸石生产肥料,根据原理和工艺的不同,主要分为两类:

(1)煤矸石有机复合肥料。煤矸石中含有大量的富含有机质的岩石,其中有机质含量一般为 15%～25%,并富含有 Zn、Cu、Co、Mo、Mn 等植物生产所必需的微量元素,因此可选用其生产有机复合肥料。与其他肥料相比,煤矸石有机复合肥具有生产加工简单,含有丰富的有机质和微量元素,肥效时间长,增强土壤的生物活性和腐殖酸的含量等特点,将煤矸石有机复合肥施于田间可以增强土壤的疏松性、透气性、生物活性和腐殖酸的含量,提高固氮能力,改善土壤结构,达到增产的目的。利用含碳量较高的煤矸石作为主要原料研制而成的有机-无机复混肥料,对苹果树进行施用,比施用等养分含量的掺和化肥和市售苹果树专用肥有显著的增产效果,平均增产 19%～37%。

(2)煤矸石微生物肥料。煤矸石中含有大量的有机物,是携带固氮、解磷、解钾等微生物最理想的基质和载体,可供给植物营养并促进其生长,因而可作为微生物肥料,又称菌群。我国在 1956 年制定的农业发展纲要中明确提出"积极发展细菌肥料"。近几年来,在发展生态农业及绿色食品的倡导下,微生物的研制及应用有了新的意义。目前国内微生物肥料的年产量在 30 万 t 左右,主要以固氮菌肥、磷细菌肥、钾细菌肥为主。煤矸石微生物肥料制作工艺简单,耗能低,投资少,整个生产过程不排渣,进厂的是煤矸石等废品,出厂的是成品肥料。而且,它是一种光谱性的微生物肥料,在我国,从寒温带地区的黑龙江到亚热带地区的海南岛,从山东半岛到黄土高坡都取得了良好的效果。从粮、棉、油到果树、蔬菜,从烤烟、茶叶到甘蔗、甜菜,还有各种各样的花草、林木,施用后均有奇特的效用。用煤矸石制作微生物肥料已成为综合利用煤矸石资源的一条重要途径。

(二)复垦造林

矿区可利用暂时不能加工利用的岩石及自燃煤矸石充填塌陷区或复垦,这对矿区固体废物的有效治理、生态环境的恢复可起到一定的作用。目前利用微生物改善煤矸石理化性状的生物复垦技术成为矿区土地复垦的热点技术,其中中国矿业大学(北京)的毕银丽教授开发的利用煤矸石中的有效基质培养丛枝菌根真菌从而用于煤矿区复垦区土壤修复的技术,开创了煤矸石用于改良土壤的新技术体系。毕银丽教授等在宁夏大武口选煤厂矸石山(作为生长基质)混合种植接种和不接种丛枝菌根真菌剂的白蜡幼苗,试验结果表明接种菌根真菌 13 个月后能够有效提高植被成活率(15%),促进植株生长(接种植物盖度高于对照9%)和提高侵染率(高达 90% 以上),且菌丝长度较对照伸长 1.4 倍,扩大了根系的范围,该研究极大促进了煤矸石的资源化利用和矸石山周边的生态恢复,为煤矸石综合利用指明了新的研究和发展方向。

以我国某矿物集团煤矸石山的复垦造林技术及利用情况为例,其采用客土喷播恢复植被技术以及浅层喷射注浆灭火技术两种模式对煤矸石进行综合治理与利用。

在治理矸石山的过程中,该地利用全机械化施工技术以及浅层喷射注浆技术对煤矸石山进行全面处理。通过种植乡土灌木植被利用客土喷播技术对当地的土壤环境进行综合改良处理,具体治理技术模式框架如图 7-16 所示。

1. 矸石山治理过程中浅层喷射注浆技术的运用

采用防火法与注浆灭火法对矸石山中的缝隙进行覆土法操作,结合"以防为攻"的技术实施理念,直接向煤矸石山中全面喷射泥浆,依靠高速泥浆巨大的冲击渗漏作用,有效封堵矸石山中浅层的缝隙,经过固化之后的矸石山能够有效阻隔空气与水分的流动,此技术的实施可有效限制空气氧化增温,同时阻止高温气体在矸石山内部频繁流动,以此控制矸石山燃烧,从而起到良好的防火灭火作用。

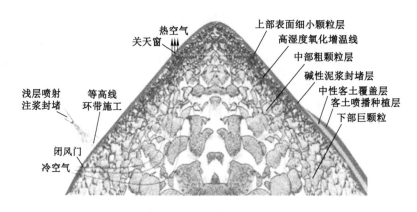

图 7-16　矸石山综合治理总体构思

2. 矸石山治理过程中客土喷播技术的运用

将黄土以及种子与经过改良的土壤相结合,然后将其采用大功率喷播机械设备喷射到施工坡面中,从而形成良好的覆盖层。经过治理后的土壤可起到良好的防侵蚀效果,同时能够保持土层中的孔隙结构完整,将土壤更好地黏结在地表中。由于经过改良处理之后的土壤富含很多养分以及有机物,因此对于地表植物的生长而言非常有利。

3. 煤矸石的综合利用及矸石山治理成功案例

我国某矿务局矸石山治理过程中采用上述治理模式,并在治理过程中本着利用与处理相结合的原则,通过山体稳定性治理与水系治理和土壤改良治理、防火防控治理以及植被恢复治理等综合实践治理与利用模式,分别经过上述几个阶段的处理后,在四个月之内就实现了该地矸石山的全面复绿,而且经过效益评估,煤矸石的综合利用效率大大提升,当期治理成效达到了预期效果,次年该地的植被生长情况良好,获得了当地政府与民众的一致好评,特别是为该矿务集团的发展转型奠定了良好的基础。矸石山治理前后对比如图 7-17所示。

(a) 山体原貌图

(b) 治理后总体效果图

图 7-17　矸石山治理前后对比图

(三)改良沙地

针对我国土地沙漠化严峻的形势,还可利用煤矸石的屏蔽作用改良沙地土壤,遏制沙漠化的进一步扩大。利用煤矸石搭设沙障固沙,不仅起到防风固沙作用,而且对沙地土壤有明显的改良作用。一些研究人员于 1997 年 7 月在毛乌素沙地金鸡滩煤矿区流动沙地上进行了煤矸石沙障固沙试验,结果显示由于煤矸石障蔽的防风阻沙作用,使沙地土壤中小于 0.1 mm 细粒物质较流沙对照地增加 90.4%,土壤水分含量提高 82%,土壤结构发生改变;土壤中有机质、全氮、速效磷、速效钾含量显著增加,分别是流沙对照地的 2.65 倍、2.66 倍、1.30 倍和 1.24 倍。同时,分析结果表明,障蔽规格对 0～20 cm 层土壤有机质、全氮、水分含量有显著影响,而煤矸石粒径影响不显著。

在沙地煤矿区采用煤矸石搭设障蔽,既能增大地表粗糙度,降低风速,减轻风蚀,收到显著的防风固沙效益,又为沙地煤矿区煤矸石的进一步利用开辟了新途径。

第二节　粉煤灰回填农业复垦技术

一、粉煤灰覆土种植

利用山谷、洼地、低坑、采石后废弃的石料场等作为灰场,待贮满灰后在上面覆盖 20～30 cm 厚的土层,即可成为田地。在此地上种植物要比在纯土上的产量高。原因是粉煤灰与黏土拌和,使土壤得到改良,底层粉煤灰透气、透水性能良好;表面黏土在抵抗蒸发,保水、保肥方面都比粉煤灰好(毕进红等,2018;刘婷等,2016;于淼等,2013)。同时,植被还可以达到防风抑尘的效果。

植被通过其广大的根系,固定了粉煤灰。此外,植被的茎叶也能有效减少扬尘。粉煤灰颗粒在大气中输运,再转移到植物表面上,包含着许多复杂的生物、化学和物理过程。研究表明颗粒物通过三种方式沉积到植物表面上:在重力作用下的尘降作用、在涡流作用下的碰击作用和在降水作用下的沉积作用,这些大小不同的颗粒物与极其多样化的植物表面,在变化多端的小气候和颗粒物特性不同的条件下相互作用,形成了非常复杂的关系(见表 7-4)。

表 7-4　树木吸收粉尘颗粒物数量的估算

计算条件	树冠直径:3 m;树木高度:6 m;叶面积指数(LAI):程度 5
假设补充条件	树冠覆盖地面面积:7.07 m² 植物吸收颗粒物的通量:2.5×10^3 μg/(m² · h) 一株树的总表面积:$5 \times 7.07 = 35.35$ m²
计算结果	一株树吸收颗粒物的数量: 35.35 m² × 2.5×10^3 μg/(m² · h) × μg/10^9 kg × 24 h/d × 365 d/a = 0.77 t/a

二、纯灰种植

研究和试验证明纯灰场上种植作物是可行的,20 世纪 80 年代,电力部门组织过较大规模和范围的实地试验,取得了经验。纯灰种植技术要比在一般土壤中稍强些,对植物也有些选择性。在纯灰地上种植农作物应先种草、种树,在具备水源、肥源后,从第二或第三年开始 再种农作物和蔬菜,使灰场逐步熟化。在纯灰场上种植物的病虫害比在土壤上少得多。

纯灰种植技术主要是根据灰场的灰含量、水分含量、当地的生态环境以及防尘生态修复要求,选择适合植物,进行种植和相应的维护管理。

(1) 灰场的灰含量、水分含量及其对种植的影响。肥效是植物生长生存的物质基础,为此必须了解粉煤灰的特性及本身养分含量,根据不同植物生长过程需要进行合理施肥。粉煤灰与土壤营养情况对比见表 7-5。

表 7-5   粉煤灰与土壤营养情况对比

	有机质/%	全氮/%	全磷/%	全钾/%	速效磷/(mg/kg)	速效钾/(mg/kg)
粉煤灰	—	0	0.8~1.2	1.8~2.3	9.13	42.2
沙壤土	0.4~0.7	0.03~0.06	0.07~0.11	1.3~1.5		
黏壤土	0.9~1.3	0.09~0.14	0.13~0.20	2.3~2.9	58.5	240.3

由表 7-5 可以看出,粉煤灰缺乏有机质和氮元素,且其他养分也少,所以在灰场种植时必须施加适量的有机肥及化肥作为基肥,同时还要根据不同的农作物,在各生育期追施 2~4 次氮肥,这样才可以满足农作物生长所需的养分。

水量的多少对植物生长具有重要影响。粉煤灰的渗漏速度为 6.48 mm/min,较黏质土壤的渗透量大,易造成漏水、漏肥。灰场在夏季受高温日照时间长等因素影响,灰面以下 0~2 cm 地温比土壤高 3~6 ℃,其水分蒸发量大,可达 80% 左右。因此灰场种植需要进行人工补水。灰场浇水方式应采用喷灌,避免直灌、漫灌造成肥水流失,浇水量不宜过大,应采取多次、适量的方式。一般控制含水量 0~5 cm 层为 18%~20%,10~20 cm 层为 25%~35%,20~40 cm 层为 35%~45% 为宜。蔬菜、草类植物对浅层含水量要求较高,树木类相对较低。

粉煤灰的物理特性与土壤不同,当气温高时,灰场吸热较强,气温低时则散热快。因此,灰场的温度受季节和日照等因素的影响而变化幅度较大。所以在夏季气温高、日照时间长的情况下要对灰场的种植作物采取喷灌措施,既可降低温度,又可保持一定的含水量,以利于植物生长。

pH 值对植物的影响很大。一般干灰 pH 值为 10~12,湿灰 pH 值为 8.5~11,pH 值随灰场的深度改变会发生一定的变化,一般从表层到 50 cm 深处时,pH 值变化可增加 1 左右。灰的 pH 值高低主要受燃煤品种、除尘器类型的影响。灰场种植应根据 pH 值情况和周围环境选择合适的耐碱性植物进行种植。

粉煤灰中含有少量微量元素,如硼、钼、铜、锰等是对植物有利的,对于重金属超标的灰场,可以利用植物对重金属的吸收作用进行植物修复,以减少其对环境的污染影响。但应注意有害元素在植物中的富集和积累现象,尽量不要种植食用植物。

(2) 灰场生态恢复物种选择灰场生态修复的前提是选择适合于灰场生长且可以对灰场进行生态修复的植物物种,因此选择用于灰场种植的植物物种尤为重要。

根据灰场环境特点应选择适合灰场环境生长且生长速度快的物种。具体品种选择主要考虑防尘和生态修复的实际要求,以高低结合的乔、灌、草等组成的森林生态系统,综合效果最优。重金属等元素含量偏高的灰场,可选择对这些元素吸收能力强的植物,同时所选择的品种应能防止外来物种侵害。

首先,在灰场种植防尘过程中,要因时因地选择适宜的植物品种,才能迅速定植,并起到较好的防尘作用。粉煤灰经水力输送到灰场,灰中 CaO、Na_2O、K_2O 等碱性物质溶出,使灰场湿灰显碱性;冲灰水是电厂各种废水的综合,因此湿灰还具有一定的含盐量。

由灰水的组分和灰场环境特点可知,对树种的选择要求耐干旱、能抵御严寒、耐碱性,且具备不怕盐渍侵蚀、生长速度快、能经得住风沙摧残等特性。常见的植物如碱草、苋菜、加杨、红豆草、小冠花、沙打旺、芦苇等耐碱作物,生长速度慢,成活率低,每年都要重新种植,维护管理成本高。我们需要对种植的作物物种进行筛选。当前已培育成功且已投入使用的乔木北国柳便是人工培育出的适合于灰场种植的优秀品种。该树种不仅耐盐碱、抗干旱、耐涝、速生性强,而且当年即可达到全面覆盖,具有较好的防尘效果,且成活率较高、生长情况良好。

乔木北国柳是将宁夏、内蒙古等地的沙漠柳与本地土柳反复胚化、重复嫁接、一次性长期驯化等,能够适应灰场营养成分贫瘠、干旱、碱性高等恶劣的条件。树种成活率高,经药物处理后栽植的成活率达 95% 以上,生长速度快,经过五六个月的生长,植株便可长至 $2\sim3$ m,直径达到 $10\sim30$ mm,冬季也能生长;根系发达,根可达 3 m 以上;耐酸碱能力强,适应酸碱土地,在 pH 值较高的粉煤灰上生长旺盛;抗旱涝能力强,连续干旱无雨或在正在使用的灰池中浸泡不受影响。抗病虫害,树叶被虫吃后,1 周即能长出新叶;不怕吞埋,树木受到埋没也不会死亡;可移栽,在灰场需要利用时,可将其移至他处栽种。北国柳的以上特点决定了其作为灰场种植防尘的首选树种。

其次,考虑植物修复的需要,我们还可以在灰场种植适合生长于灰场环境且可用于植物萃取和植物转化的植物品种。例如,近些年来,针对植物萃取技术要求所采用的植物根部"累积金属以及金属离子向地上可收割部位的转移",研究人员在实验室、中试及野外工程广泛试验多种植物以期找到适合于该技术要求的植物。试验结果表明:印度芥菜、遏蓝菜、向日葵、杂交杨树和蜈蚣草最为适合用于植物萃取;桦树、白杨木、紫花苜蓿、刺槐、印度芥菜、油菜等植物适合于植物挥发技术。

此外,研究发现:用植物根际过滤技术处理灰场对地表水及浅层地下水的污染是一种较为理想的方法。此方法现在已经过实验室和中试测试,有待在野外工程中得到检验。经实验证明:印度芥菜、向日葵、水葫芦等植物较为适合于植物根际过滤技术。

(3)灰场种植与管理成活率为灰场种植的关键,为保证一定的成活率,种植前对树种要进行相应的化学物理处理,在成活期必须保证相应的肥、水供应。生长期需要定期施肥、浇水。为保证通风、日照、防止树木倒伏、减少病虫危害,每年春秋两季应进行修剪。首先剪除带病、虫枝条,以减少病、虫害;其次疏去一些枝条以减轻树冠重量,保证一定的通风。修剪应和施肥、灌溉结合起来才能获得较好的效果。为防止病、虫害定期打药也是必不可少的。在植物种植后还应注意种后的抚育管理,防止牲畜啃吃、践踏和人为的破坏等。

三、粉煤灰培肥

研究表明,利用粉煤灰为载体,加上有效养分,磁化后施于土壤形成易为农作物吸收的营养单元,不仅能提高、改良耕性,而且能增强农作物光合作用和呼吸功效,提高农作物抗旱抗灾性。现已利用粉煤灰开发出粉煤灰磷肥、硅复合肥等。

四、农用粉煤灰中污染物控制标准

为防止农用粉煤灰对土壤、农作物、地下水、地表水的污染，保障农牧渔业生产和人体健康，1987 年颁布的《农用粉煤灰中污染物控制标准》（GB 8173—1987）规定，经过一年风化的湿排粉煤灰用于土壤改良时，粉煤灰的污染物含量应符合农用粉煤灰中污染物控制标准值中的限值规定。

第三节　粉煤灰改良土壤技术

一、粉煤灰对土壤性质的影响

粉煤灰疏松多孔、比表面积大，能保水，透气好，可以明显地改善土壤结构，降低密度，增加孔隙度，提高地温，缩小膨胀率，从而显著地改善黏质土壤的物理性质，促进土壤中微生物活性，有利于养分转化，使水、肥、气、热趋向协调，为农作物生长创造良好的土壤环境（黄齐真等，2021；郑以梅等，2017）。粉煤灰是多种颗粒的聚合体，有砂性、质轻、渗透快、吸水强、吸附性好等特征，且含有很多植物生长所需的微量元素，增产效果是综合性的，有增温、增强通透性作用。粉煤灰的 pH 值大于 7，施用粉煤灰对碱性土壤有一定影响，但并不十分明显，而对酸性土壤影响则较明显，可中和部分酸性。在盐碱地带的稻田土壤里施灰可以增强通透性，有一定脱盐效果，施灰可降盐；在地下水位高的平田地里施灰，能使耕作层含盐量增大，需加以注意。

（一）物理性质影响

在修复和改良土壤过程中，可利用粉煤灰的物理性质改善土壤结构。粉煤灰颗粒组成以微细的玻璃状颗粒为主，密度小、孔隙大，相当于沙质土，与黏土相比，粉煤灰颗粒较粗，因此将适量粉煤灰施加到黏质土壤或沙质土壤中，一方面可以优化土壤颗粒粒度组成，改善土壤结构，另一方面可改善土壤自身某些农用性质。印度坎普尔地区的导水性试验、南昌的土壤孔隙试验、西北农学院土壤膨胀试验都证明了粉煤灰改善土壤结构的效果。

翟建平等利用南京第二热电厂湿排陈灰进行了菜田黏质土壤改良试验，发现粉煤灰能降低土壤密度，提高土壤孔隙率，协调土壤的水、肥、气、热，调节土壤三相比，蔬菜增产效果明显。还发现在施灰量为 15 t/hm²、30 t/hm²、15 t/hm² 范围内，蔬菜的产量与施灰量成正相关。

美国宾夕法尼亚州及特拉华州的研究人员研究发现，粉煤灰可以改善沙质土壤的持水性，提高其抗旱能力。在改善土壤这些性质的同时，施加粉煤灰也间接促进了土壤生物的生长。有研究表明：通气性良好的土壤中，植物根生理活动旺盛，分泌作用强，好气性微生物数量增加、活性增强。而良好的持水性既保证植物水分的供应，又能够溶解土壤中的营养元素，保证植物的需要。可见，粉煤灰不仅在改善黏土的通气性、透水性，增强土壤与外界的热交换能力，提高沙质土吸水持肥能力等方面表现出较强的优势和可用价值，而且粉煤灰的物理性质对土壤微生物群落的良性发展及植物健康生长也有积极的促进作用。此外，粉煤灰与土壤相比，颜色较深。粉煤灰的施入能够增加土壤吸收太阳光的强度，提高地温，增强微生物的活性，促进微生物的生长繁殖，有助于植物的生长。

（二）化学性质影响

1. 降低重金属对土壤的危害

粉煤灰是由很多具有不同结构和形态的微粒组成的,它的化学成分主要是 SiO_2、Al_2O_3 和 Fe_2O_3 等,因此粉煤灰具有吸附作用、凝聚作用、助凝作用和沉淀作用(秦身钧等,2022;孙红娟等,2021;徐涛等,2018)。粉煤灰的加入有利于重金属离子与铁锰氧化物和层状硅酸盐结合,即铁锰氧化物结合态和残渣态含量增加。粉煤灰的施入可以钝化受污染土壤中的重金属,降低重金属对植物的危害。再者,粉煤灰中的 CaO、MgO 等碱金属使粉煤灰的 pH 值可达 12,具有强碱性,当在重金属含量高的土壤中施加粉煤灰时,碱性物质使重金属生成氢氧化物沉淀,降低其在土壤中的活性,减少农作物对重金属的吸收。有研究表明,对于受重金属污染的酸性土壤,施用粉煤灰能降低重金属的溶解度,从而有效减少重金属对土壤的不良影响,降低植物体内的重金属含量。此外,粉煤灰还可以通过离子间的拮抗作用来降低植物对污染物的吸收。粉煤灰中含有的 Ca^{2+} 能减轻铜、铅、镉、锌、镍等重金属对水稻、番茄的毒害。

2. 增加土壤的营养元素含量

粉煤灰本身含有多种植物可利用的营养成分(李念等,2015;徐金芳等,2011),其中最主要的成分 SiO_2 是水稻、花生等生长所必需的重要物质。有研究表明,由燃煤电厂排放的粉煤灰制成的增效硅肥,可弥补单一硅营养不足和一般化肥无硅的缺点,对提高水稻产量有明显效果。粉煤灰含有较多的铁,这些磁质经磁化后成为磁化肥。其磁作用能改善、调节土壤和农作物的磁环境,促进土壤中各种养分的形成和农作物的吸收。由于磁化粉煤灰具有剩磁衰减时间,因此对当季农作物和后续农作物都能起到增产作用。粉煤灰中含有的锌、铜、钼、硼、钛等微量元素是植物生长发育所必需的,粉煤灰的施入可使土壤中微量元素得到补充。锌、铜、钼等是农作物生长的营养成分;钛元素可以杀菌,对植株特别是幼苗有防护作用。某电力研究所开发了添加粉煤灰的蔬菜栽培化肥,粉煤灰添加量约占 10%。实践表明:施用粉煤灰化肥后圆白菜和萝卜的产量增加了 10%~15%,土豆和山药的产量增加了 7%~8%,蔬菜类的保鲜期和块茎类的甜度也有所增加。另外,还发现施用此化肥后可以抑制多种病虫害的发生,减少农药用量,以及促进土壤微生物群落的良性发展。粉煤灰可以增加土壤微生物活性及芽孢菌含量;同时有利于促进草炭有机成分在土壤中的腐殖化过程,增加了草莓菌含量,从而提高了土壤中微生物的抗性,使有益微生物占优势,从而为植物生长创造有利的环境。

二、粉煤灰用于改良土壤

（1）粉煤灰能够促进土壤颗粒的团聚作用,以增加土壤中团聚体的数量。已有研究表明,有机质、多价阳离子或含水氧化铁、生物活动、微生物及其分泌物、植物的穿插和挤压作用、土壤的干湿冻融交替作用等,均对土壤的团聚过程有积极作用(徐良骥等,2012;武琳等,2020;季慧慧等,2017;赵吉等,2017)。粉煤灰对土壤结构影响主要表现在以下四个方面:一是粉煤灰是碱性的,可提高土壤 pH 值。在高 pH 值下,土壤由于静电作用易吸附金属阳离子。粉煤灰中存在大量的 Al、Si 等活性物,能与吸附质通过化学键发生结合,有利于土壤团聚体的形成。二是粉煤灰中含有一定量的铁,膜状氧化铁的胶结作用及铁在腐殖质和黏土矿物晶格间的桥梁作用是土壤团聚化的重要机制。经磁化的粉煤灰中铁磁性颗粒强烈地发生磁化,在其周围形成一个附加的局部磁场,使土壤颗粒发生"磁性活化"逐步团聚化。三是粉煤灰中具有球形细小颗粒,其表面积大,具有较强的表面吸附能力,可以形成团聚体。同时,粉煤灰中细小的玻璃质颗粒具有明显的化学活性,具有一定量的断键,有捕捉其他离子的能力,可以以此为核心,吸附土壤中细小颗粒形成团聚体,增加土壤团聚体数量,改善土壤结构。四是由于粉煤灰形成过程中产生大量的网格和玻璃质形成的不规则空隙,同时粉煤灰砂粒含量很高,粉煤灰加入土壤后会增加土壤砂性,大大降低土壤容重,明显增加土壤的空隙率,有利于土壤保湿和透气,并且降低土壤膨胀率,提高地温和土壤饱和导水率,以增加土壤抗侵蚀能力。

(2)粉煤灰对土壤微生物的影响。粉煤灰具有一定的磁性,而土壤中大多数细菌具有趋磁性。磁场的作用可以改变某些细菌酶的结构和活性。研究表明,粉煤灰水提取液对磷酸酶有激活作用,如在红壤中以占土壤质量2%的比例施用粉煤灰,能够明显提高红壤的呼吸作用,促进酶转化,提高磷酸酶等活性,增强微生物的生物活性,有利于土壤中各种生化反应的进行,促进磷等养分的释放,加速土壤熟化,而对过氧化酶等有抑制作用。

(3)粉煤灰对土壤保水性有影响。正因为粉煤灰的特殊形态、微观结构,它具有良好持水和蓄水功能。水分多时孔洞可以蓄水,水分少时由于其连通性、毛细管作用,储存的水又可以释放出来,因而其保水性具有持续性。尽管粉煤灰主要为玻璃质,但从炉膛出来的原灰表面有大量的 Si—O—Si 键,经与水作用后,颗粒表面将出现大量的羟基,使其具有明显的亲水性。粉煤灰的这种性质使得水分渗透较快,提高了自身的饱和含水率和持水性能。

综上所述,加入粉煤灰主要是为了能全面地补充土壤养分,提高土壤透气、透水能力,防止土壤板结,改善土壤物理性状。

三、粉煤灰与其他固体废物配施改良土壤

(一)粉煤灰与污泥配施

污泥是城市污水处理过程中的沉淀物。污泥中不仅含有较丰富的 N、P、K、Ca、Mg 及有机质等营养元素,而且大部分 N、P 元素呈有机结合态,经矿化后易被植物吸收。因此,粉煤灰与污泥的配施能够弥补单施粉煤灰常量元素不足的缺点,有效提高土壤中有机质的含量(张鸿龄等,2008;李祯等,2005)。李祯等(2006)研究发现,利用粉煤灰与污泥配施改良沙化土壤,增加了土壤有机质,为微生物提供了丰富的营养和有利的生存环境,促进了土壤微生物生长繁殖,有助于植物的生长发育。污泥除了含有丰富的 N、P、K 和有机质外,还具有较强的黏性、持水性和保水性等物理性质。污泥与粉煤灰配合施用可以弥补单施粉煤灰土壤保蓄能力差的缺点,能更好地改善土壤结构。王殿武等(1994)通过盆栽试验研究发现,污泥和粉煤灰配施能更好地改善土壤结构,协调土壤的孔隙状况。另外,由于污泥主要是由微生物群体组成的活性污泥,配合施用后可大大提高土壤中的微生物数量和活性。Emmerling 等用粉煤灰和污泥配合改良矿区土壤,结果证明,增加污泥添加量,可使微生物的氧化作用、酶作用物引起的氧化作用以及酶活性明显增大。此外,污泥自身也含有种类繁多的重金属、虫卵和病原菌等有害成分。而粉煤灰中含有丰富的 CaO 和 MgO,pH 值高达 12 左右,可以钝化污泥中的重金属,并杀死病原菌。苏德纯等(1997)研究表明:施用粉煤灰钝化污泥,能显著提高酸件土壤的 pH 值和 Ca、Mg、K、B 的含量,降低土壤的电导率和重金属的危害性;施用合适比例的粉煤灰钝化污泥,能明显改善土壤的物理性质,增加土壤的 N、P 养分。

（二）粉煤灰与石灰配施

生石灰混合粉煤灰是一种经济有效的土壤固化/稳定类材料。粉煤灰具有良好的火山灰活性，与生石灰水化后产生的 $Ca(OH)_2$ 反应生成 CSH 以及 CAH，能通过表面吸附和物理迁移的方式对受污染土壤中的重金属进行固化/稳定处理。薛永杰等（2007）对石灰粉煤灰固化土壤中的重金属进行了试验研究，试验结果表明，石灰与粉煤灰配施，能够有效固化/稳定土壤中的 Pb、Cr^{3+} 和 Cr^{6+}，使之达到 TCLP（标准毒性浸出方法）的浸出标准。

（三）粉煤灰与牲畜粪便混合

粉煤灰中虽富含微量元素，但主要的常量元素不足，而牲畜粪便中的营养元素含量顺序为 N＞Ca≈K＞P＞Mg＞S；当粉煤灰与13％牲畜粪便混合后，各营养元素含量为 Ca＞K≈N≈S＞Mg＞P。因此，粉煤灰与牲畜粪便配合施用可以获得理想的植物营养，尤其是 N、P、K 含量的平衡。T. Ptinshon 等用粉煤灰和牲畜粪便修复了某飞机场附近受污染的贫瘠土壤。实践表明，粉煤灰和牲畜粪便配施，不但大大提高了土壤中常量和中量营养元素 Ca、Mg、P、K 以及有机质的含量，而且使微量元素 B、Cu 和 Zn 含量达到植物生长需求。

四、粉煤灰用于土壤改良存在的主要问题

（一）化学元素富集的负面影响

粉煤灰的理化特性之一是化学元素富集，尤其是 Zn、Ti、Mn、P、B、Se、Cu 等微量元素，其含量都高于土壤。这些微量元素虽然是植物生长的必需元素，对农作物生长起促进作用，但是当粉煤灰中微量元素进入土壤超过其临界值时，土壤不仅会向环境输出污染物，使其他环境要素受到污染，而且土壤的组成、结构及功能均会发生变化，最终导致土壤资源的枯竭与破坏。此外，粉煤灰质地与土壤差别较大，粗颗粒含量高，可吸附性黏粒含量少，粉煤灰淋溶作用强烈，在土壤水的蒸发作用下，可使盐分在覆盖土壤的表层积累，从而对作物的正常生长产生不利影响。因此，在干旱、半干旱土壤水蒸发作用强烈的地区，应对粉煤灰用于土壤的修复与改良进行深入研究。

（二）重金属含量较高的负面影响

受原煤和生产过程的影响，粉煤灰中重金属含量较高。胡振琪等（2009）、高祥伟等（2006）、胡振琪等（2003）研究发现粉煤灰中 Gd、Cu、Pb 含量超过土壤环境质量二级标准，而且重金属元素的淋溶浓度很低，表明其随水分运动的迁移性很弱，将在复垦土壤中长期存在；也有研究表明，粉煤灰复垦土壤表层 Cd、Se、Zn 和 F 元素污染较重，随着复垦时间的增加，表层复垦土壤的污染指数呈递增趋势（武琳等，2020；赵智等，2013；王学锋等，2004）。虽然从短期环境效应看，由于粉煤灰自身其他性质（pH 值）和配施物（污泥、石灰等）的影响，大多数重金属被固定、钝化或转变为低毒形态，未造成重金属在土壤中的明显富集，其含量也远远低于农业控制标准；但如果长期反复施用粉煤灰，重金属等有害元素在土壤和农作物中的富集、迁移状况难以估计，目前这方面的研究也鲜有报道。因此，基于长远环境效益考虑，应对施用粉煤灰进行修复和改良的土壤以及其上生长农作物的质量进行长期跟踪与监测，并加强重金属等有害元素在废弃物、土壤、农作物间迁移等方面的试验研究。

（三）粉煤灰放射性的负面影响

粉煤灰中的放射性物质源于原煤。原煤燃烧后煤中 ^{238}U、^{226}Ra、^{232}Th、^{40}K 和 ^{219}Pb 等放

射性元素便会富集于粉煤灰颗粒中,这些核素可自发地放出粒子或 γ 射线,或在发生轨道电子俘获之后放出 X 射线,或发生自发裂变而产生放射性。已有数据表明,粉煤灰的放射性水平比原煤高得多,是原煤的 1.3~6.3 倍,其中铀为 2.1 倍、钍为 2.0 倍、镭为 1.3 倍、铅为 3.5 倍、钋为 6.3 倍。粉煤灰中天然放射性的活度比煤炭中的活度一般高 3~6 倍,总 α 比活度约为 2 600 Bq/kg,是土壤中总 α 比活度的 4 倍。在土壤修复与改良中,由于粉煤灰的施用量大,可能对环境产生一定的辐射影响。有研究表明:在不进行任何合理调控和管理的条件下,一般粉煤灰施用量在 100 t/ha² 以上,伴生天然放射性核素向农田转移带来的放射性污染问题将会非常严重。史建君等(2002)也研究发现,随着粉煤灰施用量的增加,土壤中天然放射性核素的比活度也相应增大,且相关性质显著。因此,在施用粉煤灰进行土壤修复与改良的过程中,要在分析和研究粉煤灰中主要放射性成分的活度以及农作物吸收累积情况的基础上,宏观调控和限制粉煤灰中高毒性核素进入农田生态系统。

第四节　煤气化渣改良土壤技术

一、煤气化渣对土壤性质的影响

煤气化细渣作为煤气化渣的一种,具有结构微细疏松、无定形碳含量丰富、反应活性较高和孔隙发达等特点,在土壤改良和水污染治理等方面具有较高的研究价值和应用前景(朱丹丹,2021;史兆臣等,2020)。

（一）物理性质影响

培养试验的具体步骤为:将沙化土壤与不同质量分数(0%、5%、10%、15% 和 20%)的煤气化细渣均匀混合于塑料容器中,每种配比设置三个重复试验,各样品在 25 ℃、相对湿度为 65% 的培养箱中随机排列放置。培养 28 d 后,收集不同处理的土壤样品进行 pH 值、容重、碳含量、阳离子交换量(CEC)、饱和吸水量(SWA)和水分蒸发率(WER)的测试。

土壤的物理化学性质与土壤质量的改善效果密切相关。其中土壤密度是估算土壤水分特性和预测养分运输形式的一个关键物理性质。土壤密度过高表明土壤结构紧实,缺少孔隙,土壤内部水分含量少,气体流通差,保温效果弱。因此,过高的密度会抑制土壤中植物的发育。图 7-18(a)为煤气化细渣对沙化土壤密度的影响,结果显示煤气化细渣有效降低了沙化土壤的密度,且降低程度随着煤气化细渣掺入量的增加而加强。当煤气化细渣掺入量为 10% 时,土壤密度较未改良土壤降低了 15.6%;当煤气化细渣掺入量增加为 20% 时,土壤密度降低了 28.6%。降低的土壤密度表明土壤的结构变得疏松,产生的丰富孔隙结构可以为水分、空气和养分的流通提供场所,更适于栽种植物,尤其有利于植物根际的发育和生长。

图 7-18(b)显示了煤气化细渣对沙化土壤 pH 值的影响规律,煤气化细渣能够在一定程度上降低土壤的 pH 值,且降低程度与煤气化细渣加入量呈正相关关系。煤气化细渣能够轻度降低土壤 pH 值的原因主要有两方面:一方面是煤气化细渣的 pH 值为 8.03,比沙化土壤的 pH 值(8.49)小。当煤气化细渣与土壤混合时,为平衡总体系的电荷,煤气化细渣和土壤表面的电荷会进行移动和中和,随着煤气化细渣加入量增多,其所能中和的土壤表面负电荷就越多,故混合体系的 pH 值就会越小。然而,由于煤气化细渣与土壤的 pH 值较为接近,因此其降低土壤 pH 值的程度不显著。另一方面是土壤本身是具有高缓冲能力的一种系统,当有外加

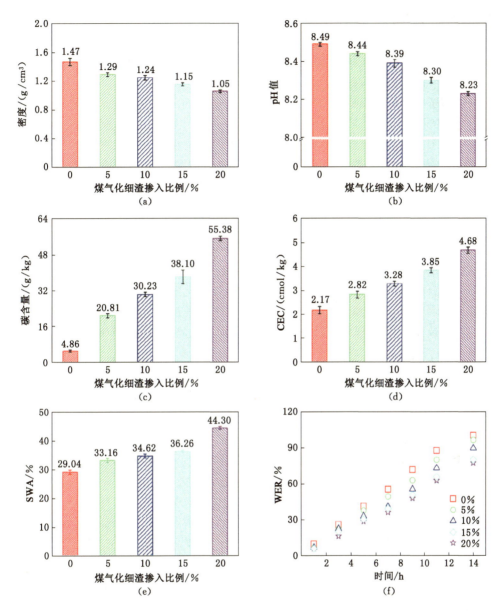

图 7-18　煤气化细渣对土壤密度、pH 值、碳含量、阳离子交换量、土壤饱和
吸水量和水分蒸发率的影响

物质来打破土壤系统酸碱度平衡时，土壤会启动其缓冲能力，对酸碱性的改变展现出不同的酸碱性质，采取相应的中和措施，使得土壤本身的酸碱度维持在一个稳定的区间。煤气化细渣与土壤相近的 pH 值使土壤不会产生显著的酸碱性变化，有利于土壤酸碱度的稳定，20%煤气化细渣掺入量使土壤 pH 值降低为 8.23，呈弱碱性而更有益于植物萌发和成长。

煤气化细渣的组成特点之一为其含有较多的残余碳，这些残余碳是原煤中的碳在气化炉中未完全反应而剩余的部分，所以残余碳保留了原煤中碳的一些优良性质。图 7-18（c）为煤气化细渣对沙化土壤碳含量的影响，结果显示煤气化细渣能够显著提高土壤中的碳含量。由于过度放牧和长期耕作，内蒙古的沙化土壤中碳含量极少，仅为 4.86 g/kg，当煤气化细渣掺入量为 5％时,土壤中的碳含量就增加了近 4 倍,20％煤气化细渣掺入量使得土壤中的碳含量增加到了 55.38 g/kg。土壤肥力高低与碳物质关系密切相关,碳物质损失是土壤团聚体破坏的首要原因,碳物质疏松多孔、孔洞丰富,可以用于改良土壤的孔隙结构,为营养物质和水分的传输提供场所。

土壤阳离子交换量是影响土壤缓冲能力和保肥能力的一个重要化学性质,它定义了土壤胶体上可以吸附交换阳离子的负电荷位点浓度。图 7-18(d)显示了不同煤气化细渣掺入量对土壤阳离子交换量的影响,土壤阳离子交换量随煤气化细渣加入量的增加而增加,其中 20％煤气化细渣加入量可使土壤阳离子交换量相比于原沙化土壤增加近 115.7％。土壤阳离子交换量的增加对植物整个生长周期内养分的吸收和环境的稳定性起到重要作用。

本研究以土壤饱和吸水量和水分蒸发率来表征土壤的持水保水能力。图 7-18(e)和图 7-18(f)分别显示了煤气化细渣对沙化土壤饱和吸水量和水分蒸发率的影响。图 7-18(e)中结果表明,随着煤气化细渣加入量比例分别增加至 5％、10％、15％、20％时,土壤的饱和吸水量分别提高了 14.2％、19.2％、24.9％和 52.5％。

由图 7-18(f)可以看出:土壤水分蒸发率变化与煤气化细渣加入量具有正相关性。土壤缺水将导致土壤肥效降低,因为肥料只有溶于水中才能被植物吸收,过度缺水甚至还有可能使植物干旱致死。因此,煤气化细渣增强土壤持水保水能力对植物生长意义重大。

(二)化学性质影响

硅是植物生长过程中的有益营养元素,在增强植物冠层光合作用、提高生物和非生物胁迫性、促进根系发展、加强茎秆强度方面发挥着重要作用。植物能够吸收利用的有效硅是可溶于酸或水的原硅酸,虽然地壳中的硅元素含量很高,但是土壤中硅大部分都是不可溶的结晶态,无法供植物吸收使用,我国大部分土壤仍然为缺硅土壤。以钢渣、粉煤灰、高炉矿渣、生物炭等为原料经过粉碎或热处理制备的主要成分为无定形玻璃体或可溶性硅酸盐矿物的可溶性硅肥被认为具有经济性,且可提高土壤有效硅含量。

研究煤气化细渣有效硅溶出量的稳定性,对其进行了不同条件处理。图 7-19(a)显示了煤气化细渣在酸、碱、盐和研磨处理条件下有效硅含量的变化,未经处理的煤气化细渣中有效硅含量为 57.96 g/kg,酸处理和研磨处理对煤气化细渣有效硅溶出量基本上无影响,碱处理和盐处理使煤气化细渣中有效硅溶出量略有增加,其中碱处理有效硅含量为 62.86 g/kg。酸处理对煤气化细渣有效硅溶出量影响较小,因为未处理的煤气化细渣是通过盐酸提取的方法提取有效硅,提取液与酸处理所用溶液均为低浓度的盐酸,对煤气化细渣中有效硅溶出量影响差别较小。

图 7-19(b)是煤气化细渣在不同处理条件下的 XRD 图谱,结果显示酸处理后的煤气化细渣 XRD 图谱中的硅酸钙晶相消失了,这是由于硅酸钙可与盐酸反应。由于在后续的浸提过程,不同处理条件下的煤气化细渣仍有机会与盐酸接触,因此所有处理条件下浸提得到的有效硅含量都包含了硅酸钙所贡献的这部分有效硅。推测由无定形 SiO_2 和无定形硅酸盐(以无定形 $XO \cdot SiO_2$ 表示)以及硅酸钙溶解出有效硅的具体方程式如式(7-1)~式(7-3)所示:

$$(SiO_2)_n + 2nH_2O \longrightarrow nH_4SiO_4 \tag{7-1}$$

$$X_{(2)}O \cdot SiO_2(无定形) + 2H^+ + H_2O \longrightarrow H_4SiO_4 + X^{2+} \text{ or } 2X^+ \tag{7-2}$$

$$Ca_2SiO_4 + 4H^+ \longrightarrow 2Ca^{2+} + H_4SiO_4 \tag{7-3}$$

图 7-19(b)中还显示研磨处理样品的 XRD 图谱也无明显变化,这是由于本研究所用煤

气化细渣在自然状态下就是一种非常细的粉末状固体废物,试验中所采用的研磨方式未改变其中不可溶的无定形硅以及结晶态石英的结构,也未影响其有效硅的含量。研究者在研究机械处理对电解锰渣中有效硅含量的影响时也发现单一的球磨处理并不会改变电解锰渣中的有效硅含量。碱处理条件下煤气化细渣中有效硅含量高于未经处理的煤气化细渣,产生这种现象的原因是 SiO_2 更容易与碱反应从而被溶出,碱处理煤气化细渣的 XRD 结果(图 7-19)显示其结晶态 SiO_2,即石英的衍射峰相对于原煤气化细渣强度有所减弱,进一步证明了更多的 SiO_2 被溶出了,反应方程式如式(7-4)和式(7-5)所示:

$$2NaOH + SiO_2 \longrightarrow 2Na^+ + SiO_3^{2-} + H_2O \qquad (7-4)$$

$$SiO_3^{2-} + 2H^+ + H_2O \longrightarrow H_4SiO_4 \qquad (7-5)$$

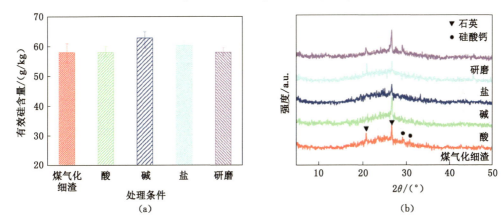

图 7-19　煤气化细渣不同处理条件(酸、碱、盐、研磨)下有效硅含量、XRD 图谱

图 7-20(a)为煤气化细渣在盐溶液不同处理温度下的有效硅含量变化,图中显示煤气化细渣中有效硅含量在 25~80 ℃ 的处理温度范围内的变化很小,说明在此温度区间内煤气化细渣中有效硅溶出量较稳定。

图 7-20(b)是不同处理温度下煤气化细渣的 XRD 图谱,结果显示不同处理温度并未明显改变煤气化细渣的 XRD 衍射峰位置和强度。这是由于在 25~80 ℃ 的温度范围内煤气化细渣中的 SiO_2 组分并未发生物理化学反应,故不会影响有效硅的含量也不会改变结晶物

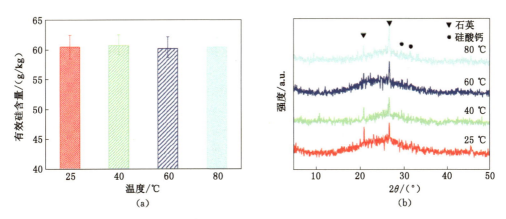

图 7-20　煤气化细渣不同处理温度下有效硅含量、XRD 图谱

质的晶相,因而 XRD 图谱无明显变化。

　　图 7-21 为煤气化细渣在盐溶液不同溶出时间条件下的有效硅溶出量,煤气化细渣在盐溶液中的溶出速率具有先快后慢的特点,在前 1 h 溶出量达到了 58.75 mg/kg。出现这种现象的原因可能是浸提过程中浸提液量多,较少量的煤气化细渣固体在丰富的溶液中进行浸提时,煤气化细渣中有效硅释放的速率比较大。在 1~12 h 时间段内,煤气化细渣中有效硅的释放量也有所增加,但释放速率远不及前 1 h。这是因为随着溶液中有效硅含量的逐渐增加,煤气化细渣中有效硅含量逐渐减少,其释放速率会逐渐变得缓慢。在 12 h 左右有效硅溶出量达到拐点,之后溶出量增加速率变得非常小,溶出量曲线也趋于平缓,说明此时煤气化细渣中有效硅含量与溶液中有效硅含量达到了一个平衡状态。

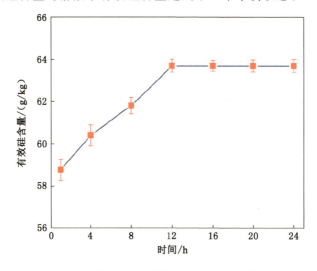

图 7-21　煤气化细渣在不同处理时间下的有效硅含量

　　为研究煤气化细渣对土壤中有效硅含量及对水稻生长的影响,进行了水稻盆栽试验。图 7-22(a)为不同煤气化细渣掺入量土壤在种植水稻前后的有效硅含量,在种植水稻前和种植水稻后土壤中有效硅含量都随着煤气化细渣掺入量的增加而增加,说明煤气化细渣的加入提高了土壤中的有效硅含量。图 7-22(a)中结果还显示不同煤气化细渣掺入量土壤在种植水稻前后有效硅含量的差值随着煤气化细渣加入量的增加也在增加,由空白对照组的 18.1 mg/kg 增加至煤气化细渣掺入量为 5% 土壤组的 26.6 mg/kg,此结果侧面证明煤气化细渣使土壤中更多的有效硅被水稻吸收了。有研究表明,硅是植物生长的重要元素,特别是对于水稻,土壤施加非晶态的有效硅肥可以改善退化土壤的性质以及作物的产量和质量。

　　图 7-22(b)为不同煤气化细渣掺入量条件下水稻生长情况和茎部截面的照片,照片更加直观地展现了不同煤气化细渣掺入量对水稻生长和茎秆形貌的影响。3% 和 5% 煤气化细渣处理组的水稻叶片比 1% 煤气化细渣处理组和空白对照组的水稻叶片更加强壮健康,颜色也更翠绿。此外,茎部截面的照片显示空白对照组的茎秆较细,且中间部分出现空心现象,而 5% 煤气化细渣处理组的水稻茎秆非常粗壮结实,无空心部分。已有研究发现硅参与植株细胞伸长和/或细胞分裂,在田间研究中,作物茎粗与施硅量呈线性相关。另有研究表明植物可以对土壤中的有效硅进行被动和主动吸收,促进渗透调节,提高光合酶活性。以上结果和分析证明了煤气化细渣可为水稻提供有效硅,促进水稻的生长和发育。

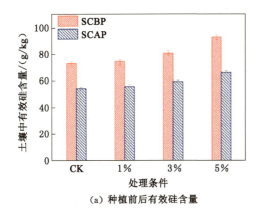

（a）种植前后有效硅含量

（b）水稻生长情况和茎部截面的照片

图 7-22　不同煤气化细渣掺入量土壤在种植前后有效硅含量及
水稻生长情况和茎部截面的照片

二、煤气化渣在土壤改良方面的应用方向

现有将煤气化细渣用于土壤改良的应用包括作为土壤调节剂、生产硅肥原料、制备种植砂等。利用煤气化细渣硅铝含量高、比表面积大、孔隙结构发达等特点，对我国较大面积的盐碱地、沙化土地进行土壤改良，经试验验证或实际种植情况证明均达到了较理想效果，为煤气化细渣资源化应用于农业生产领域提供了技术指导。

（一）作为土壤调节剂

有学者利用煤气化细渣含有较为丰富的钙、镁等元素的特点，制备了改良土壤理化性状的土壤调理剂，施用组有机质、磷、氮含量均明显增加，有效提高了土壤的保肥能力；利用煤气化细渣改善土壤物理性质和营养状况，利用煤气化细渣呈多孔结构、比表面积大等特点负载有机菌肥，持续生产活性腐殖酸，当年水稻产量为 750 kg/hm²，增产 90% 以上；探讨了煤气化细渣作为碱性沙地土壤改良剂的可行性，种植试验表明当施用肥料中煤气化细渣质量分数为 20% 时，土壤容重降低、保水能力提高，并显著提高了玉米和小麦的发芽率。还有学者认为煤气化细渣比表面积大、孔径分布宽的特点使其具有储存和释放腐殖酸的潜力，试验结果表明煤气化细渣吸附能力优于其他传统吸附材料，是良好的腐殖酸储存和释放介质，有望成为一种用于土壤改良的低成本、高效的腐殖酸缓释剂。

（二）作为生产硅肥原料

有学者分析了不同物理和化学处理方式对煤气化细渣样品的可萃取硅质量比的影响。结果表明：除煅烧处理外煤气化细渣可浸出硅质量比稳定在 60±2 mg/kg，在相同的加工条件下，煤气化细渣的可萃取硅质量比高于其他硅源样品；在温室中以不同的煤气化细渣掺入量进行了 120 d 的水稻生长试验，测定水稻种植前后的土壤硅质量比和水稻生长情况，当掺入量为 5% 时对水稻的生长促进作用显著，相比于对照检查组（CK）水稻茎部更粗壮、叶片更嫩绿，验证了煤气化细渣作为硅肥来源的可行性。

（三）制备种植砂

将煤气化细渣、玻璃粉、增塑剂、减水剂、水混合均匀，在 600～900 ℃温度下烧制成种植砂；煤气化细渣自身含碳量较高，本身可作为造孔剂提高种植砂的孔隙率，破碎率低、保水性能好、植物生长状况良好。此方法降低了种植砂的生产成本,适用于无土栽培基质、普通种植材料、沙漠治理等领域,为煤气化细渣提供了有效的回收利用途径。

煤气化细渣较小的粒径、结构上的多孔性和较为丰富的微量元素,可以更好地保证植物根部的正常呼吸并储存一定的气体、水分和营养物质,加入腐殖酸等物质混合施用可以实现优势互补,从而提高土壤的保水保肥能力和土壤的透气能力。我国西北地区较大面积的盐碱地、沙化土地有待改善,煤气化细渣用于土壤改良不仅有利于消纳产量巨大的煤气化细渣,还可以实现低成本增产增收、改善环境的附加经济效益,在煤气化细渣高附加值资源化利用方面有较大的发展前景。

第五节　煤矿固体废物构建土壤剖面技术

一、概况

目前煤矸石用于土地复垦主要是回填采煤沉陷形成的塌坑、裂缝、采矿坑及原始低洼地,然后在矸石层上面覆土恢复耕地或栽种植被。而矿山废弃地植被恢复和生态重建主要障碍是土壤因子,即采矿废弃地的特殊、不良的理化性质,因此矿山土壤重构就成为矿山废弃地复垦的核心。对于表土缺乏地区矿山土地复垦而言,表土替代物的选择成为土壤重构过程的关键。土壤是生态系统中诸多生态过程如营养物质循环、水分平衡和凋落物分解等的载体。土壤结构和养分状况是度量退化生态系统生态功能恢复与维持的关键指标之一。煤矿表土稀缺区的表土替代首选物应以煤矸石等工业固体废物和动物粪便及秸秆为主。利用煤矸石等煤矿固体废物的黏土矿物、沙性矿物等混合构建土壤,改善当地土壤质地,促进植被生长,这是一个大量处置利用煤矿固体废物的新思路、新途径。

针对表土替代物的主要研究集中在以下两个方面:一是不同熟化程度的表土替代物对植被恢复的影响,包括幼林的生长状况、植被恢复模式、植被动态和植被恢复技术与机制等方面;二是表土替代物对促进植被恢复的生态环境效应,包括土壤理化性质的变化、土壤微生物活性、土壤重金属的转移、恢复生态系统的演替等方面。对于固体废弃物快速熟化成土及重构土壤剖面构型的影响研究相对较少。

"十三五"国家重点研发计划项目"大型煤电基地土地整治关键技术"课题的表土稀缺区土壤构建与改良技术研究(大型煤电基地土地整治关键技术课题组,2018),是针对东部草原区大型煤电基地生态脆弱、表土稀缺、土壤贫瘠等问题,开展的土壤剖面构型特征与植被生长特征调查及矿区土壤剖面构型与植被生长耦合关系研究,采用煤矸石、露天矿剥离物、粉煤灰等固体废物进行了土壤配比研究,测试不同比率情况下土壤的理化性质,研发了基于煤矸石等固体废物的土壤构建与改良技术。

该项目成果主要针对内蒙古某露天矿采剥排复和自然环境条件,进行了土壤剖面构型与植被生长耦合关系研究,开展了表土、煤矸石、岩土剥离物、粉煤灰为原材料的矿区重构土壤适宜配方研发,土壤构建室内盆栽试验研究,固体废物含量对重构土壤植物生长特征的影响研究等内容。该成果主要是利用当地偏黏性的表土、露天开采煤层顶部的砂页岩煤矸石、偏沙性土的岩土剥离物、偏沙性的粉煤灰进行土壤剖面构建与改良。

二、土壤剖面构型与植被生长耦合关系

（一）矿区土壤理化性质

到内蒙古锡林浩特胜利一号露天矿进行实地采样与分析材料的收集，对矿区未损毁地、南排土场、北排土场进行采样并分析采集样品的理化性质。

通过分析对比剖面不同深度的土壤密度、粉粒含量、黏粒含量、砂粒含量、砾石含量、土壤含水率等指标，确定矿区土壤物理性质的空间分布状况，如图 7-23 所示。

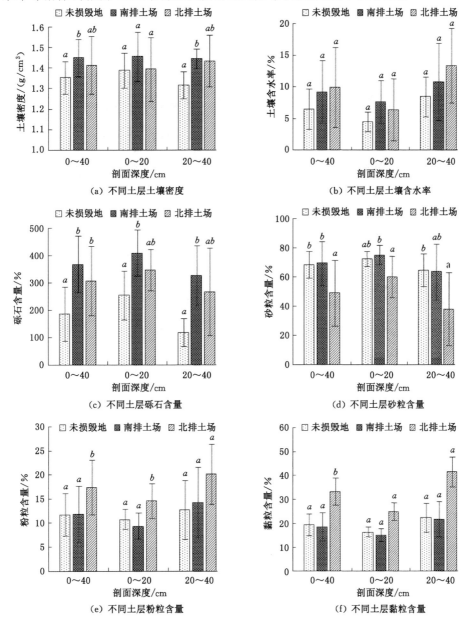

（a）不同土层土壤密度　　（b）不同土层土壤含水率

（c）不同土层砾石含量　　（d）不同土层砂粒含量

（e）不同土层粉粒含量　　（f）不同土层黏粒含量

注：图中 a、b 表示二者差异显著的状态，ab 表示差异不显著的状态，P<0.05；下图含义同此处。

图 7-23　不同土层土壤物理性质对比

由图 7-23 可以看出:复垦地密度高于未损毁地,但在 0～20 cm 处,差异并不显著;复垦地砾石含量高于未损毁地且处于多砾状态,与未损毁地存在显著差异,0～20 cm 土层含量更高;土壤质地方面,未损毁地和南排土场为沙质壤土,北排土场为沙质黏壤土。

(二)矿区土壤养分状况综合评价

针对土壤有机质,未损毁地与南排土场存在显著差异;针对全氮,未损毁地与南排土场、北排土场均存在显著差异,而复垦地之间差异不显著;针对有效磷和速效钾,复垦地之间存在显著差异,而复垦地与未损毁地差异不显著;针对土壤 pH 值,南排土场与未损毁地、北排土场均存在显著差异,未损毁地与北排土场差异不显著,如图 7-24 所示。

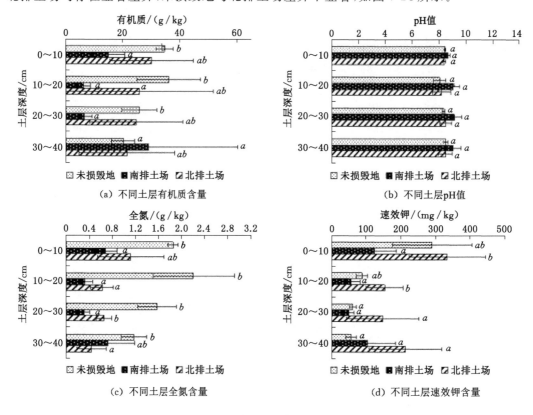

图 7-24　不同土层土壤养分状况对比

通过对各样地土壤的养分状况进行主成分综合得分及排序分析(表 7-6),结果表明:北排土场土壤化学性质最佳,综合得分为 0.475;其次是原地貌未损毁地,综合得分为 0.453;南排土场土壤化学性质最差,综合得分为 -0.927。

表 7-6　各样地土壤化学性质主成分综合得分及排序

样地	主成分1得分	主成分2得分	综合得分	排序
未损毁地	0.907	-0.667	0.453	2
南排土场	-1.363	0.143	-0.927	3
北排土场	0.453	0.524	0.475	1

通过对研究区不同土层土壤化学性质综合得分高低排序为 0～10 cm>10～20 cm>30～40 cm>20～30 cm,综合得分分别为 0.836、−0.172、−0.323、−0.341,表明随着土层深度的增加,土壤化学性质综合状况呈降低趋势,表层土壤明显优于其他土层,20 cm 以下土壤化学性质综合状况基本一致,如表 7-7 所示。

表 7-7　矿区不同土层土壤化学性质综合得分及排序

土层深度/cm	未损毁地得分	南排土场得分	北排土场得分	综合得分	排序
0～10	1.897	−0.614	1.225	0.836	1
10～20	0.570	−1.240	0.155	−0.172	2
20～30	−0.115	−1.274	0.367	−0.341	4
30～40	−0.542	−0.581	0.153	−0.323	3

（三）矿区土壤理化性质与生物量关系

结合对比剖面不同深度的土壤密度、粉粒含量、黏粒含量、砂粒含量、砾石含量、土壤含水率等指标,通过构造方程分析植被生物量与不同土层土壤物理性质的相关性,如表 7-8 所示。

表 7-8　植被生物量与不同土层土壤物理性质的对比

土层深度/cm	土壤密度	土壤含水率	砾石含量	砂粒含量	粉粒含量	黏粒含量
0～10	0.099	0.739*	0.285	0.390	−0.501	−0.297
10～20	0.439	0.290	0.541	0.340	−0.440	−0.299
20～30	0.273	0.018	0.688*	0.331	−0.390	−0.298
30～40	0.536	0.265	0.049	−0.052	0.162	−0.009

研究结果如图 7-25 所示:植被生物量与不同土层土壤物理指标之间的相关性基本不显著($P>0.05$),但是其与 0～10 cm 土层土壤含水率存在显著正相关($P<0.05$);植被生物量与 20～30 cm 砾石含量呈显著正相关,拟合二者一元线性回归方程为 $y=0.616x^2+23.569$,其中模型 $R^2=0.474$,F 值=6.301,$P=0.040$。

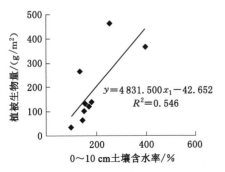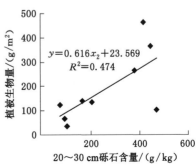

图 7-25　植被生物量与不同土层土壤物理性质的相关性分析

三、基于煤矸石等固体废物的土壤构建盆栽试验

(一)基于生物量筛选矿区重构土壤适宜配方

试验在人工温室内进行。花盆直径为 20 cm、盆高为 22 cm，其中重构土壤厚度为 20 cm。按不同重构方式将方案分成两组，分层方案和混合方案(详见表 7-9、表 7-10)，并用全表土方案(编号 D1)作为对比方案。设置梯度试验，将矿区表土、煤矸石、岩土剥离物、粉煤灰按不同比例进行搭配，形成重构土壤，盆栽试验之前用牛羊粪便作为底肥，各固体废物含量对草木樨生长指标影响如图 7-26~图 7-28 所示。

表 7-9　对比方案组

序号	表层材料	表层厚度/cm	下层材料	下层厚度/cm
C1	表土	5	煤矸石	15
C2	表土＋剥离物	5	煤矸石	15
C3	表土	10	煤矸石	10
C4	表土＋剥离物	10	煤矸石	10

表 7-10　试验方案组

序号	表土含量/%	煤矸石含量/%	岩土剥离物含量/%	粉煤灰含量/%
H1	20	10	60	10
H2	20	40	40	0
H3	25	15	60	0
H4	30	30	10	30
H5	30	20	50	0
H6	30	30	40	0
H7	30	50	20	0
H8	30	0	60	10
H9	30	10	0	60
H10	40	0	60	0
H11	40	30	30	0
H12	40	40	20	0
H13	40	20	40	0
H14	40	0	0	60
H15	50	20	30	0
H16	50	30	20	0
H17	60	10	0	30

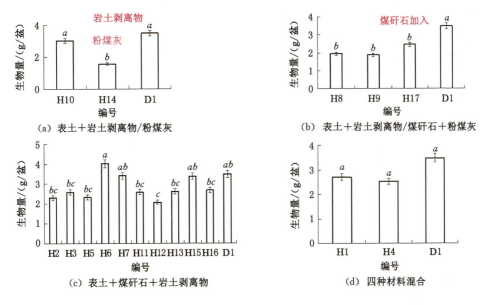

图 7-26　固体废物组合对草木樨生长指标影响

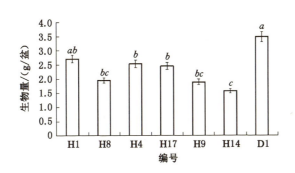

图 7-27　粉煤灰含量对草木樨生长指标影响

　　加入粉煤灰的方案,整体生物量较低,最高值仅为 2.71 g。在盆栽试验过程中观察发现,H14 与 H9 叶片发黄,属于典型的缺氮症,从而造成生物量偏低。而煤矸石的加入能够改善土壤养分状况,提高草木樨生物量。

　　从生物量指标来看,用采矿固体废物作为表土替代物是可行的。且当表土:煤矸石:岩土剥离物＝3:3:4 时,土壤重构效果最佳,草木樨生物量较对照方案差异不明显,但高出约 30％。

　　材料间不同的组合、不同的比例都会对草木樨生物量造成影响,且差异性显著。表土、岩土剥离物及煤矸石以一定比例混合得到的重构土壤方案与表土、岩土剥离物及粉煤灰三者混合得到的重构土壤方案,草木樨生物量差异明显。

　　当煤矸石用量控制在 15％～30％ 时,草木樨生物量与其他煤矸石含量方案差异明显,与对照方案差异不显著;含粉煤灰的方案,整体生物量较低,与对照方案差异明显。层叠放置重构土壤与煤矸石,当上层重构土壤厚度大于 10 cm 时,草木樨生物量要高于纯表土方案;且上层放置重构土壤时,生物量结果高于上层放置表土。

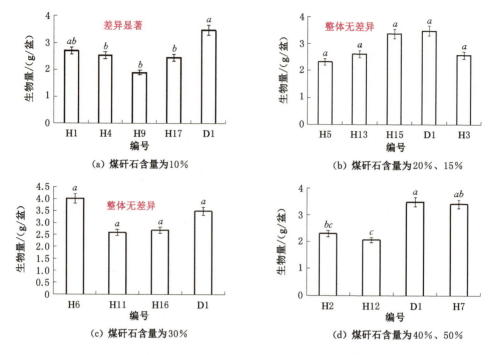

图 7-28　煤矸石含量对草木樨生长指标影响

（二）基于煤矸石等固体废物土壤构建室内盆栽试验

1. 试验方案

试验在人工温室内进行。花盆直径为 20 cm、盆高为 22 cm，其中重构土壤厚度为 20 cm。按不同重构方式将方案分成两组，分层方案和混合方案（详见表 7-11、表 7-12），并用全表土方案（编号 D1）作为对比方案。设置梯度试验，将矿区表土、岩土剥离物、粉煤灰、煤矸石按不同比例进行搭配，形成重构土壤。盆栽试验之前用牛羊粪便作为底肥。

表 7-11　分层盆栽试验方案

序号	表层材料	表层厚度/cm	下层材料	下层厚度/cm
C1	表土	5	煤矸石	15
C2	表土＋剥离物	5	煤矸石	15
C3	表土	10	煤矸石	10
C4	表土＋剥离物	10	煤矸石	10

表 7-12　混合盆栽试验方案

序号	表土含量/%	煤矸石含量/%	岩土剥离物含量/%	粉煤灰含量/%
H1	40	0	60	0
H2	25	15	60	0
H3	20	10	60	10
H4	60	10	0	30

表 7-12(续)

序号	表土含量/%	煤矸石含量/%	岩土剥离物含量/%	粉煤灰含量/%
H5	30	10	30	30
H6	30	20	50	0
H7	50	20	30	0
H8	50	30	20	0
H9	40	30	30	0
H10	40	40	20	0
H11	30	30	40	0
H12	30	50	20	0
H13	20	40	40	0
H14	40	20	40	0
H15	40	0	0	60
H16	30	0	60	10
H17	0	10	60	30
H18	30	10	60	0

2. 试验指标测定与方法

地上生物量是指某一时刻单位面积内积存的地上部分有机质物质(干重)总量。地上生物量测定采用收获法,收割盆栽内植被的地上部分,编号装在准备好的密封袋中。之后在室内烘箱内 65 ℃的条件下,将样品烘干至恒重,称重并记录。草木樨叶片宽度、株高测定采用直尺测量法,每盆选择 3 株草木樨进行测量并记录;在收割草木樨地上部分后,将花盆纵向剖开,收集草木樨根系,每盆挑选长短不一的根系 6 根,用直尺测量长度并记录。数据分析通过 SPSS 20.0 软件的方差分析功能,对草木樨生长状况数据进行单因素方差分析。

3. 试验结果(如图 7-29 所示)

从叶片宽度指标来看,各分层方案与对照方案不存在显著差异,同时各分层方案之间也不存在显著差异。因此,采用分层堆积重构土壤(表土与岩土剥离物按 1∶1 混合)/表土、煤矸石的方式,对叶片宽度不会造成显著影响。从株高指标来看,只有 C1 与对照方案存在显著差异,其余分层方案与对照方案不存在显著差异,而四个分层方案之间也不存在显著差异。从根长指标来看,C2、C4 与对照方案之间存在显著差异,C1、C3 与对照方案之间不存在显著差异,四个分层方案之间也不存在显著差异。从生物量指标来看,只有 C1 与 C4 之间存在显著差异,其余方案之间皆不存在显著差异。分层堆置重构土壤或纯表土与煤矸石,草木樨生物量范围在 2.20～3.54 g/盆,其中 C4 生物量(3.54 g/盆)要高于纯表土方案(3.48 g/盆)。分层方案中,只有 C4 生物量与 C1 生物量存在差异。上层为表土与岩土剥离物混合物的方案生物量要大于上层为纯表土的方案。这说明针对草木樨,上层覆土厚度在 5 cm 以上时即可满足草木樨生长的需要,但当覆土厚度在 10 cm 时,草木樨生长状况更优。

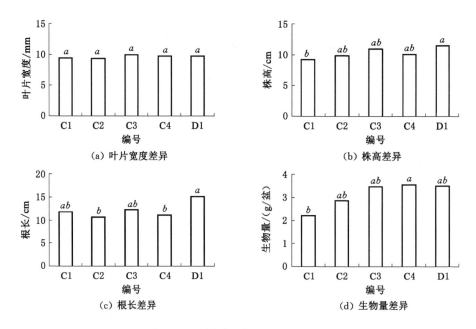

图 7-29 不同分层方式下各指标差异

4. 不同粉煤灰含量下各指标差异(如图 7-30、图 7-31 所示)

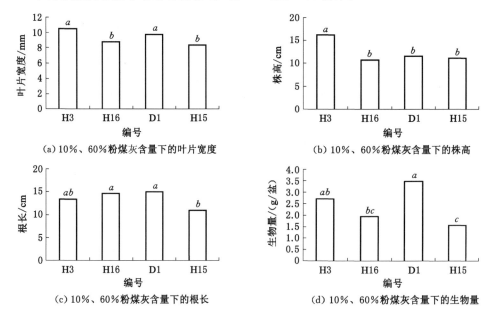

图 7-30 10％、60％含量粉煤灰

从叶片宽度指标来看:10％粉煤灰含量条件下,叶片宽度分别为 10.56 mm 及 8.78 mm。方差分析结果表明,两方案之间差异明显,同时与对照方案相比,H3 与 D1 之间不存在显著差异,而 H16 与 D1 之间存在显著差异。H3 与 H16 在材料上的差别在于 H3 用 10％煤矸石替代了等量的表土,这说明一定量煤矸石的加入能够促进叶片的生长。60％粉煤灰含量条

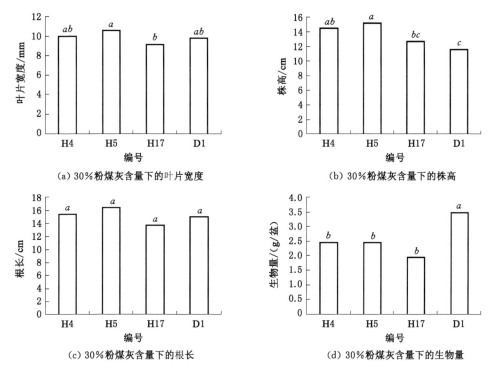

(a) 30%粉煤灰含量下的叶片宽度　　(b) 30%粉煤灰含量下的株高

(c) 30%粉煤灰含量下的根长　　(d) 30%粉煤灰含量下的生物量

图 7-31　30％含量粉煤灰

件下,H15 叶片宽度为 8.33 mm,与对照方案 D1 差异明显,与 H3 差异明显,而与 H16 差异不明显。根长指标方面:10％粉煤灰含量条件下,根长分别为 13.46 cm 及 14.69 cm。方差分析结果表明两方案之间根长差异不显著,同时与对照方案根长差异也不显著。60％粉煤灰含量条件下,H15 根长为 10.94 cm,与对照方案差异明显,与 H3 差异不明显,而与 H16 差异明显。株高指标方面:10％粉煤灰含量条件下,H3 的株高为 16.22 cm,明显高于对照方案 D1 的株高(11.56 cm)及 H16 株高(10.67 cm),而 H16 株高与对照方案株高则不存在显著差异;60％粉煤灰含量条件下,H15 株高为 11.11 cm,与对照方案株高不存在显著差异,与 H16 也不存在显著差异,但却显著低于 H3。生物量方面:10％粉煤灰含量条件下,生物量分别为 2.71 g/盆、1.95 g/盆。方差分析结果表明,H3 生物量与 D1 生物量不存在显著差异,H16 生物量与 D1 存在显著差异,而与 H3 生物量不存在显著差异。60％粉煤灰含量条件下,生物量为 1.57 g/盆,显著低于对照方案及 H3,而与 H16 生物量差异不显著。综合来看,H3 在叶片宽度、根长及生物量指标上与对照方案都不存在显著差异,株高更显著高于对照方案 D1。H16 在株高及根长指标上与对照方案差异不明显,而在叶片宽度及生物量指标上则显著差于对照方案;同时,H16 在叶片宽度及株高上要明显差于 H3。H15 在除株高之外的其他三个指标上,都要明显差于对照方案;与 H3 在叶片宽度、株高及生物量指标上都差异明显,而与 H16 仅在根长指标上存在显著差异。

　　粉煤灰含量为 30％的条件下,各方案叶片宽度分别为 10.00 mm、10.56 mm、9.11 mm,根长分别为 15.39 cm、16.39 cm、13.67 cm,株高分别为 14.44 cm、15.11 cm、12.67 cm,生物量分别为 2.45 g/盆、2.45 g/盆、1.95 g/盆。叶片宽度指标方面,只有 H17

与 H5 存在显著差异,其余方案之间都不存在显著差异。比较 H17 与 H5 配比差异发现,H17 配比中 30%表土替换了等量岩土剥离物。根长方面,三个方案与对照方案差异都不显著,同时三个方案之间根长差异也不显著。株高方面,三个方案株高都要大于对照方案,方差分析结果表明:H4、H5 株高显著大于对照方案,H17 株高与对照方案差异不显著,H4 与 H17 株高差异不显著,H5 与 H17 株高差异显著。针对生物量指标的方差分析结果表明:三个方案生物量都显著低于对照方案,而三个方案之间生物量则不存在显著差异。针对四个指标的方差分析结果表明:H4、H5 在叶片宽度、根长及株高 3 个指标上,表现都不差于或优于对照方案 D1;而 H17 在株高指标上,表现不差于或优于对照方案 D1;而粉煤灰含量为 30%的条件下,生物量都显著低于对照方案。

综合来看,掺有粉煤灰的方案中,H3 表现最佳,其余方案在生物量指标上都明显差于对照方案。而且当粉煤灰含量为 60%时,草木樨只在株高这一指标上与对照方案差异不显著。粉煤灰含量为 30%时,各方案在除生物量指标外,表现优于或略差于对照方案。粉煤灰含量为 10%的条件下,生物量表现稍好。这一结果表明,粉煤灰作为表土替代材料,在配方中含量不宜过高,且搭配煤矸石使用时,效果更优。

5. 不同岩土剥离物含量下各指标差异(如图 7-32~图 7-35 所示)

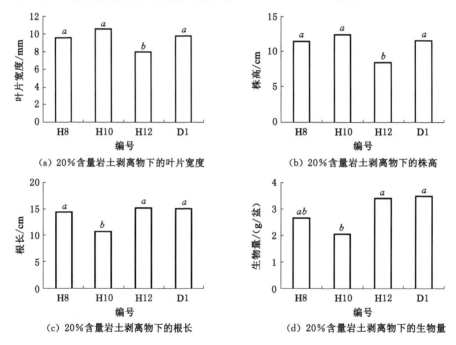

(a) 20%含量岩土剥离物下的叶片宽度   (b) 20%含量岩土剥离物下的株高

(c) 20%含量岩土剥离物下的根长   (d) 20%含量岩土剥离物下的生物量

图 7-32 20%含量岩土剥离物

岩土剥离物含量为 20%的条件下,各方案叶片宽度分别为 9.56 mm、10.56 mm、8.00 mm,根长分别为 14.48 cm、10.72 cm、15.18 cm,株高分别为 11.44 cm、12.33 cm、8.39 cm,生物量分别为 2.67 g/盆、2.06 g/盆、3.41 g/盆。方差分析结果表明:H12 与 H8、H10 及 D1 在叶片宽度上存在显著差异,而 H8、H10 及 D1 之间则不存在显著差异;H12 与 H8、H10 及 D1 在株高上存在显著差异,而 H8、H10 及 D1 之间则不存在显著差异;H10 与 H8、H12 及 D1 在根长上存在显著差异,而 H8、H12 及 D1 之间则不存在显著差异;H10 与

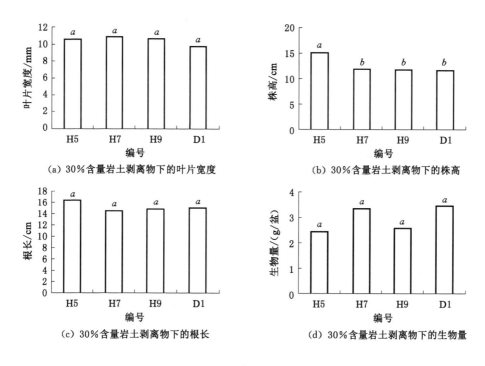

（a）30％含量岩土剥离物下的叶片宽度　　　（b）30％含量岩土剥离物下的株高

（c）30％含量岩土剥离物下的根长　　　（d）30％含量岩土剥离物下的生物量

图 7-33　30％含量岩土剥离物

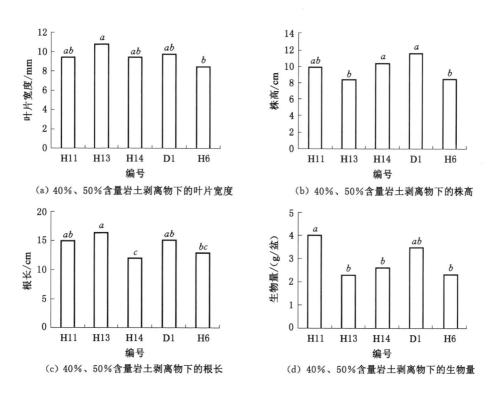

（a）40％、50％含量岩土剥离物下的叶片宽度　　　（b）40％、50％含量岩土剥离物下的株高

（c）40％、50％含量岩土剥离物下的根长　　　（d）40％、50％含量岩土剥离物下的生物量

图 7-34　40％、50％含量岩土剥离物

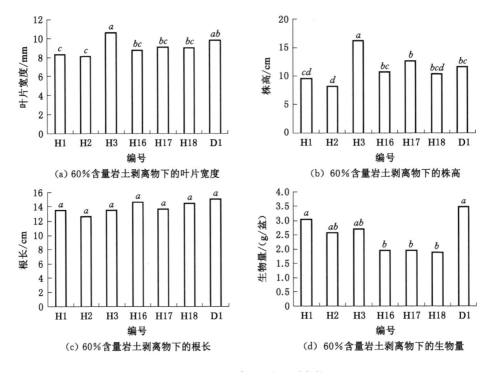

图 7-35　60％含量岩土剥离物

H12 及 D1 在生物量上差异显著,而与 H8 差异不显著,同时,H8 与 H12 及 D1 差异不显著。综合来看,H8 在 4 个指标上的表现都与对照方案没有差异,H10 在根长及生物量上表现较差,H12 叶片宽度较窄、株高较低。

方差分析结果表明:在叶片宽度、根长及生物量三个指标上,当岩土剥离物含量为 30％时,H5、H7、H9 与 D1 之间不存在显著差异,3 个方案之间也不存在显著差异;株高指标方面,H5 方案的株高明显高于另外 3 个方案,而 3 个方案之间则不存在显著差异。这一结果表明,当岩土剥离物含量控制在 30％时,草木樨的 4 个生长状况指标都表明草木樨生长状况良好。

当岩土剥离物含量为 40％时,与对照方案相比较,H13 的株高明显低于对照方案,而 H14 的根长明显短于对照方案,在其他指标上,两个方案与对照方案差异不显著,H11 在 4 个指标上与对照方案差异皆不显著。3 个方案组内对比发现:H13 株高明显低于 H14,H14 根长明显短于 H11 及 H13,H11 生物量显著大于 H13、H14。

当岩土剥离物含量为 50％时,与对照方案相比较,H6 仅在株高上明显低于对照方案。与岩土剥离物含量为 40％的方案相比较,H6 叶片宽度及根长表现明显差于 H13,而与 H11 及 H14 差异不显著;H6 株高明显低于 H14,而与另外两个方案差异不显著;H6 生物量明显小于 H11。

综合来看,岩土剥离物含量为 40％时,H11 表现最佳,其余两个方案都在某些指标上表现较差,而 3 个方案之间的配比差异在于煤矸石及表土的含量。岩土剥离物含量为 50％时,H6 表现尚可,虽与对照方案只在株高上存在显著差异,但其余指标的表现一般。

当岩土剥离物含量为 60％时,方差结果表明,除根长指标各方案皆无差异外,其余指标各方案差异显著。H3 叶片宽度显著宽于其余方案,而与对照方案差异不显著;H1 及 H2 叶片宽度明显窄于 D1,而与除 H3 方案外的其他方案差异不显著;H16、H17 及 H18 与对照方案 D1 无显著差异。H3 株高明显高于组内其他方案及对照方案 D1,只有 H2 株高显著低于对照方案 D1;H1、H16、H17 及 H18 与 D1 株高无显著差异。H1、H2 及 H3 生物量与 D1 差异不显著,其余 3 个方案生物量显著低于对照方案 D1,也显著低于 H1 方案;H2 及 H3 与其余方案生物量都不存在显著差异。岩土剥离物含量为 60% 时,H3 在 4 个指标上表现都较优,株高甚至显著高于对照方案;H1 虽在叶片宽度指标上表现不佳,但其余 3 个指标都表现较优。

　　总的来看,岩土剥离物的含量对草木樨的叶片宽度、株高及根长影响不大,对草木樨生物量有一定影响。尤其是岩土剥离物含量为 40%~60% 时,有超过半数的方案生物量明显小于对照方案。但同时发现,生物量最高的方案 H11,其配方中岩土剥离物含量为 40%,这一结果表明,岩土剥离物在配方中的含量应控制在 40% 及以下。

　　6. 不同煤矸石含量下各指标差异(如图 7-36~图 7-39 所示)

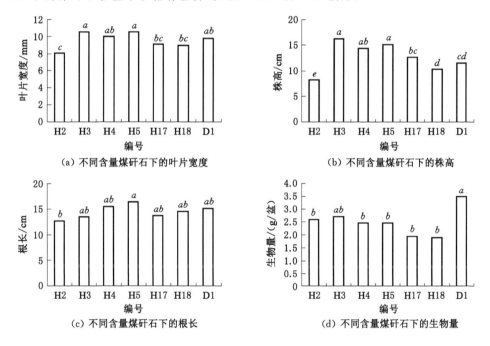

(a) 不同含量煤矸石下的叶片宽度　　　　(b) 不同含量煤矸石下的株高

(c) 不同含量煤矸石下的根长　　　　(d) 不同含量煤矸石下的生物量

图 7-36　10%、15% 含量煤矸石

　　煤矸石含量为 15% 时,方差分析表明:H2 在叶片宽度、株高、生物量上表现都明显差于对照方案 D1,根长则差异不显著。与煤矸石含量为 10% 的方案比较发现:H2 叶片宽度明显窄于 H3、H4 及 H5,而与 H17、H18 差异不明显;H2 株高明显低于煤矸石含量为 10% 的方案;H2 根长只明显短于 H5,而与其他方案根长差异不显著;其生物量与煤矸石含量为 10% 的方案的生物量相差无几,差异不显著。

　　煤矸石含量为 10% 时,与对照方案 D1 比较,方差分析表明:在叶片宽度及根长两个指标上,H3、H4、H5、H17 及 H18 与 D1 表现无显著差异;H3、H4、H5 株高明显高于 D1,H17 与 H18 株高与 D1 株高基本一致;只有 H3 生物量与对照方案差异不显著,其余各方案生物

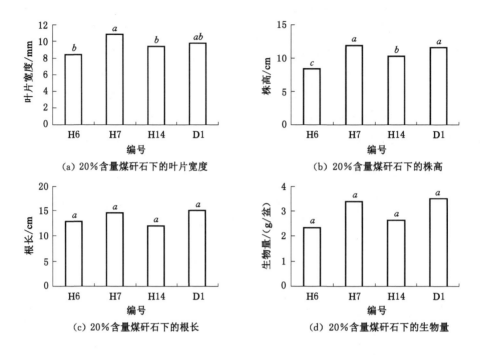

(a) 20%含量煤矸石下的叶片宽度 (b) 20%含量煤矸石下的株高

(c) 20%含量煤矸石下的根长 (d) 20%含量煤矸石下的生物量

图 7-37 20%含量煤矸石

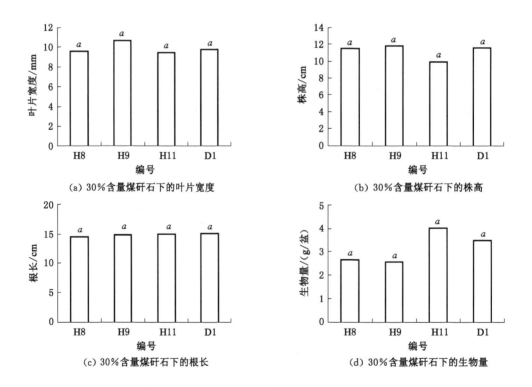

(a) 30%含量煤矸石下的叶片宽度 (b) 30%含量煤矸石下的株高

(c) 30%含量煤矸石下的根长 (d) 30%含量煤矸石下的生物量

图 7-38 30%含量煤矸石

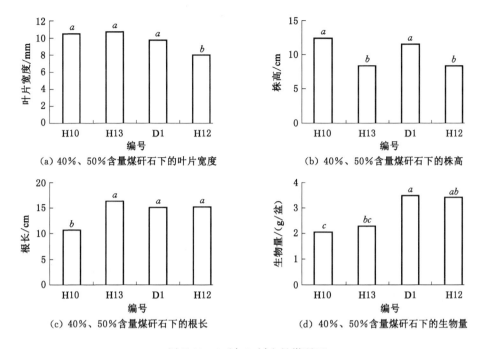

（a）40％、50％含量煤矸石下的叶片宽度 （b）40％、50％含量煤矸石下的株高

（c）40％、50％含量煤矸石下的根长 （d）40％、50％含量煤矸石下的生物量

图 7-39 40％、50％含量煤矸石

量均显著小于对照方案生物量。对煤矸石含量为 10％的方案进行组内比较发现：H3、H5 叶片宽度及株高表现明显好于 H17、H18；H4 与除 H2 方案以外的各方案叶片宽度差异都不显著，株高明显高于 H18；同时，各方案在根长及生物量上差异不显著。

总的来看，只有 H3 生物量与对照方案 D1 不存在显著差异。在叶片宽度及株高上，H3 表现较优，株高甚至显著高于 D1。H2 在叶片宽度、株高及生物量上的表现都要劣于对照方案 D1。H4、H5、H17 及 H18 在叶片宽度、株高及根长指标上的表现与对照方案 D1 无显著差异，但生物量显著偏低。

煤矸石含量为 20％时，H6、H7 及 H14 在根长及生物量指标上，与对照方案差异皆不显著，同时 3 个方案间差异也不显著。3 个方案在叶片宽度指标上，与对照方案 D1 差异均不显著，但 H7 叶片宽度明显宽于 H6 及 H14。H7 株高与对照方案差异不显著，H6 及 H14 的株高则明显低于 H7 及 D1，H6 株高又明显低于 H14。本组 3 个方案中，H7 在 4 个指标的表现上都不逊色于对照方案 D1，H6 及 H14 则生长较矮。而比较 H7 与其他两个方案配比差异发现，其他两个方案岩土剥离物较 H7 含量高，而表土含量较少。

煤矸石含量为 30％时，方差分析结果表明：H8、H9 及 H11 在叶片宽度、株高、根长及生物量指标上与对照方案 D1 差异皆不显著，同时 H8、H9 及 H11 内部比较，差异也不显著。

煤矸石含量为 40％时，方差分析结果表明：H10 及 H13 生物量都明显低于对照方案 D1，叶片宽度与 D1 差异不显著，同时 H10 及 H13 在这两指标上差异不显著；H13 株高明显低于 D1 及 H10，H10 株高与 D1 株高差异不显著；H10 根长明显短于 H13 及 D1。煤矸石含量为 50％时，方差分析结果表明：H12 生物量及根长与 D1 差异不显著；叶片宽度及株高表现明显差于 D1。与 H10、H13 比较发现：H12 生物量大于 H10，而与 H13 差异不显著,叶片宽度窄于 H10 及 H13;H12 株高明显低于 H10,而与 H13 差异不显著;其根长明显长于 H10,而与 H13 差异不显著。煤矸石含量为 40% 或 50% 的方案,草木樨整体表现要差于对照方案 D1。

总的来看,煤矸石含量在 20%～30% 或者 10% 及以下时,草木樨生长状况较优。尤其是煤矸石含量控制在 30% 时,草木樨各项生长指标表现都与对照方案差异不明显。而当煤矸石含量为 20% 时,虽然生物量与对照方案差异不显著,但在叶片宽度及株高指标方面,都要明显差于对照方案。

7. 土壤理化性质及草木樨生长状况差异原因

成土因素学说表明:土壤是生物、气候、母质、地形、时间等自然因素和人类活动综合作用下的产物。本研究以重构土壤母质为切入点,以成土因素学说为理论基础,利用采矿产生的固体废物(煤矸石、岩土剥离物及粉煤灰)作为表土替代材料,重构不同的土壤剖面。董玲玲等研究表明不同母质(岩)发育的土壤其理化性质具有很大的差异。其中煤矸石本身颗粒大,有机质含量较高;粉煤灰粒级大,具有亲水性,但养分状况较差;岩土剥离物物理性质与表土相近,但同样有机质含量较低。因此不同的物料组合下,重构土壤理化性质有很大差异。

不同配比对生物量影响较大,而对叶片宽度、株高及根长的影响较小。试验过程中观察发现,生物量小的方案往往草木樨株数较少,覆盖度较低,但单株草木樨生长较优;生物量小但植株多的方案,往往叶片宽度或株高表现不佳。造成这一结果的原因在于不同的方案的配比存在差异,从而造成其理化性质存在差异。土壤资源禀赋不同,从而造成其生产力存在差异。因此,在实际植被重建过程中,根据配比合理地设置种植密度,并进行追肥,对于草木樨的生长同样起着重要作用。

8. 特定替代材料配比条件下草木樨生长状况较优的原因

煤矸石含量在 30% 或 10% 以下时,草木樨在 4 个指标的表现上都较优。煤矸石自身颗粒大、大孔隙多,层叠堆放时,煤矸石之间孔隙多而大。这一特性导致只有煤矸石堆放时,水分易于下渗,因此煤矸石含量不宜过高。但煤矸石能够改良土壤养分状况,同时煤矸石随着风化程度的提高,内部风化裂隙增多,而使其具有保水性能,因此有利于植被的生长。但在实际生产过程中,煤矸石一般过剩,而表土较少,因此煤矸石最佳用量应该为 30% 左右。分层叠置煤矸石与重构土壤或表土,草木樨根系能够深入煤矸石层,煤矸石内部缝隙的发育能给草木樨提供必需的水分与养分,因此草木樨能够较优地生长。

粉煤灰由于粒级较大,因此主要用于改良黏土的物理结构,对本试验采用的沙壤土而言则不存在这种改良。在保证植被生长所需水分的条件下,粉煤灰的亲水性对植物生长影响不大。但由于粉煤灰中几乎不含有氮,试验过程中也发现草木樨叶片发黄,根据利比希最小因子定律,这一特性就成为限制草木樨生长的限制因子。也就是说,在室内盆栽试验条件下,随着粉煤灰含量的增加,土壤养分状况随之变差,导致草木樨生物量较低。根据盆栽试验结果,粉煤灰含量控制在 10% 以下时,对草木樨生长影响较小。

9. 煤矸石等固体废物作为重构土壤材料的效益

以采矿过程中产生的煤矸石等固体废物作为表土替代材料,在试验基础上选择合理的配比方案,对表土稀缺矿区土地复垦工作起着重要意义。一是解决了覆土厚度不足带来的植被生长状况不佳等问题。二是大大降低了煤矿企业购买表土所产生的费用,以煤矸石等固体废物替代材料来重构土壤,节省表土 50％以上。以覆土厚度 30 cm 计算,每公顷土地少用表土 1 500 m³,当地表土价格约为 30 元/m³,每公顷减少 45 000 元的复垦投入。三是解决了部分采矿过程中产生的固体废物的处理问题。由此可见,以煤矸石等固体废物为表土替代材料,在经济及生态上都产生了一定的效益。但同时,目前的试验结果都是基于室内试验得到的,在实地的应用效果还未可知。下一步需要在实地开展小区试验,以期得到最佳的应用方案。

（三）煤矸石等固体废物含量对重构土壤植物生长特征影响

通过以生物量为考察指标初步筛选矿区重构土壤配方,结合基于工业废物的土壤剖面构建与改良室内盆栽试验两部分研究内容,对工业废物组合以及含量对重构土壤植物生长特征的影响进行分析,得到以下主要结论:

（1）从生物量指标来看,用采矿固体废物作为表土替代物是可行的。且当表土∶煤矸石∶岩土剥离物＝3∶3∶4 时,土壤重构效果最佳,草木樨生物量较对照方案差异不明显,但高出约 30％。

（2）粉煤灰加入的方案,整体生物量较低,与对照方案差异明显。在盆栽试验过程中观察发现,部分植株出现明显的叶片发黄现象,属于典型的缺氮症,从而造成生物量偏低。而煤矸石的加入能够改善土壤养分状况,提高草木樨生物量。粉煤灰用量控制在 10％及以下时生长状况较优。

（3）当煤矸石用量控制在 15％～30％之间时,草木樨生物量与其他煤矸石含量方案差异明显,与全表土对照方案差异不显著;层叠放置重构土壤与煤矸石,当上层重构土壤厚度大于 10 cm 时,草木樨生物量要高于纯表土方案;且上层放置重构土壤时,生物量结果高于放置表土。当煤矸石用量控制在 30％时,草木樨生物量最优,且其他指标表现较优。

（4）材料间不同的组合、不同的比例都会对草木樨生物量造成影响,且差异性显著。表土、岩土剥离物及煤矸石以一定比例混合得到的重构土壤方案与表土、岩土剥离物及粉煤灰三者混合得到的重构土壤方案,草木樨生物量差异明显。

（5）岩土剥离物含量控制在 40％及以下时,草木樨在 4 个指标的表现上都较优,更适宜草木樨生长。

（6）各方案间的草木樨生物量差异性明显,其他 3 个指标相对差异不明显。生物量小的方案往往植株较少,但单株生长状况较优;生物量一般但植株多的方案,往往叶片宽度或株高表现不佳。因此在实际复垦过程中,需根据土壤理化性质,合理安排种植密度。

第八章 煤矿固体废物生态工程利用技术

第一节 煤矸石堆山造景技术

煤矸石山、塌陷地等在矿业的发展中往往会形成矿区的污点,即便是绿化或者是复垦往往也是最简单地恢复建设。煤矿在对待矿业废弃地的复垦中,不应该简单地把这些废弃地当成负担去处理,而是充分考虑和发掘其价值,使之变废为宝。利用生产新排放的煤矸石进行煤矸石堆山造景,实施煤矸石山边堆山、边造景、边绿化,利用煤矸石山建成矿区的景观制高点,同时山上设亭,成为矿区的主要景点和观景点;将塌陷地复垦成为以风景景观为基础,农、林、渔相结合,旅游产业穿插其中的风水宝地,为矿区的生态建设和可持续发展提供了新途径(李树志等,2020;李树志,2019;裴宗阳等,2011;李鹏波等,2006)。

煤矿在采矿过程中,不可避免地会有煤矸石随煤炭上井,另外还有其他的固体废弃物堆存在地面。为了减少它们的危害,矿区土地复垦在总体规划阶段就根据地形地势,设计煤矸石堆山造景,对煤矸石山的堆存和绿化进行规划设计,以边堆山、边绿化为基本原则,减少煤矸石山的危害。

以济宁三号煤矿为例,规划设计两处煤矸石堆山造景:一处位于工业广场的东北角,该处的煤矸石山造景已经绿化完成,山上绿树成荫,山顶有亭廊等游憩设施,既是矿区一处美好的景观,又是休闲的好去处;另一处位于工业广场西北角,氧化塘北部,西部为南阳湖,该处煤矸石山占地面积为6 hm²。考虑煤矸石山的稳定性及绿化造林要求,设计煤矸石山的堆放坡度为1:2.0~1:3.0,三座峰的高度分别为18 m、23 m、33 m。煤矸石山规划设计采用仿自然原理设计造型,与周围的工业建筑、自然景观相协调,考虑边坡的稳定和观赏美学价值的要求,同时又符合工广范围内的功能分区的要求。

煤矸石堆山造景的施工工艺包括清理—运矸—排放—压实—覆土—绿化—建筑等过程。在煤矸石堆放施工中,分层压实是一项重要的步骤,其施工工序包括煤矸石—排放场—分层排放60 cm左右(压实后厚度为50 cm)—推平—洒水—静压—震动压实。在煤矸石排放的同时,覆盖土层,然后对已经堆放压实和覆土的煤矸石山从坡脚开始绿化,边堆放边绿化。

为了满足煤矸石堆山造景工程施工和旅游游览的需要,煤矸石山上设计上山道路宽度为6 m,坡度小于5%,路面材料用青石板,路内侧修建挡土墙并修建回水沟排水。煤矸石山排水系统分为三级,首先坡面径流汇入各台阶内侧的排水沟,然后由各台阶排水沟汇入上山道路内侧的排水沟,最后由上山道路的排水沟汇入山下路边排水沟,到达氧化塘或集中污水处理厂处理。

煤矸石堆山造景绿化设计根据矿区的自然条件和煤矸石山的物理化学性质,依照强调适应性、抗逆性和较好的观赏性为原则筛选植物,强调以乡土树种为主、外来树种为辅的植物种搭配。以此为原则,煤矸石山绿化树种选择乔木、灌木、藤本及地被植物共62种。

煤矸石堆山造景绿化植物配置的景观功能和物种种间关系的搭配注重植物的配置方法、不同树种的种间搭配、季相搭配、形态搭配,同时考虑植物所表达的文化内涵,并且注重植物配置效果的发展性和变动性,既有近期的建设布局设计,又有长远的树种和植被搭配的规划。

煤矸石堆山造景绿化整地方案采用沿等高线环状水平阶整地方式,水平阶宽度为2.0 m(含挡土墙),垂直间距为4.0 m,煤矸石山水平阶总长为5 202.93 m,为防止雨水冲刷,每条水平阶两边设计挡土墙,宽为0.4 m,高为0.3 m。

水平阶整地完成后,在水平阶和煤矸石山表面均匀覆土0.3 m,栽植乔木的地方用筐植(柳条筐或者荆条筐)的方法栽植于水平阶上。行道树选择桧柏,单行种植,株距为3 m,需要苗木560株。水平阶需要苗木1 734株,其中针叶树578株,阔叶树1 156株,针叶、阔叶树数量比为1∶2。坡面面积为28 422 m²,按照3~4 m²/株的种植密度,需要乔木1 777~2 369株,灌木、小乔木5 331~7 107株,乔、灌木数量比为1∶3,总共需要苗木7 106~9 474株。挡土墙总长度为10 406 m,约需小灌木和地被植物5 208株,林下种植面积按照坡面面积的1/4计算,为7 106 m²,以3 m²/株计算,约需要小灌木及地被植物2 369株,挡土墙和林下地被种植苗木总量为7 577株。

采用煤矸石堆山造景与绿化技术,在塌陷区占地近2万 m²的沼泽地区域利用煤矸石堆山造景,形成两座分别为8 m、12 m高的以"曜雪台""傲霜岭"为命名的景点(如图8-1~图8-3所示),使得煤矸石不但没有成为环境的污染源,反而为矿区环境景观创造出了一个亮点,实现了环境效益、经济效益、社会效益的有机统一。

图 8-1　苗壮茂密的煤矸石堆山造景植被

图 8-2   煤矸石堆山造景上山石磴

图 8-3   煤矸石堆山造景"曜雪台"远眺

第二节   煤矸石山生态建设技术

煤矸石是指煤矿中无用的、与煤层伴生的一种含碳量低、比煤坚硬的黑灰色岩石,是煤炭工业的主要固体废物。煤矸石主要由高岭石、伊利石、黏土矿物、石英、少量煤和黄铁矿组成,各类煤矸石仅在组成百分比上有些差异。其无机成分主要是硅、铝、钙、镁、铁的氧化物和某些稀有金属,煤矸石发热量一般为 3 349~6 280 J/g。

煤矸石山乃是人工堆垫而成。每座煤矸石山占地几十亩至上百亩,高达百余米。煤矸石山除顶部和平台有较宽阔的平面外,其余皆为斜坡,坡度一般为煤矸石的自然安息角 36°左右,虽然不存在上部延伸边坡来水冲蚀问题,但周边植物入侵定植的条件更为恶劣。

据调查,除以白色煤矸石(硅质砂岩、石灰岩、砾岩等)组成为主的煤矸石山,因其结构致密、块大、不易风化外,其他以黑色煤矸石(碳质泥岩、碳质页岩)组成为主的煤矸石山表面都有风化现象,其中碳质页岩、碳质泥岩风化很快,一般半年内即可分化成碎屑。泥质和钙质的砂岩、粉砂岩也较易风化。但除坡下部和局部低凹处有较厚的坡积或冲积风化物外,一般残积风化层厚度多年来仅维持在 10 cm 左右。自然界中煤矸石的风化过程十分复杂,影响煤矸石风化的因素也非常多,包括当地的气候条件、物理和化学的环境因素以及煤矸石本身的特性等(蔡毅等,2015;郑永红等,2014;张锐等,2008)。因此,针对实验室所开展的煤矸石风化研究不可能也没有必要符合上述所有复杂的条件,研究主要关注的问题为风化过程对煤矸石中重金属释放与迁移转化的影响。一般煤矸石在自然界的风化过程是漫长的,因此,在实验室内进行风化试验需要控制主要影响因素来模拟风化作用,通过对煤矸石进行冻融循环、淋滤与浸泡模拟物理化学风化过程。

煤矸石山剖面分三个层次:风化层(0~10 cm);微弱风化层(10~30 cm)和未风化层(>30 cm)。风化层以石、砾为主,砂及粉砂可占 10%~40%,粉砂以下颗粒很少,故煤矸石山剖面发育极不明显,颗粒组成比黄土颗粒粗得多。

土壤形成过程中,土体中的物质由于受风化、移动和沉积作用,使土体组成物质分异,形成不同层次,从而构成土壤剖面。土壤剖面是土壤最典型、最综合的特征之一。土壤剖面既可以反映土壤类型的特征、发育程度,还影响着土壤的水分、温度及肥力状况。在剖面形成过程中,由于成土条件有所差异,因而所形成的土壤剖面也具有不同的特征。

煤矸石风化物属粗碎屑土,故水分状况和黄土大不一样。煤矸石因极少毛管孔隙,水分易渗透而不易蒸发,故虽有效水容纳量小于黄土,但有效水利用率却高于黄土,尤其在旱季可高出黄土范围为 2%~5%。故干旱地区煤矸石种植的草、树不易枯萎,水分不会是限制植物生长的最主要因子。

煤矸石风化物为灰黑色,夏季高温时,地表可达 40~50 ℃,会比黄土地表的温度高10 ℃,因此,常使幼苗烧死、幼树根际烧伤,其中阳坡的比阴坡的更易受害,因此堆放多年的煤矸石山,天然植被覆盖率最高为 30%,且种类单纯,以禾本科、菊科与豆科为主,偶然出现树木,但呈灌木状。有关资料显示,煤矸石山微生物区系极少,新出矿井的煤矸石微生物总数仅为 1.6×10^3 个/克土,堆放多年的煤矸石山风化物也仅为 158×10^5 个/克土。

一、煤矸石山复垦种植

煤矸石山复垦的基本条件是:未燃烧的煤矸石山可以复垦,燃烧彻底的煤矸石不易种植,正在燃烧的煤矸石山不能复垦。复垦种植可分为林业复垦、牧业复垦和农业复垦。

(一)林业复垦

林业复垦一般不提倡大规模整地,以改变煤矸石山的外貌,从而破坏表层风化壳。应根据煤矸石表层情况决定种植方法,最好是采用直接在煤矸石上移植树木的方法来造林,这类造林方式的效益将体现在成林上[4,8-9]。种植在未经平整的煤矸石山上的树木,其存活率和以后的生长率均大大高于种植在经过平整的煤矸石山上的树木。这种简便易行的林业复垦方式花钱少、见效快,适宜煤矸石山大面积造林。

1. 树种的选择

煤矸石山植树主要以灌木为主、乔木为辅,这类植物可以迅速生长,强有力地改变遭破坏的生态环境,为其他植物的迁移、定居创造条件(苏铁成,1998)。所选择的树种应具备抗逆性强、适应当地气候、抗旱性强,根系发达、扩展性强,耐瘠薄、耐粗放管理,种子来源丰富、发芽力强,抗病虫害能力强等特点;同时应对粉尘污染、二氧化硫、高温等不良的大气因子有一定的抵抗能力,对干旱、瘠薄、盐碱、pH 值、毒害等不良立地因子有较强的忍耐能力。试种侧柏、杜松、臭椿、刺槐、家榆、黄刺玫、粉花刺槐、花木兰、桃叶卫矛、榆叶梅、美蔷薇、小叶丁香、银杏、毛樱桃、黑椋子、贴梗海棠、苹果、山楂、梨树、桃树、枣树、葡萄共计 12 科 22 种植物均可成活。

2. 树木的栽植

树木栽植主要在煤矸石山的顶部和平台,采取盆栽培养树苗、雨季栽植的方法。在种植过程中,根据煤矸石山的元素组成,铺一定的水肥,尤其是微生物肥,有利于植物的快速生长和立地条件的改善。栽培时间最好是选择在秋季挖坑、春季植树,这可加速树坑内部煤矸石的风化,有利于树木成活。在种植方式上,针对不同的植物种类,采用不同的种植方式:对落叶乔木、灌木采用少量的配土栽植;对常绿树种采用土球移植;对草本植物采用蘸泥浆或者拌土播种。

(二) 牧业复垦

牧业复垦一般是在未经平整或稍加平整的煤矸石山上进行的。整地要提前半年进行,以保证表层煤矸石充分风化,这样易于种植。

选择适合种植的牧草是牧业复垦成功最重要的步骤。复垦最理想的牧草应当是播种栽植较容易,成活率高,种源丰富,育苗简易且方法较多,适宜播种栽植时间较长,发芽力强,繁殖力大,幼苗活力强,生存期长,并适应广泛的土壤和小气候条件,抗病虫害能力强,施肥反应快,抗旱能力强的种类。事实上没有一种牧草具有上述全部特征。所以各种草的混合种植往往是最理想的办法。如选用豆科的沙打旺、红豆草、鹰嘴紫云英、山野豌豆、花苜蓿、达乌里胡枝子、尖叶铁扫帚、脉根、多变小冠花、扁茎黄芪和禾本科的沙生冰草、无芒雀麦、苇状羊茅、高狐茅等混播,可得良好效果。

阳泉地区种植较多的草本类植物有黑麦草、狗牙草、野牛草、羊胡子草、紫苏和爬山虎等。

有些煤矸石山的平台是用过火煤矸石填筑压实的,这种燃烧彻底的煤矸石不易种植,应进行适当覆土,土层的覆盖厚度不应小于 10 cm。

(三) 农业复垦

农业复垦大多用在土地资源紧缺的平原地区,其特点是复垦费用大、近期效益低,要求在大面积平整地后,煤矸石表层覆盖 50 cm 的土层。可考虑在煤矸石山顶部进行农业复垦,特别是对于旱作农业,一般只要求耕作层土壤达到能满足农作物正常生长发育即可,因此在进行农业复垦时,煤矸石表面应覆盖 30～50 cm 厚的土层。另外,复垦地需要采取一系列的培肥措施,以促进其土壤迅速熟化,因补施有机物费用很高,可利用绿肥替代人工施加有机物。在种植农作物之前,先种植绿肥植物(如豆科植物)2~3 年,来补充地下有机物,以改良土壤结构和稳定植物的养分循环,这是一种行之有效的培肥措施。根据实际条件,可种植玉米及马铃薯、黄瓜等蔬菜作物(如图 8-4 所示)。

图 8-4　煤矸石山种植的农作物

二、煤矸石山综合治理工程

山西国阳新能股份有限公司(简称国阳公司)的煤矸石山是利用山谷进行回填而成,这和平原地区堆积形成小山状煤矸石山不一样。国阳公司煤矸石山在停止堆放煤矸石后,煤矸石山顶面形成一个很大的平地,另有分层平台,这些平地可以进行复垦利用。还有一部分在煤矸石堆积过程中自然形成的坡地,其坡度一般为煤矸石的自然安息角 36°,如一矿煤矸石山坡面长最大约有 110 m,排填高度为 60~70 m。另一种堆积方式如五矿,呈分层阶梯状堆积,每个台阶高 8~10 m,最深填高约 70 m。因此,国阳公司煤矸石山复垦地主要分为平地、坡地和台阶平台。根据实地考察,国阳公司主要煤矸石山面积列于表 8-1。

表 8-1　主要煤矸石山(排矸场)情况

排矸场名称	排矸场平台面积/m²	坡地面积/m²	顶面复燃灭火面积/m²	备注
一矿	136 000	48 000	34 000	
二矿	67 000	24 000	17 000	
三矿	50 000	18 000	13 000	
四矿	80 000	30 000	20 000	
五矿	240 000	84 000	19 000	
新景矿	20 000	7 000	5 000	
芦湖矿	40 000	14 000	10 000	属新景矿
合计	633 000	225 000	118 000	

灭火处理后的煤矸石山,由于存在复燃现象,因此在对停止使用的煤矸石山进行复垦时,必须对有复燃现象煤矸石山的顶面及坡面进行灭火,所以国阳公司对已停止使用的煤矸石山的复垦应包括复燃灭火及复垦两方面的工程内容。

(一)煤矸石山顶部灭火工程

由于一部分煤矸石山有复燃现象,因此应进行灭火处理,处理的方法采用灌浆封闭法和火源挖除法。如前所述,大量测试结果表明,绝大部分自燃发生在距表面 0.5～3 m 的范围内,而灌浆封闭法的灌浆深度可超过 4 m。因此可切断自燃区的煤矸石获得氧气的通道,是一种较好的灭火措施。

灌浆封闭的面积根据各矿具体情况按煤矸石山顶面积的 25%(五矿为 8%)左右预算,共计为 103 000 m²,其中一矿 34 000 m²、二矿 17 000 m²、三矿 13 000 m²、四矿 20 000 m²、五矿 19 000 m²。

(二)煤矸石山坡面灭火工程

根据实地调查,国阳公司的煤矸石山有一部分有复燃的迹象,尤其是二矿的煤矸石山,坡面虽已覆土,但仍有自燃,而且煤矸石山坡面正对着阳泉市区,严重影响自然环境的美观。煤矸石山坡面灭火工程采用坡面硬化方法灭火,坡面硬化工程区主要为二矿与四矿,硬化处理面积取两矿坡地面积的 1/2,经测算,硬化处理面积为 27 000 m²,其中二矿为 12 000 m²、四矿为 15 000 m²。

(1)铺网注浆法:护坡加固等。做硬化工程时,首先应对坡面进行压实,然后再在坡面表面铺设 200 mm×200 mm 的金属网,盘钢直径为 6～8 mm。为固定金属网,应在坡面上每隔 2 m×2 m 打上铆杆,铆杆要深浅相隔,深的打 2 m,浅的打 1 m。接着向金属网喷碎石水泥浆,喷铺厚度为 15 cm。水平方向每隔 50 m 断开,成一独立块体,两块体之间的硬化层重叠 0.5 m,其间夹上黏土。硬化面每 5 m 一个台阶,每个台阶宽 0.6 m,覆土封闭,煤矸石山复燃熄灭后再种植爬山虎进行绿化。

(2)护坡加固法:该法类似于铁路路基护坡加固的方法,材料可采用一般料石或混凝土块,混凝土块可采用多角形状,中部留有空档,可填土种草。

(3)阶梯状绿化坡面法:该法是将坡面改造成梯田形状,梯田高度为 2 m,每一台阶平台面宽 1～2 m,台阶平台及坡面上均要覆土 0.3 m,以便进行绿化。

(三)煤矸石山坡面绿化工程

煤矸石山坡面绿化的目的是改善生态环境,恢复自然景观,保护煤矸石山坡面,从而较好地改变矿区的环境形象。为了进行坡面绿化,应在没有自燃的坡面上进行适当的覆土,覆土厚度应大于 0.3 m,坡面总面积为 225 000 m²,去除坡面硬化面积 27 000 m²,则覆土种植面积为 198 000 m²,土方量有 537 000 m³(如图 8-5、图 8-6 所示)。

图 8-5 煤矸石山整形覆土

(四)煤矸石山顶面复垦工程

国阳公司需治理的主要煤矸石山有 7 座,其中平台复垦主要工程为(如图 8-7 所示):

图 8-6　煤矸石山边坡、平台治理

图 8-7　煤矸石山顶部农业复垦

（1）煤矸石山顶面覆土：覆土厚度为 0.3～0.5 m，覆土土方量约为 316 500 m³。

（2）煤矸石山顶面复垦：可根据需要，进行林业复垦、牧业复垦，复垦面积为 633 000 m²。

（五）排水沟

阳泉地区夏季常有暴雨，煤矸石山集水面积很大，雨水汇集到一起后，很易冲垮覆盖在煤矸石上的黄土，甚至冲出数米深的大沟。由于被裸露的煤矸石仍有较高的温度，一旦暴露于空气中，很快就会复燃。为保护好覆盖封闭效果，非常重要的一点是在煤矸石山顶部及斜坡上筑好排水沟。二矿煤矸石山曾设置了排水沟，并取得了较好的效果。排水沟设置的位置一般在：

（1）煤矸石山顶部平面与山坡的交界处，以避免山坡上的雨水冲刷煤矸石山。

（2）煤矸石山顶部平面与煤矸石山坡面的交界处，以避免平面上的雨水冲刷煤矸石山斜坡。

（3）煤矸石山斜坡上构筑平台，再在平台上设置排水沟，可对斜坡上的雨水起到分流作用。

（六）生产排矸场停用生态开发利用工程

陕西黄陵某煤矿生产排矸场停用进行开发式治理，通过仿自然地貌整理、堆山造景绿化、景观结构护坡等治理，形成了矿山公园、矿山生态农业园、扩大工业场地等建设成果，增加了矿区居民休闲娱乐、运动健身、特色种植培育、矿山管理等场所,社会、生态、经济效益显著(如图 8-8 所示)。

图 8-8　生产排矸场停用生态开发利用

第三节　煤矸石山防自燃处理技术

一、煤矸石山自燃机理与特性

(一)煤矸石的自燃机理

煤矸石山自燃是一个极为复杂的物理化学过程,自燃必须具备 3 个基本条件,即可燃物、温度、氧气供给,三者缺一不可。在达到临界温度点(80～90 ℃)后,氧化反应速度迅速提高,煤矸石很快由自热状态进入自燃状态。

根据黄铁矿氧化自燃导因说和煤氧复合自燃学说同时结合燃烧三要素,可以总结出导致煤矸石山自燃的条件(何骞等,2020;位蓓蕾等,2016;翟小伟等,2015)。首先,煤矸石中含有能够在常温下氧化的物质或可燃物;其次,由于煤矸石山属于松散碎石堆积体,在煤矸石山中大粒径煤矸石间隙内存有一定量的 O_2;再者,表面风化层导致煤矸石山中存在使热量积聚的环境。若同时满足上述条件,并且维持足够的积累时间达到煤矸石的自燃点,煤矸石山就会发生自燃,甚至有爆炸的可能性。

(二)煤矸石山自燃的特殊性

煤矸石山自燃是一种比较特殊的燃烧现象,它的起燃、维持燃烧和火区的转移与一般火灾有很大区别(岳超平,2007;李松等,2005)。因此自燃煤矸石山的灭火不仅需要考虑常规灭火的一般规律,而且还要考虑煤矸石山自燃的特殊规律,以保证自燃煤矸石山灭火工作的完全成功。煤矸石山由大量颗粒状煤矸石堆积而成,依据其堆积形状、煤矸石粒级等,煤矸石山自燃具有如下特点。

1. 煤矸石山具有一般大体积多孔床燃烧的特点

床内存在燃烧区、燃尽区、预热区和非燃区,最高温度位于燃烧区,燃尽区不断扩大,燃烧带不断转移和扩展并放出更多的热量,燃烧强度不断增强;整个燃烧过程不是由化学反应控制,而是由供氧速度控制,许多情况下处于隐燃状态;燃烧带在多孔床的位置取决于产热和散热速率之间的平衡,只有产热速率大于或等于散热速率时,燃烧才可能维持并蔓延;燃烧区总是向新鲜空气进入方向发展;多孔床深部氧气的供应或靠分子扩散,或靠空气对流。

2.煤矸石山燃烧又具有不同于多孔床的一些特点

燃烧发展过程十分缓慢,燃烧厚度比多孔床大,燃烧区域初期具有不连续性;燃烧火区的转移和扩大主要靠火焰或隐燃传播以及热气流传播等。煤矸石山一旦自燃生火,灭火工作十分困难,自燃过程往往要持续几年甚至几十年。目前,虽然有多种灭火方法,但不仅耗资大,而且难以排除复燃的可能性。因此,控制煤矸石山自燃的最好方法是防患于未然,采用有效的预防措施,消除自燃的隐患,保护矿区的大气环境。

对于大范围着火的易燃煤矸石山,因完全灭火较为困难,所以复燃的可能性比较大。为了消除煤矸石山复燃的可能性,除必须熄灭所有的明火外,还必须把所有自热和自燃区的温度降至其临界温度之下,临界温度需要通过试验确定。西方发达国家对于煤矸石的防火和灭火工作,主要是从煤矸石的不同堆放方法入手,来解决煤矸石山的自燃问题。研究表明,煤矸石的自然堆放、压实堆放和分层压实堆放,对煤矸石堆的气流速度有很大的影响。传统的锥形煤矸石山具有最大的侧翼面积,空气容易进入形成热对流循环,在煤矸石倾倒过程中发生的力度偏斜助长了"烟囱效应"。所以,许多国家通过采用分层压实方法堆放煤矸石,控制煤矸石的压实程度,从而解决矸石山的自燃问题。

二、煤矸石山自燃的灭火技术

(一)实用灭火技术

煤矸石山发生自燃,有其内因和外因两个方面,在消除内因方面,其根本性的做法是对煤矸石山中的煤与黄铁矿进行回收,以减少可燃物的排出。在受条件限制,无法消除煤矸石山自燃的内因时,可通过改变煤矸石山的供氧蓄热条件达到防止煤矸石山自燃的目的(王兴华等,2020;吴海军等,2013;朱留生,2012)。

总体上讲,自燃煤矸石山的治理可以分为防、治两个方面。防止煤矸石山发生自燃,国外主要采煤国家均有较好的经验。他们的研究表明,改变煤矸石的排放工艺是最为有效的措施。在自燃煤矸石山的灭火方面,国内外主要采用的方法有:直接挖出冷却法、火源挖除法、表面密封压实法、灌浆封闭法和灌水法等。

1.灌浆封闭法

这是我国经常使用的方法,也称注浆法,通过降温与隔氧两方面的共同作用来达到灭火的目的。该法首先是凭经验或通过诊断找出火区和自热区,然后在其上面布置一系列钻孔,最后将不燃物(黄土或粉煤灰等)和石灰配成的泥浆灌入火区和自热区,以阻断空气进路,火区冷却后将火区和自热区全部填满浆料。

这种方法适用面广,其最大优点是可使煤矸石迅速降温,也有较好的隔氧效果。但对强烈燃烧的煤矸石山,灭火难度较大。成功使用这种方法的关键是准确诊断火区和自热区范围。

浆液用高压注入煤矸石山高温区,当浆液接触到高温煤矸石区时,浆液中的水分蒸发可以带走大量热量,浆液中的固体则包裹在煤矸石表面或充填于煤矸石空隙之中,减少煤

矸石与 O_2 的进一步接触(刘鑫等,2011),通过降温与隔氧两方面作用来达到控火、灭火的目的。

浆液多为石灰、黏土、电石渣、粉煤灰等在当地易得的材料。针对煤矸石自燃多分布在煤矸石表面 2.0~2.5 m 处,燃烧中心的温度在 400~1 000 ℃,所以在打孔注浆时深度为 2.5~3.0 m。特别要注意在钻孔布局及注浆时要设计放气孔道,以利于煤矸石内气化热量散发及防止水煤气爆炸,注浆完毕后,要注意注浆孔封孔质量。注浆措施可以作为预防煤矸石山自燃的有效途径。浅层喷射注浆技术的工程实践证明,自燃发展期利用大功率泥浆喷射机结合特制泥浆在明火区或高温区远程喷射注浆灭火的方法,可以有效减少自燃煤矸石山的烟雾,抑制明火快速降温,并且 SO_2 含量显著降低,可为深孔注浆施工安全提供保障。

2. 表面密封压实法

该方法是美国早期采用的方法,是在煤矸石山上覆盖一定厚度的黄土并进行碾压,形成隔离层,抑制自燃。优点是取土成本低、实施简单,曾被广泛使用,在一定时期内确实达到了封闭效果,自燃概率明显降低。缺点是工程量大、成功率不高,只能降低燃烧强度和污染物排放速度,因为表土只有在湿润状态才有较好的密封性能,如果不及时维护,随着雨雪侵蚀,水土流失,容易自燃。在自燃煤矸石山表面铺土压实,以隔绝空气进路,使自燃煤矸石山内部空气耗尽后熄灭。

这种方法目前主要用于控制煤矸石山的火势和污染强度。英国和其他欧洲国家主要采用分层堆放、分层压实煤矸石的办法,每两层之间用不可燃物隔离并压实,煤矸石堆表面再覆盖表土压实。实践认为这种方法可以有效预防煤矸石山自燃。

3. 灌水法

地表煤矸石发生自燃或有自燃危险时,可以通过向煤矸石山钻孔进行灌水灭火,对煤矸石内部进行降温散热,使煤矸石内部温度降低至着火点以下,达到灭火的目的。这种治理方法简单容易操作、治理成本低廉,治理效果较好。

在对自燃区域进行灌水后,水流将煤矸石表面的煤粉冲洗至山体底部,导致逐渐干燥的煤矸石活性大幅度增加,一旦煤矸石彻底干燥,就有可能再次发生自燃。当煤矸石内部含有硫铁矿物时,更容易发生自燃。水是灭火工程中最常用的灭火介质,在高温下形成水蒸气,吸热降温效果显著,并且水蒸气能够阻止空气接近可燃物。具体做法是在煤矸石山修蓄水池,通过钻孔将水灌入地下。这种方法最大的问题是无法控制水在煤矸石山内流动的方向,也很难在火区内将水保持一段时间;另一个缺点是灌水后煤矸石山内部的空隙增加,反应活性增强,煤矸石山复燃的可能性增加。

4. 直接挖出冷却法

直接挖出冷却法是通过测量找到煤矸石燃烧的火区范围,用工程机械将发生自燃的矸石挖出,再用黄土或冷却后的煤矸石填充原处。优点是能快速治理自燃,成功的概率也比较高;缺点是当火区比较大时,人员和施工机械都很难进入,而且在挖掘时,还容易造成高温煤矸石与空气接触起火,影响操作人员安全。这是最原始而又最有效的方法。但一般而言,这种方法只适用于初燃的煤矸石山,燃烧强度大的煤矸石山用这种方法不仅困难,而且还有一定的危险。

(二)煤矸石山自燃的新灭火技术

近年来,煤矸石山自燃火灾不仅造成煤矿矿区的大气污染,而且对煤炭生产构成一定的威胁,因此煤矸石山自燃灭火技术的研究受到人们的普遍关注。许多国家进行了一些新的灭火技术的研究,其中比较突出的有低温惰性气体法、灌浆密闭泡沫灭火法和燃烧法。

1. 低温惰性气体法

低温惰性气体法是向火区注入液氮、液态二氧化碳等惰性气体,利用其气化时巨大的吸热作用,使煤矸石快速降温,同时残存在煤矸石空隙中的惰性气体也可起到隔绝氧气的作用。低温惰性气体注入煤矸石山后,在液态变成气态的过程中吸收大量热量,同时体积急剧膨胀,形成一个冷压力波,迅速从注入源扩散。注浆法的灭火浆液受重力的影响,主要是向下方渗透,而这种冷态气体的扩散不受重力影响,作用范围更大,效果更均匀。现场试验表明,这种方法可以将火区温度降至-100 ℃,并保持大约 30 d。这种方法的降温效果无疑是非常好的,但冷却煤矸石需大量的惰性气体。气源及灭火成本是这种方法应用过程中存在的主要问题。

2. 灌浆密闭泡沫灭火法

灌浆密闭泡沫灭火法是向火区灌注泡沫灭火剂,用来隔绝氧气与吸收热量降低煤矸石温度,以达到灭火的目的。与普通注浆法相比,泡沫作为水的一种输送形式,可以使水较长时间保持在煤矸石空隙中,而不会使它很快从煤矸石缝隙中流走,因此与注水法相比有更好的降温隔氧效果。美国用这种方法在小型工业性试验中取得了成功,但煤矸石山是露天堆放,在风吹雨淋下,如何保持煤矸石缝隙间泡沫的长期稳定性,仍是一个难题。

3. 燃烧法

美国在西弗吉尼亚州一座煤矸石山上进行了控制燃烧法的工业性试验,其基本设想是让煤矸石在受控条件下燃烧,燃烧产生的烟气经处理后排放,产生的热量则加以利用。具体方法是在煤矸石山内钻水平通道,煤矸石山表面铺土压实,由钻孔有控制地向内供应空气点燃煤矸石,用抽风机将烟气抽出并加以净化,烟气热量被利用后,最终从烟囱排出。除了能控制并熄灭煤矸石山的自燃火外,控制燃烧工艺还可以回收浪费掉的资源,但该试验暴露出的问题比较多:一是烟气含有大量一氧化碳、二氧化硫等可燃、有害气体,由于热值较低需要再次燃烧,工艺比较复杂;二是烟气具有强腐蚀性,后续设备需要防腐处理,增加初期投资和运行费用。

(三) 煤矸石山自燃灭火方法的确定

某矿对自燃煤矸石山曾进行过灭火治理,并进行了表面喷浆法、深孔注浆法、覆盖法等灭火试验。灭火试验阶段初期,在该矿首次实施了表面喷浆法,将 10%的石灰、1%～2%的烧碱和 8%的黄土加水制浆,再用泥浆泵将它喷洒到煤矸石山表面。喷浆暂时起到了压制火势的作用,但大约在半个月后煤矸石就发生了复燃。实践证明,这种方法被认为不能从根本上解决煤矸石山灭火问题。

后来采用深孔注浆法,将灭火浆液用 G3 工程钻机注至煤矸石山内部,由于浆液的渗透深度较深,可以直接接触到高温煤矸石,因此灭火效果明显优于表面喷浆法,在其他矿煤矸石山获得了很大的成效,煤矸石山顶部大面积的火源被扑灭,已枯萎的荆棘与蒿草又开始萌生。但由于煤矸石山的斜坡上无法用工程钻机钻孔,只能用浇灌法处理,故斜坡上的灭火效果不够理想。

第三阶段采用黄土覆盖碾压法,首先在三矿大垴梁排矸场实施。工程分两期进行:第一期工程是在煤矸石山周边 350 m 长的排矸边沿后退 80 m,将原堆矸形成的 45°坡面用推土机改为 25°坡面;二期工程是在一期工程的下部修筑 6 m 宽的环形平台,将煤矸石堆积坡度从 45°改为 35°。改变煤矸石堆积坡度一方面是推散高温煤矸石,使其暴露于表面,促使其降温,同时也有利于覆土与碾压。煤矸石山斜坡经覆土与碾压后,火势得到了有效控制,三矿煤矸石山上 6 个测点的 SO_2 平均浓度从 11.2 mg/Nm³ 降至 0.13 mg/Nm³,用红外测温仪测得煤矸石山表面温度基本降至 50 ℃ 以下。

黄土覆盖碾压法通过在该矿煤矸石山上进行的先期试验性灭火及后期大规模注浆灭火与碾压覆盖法灭火,最后研制成功为一种以碾压覆盖为主,辅以局部注浆的综合性灭火方法。该方法是一种行之有效的综合性自燃煤矸石山灭火方法,取得了前面所述的灌浆封闭法及表面密封压实法两种方法的共同效果。

煤矸石山灭火方法与目前国内外较普遍采用的自燃煤矸石山灭火方法进行比较,灌浆封闭法、黄土覆盖碾压法的主要优缺点有:

(1)灌浆封闭法是我国经常使用的方法,主要通过降温与隔氧两方面的共同作用来达到灭火的目的。该法适用面广,可使煤矸石迅速降温,也有较好的隔氧效果,还可以防止因黄土覆盖不好引起煤矸石复燃的可能。

(2)黄土覆盖碾压法是在自燃煤矸石山表面铺土压实,以隔绝空气进路,使自燃煤矸石山内部空气耗尽后熄灭。它克服了国际上所采用的表面密封压实法的不足,配以改变煤矸石堆积坡度、推散高温煤矸石促使降温,有利于煤矸石山斜坡覆土与碾压,火势能得到有效控制。同时与分层排矸相结合,灭火效果较好。

(3)对灌浆封闭法、黄土覆盖碾压法有比较成熟的一套组织管理方法,工人们对工艺过程比较清楚,施工较为方便。

(4)具有机械化程度高、施工速度快、效果好的优点。效果明显优于单纯的表面密封压实法或灌浆封闭法。

(5)通过对灭火后煤矸石山的监测,其结果表明,目前大部分煤矸石山有再次复燃的现象,说明在对自燃煤矸石山灭火过程中,还有不规范的地方,施工没有按设计进行。特别是对于坡面处理,因不易压实,施工难度较大,造成坡面再次复燃较为严重。

三、灭火后煤矸石山复燃的治理

(一)煤矸石山复燃的原因分析

煤矸石自燃必须同时具备三个条件:在常温条件下,煤矸石与空气中的氧气有良好的结合能力,煤矸石能得到充分的氧气供应,并有良好的蓄热条件。煤矸石山灭火处理后再次复燃,也是上述三个条件共同影响的结果。

煤矸石的灭火实践,各地取得了一些经验(张小翌等,2019;王龙飞等,2019;董现锋等,2009)。据报道美国治理的成功率不到 50%,而我国则更低。到目前为止,还没有一种成功的经验和很成功的实例,多数是前期成功,后期失败,即治理成功后的几年后又发生复燃。山西潞安的王庄煤矿,在 20 世纪 80 年代治理效果很好,2006 年考察时发现中上部大部分煤矸石发生复燃(如图 8-9～图 8-11 所示),植被全部遭到破坏,部分地段还有明火。经分析,我国在煤矸石山防灭火工作方面存在的主要问题有:

(1)对煤矸石山自燃机理的研究几乎还是空白,灭火工艺参数的制订缺乏依据,影响灭火效果。

图 8-9　煤矸石山复燃之一

图 8-10　煤矸石山复燃之二

图 8-11　煤矸石山复燃之三

（2）灭火工艺不够完善,尤其缺乏灭火专用设备。煤矸石山的燃烧火区主要发生在斜坡,对于长达百米以上的大斜坡,很难用现有技术与设备加以解决。对长期燃烧高温层极厚的大型煤矸石山,尚无有效的对策。

（3）煤矸石山排放方式不合理。现在广泛采用的煤矸石堆积方式很容易使煤矸石自燃。而且在煤矸石山发生自燃后，新的煤矸石仍不得不排到火区上，这又会使火势进一步加剧。即使是灭火后，因在原火区上堆积新的煤矸石，由于地温较高，也很容易发生复燃。

具体就该矿煤矸石山而言，发生复燃的原因有：

（1）斜坡部分因无法用钻机钻孔注浆，浅部注浆法浆液的渗透深度不足，影响降温效果，很容易引起复燃。

（2）平面部分钻孔布置间距过大，一些地方注浆量不足，地表局部温度最高还有 160 ℃，仍然偏高。

（3）另由于客观的原因，注浆用水得不到保证，在一定程度上影响了灭火工程。造成复燃的隐患。

（4）该地区夏季常有暴雨，煤矸石山集水面积很大，雨水汇集到一起后，很易冲垮覆盖在煤矸石上的黄土，甚至冲出数米深的大沟。由于底下的煤矸石仍有较高的温度，一旦暴露于空气中，很快就会复燃。这也是煤矸石山复燃的原因之一。

（二）煤矸石山复燃的治理

国内一些自燃煤矸石山的治理实践案例中，常出现治理效果不佳或复燃的现象，究其原因，是对煤矸石山自燃的状况不清楚，特别是对表面和深部燃烧的分布特征不清楚，治理措施即使比较全面，也往往会因无法确切了解自燃矸石山的表面燃烧状况和内部火源位置分布状况，缺乏对火源位置的针对性治理而使治理效果功亏一篑。根据对煤矸石山复燃的原因分析，可以采取多方面的措施，以避免或减少煤矸石山复燃的可能性。

根据对煤矸石山复燃原因的分析，可以采取多方面的措施，以避免或降低煤矸石山复燃的可能性。

（1）采用注浆法灭火时，应注意浆液的渗透深度，以达到较好的降温效果；应根据经验适当减少平面部分钻孔布置的间距，同时还应注意注浆量是否充足。

（2）在进行黄土覆盖碾压法灭火时，对煤矸石山顶面及坡面必须碾压好，由于坡面压实较为困难，应在排矸过程中在进行顶面碾压时，对边界加强碾压，还可以适当掺黄土，以减小煤矸石的渗透率，加强碾压的范围为边界向内 5～6 m，避免空气通过坡面向内部渗入。

（3）一旦发生复燃，可采用注浆法及直接挖出冷却法进行灭火治理。

（4）应在煤矸石山的顶面及坡面建筑排水沟。

（5）对煤矸石山坡面进行硬化处理。硬化处理可采用铺网注浆、护坡加固等。

（6）阶梯状绿化坡面。该方法比直接对坡面进行绿化效果要好，由于该矿的煤矸石山坡面均很大，高度达数十米到上百米，坡面稳定性差，将坡面改造成阶梯状进行绿化，坡面稳定性好，且便于绿化。

第九章　煤矿固体废物有用物质回收技术

第一节　煤矸石中回收有用矿物

有些煤矸石中(如洗矸和煤巷掘进排矸)含有一定数量的煤、煤矸连生体和碳质页岩;有些是高铝矸石、石灰岩矸石,黄铁矿也常富集在洗矸中。对于这类煤矸石可以采用适当的加工方法回收有用矿物,提高品位作原料或燃料使用。加工后的煤矸石再作建材原料,也改善了质量。因此,从煤矸石中回收有用矿物可认为是进一步利用前的预处理作业。煤矸石中的矿物能否加以回收,主要取决于技术和经济上的可行性(李永生等,2006)。

一、煤矸石回收煤炭

(一)煤矸石分选原理

通过简易工艺,从煤矸石中洗选出好煤,通过筛选从中选出劣质煤,同时拣出黄铁矿。或从选煤用的跳汰机—平面摇床流程中回收黄铁矿、洗混煤和中煤。回收的煤炭可作动力锅炉的燃料,洗矸可作建筑材料,黄铁矿可作化工原料。从煤矸石中回收煤炭,其实质就是依据煤矸石中各种组分(煤、无机矿物)的物理性质、物理化学性质和化学性质的不同将这些成分分离的过程。

煤矸石是选煤过程中排放的一种固体废物,由于选煤跳汰机选矿精度的问题,煤矸石中常常含有一定量的煤炭,在资源越来越匮乏、国家提倡节约资源、回收可利用资源的今天,从煤矸石中回收煤炭也成为一个热门的话题。

其实从煤矸石中回收煤炭最简单的方法就是重选法,就像选煤的过程一样,采用跳汰机进行重选,可以简单高效地从煤矸石中回收煤炭,效率和效果都能达到理想要求。

选煤过程就是根据煤矸石和煤炭的比重差进行的分选,而从煤矸石中回收煤炭的方法和选煤是一样的道理,只是所用的设备不同,选煤跳汰机处理能力大,入选粒度大,入选粒级范围也非常宽,适用于大规模选煤,但分选精度偏低,因此在选煤过程中排放的煤矸石会含有一定量的煤炭,要想从这部分煤矸石中回收煤炭资源,就需要采用分选精度较高的选矿跳汰机。由于选矿跳汰机处理量小,入选粒度也相对偏小,因此需要对煤矸石进行粉碎,常用的煤矸石粉碎设备为双级无筛底粉碎机。粉碎后的煤矸石与煤炭基本完全单体解离,然后进入选矿跳汰机进行分选,最终可以得到比重较大的煤矸石精矿和比重较小的煤炭尾矿。由于煤炭比重小,对跳汰选矿的循环水进行浓缩和压滤还可以回收一部分煤泥。按照分选时所依据的煤与矿物质的性质差异,分为:① 重力分选法(重选),按照煤粒与矿物质在密度和粒度上的差异机械分选的方法,常见的有跳汰选、重介选和摇床法等;② 浮游分选法(浮选),根据矿物表面物理化学(表面润湿性)性质的差异使煤和矿物质分离的方法;③ 磁选、电选,分别根据矿物的磁性和导电性质、粉煤的差异使煤和无机矿物质分离。

煤矸石分选回收煤炭主要由选前预处理、分选操作及产品后处理等环节构成。各种分选方法对原料的粒度、浓度有要求,有些方法对原料的水分有要求,通过破碎、筛分、干燥和矿浆准备等环节,为选煤做准备;然后采用重选、浮选、磁性和电选等方法将煤矸石中的各种成分分开,最后通过脱水、脱介、干燥和分级等方法对分选产品进行后处理得到合格的产品(曹现刚等,2020;刘常春等,2017)。

(二)选煤厂洗矸再选回收煤炭工艺流程

从洗矸中回收煤炭目前在国内外应用广泛。我国选煤厂大多采用跳汰-浮选联合流程,根据煤炭可选性的差异、精煤灰分的要求,洗矸中 1.8 g/cm³ 级的含量在 15%～25% 范围内,其灰分一般在 15%～30% 之间波动,含有相当多的煤炭。这种煤矸石外排,一方面造成了大量的煤炭资源浪费,另一方面也对周围环境造成了不良影响。为此,我国许多选煤厂开展了对煤矸石再选工艺、设备的开发与应用、回收煤炭等方面的探索,取得了显著的经济效益和社会效益。

1. 煤矸石再选工艺

某选煤厂采用集成式浅槽重介分选系统,跳汰煤矸石先经过预先筛分(分级粒度为20 mm),筛上物进入重介浅槽分选机分选,筛下物送往电厂,并采用一个分叉溜槽,保留煤矸石全部输送到电厂的通道;筛上物经重介浅槽分选机分选后,轻、重产物都经弧形筛、直线振动筛脱介,轻产物入仓地销,重产物同筛下物一起输送到电厂作低热值燃料使用;弧形筛和直线振动筛合介段筛下液进入合格介质桶,由合格介质泵给入浅槽重介分选机内循环使用,直线振动筛稀介段筛下液进入稀介质桶,由稀介质泵给入逆流筒式磁选机进行磁性介质的回收;磁选机精选出的磁性物输送到合格介质桶内循环使用,磁选尾矿直接排到厂外煤泥浓缩机内处理。并且,在合格介质桶和稀介质桶之间设有分流箱。

该系统的技术特点如下:

① 工艺集成系统简单,清晰可靠,包括准备筛分、重介浅槽主选、脱介、磁选,且实现了重悬浮液密度、液位集成智能调节,介耗低,分选效率高。

② 空间集成设备经科学的集成改造,集中布置,所用设备少,占地空间小,投资少,布置紧凑,既充分利用了现有厂房空间,又不影响现有的生产管理。

③ 控制集成系统设集成智能总控箱,灵活调节重悬浮液密度与液位,控制产品灰分与质量,操作简单,节约人力。

2. 煤矸石再选用跳汰机改造

提高分选速度、减少分选面积,同时确保有效的分选面积和煤泥水系统稳定运行,可采用跳汰机选矿技术(郭秀军,2017)。在同一个跳汰周期中,筛板角度越大,颗粒在同一跳汰周期移动的距离就越大。为此,在改造中把筛板角度由 3° 提高到 5°,物料在一个跳汰周期中的移动距离增加 ΔL。为确保有效的分选面积,把两段分选改为一段分选,第一段由两室改为三室,总面积由 15 m² 改为 9 m²,由一段两室的 6 m² 提高到一段三室的 9 m²。为保证洗选系统不受煤矸石再选的污染,超粒度的物料进入尾煤系统,在溢流中增设一个物料沉淀区,防止未得到沉淀的物料直接进入溢流管,在沉淀区后加两道隔板,煤泥水从隔板下侧返出,进入溢流管,同时在溢流管前设一算子,有效地控制煤泥水固体颗粒的粒度。煤矸石再选工程实施后取得了较大的经济效益和社会效益。选煤厂按实际年入选原煤 1.50 Mt 计算,煤矸石产率改造前为 17%,其中煤炭含量为 20%,实施改造后煤矸石带煤损失为 8.8%,比改造前降低 11.2%,折合煤量为 28.6 kt/a,生产劣质煤的灰分为 40%左右,发热量为 13.38~14.45 MJ/kg,可以作为低值燃料煤满足附近窑厂的用煤需要。表 9-1 是典型的煤矸石再选产品平衡表。

表 9-1 典型的煤矸石再选产品平衡表

产品名称	处理量/(kt/a)	产率/%	灰分/%
块煤	5.21	11.46	25.46
末煤	11.20	24.66	30.58
外排煤矸石	29.02	63.88	68.71
合计	45.43	100.00	—

3. 煤矸石再选工艺的比较

目前常用的煤矸石再选工艺及设备主要有单段空气式跳汰、动筛跳汰、重介浅槽(立轮、斜轮)和重介旋流器(石焕等,2016;李明辉,2014)。各种工艺及设备的优缺点如下:

① 单段空气式跳汰的优点是技术成熟,工艺流程比较简单,分选精度较高,适合高密度排矸作业,排矸密度可在 2.0 g/cm³ 以上;缺点是单段空气式跳汰机分选上限较小,常用的分选上限是 200 mm,另外循环水量大,煤泥水系统负荷大。

② 动筛跳汰的优点是工艺流程简单,分选精度较高,分选上限高,可以达到 300 mm;缺点是分选下限为 25 mm,不能实现全粒级入选。

③ 重介浅槽(立轮、斜轮)工艺的主要优点是分选精度高,对煤质的适应性强,单台设备处理能力大,自动化程度高,分选粒度范围为 200~13 mm;缺点是有介质回收净化系统,比较复杂,建设投资和生产费用均较高,且不能实现全粒级入选。

④ 重介旋流器的工艺主要优点是分选精度高,悬浮液可自动调节,自动化水平较高,分选粒度范围可以达到 100~0 mm;主要缺点为煤在高速旋转的离心力场中分选,次生煤泥量大,设备磨损快,生产成本和建设投资相对较高,且高密度分选时经济性不好。

某选煤厂煤矸石跳汰再选系统充分利用了现有生产系统,并对传统的工艺进行了改进:在原煤矸石仓下加装分流闸板,煤矸石既可以直接去缆车运输系统外运,也可以进入新建煤矸石再选系统入料胶带。生产时入料胶带把煤矸石输送到缓冲仓,经过仓下振动给料机把煤矸石给入单段空气式跳汰机;跳汰机排出的纯煤矸石经斗式提升机脱水后,由缆车运输系统外运,劣质煤则由溢流进入捞坑,经过斗式提升机脱水后进入原中煤胶带;捞坑溢流自流到煤泥水桶,用泵直接打到跳汰机作为循环水,浓度高时通过调节阀门将煤泥水打入浓缩机,由浓缩机溢流补充来水。捞坑溢流直接作为循环水使用,最大限度地降低了对现有煤泥水系统的不良影响,并在生产中取消了定压水箱,通过循环水水泵加装变频器,使循环水水量、压力调节方便,既经济又节能。

整个系统于 2010 年 1 月上旬完成安装调试并投入生产,达到了预期设计指标。但在生产中也出现了一些不足之处。如跳汰机排料系统过矸能力不够;当来料不稳、波动较大时,跳汰机排料轮发生卡轮现象。原因在于:跳汰机改成上排料结构后,排料轮长度增加了 1 倍,在增加重产物通过能力的同时,也直接降低了排料轮电机工作的频率,而跳汰机控制系统的变频器出厂设置是电压/频率(V/f)控制模式,电机在低频、低转速时转矩比较小,所以导致了卡轮。在将其调整为矢量控制模式之后,使电动机在基频以下实现了恒转矩,当电动机在低速运行区域内时,变频器能根据负载电流大小和相位进行转差补偿,使电动机具有很好的力学特性,从而解决了卡轮现象。

该厂煤矸石再选系统初期投资 400 万元,建成后每年可回收大约 10 万 t 劣质煤,可增加收入 2 000 万元,扣除加工费 500 万元,每年可增加 1 500 万元的收益。

(三)小型模块式煤矸石回收煤炭工艺

由于国外煤炭生产成本迅速提高,煤价不断上涨,从煤矸石中回收煤炭有利可图,如英国威尔士的勃尔发矿区的煤矸石选煤厂小时处理能力为 140 t,采用威姆科型三产品重介分选机,入料粒度为 76~5 mm,小于 5 mm 粒级煤矸石用两台威姆科型末煤跳汰机分选,小时处理能力为 30 t,日处理量为 2 400 t,平均日产商品 400 t,灰分为 16%,回收率为 22%,吨煤选煤成本不到该矿区煤炭生产成本的 1/2。因此,美国、英国、法国、日本、波兰和匈牙利等国都建立了从煤矸石中回收煤炭的选煤厂。

从煤矸石中回收煤炭的分选工艺各有特点,除上述重介-跳汰联合分选工艺外,还有一些小型的、模块组合式煤矸石煤炭回收工艺,较典型的工艺包括重介旋流器工艺、斜槽分选机工艺及螺旋分选机工艺等。

1. 重介旋流器回收工艺

波兰和匈牙利联合经营的哈尔德克斯(HALDEX)煤矸石利用公司在波兰建立五个煤矸石处理厂,煤矸石处理首先着眼于回收煤炭,再根据煤矸石特性加以利用。该公司每年处理煤矸石 600 万 t,从中回收发热量为 5 000 kcal/kg 的煤炭 40 万 t 供发电厂作燃料使用;生产水泥和轻质陶粒原料各 30 万 t,剩余 500 万 t 煤矸石作矿井水砂填料。小于 40 mm 的煤矸石进入直径为 500 mm 的分选旋流器,以风化煤矸石粉作重介质,配成相对密度为 1.3 的悬浮液,固液比为 1:4,入口压力为 1 kgf/cm²(1 kgf=9.806 65 N,下同)。分选旋流器的溢流经脱介和分级,得到 5 000 kcal/kg 的块煤和末煤,底流经筛孔为 φ15 mm 和 φ3 mm 的双层共振筛脱介和分级,得到大于 15 mm 的煤矸石制轻骨料;15~3 mm 的煤矸石发热量为 600~800 kcal/kg,作水砂充填料;小于 3mm 的物料发热量为 1 000~1 400 kcal/kg,作陶瓷原料煤矸石。短锥旋流器是一种常用于高密度分选的设备,在苏联、南非、加拿大以及美国一些选矿厂、选煤厂中,短锥旋流器展示了分选煤、砂金和一些其他金属矿物的良好性能。我国从事煤矸石回收硫铁矿研究的学者也将其应用在了煤矸石回收硫铁矿的研究中。

通过在南桐矿业公司南桐选煤厂工业试验研究,采用大锥角(90°)重介旋流器改造二段小锥角(20°)重介旋流器,用于二段中矸分选,将二段中矸分选密度由原来的 1.9 g/cm³ 提高到 2.6 g/cm³ 左右,增加二段中煤回收率,减少高硫煤矸石排放量,降低了 40% 左右的高硫洗矸加工量。

2. 斜槽分选机工艺

在苏联乌拉尔、库兹巴斯等矿区广泛采用斜槽分选机(KHC)从煤矸石或劣质煤中回收煤炭。斜槽分选机是一个矩形截面的槽体,呈 46°~54°倾斜安装。分选机内设有上、下调节板,板上装有铝齿形横向隔板,靠手轮调节下部煤矸石段和上部精煤段的横断面。入料由给料槽连续给入分选机中部,水流按定速在分选机底部引入。由于下降物料在水力作用下周期性地松散和密集,轻物进入上升物料流由溢流口排出,重产品逆水流移动到排煤矸石,实现按密度分选。

3. 螺旋分选机工艺

美国除采用跳汰机、重介分选机、重介旋流器、水介质旋流器及摇床从煤矸石中回收煤炭以外,还采用螺旋分选机回收露天矿或矿井废料和水混合后给入顶部给料箱,物料在重力和离心力作用下按密度不同分层,煤粒浮在上层由水流带走,到底部排出;煤矸石沿螺旋槽底部排入卸料孔,汇集到煤矸石收集管排出。

二、煤矸石回收硫铁矿

(一)回收硫铁矿的意义

煤系硫铁矿是我国重要的硫资源,硫铁矿总储量中的50%属煤系硫铁矿。煤炭开采伴随采出的煤矸石硫铁矿,由于不需额外的采矿作业,并且煤矸石一般被当作废弃物丢弃,因此获得煤矸石硫铁矿原料几乎不需成本。如果能够回收煤矸石中的硫铁矿,不仅能回收硫资源以获取利润,而且能极大地降低煤矸石的自燃概率,以提高煤矸石的综合利用价值,减少煤矸石占用土地量,改善煤矸石山周边环境(张泽琳等,2016)。煤矸石中的硫铁矿一方面是导致煤矸石自燃和降低煤矸石综合利用价值的有害物质,另一方面又是重要的制酸原料。我国是硫酸生产大国,据统计,目前我国硫酸年总生产能力达到71 000 kt,其中硫铁矿制酸年生产能力约为17 500 kt,冶炼烟气制酸年生产能力约为19 000 kt,硫黄制酸年生产能力约为34 500 kt。虽然硫铁矿制酸的占比已降低至25%,但我国硫资源以硫铁矿为主,占我国硫资源总量的80%左右,而硫黄比较匮乏,我国硫黄总消耗量的85%依赖进口,因此在战略上仍需要依靠硫铁矿制酸。

回收煤矸石中的硫化铁不仅可以得到化工原料而带来可观的经济效益,同时也减轻了对环境的污染。煤矸石中的黄铁矿与空气接触,产生氧化作用,这是一个放热的过程。在通风不良的条件下,热量大量积聚,导致煤矸石的温度不断升高,当温度升高到可燃质的燃点时便引起煤矸石山自燃。另外,硫化铁的氧化还放出大量的 SO_2 气体,污染大气。因此,回收(或除去)煤矸石中的硫化铁,就减少了煤矸石山自燃和污染大气的内在因素。

(二)煤矸石中回收硫铁矿的原理

高硫煤煤矸石中含有的主要有用矿物为硫铁矿和煤。纯硫铁矿相对密度高达5,与脉石相对密度差为2~2.3,而共生硫铁矿与脉石相对密度差为0.5~1。因此,若使硫铁矿尽可能从共生体中解离出来,利用相对密度差即可实现。

煤矸石的原矿粒度较大,其中硫铁矿的组成型态包括结核体、粒状、块状等宏观形态,经显微镜和电镜鉴定,煤中硫铁矿以莓球状、微粒状分布在镜煤体中,而在细胞腔中亦充填有硫铁矿,个别为小透镜状。矿物之间紧密共生,呈细粒浸染状,所以在分选前必须进行破碎、研磨,煤矸石的解离度越高,选别效果越理想。

赋存在煤中的硫铁矿经过分选后,大部分富集于洗矸中。洗矸中硫铁矿以块状、脉状、结核状及星散状4种形态存在。前3种形态以2~50 mm大小不等、形态各异的结核体最常见,煤矸石破碎至3 mm以下,黄铁矿能解离80%左右,破碎至1 mm以下几乎全部解离。星散状分布的硫铁矿很少,多呈0.02 mm立方体单晶,嵌布于网状岩脉中很难与脉石分开。硫铁矿回收方法和工艺流程原则上是从粗到细把硫铁矿破碎成单体解离,先解离、先回收,分段解离、分段回收。

（三）硫铁矿回收工艺

我国研究煤矸石硫铁矿的分选回收相对较晚,但经过学者几十年的努力与发展,目前相关技术基本成熟,且实现了工业化生产。由于重选相对于浮选成本较低,且分选效果满足工业要求,因而广泛应用于煤矸石硫铁矿的分选回收,主要包括旋流器分选法（水力旋流器和重介质旋流器）、摇床分选法、跳汰分选法以及振动流化床分选法等方法。

硫铁矿回收流程有重介旋流器流程、全摇床流程、跳汰-摇床联合流程、跳汰-螺旋溜槽联合流程和跳汰-摇床-螺旋溜槽联合流程五种,其中跳汰-摇床联合流程虽然流程复杂、投资大,但其分选效果好,综合技术经济指标合理,得到广泛应用。

彩屯选煤厂采用梯形跳汰机分选的煤矸石,将硫分为 9.56% 的煤矸石破碎至 10～0 mm 后,先后进行了 10～0 mm 宽粒度级别,10～6 mm、6～2 mm 和 6～0 mm 窄粒度级别的跳汰试验,均获得了相近的分选指标。其中,10～0 mm 宽粒度跳汰的分选指标为:精矿品位为 30.69%,产率为 19.66%,回收率为 63.21%;尾矿品位为 4.41%。

彩屯选煤厂采用径向跳汰机分选的煤矸石,入选煤矸石硫分为 7.67%,入选粒度为 25～0 mm,经跳汰机一次选别后,得到的精矿硫分为 31.49%,产率为 17.62%,回收率达 72.34%,精矿硫分达到浮沉试验理论指标的 90.40%,回收率达到浮沉试验理论指标的 93.60%。

南桐、干坝子选煤厂将煤用跳汰机改装后用于分选回收煤矸石中块状硫铁矿。跳汰机主要进行了三方面改装:一是三段跳汰机只用两段;二是筛板倾角提高到 7°,以使高密度的物料能够较顺利地在筛板上移动;三是降低了溢流堰的高度,以减轻床层负荷。入选煤矸石硫分在 15% 左右,经跳汰机一次选别后,得到的精矿硫分达 30% 以上,产率在 25% 左右。

四川南桐矿务局建设有三座煤矸石选硫车间厂。其中:南桐、干坝子选煤厂选硫车间以选煤厂洗矸为原料加工回收硫精砂;红岩煤矿硫铁厂以矿井半煤岩掘进煤矸石为原料加工回收硫精砂。三座煤矸石选硫车间均采用原矿破碎解离、跳汰或摇床主选、矿泥摇床扫选回收硫精矿工艺。三座车间在生产回收硫精砂的同时,副产品沸腾煤供电厂发电。

开滦唐家庄选煤厂洗矸含量为 3.18%,硫铁矿含硫量为 36.66%,用于制硫酸;同时回收热值约为 14.63 kJ/kg 的动力煤。唐家庄选煤厂硫精矿回收率见表 9-2。

表 9-2 唐家庄选煤厂硫精矿回收率

名称	产率/%	硫品位/%	硫回收率/%	备注
硫精矿	4.84	36.66	44.75	含碳 5.16%
动力煤	20.96	2.32	11.89	灰分为 50.67%
尾矿	74.20	2.25	43.36	
原料	100.00	3.96	100.00	

南桐、干坝子选硫车间始建于 1979 年,后经多次改造,南桐选硫车间于 1996 年形成设计处理洗矸 21×10^4 t/a、生产硫精砂 3.5×10^4 t/a 的能力;干坝子选硫车间于 1984 年新建形成设计处理洗矸 10×10^4 t/a、生产硫精砂 3×10^4 t/a 的能力;红岩选硫车间于 1989 年 12 月建成投产,形成设计处理半煤岩掘进煤矸石 13×10^4 t/a、生产硫精砂 2.5×10^4 t/a 的能力。

三、煤矸石提取化工产品

煤矸石中主要的矿物成分为 SiO_2、Al_2O_3，另外还含有数量不等的 Fe_2O_3、FeS_2、Mn、P、K 及微量稀有元素 Ga、V、Ti、Co 等。根据煤矸石中不同的化学元素，从煤矸石中提取的化工产品包括：① 铝系化工产品，如氧化铝、氢氧化铝、硫酸铝和结晶氯化铝等。研究发现，以煤矸石和石灰石为原料，采用煅烧活化方法制备得到的 Al_2O_3（图 9-1），铝的提取率可以达到 90％以上。② 硅系化工产品，利用煤矸石中的硅元素可以生产 SiC、Na_2SiO_3、$SiCl_4$ 等多种硅系化工产品。③ 碳系化工产品，如白炭黑（图 9-1）、硅铝炭黑等。④ 其他化工产品，如钛白粉和镓等。由于部分煤矸石中含有 Ti，Ga 等稀有贵金属元素，同样也可以采用适当的方法从煤矸石中回收 TiO_2 和金属 Ga 等。⑤ 含硫铁矿的煤矸石由于自身氧化产生的 SO_2 虽是大气环境的主要污染物，但硫铁矿是化学工业制备硫酸的重要原料，从煤矸石中回收硫铁矿具有较高的经济效益和生态效益。

(a) Al_2O_3

(b) 白炭黑

图 9-1　煤矸石生成的 Al_2O_3 和白炭黑

除上述应用途径之外，含碳量较高的煤矸石可以用来制备甲醇。内蒙古天时建环保科技有限责任公司利用废物高温处理技术承担了 20 万 t 煤矸石制甲醇示范项目，实践证明该技术具有较高的利用潜力。此外，也可以先将煤矸石热解气化，产生的煤气用来发电，剩余的粉煤灰采用合适的方法分离出氢氧化铝和硅系化合物，然后用煤气发出的电用于氢氧化铝电解铝的生产，实现煤矸石的综合利用。

化工产品领域是利用煤矸石中含有较高的 SiO_2、Al_2O_3 的特点，通过特殊的方式方法提取煤矸石中硅、铝、铁等化学元素。其优点是使煤矸石资源化，充分利用煤矸石的化学性质；缺点是煤矸石化学组成因不同矿区和地区的差异较大，且煤矸石用量小，需要在化学成分和矿物组成提前分析和分类的基础上，才能进行资源化的综合利用。

（一）煤矸石中提取化工制品原理及工艺流程

用煤矸石制取铝系化工产品，目前有两种方法，即碱法和酸法。碱法包括碱石灰烧结法和石灰烧结法，其原理是利用碱石灰或石灰石将煤矸石烧结，然后再利用碱溶液使煤矸石中的铝以铝酸钠的形式溶出。酸法是通过酸溶将煤矸石中的 Al_2O_3 转变成铝盐溶液。酸法因其效率高、操作简单而成为常用的方法。

1. 煤矸石生产铝盐产品

煤矸石中含大量的 Al_2O_3，通过一定的处理方法和工艺，可制得铝盐系列产品。用煤矸石制备的铝盐系列产品主要有硫酸铝、氧化铝及氢氧化铝等。这些产品间既相互独立又可相互转化,最突出的特点是所有产品制备均以煤矸石焙烧后的熟粉为源头,再经相似的化工单元操作,如酸浸反应、沉降分离、蒸发浓缩、冷却结晶、热解焙烧等来生产铝盐系列的不同产品。煤矸石制备铝盐系列产品示意图如图 9-2 所示。

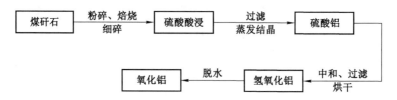

图 9-2　煤矸石制备铝盐系列产品示意图

注:对用于生产铝盐系列产品的煤矸石原料的矿物组成有一定的要求,要求 Al_2O_3 含量大于 25%,SiO_2 含量为 30%~50%,铝、硅比大于 0.68,Al_2O_3 浸出率大于 75%,Fe_2O_3 含量小于 1.5%,CaO 和 MgO 含量小于 0.5%。

2. 煤矸石提取 Al_2O_3

Al_2O_3 是重要的原材料。纳米级 Al_2O_3 更是具备了普通 Al_2O_3 不具备的很多特性,主要应用于集成电路基板和 YGA 激光器的主配件;对橡胶增韧、陶瓷补强性能比常规 Al_2O_3 微粉更为优异,尤其是在提高陶瓷的光洁度、致密度、断裂韧性、冷热疲劳等方面的效果尤其显著;还可以用于制造分析试剂、人造宝石、催化载体和催化剂。

Al_2O_3 主要来自铝土矿,但是鉴于我国铝土资源短缺,从低品位矿、尾矿甚至废弃矿产中提取 Al_2O_3,已经成为解决铝土资源不足的重要手段。煤矸石作为一种含铝、铁、硅的废弃资源,从其中提取 Al_2O_3、Fe_2O_3 等有用组分,不仅可以进行煤矸石的高效利用,还可以克服 Al_2O_3 等资源供应不足的问题。现今国内外从煤矸石中提取 Al_2O_3 的工艺有多种,但较常用的主要有两种,即碱熔法和酸浸取法。

(1) 碱熔法

① 简介

相较于酸浸取法,学者们对碱熔法的研究较多,而且该方法也趋于成熟。石灰石烧结法作为碱熔法提取煤矸石中 Al_2O_3 的常用方法,其工艺流程主要包括 4 个环节:烧结、碱熔、脱硅除杂、碳化等过程。本工艺的主要不足在于:第一,石灰石烧结过程通常在 1 200 ℃以上进行,能耗相对较高;第二,提取 Al_2O_3 需要大量的碳酸钠等,Al_2O_3 的回收率仅 55% 左右,使得工艺的原料消耗和生产成本大大增加;第三,残渣形成量较大。为了降低渣量,工艺过程不得不经常考虑联产水泥,但是在许多地区,由于水泥产能过剩,影响了工艺的应用。

② 原理

碱熔法又分为两种:石灰石烧结法;碱石灰烧结法。石灰石烧结法的主要工艺流程为:原料配比和烧结自粉化、碱熔过程、溶液的除硅过程、溶液的碳分过程、煅烧,如图 9-3 所示。

过程①:原料配比和烧结自粉化。

对于含铝矿物进行烧结的目的是使煤矸石中的 Al_2O_3 成为易溶于碱溶液的化合物,从而使铝与硅、铁等其他杂质分离,烧结过程发生如下反应:

$$CaCO_3 \longrightarrow CaO + CO_2 \tag{9-1}$$

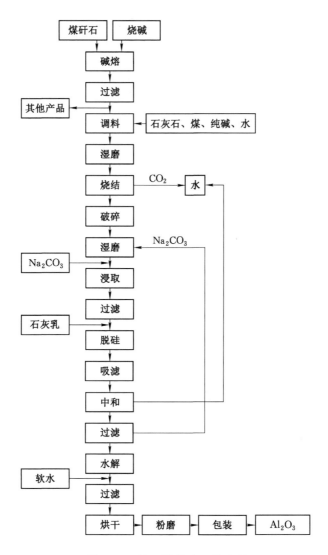

图 9-3 石灰石烧结法工艺流程

$$3(Al_2O_3 \cdot 2SiO_2) \longrightarrow 3Al_2O_3 \cdot 2SiO_2 + 4SiO_2 \tag{9-2}$$

$$SiO_2 + 2CaO \longrightarrow [2CaO \cdot SiO_2] \tag{9-3}$$

$$3Al_2O_3 \cdot 2SiO_2 + 7CaO \longrightarrow 3(CaO \cdot Al_2O_3) + 2[2CaO \cdot SiO_2] \tag{9-4}$$

$$7[3Al_2O_3 \cdot 2SiO_2] + 64CaO \longrightarrow 14[2CaO \cdot SiO_2] + 3[12CaO \cdot 7Al_2O_3] \tag{9-5}$$

过程②:碱熔过程。

碱熔的主要目的是通过用纯碱溶液处理烧结原料,使其中的铝化合物以铝酸钠形式进入溶液而与其他组分分离,碱熔过程发生如下反应:

$$[12CaO \cdot 7Al_2O_3] + 12Na_2CO_3 + 33H_2O \longrightarrow 14NaAl(OH)_4 + 12CaCO_3 \downarrow + 10NaOH \tag{9-6}$$

$$[2CaO \cdot SiO_2] + 2Na_2CO_3(aq) \longrightarrow Na_2SiO_3 + 2CaCO_3 \downarrow + 2NaOH(aq) \tag{9-7}$$

$$[2CaO \cdot SiO_2] + 2NaOH(aq) \longrightarrow 2Ca(OH)_2 + Na_2SiO_3(aq) \tag{9-8}$$

$$3Ca(OH)_2 + 2NaAl(OH)_4(aq) \longrightarrow 3CaO \cdot Al_2O_3 \cdot 6H_2O + 2NaOH(aq) \qquad (9-9)$$

$$Na_2SiO_3 + NaAl(OH)_4(aq) \longrightarrow Na_2O \cdot Al_2O_3 \cdot SiO_2 \cdot NaAl(OH)_4 \cdot H_2O + NaOH(aq)$$
$$(9-10)$$

第一个反应是生产过程中的主反应,剩下的几个反应为副反应,副反应的发生会导致 Al_2O_3 和碱的损失。

过程③:溶液的除硅过程。

碱熔取液中除了含有铝、钠等元素外,还含有硅、铁等组分,除硅过程主要发生如下反应:

$$3Ca(OH)_2 + 2NaAl(OH)_4(aq) \longrightarrow 3CaO \cdot Al_2O_3 \cdot 6H_2O + 2NaOH \qquad (9-11)$$

$$3CaO \cdot Al_2O_3 \cdot 6H_2O + xNa_2SiO_3 \longrightarrow 3CaO \cdot Al_2O_3 \cdot xSiO_2 \cdot (6-2x)H_2O + 2xNaOH(aq)$$
$$(9-12)$$

过程④:溶液的碳分过程。

碳分过程发生的主要反应为:

$$2NaAl(OH)_4 + CO_2 \longrightarrow 2Al(OH)_3 \downarrow + Na_2CO_3 + H_2O \qquad (9-13)$$

但当溶液含硅量较高时,还会伴有如下反应发生:

$$2NaAl(OH)_4 + CO_2(aq) \longrightarrow Na_2O \cdot Al_2O_3 \cdot 2CO_2 \cdot nH_2O(aq) \qquad (9-14)$$

过程⑤:煅烧。

煅烧过程中发生的主要反应是:

$$2Al(OH)_3 \longrightarrow Al_2O_3 + 3H_2O \qquad (9-15)$$

(2)酸浸取法

① 简介

美国于 20 世纪 80 年代开始了酸浸沉淀法提取 Al_2O_3 的研究,后来我国也开展了一些相关研究。酸浸取法提取煤矸石中 Al_2O_3 也可以分为 4 个过程:酸浸取过程、除杂纯化过程、过滤分离过程和焙烧过程。此方法主要是利用酸液浸取煤矸石,将其中可溶组分转化成为可溶性盐类溶出到溶液中,然后通过添加试剂对溶液中的杂质金属盐进行脱除,最后再进行铝盐的转化、过滤、干燥及焙烧,形成 Al_2O_3。从目前的情况看,需要进一步改进和优条件,从而提高酸浸取法的提取效率等。

② 原理

酸浸取法主要是指利用酸将煤矸石中的金属氧化物转化成可溶性盐并同时溶于溶液中,然后通过一些添加试剂对溶液中的杂质金属盐进行进一步的去除,最后对铝盐进行转化、过滤、干燥及焙烧等步骤来制备 Al_2O_3 产品。酸浸取法工艺流程如图 9-4 所示。

过程①:酸浸取过程。

煤矸石中主要的含铝矿物高岭石,在一般条件下难以直接用酸将其中的 Al_2O_3 浸取出来,但是在一定温度下利用一定强度的酸液,可以将 Al_2O_3 等组分浸取出来,主要反应如下:

$$6NaF + Al_2O_3 \cdot SiO_2 + 6H_2SO_4 \longrightarrow 3Na_2SO_4 + Al_2(SO_4)_3 + H_2SiF_6 + 5H_2O \quad (9-16)$$

$$Fe_2O_3 + 2NaF + 4H_2SO_4 \longrightarrow Fe_2(SO_4)_3 + Na_2SO_4 + 2HF + 3H_2O \qquad (9-17)$$

过程②:除杂纯化过程。

这个过程也可以称为碱溶过程,是加入 NaOH 等碱液至溶液达到一定的 pH 值,使铁组分沉淀,达到使含铁组分分离出来的目的,反应如下:

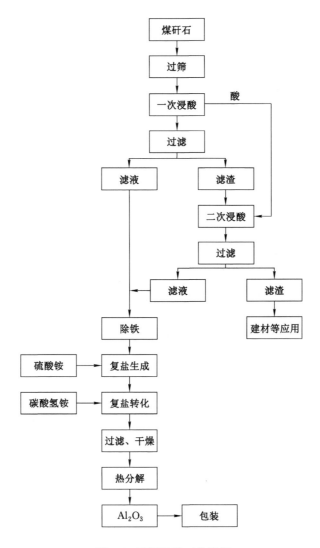

图 9-4　酸浸取法工艺流程

$$Al_2(SO_4)_3 + 6NaOH \longrightarrow 2Al(OH)_3 \downarrow + 3Na_2SO_4 \qquad (9\text{-}18)$$

$$Al(OH)_3 + NaOH \longrightarrow NaAlO_2 + 2H_2O \qquad (9\text{-}19)$$

$$Fe_2(SO_4)_3 + 6NaOH \longrightarrow 2Fe(OH)_3 \downarrow + 3Na_2SO_4 \qquad (9\text{-}20)$$

此外,除杂过程还包括碱性组分 Ca、Mg、Na、K 等的脱除。

过程③:过滤分离过程。

此过程是将二氧化碳通入溶液中,使其与溶液中的 $NaAlO_2$ 发生反应,进而形成 $Al(OH)_3$ 沉淀,发生的反应如下:

$$2NaAlO_2 + CO_2 + 3H_2O \longrightarrow 2Al(OH)_3 \downarrow + Na_2CO_3 \qquad (9\text{-}21)$$

过程④:焙烧过程。

此过程是将得到的 $Al(OH)_3$ 在一定的温度下焙烧,最终得到 Al_2O_3 产品。焙烧过程中发生的主要反应如下:

$$2Al(OH)_3 \longrightarrow Al_2O_3 + 3H_2O \qquad (9\text{-}22)$$

（3）两种方法对比

综合国内外的研究,可以将碱熔法和酸浸取法分析对比如下:

① 工艺方面

碱熔法的烧结阶段一般需要高达 1 200 ℃的温度,能耗相对较高;而酸浸取法一般在较低的温度下进行,能耗相对较低。

② 脱硅方面

因为硅在酸浸取过程中不溶解从而可以达到与铝分离的目的,因而与碱浸法相比较,酸浸取法生产 Al_2O_3 的最大优点在于能够处理一些含有高硅的非铝土矿。而碱熔法在反应过程中,因为 SiO_2 会与碱反应,所以既耗费大量的碱液,又会将含有硅的杂质带入浸取液,使除硅工艺复杂。此外,碱熔法在除硅过程中还会损失一些铝。

③ 除杂纯化方面

在除杂纯化过程中,主要是去除浸出液中的铁杂质,在这方面碱熔法要优于酸浸取法。一般铁离子和碱溶液会生成沉淀物,比较容易被去除,而其与酸溶液生成的物质一般为可溶物。

④ 药品和材料消耗方面

碱熔法提取煤矸石中的 Al_2O_3,采用了大量的 Na_2CO_3 等碱性物质,回收率为 50%～60%,使得碱耗较大,产生大量的碱渣。

通过对两种方法提取煤矸石中 Al_2O_3 的工艺进行对比分析可见,相比于碱熔法,酸浸取法提取煤矸石中 Al_2O_3 似乎表现出一定的优势,而且还有可能提取煤矸石中的铁等有价组分。

表 9-3　酸、碱浸取法的比较

比较内容	碱浸法	酸浸取法
需添加的试剂	较多	较少
能耗	很高	低
副产物	多,且易会产生二次污染	少,且可以再次利用
工艺难易程度	较繁	简单
灰渣	多,且不易再利用	少,成分简单,可再利用
成本	较高	相对较低

3. 煤矸石制备 $Al(OH)_3$ 技术

$Al(OH)_3$ 是用量最大和应用最广的无机阻燃添加剂。利用煤矸石制备 $Al(OH)_3$ 的方法主要可以分为两类:一类是酸溶提取煤矸石中铝,成为 $AlCl_3$ 溶液后,加入 $NaOH$,通过调节 pH 值得到 $Al(OH)_3$ 沉淀;另一类是通过碱溶得到 $NaAlO_2$ 溶液,碳分得到 $Al(OH)_3$。有研究对碳分制取 $Al(OH)_3$ 做了大量研究,可使煤矸石中 Al_2O_3 提取率大于 80%,得到粒径小于 100 nm 的超细 $Al(OH)_3$ 粉体,同时开发了煤矸石自粉化技术。

4. 煤矸石制备结晶氯化铝及聚合氯化铝技术

聚合氯化铝(PAC)是一种无机高分子混凝剂,是由于 OH^- 的架桥作用和多价阴离子的聚合作用而生产的分子量较大、电荷较高的无机高分子水处理药剂。聚合氯化铝的合成方法有很多种,以煤矸石为原料生产工艺可分为两步:第一步是得到结晶氯化铝,第二步是通过热解法或中和法得到聚合氯化铝。聚合氯化铝的制备过程如下:

(1) 将粉碎过筛的煤矸石在 650～750 ℃下焙烧 5 h,自然冷却;

(2) 酸浸:煤矸石粉与一定浓度的盐酸混合,在 110 ℃下反应;

(3) 除杂:在反应的滤液中加入硫化钠;

(4) 熟化、水解、聚合。

利用酸浸技术进行煤矸石制备主要反应机理如式(9-23)～式(9-25)所示,式中 $n=1\sim 5$,$m<11$,$n<12$。

① 酸化:

$$Al_2O_3 + 6HCl = 2AlCl_3 + 3H_2O \tag{9-23}$$

② 水解和热解:

$$2AlCl_3 + 12H_2O = Al_2(OH)_nCl_{6-n} + (12-n)H_2O + nHCl \tag{9-24}$$

③ 聚合:

$$mAl_2(OH)_nCl_{6-n} + mxH_2O = [Al_2(OH)_nCl_{6-n} \cdot xH_2O]_m \tag{9-25}$$

20 世纪 90 年代,欧美等国进行了低温结晶制取氯化铝的研究,但也仅限于实验室研究,并未形成产业化。例如:美国矿业局研究了氯化铝六水合物($AlCl_3 \cdot 6H_2O$)在水中的溶解性和活度,该研究通过加入盐酸改变盐的溶解度,来得到结晶氯化铝。早在 20 世纪 70 年代,我国就已经开始了煤矸石制备 $AlCl_3 \cdot 6H_2O$ 的探索。制备工艺基本类似,将煤矸石破碎煅烧活化,与盐酸在一定条件下反应,经过若干小时后固液分离,酸浸渣可以用来制备水玻璃及白炭黑,而母液一部分经浓缩后得到结晶氯化铝,然后将结晶氯化铝沸腾热解制备聚合氯化铝产品,另一部分直接向其中添加一定量的碱化剂加热聚合,并进一步调节产品的盐基度,从而得到合格的聚合氯化铝产品,常用的碱化剂主要有氢氧化钠、碳酸钠、石灰等。

此外,由于盐基度是反应产品聚合度的重要指标,直接影响聚合氯化铝的性质及其分子量,因此聚合氯化铝产品的盐基度是整个制备过程中至关重要的因素,尽可能多地将煤矸石中的氧化铝提取出来以及提高产品的盐基度就成为制备过程中最重要的两个目的。为了进一步提高产品的盐基度,需在聚合过程中添加适量的碱化剂,碱化剂的选择也是影响产品质量的因素。一般在聚合中添加的碱化剂主要有氢氧化钠溶液、碳酸钠溶液、氨水以及石灰水等,由于在聚合过程中会产生副产品氯化钠、氯化钙等,这些物质难以与聚合氯化铝得到有效的分离,不仅降低了产品中的有效成分,而且会进一步增加固体产品的吸湿性。另外调节产品盐基度时常会添加一定量的碳酸钙,此时产品的浓缩时间变长、氧化铝含量降低、过滤性能较差,并且对于某些特定的水体来说盐基度偏低。将煤矸石经过酸溶浸取、浓缩结晶得到结晶氯化铝,再由结晶氯化铝通过沸腾热解制备聚合氯化铝,或者结晶氯化铝溶解添加碱化剂调节盐基度制备聚合氯化铝,得到的产品纯度较高,但生产成本相对增加,不宜规模化生产。

5. 煤矸石制备硫酸铝

硫酸铝是重要的化工产品,在水处理、造纸、石油除臭脱色等方面得到广泛应用。硫酸铝的生产工艺流程如图 9-5 所示。

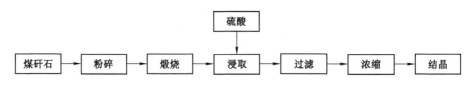

图 9-5　硫酸铝的生产工艺流程

6. 煤矸石制备含铝速凝剂

无机高分子絮凝剂是在传统铝盐、铁盐基础上发展起来的一种新型水处理药剂,无机高分子絮凝剂在净化矿井水、处理选煤厂煤泥水方面比传统絮凝剂有着更优良的性能,并且比有机高分子絮凝剂的价格低,其主要组成元素是硅、铝、铁,其生产原料可以是化学试剂,也可以是矿物质和工业废物等。目前,我国主要以粉煤灰为原料制备无机高分子絮凝剂。煤矸石同样富含制备无机高分子絮凝剂的主要成分(含有质量分数不少于 55% 的 SiO_2、15% 的 Al_2O_3、8% 的 Fe_2O_3),是制备无机高分子絮凝剂的天然原料。

目前,用国内煤矸石制备絮凝剂较成熟的工艺是用煤矸石制备聚合氯化铝(PAC)。近年来的研究重点主要集中在充分利用煤矸石中的硅、铝、铁等元素,制备聚硅酸铝盐(PSA)、聚硅酸铁盐(PSF)和聚硅酸铝铁(PSAF)等复合型无机高分子絮凝剂方面。在聚硅酸溶液中定量加入硫酸铝和硫酸铁,可制得复合型絮凝剂聚硅酸铝铁(PSAF)。PSA 对浊度和腐殖酸的去除率分别为 95% 和 75%,远远高于传统絮凝剂,而且用量少,反应快,稳定性也高于 PSA 和 PSF。无机高分子絮凝剂实际上都是铝盐和铁盐水解过程的中间产物与不同阴离子的络合物。根据絮凝剂的适用对象、最佳剂量、pH 值、水利等条件,利用各种现代分析技术,研究各种复合絮凝剂的分子结构、水解絮凝形态及絮凝剂性能表征,进而评价、探索和指导各种合成方法。

目前在生产高分子聚硅酸铝铁絮凝剂时如果以纯化工产品为原料,生产成本高,而且稳定性差,活性硅酸容易形成凝胶导致产品失败。如果采用工业废料为原料,除使用煤矸石外,还需另外加入铁和铝,工艺复杂,原料利用率低,形成的废渣需要再处理。用煤矸石制备絮凝剂工艺简单、操作方便、原材料消耗量少、成本低、产品质量易控制,生产出来的絮凝剂在处理焦化废水、印染废水、生活废水等方面都具有很广阔的前景。

(1) 聚硅酸铝铁絮凝剂的制备工艺

根据煤矸石的组成和结构特点,可以研制复合絮凝剂聚硅酸铝铁。将高温焙烧过的煤矸石经碾细后在酸碱作用下打开 Al—Si 和 Fe—Si 键,进而将其溶于酸生成活性硅酸、铝盐和铁盐复合物,陈化后即得聚硅酸铝铁絮凝剂。

(2) 煤矸石制备聚硅酸铝铁絮凝剂

煤矸石硅酸聚合是由相邻分子上羟基间的脱水聚合形成具有硅氧键的聚合物,硅原子模型是四面体,硅酸分子可以向各个方向进行聚合,形成带支链的、环状的、网状的三维立体结构聚合物,最终形成硅酸凝胶。当在硅酸聚合过程的某一时间引入 Fe^{3+}、Al^{3+} 后,由于 Fe^{3+}、Al^{3+} 与聚硅酸的链状、环状分子端的 OH^- 进行络合作用和吸附作用,阻断了聚硅酸的凝胶化,从而制得稳定存在的大分子聚合物。另外,Fe^{3+} 具有极强的亲 OH^- 能力,络合反应速度较快,Al^{3+} 亲 OH^- 能力较弱,络合反应速度较慢,这使铁盐、铝盐有交叉共聚的可能,从而制得铝、铁、硅共聚物。

$$[Al(H_2O)_6]^{3+} \longrightarrow [Al(OH)(H_2O)_5]^{2+} + H^+ \qquad (9\text{-}26)$$

$$[Al(OH)(H_2O)_5]^{2+} \longrightarrow [Al(OH)_2(H_2O)_4]^+ + H^+ \qquad (9\text{-}27)$$

$$[Al(OH)_2(H_2O)_4]^+ \longrightarrow [Al(OH)_3(H_2O)_3] + H^+ \qquad (9\text{-}28)$$

$$[Fe(H_2O)_6]^{3+} \longrightarrow [Fe(OH)(H_2O)_5]^{2+} + H^+ \qquad (9\text{-}29)$$

$$[Fe(OH)(H_2O)_5]^{2+} \longrightarrow [Fe(OH)_2(H_2O)_4]^+ + H^+ \qquad (9\text{-}30)$$

$$[Fe(OH)_2(H_2O)_4] + \longrightarrow [Fe(OH)_3(H_2O)_3] + H^+ \qquad (9\text{-}31)$$

水解过程中,原料矿粉中的氧化铝、铁进一步溶出,继而使 H^+ 的浓度降低,OH^- 浓度不断上升,配位水发生水解及水解产物的缩聚反应,两个相邻的 OH^- 之间发生架桥聚合反应,生成聚合多核配位化合物——聚合体。整个过程交叉进行,也就是溶出、水解和聚合的过程是互相促进、交叉进行的,煤矸石中的铝和铁不断溶出,生成的 $[Al(H_2O)_6]^{3+}$ 和 $[Fe(H_2O)_6]^{3+}$ 逐步缩聚为二聚体、三聚体,最后成为多聚体;矿粉在溶解后经过滤,去除不溶物滤渣,即可制得聚硅酸铝铁。

利用硅溶胶形成过程中的特性,在溶液产生硅溶胶时加入金属阳离子(如 Fe^{3+}、Al^{3+} 等),使其与聚硅酸的链状、环状分子端的 OH^- 发生络合和吸附作用,从而阻止聚硅酸的凝胶化,制备出性能良好的调质剂。煤矸石制备聚硅酸铝铁的工艺为:煤矸石经焙烧活化、酸浸取制得 Al、Fe 混合液,用一定浓度的 NaOH 聚合,即可得聚合铝铁;强碱浸出的硅酸钠在酸性条件下聚合,可得聚合硅酸;聚合硅酸和聚合铝铁在特定的条件下按一定摩尔比共聚,在室温条件下,以 100 r/min 的速度搅拌,使之反应 2 h,再静置 24 h,即可得到聚硅酸铝铁溶液(见图 9-6)。

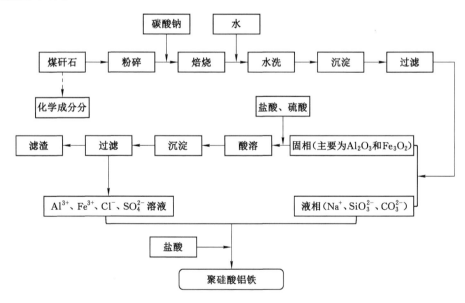

图 9-6 煤矸石制备聚硅酸铝铁的工艺流程图

(3)聚硅酸铝铁絮凝剂深度干化污泥

污泥深度处理及循环利用的关键问题在于污泥的含水率。普通的干化工艺技术虽然可以大幅度降低污泥含水量,但其自身也有较多的限制性因素。国家规定污泥含水率在 60% 以下才能进行填埋。而国内一般采取污泥浓缩、离心脱水技术处理后的污泥含水率分别为90％左右和80％左右,因此需要对污泥进一步脱水减量才能满足最终处置要求。向污泥(含水率90％左右)中分别添加聚硅酸铝铁絮凝剂、助凝剂等污泥调制剂,改善污泥脱水性能,并使污泥中的有机物与重金属物质稳定在污泥中;再用泵将污泥压入压滤机,通过压滤机分离污泥中的水分,脱水过程为常温、常压,脱水后污泥含水率小于60％。将高效调制剂加入污泥中,可以起到电性中和和吸附架桥的作用,破坏污泥胶体颗粒的稳定,使分散的小颗粒之间相互聚集成大颗粒,从而改善污泥的脱水性。经高效调制剂条理后的污泥,很容易脱水干化,经压滤或抽滤后获得的泥饼含水率可以降至50％左右。这表明投加聚硅酸铝铁絮凝剂有助于污泥的深度脱水。加调制剂前、后的污泥电镜照片分别如图9-7、图9-8所示;污泥与煤矸石共处置与资源化利用技术路线如图9-9所示。

400 μm　　　　　　　　　200 μm

图9-7　加调制剂前的污泥电镜照片

400 μm　　　　　　　　　200 μm

图9-8　加调制剂后的污泥电镜照片

7. 煤矸石制备白炭黑

白炭黑(又称沉淀二氧化硅、轻质二氧化硅)作为一种环保、性能优异的助剂,主要用于橡胶制品、纺织、造纸、农药、食品添加剂工业中。2012年世界白炭黑总需求量约为6 595万t,中国占亚洲市场的40％,成为全球最大的单一市场。煤矸石制备白炭黑的工艺流程如图9-10所示。

8. 煤矸石制备钛白粉

钛白粉(又称二氧化钛)因其具有良好的遮盖和着色性能,被广泛用于油漆、造纸、塑料等行业。用于制备钛白粉的煤矸石原料要求其TiO_2含量要达到7.2％～8.1％。生产钛白粉的工艺过程为:煤矸石经处理后,在反应釜中与硫酸反应,不断加热搅拌,反应完毕,抽滤

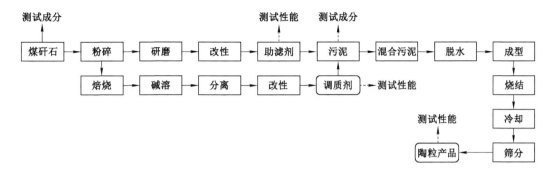

图 9-9 污泥与煤矸石共处置与资源化利用技术路线图

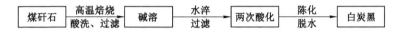

图 9-10 煤矸石制备白炭黑工艺流程图

洗涤后,滤液加入水解反应器内,边搅拌边加入总钛量为 10% 的晶种,加热促进其水解生成偏钛酸,冷却过滤洗涤后,在回转炉内煅烧脱水,再经粉碎即得钛白粉。以煤矸石为原料生产钛白粉工艺与传统生产 TiO_2 的方法相比,成本更低、效益更高。

9. 煤矸石制备 4A 分子筛

4A 分子筛是一种碱金属硅铝酸盐,能吸附 H_2O、NH_3、H_2S、SO_2、CO_2、C_2H_5OH、C_2H_6、C_2H_4 等临界直径不大于 4A 的分子,广泛应用于气体、液体的干燥,也可用于某些气体或液体的精制和提纯,如氩气的制取。煤矸石虽然主要由硅、铝元素组成,然而不同产地的煤矸石的具体化学组成存在差异,其工艺流程如图 9-11 所示。根据煤矸石具体组成的不同,对煤矸石的预处理、胶化和晶化反应也不尽相同。研究者利用碱液分别提取铝物种和硅物种,再在适宜的配比下进行晶化反应。还有人在煤矸石预处理时加入了 NH_4Cl 以除去铁,在晶化阶段利用添加导向剂来合成 4A 分子筛。而合成过程都是相当复杂的,受到很多因素的影响,文献报道在试验中发现,合成 4A 分子筛的主要合成因素为碱液的浓度、晶化温度、晶化时间、反应物固液比及搅拌速度,而 4A 分子筛白度不合要求的原因是煤矸石原料中存在 Fe、Ti 元素,这一影响可以通过对煤矸石原料选矿和预处理来解决。也有文献报道了在合成过程中除添加导向剂外,还加入 5% 的柠檬酸进行水热合成可以制备出性能优良的 4A 分子筛。

10. 煤矸石制取造纸涂料

煤矸石生产造纸级涂料产品,不仅是煤矿科技进步的方向之一,也是增加煤矿经济效益的有效途径。有研究者先用盐浸对煤矸石除铁,再依次经历酸浸(18% 浓度的盐酸)、漂白(保险粉为 4%,pH 值为 1.5,草酸为 3%,液固体积比为 4:1,温度为室温)、煅烧(1 000 ℃,2 h),结果浸出率为 50.6%,白度为 70.25%(大于 85%)。研究人员利用合适的工艺流程成功制取了白度 >90% 的"双 90"高档煅烧高岭土造纸涂料,经检验主要指标达到美国煅烧土质量标准。另外,国内首条煤矸石制取无机纤维并应用于造纸的生产线在河南省鹤壁洁联新材料科技有限公司调试成功。

11. 煤矸石中有价元素的提取

煤矸石中除含有大量的有价元素(铝、硅、铁、钙等)和微量元素(农作物所需),还有稀

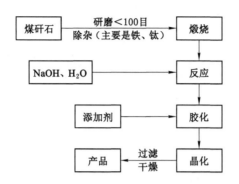

图 9-11   煤矸石制备 4A 分子筛工艺流程图

有元素如镓、钒、钛、钴等。对这些稀有元素的提取是煤矸石深加工开发的一个方向。研究人员从煤矸石中提取镓的工艺主要采用高温煅烧浸出和底纹酸性浸出两种方法。提取的镓经多级连续逆流萃取,可使镓富集 100 倍以上。有研究者以煤矸石/粉煤灰为原料,采用低温酸浸法(浸出液浓度为 6 mol/L 的 HCl 溶液,液固体积比为 40∶1)提取率达到了 90%以上,并采用正交试验考察了灼烧温度、灼烧时间、酸浸温度、酸浸时间等多个因素对镓提取率的影响,从而得到提取金属镓的最优条件。

(二)煤矸石中提取铝制品工程实例

国家《大宗工业固体废物综合利用"十二五"规划》提出"以煤矸石高附加值、规模化利用为目标推进煤矸石的综合利用",高附加值利用作为煤矸石综合利用的重要补充,已正式列入国家发展规划。高附加值利用是提高产品附加值和资源利用企业利润的重要方式。事实上,在此方面我国已经开始了工业化探索。2012 年,山西蒲县县东循环工业园区年产30 万 t 煤系高岭土项目动工;山西孝义市汾西勇龙新材料有限责任公司 10 万 t/年煤矸石制陶瓷微珠项目于 2013 年开始建设;2012 年万 t 级的利用粉煤灰、煤矸石等制备无机纤维保温材料及高性能复合保温材料示范生产线在山西朔州建成;太原玉盛源能源发展有限公司利用高炉矿渣、镁渣、煤矸石等工业废渣生产 2 万 t 无机纤维及 5.5 万 t 无机纤维防火用纸项目已于 2011 年正式投产,目前正在建设年产 6 万 t 无机纤维及 30 万 t 无机纤维防火用纸生产线。此外,由于煤矸石中含有大量 Al、Si 等元素,从煤矸石中提取有价元素也开始由应用开发逐步走向工业示范。2010 年,内蒙古乌海市巨能环保科技开发有限公司开始建设年处理 10 万 t 煤矸石生产硫酸铝和白炭黑一期工程;柳林县煤矸石综合利用示范园区年消化 5 万 t 煤矸石提取氧化铝和白炭黑项目分别于 2012 和 2013 年完成单体试车。煤矸石高附加值利用已开始成为煤矸石综合利用的重要途径,目前已形成近百万吨煤矸石处理量的生产能力。

1. 制铝系产品

煤矸石一般含有较多 Al₂O₃,首先可提取 Al_2O_3,接着制铝。其次是制备 $Al(OH)_3$、Al_2O_3、$AlCl_3$ 等铝盐系产品。活化煤矸石可制取铝矾土和硫酸产品,再根据实际需要调整铝盐系列产品及工序,然后进行不同铝盐系列产品制备或者直接提铝。制备的 $Al(OH)_3$ 可作为一种塑性剂合成树脂和合成橡胶等高分子材料的阻燃剂,可用作人造大理石、玛瑙、牙膏的生产填料;可用于制明矾、水化氯化铝、聚铁铝硅、聚硅酸铝盐、聚合氯化铝溶液;还可用于生产抗胃酸药片等,其市场前景十分广阔。

2. 制硅铝合金

制取硅铝铁合金的两个技术关键是 SiO_2、Al_2O_3、Fe_2O_3 的浸取和结晶,以及结晶物的热解,对于 Fe_2O_3 含量较高的煤矸石可以采用直流矿热炉冶炼硅铝铁合金。泉沟煤矿自行调装的国内第一台 400 kV·A 直流矿热炉,标志着我国用煤矸石冶炼高科技产品硅铝铁合金获得了圆满成功,在一定条件下还可以制备硅铝合金耐磨材料。

四、煤矸石生产高岭土

由于矿床赋存条件的原因,露天采矿时有大量的煤矸石随着原煤的开采而采出。有些煤矸石的主要矿物成分为高岭石,属煤系高岭岩矿物原料。煤系高岭岩经提纯、超细粉碎、煅烧等工艺深加工后,可生产出物理性能和化学性能均好于普通高岭土的高岭石产品,不但可以充分综合利用有限的矿物资源,而且可以得到较好的经济效益和社会效益。

煤系高岭土煅烧产品的质量受到诸多因素的制约,如原料性质、煅烧窑炉、燃料种类和质量以及工作制度等,产品质量是诸多因素交互作用的结果,往往难于明确判定(侯龙超等,2020;李晓光等,2013;王相等,2011)。高岭土的煅烧经历特别复杂的变化。煅烧条件(因素)的合理控制,把握煅烧过程中的变化历程及状况,对煅烧条件的综合考虑与协同将直接影响煅烧产品的质量与性能。煅烧条件不同可以得到不同的产品,而这些不同产品有着不尽相同的白度、密度、孔隙度、硬度(膨松度),表现出不同的物理和化学活性(吸附性、吸水吸油性、僵化活性等)以及光学、电学、磁学等性能。因此,很多研究者根据特定的原料灰分煅烧产品的用途综合考虑各种因素的影响,通过试验来制定一系列的最佳煅烧工艺过程。

(一)煤矸石制备高岭土工艺流程

利用煤矸石制备高岭土的工艺主要包括两个部分:粉碎超细过程与煅烧增白过程。

1. 粉碎超细过程

粉碎超细过程是决定高岭土质量的一个重要环节。煤系高岭土的粉碎超细属硬质高岭土粉碎(由 5~20 mm 至 40~80 μm)超细(由 40~80 μm 至 −10 μm 或 −2 μm)。尽管各种设备的功能、破碎范围、能耗等不尽相同,但按其破碎粉碎原理可以概括为以下几种:

(1)挤压法:由于压力作用在两块工作面之间使物料粉碎。

(2)冲击法:由于冲击力作用使物料粉碎。冲击力的产生是由于:运动的工作体对物料的冲击;高速运动的物料向固定工作面的冲击;高速运动的物料互相冲击;高速运动的工作体向悬空的物料冲击。

(3)磨剥法:靠运动的工作面对物料摩擦时所施的剪切力,或者靠物料彼此之间摩擦时的剪切作用而使物料粉碎。

(4)劈裂法:物料因楔形工作体的作用而粉碎。不同型式的粉碎机粉碎物料的方法各不相同。在一台粉碎机中也不是单纯使用一种方法,通常都是采用两种或两种以上的方法结合起来进行粉碎的。

现有高岭土粉碎超细过程中,粗碎、中碎过程一般使用以挤压法或冲击法为主的粉碎设备,而超细过程所使用的设备则以磨剥法为主。

2. 煅烧增白过程

鉴于煤系高岭土的成岩特性,即其中含有部分有机质,使其原矿白度仅为 6%~40%,远不能满足工业对高岭土的质量要求,因而必须采用煅烧脱碳增白工艺。煤系高岭土中有机质及固定碳在煅烧增白过程中经历如下反应:

$$C_m H_n + (m + n/4) O_2 \longrightarrow m CO_2 + n/2 H_2 O \tag{9-32}$$

$$C + O_2 \longrightarrow CO_2 \tag{9-33}$$

以上两种形式的碳一般在 300~800 ℃间发生反应,经历一定时间反应便可以达到脱碳的目的。在进行加热的过程中,高岭石族矿物热反应历程见表 9-4。

表 9-4   高岭石族矿物热反应历程

温度/℃	热反应
100~110	脱除物理水
400~800	脱除结构水,形成偏高岭土
925	偏高岭土发生晶型转化,形成铝硅尖晶石
1 100	铝硅尖晶石转化为拟莫来石
1 300	拟莫来石转变为莫来石

其中形成莫来石及方石英的温度在 1 000 ℃以上。为了避免形成有害矿物晶型(莫来石和方石英),在生产造纸级高岭土的工艺过程中,一般控制煅烧温度在 1 000 ℃以下。根据对高岭土质量的不同要求,又可分为中温煅烧高岭土及高温煅烧高岭土两种产品。目前的煅烧工艺可以分为成型煅烧工艺及粉体煅烧工艺,且各具特点。

用于制备高岭土煤矸石的选择、制备工艺流程的确定及工艺参数优化,都要求以煤矸石的矿物组成、影响高岭土质量(白度)主要杂质含量的资料为基础。例如,如果煤矸石中含有较高含量微细粒嵌布的 Fe_2O_3、TiO_2,这些物质采用物理分离方法很难除去,直接煅烧对最终产品的白度影响较大,在确定工艺流程时研究脱除显色物质 Fe_2O_3、TiO_2 的工艺环节就显得尤为重要。显微镜鉴定、扫描电镜能谱分析、X 射线衍射分析,以及常规化学分析等检测手段是表征煤矸石中矿物的主要方法。

将成分适宜的煤矸石进行煅烧脱碳(也可直接采用煤矸石炉渣),经破碎、粉磨,然后采用磁选、酸浸、氯化焙烧联合工艺,可有效去除原料中的 Fe_2O_3、TiO_2,得到白度大于 90% 的优质高岭土。采用氯化焙烧工艺,即原料(强磁选的非磁性产物)与一定量的氯化剂混合,在一定的温度和气氛下进行焙烧,脱除其中的铁、钛等显色物质。氯化焙烧可采用以下方案:① 非磁性产物的直接氯化焙烧;② 非磁性产物的还原焙烧、酸浸、氯化焙烧;③ 非磁性产物的酸浸、氯化焙烧试验。

(二)煤矸石煅烧脱碳

煅烧脱碳增白工艺过程中,煅烧温度一般控制在煤矸石所含有机物基本挥发、高岭石大部分脱羟生成偏高岭土和水的范围,煤系高岭土中有机质及固定碳在煅烧增白过程中经历如下反应:

$$Al_2 Si_2 O_5 (OH)_4 \longrightarrow Al_2 Si_2 O_7 + 2 H_2 O \tag{9-34}$$

煤矸石在 500~600 ℃恒温煅烧 3 h 后,可获得较理想的脱碳效果。煤矸石脱碳前破碎

至 $0\sim3$ mm,对细磨至 $10\ \mu m$ 的原料进行的煅烧试验表明,煅烧结果未见明显变化。

煤矸石焙烧 $3\sim4$ h 后,可以获得产率为 $86\%\sim87\%$、残碳率为 $0.015\%\sim0.040\%$ 的脱碳产物,碳的脱除率达到 $99.70\%\sim99.89\%$,但焙烧脱碳产物的白度只有 $56.5\%\sim59.9\%$,白度偏低。因此,必须将该物料中的显色物质脱除才能提高白度。这些有害杂质粒度很细,分布均匀,脱除难度很大,提高产品白度将有很大难度。

（三）煤矸石焙烧料的脱铁、脱硅

对煤矸石脱碳物料采用湿式强磁脱铁和浮选脱硅以去除影响高岭土质量的杂质。

磁选对该煤矸石尾渣的 Fe_2O_3、TiO_2 的去除率分别为 $23.60\%\sim29.95\%$、$8.85\%\sim9.03\%$,可使得原矿中 Fe_2O_3 下降近 0.5 个百分点,TiO_2 去除效果不明显。另外,随磁场强度的增强,除铁率升高,但当磁场强度达到 $1.6T$ 后,除铁率增加的幅度不显著。

浮选脱硅可采用酸性条件下的胺浮选或碱性条件下的油酸浮选两种方法。

（四）氯化焙烧增白

1. 非磁性产物的直接氯化焙烧

采用动态和静态两种方式对磁选样品进行氯化焙烧。结果表明,采用氯化焙烧磁选后的煤矸石尾渣白度增加明显（白度达到 80%）,而同样的煅烧条件下,不采用氯化方法,其产品白度为 $65\%\sim70\%$,产品呈红褐色。

动态煅烧 Fe_2O_3 的去除率在 30% 左右,使其铁含量下降 0.8 个百分点,但除铁效果不够明显。静态焙烧时 Fe_2O_3 的含量未见减少,并有黑点存在,表明 $FeCl_2$ 生成后未得到及时挥发,而在氯化剂点上形成聚集体。当去除黑点后,焙烧产物的白度可提高 $3\sim4$ 个百分点。如果原料中 Fe_2O_3 含量高（$>2.0\%$）,最终产品白度难以达到 90% 以上。

2. 非磁性产物的还原焙烧、酸浸、氯化焙烧

还原焙烧温度对产品白度的影响如图 9-12 所示。

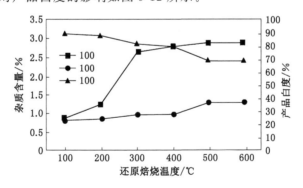

图 9-12　还原焙烧温度对产品白度的影响

结果表明,酸浸前进行还原焙烧,随温度的升高,最终产品的白度随之大幅度下降,主要原因在于前期的还原温度过高,晶型发生变化,不利于酸浸。对 $900\ ℃$、$1\ 000\ ℃$ 焙烧的样品酸浸后,其 Fe_2O_3 含量无变化可以证实这点,且由于前期的还原焙烧过程中矿物晶体的变化,同样使后面氯化焙烧过程中 $FeCl_2$ 的形成难度增大,故氯化焙烧效果不显著。对于 $600\ ℃$ 的还原焙烧,由于该温度较低,未能完全烧透,酸浸的效果反而较好,其产品的 Fe_2O_3 含量下降近 1.2 个百分点,且氯化焙烧效果较好。

因此,采用不经前期还原焙烧直接酸浸的方法,其氯化焙烧后的白度达 90% 以上,Fe_2O_3 含量下降至 0.86%,其中酸浸下降 1.2 个百分点(焙烧后的数值),氯化焙烧下降 0.8~1.0 个百分点(焙烧后的数值),总体效果较为理想。煅烧产品的全分析结果见表 9-5。

表 9-5 煤矸石煅烧料中非磁性产物还原焙烧—酸浸—氯化焙烧产品的化学组成 单位:%

SiO_2	Al_2O_3	Fe_2O_3	CaO	MgO	K_2O	Na_2O	TiO_2	烧失量
53.36	39.12	0.76	0.47	0.27	0.30	0.89	1.08	2.95

(五)煤系高岭土/偏高岭土的应用方向

1. 造纸

煤系高岭土岩的另一大消费产业为造纸工业。高岭土在纸业生产中主要起填料和涂料作用。由于木质纤维之前存在间隙,会影响纸张的光滑度及密度,加入高岭土后,可以很好地充填消除木质纤维之间的大量间隙,使纸张密度及平滑度都得到提升。涂料是涂在纸张表面,使生产出来的纸张表面光滑和光亮整洁,具有不透明性和"可印性"。

彩色印刷中的铜版纸就是片状高岭土作为优质涂层原料,使纸张具有较好的表面光泽和白度,并能使纸张更有效地吸收印刷油墨,极大改善油墨吸附性、光泽度和减少印刷斑点。另外,钛白粉是造纸用的一种较为昂贵的材料,也是作为填料并起增白作用,高岭土可以很好地替代钛白粉,使纸张生产成本得到有效控制。高岭土替代钛白粉尤其适用于刮刀涂布机。在具体指标方面,造纸涂料主要是对高岭土加工产品的纯度、白度、黏浓度和细度有要求。

近年来,我国造纸工业发展迅速,每年以约 15% 的速度递增。当前,我国人均年用纸已达 50 kg 左右,但与发达国家人均年用纸 90 kg 左右仍有较大差距。据中国造纸协会调查资料显示,2015 年全国纸及纸板生产企业约 2 900 家,纸张现有总产能 1.3 亿~1.4 亿 t,开工率约为 80%。全国纸及纸板生产量为 10 710 万 t,较 2014 年增长 2.29%;纸张消费约 10 300 万 t,较 2014 年增长 2.95%。2015—2017 年,预计行业每年新增产能 400 万~600 万 t,新增产能逐年减少。预计 2016—2020 年每年淘汰落后产能 300 万 t,行业开工率将每年上升 0.7%,行业景气将逐步改善。2020 年,全国造纸产量为 16 500 万 t 左右(见表 9-6)。

2015 年国内造纸行业高岭土消耗量约为 165 万 t,依据历史数据及未来造纸行业产量的发展趋势,预测到 2020 年,全国造纸行业高岭土需求量约为 255 万 t,其中国内产量约占 66.7%。

表 9-6 我国陶瓷用高岭土消费量

项目	2005 年	2010 年	2015 年	2020 年
造纸总量/万 t	4 000	7 000	10 710	16 500
造纸行业高岭土需求量/万 t	62	108	165	255
其中:国产量/万 t	42	73	100	170
进口量/万 t	20	35	65	85

2. 涂料

高岭土在油漆涂料生产中主要作为充填骨架,同时,由于高岭土具有优良的分散性且化学性质稳定、耐腐耐火,用其作为涂料生产添加剂,可以改善涂料的吸附能力及遮盖能力。另外,钛白粉是涂料的生产原料,该原料价格较为昂贵,高岭土可以部分替代该产品,从而大幅度降低涂料的生产成本。

不同粒径的高岭土加工产品可用于生产不同类型的油漆涂料。例如,相对大粒径的高岭土可用于生产暗色涂料,而粒径较细的高岭土则可用于生产亮度较高、粗糙度要求较高的油漆涂料。大量焙烧高岭土和淘洗高岭土则可用于浅色墙壁的涂料,也可用于金属制品中的底漆。部分高岭土经过特殊的工艺加工后,具有疏水性能,可用于生产部分以油为底层的涂料。

我国建筑涂料产品生产企业集中于华东沿海城市和华南区域,其中,华东区域上海、江苏和浙江三地的建筑涂料产量占全国建筑涂料产量的30%~35%;华南区域广东和湖南两地的建筑涂料产量也占全国建筑涂料产量的30%~35%。

虽然我国涂料生产技术有了很大的进步,且涂料产量位列世界前列,但在高端涂料生产领域,尤其是国防军工方面,如隐身涂料、耐超高温涂料、航空航天涂料等仍与国际先进水平差距较大,当前主要依赖进口,而这些领域同样需要高岭土精加工产品作为原料或者添加剂。

据《中国涂料化工行业"十三五"发展规划》,2020年我国涂料总产量达2 200万t(见表9-7),则高岭土加工产品需求量预计在65万t左右。

表 9-7 我国涂料行业用高岭土消费量

项目	2001 年	2005 年	2015 年	2020 年
涂料产量/万 t	150	380	1 711	2 200
高岭土需求量/万 t	3.9	10	40	65

3. 耐高温陶瓷材料

(1)煤矸石合成堇青石

堇青石($2MgO \cdot 2Al_2O_3 \cdot 5SiO_2$)属于$MgO$—$Al_2O_3$—$SiO_2$三元系矿物。堇青石的最大特点是具有极低的热膨胀系数,其熔点为1 465 ℃。由于堇青石具有极低的热膨胀系数和优异的热稳定性,因而被广泛用作陶瓷工业的窑具材料、催化剂载体等。一般天然产出的堇青石很少,而且纯度低,因而人工合成堇青石是堇青石制品的主要原料来源。堇青石理论化学组成(质量分数)为 SiO_2 51.36%、Al_2O_3 34.86%、MgO 13.78%。通常采用高岭土含量高的煤矸石,再根据煤矸石的化学成分及当地的原材料情况加入滑石、菱镁矿、镁砂、刚玉等作为配料,可以制成堇青石质耐火材料。

(2)煤矸石制备莫来石

莫来石具有抗化学侵蚀、抗热震性、体积稳定性好、电绝缘性强、荷重软化温度高等优点,是理想的耐火材料。煤矸石的碳和有机质在烧成过程中除节约热量外,还会留下微孔,提高隔热效果,故可将煤矸石用来生产莫来石耐火材料。由于煤矸石作为煤炭开采固体废物的堆积及资源化综合利用的迫切需要,煤矸石合成莫来石已经成为目前研究的一个热点。目前,莫来石被广泛应用于陶瓷、玻璃、燃气、冶金等工业上。莫来石作为主要原料,在陶瓷业中,主要用作高温结构陶瓷和窑砖;在玻璃工业中,主要用在活塞、连续玻璃容器、旋转管、给水器及玻璃窑的底部和顶部结构中;在燃气工业中,主要用在气化车间炼焦炉、水汽发生器和燃气发生器中;在冶金业上,主要用作窑具和热风炉砖。此外,莫来石还在陶瓷、电子、光学等方面有极其广泛的应用。由于优质高纯度莫来石的合成温度在1 700 ℃左右,为降低莫来石的合成温度和生产能耗,国内外学者主要研究开发了以下两条途径:① 通过加入添加剂(如 LiF、AlF₃等)来降低合成温度,从而实现莫来石的低温合成。② 采用湿法,主要是固溶胶法制备出颗粒尺寸小,且具有较高反应活性和混合性较好的莫来石前驱体,进而实现在低温条件下合成莫来石。研究者已经对煤矸石合成莫来石进行了大量的研究,通过对煤矸石物相分析研发出利用煤矸石低温合成莫来石的方法,并且分析了其合成机理及理论依据。近年来,有研究人员进行了利用煤矸石与 Al_2O_3 和 $Al(OH)_3$ 合成莫来石的研究,试验表明:温度在1 500～1 600 ℃区间内,莫来石接近高纯度电熔莫来石的理论密度为3.02 g/cm³。煤矸石添加部分 Al_2O_3 合成的莫来石产品性能最好且纯度较高。部分研究者还在研究以煤矸石和高铝矾土,添加少量 Al_2O_3 为原料,经一系列工艺,如磨矿、过滤、烘干、成型、煅烧等,制备出莫来石,产品性能也能达到国内外先进水平。还有研究者使用煤矸石掺杂 $Al(OH)_3$ 以合成莫来石陶瓷,并对原料配比、煅烧温度等生产工艺参数对产品性能的影响进行了研究。

(3)煤矸石合成 β-SiC

碳化硅是典型的共价键结合材料,分为高温型 α-SiC 和低温型 β-SiC 两种。与 α-SiC 相比,β-SiC 易微细化,烧结活性好,其耐各种酸碱的腐蚀性、耐高温性和抗氧化性并不比 α-SiC 差。作为非线性电阻材料,β-SiC 的非线性比 α-SiC 更好。β-SiC 以其优异的高温强度、热导率、耐磨性和耐腐蚀性等性能,在磨料磨具、耐火材料、冶金、高温结构、陶瓷等诸多工业领域获得广泛应用。SiC 在地球上几乎不存在,因此工业上都是用硅质原料和碳素原料合成SiC。硅质煤矸石中 SiO_2 和 C 的天然含量高,SiO_2 和 C 在天然地质条件下已达到均匀紧密混合的程度。这部分 SiO_2 和 C 具有纳米粒状结构和纳米层状结构。SiO_2 纳米颗粒的尺度为3～20 nm,碳质纳米颗粒尺度为10～20 nm,纳米层厚度为5～80 nm。两者天然的、紧密均匀的结合状态使得在较低温度下利用煤矸石制取 SiC 成为可能。由于煤矸石中含有相当数量的 Al_2O_3,Al_2O_3 的存在对 SiC 生成结晶是不利的,Al_2O_3 易与 SiO_2 结合成为莫来石结构。因此,必须先除去煤矸石中 Al_2O_3。除去 Al_2O_3 的方法是先对其进行热活化处理,使煤矸石中铝氧八面体的矿石晶体结构转变为非晶体,然后酸浸除去其中的铝,热活化时为了保证煤矸石中的碳不损失,可采用惰性气体进行保护。

(4)煤矸石合成 Sialon

Sialon 材料具有高强、高硬、耐磨、耐腐蚀、耐高温、抗热震等优良性能,并且在热、光、声、电、磁、化学、生物等各个方面具有卓越的功能,某些性能远远超过现代优质合金和高分子材料。Sialon 材料被广泛用于冶金、电子、机械、化工、医药、光电、航空等行业。由于煤矸石主要成分为 SiO_2 和 Al_2O_3,因此它可作为合成 Sialon 的主要原料。合成 Sialon 的煤矸石应以高岭土为主要矿物,通常采用碳热氮化还原法。碳热氮化还原法是用碳作为还原剂,与原料混合细磨,干燥成型后,在氮气氛下加热到1 400 ℃以上。此时极度活跃的碳使Si—O 键打开形成 C—O 键,处于不饱和状态的硅原子便会和 Al_2O_3 等氧化物,以及氧原子结合达到饱和,形成 Sialon。

4. 耐火材料

煤矸石的主要化学组成为 Al_2O_3 和 SiO_2,是 $Al_2O_3-SiO_2$ 系耐火材料的重要原料,但煤矸石品位波动大、矿物结构及杂质成分含量差别明显,因此造成了以煤矸石为主要原料的 $Al_2O_3-SiO_2$ 系耐火材料的生产工艺也不尽相同。

Al_2O_3 和 SiO_2 的熔点分别为 $2\,050\,℃$ 和 $1\,723\,℃$。莫来石($3Al_2O_3 \cdot 2SiO_2$)是二元体系中唯一稳定晶相,熔点为 $1\,850\,℃$。由于莫来石的存在,Al_2O_3-SiO 系统被分割为两个子系统:$SiO_2-A_3S_2$ 和 $Al_2O_3-A_3S_2$,莫来石成为系统内性能差异的一个重要分界线。

$SiO_2-A_3S_2$ 子系统的共熔温度为 $1595\,℃$,共熔组成点仅含 Al_2O_3,含量为 5.5%,其物相组成为方石英和莫来石相。在共熔点右侧的固-液两相区,莫来石含量随 Al_2O_3 含量的增大而提高,尽管相组成没变,但由于范围较宽,性能上差异还是较大。$Al_2O_3-A_3S_2$ 子系统共熔温度为 $1\,850\,℃$,共熔组成点靠近 A_3S_2 侧,Al_2O_3 含量约为 79%,共存固相为莫来石和刚玉两个高熔点物相。此外,在 $Al_2O_3-SiO_2$ 体系中,$n_{Al_2O_3}/n_{SiO_2}$ 比值超过莫来石理论组成时,系统开始出现液相温度,提高了近 $250\,℃$,材料的性能将产生重要变化。因此,结合煤矸石的化学组成及相图分析来看,$n_{Al_2O_3}/n_{SiO_2}$ 比值大于莫来石组成的煤矸石原料可以制备高铝砖(Ⅰ等、Ⅱ等和Ⅲ等);$n_{Al_2O_3}/n_{SiO_2}$ 比值小于莫来石组成的煤矸石原料可制备半硅砖、黏土砖等耐火制品。

5. 其他

其他行业主要是指农药、塑料、橡胶、石化、材料与尖端科学、国防军工等领域。这些领域对高岭土需求虽然较小,但对高岭土岩的产品质量与等级有较高要求,且近年来,该类行业需求量在逐步增加。初步预测,到 2020 年,其他行业对煤系高岭土的需求量将达到 10 t 左右。

五、煤矸石发电

(一)发展阶段

当煤矸石中含碳量超过 15% 时,粉碎后的煤矸石颗粒燃烧后具有较高发热量,可用于燃烧发电。一般认为,发热量大于 $6\,272\,kJ/kg$ 的煤矸石可直接用作锅炉燃料,发热量在 $4\,181\sim6\,272\,kJ/kg$ 的煤矸石则需混杂一定比例发热量较高的煤泥、中煤等才能进入锅炉,充分燃烧后产生的热量可用于发电。我国利用煤矸石发电的历程随着燃烧锅炉技术发展大致分为 4 个阶段,如图 9-13 所示(王玉涛,2022)。

第一阶段,沸腾锅炉燃烧发电技术。20 世纪 70 年代开始进行煤矸石沸腾锅炉工业试验。1981 年,鸡西矿务局滴道发电厂采用 130 t/h 沸腾炉建成我国第一个 25 MW 容量煤矸石发电厂。此后陆续建设了江西萍乡高坑、安源、王坑,重庆赵各庄,安徽淮南八公山等煤矸石电厂。该阶段仅在四川、重庆、徐州等地区个别矿务局进行了煤矸石发电项目示范。

第二阶段,循环流化床燃烧和混合燃烧发电技术。20 世纪 90 年代,煤矸石发电技术实现从沸腾锅炉燃烧向循环流化床燃烧和混合燃烧发展。在这一时期,大部分为自备发电项目,用于综合利用坑口煤电资源。循环流化床锅炉已从 35 t/h 逐步发展到 220 t/h,单机容量为 $6\sim135$ MW,其中以 25 MW 以下小型机组为主要配置。到 2000 年底,我国煤矸石发电厂的装机容量达到 $1\,840$ MW。

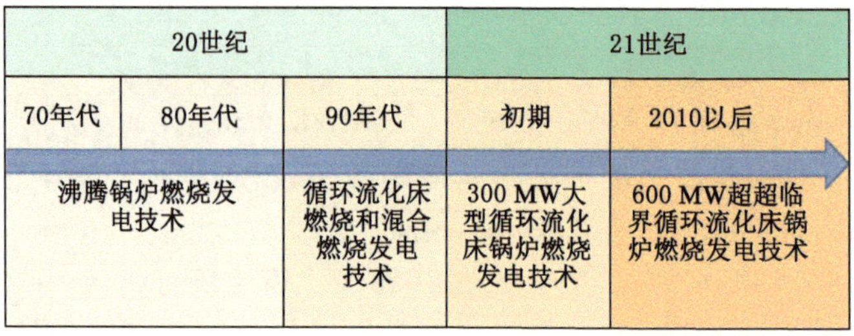

20世纪			21世纪	
70年代	80年代	90年代	初期	2010以后
沸腾锅炉燃烧发电技术	循环流化床燃烧和混合燃烧发电技术		300 MW大型循环流化床锅炉燃烧发电技术	600 MW超超临界循环流化床锅炉燃烧发电技术

图 9-13　煤矸石发电工业装备与技术发展历程

第三阶段,300 MW 大型循环流化床锅炉燃烧发电技术。在"十五"和"十一五"期间,300 MW 大型循环流化床锅炉燃烧发电技术逐步得到应用,并于 2008 年全面实现 300 MW 等级循环流化床锅炉国产化,技术达到世界先进水平。2010 年全国煤矸石电厂装机容量达到 26 000 MW,年消耗煤矸石约 1.3 亿 t,节约 3 500 万 t 标准煤,其中 135 MW 和 300 MW 等级的机组装机容量占比超过 50%。

第四阶段,600 MW 超超临界循环流化床锅炉燃烧发电技术。"十二五"以来,世界上第一台 600 MW 超超临界循环流化床锅炉于 2013 年在四川白马电厂建成投产,将我国煤矸石发电技术推向一个新的发展阶段。

（二）应用情况

根据表 9-8 可以看出,近年来,我国新建低热值煤矸石电厂多集中在山西、内蒙古、陕西等主要产煤省份的重要煤炭基地周边。据不完全统计,到 2020 年底,我国建成的煤矸石及低热值煤综合利用发电装机容量达到 42 000 MW,其中 300 MW 及以上亚临界发电机组达到 90 台。仅 2019 年,煤矸石发电厂就消耗 1.51 亿 t 煤矸石,约占煤矸石总利用量的 28.8%,回收能源相当于 4 700 万 t 标准煤。煤矸石发电在"煤炭—电力—煤化工—建材"等煤矸石综合利用产业链中起到重要作用。

表 9-8　部分煤矸石电厂规模统计

电厂名称	地区	投产时间	装机容量/MW	煤矸石处理量/(万 t/a)	发电量/(亿 kW·h)
山西柳林联盛煤矸石电厂	山西	2014 年	2×300	310	36
山西国金电力有限公司煤矸石电厂		2016 年	2×350	—	—
中煤平朔第一煤矸石电厂		2020 年	2×660	323.88	65.9
山西平朔煤矸石发电厂		2010 年	2×50+2×300	128	40
朔州格瑞特实业煤矸石电厂		2009 年	2×135	106.2	—
阳城晋煤能源煤矸石电厂		2013 年	2×135	120	16 425
山西晋能侯马煤矸石发电厂		2003 年	2×50	30	5.5
山西寿阳明泰国能低热值煤发电厂		2017 年	2×350	—	—
山西赵庄金光 2×600 MW 低热值煤电厂		2017 年	2×600	120	60
山西国峰煤电 2×300 兆瓦煤矸石电厂		2015 年	2×300	200	27

表 9-8(续)

电厂名称	地区	投产时间	装机容量/MW	煤矸石处理量/(万 t/a)	发电量/(亿 kW·h)
大路煤矸石热电厂	内蒙古	2016 年	2×300	80	24
神华亿利能源煤矸石电厂		2008 年	4×200	360	—
神华准能矸石发电厂		2014 年	2×150+2×300	—	—
内蒙古国电杭锦煤矸石发电厂		2013 年	2×330	182	36.3
陕煤韩城矿业有限公司煤矸石电厂	陕西	2004 年	2×12	27.63	1.746
黄陵矿业集团煤矸石电厂		2015 年	2×15+2×50+2×300	330	46
开滦协鑫煤矸石电厂	河北	2013 年	2×300 MW	—	—
大唐武安发电有限公司煤矸石电厂		2012 年	2×300 MW	60	33
广东梅县荷树园电厂	广东	2012 年	2×135+2×300+2×300	—	78
国电粤华韶关煤矸石发电厂		2014 年	2×330	261	42.9
枣矿田陈富源煤矸石电厂	山东	2020 年	2×350	—	35
义马锦江矸石电厂	河南	2004 年	2×135	100	16
盘北煤矸石发电厂	贵州	2013 年	2×300	300	35
中电投调兵山煤矸石发电厂	辽宁	2011 年	2×300	160	33
华能吉林白山煤矸石发电厂	吉林	2012 年	2×300	300	—
攀钢 1×300 MW 煤矸石发电厂	四川	2016 年	1×300	40	13.5

第二节 粉煤灰中回收有用物质

一、粉煤灰中分选空心微珠

火力发电厂排放的大量粉煤灰中,有一种颗粒微小,呈圆球状,颜色由白到黑、由透明到半透明的中空玻璃体,通称为空心微珠。粉煤灰空心微珠颜色分为银白色、灰色和灰黑色,其带色主要原因是由铁和碳引起的,铁含量越多颜色越深,透明度也会变差,未燃尽的碳掺杂其中也会降低白度(侯博智等,2015;全北平等,2003;陈学航等,2015)。空心微珠具有一些普通粉煤灰无法比拟的优良特性,球形结构均匀,应力集中小,其硬度、强度和抗冲击性能高;微珠的折射率为 1.5～1.6,光透过和吸收能力较小,反光性能优良,因此具有玻璃特性;微珠是中空结构,中空部位的负压状态有效衰减了声波,故质轻且隔音效果好;微珠折射率高,反射系数大,有效减少了辐射传热和对流传热,又因其主要成分为 Al_2O_3,故保温隔热性能优良,其中的莫来石也可作高温耐火材料,和其他阻燃物质在阻燃方面形成协同作用;微珠电阻率为 10^{10}～10^{11} $\Omega\cdot cm$,介电常数和介电损耗低,因此电绝缘性能优,力学性能各相同性,流动性能好。

(一)概述

粉煤灰是火力发电厂和各种燃煤锅炉在燃煤过程中排放的固体废物,外观上呈灰白色的粉状细小颗粒。由于燃煤火电在我国能源结构中占绝对优势,因此粉煤灰排放量随人口的增加及经济的发展呈现逐年增加的趋势,加之目前其利用率较低,大量未被利用的粉煤灰只能堆存处理,不仅占用土地资源,而且对环境及生态也造成了严重的负面影响。因此如何积极高效地利用粉煤灰资源对节约土地、保护环境、实施可持续发展战略方针具有极其重要的意义。

微珠是从粉煤灰中分选出来的一种中空珠状颗粒,主要成分为 SiO_2 和 Al_2O_3,具有质轻、抗压强度高、耐磨性强、稳定性及分散性流动性好等优异性能。与人造空心微珠具有很多相似之处,因此可替代生产成本较高的人造空心微珠,应用到建筑材料、橡胶制品、航空航天、化学化工、废水处理、大气治理等领域,发挥其原料丰富、价格低廉、变废为宝的优势(燕飞等,2021)。

空心微珠是 20 世纪 50 至 60 年代发展起来的一种新型微粒材料,由于在物理、化学、机械、电绝缘等方面的特殊性能,其用途涉及各个领域。空心微珠通常作为复合材料的填料使用,空心微珠的加入,不仅会降低基体的密度,而且会提高基体的刚度、强度、尺寸稳定性、绝缘性等而被广泛应用于航空航天、机械、物理、化学、电绝缘及军事等领域。1973 年在美国匹兹堡国际灰渣会议上,毕特华博士论述了从粉煤灰中提取空心微珠的可能性以及它的优良性能。由此美国飞利特公司就着手开发粉煤灰空心微珠,并以商品的形式在市场上销售,因其具有原料丰富、变废为宝、价格低廉等优势,成为畅销产品。我国空心微珠发展基本是从 20 世纪 70 年代末开始的,在空心微珠的研究和应用方面远远落后于国外,为促进空心微珠的发展,国家曾经多次颁布文件鼓励发展空心微珠,并且给予优惠政策。一些生产空心微珠的厂家也相继诞生。随着人们对空心微珠认识的进一步增强以及现代工业的飞速发展,人们的环保意识不断增强,粉煤灰空心微珠的研究和应用正越来越引起世人的瞩目,这预示着空心玻璃微珠在今后的复合材料领域中有着广阔的前途(潘利文等,2020;娄鸿飞等,2010;王建新等,2018)。

空心微珠按密度分,可以分为漂珠和沉珠,从粉煤灰中提取出的空心微珠一般特指漂珠。漂珠是指密度小于 1 g/cm^3 的空心微珠;沉珠是指密度大于或等于 1 g/cm^3 且中空的空心微珠。微珠中能浮于水面上的称为漂珠,沉于水中与炭和灰混合的称为沉珠,漂珠在粉煤灰中含量不足 1%,沉珠则占粉煤灰总量的 30%~70%。总体上讲,它们具有质轻、隔热、电绝缘性好、耐高低温、耐腐蚀、防辐射、隔声、耐磨、抗压强度高、分散性好、流动性好、热稳定性好、有罕见的电阻热效应、防水防火、无毒等优异功能,是新型复合材料工业的优质原料及填充剂。

粉煤灰空心微珠的生成与煤种、煤质、燃烧温度、燃烧方式有关。一般地说,燃用烟煤的电厂,特别是发热量高、含硫量低的烟煤,粉煤灰中产生的空心微珠就多;燃用无烟煤的电厂,其粉煤灰中空心微珠的含量就少;燃用褐煤的电厂,其粉煤灰中几乎没有空心微珠。空心微珠的生成与燃烧方式即锅炉的种类有关,如悬浮燃烧的煤粉锅炉有利于空心微珠的形成,其他燃烧方式的锅炉如链条炉、沸腾炉、旋风炉等不易产生空心微珠。

漂珠的物理性能:色泽为银灰色,粒径为 $20\sim160 \text{ }\mu\text{m}$,壁厚为 $2\sim10 \text{ }\mu\text{m}$,耐压强度为 $5.9\sim7.9 \text{ MPa}$,耐火度为 $1\,700 \text{ °C}$,熔点为 $1\,300\sim1\,600 \text{ °C}$,比表面积为 $0.36 \text{ m}^2/\text{g}$,热导率在常温下是 $0.42 \text{ kJ/(m} \cdot \text{h} \cdot \text{ °C)}$、$500 \text{ °C}$ 下是 $0.45 \text{ kJ/(m} \cdot \text{h} \cdot \text{ °C)}$、$1\,000 \text{ °C}$ 下是 $0.67 \text{ kJ/(m} \cdot \text{h} \cdot \text{ °C)}$。

一般讲,漂珠和沉珠从物理性能上相比较,漂珠壁较薄、密度小、强度低、耐磨性差、粒度较大,而沉珠壁较厚、密度大、强度高、粒度小、耐磨性好、呈中心珠体、浑圆度好。沉珠粒径为 $0.25 \sim 150~\mu m$,有的在 $200~\mu m$ 左右;沉珠产品中 $<5~\mu m$ 的占 3%,$<1~\mu m$ 的占 20%。漂珠壁厚为直径的 $6\% \sim 20\%$,漂珠中 SiO_2 和 Al_2O_3 的含量达 90% 以上,比沉珠高;漂珠的 Fe_2O_3、CaO、TiO_2 含量均比沉珠的低。

（二）微珠的分选

从粉煤灰中分选微珠是实现粉煤灰及其微珠综合利用、变废为宝的前提和基础,由于各电厂燃用的煤种、煤质和锅炉的炉型、运行状态、排灰方式等差异,形成的粉煤灰的形态结构,物理和化学性质及形成各种珠体的数量和粒度等也有所差异,所需采用的分选工艺也有所区别。

分选工艺分干法分选和湿法分选,湿法是以液态为介质,利用空心微珠的比重不同进行分选,从分选的效果来看,湿法比干法好,得到的漂珠和沉珠特别纯,质量特别高,可代替许多金属材料用于许多领域。目前,这两种方法均已投入工业生产。从分选工艺效果看湿法要比干法好些,不过湿法分选工艺需增设产品脱水、干燥等工序。

在确定湿法分选工艺流程时,要根据粉煤灰的具体性质、各种珠体的含量及用户对产品质量要求等情况,选择通用于本厂的工艺流程。如果粉煤灰中碳粒含量较多,粒度较细,对沉珠分选有干扰作用,影响沉珠的质量,且粉煤灰中碳具有回收价值时,在粗选作业之前,应增加浮选作业,进行选碳;如果粉煤灰中碳粒含量较少,没有回收价值,但碳粒的粒度微细,对沉珠的分选有干扰作用,单独对沉珠进行除碳。这样做可大大减少浮选入料量,降低生产成本。有的生产厂仅回收漂珠,其分选工艺十分简单,投资也少。如荆门市热电厂用 60 目的铜网在厂房内建的池子和在储灰场中采用捞取的办法来回收漂珠,用作轻质耐火保温砖的材料。南通市天生港发电厂用两种方法收集漂珠:一种是在文丘里除尘器侧面建一座 $18~m \times 1.7~m \times 1.9~m$ 的浮选池,在距灰水进口 $1.1~m$、$1.9~m$、$6.8~m$、$11.9~m$ 等几个不同距离处分别加装隔流板,并在池底安装了 3 根 $4~m$ 长的管子,每根管子带有 38 个喷嘴,喷嘴连接的水泵压力为 $0.2~MPa$;另一种方法是在浓缩池中收集。

张金明和王安萍提出了漂珠浮选提纯工艺,可使烧失量从 19.41% 降至 1.17%,获得优质的漂珠和精炭。高凤岭和周宏提供了自动提取漂珠的工程设计。

根据漂珠的理化性质,原珠的密度小于 $1~000~kg/m^3$,与其粉煤灰颗粒有很大的区别,因此,在分选上可以采用重力分选的方法从粉煤灰中分离出来,经过漂珠精选可以获得优质产品。

（三）微珠的综合利用

空心微珠质轻、耐高温、保温隔热、价廉,因此降低了轻质耐火材料的成本。空心微珠可用来制作良好的防水涂料;在冶金、钢铁行业,可用作车间和砂芯的填充料;微珠的中空结构具有隔音效果,掺于乙烯类塑料,可制成消声器材,也可用于消音涂料,将 $95 \sim 100~dB$ 的噪声降到 $70~dB$ 以下;优良的隔热性能使其应用于宇航员重返地球大气层的隔热防护罩;微珠的抗压能力强,可作为一种浮力材料应用于潜水工业、深海油田开发等行业;可作为石油炼制的裂化催化剂,有利于提高汽油的质量和产量。经过粉体表面改性技术使微珠在聚合物基体中均匀分散并与基体良好结合,应用于聚丙烯（PP）通用塑料中,改善了复合材料缺口的拉伸性能、冲击强度、弯曲性能和热性能等,使 PP 的应用范围更广泛;应用于聚氯乙烯(PVC)热塑性材料,改善材料的流变性能,减小了熔体黏度和最大扭矩,降低了 PVC 实际生产加工的难度,并节省了大量树脂;应用于人造革的填充材料,降低生产料浆黏度,改善了料浆的摇溶性和增塑糊的假塑性,有利于提高产品的表观质量;应用于航天器的聚合物材料中,得到高性能的聚合物基复合材料,保护了底层树脂,显著改善了聚合物材料的抗原子氧剥蚀性能。

1. 漂珠的综合利用

在传统工业中,粉煤灰一般被用于各种建材领域,并没有发挥出从中提取空心微珠的价值,空心微珠的优良特性在塑料、橡胶、涂料、绝缘材料、聚合物功能性填料和金属等复合材料中发挥着不可替代的作用,经研究人员的深入探索和应用,空心微珠在新兴产业和绿色环保产业逐步实现高附加值的实际应用(边炳鑫等,1993;李建军等,2018)。

粉煤灰漂珠作为一种新兴的功能材料,具有密度小、无毒、耐磨性强、导热系数和收缩率低、电绝缘性和热稳定性好等特点,在很多领域都展示了良好的应用前景,因此也越来越多地受到人们的关注,目前已广泛应用于多个领域。

(1)轻质高温隔热耐火材料

利用漂珠质轻及热稳定好的特点,可制备出密度为 $0.4 \sim 0.8 \ g/cm^3$ 的轻质高强耐火砖,具有导热系数小、强度高、隔热性能好、热容低等优点。将这种耐火保温砖用于热处理电阻炉,可大幅度降低升温时间,从而提高设备利用率,同时还有利于节约能源。这些高效保温材料价格低廉,社会效益和经济效益都很可观,其平均节能效果均在 30% 以上。

普通的轻质耐火砖存在着热导率、密度与力学强度三者之间的矛盾,虽然可生产出热导率和密度都较小的隔热材料,但却往往由于强度低而无法堆砌。此外,传统的隔热材料还存在着热导率随温度的升高而增大的缺点,而利用漂珠作主要原料生产的漂珠轻质砖,其品质和使用效果均优于普通的隔热材料,可较好地解决上述矛盾,在电力、冶金、制药等行业得到了广泛应用。该材料与常规的石棉、矿渣棉、硅藻土、珍珠岩相比,除了具有大致相同的绝热性能和更高的抗压强度外,还具有较低的吸收液体的能力,可用于有水汽或酸凝结的烟囱、烟道及其他装置内作衬料,是一种性能优越的新材料。

(2)漂珠填料

漂珠外观呈规则的球形,中空、质轻、表面光滑、加工流动性好,是一种优良的无机刚性填料。由于其具有光滑的球形表面,因此填充能力及流动性较好,在加工过程中可降低对设备的磨损。漂珠颗粒很小,能够减小应力集中现象,对橡胶或塑料等复合材料有一定的增韧作用,因此在橡胶、塑料中加入漂珠可大大增强材料的耐磨性、耐热性、尺寸稳定性和刚性,可以提高复合材料在常温和低温下的缺口冲击强度、拉伸性能、弯曲性能,弥补橡胶和塑料价格昂贵、强度低、刚性和硬度不足等缺点。现在漂珠填充橡胶或塑料复合材料已广泛应用于人们日常生活中,用漂珠作填料已生产出大衣柜、沙发、电视机前罩、人造革、彩色地板块等多种塑料制品。

在塑料、橡胶、涂料、玻璃钢及工程塑料等有机或有机-无机复合材料中使用漂珠作填料,既可节省树脂、降低成本,又能减轻材料质量并改善其电学和热学性能。用漂珠替代碳酸钙作聚氯乙烯填料,不仅可提高 20% 的生产效率,且使产品光亮坚硬,其强度、耐性、电性和加工性能均得到改善和提高。林薇薇等利用漂珠填充的不饱和聚酯复合材料,是一种轻质(相对密度为0.68)、高强度、耐化学腐蚀的新型材料。用漂珠作填料制成的复合材料具有极为广泛的用途,如在阜新、镇江、鸡西、太原及北京等地,已用漂珠作填料生产出帐篷、汽车顶篷、活动房屋板、刹车片、玻璃钢管、浴室设备、马桶、室内装饰板及包装材料等;漂珠用于人造大理石中则可减轻质量,提高抗龟裂能力和抗冲击强度;漂珠在墙体夹层结构、家具铸塑件、人造肢及教具等方面也大有可为。

（3）漂珠混凝土和低密度水泥

在建筑工业中,利用粉煤灰漂珠不仅可以制备人造大理石、消音材料、陶瓷材料,可以作为油漆、涂料的填充剂,还可用于生产混凝土和低密度水泥。以漂珠作为填充剂制备的板材,都具有质量低、强度高、保温性好、变形小、隔音、防潮、阻燃等优点。以轻质页岩陶粒、漂珠为骨料,氧化镁和磷酸二氢钾反应所得的镁质磷酸盐水泥胶凝材料为结合剂,可制备出耐压强度高、凝结硬化时间短、稳定性好的轻质耐火混凝土,适合用作道路、窑炉的紧急抢修材料。

（4）轻质耐火浇注料

采用优质骨料,辅以漂珠,可配制优质隔热耐火浇注料。粉煤灰漂珠粒径小、质轻、中空、壁薄坚硬,因而能降低轻质耐火浇注料的体积密度;又由于其有一定活性,故对强度有一定贡献。粉煤灰漂珠的引入能改善轻质耐火浇注料的和易性,满足浇注料的施工性能。作为轻质耐火浇注料的基质材料,粉煤灰漂珠与轻质多孔骨料织成较为均匀的气相连续结构,从而降低材料的热导率。轻质耐火浇注料的体积密度随漂珠用量增加而下降,但耐压强度变化不明显。

（5）机械制动和传动装置中的摩擦材料

传统的摩擦材料一直使用石棉作为摩擦基础增强材料,而石棉是一种强致癌物质,发达的工业化国家对石棉基摩擦材料的生产及其使用都有严格的限制。因此,各国都在研究开发石棉摩擦材料的替代材料。翟玉生等以 a-氨丙基三乙氧基硅烷为活化剂,用活化处理的漂珠作基础增强填料,研制增强摩擦材料。其基本配方(质量分数)为:酚醛树脂10%～18%,丁腈橡胶8%～15%,漂珠24%～40%,摩擦改善剂15%～35%。

（6）粉煤灰处理废水

在适当的条件下,活性漂珠对废水中 COD_{Cr} 的去除率可达50%～80%,比原始漂珠的去除率增大1～1.5倍;对废水的脱色能力一般达80%以上。活性漂珠经过再生,吸附能力提高1倍,在生产中可重新利用,节约资源,降低成本;漂珠经技术处理后,其吸附能力可与活性炭相媲美,而价格仅为活性炭的1/3。因此,利用漂珠制作新的吸附材料,将会带来良好的经济效益和环境效益。

2. 空心沉珠的应用

从粉煤灰中提取的空心沉珠主要用作塑料填料。塑料作为一种新型结构材料,由于制品成型方便、性能优良而获得广泛应用。但是,塑料的价格昂贵,强度低,对温度敏感,易发生蠕变,刚性和硬度不足。为此,必须降低塑料制品的原材料成本,改善其耐摩擦性、耐热性、尺寸稳定性和刚性,通常在树脂中需要添加一种或几种无机填料进行增强。空心沉珠形状圆而光滑,颗粒之间聚集力很小,填充到树脂内易于分散,加工流变性好,是近代一种优良的无机填料。微珠表面经过偶联剂活化处理后填充到各种树脂中,可以用于制作硬质管材、板材、异型材和结构材。同时空心沉珠在橡胶、沥青等材料改性方面,也有着重要的应用。

由于空心沉珠的耐压强度高达 7 000 kg/cm²,能明显增强橡胶轮胎和橡胶鞋底的耐磨性,从而延长了使用寿命。沥青是防水、防油、防污及道路工程的重要原料,但沥青的大气稳定性较差,低温易开裂、高温易熔化,给工程造成不良后果,而且是液体状态,采用桶包装加温后容易凝成胶状,给运输施工带来困难。根据对沥青的不同用途,将沉珠进行活化处理,按一定比例(30%～40%)加入沥青中,可制得改性固体沥青,在－30～100 ℃温度范围内进行多次冲击循环,不开裂、不剥落、不熔化,附着力强,冷却时间减少 1/2 以上。

在金属基耐磨材料、绝缘材料等方面也大量使用空心沉珠。沉珠机器零件均具有无油润滑、强度高、质量轻、寿命长等特点。沉珠制动件的特点是强度高、摩擦力大、寿命长、制动柔和,而且不磨损其耦合件,可以减少火灾事故的发生,而且不需要再安装列车车体下的防火板,可节省大量的金属,且给火车和汽车制动带来根本变化。

二、粉煤灰中回收磁珠

(一)概述

粉煤灰中的矿物资源可分为玻璃体和晶体两大类,其中玻璃体多为铝硅酸盐玻璃体,晶体物质包括赤铁矿、磁铁矿、莫来石、石英等。根据粉煤灰产地的不同,晶体含量范围在11%～48%内波动。此外,粉煤灰中还含有多种微量元素。粉煤灰的精细化利用,需要建立在依据不同物化性质,对其组分精细分类与分级的基础上。

粉煤灰中包含4%～18%铁含量较高的磁性微珠,称为粉煤灰磁珠。一方面,磁珠可由粉煤灰经磁选获得,成本低廉同时又具有粉煤灰特有的多孔结构,经处理后具有良好的资源化利用前景;另一方面,去除磁性成分后粉煤灰中铁含量降低,有利于其在水泥、陶瓷、树脂填充、复合材料等领域的应用。粉煤灰磁珠的综合利用已成为粉煤灰精细化利用的重要方向之一。从粉煤灰中选取的磁铁矿首先可以给水泥厂作烧制水泥的原料,其次可以掺入含铁品位较高的铁矿中作炼铁原料。从粉煤灰中分选铁精矿,具有工艺简单、投资少、成本低、不影响电力生产现有的工艺流程等特点。火力发电厂粉煤灰资源丰富,只要粉煤灰含铁超过5%,都可以进行选铁。分选出的铁精矿粉可在冶金、水泥、特种混凝土、选煤等行业使用,可以产生较高经济效益和一定社会效益(吴先锋等,2015;王爱爱等,2021)。

(二)磁选工艺

磁选是利用物料中各种物质的磁性差异,在不均匀磁场中进行分选的一种处理方法。磁选过程是将固体废物输入磁选机后,受到磁力和机械力(包括重力、离心力、介质阻力、摩擦力等)的共同作用,磁性强的颗粒所受的磁力大于其所受的机械力,而非磁性颗粒所受的磁力很小,则以机械力占优势。由于作用在各种颗粒上的磁力和机械力的合力不同,使它们的运动轨迹也不同,从而实现分离。

磁选关键设备是磁选机,一般采用半逆流水磁筒式磁选机。磁选机进料管接在锅炉水膜式除尘器下密封水箱上,原排入地沟的灰水不排入地沟而直接排入磁选机内。原灰水进入磁选机的给矿箱,使其沿着磁选机轴向均匀地进入槽体,当流经槽体与滚筒的工作间隙时,磁铁矿即被永久磁铁磁化吸附,随滚筒转向移动,在此过程中,由于磁极的改变,产生磁翻滚,并去除杂渣,磁铁矿随滚筒继续移动至脱离磁场作用,被冲洗水冲至精矿排出口,就是所选的铁精矿。磁选后的尾矿,经尾矿口排入灰沟。

试验表明,选用半逆流水磁筒式磁选机,经一级磁选选出的铁精矿粉品位在 45% 左右,为了提高铁精矿粉的品位,人们常采用两种方法。

(1) 采用两级磁选工艺:第一级磁选工艺为粗选,要求磁选机的磁场强度适当高一些,以获得较高的铁精矿粉回收率;第二级磁选工艺为精选,要求磁选机磁场强度适当低一些,以获得较高品位的铁精矿粉,而且最好在一级磁选与二级磁选之间采用脱磁装置,这样可将一级磁选后的铁精矿粉所带的剩磁脱掉,那样因剩磁形成的磁链间夹杂的非磁性物质脱离磁链,以提高铁精矿粉的品位。

(2) 先对粉煤灰进行水力重选分级,然后再进行磁选。也有人为了进一步提高铁精矿品位,将重选精矿先磨细后磁选。因为煤在高温燃烧时,煤炭中的 SO_2 成熔融状态,冷却后与部分 Fe_3O_4 呈胶结状态,这种以胶结状态存在的磁铁矿很难直接分选,必须先行研磨使两者分离后才能被磁选上,从而获得理想的分选指标。

许坷敬等采用选矿法,先将粉煤灰矿磨,然后磁选,分离出精铁矿(氧化铁),接着再经浮选分离出炭,剩下尾矿。

粉煤灰磁选铁的工艺分为湿式和干式两种。

(1) 目前国内各电厂都采用湿式磁选工艺,设备为矿山使用的半逆流水磁筒式磁选机,磁场强度为 127 324 A/m 左右,工艺流程为:将磁选机进料管直接接在湿式水膜除尘器下方的密封水箱上,灰水直接流入磁选机的给矿箱内进行磁选。选出的铁精矿被引入沉淀池内沉淀,尾矿仍从原来的排灰沟进入灰浆池。

(2) 干灰也可通过干式磁选机来选铁,山东新汶电厂曾将该厂含铁量为 11.44% 的粉煤灰在铁矿做磁选试验。采用的是单辊 36 极干式磁选机,磁筒尺寸为 ϕ600 mm×500 mm;筒皮表面磁场强度为 95 493 A/m(1200Oe),筒皮转速、磁极转速和给矿量都可调节。试验的粉煤灰细度通过筛孔为 200 目的占 51.2%,通过 11 组不同条件的试验,经过一级磁选,各组都得到含铁品位在 50% 以上的精铁矿。较好的磁选条件:磁筒转速为 200 r/min,给矿量为 1.5 t/h。在原矿品位 Fe 为 7.68% 时,得到的铁精矿的品位为 55.08%,精矿产率为 5.10%,精矿回收率为 47.9%。

(三) 磁珠的综合利用

为解决磁种材料成本高的问题,可以采用物理化学性质与磁铁矿粉相近的粉煤灰磁珠作为磁种材料。已有文献报道,以磁珠作为磁种材料,通过高梯度磁分离,可有效处理含磷及重金属的污水。粉煤灰磁珠与磁铁矿粉在磁性方面相似,而密度低于磁铁矿粉,表面活性基团多,更易于与絮凝剂结合,因此将粉煤灰磁珠用作磁种材料,完全可以满足磁絮凝工艺的要求,同时也为粉煤灰精细化综合利用提出了一种简单易行的方法。

磁珠可以作为载体,负载具有光催化性能的材料复合制备成新型光催化剂。张曙光利用高能球磨法,将纳米 TiO_2 颗粒直接负载于磁珠表面制备出磁性光催化剂,这种 TiO_2/磁珠光催化剂在光照 7 h 内,使初始浓度为 500 mg/L 的 4-氯苯酚溶液去除率高达 95%,由于磁珠的磁性,催化剂可以被方便地分离回收。

铁氧体($MeFe_2O_4$)吸波材料在新型建材、复合材料等领域需求量巨大,但通过化学合成铁氧体成本高,而且环境负荷高。粉煤灰磁珠中含有丰富的铁氧资源,通过添加部分化工原料可制备出廉价的铁氧体吸波材料。陈保延等利用粉煤灰磁珠通过干压成型制备出一种廉价的 Ni-Zn 铁氧体吸波材料,与以分析纯 Fe_2O_3 为原料制备的 Ni-Zn 铁氧体相比,其晶体结构完全一致,电磁参数值非常接近。这说明粉煤灰磁珠在替代分析纯 Fe_2O_3 制备铁氧体材料中完全可行。

粉煤灰磁珠的另一应用领域是氧化和捕收烟气中的 Hg。有研究表明,粉煤灰中铁氧化物(Fe_2O_3)对 Hg^0 具有催化氧化活性,其中 γ-Fe_2O_3 对烟气汞的形态影响远远超过 α-Fe_2O_3,磁珠本身含有多种微量过渡金属元素,也对其催化性能有促进作用,因此,粉煤灰磁珠具有高汞氧化率和脱除率。已有学者提出采用磁珠为原料合成磁性汞吸附剂的新思路。另外,粉煤灰磁珠有望用于处理 PM10、PM2.5 等大气污染问题。

三、粉煤灰酸法提取氧化铝技术

根据酸溶介质不同,分为盐酸法、硫酸法及硫酸铵法粉煤灰提取氧化铝技术(许立军等,2019;李瑞冰等,2013;王宏宾等,2020)。

(一)盐酸法提取氧化铝

采用酸法处理粉煤灰使用较多的工艺是盐酸法,由于粉煤灰中铁含量较高,首先对粉煤灰进行磁选除铁处理;然后用盐酸进行酸溶,酸溶条件是盐酸浓度为 20%～30%,温度为 130～1 500 ℃,反应时间为 1.5～2.0 h;接着经过过滤、分离、吸附等净化处理,得到符合要求的溶出液;使粉煤灰中的氧化铝以氯化铝的形式进入溶液中,同时一起进入溶液的还有氯化铁,采用树脂吸附或萃取方式将氯化铁除去,得到的纯净氯化铝溶液经过浓缩、煅烧后得到氢氧化铝,氢氧化铝再经焙烧后得到氧化铝(肖永丰,2020;朱科明等,2019);最后再经过蒸发浓缩,结晶态的氯化铝被析出,焙烧后即得到氧化铝产品。酸法的回收率一般较高,工艺流程短,成渣量小,但其对设备的腐蚀严重,若对设备进行防腐处理,则会使投资过高。

中国神华能源股份有限公司申请的专利"用粉煤灰生产超细氢氧化铝、氧化铝的方法"中,提出以循环流化床粉煤灰为原料,采用盐酸酸浸经过湿法磁选除铁后的粉煤灰,得到的酸浸液经过树脂吸附并洗脱后,得到氯化铁和氯化铝的洗脱液,然后用碱溶除铁,得到纯净的铝酸钠溶液,加入分散剂后进行碳分,得到超细氢氧化铝,超细氢氧化铝在不同温度下煅烧得到 γ-Al_2O_3 或 α-Al_2O_3。

周华梅采用四种粉煤灰(其化学组成见表 9-9)研究了其在不同条件(直接酸浸、烧结后酸浸及加助剂烧结活化后酸浸等)下盐酸提取氧化铝的潜力。其中 FCFA 中 Al_2O_3 质量分数为 31.47%;CCFA 中 CaO 的质量分数较高为 18.75%,Al_2O_3 的质量分数偏低,大约为 19.99%;ACFA 中 Al_2O_3 质量分数高达 40.57%,是我国内蒙古、宁夏、山西等地含有铝矾土的煤炭燃烧后有代表性的粉煤灰;LCFA 中 Al_2O_3、CaO 和 Fe_2O_3 质量分数分别为 13.86%、13.55% 和 8.64%,烧失量很高,是我国煤化工灰渣的代表。

表 9-9 粉煤灰化学组成　　　　　　　　　　　　　　　　单位:%

粉煤灰	SiO_2	Fe_2O_3	Al_2O_3	TiO_2	CaO
FCFA	55.22	3.48	31.47	1.25	2.75
CCFA	40.57	10.36	19.99	1.03	18.75
ACFA	46.90	3.77	40.57	1.57	2.70
LCFA	41.03	8.64	13.86	0.63	13.55

当采用质量分数为 20% 的盐酸溶液直接酸浸(粉煤灰质量与盐酸质量比为 1∶5,酸浸温度为 98 ℃,直接浸取 1 h)时,Al_2O_3 的提取率见表 9-10。其中,ACFA 提取率最低,只有 4.97%;FCFA 提取率较 ACFA 高一点儿,但也只有 8.25%;CCFA 中有 47.62% 的 Al_2O_3 浸出;从 LCFA 中直接浸出的 Al_2O_3 最高,达 79.13%。主要是由于 FCFA 和 ACFA 这两种粉煤灰中的含铝物相大部分为结晶度高的莫来石,具有极好的物理和化学稳定性,活性非常低,在酸性、碱性溶剂及玻璃熔融体中都表现出较强的抗侵蚀能力。因此通过简单的盐酸酸浸很难直接将 Al_2O_3 从这些粉煤灰中提取出来;而与 FCFA、ACFA 的物相组成相比较,CCFA 中晶相莫来石较少,峰强较弱,结晶度低,并且玻璃体含量比较多,而玻璃体结构处于亚稳定状态,网络聚合度低,结构没有莫来石稳定,在盐酸溶液中只有以玻璃体形式存在的一部分 Al_2O_3 可以直接浸取出来;LCFA 中主要为非晶相,Al_2O_3 全部以玻璃体形式存在,所以活性高,浸取率也最高。

表 9-10　直接酸浸条件下粉煤灰中 Al_2O_3 的提取率　　　　单位:%

样品	Al_2O_3 提取率	样品	Al_2O_3 提取率
FCFA	8.25	ACFA	4.97
CCFA	47.62	LCFA	79.13

周华梅将上述四种粉煤灰分别在 800 ℃、900 ℃、1 000 ℃ 及 1 100 ℃ 条件下焙烧 1 h,所得熟料的浸取条件同前所述,各粉煤灰 Al_2O_3 的提取率如表 9-11 所列。FCFA 和 ACFA 经焙烧后,Al_2O_3 提取率随焙烧温度的升高略微下降。随着焙烧温度的升高,CCFA 中 Al_2O_3 提取率逐渐提高,800 ℃ 焙烧后 Al_2O_3 提取率与直接酸浸时相差不大;900 ℃ 焙烧后 Al_2O_3 提取率为 53.87%,比直接浸取时仅提高了 6.25%;1 000 ℃ 焙烧后比直接酸浸提高了 13.86%;1 100 ℃ 焙烧后比直接酸浸提高了 33.27%,为 80.89%。而 LCFA 在 900 ℃ 焙烧 1 h 后,Al_2O_3 提取率则降低到 68.79%。各粉煤灰经焙烧后,其中的主要物相组成变化差异明显。FCFA 和 ACFA 经 800~1 100 ℃ 焙烧 1 h 后,物相组成没有明显变化,仍然以莫来石为主。而 CCFA 经 900 ℃ 焙烧后出现新的物相钙长石和钙铝黄长石。这应该归因于在高温焙烧过程中,CCFA 中高达 18.75% 的 CaO 与灰中的莫来石或铝硅酸盐反应生成反应活性高的铝硅酸钙;但由于其中一部分 CaO 最终转变成钙铁榴石 $[Ca_3Fe_2(SiO_4)_3]$,未能和所有的铝硅酸盐反应生成铝硅酸钙,所以最后仍有近 20% 的 Al_2O_3 未提取出来。LCFA 由于自身也含 13.55% 的 CaO,经 900 ℃ 焙烧 1 h 后,虽然也反应生成了钙长石,但原来的非晶相玻璃相均趋于消失,转变成晶相物质,所以降低了化学活性,导致较低的 Al_2O_3 提取率。

表 9-11　粉煤灰在 800~1 100 ℃ 焙烧酸浸后 Al_2O_3 提取率　　　　单位:%

样品	Al_2O_3 提取率			
	800 ℃	900 ℃	1 000 ℃	1 100 ℃
FCFA	8.72	7.89	7.20	5.05
CCFA	49.59	53.87	61.48	80.89
ACFA	4.78	5.20	4.25	4.09
LCFA	—	68.79	—	—

（二）硫酸法提取氧化铝

硫酸对粉煤灰中的含铝矿物具有良好的溶出性能，且是工业副产品，价格便宜，因此受到广泛的重视。将粉煤灰与硫酸按一定比例混合配料后，在一定温度、压力下，灰中的含铝物质与硫酸发生反应生成 $Al_2(SO_4)_3$，而灰中含硅矿物不参与反应，实现了铝、硅分离。溶出矿浆经固液分离，获得硫酸铝溶液，再经除杂工序去除溶液中的硫酸铁、硫酸钙等杂质，获得精制液，精制液经浓缩结晶获得硫酸铝晶体，晶体再经煅烧即获得氧化铝，产生的烟气经酸吸收工序制备硫酸循环使用。直接酸浸的反应式如下：

$$3H_2SO_4 + Al_2O_3 \Longrightarrow Al_2(SO_4)_3 + 3H_2O \qquad (9\text{-}35)$$

但在实际操作中除铁是不容易的，而且用直接酸浸法的浸出率较低，因此有人提出用氟化物（如氟化铵）作助溶剂来破坏铝硅玻璃体和莫来石。化学反应式如下：

$$3H_2SO_4 + 6NH_4F + SiO_2 \Longrightarrow H_2SiF_6 + 3(NH_4)_2SO_4 + 2H_2O \qquad (9\text{-}36)$$

$$3H_2SO_4 + Al_2O_3 \Longrightarrow Al_2(SO_4)_3 + 3H_2O \qquad (9\text{-}37)$$

在使用此法时操作人员需特别小心，因为硫酸为强酸，具有腐蚀性。如果反应温度较高会导致酸挥发，不仅污染环境，而且对操作人员健康伤害也大。

李来时等研究了硫酸浸取法从粉煤灰中提取氧化铝，回收率最高可达 93.2%。他得出的最佳试验条件为：浓硫酸在 $85 \sim 90 \ ^{\circ}\text{C}$ 温度下溶出，浸出时间为 $40 \sim 90 \ min$，硫酸铝溶液在 $110 \sim 120 \ ^{\circ}\text{C}$ 浓缩，以 $Al_2(SO_4)_3 \cdot 18H_2O$ 形式析出，在 $810 \ ^{\circ}\text{C}$ 左右煅烧该晶体 $4 \sim 6 \ h$，生成活性强的 $\gamma\text{-}Al_2O_3$，碱溶后再将晶种分解制得氢氧化铝，最后经煅烧制备出冶金级氧化铝。

陈德在发明专利"高铝粉煤灰硫酸法溶出工艺"中提到，将高铝粉煤灰与质量分数为 $25\% \sim 40\%$ 的稀硫酸按比例混合，制成的矿浆经过多级加热至 $175 \sim 185 \ ^{\circ}\text{C}$，保温 $60 \sim 90 \ min$ 后得到硫酸铝溶液。

陈德在另一个发明专利"硫酸法处理高铝粉煤灰提取冶金级氧化铝的工艺"中，将采用上述工艺得到的硫酸铝溶液通过控制过滤进行净化并脱铁后，将得到的纯净硫酸铝溶液进行蒸发浓缩后得到硫酸铝晶体，然后将硫酸铝晶体进行焙烧，最终得到氧化铝，将焙烧过程中产生的 SO_3 气体进行回收。

余红发等在发明专利"粉煤灰生产冶金级氧化铝的方法"中：将粉煤灰机械活化后，加水浮选除去未燃尽的碳，经过磁选除去氧化铁，在粉煤灰残液中加入浓硫酸，在耐酸反应设备中于 $200 \sim 240 \ ^{\circ}\text{C}$、$0.1 \sim 0.5 \ MPa$ 条件下反应 $1 \sim 6 \ h$，反应结束后，加水加热煮沸、抽滤，得到的硫酸铝粗液经过蒸发浓缩后得到硫酸铝浓缩液；加入有机醇溶解硫酸铁，析出硫酸铝，过滤得到的硫酸铝滤饼，经过 $70 \sim 100 \ ^{\circ}\text{C}$ 烘干、$800 \sim 1\,200 \ ^{\circ}\text{C}$ 煅烧后得到 Fe_2O_3 含量低于 0.02% 的冶金级氧化铝。

（三）硫酸铝铵法提取氧化铝

由于硫酸铝铵在水中的溶解度小、易于结晶，而且经过适当的处理可以转化为氧化铝，所以常会被作为含铝非铝土矿资源制备氧化铝的中间产物。以它作为中间产物制备氧化铝的好处是：可以通过反复溶解-沉淀过程提高硫酸铝铵的纯度，从而获得较纯的氧化铝产品。

该法主要工艺过程为：先将磨细活化的粉煤灰与硫酸铵混合后高温煅烧，然后以硫酸来浸出,过滤所得滤液用氨水调节 pH 值到 2 左右,此时会有硫酸铝铵结晶出来,然后再用硫酸在 60 ℃下重新溶解,冷却至室温时会有晶体析出,如此重复多次,得到相对比较纯净的中间产物硫酸铝铵,再按照一定的流程加热将硫酸铝铵分解,最终得到纯度较高的氧化铝。

尹中林、李来时等均申请了采用硫酸铝铵法从粉煤灰中提取氧化铝的专利。李来时等在发明专利"利用粉煤灰制备氧化铝的方法"中,将硫酸铵与粉煤灰按质量比为(4.5~8):1 进行混合磨制,然后在 230~600 ℃的温度范围内烧制 0.5~5 h,制得的含硫酸铝铵熟料用热水溶出 0.1~1 h,液固分离后得到硫酸铝铵溶液,向硫酸铝铵溶液中加入氨水或通入氨气,得到氢氧化铝和硫酸铵溶液;氢氧化铝洗涤煅烧后得到氧化铝。

四、粉煤灰碱法提取氧化铝技术

工业上,氧化铝的生产主要是以铝矾土为主要原料,经过一系列化学加工而制成的。因此,从高铝粉煤灰中提取氧化铝可以参照铝矾土提取氧化铝的方法。粉煤灰与铝矾土的性质有一定差别,所以粉煤灰提取氧化铝的方法根据各地粉煤灰性质的不同有所差异。酸法提取氧化铝对铝矾土品质的要求是 Fe_2O_3 含量低于 3%,而粉煤灰中 Fe_2O_3 含量普遍高于3%。因此,一般采用碱法提取氧化铝,具有代表性的方法是石灰石烧结法和碱石灰烧结法。粉煤灰中硅含量很高,在一系列化学加工处理过程中,将会新生出大量的中间产物。这些中间产物,视化学名称、成分含量、数量等,有的可循环利用,有的可加工成另种产品,有的还未被利用需外排。因此,粉煤灰提取氧化铝过程,实际上是粉煤灰脱硅、除硅、铝化合提纯以及硅钙化合物综合利用的化学加工全过程,是项较复杂的、规模投资较大的、涉及面较广的工程项目(王腾飞等,2019)。下面对粉煤灰碱法提取氧化铝技术进行详细的介绍。

(一)石灰石烧结法提取氧化铝

石灰石烧结法从粉煤灰中提取氧化铝工艺是世界上最早工业化应用粉煤灰生产氧化铝的技术。20 世纪 50 年代,波兰采用该技术建成了年产 1 万 t 氧化铝和 10 万 t 水泥的实验工厂。美国曾报道用石灰石烧结法对氧化铝含量为 20%的 30 万 t 粉煤灰进行处理,以制取 5 万 t 氧化铝,并生产 45 万 t 水泥的设计方案,但未予实施。在 20 世纪 50 年代,波兰的Grzymek 教授开发了以粉煤灰和煤矸石为原料,采用石灰石烧结法生产氢氧化铝(氧化铝)和水泥的技术,并在波兰进行了产业化生产。1980 年,我国安徽省冶金研究所和合肥水泥研究院在实验室进行提取氧化铝和制造水泥的规模试验后,提出用石灰烧结、碳酸钠溶出工艺从粉煤灰中提取氧化铝,其硅钙渣作水泥的工艺路线,于 1982 年 3 月通过成果鉴定。2006 年,我国内蒙古年产 40 万 t 粉煤灰提取氧化铝项目正式宣布开工建设,利用氧化铝含量大于 40%的粉煤灰与石灰石煅烧,采用碱法提取氧化铝,整个生产过程实现了零排放和低成本的循环产业链,但是到 2009 年也未见投产的相关报道。

1. 石灰石烧结法工艺流程

石灰石烧结法是一种改进的 Pederson 工艺。在 Pederson 工艺中,铝土矿、铁矿和焦炭混合焙烧产生铁和铝酸钙渣,氧化铝的回收通过铝酸钙渣在碳酸钠溶液中浸出实现。在石灰石烧结法中,粉煤灰和石灰石在大于 1 300 ℃的高温下形成可溶的铝酸钙和不可溶的硅酸二钙;进一步通过在碳酸钠或氢氧化钠溶液中浸出实现铝硅的分离;得到的富铝浸出液通过碳化形成 $Al(OH)_3$,再经煅烧可得最终产品氧化铝。石灰石烧结法 Al_2O_3 浸取率较低,能耗较高,渣量较大。大量的钙硅渣用于水泥生产时,将导致严重的产能过剩。

石灰石烧结法是国内外最早提出的粉煤灰提取氧化铝的方法,也是目前国内唯一见诸报道的已工业化应用的生产工艺。该法从粉煤灰中提取氧化铝的工艺过程主要包括物料的烧结及熟料的自粉化、熟料的溶出、溶出液的脱硅、精液(精制溶液)的碳酸化分解析出氢氧化铝和氢氧化铝、焙烧五个主要阶段。

该法烧结温度一般在 1 320~1 400 ℃,故能耗较高,成本也高,同时产渣量也大。但其熟料冷却后,会因晶相发生急剧转变,体积膨胀 10% 左右,所以可以自行粉化到一定的程度,节省了能耗。然后将熟料粉末与 Na_2CO_3 溶液混合,使偏铝酸钠溶解,经过滤可得到 $NaAlO_2$ 粗液,同时滤出的不溶性硅酸二钙用于水泥的生产。由于 $NaAlO_2$ 粗液中含少量 SiO_2,故需加入石灰乳进行脱硅处理,过滤后即可得 $NaAlO_2$ 精液,再通入 CO_2 进行中和,降低溶液碱度,使 $Al(OH)_3$ 析出,最后 $Al(OH)_3$ 经煅烧后获得 Al_2O_3。

2. 石灰石烧结法工艺原理

石灰石烧结法也称石灰烧结法,就是将粉煤灰与石灰石或石灰混合后进行高温烧结。使粉煤灰中的莫来石和石英转变为 $2CaO \cdot SiO_2(C_2S)$ 和 $12CaO \cdot 7Al_2O_3$,即使粉煤灰中活性低的铝硅酸盐生成易溶于碳酸钠溶液的铝酸钙和不溶性硅酸二钙,从而实现铝硅分离,铝酸钙可被碳酸钠溶出生成 $NaAlO_2$,反应式为:

$$7(3Al_2O_3 \cdot 2SiO_2) + 64CaO = 3(12CaO \cdot 7Al_2O_3) + 14(2CaO \cdot SiO_2) \tag{9-38}$$

$$12CaO \cdot 7Al_2O_3 + 12Na_2CO_3 + 33H_2O = 14NaAl(OH)_4 + 10NaOH + 12CaCO_3 \tag{9-39}$$

3. 石灰石烧结法提取氧化铝的工艺技术特点

粉煤灰生产氧化铝的石灰石烧结法工艺技术特点如下:

(1) 采用石灰石配料,不必配碱,因而碳分母液不进入烧结,可用耗能低的干法烧结。烧成反应的主要产物是铝酸钙($12CaO \cdot 7Al_2O_3$)和硅酸二钙($2CaO \cdot SiO_2$),利用铝酸钙在碳酸钠溶液中分解生成偏铝酸钠($NaAlO_2$)溶液,而硅酸二钙基本上不分解,进而实现偏铝酸钠溶液与 SiO_2 等杂质的分离。偏铝酸钠溶液用于制取氧化铝,硅酸二钙用于制取水泥熟料。

(2) 粉煤灰与石灰石的烧结熟料在冷却过程中,由于熟料中的硅酸二钙发生相变,即由 β-$2CaO \cdot SiO_2$ 转变为 γ-$2CaO \cdot SiO_2$,体积膨胀 10%(相对密度由 3.4 变为 3.1),熟料自行粉碎为细粉,熟料不需磨制即可进行溶出,这不仅可节省电能,而且化学粉碎形成的粉末比机械粉磨生成的粉末更细,有利于 Al_2O_3 的提取。

(3) 用于浸出铝酸钙熟料的调整液主要是碳酸钠溶液,而溶出液中 Al_2O_3 的浓度受反应平衡的限制,溶出液中 Al_2O_3 的浓度较低。

(4) 排出的钙硅渣,其主要化学成分是 CaO 和 SiO_2,主要矿物是 γ-$2CaO \cdot SiO_2$,接近硅酸盐水泥熟料的化学成分,且含碱量低,只需稍做调整,即可用作生产硅酸盐水泥的原料。

由于石灰石烧结法本身的技术特性,加上粉煤灰高硅低铝的组成特征,决定了采用该工艺从粉煤灰中提取氧化铝时,由于烧结温度高,因此工艺能耗高。生产流程中固体物料氧化铝含量低、物料流量大,湿法系统浓度低、液固分离量大,氧化铝流程整体产出率低。某工业试验结果表明,生产 1 t 氧化铝,约需粉煤灰 3.975 t,石灰石 9.275 t,产出赤泥硅钙渣 8.26 t;一个年产 40 万 t 氧化铝的工厂需要一个年产 400 万 t 的水泥厂与之配套。两倍于粉煤灰的赤泥硅钙渣的循环利用是经济生产氧化铝的基本要求,但由于水泥市场有效半径小,废渣的有效处理也是制约该技术大规模工业应用的主要因素。

（二）碱石灰烧结法提取氧化铝

1. 传统碱石灰烧结法提取氧化铝

（1）传统碱石灰烧结法的基本流程

粉煤灰碱石灰烧结法提取氧化铝的工艺过程主要有以下几个步骤：

① 原料准备：制取组分配比符合要求的细磨料浆。生料浆组成包括粉煤灰、石灰石（或石灰）、新纯碱（用以补充流程中的碱损失）、循环母液和其他循环物料。

② 熟料烧结：生料的高温煅烧,制取主要含铝酸钠、铁酸钠和硅酸二钙的熟料。

③ 熟料溶出：使熟料中的氧化铝和氧化钠转入溶液,分离和洗涤不溶性残渣。

④ 脱硅：使进入溶液的氧化硅生成不溶性化合物分离,制取高硅量指数（铝酸钠溶液中的 Al_2O_3 与 SiO_2 含量的比）的铝酸钠精液。

⑤ 碳酸化分解：用 CO_2 分解铝酸钠溶液。析出的氢氧化铝与碳酸钠母液分离,并洗涤氢氧化铝；一部分溶液进行种子分解,以得到某些工艺条件所要求的部分苛性碱溶液。

⑥ 焙烧：将氢氧化铝焙烧成氧化铝。

⑦ 分解母液蒸发：通过对分解母液进行蒸发,从过程中排除过量的水,以实现水平衡。蒸发后的母液称为蒸发母液,再用于配制生料浆。

（2）传统碱石灰烧结法原理

传统的碱石灰烧结法只提取了粉煤灰中的氧化铝,而氧化硅的利用价值低,没有达到综合利用的目的。改进型碱石灰烧结法不仅可以从粉煤灰中提取氧化铝,还可以制得白炭黑或活性硅酸钙等副产品,是当前被普遍关注的生产方法。传统碱石灰烧结法从粉煤灰中提取氧化铝的工艺是在借鉴碱石灰烧结法提取铝土矿中氧化铝经验的基础上而提出的,把粉煤灰、石灰和碳酸钠经高温烧结成可溶性的偏铝酸钠及不溶性的 $2CaO \cdot SiO_2$,二者分离后制备氧化铝并回收碱液,残渣用作硅酸盐水泥原料。石灰石烧结法煅烧温度高、能耗高,因此发展受到制约。国内外研究者提出了许多方法来降低石灰石烧结法的能耗,而传统碱石灰烧结工艺就是一种非常重要的方法。传统碱石灰烧结工艺将粉煤灰、Na_2CO_3,CaO 经过高温煅烧,使得粉煤灰中氧化铝与碳酸钠烧结形成可溶性的 $NaAlO_2$,其反应过程如下：

$$Na_2CO_3 + Al_2O_3 \longrightarrow 2NaAlO_2 + CO_2 \tag{9-40}$$

SiO_2 与石灰烧结转化为 $2CaO \cdot SiO_2$,其反应过程如下：

$$SiO_2 + 2CaO \longrightarrow 2CaO \cdot SiO_2 \tag{9-41}$$

（3）传统碱石灰烧结法的炉料配方

炉料配方是指生料（浆）中各种氧化物含量所应保持的比例。炉料配方的选择以保证烧结过程的顺利进行、制得高质量熟料为原则。烧结过程顺利进行的关键在于炉料具有比较宽的烧结温度范围。熟料的质量表现在 Al_2O_3 和 SiO_2 等氧化物结合成预期的化合物,气孔度合适,以保证有用成分的充分溶出。

炉料的配方决定了炉料在烧结过程中的行为,也决定了所烧制熟料的物相组成。只有在适宜的配方条件下,才能保证炉料有适宜的烧结温度和较宽的烧结温度范围,炉料有较理想的标准溶出率,溶出后残渣具有良好的沉降过滤性能,这样才能节约原料（CaO 和 Na_2O）,提高 Al_2O_3 的回收率。因此,研究炉料配方问题对于改善烧结过程具有重要意义。

（4）炉料烧结过程中的物理化学反应

烧结过程反应极为复杂,不但原料之间,而且反应生成物之间都有反应发生。参与反应的主要成分为 Al_2O_3、SiO_2、Na_2CO_3、$CaCO_3$ 和 Fe_2O_3。

① Na_2CO_3 与 Al_2O_3 之间的反应:Na_2CO_3 与 Al_2O_3 之间的反应是烧结过程中最重要的反应之一,这两种成分在高温下可能生成几种铝酸盐,但生成 $NaAlO_2$ 的反应是烧结过程中的主要反应。

$$Na_2CO_3 + Al_2O_3 \longrightarrow 2NaAlO_2 + CO_2 \tag{9-42}$$

此反应在约 700 ℃时开始,在 800 ℃时反应完全,但时间很长,在 1 100 ℃时可在 1 h 反应完全。

② Al_2O_3 与 CaO 之间的反应:Al_2O_3 与 CaO 之间的反应在 1 000 ℃时开始,随着温度的升高,反应速率增大,可能生成几种化合物,主要产物为 $CaO \cdot Al_2O_3$ 和 $12CaO \cdot 7Al_2O_3$。

$$Al_2O_3 + CaCO_3 \longrightarrow CaO \cdot Al_2O_3 + CO_2 \tag{9-43}$$
$$7Al_2O_3 + 12CaCO_3 \longrightarrow 12CaO \cdot 7Al_2O_3 + 12CO_2$$

③ SiO_2 与 Na_2CO_3 之间的反应:SiO_2 与 Na_2CO_3 在高温下存在几种硅酸盐,如 Na_2SiO_3、$Na_2O \cdot 2SiO_2$ 和 $2Na_2O \cdot SiO_2$ 等。800 ℃时的化学反应方程式为:

$$SiO_2 + Na_2CO_3 \longrightarrow Na_2SiO_3 + CO_2 \tag{9-44}$$

继续升高温度,可能发生二次反应:

$$2Na_2SiO_3 + 2NaAlO_2 \longrightarrow Na_2O \cdot Al_2O_3 \cdot 2SiO_2 + 2Na_2O \tag{9-45}$$

④ SiO_2 与 $CaCO_3$ 之间的反应:

$$SiO_2 + 2CaCO_3 \longrightarrow 2CaO \cdot SiO_2 + 2CO_2 \tag{9-46}$$

要使得硅铝酸钠分解为硅酸二钙和铝酸钠,碱石灰烧结法需要 1 200～1 250 ℃的高温。

按照化学反应计量比的参考值 $m_{Na_2CO_3}/m_{Al_2O_3+Fe_2O_3}=1$、$m_{CaCO_3}/m_{SiO_2}=2$ 进行配料,控制温度在 1 250 ℃进行高温煅烧。烧结后的烧结块的主要成分是 $Na_2O \cdot Al_2O_3$、$Na_2O \cdot SiO_2$ 和 $2CaO \cdot SiO_2$ 等。

$$Na_2O \cdot Al_2O_3 \cdot 2SiO_2 + 4CaO \longrightarrow 2(2CaO \cdot SiO_2) + Na_2O \cdot Al_2O_3 \tag{9-47}$$

2. 改进型碱石灰烧结法提取氧化铝

(1)概述

碱石灰烧结法生产氧化铝并副产白炭黑或硅灰石等称为改进型碱石灰烧结法,该方法是当前主要的生产方法。其工艺原理是基于新生产的粉煤灰具有一定水化活性,在一定的条件下部分活性硅可以与苛性碱反应,生成硅酸钠,对硅酸钠进行处理制得白炭黑(SiO_2)和硅灰石($CaO \cdot SiO_2$)等副产品;脱硅后的渣采用传统碱石灰烧结法生产氧化铝。实质上就是预先对粉煤灰进行脱硅处理再用传统碱石灰烧结法从脱硅后的粉煤灰中提取氧化铝。

目前,在从粉煤灰提取氧化铝的几种常用方法中,多数对粉煤灰不做脱硅处理而直接提取氧化铝。与这些方法相比,预先对粉煤灰进行脱硅处理再提取氧化铝的优点如下:① 可以显著提高剩余粉煤灰的铝硅比,大幅度降低单位氧化铝需配制的待烧生料量、能耗、物耗及成渣量;② 可以显著提高粉煤灰的资源化利用效率,例如每处理 1 t 粉煤灰,可以生产120～160 kg 的白炭黑;③ 能在提取非晶态 SiO_2 的同时,打破玻璃相对莫来石和刚玉的包裹,使粉煤灰颗粒产生大量的孔洞,显著提高粉煤灰的反应活性,提高 Na_2CO_3—CaO—脱硅粉煤灰体系反应速率,降低焙烧温度,因而可降低对焙烧设备的性能要求。

(2)预脱硅过程中的相关机理分析

①　细磨对粉煤灰脱硅反应的促进作用。由于粉煤灰是在高温流态化条件下快速形成的一种以硅酸盐为主要成分的混合物,其中粉煤灰玻璃液相在表面张力的作用下收缩成球形液滴并相互黏结,在快速冷却过程中形成多孔玻璃体。快速冷却阻止了玻璃相析晶,使大量粉煤灰粒子仍保持高温液态玻璃相结构。由于高温条件下的脱碱作用,玻璃相外表面所含的 Na、K 等碱金属元素进入大气,于是在玻璃体表面形成≡Si—O—Si≡和≡Si—O—Al≡双层玻璃保护层。这种结构表面外断键很少,能与 NaOH 溶液反应的可溶性 SiO_2、Al_2O_3 也少,因而粉煤灰的火山灰活性比成分相近的火山灰低。再加上双保护层的阻碍作用,使颗粒内部本来含量较少的可溶性 SiO_2、Al_2O_3 很难溶出,导致粉煤灰的活性进一步降低。有两种途径可有效激活粉煤灰的化学活性:a. 破坏≡Si—O—Si≡和≡Si—O—Al≡网络构成的双层保护层,使内部可溶性 SiO_2、Al_2O_3 的活性释放;b. 将玻璃相中的网络聚集体解聚、瓦解,使[SiO_4]、[AlO_4]四面体形成的三维连续的高聚合度网络解聚成四面体短链,进一步解聚成[SiO_4]、[AlO_4]单体或双聚体等活性物。

通过细磨可破坏粉煤灰中的双层玻璃保护层。一方面粉碎粗大多孔的玻璃体,解除玻璃颗粒黏结,改善了表面特性,提高了粉煤灰的物理活性(颗粒效应、微骨料效应等);另一方面,破坏了玻璃体表面坚固的保护膜,使内部可溶性 SiO_2、Al_2O_3 溶出,断链增多,比表面积增大,使反应接触面、活化分子增加,粉煤灰早期化学活性得到提高。因此细磨可增加粉煤灰与 NaOH 的反应速率,可在较短的反应时间内提取更多 SiO_2。

②　NaOH 浓度对 SiO_2 提取率影响的内在机理分析。张战军研究了 NaOH 浓度对 SiO_2 提取率的影响作用,研究发现,在 20%～30% 的浓度范围内,NaOH 浓度对 SiO_2 提取率的影响相对较小。为了更为全面地了解 NaOH 浓度对 SiO_2 提取率的影响,固定其他条件为最佳条件,用 10% 的 NaOH 进行了脱硅试验,结果发现,SiO_2 的最高提取率仅为 27.8%,脱硅效果明显低于高浓度 NaOH。

用 10% 的 NaOH 对该类粉煤灰进行脱硅时,脱硅反应过程中出现的新生矿物不是方钠石而是一种沸石,其分子式为 $Na_6Al_6Si_{10}O_{32}$ 或 $Na_3Al_3Si_5O_{16} \cdot xH_2O$。与高浓度 NaOH 所产生的新生矿物方钠石类似,该矿物在整个脱硅反应过程中结构稳定,且总生成量一直随时间的增加而增加。由上述事实不难推断,低浓度 NaOH 的脱硅效果远低于高浓度 NaOH 的原因可能如下:在 95 ℃下,不同浓度 NaOH 主要与粉煤灰玻璃相之间发生较为明显的反应,玻璃相中的 Si 和 Al 溶解进入液相,随着液相中 Al、Si 浓度的增加,开始发生形成 Al、Si 矿物的水热合成反应,低浓度 NaOH 的生成物为上述的一种沸石,其 n_{si}/n_{Al} 为 5:3,即每一个 Al 原子导致约 1.7 个 Si 原子重新回到粉煤灰中而无法被溶出;而高浓度 NaOH 的生成物为一种方钠石,其 n_{si}/n_{Al} 为 1:1,每个 Al 仅损失 1 个 Si,所以相比而言,前者对脱硅效果的危害更大。I. MiKi 等进行了用 NaOH 溶液在 100 ℃与粉煤灰反应合成沸石的试验后认为,低浓度的 NaOH 易于形成 Na-P1 型沸石,而高浓度的 NaOH 则更易于形成羟基方钠石,这与张战军等的研究结果一致。

③　SiO_2 提取率随时间变化规律的机理分析。粉煤灰化学组分较复杂,与 NaOH 溶液之间可以发生多种反应,这些反应按对提硅率的贡献可分为两类:一类是粉煤灰中非晶态 SiO_2 及少量硅酸盐与 NaOH 之间的反应,这类反应使粉煤灰中的 SiO_2 溶解而进入溶液中,使溶液中 Si^{4+} 浓度升高,有利于 SiO_2 的提取,被称为正反应;另一类反应使 Si^{4+} 和 Al^{3+} 由溶液进入粉煤灰,造成溶液中 Si^{4+} 浓度降低,对 SiO_2 的提取有害,被称为副反应,这类反应最

典型的代表就是溶液相之中的 Al_2O_3、SiO_2、Na_2O、OH^-、H_2O 以及 CO_2 等组分参与形成方钠石的反应。根据不同时间段溶液中 Si^{4+} 和 Al^{3+} 的浓度变化规律,可将脱硅反应分为四个阶段(见图 9-14):第一阶段,0～0.5 h。正反应速率在该阶段达到最大值,由于溶液中 Si^{4+} 和 Al^{3+} 的浓度很低,副反应速率很小,正、副反应的速率差最大,所以此时溶液中 Si^{4+} 和 Al^{3+} 的浓度增长速度最快,该阶段对应的斜率最大。第二阶段,0.5～4 h。随着反应的进行,粉煤灰中非晶态 SiO_2 的量逐渐减少,非晶态 SiO_2 与 NaOH 的接触面积也随之减少,正反应速率开始降低。而随着溶液中 Si^{4+} 和 Al^{3+} 浓度的增加以及 OH^- 浓度的降低,生成方钠石的副反应速率大幅增加,但由于正反应对溶液中 Si^{4+} 浓度的贡献依旧超过了副反应所造成的 Si^{4+} 损失,所以此阶段溶液中 Si^{4+} 浓度继续增加,只是增速降低,在图 9-14 中对应的斜率变缓。在反应进行到 4 h 左右时,正、副反应速率相等,Si^{4+} 浓度达到最大值,因此如果此时终止反应,将会获得最高的 SiO_2 提取率。由于该类粉煤灰非晶态物质中 Al_2O_3 含量很低,到第二反应阶段后期,这些活性 Al_2O_3 逐渐消耗殆尽,与此同时,副反应对 Al^{3+} 的消耗继续增加,所以溶液中 Al^{3+} 的浓度开始降低。第三阶段,4～8 h。反应进行 4 h 以后,粉煤灰中的非晶态 SiO_2、Al_2O_3 消耗完毕,正反应速率降为零,不再对溶液中 Si^{4+} 和 Al^{3+} 的浓度有任何贡献,与此同时副反应还在继续进行,所以溶液中 Si^{4+} 和 Al^{3+} 浓度必然会降低。第四阶段,8 h 以后。在此阶段,随着溶液中 Si^{4+} 和 Al^{3+} 浓度降低到一定值,副反应速率降低,溶液中 Si^{4+} 和 Al^{3+} 浓度随之缓慢降低,直到最后趋于一稳定值,此时合成方钠石的反应趋于停止。

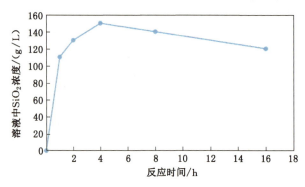

图 9-14　溶液中 SiO_2 浓度-反应时间曲线

由上述分析可知,用 NaOH 溶液脱硅对粉煤灰的物理化学性能有一定要求,即要求粉煤灰玻璃相中 SiO_2 的含量占一定优势(通常要求粉煤灰玻璃相中的 n_{Si}/n_{Al} 至少要大于 4),通过对全国部分电厂粉煤灰的统计情况来看,大多数粉煤灰都能满足这个要求,因此这种脱硅方式具有一定的普适性。

第三节　煤气化渣中回收有用物质

一、煤气化渣中残余碳的利用

煤气化渣一般分为粗渣和细渣,其中残碳量受到多种因素影响(如煤种、气化炉种类、气化炉的操作条件)。煤气化粗渣的残碳量在 5%～30%,粒径分布在 1.2～4.75 mm;细渣的残碳量较高,可达 30％左右(表 9-12),有时甚至高达 50％,粒径均小于 1.2 mm。粗渣和细渣残碳量有差别主要是因为:细渣通常会被气流携带,在气化炉内停留时间较短,气化不太完全,煤粉转化率较低;粗渣通常在炉内停留时间较长,气化较完全,煤粉转化率相对较高,故细渣的残碳量较高而密度较低,粗渣则相反(宁永安等,2020)。

表 9-12　煤气化粗渣与细渣的残碳量

炉型	进料方式	煤气化渣样	残碳量/％
德士古气化炉 1	水煤浆进料	细渣	31.38
德士古气化炉 2	水煤浆进料	粗渣	18.89
GSP 气化炉 1	干粉进料	细渣	21.44
GE 气化炉 1	水煤浆进料	粗渣	17.99
GSP 气化炉 2	干粉进料	细渣	21.44
GE 气化炉 2	水煤浆进料	粗渣	15.91
航天炉	干粉进料	粗渣	5.09
多喷嘴气化炉	干粉进料	粗渣	15.32
德士古气化炉 4	水煤浆进料	细渣	36.12

煤气化渣特别是细渣中的残碳量过高会导致煤气化渣难以利用,但过高的碳含量意味着煤气化渣中有较高含量的可燃烧有机物,此类煤气化渣可进入循环流化床锅炉燃烧用于供能。目前国内外学者对煤气化渣中残余碳的利用主要集中在将残碳分离后制作具有高附加值的活性炭。通过对煤气化残渣进行扫描电镜测试,发现煤气化残渣中的残碳主要以絮状无定形态存在。煤气化渣中的残余碳具有较高的比表面积和微孔面积,可作为活性炭或优质炭产品的前驱体。利用煤气化粗渣可制备复合材料,且煤气化粗渣中的碳质组分在高温高压煤气化反应中已经完成了碳化过程,只需活化即可制备活性炭,因此利用水作为活性剂对粗渣中的碳组分进行活化。活化温度为 800 ℃时,粗渣的比表面积达到最大为 77.75 m²/g,粗渣经活化后碳含量约为 11.9％。活化后的粗渣经预处理(盐酸浓度为 8％、碱度为 5％、晶化温度为 120 ℃、晶化时间为 8 h 后),活性炭/沸石复合材料中活性炭含量达 26.67％,比表面积达 294.98 m²/g;此外复合材料具有较高的吸附能力,对 Cr^{3+} 的吸附率能达到 85％以上。对煤气化渣进行浮选,筛选出的精炭可用于制备活性炭,在最佳工艺条件下,浮选精炭产率为 21.81％,碳含量为 85.03％;浮选精炭用 KOH 活化后,所制活性炭的比表面积可达到 1 226.76 m²/g。煤气化细渣为原料可制备高比表面积的碳硅复合材料,该复合材料经改性后用于 Pb^{2+} 吸附,在溶液 pH 值为 5 时,改性碳硅复合材料用于 Pb^{2+} 去除,去除率达 98.2％。但这 2 种方法生产成本高、流程复杂,难以实现大规模工业生产。

由于煤气化炉渣中残碳含有的有机物及挥发分很少,且已经具有一定的孔隙结构,制备过程省去了碳化过程,只需活化过程即可制备活性炭,简化了制备工艺。因此,利用煤气化渣中的残碳直接活化制备活性炭是煤气化渣资源化利用的有效途径。目前,从煤气化渣中提取残碳制备活性炭的方法鲜见工业化利用报道,主要是由于这种方法对煤气化渣的残碳含量具有较高要求,一般只适用于煤气化细渣,局限性较强。此外,此方法的筛选流程比较复杂,筛选过程中可能会产生影响环境的物质,提取残碳后的煤气化渣的再利用也是需要解决的问题。

二、煤气化渣中铝的利用

随着国内优质铝土矿的日益枯竭,以及环保压力的与日俱增,从工业含铝固体废物中提取铝元素的研究逐渐成为热点。煤气化渣中铝含量达 $10\%\sim30\%$,特别在利用高铝煤作为原煤进行气化时,煤气化渣中 Al_2O_3 含量达到 46.64%。煤气化渣中铝元素主要以非晶态铝硅酸盐和石英相、铁钙等杂质与铝硅酸盐夹裹的形式存在。通过浸出方式将煤气化渣中活性铝提纯并制备高附加值的含铝产品是煤气化渣资源循环利用的潜在利用途径之一。以煤气化渣为原料,利用酸浸液法可制备聚合氯化铝絮凝剂,通过考察酸浸过程,了解不同因素对氧化铝浸出率的影响规律。在最佳工艺条件下,第 1 次氧化铝浸出率为 44.0%,经 4 次循环酸浸后,酸液中铝离子浓度达 28.0 g/L。以该循环富铝酸液为聚铝原料,最佳工艺条件为:聚合温度为 80 ℃,聚合时间为 120 min,铝酸钙粉添加量为 0.25 g/mL。在该工艺条件下,产品中氧化铝含量在 $10\%\sim11\%$,符合国家工业废水处理中采用聚合氯化铝产品的标准。

从煤气化渣中提取氧化铝,并利用氧化铝生产高附加值的产品,是煤气化渣综合利用的有效途径。目前主流的提取煤气化渣中铝元素的主要方法是酸浸和碱浸,这 2 种方法在提取铝元素过程中会产生大量酸性或碱性废水,煤气化渣经过酸浸或碱浸后会产生大量残余物,这些残余物组成复杂,目前鲜见提取氧化铝后煤气化渣再利用的报道。此外该方法对煤气化渣中铝元素含量要求较高,普适性不强。

三、煤气化渣中硅的利用

煤气化渣中的硅元素主要以 SiO_2 形式存在,占 $30\%\sim50\%$,具有很高的再利用潜力。

煤气化渣作为一种高温烧结的非晶态混合物,利用酸浸方式能有效除去可溶性金属盐,得到具有丰富介孔结构的无定形二氧化硅材料。二氧化硅多孔材料具有广阔的应用前景,同时酸浸处理是一种简单、经济、方便的工艺。因此,酸浸成孔技术可以有效解决煤气化渣作为固体废物的处理问题。

利用煤气化渣中的硅元素制备高附加值的介孔材料是煤气化渣综合利用的有效方式,如前所述酸浸是主流的煤气化渣中硅元素的提取方式,但浸出废液的处理以及剩余残渣的处理与处置也是亟待解决的问题。

四、煤气化渣制备陶瓷材料的应用

煤气化渣主要化学成分包含 SiO_2、Al_2O_3、CaO 和 C 等,与传统制备陶瓷的原材料成分相近,因此可以利用煤气化渣制备陶瓷。研究发现以煤气化渣为原料,在较低温度下采用模压成型工艺烧结制备了多孔陶瓷,在最佳操作条件下多孔陶瓷性平均孔径为 $5.96\ \mu m$,孔隙率为 49.2%,具有优异性能。利用煤气化粗渣,采用改进后的免烧方式制备陶粒,研究表明在最佳试验条件下陶粒筒压强度符合《轻集料及其试验方法 第 1 部分:轻集料》(GB/T 17431.1—2010)要求,陶粒性能符合环境安全标准;经过浸出毒性测试后,发现免烧工艺能够对煤气化粗渣中重金属起到固定作用,有良好的市场化应用前景。

除上述方法外,碳热还原氮化法是制备氮化物粉末的一种简单、低成本的方法。其原因是该方法所需氮源可由 IGCC 系统的空气分离装置提供,降低生产成本。研究表明,在煤气化渣的碳热还原氮化过程中主要是 Ca—Si—Al—O 玻璃组分发生反应,此外非晶态的煤气化渣由[AlO$_4$]四面体支化的[SiO$_4$]四面体骨架网络组成,可当作玻璃组分处理。煤气化渣的氮化过程是由 Ca—Si—Al—O 玻璃组分开始,随着玻璃组分的连续氮化,O—SiAlON 首先在煤气化渣表面形成,然后进一步转化为富氮 SiAlONs,最终转化为 Ca—α-SiAlON,每次相变转化都有明显的形态转化过程。最后,使用两步净化法制备了高浓度 Ca—α-SiAlON 粉末,转化率达 45%。

利用煤气化渣中的多种物质制备陶瓷材料,不仅实现了煤气化渣的高效利用,而且煤气化渣经过处理后只产生少量废弃物。但制备流程复杂、成本高等问题限制了其工业化应用。

第十章　煤矿固体废物利用的环境影响

第一节　煤矸石利用的环境影响

煤矸石作为我国主要的工业固体废物之一,长期以来,排放数量大、分布范围广,由于其物理和化学特性,直接弃置堆存极易造成人身安全、环境和经济等多方面的危害。煤矸石的大量堆放对环境造成的危害为:首先压占土地资源,影响生态环境;其次煤矸石淋溶水将污染周围土壤和地下水,煤矸石自燃排放二氧化硫、氮氧化物、碳氧化物和烟尘等有害气体污染大气环境;再次煤矸石随意大量堆放,存在坍塌、滑坡、泥石流等地质灾害隐患(图 10-1)。

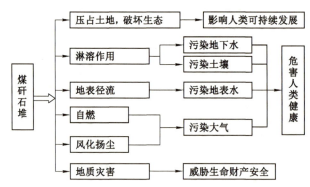

图 10-1　煤矸石对人类的危害途径

煤矸石对环境的污染有缓释性、滞后性、长期性的特点,影响是多方面的,主要表现在压占土地、空气污染、水体污染、土壤污染及地质灾害等方面(王栋民等,2021;刘恒凤等,2021;李杰锋,2022)。

一、煤矸石对环境的影响

(一)压占土地

煤矸石是我国目前工业排出的固体废物中数量最大的一种。由于我国煤炭产量长期处于高位,煤矸石每年的排放量都处于较高水平。掘进矸升井、洗矸分选出来后,如无有效的综合利用途径,将占用大量的土地资源。据统计,我国煤矿现有煤矸石山 1 700 多座,堆积量达 50 亿 t 以上,占地面积超过 2 万 hm²,而且随着煤炭的开采,煤矸石以每年约 7 亿 t 的数量增加,每年增加堆积量 2 亿 t 以上,每年增加占用土地面积 300～400 hm²,造成了大量土地资源的浪费,使农民失去土地,也破坏了原有的土地结构和景观生态。例如,平顶山矿区开发的短短 40 年中,仅平煤集团总公司所属煤矿及选煤厂排放煤矸石山就有 31 座,煤矸石积存量为 4 000 万 t,占地中 78 ％为可耕地,按当地平均种植水平,每年少收获粮食约 62.6 万 kg,相当于 1 500 多人的粮食占有量。井工采煤由井下运到地面的煤矸石和选煤厂将精煤选出后排弃的煤矸石堆积压占土地。我国煤矸石综合利用率低,随着煤矸石持续堆放,每年新增占地面积 400 hm²。在我国人多地少的基本国情下,煤矸石山占用大量的土地资源,加剧了人地矛盾,对社会和经济发展造成的影响已不容忽视,必须加快对煤矸石的综合利用,或进行绿化复垦,进而减少和消除煤矸石堆放所占用的宝贵土地资源。

（二）水体污染

煤矸石堆存形成酸性淋溶液及重金属富集,会对水环境造成危害,煤矸石长期堆存过程中,遇水浸润会产生酸性较强的淋溶水,淋溶水进入水体中时,会破坏或抑制水中微生物的生长,妨碍水体自净。大量煤矸石常常被堆放在山间谷沟,经过降水淋溶后,部分有害元素会被溶解出来并且随着降水形成地表径流,进入水体或者渗入土壤中,从而对水体环境造成一定影响。淋溶水的排放量通常采用如下公式计算:

$$Q_{ni} = 10^{-3} P_i A \left[1 + (1-a)^1 + (1-a)^2 + (1-a)^{n-1} \right] \tag{10-1}$$

式中　Q_{ni}——矸石的淋溶中第 i 种元素的排污量,kg;

　　　a——排污衰减系数$(0<a<1)$;

　　　A——年排污量,t;

　　　n——年份,$n \geqslant 1$;

　　　P_i——污染系数。

煤矸石长期在自然条件作用下发生淋溶,微量元素从煤矸石中析出,同时在水的作用下渗透到煤矸石堆附近的土壤中,并发生迁移,煤矸石堆周围土壤中微量元素含量较高是多年积累的结果,煤矸石堆周围铬、铅、砷、镉等元素含量部分矿区超过《地表水环境质量标准》(GB 3838—2002)和《地下水质量标准》(GB/T 14848—2017)中Ⅲ类标准,对所在矿区地下水、地面水和土壤存在一定程度的污染。而铅、镉、铬等重金属离子毒性非常大,能在环境中蓄积于动植物体内,对人体产生长远的不良影响,会引起急、慢性中毒,造成人体肝、肾、肺等组织的伤害。严重时会对人体的三大系统造成伤害,甚至能够导致畸形、癌变和死亡。煤矸石含有的微量重金属元素,如铬、银、砷、汞、镉等有毒物,堆放于露天中,经日晒、风吹和雨淋等剥蚀风化,有害成分溶解后进入地表水或者渗入土壤,甚至通过土壤进入地下水,对土壤环境和水环境造成二次污染,对生物产生很强的影响,能抑制或消灭水中微生物的生长,妨碍水体自净。此外,淋溶水污染水体被饮用后,里面所含的一些重金属有害物质会严重危及人体健康,并损伤人体眼睛和皮肤。

煤矸石日常污染水体可分为物理污染与化学污染两种。煤矸石中含有的硫化矿物可与水、大气等产生化学反应,也就是硫化矿物的各种氧化反应。煤矸石山中渗流出的水为混合盐类溶液,其内部的酸会与其他成分继续反应形成多种硫酸盐,同时这些渗流水中含有大量酸性盐水解产物,这些水解产物会逐渐流入地表水中。煤矸石中所含重金属矿物较多时,若这些重金属渗入水中,会使水体变得有毒,从而产生严重危害。人类周围的水体一旦遭到破坏、污染,这些水体会借助各种食物链危害人体并破坏整个生态系统。

煤矸石中含有的较高硫分及其他有害元素,经过风化及大气降水的长期淋溶作用,形成硫酸或酸性水及离解出各种有毒有害元素渗入地下,导致土壤、地表水体及浅层地下水的污染,形成淋溶酸性水。而煤矸石中大量的可溶性无机盐,通过长期风化、降雨淋溶等作用,发生一系列的物理、化学变化,随淋溶水以溢流泉的形式溢出地表,形成高矿化度泉水。如加拿大曾经对部分矿山酸性水的产生和持续时间进行调查,发现有的矿山在煤矸石库关闭几百年后仍然大量渗漏酸性排水。到 1988 年底,一共调查了 108 个废矿,其中 21 个废矿由于排出酸性废水,被评为危险场地。酸性排水影响面积超过 15 000 m^2,处理费用巨大,仅土地恢复费用即超过 30 亿美元。

(三) 土壤污染

煤矸石堆存形成酸性淋溶液及重金属富集,会对土壤造成危害。煤矸石中除含有 SO_2、Al_2O_3 以及铁、锰等常量元素之外,还有其他少量重金属,如铅、镉、汞、砷、铬等,这些元素都是有毒有害重金属元素,渗入土壤后,会破坏煤矸石堆场周边的土壤环境,且这些损害会通过食物链进入人体循环,危害人民群众身体健康。

煤矿产生的煤矸石大多直接堆积在土地上,不同程度侵占大量工矿用地、林地和耕地,形成大量煤矸石山,煤矸石的堆放埋压破坏了地质地貌。煤矸石山不断增多,成为我国年产生量和积存量最大、占用场地最多的工业固体废物。煤矸石在风化期间,分解出 Ca^{2+}、Mg^{2+}、Cl^-、K^+、Na^+、SO_4^{2-} 等可溶盐,这些可溶盐浸入土壤,引起土壤的盐渍化,影响农作物生长。

长期露天堆放的煤矸石经日晒雨淋,析出的如铅、汞、锡、铬、砷等重金属会造成水体和土壤的污染。另外,自燃煤矸石山释放的大量气体进入空气中被氧化为酸,并随着降雨落到地面,污染土壤,使其酸化或盐碱化,与此同时,大气和水携带的煤矸石风化物颗粒可飘散在周围的土地上,污染土壤。

煤矸石以两种方式污染土壤:一是煤矸石山风化形成的粉尘降落在附近的土地上,降尘含有各种有害的重金属元素,它能严重污染土壤,同时降尘还会阻碍植物的光合作用。二是当降尘进入土壤后,他将改变土壤的 pH 值和土壤中微量重金属的平衡。因此,煤矸石将影响土壤的营养值。

(四) 空气污染

煤矸石组分较为复杂,一般均含一定可燃成分,掘进矸一般热值较低,洗矸热值较高,且普遍含硫量高。长期堆存煤矸石山由于可燃成分发生自燃,自燃后产生 SO_2、CO、CO_2、H_2S、NO_x 等气体无组织排放,严重污染矿区周边大气环境,影响矿区居民的身体健康。

矿区空气污染主要是由于煤炭开发和利用,煤矸石山也是主要的空气污染源。煤矸石扬尘强度取决于煤矸石含水率、粒度以及地面风速和煤矸石堆放地的地理环境。煤矸石在堆放、运输等过程中会形成细小粉尘,当风速到达 4.8 m/s 时,颗粒会飞扬并且悬浮于大气中。粉尘里许多对人体有害的元素,如砷、汞、铜、铬、锰、铝、锌等会随细小颗粒被人体吸入肺部,从而导致各种各样的疾病,如气管炎、尘肺、肺气肿,甚至导致癌症发生。悬浮在大气层中的颗粒物会破坏大气温室效应,造成局部气候异常,危及人体健康。煤矸石自燃时会释放出多种有害气体,如 H_2S、SO_2、CO_2 和 CO 等,同时产生大量烟尘,并具有爆炸危险性。发生的化学反应如下所示:

$$4FeS_2 + 11O_2 \longrightarrow 8SO_2 + 2Fe_2O_3 \tag{10-2}$$

$$2FeS_2 + 5O_2 \longrightarrow 4SO_2 + 2FeO \tag{10-3}$$

$$2FeS_2 + 2H_2O + 3O_2 \longrightarrow 2FeSO_4 + 2H_2S \tag{10-4}$$

$$C+O_2 \longrightarrow CO_2 \tag{10-5}$$
$$2C+O_2 \longrightarrow 2CO \tag{10-6}$$

煤矸石发生自燃是多种因素共同作用的结果,主要分为内部因素和外部因素。内部因素是废石里夹有少量的煤和黄铁矿,在一定的环境条件下引发的自燃。一般来说,煤矸石在空气中主要是发生低温氧化,产生的热量被煤矸石里含有的煤和黄铁矿吸收,加速它们的氧化反应,从而产生更多的热量,这些量得不到及时的散发便不断聚集,最终导致煤矸石山内部出现高温而引发自燃。此外,内因还包括煤矸石的物理性质,比如易风化程度、破碎性、孔隙率及透气性等。

外部因素与煤矸石山的周围气候、堆放的地理位置及堆放形式、所受微生物作用因素等有关。气候的影响主要包括雨水和日照量等因素的变化,阴雨天空气中含有大量的水分,煤矸石表面吸附这些水蒸气并产生吸附热,这些热量可使煤矸石的温度升高。同时,水的湿润热也能使煤矸石的温度升高,从而促进煤矸石的氧化,煤矸石吸氧量在一定范围内随着水量的增加而增大,当湿度达到一定程度后,吸氧量又会随湿度的增加而缓慢降低,当湿度在10%～15%范围内时,煤矸石的吸氧量达到最大,而在此湿度下煤矸石自燃的可能性将提高。另外雨水可以促进煤矸石的风化,增加煤矸石的比表面积及其孔隙度和透气性,煤矸石的孔隙率越大,被氧化的煤矸石颗粒表面积就越大,从而导致氧化反应速率增大,单位时间内氧化放热量增多,使煤矸石温升加速,最终引起煤矸石山自燃。煤矸石自燃与日照也有很大关系,日照量增加时,煤矸石表面温度升高,有利于煤矸石山内部氧化,加速煤矸石自燃。煤矸石的堆放情况直接影响煤矸石自燃。传统的排矸方式一般是先将煤矸石拉到煤矸石山顶部,然后倾斜并使其自然滚落。这样就使体积和质量较大的煤矸石滚落在矸石山侧面的边坡底部,中块煤矸石以及部分体积相对较小的煤矸石则停留在煤矸石堆的中上部。这样形成的不同粒度物料的分层堆积,为煤矸石山内部供养提供了良好的通风条件,位于煤矸石山边坡中下部的大中块间具有较大的空隙,空气中的氧气从其中渗入,而煤矸石山的中下部硫铁矿和碳质相对集中,易发生氧化燃烧。

所以,煤矸石山自燃时,会给周围大气环境、人体健康、动植物生长等造成不同程度的影响。当堆存煤矸石中含硫量到1%时,在吸热、加压或者通风条件下,会发生煤矸石山自燃现象。矸石山自燃时,不但会释放大量 SO_2,而且还会释放出大量 H_2S、CO 和 CO_2 等气体,甚至在释放一些有毒有害气体的同时还可能含有大量烟尘,污染矿区大气环境,危害人体健康。

（五）地质灾害

煤矸石按一定倾角堆存形成煤矸石山,煤矸石山堆存一定时间后,自燃或遇雨水浸泡,都可能引发塌方和滑坡等灾害。近年来,东部、西南和东北等地区的煤矿均发生过煤矸石山塌方、滑坡等类型地质灾害,造成多人伤亡的恶性安全事故,人员伤亡和财产损失巨大。

矿区煤矸石山多为大量粒径不等、形状不同的颗粒以不同的排列方式自然堆积而成,结构疏松,从本质上说是不连续的,为散体材料。同时,受煤矸石中碳分的自燃、有机质的灰化及硫分的离解挥发等作用,煤矸石山的稳定性普遍较差,极易发生崩塌、滑坡。煤矸石山的稳定性受煤矸石堆基础岩土体的抗剪强度特性、本身的结构、石堆的形状和基础岩土体孔隙的水压力等因素所制约。煤矸石堆放的自然安息角为38°～40°,超过这个角度范围或在人为开挖以及降雨量强度达到60 mm/h时容易引发重力灾害,如泥石流、滑坡、坍塌等造成人员伤亡和财产损失。煤矸石内部空隙较大,与空气接触氧化产生大量热量,尤其在夏季高温闷热的情况下,容易使煤矸石山内部发生爆炸,严重威胁到矿区居民生命财产安全。当矸石山内的瓦斯气体聚集至一定浓度,且得不到有效释放时,则极易产生爆炸,并引起崩塌、滑坡,形成连锁灾害。煤矸石山爆炸是我国煤矿常见的地质灾害。2005 年 5 月 15 日、16 日,河南天安煤业四矿煤矸石山先后发生两次自燃爆炸灾害,造成 8 人遇难、122 人受伤,造成生命、财产的重大损失。

煤矸石泥石流灾害主要发生在山区煤矿,煤矿大都直接将煤矸石倾倒于山谷或高大的深沟中,成为泥石流的物质源,一旦山谷和深沟中形成较强的径流条件,即可能形成泥石流灾害。多发生于雨季,形成的灾害程度不同。我国多数矿山对煤矸石贮存场地未经严格设计,存在许多大型的、堆放极不规范的煤矸石山。由于煤矸石堆放得不稳固,严重威胁着公共安全,历史上有惨痛的教训。1966 年,英国 Aberfan 附近一座高达 60 m 的煤矸石山滑坡,导致 144 人丧生,并造成重大财产损失;1972 年,美国西弗吉尼亚州的法罗山谷暴雨后出现携带 17 亿 m³ 煤矸石的泥石流,造成 116 人死亡、546 间房屋和 1 000 多辆汽车被毁、4 000 余人无家可归的悲惨事件。我国各地煤矸石山堆放也时有垮塌、滑坡及泥石流事故发生,严重危及附近居民的安全。如山东省枣庄煤矿北煤井一煤矸石山,1994 年发生坍塌,导致 17 人死亡、7 人受伤;2004 年 6 月 5 日,重庆万盛经济技术开发区南桐矿业公司东林煤矿煤矸石山垮塌引起滑坡,造成民房被毁和重大人员伤亡,此次灾害共涉及 14 户居民 56 人,其中 17 人死亡;2004 年 6 月 7 日,重庆市万盛经济技术开发区万东镇新华村胡家沟社发生煤矸石山垮塌事件,事件造成 5 人死亡、3 人受伤、16 人失踪。可见煤矸石堆积区滑坡、泥石流的发生造成人员财产的重大损失,煤矸石山所造成的环境及地质灾害问题应引起相当的重视。图 10-2 是煤矸石山堆积对环境的影响。

图 10-2　煤矸石山堆积对环境的影响

二、煤矸石利用过程中的环境影响

煤矸石利用途径多样,本节通过以下几个实例作为典型案例介绍煤矸石利用过程中对环境的影响。

(一)充填材料

以煤矸石(47.5%)、粉煤灰(40%)、水泥(10%)和白灰(2.5%)制备胶结充填体,研究其重金属浸出特性。

1. 重金属含量特征

通过重金属总含量测试方法对煤矸石、粉煤灰、水泥和白灰进行了重金属含量测试,得到原材料内部重金属元素含量(质量分数 W_B)及评价结果如图 10-3 所示。由图 10-3(a)可知,粉煤灰中除了 Zn 元素以外,其他重金属元素的含量均为最高值,其次是矸石,而白灰中除 Cd、Ni 和 As 元素以外,其他重金属含量均为最低值。

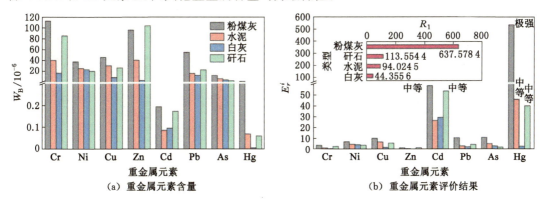

图 10-3 原材料内部重金属含量及评价结果

通过对原材料内部重金属潜在生态危害指数评价得到 E_r^i 与 R_1 值[图 10-3(b)],根据 E_r^i 值的大小可知粉煤灰内部 Cd 和 Hg 元素的单个污染物生态风险程度分别为中等和极强,煤矸石中 Cd 和 Hg 元素的单个污染物生态风险程度为中等,水泥中 Hg 元素的单个污染物生态风险程度为中等,因此在后面的浸出试验中主要针对 Cd 和 Hg 两种元素进行分析;同时根据 R_1 值的大小可知粉煤灰的总生态风险程度为很强,煤矸石、水泥和白灰的总生态风险程度为轻微。

2. 重金属浸出特征

通过对不同粒径煤矸石基胶结充填材料进行 64 d 的水槽浸出试验,发现 Cd(Hg 未检测出)的浸出规律与骨料粒径呈一定的反比关系,即骨料粒径越小浸出累积释放量越大,粒径从 2.5 mm 变化到原始时,矸石基胶结充填材料内部 Cd 浸出累积释放量分别为 0.071 mg/m²、0.058 mg/m²、0.053 mg/m²、0.033 mg/m²、0.029 mg/m²、0.047 mg/m²,均未超过地质量标准Ⅲ级限制,可知胶结充填采煤技术对矸石和粉煤灰内部重金属固化效果较好。

另外由图 10-4(a)可知,Cd 元素的浸出累积释放量曲线一直呈现上升的趋势,并在前 9 d 内有一个快速上升后趋于平衡的趋势,在 36 d 左右增加趋势变缓。通过试验数据拟合结果可知,Elovich 方程可以很好地表示煤矸石基胶结充填材料内部重金属 Cd 的浸出变化特征,为进一步解释 Cd 的释放规律,对煤矸石基胶结充填材料内部重金属浸出机理进行分析,得到图 10-4(b)。由图 10-4(b)可知煤矸石基胶结充填材料内部重金属 Cd 的释放机理为:在释放前期为延迟扩散或溶解作用,释放中期为溶解和扩散作用,释放后期为耗竭作用,因此 Cd 在前期由于延迟扩散或溶解作用导致 Cd 浸出浓度快速增加,中期在溶解和扩散作用下缓慢增加,后期在耗竭作用下趋于平衡。

(二) 土地复垦

1. 重金属含量特征

某煤矿井下开采过程中煤矸石充填的复垦区土壤中含有多种重金属,其数值见表 10-1。

由表 10-1 可知,深部复垦区土壤中的重金属 Pb、Zn、Ni、Cr 的含量分别是 32.45 mg/kg、2 250.48 mg/kg、43.96 mg/kg、74.13 mg/kg。煤矸石充填的复垦区土壤中的重金属含量明

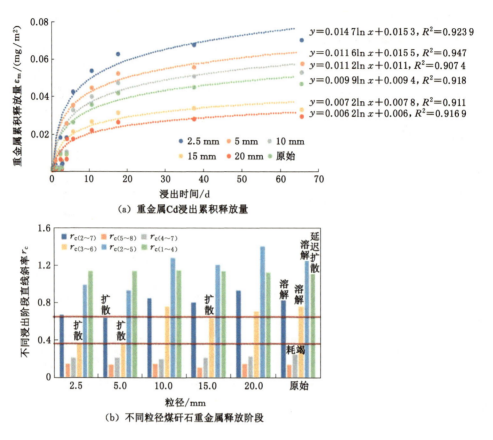

$y = 0.014\,7\ln x + 0.015\,3,\ R^2 = 0.923\,9$

$y = 0.011\,6\ln x + 0.015\,5,\ R^2 = 0.947$

$y = 0.011\,2\ln x + 0.011,\ R^2 = 0.907\,4$

$y = 0.009\,9\ln x + 0.009\,4,\ R^2 = 0.918$

$y = 0.007\,2\ln x + 0.007\,8,\ R^2 = 0.911$

$y = 0.006\,2\ln x + 0.006,\ R^2 = 0.916\,9$

(a) 重金属Cd浸出累积释放量

(b) 不同粒径煤矸石重金属释放阶段

图 10-4 煤矸石基胶结充填材料内部重金属浸出机理

显高于未复垦土壤的,特别是 Zn 的含量是 6.23 倍;对于重金属 Pb 和 Ni 的含量与未复垦区的重金属含量基本保持一致,相差值较少;而对于重金属 Cr 的含量高于未复垦区土壤中的,是其含量的 1.57 倍。由此可知,煤矿在开采活动中以及产生的煤矸石充填复垦区能够加重土壤重金属含量,对土壤造成重金属污染,其中尤以 Zn 最为严重,其次是 Cr,对于 Pb 和 Ni 的重金属污染不明显。通过《土壤环境质量 农用地土壤污染风险管控标准(试行)》(GB 15618—2018)、《土壤质量标准 建设用地土壤污染风险管控标准(试行)》(GB 36600—2018)可知,重金属 Zn 的含量明显高于标准值,其含量是标准值的 9 倍以上,而其他三种重金属含量明显低于标准值。由此可知:煤矿井下开采过程中的煤矸石进行充填的土壤已受到重金属的污染,其中 Zn 尤为严重,Cr 次之;对于挖深垫浅复垦区土壤中的重金属 Pb、Zn、Ni 以及 Cr 的含量分别是 25.13 mg/kg、56.95 mg/kg、40.85 mg/kg、73.92 mg/kg。明显高于未复垦区土壤中的重金属含量。

综合深部、浅部复垦区土壤中的重金属可知,不同的复垦方式其重金属污染程度存在较大差异,总体上深部煤矸石充填土壤中的重金属含量明显高于浅部,特别是重金属 Zn 的含量,深部是浅部的 39.51 倍。经分析,煤矿开采利用的是井工开采,属于封闭式,位于复垦区的下方,在开采过程中造成深部土壤的重金属含量过高,另外,煤矸石中的重金属通过运移的方式进入土壤中,造成土壤中 Zn 含量的增加。

土壤中重金属变异情况能够地反映该地区重金属分布情况以及污染程度的不同。深部煤矸石充填的土壤中 Zn 的含量变异系数最大,达到了 77.99%,说明 Zn 受外界的干扰比较大,在空间分布上存在较大差异;其次是重金属 Cr,为 41.32%,说明受外界干扰程度一般,在空间分布上存在一定的差异;再次是重金属 Ni,为 27.18%,最小的重金属是 Pb,为 18.04%,最后两种重金属受外界干扰程度较小。而对于浅部的挖深垫浅复垦区土壤中重金属含量的变异系数整体偏小,由此可知,对于浅部的挖深垫浅复垦区土壤中重金属在空间分布上比较均匀,受到外界影响较小。

表 10-1　深部和浅部复垦区以及未复垦区土壤中重金属含量特征

重金属特征		Pb 含量	Zn 含量	Ni 含量	Cr 含量
深部复垦区	平均值/(mg/kg)	32.45	2 250.48	43.96	74.13
	变异系数/%	18.04	77.99	27.18	41.32
	未复垦含量/(mg/kg)	30.29	361.23	39.58	47.15
浅部复垦区	平均值/(mg/kg)	25.13	56.95	40.85	73.92
	变异系数/%	12.15	20.22	16.49	25.15
	未复垦含量/(mg/kg)	14.15	18.69	28.59	39.62
GB 15618—2018 中标准值/(mg/kg)		600	250	80	200

2. 重金属形态特征

煤矿深部复垦区土壤中重金属形态分布特征见图 10-5。由图 10-5 可知,重金属 Pb 主要以残渣态和铁(锰)氧化态两种状态为主,其占比分别是 42.58% 和 37.48%。其铁(锰)氧化态占比较高是由于在可交换态和碳酸盐态存在的情况下,重金属 Pb 随着环境发生了交换转变,与铁(锰)氧化形成了稳定的络合物,容易释放导致含量高,该区域的 Pb 对环境具有较高的影响。重金属 Zn 主要是以残渣态为主,其占比可达 97.89%。残渣态性质十分稳定,在种植农作物的情况下,重金属 Zn 可利用的比例非常小,对于土壤的贡献值不大,一般情况下对于土壤没有危害。重金属 Ni 主要是以残渣态和铁(锰)氧化态为主,占比分别是 62.35% 和 21.45%。由于铁(锰)氧化态重金属在酸性条件下能够被轻易激活,所以在土壤中的重金属 Ni 生物的有效性低,但是在酸性条件下会对周围的土壤产生潜在危害。重金属 Cr 主要以残渣态和铁(锰)氧化态为主,占比分别是 81.21% 和 11.58%。由于重金属 Cr 能够在酸性条件下被轻易激活,所以在土壤中的重金属 Cr 生物的有效性低,但是在酸性条件作用下重金属 Cr 会对周围的土壤产生潜在危害。

综上所述,该煤矿复垦区中 Pb 对于周边土壤具有较高的污染影响;Zn 虽然含量较大,但其形态主要以残渣态为主,对环境影响较小。而对于重金属 Ni 和 Cr,由于其在酸性条件下容易发生交换,因此对周围土壤存在潜在危险。该煤矿重金属状态主要以残渣态为主,主要与该煤矿土壤呈碱性有关。

3. 重金属污染特征

为了更好地分析土壤中重金属对土壤的污染特征,采用次生相与原生相分布比值法进行污染影响特征分析,得出的数据见图 10-6。由图 10-6(a)可知:次生相与原生相分布比值 RSP 最大的是重金属 Pb,其平均值可达 1.24,其值位于 1~2 之间,代表重金属可以污染土壤,但是程度较低,属于轻度污染,会对环境产生一定的危害;其次是重金属 Ni,其平均值为

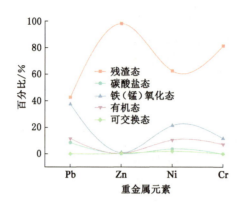

图 10-5 煤矿深部复垦区土壤重金属形态分布特征

0.65,最小的是重金属 Zn,其值为 0.07,后面三种重金属的值均小于 1,代表重金属不能污染土壤,也就是无污染的状态。

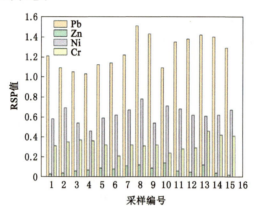

图 10-6 深部复垦区土壤中重金属 RSP 值分布

第二节 粉煤灰利用的环境影响

2020 年我国粉煤灰的累计储量已超过 30 亿 t,每年还产生 6.5 亿 t,若不合理处理粉煤灰,不仅会占用耕地,造成土壤、大气、水体等污染,而且还会危害人体健康和生态环境。由于多方面的原因,粉煤灰利用率偏低,大部分还是储存在灰场,仍有少量粉煤灰飘入大气之中。政策规定不允许向江河湖海排放粉煤灰,但是由于排灰设施不够完善和存在管理方面的问题,仍有少量粉煤灰连同灰水流入水体,这些都对环境构成污染源,造成多方面的危害。我国是储煤大国,长时间内的能源结构还会以煤为主,如此一来,粉煤灰生产、排放量也必然随之增加。而粉煤灰透水性强,保水持水能力低,养分贫瘠,重金属污染物严重超标,植物在其自然状态下极难生存,极易发生水土流失,这对灰渣场周边环境造成巨大的不良影响。

粉煤灰本身是一种能源生产的副产品,如果不能被有效地利用,将被认为是一种环境污染物,人们已经意识到粉煤灰的环境危害性。大多数的粉煤灰处理方法是露天堆放,不规范的堆放和不恰当的处理会污染土壤及危害环境和人体健康。人体长时间暴露在含飞灰的大气中,粉煤灰会刺激眼睛、皮肤、鼻喉和呼吸道;粉煤灰还可能进入地下,从而导致淤积,堵塞自然排水系统,甚至粉煤灰中的重金属会造成地下水污染。微量元素对环境的影响,与其自身在粉煤灰中的含量和与有机或者无机基质的亲和性有关,同时还与电厂锅炉燃烧条件和污染物控制系统有关。粉煤灰对环境和人体健康的危害途径如图 10-7 所示(刘宝勇等,2021;龚本根,2018)。

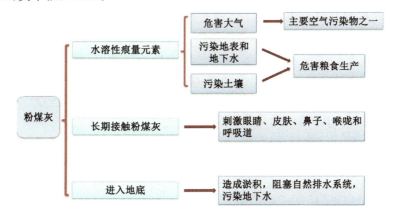

图 10-7　粉煤灰的环境和人体健康的危害途径

一、粉煤灰对环境的影响

(一)占地污染

2020 年我国粉煤灰的累计储量已超过 30 亿 t,累计占地面积约为 4 万 hm²,我国每年还产生粉煤灰约 6.5 亿 t,直接或间接利用量约为 5 亿 t,其余均废弃或灰库储存,每年废弃堆放率超过 20%,而粉煤灰每年的治理费用超过 2 亿元,累计缴纳的粉煤灰排污费超过2 000 多万元,每年增加约 3 000 hm² 的占地用于堆存新增的粉煤灰。

土地是农业生产的重要基地和物质基础,它不仅向人类供给资源和能源,同时还接纳经过开采、加工、调配、消费后的液体、气体、固物等各种废弃物。土地是人们赖以生存的最基本的元素,是极其宝贵的自然资源。我国土地资源总面积为 9.6 亿 hm²,具有如下主要特点:① 山地多(含丘陵,占土地总面积的 2/3),平地少(占 1/3);② 较难利用的沙漠、戈壁、高寒荒漠、石山和冰川以及永久积雪地的面积较广,约占土地总面积的 18%;③ 在可供农用的土地中,草地比例最大(占土地面积的 41.58%),林地次之(占 17.95%),耕地最少(仅占14.21%);④ 耕地质量不高(高产田占比不及 1/3),退化严重,可耕地的后备资源少。由于燃煤电厂遍布全国各地,又多建于城市或市郊,因此不少储灰场占用了大量的可耕地,并且对周围的土壤造成了污染。粉煤灰对土壤的污染,除了直接侵占污染外,还通过水、空气进行扩散污染。

(二)空气污染

我国的燃煤电厂由于除尘器的运行状态各不相同,每年都有数百万吨粉煤灰排放到大气中,造成了大气粉尘污染。粉煤灰即使储入灰场堆存,表面因水分蒸发而干燥,若有四级以上的风力、阵风,即可剥离 1~1.5 cm 厚的灰层,将粉煤灰高高吹起达 20~50 m,造成局部地区的大气污染。悬浮于大气中的粉煤灰,能散射和吸收阳光,减弱太阳对空气和物体的照度,使物体与其背景反差减小,从而降低能见度。能见度的降低,不仅影响环境美观,而且对空航、船航、行车等造成恶劣影响。

粉煤灰中的颗粒物在空气湿度较大时,对金属表面有腐蚀作用,还会侵蚀和玷污建筑物、雕塑制品、涂料表面以及衣着服装等。弥散于空气中的粉煤灰颗粒物对动物和人类的毒害更为严重。粒径大于 10 μm 的颗粒,几乎都可以被鼻腔和咽喉所捕集,还进入肺泡。粒径 10 μm 以下的颗粒对人体危害大,其危害程度除受人的呼吸次数和呼吸量影响外,还与颗粒大小有密切关系。粉煤灰颗粒物不仅使上呼吸道的慢性炎症发病率提高,还使呼吸道及肺部的各种防御功能相继被破坏,人体抵抗力逐渐下降,对疾病感染的敏感性加大。这时微生物的侵袭便向细支气管和肺泡发展,继而诱发慢性阻塞性肺部疾病隐患以及继发性感染症,不断增加心肺负担,使肺泡的换气功能下降,血管的阻力增加,肺动脉压力上升,最后因右心室肥大、右心功能不全而导致肺心病。

灰渣场中灰渣粒径一般为 0.04 μm,经风吹易形成扬尘。有学者对火电场贮灰场大气环境防护距离进行研究,发现在采取分块堆灰的方式(灰块尺寸大于 100 m×100 m)并保持一定的含水率(10% 以上)的情况下,灰场的防护距离不会大于 500 m,并指出风速的大小直接影响灰场的大气环境,且灰场起尘量与灰场碾压面积或破坏的灰面面积成正相关的关系,此外灰场灰渣的含水率也是影响灰场起尘的一个重要因素。研究发现我国东北地区元宝山火电厂灰场周围出现严重的扬尘污染,在春秋多风季节,灰场周围的 TSP(总悬浮颗粒物)日均浓度最高值为 6.24 mg/m^3,超标 19.8 倍;降尘为 26.63~789.59 t/(km^2·月),平均为 260.78 t/(km^2·月),超标 31.59 倍,最大超标 97.74 倍。

(三)水体污染

目前我国的燃煤电厂,由于储灰设施不够完善,粉煤灰利用率也不太高,尚有不少粉煤灰连同冲灰水的排放而排入水体,成为水泵中的一个重大污染源。粉煤灰连同冲灰水一起进入水体形成沉积物、悬浮物、可溶物,造成各种危害。试验证明如果向流量为 1 000 m^3/s 的江河中排放 1 000 t 粉煤灰,水的浊度将增加 6 倍,流经 500 km 处,水体中都能检测出粉煤灰。水的浊度的增加,会减少水体中绿色植物的阳光,堵塞滤池,覆盖鱼的巢穴,妨碍鱼的产卵、觅食等,危害水生动植物的生长和繁殖。作为工业用水,浊度增加会腐蚀涡轮、水泵、管道等设备。颗粒较大的粉煤灰进入水体后逐渐沉积,会提高水体床面,影响河流、湖泊、水库的正常功能,甚至堵塞航道,造成危害。

我国大部分电厂采用湿排灰工艺,输送或排放 1 t 粉煤灰约需 2 t 水,每年约消耗排灰水 1.1×10^9 t 以上。为了排灰,不仅浪费了大量的水,而且消耗了大量的电能。国内外无数事实证明,环境污染实质上大多数是由于资源和能源的浪费所致,大量的能源和资源,用之为宝,弃之则为害。粉煤灰同其排灰水的任意排放所造成的危害即是明显的例证。

灰场对水体的污染主要是指粉煤灰中重金属、有毒元素和灰水中 pH 超标值对灰场及其附近地表水和地下水造成的污染。煤中含有诸如 As、Hg、Cd、Cr、Pb、Ba、F、Mn、Se 等微量重金属、非金属元素,这些重金属、非金属元素在煤的燃烧过程中部分挥发进入大气,但大部分富集到灰渣中。这些有害成分会在雨水冲刷、淋溶作用下下渗,污染储灰场及其周围地区的地下水。粉煤灰对灰场周围土壤和浅层地下水的影响取决于当地土壤的类型及污染物的种类和性质。灰场周围区域的地下水中含有大量硫酸根、Mn 和 B、Zn 等元素,其含量大多数超过当地地下水控制极限值。

（四）植被污染

灰场扬尘随风飘逸、扩散，大量细小的灰粒将植物叶片的叶孔堵住，影响植物的光合作用、呼吸作用和蒸腾作用，从而影响植物的正常生长，造成灰场周围农作物产品品质下降，产量降低。灰水 pH 值通常在 8 以上，显碱性，因此灰场内只适合碱性植物生长。灰水中通常含盐量较高，一般植被难以生存。由于粉煤灰中含有过高的重金属，而其重金属通过渗漏和冲刷对其周边用水及土壤造成一定程度的干扰，都会影响植被的生长。对黄石火力发电厂灰场周围土壤与蔬菜中重金属污染规律的研究发现，铅、镉对于其周围土壤和蔬菜造成污染，其含量较对照区高出 2.9 倍及 8.9 倍，重金属在植物体内会产生富集现象，因此灰场周围不宜种植蔬菜等食用类作物。

二、粉煤灰利用过程中的环境影响

下面通过实例对粉煤灰利用过程中的环境污染进行评价。

（一）陶粒吸附剂

对较佳工艺条件下制备的陶粒进行浸出毒性检测，检测结果如表 10-2 所示。由表 10-2 可知，陶粒的 Cu、Zn、Cd、Pb、Cr 和 Ni 的浸出毒性分别为 0.056 1 mg/L、0.016 2 mg/L、0.031 4 mg/L、0.058 9 mg/L、0.062 7 mg/L 和 0.008 6 mg/L，该陶粒的各项重金属毒性检出值均较低，满足《危险废物鉴别标准 浸出毒性鉴别》（GB 5085.3—2007）的要求，在处理重金属废水过程中不会带来二次污染。

表 10-2　陶粒浸出毒性检测结果

应测项目	检测值/(mg/L)	浸出液中危害成分浓度限值/(mg/L)
铜（以总铜计）	0.056 1	≤100
锌（以总锌计）	0.016 2	≤100
镉（以总镉计）	0.031 4	≤1
铅（以总铅计）	0.058 9	≤5
铬（以总铬计）	0.062 7	≤15
镍（以总镍计）	0.008 6	≤5

（二）土壤调理剂

粉煤灰基土壤调理剂是指以粉煤灰为主要原料，为提高粉煤灰反应活性，或/和降低其pH 值，补充土壤营养元素，提高土壤透气性等，通过化学、物理、生物等方法制备的一类物质。虽然在制备土壤调理剂的工艺过程中已脱除了部分重金属，但仍然不可避免地有部分重金属还留存于土壤调理剂中。因此，有必要对其中重金属的溶出规律及赋存形态开展深入研究。

本书研究了调理剂在不同土壤 pH 值下重金属的溶出规律，以及溶出后残渣的赋存形式。同时，为衡量粉煤灰基调理剂中重金属的环境风险，采用《地下水质量标准》（GB/T 14848—2017）和《地表水环境质量标准》（GB 3838—2002）中有关标准值作为土壤调理剂重金属溶出量的评价标准(表10-3)。其中,《地下水质量标准》(GB/T 14848—2017)规定:Ⅳ类水可用于农业和工业用水,适当处理后可作生活饮用水;Ⅴ类水则不宜饮用,其他用水可根据使用目的选用。《地表水环境质量标准》(GB 3838—2002)规定:Ⅴ类主要适用于农业用水区和一般景观要求水域。

表 10-3   地下水及地表水中重金属元素的毒理学指标   单位:ug/L

重金属元素	地下水Ⅲ类	地下水Ⅳ类	地表水Ⅳ类	地表水Ⅴ类
Cr^{6+}	≤50	≤100	≤50	≤100
As	≤10	≤50	≤100	≤100
Cd	≤5	≤10	≤5	≤10
Hg	≤1	≤2	≤1	≤1
Pb	≤10	≤100	≤50	≤50

1. Cr 的溶出规律及赋存形态

调理剂中 Cr 的溶出规律试验结果如图 10-8 所示。碱性条件下的 Cr 浓度明显高于酸性和中性条件,其原因可能在于不同 pH 值下 Cr 的赋存形态不同。Cr 在自然界中常以 Cr^{3+} 和 Cr^{6+} 2 种价态存在。在碱性条件、氧化性气氛下,Cr^{6+} 为较为稳定的价态,主要以 CrO_4^{2-} 形式存在,在还原性气氛中,主要以 $Cr(OH)_3$ 形式存在。在酸性及中性条件下,Cr^{3+}(如 Cr_2O_3)为较为稳定的价态。而在调理剂中,除了以上述 3 种形式存在外,Cr^{3+} 和 Al^{3+} 还可能发生类质同晶取代,进入铝硅酸钠盐结构中,而存在于残渣态之中。结合图 10-8 中 Cr 的形态分布可知,调理剂中弱酸可溶性含量很少,只有 2%,而还原态 CrO_4^{2-} 如 $CaCrO_4$ 占 15%,可氧化态 Cr_2O_3 和 $Cr(OH)_3$ 占 21%,残渣态即晶格 Cr 占 61%。

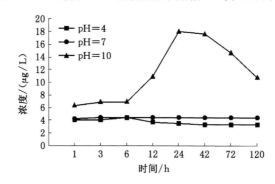

图 10-8   不同 pH 值下溶出时间对 Cr 的溶出量影响

在土壤溶液中,由于调理剂表面呈负电,其对 Cr^{3+} 的吸附能力要强于对 CrO_4^{2-} 的吸附能力。所以 Cr 在碱性条件下的浓度高于酸性和中性。Cr 在 24 h 后浓度急剧变小,可能由于随着溶出时间的延长,调理剂水化后比表面积增大、吸附能力增加所致。

Cr 在碱性条件下的溶出量在 24 h 时达到峰值 17.98 $\mu g/L$,该溶出峰值浓度未超过地下水Ⅲ类指标、地下水Ⅳ类指标(50 $\mu g/L$),在酸性和中性条件下远远小于地下水Ⅲ类指标、地下水Ⅳ类指标,满足农业用水标准,说明调理剂中重金属 Cr 的环境风险较低。

2. As 的溶出规律及赋存形态

调理剂中 As 的溶出规律试验结果如图 10-9 所示。在酸性条件下 As 的溶出量均高于碱性和中性条件，这主要与调理剂中 As 的赋存形式有关。通常，As 以砷酸盐[如 $Ca_3(AsO_4)_2$、$FeAsO_4$ 等]和亚砷酸盐[$Ca_3(AsO_3)_2$]形式存在，这些盐在酸性条件下会发生溶解。而在碱性和中性条件下，这些盐则溶解度很低，性质稳定，所以碱性和中性条件下 As 的溶出量较酸性条件下低。结合图 10-9 BCR 法（简化的三级连续提取法）研究结果可知：调理剂中弱酸可溶态含量很低，占 5%；还原态（As^{5+}）占 91%，表明调理剂中 As 绝大部分以 As^{5+} 形式存在；氧化态（As^{3+}）则只占 4%，残渣态中则基本不含 As。

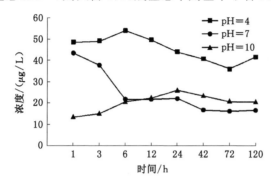

图 10-9　不同 pH 值下溶出时间对 As 的溶出量影响

As 的最大溶出量出现在酸性条件下，溶出 6 h 时达到 54.21 μg/L。该溶出峰值浓度低于地下水Ⅳ类标准（50 μg/L）、地表水Ⅳ类标准（100 μg/L），碱性及中性条件下的溶出量远远小于地下水Ⅳ类标准、地表水Ⅳ类标准，均满足农业用水的标准，说明调理剂中的重金属 As 的环境风险较低。

3. Cd 的溶出规律及赋存形态

调理剂中 Cd 的溶出规律试验结果如图 10-10 所示。从图 10-10 中可知，Cd 在不同 pH 值下溶出量均呈现出先升高再降低的现象。在酸性条件下，溶出过程的前期（<1 h），Cd 迅速溶出，在 6 h 时溶出量达到峰值，为 0.39 μg/L，随后溶出量略有下降，主要原因是在酸性条件下，Cd 化合物溶解度相对较大且不易被黏土矿物吸收，从而导致吸附效果较弱，溶出量下降不显著。碱性条件下，在小于 24 h 时，随着溶出时间延长，Cd 溶出量增大，24 h 后溶出量逐渐减小。中性条件下，Cd 溶出规律类似于碱性条件。结合图 10-10 BCR 法研究结果可知，调理剂中弱酸可溶态 Cd 含量很低，表明调理剂中 $CdSO_4$、$CdCl_2$、CdO 的含量很少，这部分只占总 Cd 的 8%，而在盐酸模拟的土壤条件下 Cd 的溶出率仅为 1.22%，远低于 BCR 中弱酸可溶态 Cd 含量。研究表明：有机酸可以使矿物表面的有机配合体比率升高，导致有机配合体与 Cd^{2+} 竞争吸附位点，从而使得 Cd 在有机酸中溶出量较高；可还原态占 23%，表明调理剂中部分 Cd 与铁锰氧化物共存；可氧化态占 14%，推测可能为 CdS；残渣态中 Cd 则占 54%，由于调理剂是在碱性条件下改性而成，因此这部分 Cd 应该主要以 $Cd(OH)_2$ 形式存在。

3 种 pH 值下的调理剂中 Cd 的溶出峰值浓度及平衡浓度均远低于地下水Ⅲ类标准、地表水Ⅳ类标准（5 μg/L），符合农业用水标准，说明调理剂中的重金属 Cd 的环境风险较低。

4. Hg 的溶出规律及赋存形态

调理剂中 Hg 的溶出规律试验结果如图 10-11 所示。在浸出过程的前期（<6 h），酸性

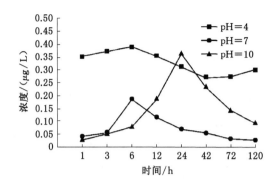

图 10-10 不同 pH 值下溶出时间对 Cd 的溶出量影响

条件下溶出量要远高于中性条件和碱性条件下的溶出量；在浸出过程的中期（6～24 h），3 种条件下溶出量均迅速降低，并在浸出过程的后期（＞24 h）趋于相同，均不足 0.1 $\mu g/L$。这可能是由于随着时间的增加，调理剂水化作用增强，各 pH 值下的调理剂均呈现出对 Hg 离子的吸附现象，并最终趋于解吸量与吸附量的平衡状态。结合图 10-11 BCR 法研究结果可知：调理剂中弱酸可溶态含量很低，占 4%，应主要为 $HgCl_2$ 形式，少量为 HgO 形式；可还原态占 8%，表明调理剂中 Hg 部分以铁锰氧化物形式共存；可氧化态占 18%，推测以 HgS 形式存在；残渣态占 70%，主要为 HgS。根据调理剂制备方法，调理剂中不存在热稳定性较差的 $HgSO_4$、HgO 或 $HgCl_2$。

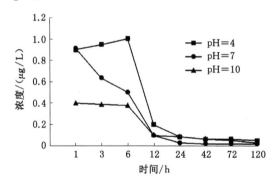

图 10-11 不同 pH 值下溶出时间对 Hg 的溶出量影响

Hg 的最大溶出量出现在酸性条件下，溶出 6 h 时达到 1.01 $\mu g/L$。该溶出峰值浓度与地下水Ⅲ类指标、地表水Ⅳ类指标（1 $\mu g/L$）非常接近。溶出平衡时 3 个 pH 值下的溶出量在 0.03～0.05 $\mu g/L$，均远远小于地下水Ⅲ类指标、地表水Ⅳ类指标，满足农业用水的标准。

5. Pb 的溶出规律及赋存形态

调理剂中 Pb 的溶出规律试验结果如图 10-12 所示。在碱性条件下调理剂中 Pb 的溶出量要远高于中性条件和酸性条件下的溶出量。在酸性及中性条件下 Pb 的溶出量随时间变化不明显，而在碱性条件下则出现先升高后降低的现象，在 42 h 时溶出量最高，达到了 26.47 $\mu g/L$。这主要是由于不同 pH 值下 Pb 的形态不同。碱性条件下 Pb 主要以 $Pb(OH)_2$ 形式存在，而酸性条件下主要以 $PbSO_4$ 形式存在。众所周知，$Pb(OH)_2$ 的溶解度远高于 $PbSO_4$。但随着溶出时间的延长，一方面调理剂水化后比表面积增大，吸附能力增加,另一方面 $Pb(OH)_2$ 可能与空气中的 CO_2 反应生成了溶解度较低的 $Pb_2(OH)_2CO_3$,从而导致溶出后期 Pb 溶出量有所降低。结合图 10-12 BCR 法研究结果可知,调理剂中弱酸可溶态、可还原态和可氧化态含量均很低,三者共占 5% 左右,表明调理剂中 $PbSO_4$、$PbCl_2$、PbO、$Pb(OH)_2$ 含量都很少;残渣态占 95%,主要为性质非常稳定的 PbS。

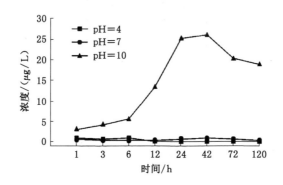

图 10-12　不同 pH 值下溶出时间对 Pb 的溶出量影响

在碱性条件下 Pb 的溶出峰值浓度未超过地下水Ⅳ类标准($100\ \mu g/L$)、地表水Ⅳ类标准($50\ \mu g/L$),在酸性及中性条件下则远远小于地下水Ⅲ类标准、地表水Ⅳ类标准,均满足农业用水的标准,说明调理剂中的重金属 Pb 的环境风险较低。

综合上述分析可知,不同条件下调理剂中重金属均有一定溶出,随着溶出时间的增加,各重金属的溶出率变化趋势各不相同。Hg 在 pH=4、时间为 6 h 时溶出量最高,为 $1.01\ \mu g/L$; Pb 在 pH=10、时间为 42 h 时溶出量最高,为 $26.47\ \mu g/L$;Cd 在 pH=4、时间为 6 h 时溶出量最高,为 $0.39\ \mu g/L$;As 在 pH=4、时间为 6 h 时溶出量最高,为 $54.21\ \mu g/L$;Cr 在 pH=10、时间为 24 h 时溶出量最高,为 $17.98\ \mu g/L$。在整个溶出过程中各重金属的溶出浓度均低于地下水Ⅳ类标准限值和地表水Ⅴ类标准限值,表明该调理剂的重金属污染环境风险较低。

重金属赋存形式分析结果表明,Cr、As、Cd、Hg、Pb 主要存在形式分别为残渣态的晶格 Cr、可还原态的 As^{5+}、残渣态的 $Cd(OH)_2$、残渣态的 HgS 和残渣态的 PbS。

第三节　煤气化渣利用的环境影响

煤化工项目的固体废弃物主要为来自废催化剂、吸附剂等危险废物以及脱硫石膏、灰渣等固体废物,而其中来自动力中心以及煤气化所产生的煤气化渣在固体废物中占主要比例,因此,煤气化渣的综合利用是整个煤化工项目可持续发展的重要因素。

神华包头煤化工项目厂址位于九原区哈林格尔镇包头市规划的新型工业基地内,总体工程包括 180 t/a 煤制甲醇装置和 60 万 t 下游产品装置、22.4 标准立方米(氧气)/h 空分装置等,建设世界一流的煤化工基地;然而其带来巨大效益的同时,每年 50 万 t 粗渣、十几万吨细渣的排放量对环境造成巨大的危害。图 10-13 为神华煤化工位于包头市九原区哈业色气村的渣场,图 10-14 为煤气化粗渣与细渣。由于其排放的各种废渣得不到有效处理,被环保部门多次处罚,因此煤气化渣的综合利用对节能减排、保护环境显得尤为重要(吕学涛,2019;鲍超等,2016;李强等,2019)。

图 10-13　神华煤化工渣场

（a）煤气化粗渣　　　　　　　　（b）煤气化细渣

图 10-14　煤气化粗渣与细渣

一、煤气化渣对环境的影响

（一）煤气化灰渣堆存的环境危害

由于煤气化工艺的特点,煤气化装置不可避免地会产生大量的煤气化渣。目前我国煤气化渣的利用相对落后,有效利用率和处理程度不高,大部分被堆放。但废渣长期堆放会造成灰尘飞扬,同时释放出大量刺鼻的气体造成大气污染,其中有些微粒易被吸入,影响人体健康;露天堆放的煤气化渣会随雨水流入地表水系统,废渣中的有害物质、重金属元素造成水土污染,使大量土地无法复耕,浪费土地资源,且渗入地表水的有害物质和重金属元素会随着水循环渗透到地下水,污染饮用水(袁蝴蝶,2020;姚阳阳,2018;仇韩峰,2021;李琴等,2022;杨潘,2021;曲江山等,2020)。

随着煤气化技术的广泛应用,煤气化渣的排放量也日益增加。目前,煤气化渣的综合利用率较低,主要处理方式仍为堆存和填埋;长期的堆存及填埋会占用大量土地资源,研究表明固体废弃物每增加 1 亿 t,占用土地面积约 330 hm^2,据此推算每年处理气化灰渣将需要占用 70 hm^2 的土地资源;而煤气化灰渣中较细的颗粒,容易在堆存和运输过程中受到风力作用产生扬尘。

煤气化渣中还含有部分未反应完全的残余碳和不完全燃烧产生的挥发性有机污染物,具有一定潜在风险;由于原煤经过气化后一些重金属元素富集在煤气化渣中,而在处置和资源化的过程中重金属元素可能进入土壤、地表水和地下水,对人类健康构成威胁。煤气化渣中存在的一些重金属元素对人体和环境的危害如下：砷的毒性是使酶失去活性，阻碍细胞的正常代谢等。铅进入人体会阻碍血液的合成；镉会危害植物叶片的生长，镉中毒可引起人体肾功能障碍；铬是致癌元素，同时也会导致畸形与突变；镍可导致肺癌及鼻癌等呼吸道癌症；铜会对人体肝胆造成影响；过量的锌对人体有致癌作用等。此外，当大量堆存的煤气化渣暴露在地表水或雨水中时，有害的微量元素可能被淋滤和转移到地下水系统中，造成环境污染。因此，需要对煤气化渣中的重金属元素进行毒性分析。

（二）煤气化渣中有毒有害元素

原煤经煤气化过程会造成一些有毒有害重金属元素从原煤富集于煤气化渣中，在堆积储存和利用过程中可能会对生物和环境造成一定程度的毒害作用。

研究发现干粉煤气化炉和德士古水煤浆气化炉中灰渣微量元素的迁移富集变化，结果表明：干煤粉气化的细渣和滤饼中 Ba、Cr、Cu 会富集；水煤浆中 Ba 富集于细渣中，Ba、Cr、Pb 富集于粗渣中，As、Ba、Cr、Pb、Zn 富集于滤饼中。研究人员采用改进 BCR 法对气化炉渣中 As、Cd、Cr、Cu、Ni、Pb、Zn 等重金属的形态分布及环境稳定性进行了分析，发现 Cd 和 Cr 对环境具有较高的潜在危害性，Zn、Pb、Ni、As 对环境的直接危害性较低。还发现挥发性微量元素 As、Se、Cd、Sb、Tl、Pb 倾向于富集在粒度较小、比表面积较大的煤气化细渣中。

由于煤气化渣的大量堆存和重金属元素在灰渣中不同程度的富集，分析煤气化残留物中有害微量元素的释放和迁移行为，以减少或防止其对环境的负面影响，特别是对水环境的影响，是十分必要的；同时也有利于煤气化渣的有效利用、处置和管理。

（三）煤气化渣中重金属淋溶特性

通过对煤气化灰渣中重金属元素浸出毒性进行分析，可以判断其固废种类；研究煤气化渣的重金属淋出特性，可以明确自然条件下其对环境的危害程度，为煤气化渣的贮存、填埋和综合利用提供理论依据。目前，对固体废物的浸出毒性检测方法主要有硫酸硝酸法、醋酸缓冲溶液法、水平振荡法等我国相关行业标准方法和美国 EPA（环境保护局）毒性浸出程序方法（TCLP）。此外，多数学者采用土柱淋滤试验来分析固体废物的环境影响，此外还有柱淋滤、生物淋滤和现场浓度固定计方法也可用来研究固体废物中有害元素浸出试验。

有研究者研究了某固定床煤气化渣所含重金属的浸出特性，结果表明弱酸性条件对煤气化渣中重金属的浸出情况影响较大，醋酸缓冲溶液法中煤气化渣的重金属浸出种类最多、浸出量最大。基于《固体废物 浸出毒性浸出方法 硫酸硝酸法》（HJ/T 299—2007）对宁东煤气化渣和原煤中有害微量元素 Be、Cr、Co、Ni、Cu、Zn、As、Se、Mo、Cd、Sb、Ba、Tl、Pb、U、Hg 的迁移率进行研究，对煤气化固体废物在处置时的潜在危险评估有指导意义。采用国家标准检测方法对煤气化渣样品进行浸出毒性分析，发现浸出液中重金属元素浓度较低，均低于危险废物浸出毒性鉴别标准中的安全限值，不具有浸出毒性特征，不属于危险固体废物，也满足污水综合排放标准。研究还发现在酸性、液固比较大的条件下，大多数元素的淋出量较大；随着时间的持续，淋出液中一些元素的浓度变化差异较大；此外，淋出液中部分元素的含量高于地下水Ⅲ级标准值，环境危害可能性大。通过研究地下煤气化后空腔残余金属在水中的浸出行为，结果表明：大多数被测元素从煤气化渣中浸出的程度较高；同时在地下煤气化产物的洗脱液中发现 Cr、Pb、Cd 等元素的存在，表明有毒金属可以煤从气化过程的残留物中浸入水中,从而对环境产生不可忽视的污染风险。此外,不同反应条件下产生的煤气化渣中有害微量元素的浸出水平均低于标准规定限值,能够达到灌溉用水的标准。不同 pH 值的淋溶液对存积有粉煤灰的土壤进行淋溶试验,测定淋溶液中微量元素的含量,发现在不同条件下收集的淋溶液中 Cr、Zn、Ni 和 Pb 在土壤中均有富集;短期淋溶条件下对土壤生态环境的影响较小,而长期堆积的煤气化渣在淋溶条件下容易使微量元素在土壤中累积,可能造成潜在的土壤生态环境风险。

综上可知,煤气化渣中微量有害重金属元素的富集程度和存在形态对煤气化渣的淋溶浸出含量有很大影响,不同金属之间的溶出也会相互影响,其次淋溶液的 pH 值以及试验过程中的固液比也会影响重金属元素的浸出含量;煤气化渣在试验环境以及自然环境下堆存过程中受到浸淋和降雨会造成一些常量和微量元素的浸出,短时期其浸出浓度有限;但是关于长期降雨对灰渣中元素溶出状况的研究较少,因此煤气化渣在长期浸淋下对环境的影响需要进一步的探索研究。

二、煤气化渣利用过程中的环境影响

(一)吸附剂

煤气化渣除含未完全燃烧的碳质外,主要成分也包括 SiO_2 和 Al_2O_3 等,物相为玻璃体,比表面积大,内部含丰富孔隙结构,具备吸附性能。研究表明,通过对表面致密玻璃相的破坏,可打开其内部甬道,充分激发化学活性。本节采用酸改性法将煤气化渣进行改性活化,考察改性后的煤气化渣吸附溶液中 Pb^{2+}、Cu^{2+}、Cd^{2+} 的性能。

1. pH 值对吸附性能的影响

研究表明,pH 值对吸附剂吸附重金属离子有很大影响,是重要介质因素。溶液 pH 值对改性煤气化渣吸附 Pb^{2+}、Cu^{2+}、Cd^{2+} 的影响见图 10-15。

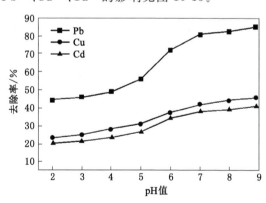

图 10-15 溶液初始 pH 对重金属去除率的影响

由图 10-15 可知,在试验条件下,改性煤气化渣对 3 种重金属离子吸附存在最佳 pH 值。溶液 pH 值在 2.0~5.0 范围内,改性煤气化渣对溶液中 Pb^{2+}、Cu^{2+}、Cd^{2+} 的去除率随溶液 pH 值的增大而增加较为缓慢,pH 值为 5.0~7.0 时,3 种重金属离子去除率增加显著,在 pH=7.0 时,Pb^{2+}、Cu^{2+}、Cd^{2+} 的去除率分别达到 82.02%、43.27%、38.51%。初始溶液 pH>7 后,对 3 种重金属离子去除率基本无变化。这可能由于溶液的初始 pH 值决定了改性煤气化渣表面电荷,溶液 pH 值小于零点电荷对应的 pH 值时,改性煤气化渣表面呈正电荷,与重金属离子间存在静电斥力,吸附主要通过离子交换作用。当溶液 pH 值大于其零点电荷对应 pH 值时,改性煤气化渣表面带负电,吸附主要通过静电作用。

2. 吸附动力学

反应时间对溶液中 Pb^{2+}、Cu^{2+}、Cd^{2+} 吸附效果的影响见图 10-16。由图 10-16 可知,随吸附时间增加,重金属离子吸附量先快速增加,然后减缓直至达到动态平衡。吸附在 50 min 内基本达到平衡,且改性煤气化渣对 Pb^{2+} 的吸附效果最好。3 种重金属平衡吸附量由大到小依次为 $Pb^{2+} > Cu^{2+} > Cd^{2+}$,对应平衡吸附量分别为 37.70 mg/g、13.28 mg/g、12.19 mg/g。吸附过程主要分为 3 个阶段,分别为快吸附阶段、慢吸附阶段以及吸附动态平衡阶段。在快吸附阶段,吸附剂表面吸附位富余,吸附速度快,随反应的持续进行,表面吸附位逐渐被金属离子占据,吸附相中重金属离子与溶液中重金属离子存在的静电斥力持续增强,导致后期吸附困难。

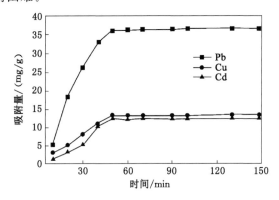

图 10-16　反应时间对改性煤气化灰渣吸附重金属影响

(二) 土地复垦

试验借助土壤学"质地结构理论"和农学"测土配方理论"对风沙土进行物理、化学性质改性。首先,沙质土变为沙质壤土,即将质地细的煤气化渣与质地颗粒相对粗的风沙土科学配比,使得自然风沙土的沙粒含量由 90% 左右降至 50%~60%,粉粒含量为 30%~40%,黏粒含量为 10% 左右,实现沙质土变为沙质壤土的物理改性,形成新的复配土。复配物料风沙土∶煤气化粗渣∶煤气化细渣的比例为 9∶22∶1。其次,根据复配土特性,借助测土配方技术,形成复配土体专用营养液配方。营养液配比参照 Rristalon 营养液配方,综合考虑土壤性质和苜蓿生长习性,营养液配方中氮∶磷∶钾为 1∶0.8∶0.2。试验采用随机区组设计,包括风沙土(CK)、粗渣、细渣和复配土处理 4 种,施肥量分别为 182.4 g、152.3 g、99.1 g、170.2 g,以基肥形式一次性施入。每种处理 3 组重复。

1. 不同生长时间重金属含量变化

土壤植物系统中重金属迁移性取决于其在土壤中的化学形态、赋存状态和土壤环境。图 10-17 和图 10-18 显示了不同生长时间苜蓿的重金属含量。由图 10-17 和图 10-18 可以看出,除 Cd 和 Cu,苜蓿重金属含量随着时间变化均呈显著增加趋势,反映了植物吸收重金属效率较高。与 8 月相比,10 月植株的 Cr 含量增加 147.1%,Ni 含量增加 33.0%,Zn 含量增加 17.6%,As 含量增加 146.7%,Hg 含量增加 46.8%,Pb 含量增加 3.1 倍。表 10-4

是不同时间苜蓿的生物富集系数,由表 10-4 可以看出,随着时间变化,苜蓿生物富集系数均有不同程度增加,在 3 个观测期分别为 0.215、0.312 和 0.335,与 8 月相比,10 月苜蓿的生物富集系数增加了 55.8%。可见,植物对重金属的吸收是土壤植物系统中重金属迁移的主要方式,随种植时间变化,苜蓿的生物富集系数呈增大趋势。此外,煤气化渣-沙土有效复配的重金属含量虽然远低于国家标准,且植物吸收效率较高,但其累计效应如何,以及从生态系统的食物链延伸角度出发仍需要长期定位连续监测。

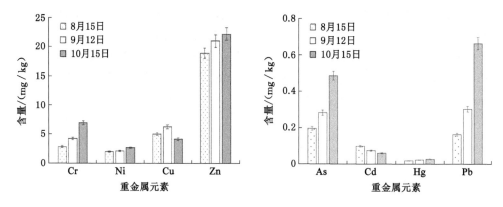

图 10-17 复配土处理苜蓿植株重金属含量变化

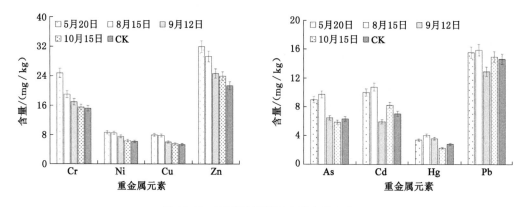

图 10-18 不同时间复配土重金属变化

表 10-4 不同时间苜蓿的生物富集系数

时间	Cr	Ni	Cu	Zn	As	Cd	Hg	Pb
8 月 15 日	0.15	0.24	0.65	0.65	0.02	0.01	0.00	0.01
9 月 12 日	0.25	0.28	1.03	0.85	0.04	0.01	0.01	0.02
10 月 15 日	0.45	0.42	0.74	0.93	0.08	0.01	0.01	0.04

2. 复配土重金属含量的垂直分布特征

土壤-植物系统中土壤环境有效性包括重金属总量、重金属形态以及影响重金属形态转化的土壤 pH 值、粒径组成和有机质含量等。图 10-19 显示了复配土重金属含量在土壤剖面的垂直分布,由图 10-19 可以看出,在土壤垂直剖面上,重金属均有向下迁移的特征,最大迁移深度为 40 cm，但土壤重金属（除 As）含量在这一深度上与对照组相比均未达到统计学显著差异，且土壤重金属含量远低于国家农地风险管控标准。这一结果也表明沙地土壤-植物系统的重金属迁移转化需要长期定位试验观测，同时重金属不同形态的迁移方式也有差异，以及进一步研究微生物措施，如蚯蚓、线虫、丛枝菌根等技术手段对煤气化渣重金属的降解和有效转化仍需要深入研究。

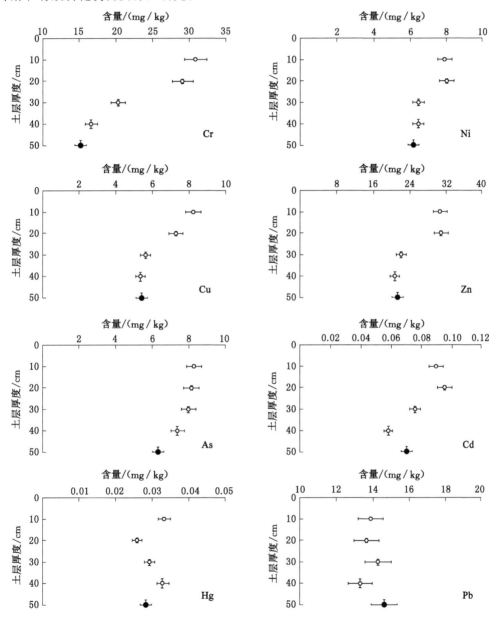

图 10-19　复配土重金属含量的垂直分布

注：实心圆圈表示对照组重金属含量。

第十一章　煤矿固体废物利用法规与管理

当前,我国固体废物产生量大、积存量多,固体废物底数不清、处置能力不匹配,固体废物非法转移、倾倒屡禁不止,生活垃圾分类管理成效不显著,绿色生活方式和消费模式尚未形成,固体废物污染风险隐患加剧。十九大报告强调"加强固体废弃物和垃圾处置",固体废物资源化技术的产业化推广,已上升为国家战略,成为生态文明建设不可缺少的重要内容。大宗工业固体废物(煤矿大宗工业固体废物主要指煤矸石、粉煤灰)的综合利用技术(如矿井充填技术)逐渐得到重视,相关创新技术和成套装备不断涌现,国家也正在研究相应的支撑政策,推动工业固体废物的多渠道消纳和利用以缓解固体废物堆存问题。

第一节　国　家　法　律

煤矿固体废物的综合利用主要涉及《中华人民共和国固体废物污染环境防治法》(简称《固体废物污染环境防治法》)、《中华人民共和国循环经济促进法》(简称《循环经济促进法》)、《中华人民共和国清洁生产促进法》(简称《清洁生产促进法》)、《中华人民共和国环境保护税法》(简称《环境保护税法》)、《中华人民共和国环境保护税法实施条例》(简称《环境保护实施条例》)等法律法规,随着我国工业固体废物综合利用的实践,我国相关法律法规也在进行不断修正完善。

一、《固体废物污染环境防治法》

《固体废物污染环境防治法》是我国固体废物环境管理的重要基础和主要依据。固体废物污染防治作为改善环境质量和建设生态文明的重要内容,关系到人民群众的生命安全和身体健康,影响着经济社会的高质量可持续发展。2020 年 9 月,新修订的《固体废物污染环境防治法》正式生效,实现了固体废物污染防治相关制度的全面完善。这是依法推动打赢打好污染防治攻坚战的实际行动,也是坚持和完善生态文明制度体系的重要举措。下面主要从《固体废物污染环境防治法》的历次修改情况、2020 版的主要修订内容两个方面,对此次修订进行解析。

（一）历次修改情况

《固体废物污染环境防治法》自 1995 年颁布以来,历经 2 次修订和 3 次修正,逐步由防治环境污染和保障人体健康向维护生态安全、推进生态文明建设、促进经济社会可持续发展的方向完善。

2004 年第一次对《固体废物污染环境防治法》进行全面修改,主要是解决我国工业化和城市化进程中出现的固体废物产生量持续增长与处理要求偏弱和处置能力不足之间的矛盾,以及大量农村固体废物和新型固体废物(如废弃电器电子产品)未能妥善处置而带来新的污染等问题。

2013 年、2015 年和 2016 年我国分别对《固体废物污染环境防治法》的特定条款进行了修改,即三次修正。2013 年,针对生活垃圾处置设施和场所的关闭、闲置、拆除问题,变更核准的主管部门,由原来的"所在地县级以上地方人民政府环境卫生行政主管部门和环境保护行政主管部门"的一级核准,更改为市、县两级核准。2015 年,针对固体废物进口问题,将"自动许可进口"修改为"非限制进口",同时删除了关于办理对应类别固体废物进口许可手续的条款。2016 年修改了两个条款:一是将关闭、闲置或者拆除生活垃圾处置设施、场所的核准部门,由原卫生和原环境保护两部门共同管理,变更为由原卫生部门商请原环境保护部门同意后核准;二是取消了危险废物省内转移的相关审批核准手续。

至 2020 年,《固体废物污染环境防治法》距颁布实施已有 25 年,距 2004 年的首次修订也有 16 年。经济社会的发展情况和固体废物的管理内容都发生了巨大的变化,亟须结合当前形势对《固体废物污染环境防治法》进行再次修订。2017 年,全国人民代表大会常务委员会在对全国开展《固体废物污染环境防治法》执法检查后发现,虽然各地在贯彻实施该法的过程中取得了一些成效,但是在固体废物污染防治形势、法律法规制度体系、污染责任落实、危险废物全过程管理、工业固体废物治理等方面,依然存在欠缺。此次《固体废物污染环境防治法》的修订是从生态文明建设和经济社会可持续发展的全局出发,健全生态环境保护法律制度,完善固体废物管理法规体系,落实环境污染防治责任,统筹推进各类固体废物综合治理,强化危险废物全过程精细化管理,旨在用最严格的制度和最严密的法治保护生态环境(杜寅,2019;侯小萍,2017;张少婷,2013)。

（二）主要修订内容

2020 版《固体废物污染环境防治法》在总结固体废物污染防治工作经验的基础上,以解决重点问题、难点问题、关键问题为导向,主要从转变发展方式、落实污染责任、统筹综合治理等方面,补齐固体废物污染防治短板,深入推进固体废物减量化、资源化、无害化,全面确保生态安全。

1. 崇尚绿色生产和生活方式

"十三五"初期,我国各类固体废物累积堆存量约为 8×10^{10} t,年产生量近 1.2×10^{10} t,且呈逐年增长态势,若不妥善处置和利用,不仅会对环境造成严重污染,而且是对资源的极大浪费。多年来,我国固体废物的管理虽然坚持减量化、资源化、无害化的原则,但主要偏重于废物产生后的回收利用或无害化处理。由于固体废物的资源属性难以平衡其污染属性,大部分回收利用行为并未获得明显的经济收益,因此固体废物产生者对固体废物处理的积极性和主动性并不高。

虽然末端管理在减少固体废物环境污染和提升可回收物的资源价值方面发挥了重要的作用,但是并未达到预期效果。即使是在作为循环经济的先行者与示范者的欧盟,也仅回收利用了 55% 的固体废物,且其对资源的补充量仅占总需求量的 12%,社会经济的发展依然主要依赖原生资源的开采。2015 年,联合国将"采用可持续的消费和生产模式"作为可持续发展的目标,并在此目标下设定了关于资源效率、废物减量、环境无害化管理等方面的任务,意在通过绿色消费引领,促进生产端源头减量,从而实现经济增长与资源消耗的脱钩。

我国在 2018 年启动了"无废城市"试点建设,提出将绿色发展方式和绿色生活方式融入城市发展中,以创新、协调、绿色、开放、共享的新发展理念为引领,着重推进各领域固体废物的源头减量。在生活领域,基于不同场景中固体废物的种类、数量、流向,通过倡导节约、鼓励再使用(如维修、二手交易、捐赠)、行政禁止、限制使用(如限制生产、销售和使用一次性不可降解塑料袋)等方式,充分发挥产品生命周期中的资源价值,避免不必要的消费和浪费,减轻末端处理处置过程中的环境压力;在生命周期结束后,进入垃圾分类系统,并与生活源再生资源回收体系相衔接,强化资源利用对废物减量的作用。在工业领域,通过开展绿色设计,增强产品的可拆解性和可回收性,提高零部件和可再生材料的使用强度;通过建设绿色供应链,发挥大企业对零售商的带动作用,强化产品全生命周期中的清洁生产和循环利用。在农业领域,通过推广"种养结合"的循环技术模式,构建农业生态系统,实现畜禽粪污的就地利用,从而降低农药和化肥的需求量和使用量,进而避免废包装物的产生,同时消除转移过程中的环境污染。

新版《固体废物污染环境防治法》以立法的形式提出"推行绿色发展方式"和"倡导简约适度、绿色低碳的生活方式",将固体废物减量化主要思路由末端回收处理,转向生产和消费端的低碳环保绿色行为,旨在通过培养绿色生活方式和消费习惯,从源头杜绝浪费、强化资源利用,形成全民参与固体废物污染防治的社会格局。

2. 明确固体废物污染防治责任

(1)落实政府的固体废物治理和监管责任

① 实行目标责任制和考核评价机制。

将固体废物污染防治目标的完成情况纳入生态文明建设目标考核体系中,通过完善绩效考核和责任追究制度,创新考核方法和评价方式,强化各级政府对固体废物治理的重视程度,从而在宏观和整体层面形成具有系统性、综合性、协同性的治理方案,推动固体废物环境污染问题的全面解决。

② 推行跨行政区域的联防联控机制。

新版《固体废物污染环境防治法》提出,省、自治区、直辖市之间可以协商建立跨行政区域固体废物污染环境的联防联控机制,统筹规划制定、设施建设、固体废物转移等工作。因此,政府部门在依法履行辖区内固体废物环境监管职责的基础上,还可以通过辖区间协商,实行处理处置设施共建共享,共同探索配套政策和制度措施,解决固体废物处理处置能力的区域供需失衡和结构性短板问题。此外,打击非法倾倒和处置固体废物行为,引导处理处置行业的规模化、专业化和市场化发展,同样需要跨行政区的合作,共同堵住监管漏洞,消除风险隐患。

③ 建立信息化监管体系。

建立固体废物污染环境防治信息平台,运用大数据、物联网、定位系统、智能终端等先进的技术和设备,对固体废物的全生命周期,尤其是危险废物的产生、收集、贮存、转移、利用、处置等行为,进行即时定位、查询、跟踪、预警、考核,实现全过程实时可视化监控;通过对平台的申报数据、行为数据、信用数据进行整合分析,评估和判断固体废物产生单位和处理处置单位的环境风险,为实施分级分类管理、提升环境监管效率、合理布局危险废物集中处置设施、正确制定管理政策、确保固体废物妥善处理提供科学依据。

④ 健全固体废物污染防治领域的信用记录制度。

新版《固体废物污染环境防治法》创新性地提出,由生态环境主管部门会同相关部门建立信用制度,将产生和处理处置固体废物单位和其他生产经营者的相关信用记录纳入全国信用信息共享平台。该条款将企业和个人的涉及固体废物的相关行为与社会信用体系挂钩,失信当事人将适用《关于对失信被执行人实施联合惩戒的合作备忘录》中的55项惩戒措施,由44个部门在30多个重点领域共同对其实施惩戒,极大地震慑了存在固体废物环境违法行为的企业。建立以信用为核心的监管方式,有助于促进形成自觉守法守信的良好生产和经营氛围。

⑤ 明确固体废物零进口的原则。

"国家逐步实现固体废物零进口"的提出,进一步明确了我国禁止洋垃圾入境、推进固体废物进口管理制度改革的决心。2017年国务院在《禁止洋垃圾入境推进固体废物进口管理制度改革实施方案》中提出,洋垃圾非法入境问题屡禁不绝,严重危害人民群众身体健康和我国生态环境安全。我国在生态文明建设过程中,将完善堵住洋垃圾进口的监管制度,强化洋垃圾非法入境管控,并通过提升国内固体废物回收利用水平补齐资源缺口,保障美丽中国建设和小康社会的全面建成。

(2)强化产生者的固体废物处理处置责任

① 产生工业固体废物的单位需执行排污许可管理制度。

排污许可证中纳入了环境影响评价文件及批复中与污染物排放相关的主要内容,成为企事业单位在生产运营期接受环境监管和环境执法部门实施监管的主要依据。排污许可管理制度是"控制污染物区域总量"向"监管单一固定源排放"的精细化管理的体现。近年来,虽然生态环境部门有意将固体废物环境管理纳入排污许可管理,但是由于固体废物来源广泛、种类繁多、特性迥异、鉴别专业技术要求高等特点,若企业不如实申报,则很难摸清其固体废物种类、数量、流向、贮存、利用、处置等情况,因此,固体废物环境管理暂未纳入排污许可证,实行"一证式"管理。新版《固体废物污染环境防治法》要求产生工业固体废物的单位应当取得排污许可证,并执行排污许可管理制度的相关规定,如实提供固体废物环境管理相关资料,为探索实现固体废物的"一证式"管理提供了上位法支撑。

② 电器电子、铅蓄电池、车用动力电池等产品的生产者应落实责任延伸制度。

2016年,国务院办公厅印发《生产者责任延伸制度推行方案》,明确将生产者对其产品承担的资源环境责任从生产环节延伸到产品设计、流通消费、回收利用、废物处置等全生命周期。新版《固体废物污染环境防治法》要求生产者以自建或者委托等方式,建立与产品销售量相匹配的废旧产品回收体系,实现有效回收和利用。规范废弃产品的回收处理活动,有助于构建公平的竞争环境,并且对于推动生产企业落实资源环境责任、提高产品的资源环境效益和国际综合竞争力、发展循环经济、构建循环社会具有重要意义。

③ 产生工业固体废物和危险废物的单位要建立管理台账。

相较于旧版《固体废物污染环境防治法》,新版不仅要求建立工业固体废物和危险废物管理台账,还对未建立者制定了具体的罚则。台账记录了固体废物的种类、数量、流向、贮存、利用、处置等信息,是追溯和查询固体废物处理处置情况的重要依据。管理台账与管理计划、信息申报、排污许可等制度相互配合,在产生源对数量记录与处理流向进行规范,进一步提升了固体废物环境管理水平。

④ 全链条多角度协同控制环境污染。

新版《固体废物污染环境防治法》完善了废物识别、源头减量、资源利用、风险控制等方面的管理制度。在废物识别方面,健全了危险废物鉴别制度,新增了分级分类管理制度;在源头减量方面,新增对产生工业固体废物单位实施清洁生产审核的要求,明确要合理选择原材料、能源和其他资源,采用先进的生产工艺和设备;在资源利用方面,新增使用固体废物综合利用产物应当符合国家规定的用途、标准,并鼓励工业固体废物综合利用;在风险控制方面,危险废物转移联单合法化、涉危险废物投保环境污染责任保险、工业固体废物产生单位与处理单位之间的书面合同签订和污染防治责任履行等相关事宜做出了新的规定。

（3）突出违法者需要承担的法律责任

① 补充完善查封扣押措施。

新版《固体废物污染环境防治法》赋予了环境监管部门查封和扣押设施、设备、场所、工具、物品的权利,突出了对固体废物污染环境行为的零容忍。当出现"可能造成证据灭失、被隐匿或者非法转移""造成或者可能造成严重环境污染"的情况,负有固体废物污染环境防治监管职责的部门即可对违法收集、贮存、运输、利用、处置的固体废物及设施、设备、场所、工具、物品予以查封、扣押。此规定中的"可能",能够降低固体废物环境污染范围和污染程度的扩大。

② 新增按日连续处罚。

对于违法排放固体废物受到罚款处罚的单位,若在行政机关组织复查时,发现其继续实施违法行为,则按照《中华人民共和国环境保护法》(简称《环境保护法》)的规定,自责令改正之日的次日起,按照原处罚数额按日连续处罚。此规定有利于督促企业及时整改固体废物违法行为。

③ 对企业和负责人实行双处罚。

旧版《固体废物污染环境防治法》主要是对违法企业进行处罚,而新版《固体废物污染环境防治法》则根据违法内容和程度,增加了对法定代表人、主要负责人、直接负责的主管人员、其他责任人员等个人的罚款、拘留、刑事责任追究。此条款将具体责任落实到人,有效避免了企业通过破产而逃避惩罚的行为。

④ 严厉打击环境犯罪。

新版《固体废物污染环境防治法》在内容和法律责任上,与《中华人民共和国刑法》(简称《刑法》)《最高人民法院、最高人民检察院〈关于办理环境污染刑事案件适用法律若干问题的解释〉》和《环境保护行政执法与刑事司法衔接工作办法》等衔接紧密,拓宽了处罚种类,提高了处罚额度,严惩重罚固体废物环境违法行为。针对不同的环境犯罪行为,对应了污染环境罪、非法经营罪、走私废物罪、非法处置进口的固体废物罪、擅自进口固体废物罪等多种罪责。此外,《刑法》中的共同犯罪对应于《固体废物污染环境防治法》中,明知他人无危险废物许可证而向其提供或者委托其收集、贮存、利用、处置危险废物,严重污染环境的行为。

3. 统筹推进各类固体废物综合治理

新版《固体废物污染环境防治法》不仅完善了工业固体废物和危险废物的环境管理,还对生活垃圾和建筑垃圾、农业固体废物等单独成章,在继承近年来相关国家政策和法律法规的基础上,健全了各类固体废物的污染防治制度,全方位推进环境保护工作和生态文明建设。

（1）针对生活垃圾,明确国家推行生活垃圾分类制度。

《中华人民共和国国民经济和社会发展第十三个五年规划纲要》提出:加强生活垃圾分

类回收与再生资源回收的衔接,推进资源节约集约利用;完善收运系统,提高垃圾焚烧处理率。《住房城乡建设事业"十三五"规划纲要》进一步将目标细化,要求到 2020 年,城市生活垃圾无害化处理率达到 95%,回收利用率提高到 35% 以上,县县具备生活垃圾无害化处理能力。原中央财经领导小组 2016 年底召开会议,研究普遍推行垃圾分类制度,强调要加快建立分类投放、分类收集、分类运输、分类处理的垃圾处理系统,形成以法治为基础、政府推动、全民参与、城乡统筹、因地制宜的垃圾分类制度,努力提高垃圾分类制度覆盖范围。2019 年,习近平总书记对垃圾分类工作发表重要指示,要求培养垃圾分类的好习惯,为改善生态环境而努力,为绿色发展、可持续发展作贡献。新版《固体废物污染环境防治法》从生活垃圾分类管理系统建立、能力建设、公众习惯养成、社会服务体系完善、城乡垃圾统筹管理、回收物质使用、处理收费、两网衔接等多个方面,全方位健全垃圾管理制度。

（2）针对建筑垃圾,建立分类处理、全过程管理制度。

2016 年,工业和信息化部、住房和城乡建设部发布《建筑垃圾资源化利用行业规范条件》,鼓励建筑垃圾资源化利用、企业整合产业链相关环节,以资源化利用为主线,提高产业集中度,加速工业化发展。2018 年,住房和城乡建设部组织开展建筑垃圾治理试点工作,在 35 个城市通过存量治理、设施建设、资源化利用等措施,加强建筑垃圾全过程管理。新版《固体废物污染环境防治法》从源头减量、回收利用体系建立、综合利用产品应用、处置设施和场所建设,以及政府制定污染防治工作规划、工程施工单位编制建筑垃圾处理方案等方面,强化建筑垃圾的全过程管理。

（3）针对农业固体废物,按照所产生秸秆、废弃农用薄膜、农药包装废弃物、畜禽粪污等主要的废物种类,建设回收利用体系,加强监督管理,防止污染环境。

加强农业面源污染防治,是推进农业绿色发展的重要内容,并得到党中央和国务院的高度重视。在《关于坚持农业农村优先发展做好"三农"工作的若干意见》《关于实施乡村振兴战略的意见》《关于创新体制机制推进农业绿色发展的意见》《关于深入推进农业供给侧结构性改革加快培育农业农村发展新动能的若干意见》《国家质量兴农战略规划（2018—2022 年）》《全国农业现代化规划（2016—2020 年）》等多个重要文件中,均对农业固体废物的污染防治和资源利用提出了要求。新版《固体废物污染环境防治法》在农业固体废物环境管理,尤其是回收利用体系建设方面,进行了强化以防止环境污染。此外,还针对废弃电器电子产品、废弃机动车船、包装物、一次性塑料制品、一次性用品、污泥、实验室废物,从限制使用、强制回收、处理处置等方面,提出了不同内容的管理要求。

二、《循环经济促进法》

资源循环利用产业是节能环保产业的重要组成部分,"十二五"期间,国家资源循环利用产业规模稳步扩大,政策机制不断完善,资源循环利用产业法规体系初步建立,"十一五"末颁布实施的《循环经济促进法》,明确了发展循环经济是国家经济社会发展的一项重大战略,确立了循环经济减量化、再利用、资源化,减量化优先的原则,并做出一系列的制度安排。该法律是为了促进循环经济发展,提高资源利用效率,保护和改善环境,实现可持续发展而制定的,于 2008 年 8 月 29 日第十一届全国人民代表大会常务委员会第四次会议通过,自 2009 年 1 月 1 日起施行。根据 2018 年 10 月 26 日第十三届全国人民代表大会常务委员会第六次会议对该法律进行了修正。

（一）立法背景和过程

1．立法背景

（1）学术界的主张。20 世纪 70 年代，循环经济思想只是一种理念，当时人们关心的主要是对污染物的无害化处理。20 世纪 80 年代，人们认识到应采用资源化的方式处理废弃物。20 世纪 90 年代，特别是可持续发展战略成为世界潮流的近些年，环境保护、清洁生产、绿色消费和废弃物再生利用等才整合为一套系统的，以资源循环利用、避免废物产生为特征的循环经济战略。

（2）政治法律原因。2005 年 3 月，胡锦涛总书记在中央人口资源环境工作座谈会上明确提出要加快制定循环经济促进法；同年，全国人民代表大会常务委员会决定将制定循环经济法列入立法计划；十七大报告明确提出了"循环经济形成较大规模"的要求。经过多年努力，《循环经济促进法》于 2008 年 8 月通过，已于 2009 年 1 月 1 日起施行。

（3）国内环境压力。20 世纪 80 年代以来，我国经济持续高速增长，但同时经济发展与资源环境的矛盾也日趋尖锐，产生资源短缺、环境污染、生态退化等一系列问题。如果继续沿用粗放型的经济增长方式，资源将难以为继，环境将不堪重负（曾琳等，2012）。要解决上述问题，破解制约我国经济社会发展的结构性矛盾，就必须大力发展循环经济，在保护环境、节约资源的同时保持经济平稳较快发展。

2．立法过程

早在 20 世纪 50 至 70 年代，我国就开展了资源综合利用工作。

80 至 90 年代，积极参与联合国环境规划署推动的清洁生产行动计划，并制定《国务院批转国家经贸委等部门关于进一步开展资源综合利用意见的通知》等规范性文件。

进入 21 世纪，循环经济发展工作得到强化。2002 年 6 月，全国人民代表大会常务委员会制定《清洁生产促进法》，对循环经济的重要组成部分——清洁生产做了比较全面的规范。

2005 年 3 月，全国人民代表大会环境与资源保护委员会启动循环经济立法框架研究项目。

2005 年 7 月，国务院发布《国务院关于加快发展循环经济的若干意见》，为循环经济发展提供了更加明确的政策依据。

2008 年 8 月 29 日，全国人民代表大会常务委员会通过了《循环经济促进法》，于 2009 年 1 月 1 日起正式施行。

（二）循环经济的内涵

1．循环经济的概念

定义：《循环经济促进法》对循环经济的定义是指在生产、流通和消费等过程中进行的减量化、再利用、资源化活动的总称。

核心：资源的高效利用和循环利用。

基本原则：减量化、再利用、资源化（3R 原则）。

主要环节特征：

① 资源开采环节：提高资源综合开发和回收利用率；

② 资源消耗环节：提高资源利用效率；

③ 废弃物产生环节:开展资源综合利用;

④ 再生资源产生环节:回收和循环利用各种废旧资源;

⑤ 社会消费环节:提倡绿色消费。

2. 传统经济与循环经济的比较

在发展模式上,传统经济以"资源—产品—污染排放"物质单向流动的线性模式为主;循环经济以"资源—产品—再生资源"物质封闭型的流动模式为主。

在发展特征上,传统经济是"三高一低"(高开采、高消耗、高排放、低利用);循环经济是"三低一高"(低开采、低消耗、低排放、高利用),两者刚好相反。

在经济与生态关系上,传统经济是矛盾冲突的关系,经济增长以生态破坏为代价;循环经济是和谐共生的关系,经济增长与生态保护实现了良性互动。

在人与自然的关系上,传统经济表现为人是自然的主宰,人凌驾于自然之上;循环经济表现为人与自然是和谐的,人是自然的一部分。

3. 循环经济的三大原则

(1) 减量化原则(Reduce):要求用较少的原料和能源投入来达到既定的生产目的或消费目的,即从经济活动的源头就注意节约资源和减少污染。强调输入端——尽可能节约资源和减少污染。比如:在农业生产中,使用节水、节药、节肥、节能等节约型技术;在工业生产中,使用节能高效、低排放的技术和设备,提高资源和能源开发利用率。

(2) 再利用原则(Reuse):要求制造产品和包装容器能够以初始的形式被反复使用。即在经济活动的过程中尽可能延长产品的使用周期。强调过程性——要尽可能延长产品的使用周期。比如:啤酒瓶、酸奶瓶等回收再使用;废电器电子产品、废电池、废轮胎等产品的拆解或再利用等。

(3) 资源化原则(Recycle):要求生产出来的物品在完成其使用功能后,能重新变成可以利用的资源,而不是不可恢复的垃圾。强调输出端——最大限度地减少废物排放。

这三大原则在循环经济中的重要性并不是并列的,而是有优先顺序,即减量化—再利用—再循环。

(三)《循环经济促进法》的主要制度内容

《循环经济促进法》以"减量化、再利用、资源化"为主线,共 7 章 58 条。在框架结构上,第一章为总则,第二章规定基本管理制度,第三章规定减量化,第四章规定再利用和资源化,第五章规定激励措施,第六章规定法律责任,第七章是附则。

《循环经济促进法》主要规定了九个方面的重要制度:

(1) 建立循环经济规划制度。《循环经济促进法》规定了编制循环经济发展规划的程序和内容,为政府及部门编制循环经济发展规划提供了依据。

(2) 建立抑制资源浪费和污染物排放的总量调控制度。《循环经济促进法》明确要求各级政府必须依据上级政府制定的本区域污染物排放总量控制指标和建设用地、用水总量控制指标,规划和调整本行政区域的经济和产业结构。

(3) 建立以生产者为主的责任延伸制度。在传统的法律领域,产品的生产者只对产品本身的质量承担责任,而现代社会发展要求生产者还应依法承担产品废弃后的回收、利用、处置等责任。

(4) 强化对高耗能、高耗水企业的监督管理。《循环经济促进法》规定,国家对钢铁、有色金属、煤炭、电力、石油加工、化工、建材、建筑、造纸、印染等行业年综合能源消费量、用水量超过国家规定总量的重点企业,实行能耗、水耗的重点监督管理制度。

(5) 强化产业政策的规范和引导。《循环经济促进法》规定,国务院循环经济发展综合管理部门会同国务院环境保护等有关主管部门,定期发布鼓励、限制和淘汰的技术、工艺、设备、材料和产品名录。

(6) 明确关于减量化的具体要求。对于生产过程,《循环经济促进法》规定了产品的生态设计制度,对工业企业的节水、节油提出了基本要求,对矿业开采、建筑建材、农业生产等领域发展循环经济提出了具体要求。对于流通和消费过程,《循环经济促进法》对服务业提出了节能、节水、节材的要求;国家在保障产品安全和卫生的前提下,限制一次性消费品的生产和消费等。此外,还对政府机构提出了厉行节约、反对浪费的要求。

(7) 关于再利用和资源化的具体要求。对于生产过程,《循环经济促进法》规定了发展区域循环经济、工业固废综合利用、工业用水循环利用、工业余热余压等综合利用、建筑废物综合利用、农业综合利用以及对产业废物交换的要求。对于流通和消费过程,《循环经济促进法》规定了建立健全再生资源回收体系、对废电器电子产品进行回收利用、报废机动车船回收拆解、机电产品再制造,以及生活垃圾、污泥的资源化等具体要求。

(8) 建立激励机制。主要内容包括:建立循环经济发展专项资金;对循环经济重大科技攻关项目实行财政支持;对促进循环经济发展的产业活动给予税收优惠;对有关循环经济项目实行投资倾斜;实行有利于循环经济发展的价格政策、收费制度和有利于循环经济发展的政府采购政策。

(9) 建立法律责任追究制度。《循环经济促进法》专设法律责任一章,对有关主体不履行法定义务的行为规定了相应的处罚细则,以保障该法的有效实施。

(四)《循环经济促进法》与其他三部环境法之间关系

1.《循环经济促进法》与《清洁生产促进法》的关系

(1) 循环经济与清洁生产两者的共性和区别。清洁生产是循环经济的基石,循环经济是清洁生产的扩展。相同点:一是在理念方面,两个概念的提出都基于相同的时代要求;二是在理论基础方面,两者同属于工业生态学大框架中的主要组成部分。不同点:主要在于实施层次上。譬如说,在企业层次实施清洁生产就是小循环的循环经济,一个产品、一台装置、一条生产线都可采用清洁生产的方案;在园区、行业或城市的层次上,同样可以实施清洁生产。而广义的循环经济是在相当大的范围和区域内,它是一个社会层面的概念。

(2)《清洁生产促进法》自 2003 年 1 月 1 日起施行,而新的《循环经济促进法》在立法过程中就已经注意到必须与《清洁生产促进法》无根本的矛盾冲突。《清洁生产促进法》的调整范围涵盖了资源开采和制造等整个生产领域,并从工业扩展至服务业、农业。内容涉及了节约资源与能源、提高能源效率、废物回收利用,以及责任延伸、政府绿色采购等制度措施等。《循环经济促进法》的制定,能够将循环经济过程中的社会关系进行全面有效的调整与规范,补充《清洁生产促进法》的不足之处。

2.《循环经济促进法》与《固体废物污染环境防治法》的关系

两者的立法目标和调整对象存在差异:《固体废物污染环境防治法》是作为污染防治的环境立法,其着眼对象虽然关注了固体废物污染的预防(废物减量与资源化),但着重点还在于废物治理(废物无害化)的活动。《循环经济促进法》则从转变生产、流通和消费方式的角度,不仅包括废物的减量和再生利用,而且更强调对资源节约、提高资源利用效率,以及废物排放前的循环利用等生产消费活动行为的调整。

3.《循环经济促进法》与《节约能源法》的关系

《中华人民共和国节约能源法》(简称《节约能源法》)于1998年1月1日起施行,2007年10月进行了修订,于2008年4月1日起施行。从两者内容看,《节约能源法》进行立法修订时已经考虑到能源是发展循环经济的重要组成,并具有明显相对独立的特征。《循环经济促进法》在制定过程中,对于循环经济中涉及的能源问题采取避开的方式,直接通过能源法体系的建立和完善去解决,以便与现有和将来的能源立法减少冲突与重复。

总的来看,《循环经济促进法》与《清洁生产促进法》《固体废物污染环境防治法》《节约能源法》等三部单行法同时存在,相互之间保持密切的关系,并在各自规范的体制下发挥其应有的作用。

三、《清洁生产促进法》

《清洁生产促进法》于2002年6月29日第九届全国人民代表大会常务委员会第二十八次会议通过,2003年1月1日开始实施。2012年2月29日第十一届全国人民代表大会常务委员会第二十五次会议通过了对该法律的修正。

(一)实施《清洁生产促进法》的目的和意义

为了促进清洁生产,提高资源利用效率,减少和避免污染物的产生,保护和改善环境,保障人体健康,促进经济与社会可持续发展,制定该法。总体思路:鼓励和促进清洁生产,国务院清洁生产综合协调部门负责组织、协调全国的清洁生产促进工作,鼓励开展有关清洁生产的科学研究、技术开发和国际合作,组织宣传、普及清洁生产知识,推广清洁生产技术。

1. 有助于履行社会责任,推动生态文明建设,促进可持续发展

当今日益加重的环境污染与危害是严重影响中国及世界政治、经济、安全、生存的重大问题,推行清洁生产、解决环境压力已成为全球实现可持续发展的共同选择。我国颁布《清洁生产促进法》,把经济和社会的可持续发展用法律形式加以固定,旨在通过明确工作职责、奖惩措施、法律责任等强化社会责任的履行,进而推动全社会从源头削减控制污染,提高资源利用效率,减少或者避免生产、服务和产品使用过程中污染物的产生和排放,保护和改善生态环境,促进经济与社会的可持续发展。

2. 有助于完善结构调整,转变经济增长方式,促进可持续发展

推行清洁生产就是用新的创造性理念,将整体预防环境战略持续应用于生产过程、产品和服务中,改变以牺牲环境为代价的、传统的粗放型经济发展模式,依靠科技进步与创新完善结构调整,促进行业生产工艺技术水平、人员素质及管理水平的提升,使资源得到充分利用,环境得到根本改善,从而达到环境效益与经济效益的统一。因此加快实施《清洁生产促进法》更有助于推广应用先进生产技术,推进产品升级和产业结构优化,推动实现节能减排目标、转变经济发展方式,是实施可持续发展必不可少的重要手段。

(二)《清洁生产促进法》重点修订的内容

1. 强化政府推进清洁生产的工作职责

《清洁生产促进法》从2003年正式实施后,国务院进行了两次机构改革,客观上导致了

部门职责与法律规定的不协调,职能和责任不清、分工不明确,一定程度上影响了法律的贯彻实施。2012年新修订的《清洁生产促进法》将这一问题作为重点加以解决,进一步明确了政府推进清洁生产的工作职责:一是按照国务院部门现行职责分工,明确国务院清洁生产综合协调部门负责组织、协调全国的清洁生产促进工作,国务院环境保护、工业、科学技术、财政部门和其他有关部门,按照各自职责,负责有关的清洁生产促进工作。二是针对地方政府负责清洁生产工作部门不一致的情况,规定由县级以上地方人民政府确定的负责清洁生产综合协调的部门负责组织、协调本行政区域内的清洁生产促进工作。在明确政府工作职责时,更加注重突出职能要求、弱化部门名称,以保持法律执行主体名称的相对稳定。

2. 扩大了对企业实施强制性清洁生产审核范围

清洁生产审核制度是企业实施清洁生产,实现节能降耗、减污增效的一个重要手段。修订前的《清洁生产促进法》仅针对高污染企业提出开展强制性清洁生产审核工作要求,对超耗能企业没有明确规定开展清洁生产的强制性措施,不利于抑制能源的过度消耗。而修订后的《清洁生产促进法》第二十七条对此进行了补充完善,在保留对原规定的"双超双有"企业依法进行强制性清洁生产审核外,增加了"对超过能源消耗限额标准的高耗能企业依法进行强制清洁生产审核"条款。

3. 明确规定建立清洁生产财政支持资金

修订前的《清洁生产促进法》对推行清洁生产的激励措施力度小,不利于加快推行清洁生产工作进程。修订后的《清洁生产促进法》加强了财政支持力度,规定中央预算应当加强对清洁生产工作的资金投入,包括中央财政清洁生产专项资金和中央预算安排的其他清洁生产资金,用于支持国家清洁生产推行规划确定的重点领域、重点行业、重点工程实施清洁生产及其技术推广工作,以及生态脆弱地区实施清洁生产的项目。县级以上地方人民政府应当统筹地方财政安排的清洁生产促进工作的资金,引导社会资金支持清洁生产重点项目。新法明确要求中央和地方政府均要统筹安排支持推进清洁生产工作的财政资金。

4. 强化了清洁生产审核法律责任

修订前的《清洁生产促进法》强制性工作措施力度偏弱,法律责任难以落实。为增强法律实施的有效性,新修订的《清洁生产促进法》进一步强化了三方面的法律责任:

一是强化了政府部门不履行职责的法律责任。新法第三十五条明确规定"清洁生产综合协调部门或者其他部门未依照法律规定履行职责的,对直接负责的主管人员和其他直接责任人员依法给予处分。"由此要求负责推进清洁生产的主管部门和主管人员必须认真履行工作职责,加强清洁生产审核工作,否则将承担一定的法律责任。

二是强化了企业开展强制性清洁生产审核的法律责任。新法第三十六规定"对未按照规定公布能源消耗或者重点污染物产生、排放情况的,由县级以上地方人民政府负责清洁生产综合协调的部门、环境保护部门按照职责分工责令公布,可以处十万元以下的罚款";第三十九条规定"对不实施强制性清洁生产审核或者在清洁生产审核中弄虚作假的,或者实施强制性清洁生产审核的企业不报告或不如实报告审核结果的,由县级以上地方人民政府负责清洁生产综合协调的部门、环境保护部门按照职责分工责令限期改正;拒不改正的,处以五万元以上五十万元以下的罚款"。该条款明确指出,企业不按照《清洁生产促进法》规定实施强制性清洁生产审核,将依法进行惩处。

三是强化了评估验收部门和单位及其工作人员的法律责任。新法第三十九条规定"承担评估验收工作的部门或者单位及其工作人员向被评估验收企业收取费用的,不如实评估验收或者在评估验收中弄虚作假的,或者利用职务上的便利谋取利益的,对直接负责的主管人员和其他直接责任人员依法给予处分;构成犯罪的,依法追究刑事责任"。由此要求开展清洁生产审核咨询服务的单位必须遵循公平公正的原则,认真负责地帮助企业开展清洁生产审核,违反法律规定的将承担法律责任。

5. 强化了政府监督与社会监督作用

修订后的《清洁生产促进法》除强化了政府有关部门对企业实施强制性清洁生产审核的监督责任外,还进一步强化了社会监督作用,明确要求实施强制性清洁生产审核的企业,应当将审核结果向所在地县级以上地方人民政府负责清洁生产综合协调的部门、环境保护部门报告,并在本地区主要媒体上公布,接受公众监督(涉及商业秘密的除外)。

四、《环境保护税法》及其实施条例

《环境保护税法》及其实施条例《环境保护税法实施条例》分别于 2016 年 12 月和 2017 年 12 月颁布,2018 年 1 月 1 日起施行。《环境保护税法》是我国第一部推进生态文明建设的单行税法,总体思路:纳税人产生的应税固体废物均应缴税,企业可以证明符合相关法律法规和标准规范的贮存、利用、处置行为,予以核减;无法证明的,按固体废物产生量核算。规定应税固体废物包括煤矸石、尾矿、危险废物、冶炼渣、粉煤灰、炉渣和其他固体废物(含半固态、液态废物)。该法律已经对一般工业固体废物的处理处置起到关键推动作用。随意占用土地资源堆存固体废物的现象得到一定程度的遏制,无人出资进行固体废物处理处置的局面可得到根本性改变。

(一)《环境保护税法》

1. 环境保护税的目的意义

环境保护税源于排污收费制度。我国于 1979 年开始排污收费试点,通过收费促使企业加强环境治理、减少污染物排放,对防治污染、保护环境起到了重要作用,但实际执行中存在着执法刚性不足等问题。为解决这些问题,党的十八届三中、四中全会明确提出:"推动环境保护费改税","用严格的法律制度保护生态环境"。2018 年环境保护费改税后,排污单位不再缴纳排污费,改为缴纳环境保护税。

开征环境保护税的主要目的不是取得财政收入,而是使排污单位承担必要的污染治理与环境损害修复成本,并通过"多排多缴、少排少缴、不排不缴"的税制设计,发挥税收杠杆的绿色调节作用,引导排污单位提升环保意识,加大治理力度,加快转型升级,减少污染物排放,助推生态文明建设。两年多来,环境保护税税制运行平稳,征管有序顺畅。

2. 环境保护税的缴纳单位和企业

环境保护税的纳税人是在中华人民共和国领域和中华人民共和国管辖的其他海域,直接向环境排放应税污染物的企业事业单位和其他生产经营者。环境保护税主要针对污染破坏环境的特定行为征税,一般可以从排污主体、排污行为、应税污染物三方面来判断是否需要交环境保护税。

一是排污主体。缴纳环境保护税的排污主体是企业事业单位和其他生产经营者,也就是说排放生活污水和垃圾的居民个人是不需要缴纳环境保护税的,这主要是考虑到目前我国大部分市县的生活污水和垃圾已进行集中处理,不直接向环境排放。

二是排污行为。直接向环境排放应税污染物的,需要缴纳环境保护税,而间接向环境排放应税污染物的,不需要交环境保护税。比如:向污水集中处理、生活垃圾集中处理场所排放应税污染物的,在符合环境保护标准的设施、场所贮存或者处置固体废物的,以及对畜禽养殖废弃物进行综合利用和无害化处理的,都不属于直接向环境排放污染物,不需要缴纳环境保护税。

三是应税污染物,共分为大气污染物、水污染物、固体废物和噪声四类。应税大气污染物包括二氧化硫、氮氧化物等44种主要大气污染物。应税水污染物包括化学需氧量、氨氮等65种主要水污染物。应税固体废物包括煤矸石、尾矿、危险废物、冶炼渣、粉煤灰、炉渣以及其他固体废物,其中,其他固体废物的具体范围授权由各省、自治区、直辖市人民政府确定。应税噪声仅指工业噪声,是在工业生产中使用固定设备时,产生的超过国家规定噪声排放标准的声音,不包括建筑噪声等其他噪声。应税污染物的具体税目,大家可以查阅环境保护税法所附的"环境保护税税目税额表"和"应税污染物和当量值表"。

通过以上标准可以看出,大部分企业事业单位都不是环境保护税的纳税人。此外随着排污许可制度的推行,今后所有排污单位均纳入排污许可管理,纳税人的判别将更加简化:一般来讲,纳入排污许可管理,并直接向环境排放应税污染物的单位,就需要缴纳环境保护税。

3. 环境保护税的计算方法

环境保护税的税额计算初看有点专业、有点复杂,但大家只要抓住"四项指标、三个公式",就可以快捷准确地计算出环境保护税税额。"四项指标"是指污染物排放量、污染当量值、污染当量数和税额标准,这四项指标是计算环境保护税的关键。

第一,污染物排放量。《环境保护税法》规定了四种计算污染物排放量的方法,按顺序使用:

一是对安装使用符合国家规定和监测规范的污染物自动监测设备的,按自动监测数据计算。

二是对未安装自动监测设备的,按监测机构出具的符合国家有关规定和监测规范的监测数据计算。为减轻监测负担,对当月无监测数据的,可沿用最近一次的监测数据。

三是对不具备监测条件的,按照国务院生态环境主管部门公布的排污系数或者物料衡算方法计算。目前,主要依据环境保护部发布的2017年第81号公告中的《计算污染物排放量的排污系数和物料衡算方法》计算环境保护税,并在此基础上不断更新完善排污系数和物料衡算方法,提高污染物排放量计算的科学性和准确性。

四是不能按照前三种方法计算的,按照省、自治区、直辖市生态环境主管部门公布的抽样测算方法核定计算。

第二,污染当量值。污染当量值是相当于1个污染当量的污染物排放的数量,用于衡量大气污染物和水污染物对环境造成的危害和处理费用。以水污染物为例,将排放1 kg的化学需氧量所造成的环境危害作为基准,设定为1个污染当量,将排放其他水污染物造成的环境危害与其进行比较,设定相当的量值。比如,氨氮的污染当量值为0.8 kg,表示排放0.8 kg的氨氮与排放1 kg的化学需氧量的环境危害基本相等。再比如,总汞的污染当量值为0.000 5 kg;总铅的污染当量值为0.025 kg,悬浮物的污染当量值为4 kg等。每种应税大气污染物和水污染物的具体污染当量值,依照《环境保护税法》所附的"应税污染物和当量值表"执行。

第三,污染当量数。应税大气污染物和水污染物的污染当量数,是以该污染物的排放量除以该污染物的污染当量值计算。对每一排放口或者没有排放口的应税污染物,按照污染当量数从大到小排序,应税大气污染物的前三项、总汞等第一类应税水污染物的前五项、悬浮物等应税其他类水污染物的前三项需要计算缴纳环境保护税。

第四,税额标准。应税大气污染物和水污染物实行浮动税额,大气污染物的税额幅度为 1.2~12 元,水污染物的税额幅度为 1.4~14 元。应税大气污染物和水污染物的具体适用税额,由各省、自治区、直辖市人民政府在税额幅度内确定。固体废物和噪声实行固定税额。固体废物按不同种类,税额标准分别为每吨 5~1 000 元不等;噪声按超标分贝数实行分档税额,税额标准为每月 350~11 200 元不等。

"三个公式":根据排放的应税污染物类别不同,税额的计算方法也有所不同,具体为:

(1)应税大气污染物和水污染物的应纳税额,为污染当量数乘以具体适用税额;

(2)应税固体废物的应纳税额,为固体废物的排放量乘以具体适用税额;

(3)应税噪声的应纳税额,为超过国家规定标准的分贝数对应的具体适用税额。

4. 环境保护税的优惠政策

为充分发挥环境保护税绿色调节作用,环境保护税法建立了"多排多缴、少排少缴、不排不缴"的激励机制,通过明显有力的优惠政策导向,有效引导排污单位治污减排、保护环境。具体来看,目前减免税规定主要集中在以下三个方面:

一是鼓励集中处理。对依法设立的城乡污水集中处理、生活垃圾集中处理场所排放相应应税污染物,不超过国家和地方规定的排放标准的,免征环境保护税。依法设立的生活垃圾焚烧发电厂、生活垃圾填埋场、生活垃圾堆肥厂,均属于生活垃圾集中处理场所。

二是鼓励资源利用。纳税人综合利用的固体废物,符合国家和地方环境保护标准的,免征环境保护税。

三是鼓励清洁生产。对于应税大气污染物和水污染物,纳税人排放的污染物浓度值低于国家和地方规定排放标准30%的,减按75%征税;纳税人排放的污染物浓度值低于国家和地方规定排放标准50%的,减按50%征税。

此外,对除规模化养殖以外的农业生产排放应税污染物的,机动车、铁路机车、非道路移动机械、船舶和航空器等流动污染源排放应税污染物的情形,均免征环境保护税。

5. 环境保护税的缴纳办法

在申报缴纳环境保护税之前,首先要确定纳税地点。纳税地点为应税污染物排放地,具体是:排放应税大气污染物、水污染物的纳税地点为排放口的所在地;排放应税固体废物、应税噪声的纳税地点为固体废物或噪声的产生地。

其次要确定纳税期限。环境保护税按月计算,按季申报缴纳,纳税人要在季度终了之日起 15 日内,办理纳税申报并缴纳税款。对一些不能按固定期限计算缴纳的,可以按次申报缴纳,纳税人要在纳税义务发生之日起 15 日内,办理纳税申报并缴纳税款。

最后要选择申报方式。纳税人可以直接到办税服务厅办理纳税申报,也可以通过电子税务局进行网上申报,充分享受非接触式办税带来的便利。

在进行环境保护税申报时,要确保申报的真实性和完整性,并按照税务机关的有关要求,妥善保管应税污染物监测和管理的有关资料。符合减免税情形的纳税人,只需在填报纳税申报表时提供相关信息,无须专门办理减免税手续,减免税相关资料由纳税人留存备查。

（二）《环境保护税法实施条例》

1.《环境保护税法实施条例》制定的背景

2016 年 12 月 25 日第十二届全国人民代表大会常务委员会第二十五次会议通过了《环境保护税法》,自 2018 年 1 月 1 日起施行。制定《环境保护税法》,是落实党的十八届三中全会、四中全会提出的"推动环境保护费改税""用严格的法律制度保护生态环境"要求的重大举措,对于保护和改善环境、减少污染物排放、推进生态文明建设具有重要的意义。为保障《环境保护税法》的顺利实施,有必要制定《环境保护税法实施条例》,细化法律的有关规定,进一步明确界限、增强可操作性。

2.《环境保护税法实施条例》的细化内容

《环境保护税法实施条例》在《环境保护税法》的框架内,重点对征税对象、计税依据、税收减免以及税收征管的有关规定作了细化,以更好地适应环境保护税征收工作的实际需要。

（1）征税对象的细化规定

主要有三个方面:一是明确"环境保护税税目税额表"所称其他固体废物的具体范围依照《环境保护税法》第六条第二款规定的程序确定,即由省、自治区、直辖市人民政府提出,报同级人民代表大会常务委员会决定,并报全国人民代表大会常务委员会和国务院备案。二是明确了"依法设立的城乡污水集中处理场所"的范围。《环境保护税法》规定,依法设立的城乡污水集中处理场所超过排放标准排放应税污染物的应当缴纳环境保护税,不超过排放标准排放应税污染物的暂予免征环境保护税。为明确这一规定的具体适用对象,《环境保护税法实施条例》规定依法设立的城乡污水集中处理场所是指为社会公众提供生活污水处理服务的场所,不包括为工业园区、开发区等工业聚集区域内的企业事业单位和其他生产经营者提供污水处理服务的场所,以及企业事业单位和其他生产经营者自建自用的污水处理场所。三是明确了规模化养殖缴纳环境保护税的相关问题,规定达到省级人民政府确定的规模标准并且有污染物排放口的畜禽养殖场应当依法缴纳环境保护税;依法对畜禽养殖废弃物进行综合利用和无害化处理的,不属于直接向环境排放污染物,不缴纳环境保护税。

（2）计税依据的细化规定

按照《环境保护税法》的规定,应税大气污染物、水污染物按照污染物排放量折合的污染当量数确定计税依据,应税固体废物按照固体废物的排放量确定计税依据,应税噪声按照超过国家规定标准的分贝数确定计税依据。根据实际情况和需要,《环境保护税法实施条例》进一步明确了有关计税依据的两个问题:一是考虑到在符合国家和地方环境保护标准的设施、场所贮存或者处置固体废物不属于直接向环境排放污染物,不缴纳环境保护税,对依法综合利用固体废物暂予免征环境保护税,为体现对纳税人治污减排的激励,《环境保护税法实施条例》规定固体废物的排放量为当期应税固体废物的产生量减去当期应税固体废物的贮存量、处置量、综合利用量的余额。二是为体现对纳税人相关违法行为的惩处,《环境保护税法实施条例》规定,纳税人有非法倾倒应税固体废物,未依法安装使用污染物自动监测设备或者未将污染物自动监测设备与环境保护主管部门的监控设备联网,损毁或者擅自移动、改变污染物自动监测设备,篡改、伪造污染物监测数据以及进行虚假纳税申报等情形的,以其当期应税污染物的产生量作为污染物的排放量。

(3) 征收减免的细化规定

《环境保护税法》第十三条规定,纳税人排放应税大气污染物或者水污染物的浓度值低于排放标准30%的,减按75%征收环境保护税;低于排放标准50%的,减按50%征收环境保护税。为便于实际操作,《环境保护税法实施条例》明确了上述规定中应税大气污染物、水污染物浓度值的计算方法,同时按照从严掌握的原则,进一步明确限定了适用减税的条件。

(4) 征收管理的细化规定

从实际情况看,环境保护税征收管理相对更为复杂。为保障环境保护税征收管理顺利开展,《环境保护税法实施条例》在明确县级以上地方人民政府应当加强对环境保护税征收管理工作的领导,及时协调、解决环境保护税征收管理工作中重大问题的同时,进一步明确了税务机关和环境保护主管部门在税收征管中的职责以及互相交送信息的范围,并对纳税申报地点的确定、税收征收管辖争议的解决途径、纳税人识别、纳税申报数据资料异常包括的具体情形、纳税人申报的污染物排放数据与环境保护主管部门交送的相关数据不一致时的处理原则,以及税务机关、环境保护主管部门无偿为纳税人提供有关辅导、培训和咨询服务等做了明确规定。

第二节 国家行政法规

为落实《中华人民共和国国民经济和社会发展第十三个五年规划纲要》《循环发展引领计划》《工业绿色发展规划》等,促进产业集聚,提高资源综合利用水平,推动资源综合利用产业高质量发展,我国有关部门也相继发布了矿产资源综合利用、大宗工业固废综合利用、再生资源回收体系建设等专项规划。根据我国区域差异较大的特点,适度给予地方政府相应的调控职能,各地区也制定了本区域循环经济发展规划。沿海地区突出粉煤灰、煤矸石综合利用技术的升级,中西部资源大省强调大掺杂技术的推广,增强优惠政策的灵活性和区域的针对性。主要对《国务院"无废城市"建设试点工作方案》(国办发〔2018〕128号)、《"十四五"大宗固体废弃物综合利用的指导意见》(发改环资〔2021〕381号)、《工业固体废物资源综合利用评价管理暂行办法》(2018年第26号公告)、《煤矸石综合管理办法》、《粉煤灰综合利用管理办法》、《煤矿充填开采工作指导意见》以及其他政策法规进行介绍。

一、《国务院"无废城市"建设试点工作方案》

2018年12月29日,《国务院办公厅关于印发"无废城市"建设试点工作方案的通知》(国办发〔2018〕128号)下发,文件中对"无废城市"建设工作进行了部署。

"无废城市"是以创新、协调、绿色、开放、共享的新发展理念为引领,通过推动形成绿色发展方式和生活方式,持续推进固体废物源头减量和资源化利用,最大限度减少填埋量,将固体废物环境影响降至最低的城市发展模式。"无废城市"并不是没有固体废物产生,也不意味着固体废物能完全资源化利用,而是一种先进的城市管理理念,旨在最终实现整个城市固体废物产生量最小、资源化利用充分、处置安全的目标,需要长期探索与实践。现阶段,要通过"无废城市"建设试点,统筹经济社会发展中的固体废物管理,大力推进源头减量、资源化利用和无害化处置,坚决遏制非法转移倾倒,探索建立量化指标体系,系统总结试点经验,形成可复制、可推广的建设模式。为指导地方开展"无废城市"建设试点工作,制定本方案。

（一）总体要求

1. 重大意义

党的十八大以来,党中央、国务院深入实施大气、水、土壤污染防治行动计划,把禁止洋垃圾入境作为生态文明建设标志性举措,持续推进固体废物进口管理制度改革,加快垃圾处理设施建设,实施生活垃圾分类制度,迈出固体废物管理坚实步伐。同时,我国固体废物产生强度高、利用不充分,非法转移倾倒事件仍呈高发频发态势,既污染环境,又浪费资源,与人民日益增长的优美生态环境需要还有较大差距。开展"无废城市"建设试点是深入落实党中央、国务院决策部署的具体行动,是从城市整体层面深化固体废物综合管理改革和推动"无废社会"建设的有力抓手,是提升生态文明、建设美丽中国的重要举措。

2. 指导思想

以习近平新时代中国特色社会主义思想为指导,全面贯彻党的十九大和十九届二中、三中全会精神,紧紧围绕统筹推进"五位一体"总体布局和协调推进"四个全面"战略布局,深入贯彻习近平生态文明思想和全国生态环境保护大会精神,认真落实党中央、国务院决策部署,坚持绿色低碳循环发展,以大宗工业固体废物、主要农业废弃物、生活垃圾和建筑垃圾、危险废物为重点,实现源头大幅度减量、充分资源化利用和安全处置,选择典型城市先行先试,稳步推进"无废城市"建设,为全面加强生态环境保护、建设美丽中国作出贡献。

3. 基本原则

（1）坚持问题导向,注重创新驱动。着力解决当前固体废物产生量大、利用不畅、非法转移倾倒、处置设施选址难等突出问题,统筹解决本地实际问题与共性难题,加快制度、机制和模式创新,推动实现重点突破与整体创新,促进形成"无废城市"建设长效机制。

（2）坚持因地制宜,注重分类施策。试点城市根据区域产业结构、发展阶段,重点识别主要固体废物在产生、收集、转移、利用、处置等过程中的薄弱点和关键环节,紧密结合本地实际,明确目标,细化任务,完善措施,精准发力,持续提升城市固体废物减量化、资源化、无害化水平。

（3）坚持系统集成,注重协同联动。围绕"无废城市"建设目标,系统集成固体废物领域相关试点示范经验做法。坚持政府引导和市场主导相结合,提升固体废物综合管理水平与推进供给侧结构性改革相衔接,推动实现生产、流通、消费各环节绿色化、循环化。

（4）坚持理念先行,倡导全民参与。全面增强生态文明意识,将绿色低碳循环发展作为"无废城市"建设重要理念,推动形成简约适度、绿色低碳、文明健康的生活方式和消费模式。强化企业自我约束,杜绝资源浪费,提高资源利用效率。充分发挥社会组织和公众监督作用,形成全社会共同参与的良好氛围。

4. 试点目标

系统构建"无废城市"建设指标体系,探索建立"无废城市"建设综合管理制度和技术体系,试点城市在固体废物重点领域和关键环节取得明显进展,大宗工业固体废物贮存处置总量趋零增长、主要农业废弃物全量利用、生活垃圾减量化资源化水平全面提升、危险废物全面安全管控,非法转移倾倒固体废物事件零发生,培育一批固体废物资源化利用骨干企业。通过在试点城市深化固体废物综合管理改革,总结试点经验做法,形成一批可复制、可推广的"无废城市"建设示范模式,为推动建设"无废社会"奠定良好基础。

5. 试点范围

综合考虑不同地域、不同发展水平及产业特点、地方政府积极性等因素,优先选取国家生态文明试验区省份具备条件的城市、循环经济示范城市、工业资源综合利用示范基地、已开展或正在开展各类固体废物回收利用无害化处置试点并取得积极成效的城市。

(二)主要任务

1. 强化顶层设计引领,发挥政府宏观指导作用

(1)建立"无废城市"建设指标体系,发挥导向引领作用。研究建立以固体废物减量化和循环利用率为核心指标的"无废城市"建设指标体系,并与绿色发展指标体系、生态文明建设考核目标体系衔接融合。健全固体废物统计制度,统一工业固体废物数据统计范围、口径和方法,完善农业废弃物、建筑垃圾统计方法。

(2)优化固体废物管理体制机制,强化部门分工协作。根据城市经济社会发展实际,以深化地方机构改革为契机,建立部门责任清单,进一步明确各类固体废物产生、收集、转移、利用、处置等环节的部门职责边界,提升监管能力,形成分工明确、权责明晰、协同增效的综合管理体制机制。

(3)加强制度政策集成创新,增强试点方案系统性。落实《生态文明体制改革总体方案》相关改革举措,围绕"无废城市"建设目标,集成目前已开展的有关循环经济、清洁生产、资源化利用、乡村振兴等方面改革和试点示范政策、制度与措施。在继承与创新基础上,试点城市制定"无废城市"建设试点实施方案,和城市建设与管理有机融合,明确改革试点的任务措施,增强相关领域改革系统性、协同性和配套性。

(4)统筹城市发展与固体废物管理,优化产业结构布局。组织开展区域内固体废物利用处置能力调查评估,严格控制新建、扩建固体废物产生量大、区域难以实现有效综合利用和无害化处置的项目。构建工业、农业、生活等领域间资源和能源梯级利用、循环利用体系。以物质流分析为基础,推动构建产业园区企业内、企业间和区域内的循环经济产业链运行机制。明确规划期内城市基础设施保障能力需求,将生活垃圾、城镇污水污泥、建筑垃圾、废旧轮胎、危险废物、农业废弃物、报废汽车等固体废物分类收集及无害化处置设施纳入城市基础设施和公共设施范围,保障设施用地。

2. 实施工业绿色生产,推动大宗工业固体废物贮存处置总量趋零增长

(1)全面实施绿色开采,减少矿业固体废物产生和贮存处置量。以煤炭、有色金属、冶金、化工、非金属矿等行业为重点,按照绿色矿山建设要求,因矿制宜地采用充填采矿技术,推动利用矿业固体废物生产建筑材料或治理采空区和塌陷区等。试点城市的大中型矿山达到绿色矿山建设要求和标准,其中煤矸石、煤泥等固体废物实现全部利用。

(2)开展绿色设计和绿色供应链建设,促进固体废物减量和循环利用。大力推行绿色设计,提高产品可拆解性、可回收性,减少有毒有害原辅料使用,培育一批绿色设计示范企业;大力推行绿色供应链管理,发挥大企业及大型零售商带动作用,培育一批固体废物产生量小、循环利用率高的示范企业。以铅酸蓄电池、动力电池、电器电子产品、汽车为重点,落实生产者责任延伸制,基本建成废弃产品逆向回收体系。

（3）健全标准体系，推动大宗工业固体废物资源化利用。以尾矿、煤矸石、粉煤灰、冶炼渣、工业副产石膏等大宗工业固体废物为重点，完善综合利用标准体系，分类别制定工业副产品、资源综合利用产品等产品技术标准。

（4）严格控制增量，逐步解决工业固体废物历史遗留问题。以磷石膏等为重点，探索实施"以用定产"政策，实现固体废物产消平衡。全面摸底调查和整治工业固体废物堆存场所，逐步减少历史遗留固体废物贮存处置总量。

3. 推行农业绿色生产，促进主要农业固体废物全量利用

（1）以规模养殖场为重点，以建立种养循环发展机制为核心，逐步实现畜禽粪污就近就地综合利用。在肉牛、羊和家禽等养殖场鼓励采用固体粪便堆肥或建立集中处置中心生产有机肥，在生猪和奶牛等养殖场推广快速低排放的固体粪便堆肥技术、粪便垫料回用和水肥一体化施用技术，加强二次污染管控。推广"果沼畜""菜沼畜""茶沼畜"等畜禽粪污综合利用、种养循环的多种生态农业技术模式。

（2）以收集、利用等环节为重点，坚持因地制宜、农用优先、就地就近原则，推动区域农作物秸秆全量利用。以秸秆就地还田，生产秸秆有机肥、优质粗饲料产品、固化成型燃料、沼气或生物天然气、食用菌基料和育秧育苗基料，生产秸秆板材和墙体材料为主要技术路线，建立肥料化、饲料化、燃料化、基料化、原料化等多途径利用模式。

（3）以回收、处理等环节为重点，提升废旧农膜及农药包装废弃物再利用水平。建立政府引导、企业主体、农户参与的回收利用体系。推广一膜多用、行间覆盖等技术，减少地膜使用。推广应用标准地膜，禁止生产和使用厚度小于 0.01 mm 的地膜。有条件的城市，将地膜回收作为生产全程机械化的必要环节，全面推进机械化回收。

4. 践行绿色生活方式，推动生活垃圾源头减量和资源化利用

（1）以绿色生活方式为引领，促进生活垃圾减量。通过发布绿色生活方式指南等，引导公众在衣食住行等方面践行简约适度、绿色低碳的生活方式。支持发展共享经济，减少资源浪费。限制生产、销售和使用一次性不可降解塑料袋、塑料餐具，扩大可降解塑料产品应用范围。加快推进快递业绿色包装应用。推动公共机构无纸化办公。在宾馆、餐饮等服务性行业，推广使用可循环利用物品，限制使用一次性用品。创建绿色商场，培育一批应用节能技术、销售绿色产品、提供绿色服务的绿色流通主体。

（2）多措并举，加强生活垃圾资源化利用。全面落实生活垃圾收费制度，推行垃圾计量收费。建设资源循环利用基地，加强生活垃圾分类，推广可回收物利用、焚烧发电、生物处理等资源化利用方式。垃圾焚烧发电企业实施"装、树、联"，强化信息公开，提升运营水平，确保达标排放。以餐饮企业、酒店、机关事业单位和学校食堂等为重点，创建绿色餐厅、绿色餐饮企业，倡导"光盘行动"。促进餐厨垃圾资源化利用，拓宽产品出路。

（3）开展建筑垃圾治理，提高源头减量及资源化利用水平。摸清建筑垃圾产生现状和发展趋势，加强建筑垃圾全过程管理。强化规划引导，合理布局建筑垃圾转运调配、消纳处置和资源化利用设施。加快设施建设，形成与城市发展需求相匹配的建筑垃圾处理体系。开展存量治理，对堆放量比较大、比较集中的堆放点，经评估达到安全稳定要求后，开展生态修复。在有条件的地区，推进资源化利用，提高建筑垃圾资源化再生产品质量。

5．提升风险防控能力，强化危险废物全面安全管控

（1）筑牢危险废物源头防线。新建涉及危险废物建设项目，严格落实建设项目危险废物环境影响评价指南等管理要求，明确管理对象和源头，预防二次污染，防控环境风险。以有色金属冶炼、石油开采、石油加工、化工、焦化、电镀等行业为重点，实施强制性清洁生产审核。

（2）夯实危险废物过程严控基础。开展排污许可"一证式"管理，探索将固体废物纳入排污许可证管理范围，掌握危险废物产生、利用、转移、贮存、处置情况。严格落实危险废物规范化管理考核要求，强化事中事后监管。全面实施危险废物电子转移联单制度，依法加强道路运输安全管理，及时掌握流向，大幅提升危险废物风险防控水平。开展废铅酸蓄电池等危险废物收集经营许可证制度试点。落实《医疗废物管理条例》，强化地方政府医疗废物集中处置设施建设责任，推动医疗废物集中处置体系覆盖各级各类医疗机构。加强医疗废物分类管理，做好源头分类，促进规范处置。

（3）完善危险废物相关标准规范。以全过程环境风险防控为基本原则，明确危险废物处置过程二次污染控制要求及资源化利用过程环境保护要求，规定资源化利用产品中有毒有害物质含量限值，促进危险废物安全利用。建立多部门联合监管执法机制，将危险废物检查纳入环境执法"双随机"监管，严厉打击非法转移、非法利用、非法处置危险废物。

6．激发市场主体活力，培育产业发展新模式

（1）提高政策有效性。将固体废物产生、利用处置纳入企业环境信用评价范围，根据评价结果实施跨部门联合惩戒。落实好现有资源综合利用增值税等税收优惠政策，促进固体废物综合利用。构建工业固体废物资源综合利用评价机制，制定国家工业固体废物资源综合利用产品目录，对依法综合利用固体废物、符合国家和地方环境保护标准的，免征环境保护税。按照市场化和商业可持续原则，探索开展绿色金融支持畜禽养殖业废弃物处置和无害化处理试点，支持固体废物利用处置产业发展。在试点城市危险废物经营单位全面推行环境污染责任保险。在农业支持保护补贴中，加大对畜禽粪污、秸秆综合利用生产有机肥的补贴力度，同步减少化肥补贴。增加政府绿色采购中循环利用产品种类，加大采购力度。加快建立有利于促进固体废物减量化、资源化、无害化处理的激励约束机制。在政府投资公共工程中，优先使用以大宗工业固体废物等为原料的综合利用产品，推广新型墙材等绿色建材应用；探索实施建筑垃圾资源化利用产品强制使用制度，明确产品质量要求、使用范围和比例。

（2）发展"互联网＋"固体废物处理产业。推广回收新技术新模式，鼓励生产企业与销售商合作，优化逆向物流体系建设，支持再生资源回收企业建立在线交易平台，完善线下回收网点，实现线上交废与线下回收有机结合。建立政府固体废物环境管理平台与市场化固体废物公共交易平台信息交换机制，充分运用物联网、全球定位系统等信息技术，实现固体废物收集、转移、处置环节信息化、可视化，提高监督管理效率和水平。

（3）积极培育第三方市场。鼓励专业化第三方机构从事固体废物资源化利用、环境污染治理与咨询服务，打造一批固体废物资源化利用骨干企业。以政府为责任主体，推动固体废物收集、利用与处置工程项目和设施建设运行，在不增加地方政府债务前提下，依法合规探索采用第三方治理或政府和社会资本合作（PPP）等模式，实现与社会资本风险共担、收益共享。

（三）"无废城市"建设情况

1."无废城市"政策沿革和推进现状

相比于发达国家,我国在推进"无废城市"建设上起步稍晚,大致的过程是:

(1)2018年初,中央深改委将"无废城市"建设试点工作列入年度工作要点。

(2)2018年12月,国务院办公厅印发了《"无废城市"建设试点工作方案》,"无废城市"建设试点工作正式启动。

(3)2021年11月,《中共中央 国务院关于深入打好污染防治攻坚战的意见》中明确提出要稳步推进"无废城市"建设。

(4)2021年12月,生态环境部会同国家发展和改革委员会等17个部门和单位联合印发《"十四五"时期"无废城市"建设工作方案》,工作目标明确指出:推动100个左右地级及以上城市开展"无废城市"建设,到2025年,"无废城市"固体废物产生强度较快下降,综合利用水平显著提升,无害化处置能力有效保障,减污降碳协同增效作用充分发挥,基本实现固体废物管理信息"一张网","无废"理念得到广泛认同,固体废物治理体系和治理能力得到明显提升。

(5)2022年4月24日,生态环境部会同有关部门确定了"十四五"时期开展"无废城市"建设的城市名单。

据生态环境部固体废物与化学品司负责人介绍,目前试点城市已带动投资固体废物源头减量、资源化利用、最终处置工程项目562项、1 200亿元,取得较好的生态环境效益、社会效益和经济效益。

一些省市针对"无废"城市建设工作已经有较为明显的推进,如:浙江省率先印发《浙江省全域"无废城市"建设工作方案》,在全省推开"无废城市"建设;广东省发布《广东省推进"无废城市"建设试点工作方案》,探索建设珠三角"无废试验区";重庆市与四川省共同推进成渝地区双城经济圈"无废城市"建设。

总体而言,我国"无废城市"建设处于起步阶段,政策方向已经明晰,商业模式、技术路线尚待探索,但这恰恰是牵动市场神经和考验决策的关键时期。

2.首批"无废城市"建设试点名单

为贯彻落实《国务院办公厅关于印发"无废城市"建设试点工作方案的通知》(国办发〔2018〕128号)要求,生态环境部组织各省推荐"无废城市"候选城市,并会同相关部门综合考虑候选城市政府积极性、代表性、工作基础及预期成效等因素,筛选确定了广东省深圳市、内蒙古自治区包头市、安徽省铜陵市、山东省威海市、重庆市(主城区)、浙江省绍兴市、海南省三亚市、河南省许昌市、江苏省徐州市、辽宁省盘锦市、青海省西宁市等11个城市作为"无废城市"建设试点。同时,将河北雄安新区、北京经济技术开发区、中新天津生态城、福建省光泽县、江西省瑞金市等5个区域作为特例,参照"无废城市"建设试点一并推动。

3."十四五"时期"无废城市"建设名单

为落实《中共中央 国务院关于深入打好污染防治攻坚战的意见》和《"十四五"时期"无废城市"建设工作方案》,生态环境部办公厅印发《关于发布"十四五"时期"无废城市"建设名单的通知》(环办固体函〔2022〕164号),生态环境部会同有关部门,根据各省份推荐情况,综合考虑城市基础条件、工作积极性和国家相关重大战略安排等因素,确定了"十四五"时期开展"无废城市"建设的城市名单。此外,雄安新区、兰州新区、光泽县、兰考县、昌江黎族自治县、大理市、神木市、博乐市等 8 个特殊地区参照"无废城市"建设要求一并推进。

"十四五"时期"无废城市"建设名单(126 个城市或城区)如下:

(1) 北京市:密云区、经开区;

(2) 天津市:主城区(和平区、河西区、南开区、河东区、河北区、红桥区)、东丽区、滨海高新技术产业开发区、东疆保税港区、中新天津生态城;

(3) 上海市:静安区、长宁区、宝山区、嘉定区、松江区、青浦区、奉贤区、崇明区、中国(上海)自由贸易试验区、临港新片区;

(4) 重庆市:中心城区(渝中区、大渡口区、江北区、沙坪坝区、九龙坡区、南岸区、北碚区、渝北区、巴南区、两江新区、重庆高新技术产业开发区);

(5) 河北省:石家庄市、唐山市、保定市、衡水市;

(6) 山西省:太原市、晋城市;

(7) 内蒙古自治区:呼和浩特市、包头市、鄂尔多斯市;

(8) 辽宁省:沈阳市、大连市、盘锦市;

(9) 吉林省:长春市、吉林市;

(10) 黑龙江省:哈尔滨市、大庆市、伊春市;

(11) 江苏省:南京市、无锡市、徐州市、常州市、苏州市、淮安市、镇江市、泰州市、宿迁市;

(12) 浙江省:杭州市、宁波市、温州市、湖州市、嘉兴市、绍兴市、金华市、衢州市、舟山市、台州市、丽水市;

(13) 安徽省:合肥市、马鞍山市、铜陵市;

(14) 福建省:福州市、莆田市;

(15) 江西省:九江市、赣州市、吉安市、抚州市;

(16) 山东省:济南市、青岛市、淄博市、东营市、济宁市、泰安市、威海市、聊城市、滨州市;

(17) 河南省:郑州市、洛阳市、许昌市、三门峡市、南阳市;

(18) 湖北省:武汉市、黄石市、襄阳市、宜昌市;

(19) 湖南省:长沙市、张家界市;

(20) 广东省:广州市、深圳市、珠海市、佛山市、惠州市、东莞市、中山市、江门市、肇庆市;

(21) 广西壮族自治区:南宁市、柳州市、桂林市;

(22) 海南省:海口市、三亚市;

(23) 四川省:成都市、自贡市、泸州市、德阳市、绵阳市、乐山市、宜宾市、眉山市;

(24) 贵州省:贵阳市、安顺市;

(25) 云南省:昆明市、玉溪市、普洱市、西双版纳傣族自治州;

(26) 西藏自治区:拉萨市、山南市、日喀则市;

(27) 陕西省:西安市、咸阳市;

(28) 甘肃省:兰州市、金昌市、天水市;

(29) 青海省:西宁市、海西蒙古族藏族自治州、玉树藏族自治州;

(30) 宁夏回族自治区:银川市、石嘴山市;

（31）新疆维吾尔自治区：乌鲁木齐市、克拉玛依市。

二、《"十四五"大宗固体废弃物综合利用的指导意见》

（一）出台背景

大宗固体废弃物是指单一种类年产生量在 1 亿 t 以上的固体废弃物，包括煤矸石、粉煤灰、尾矿、工业副产石膏、冶炼渣、建筑垃圾和农作物秸秆等七个品类，是资源综合利用重点领域。

党的十八大以来，我国把资源综合利用纳入生态文明建设总体布局，不断完善法规政策、强化科技支撑、健全标准规范，推动资源综合利用产业发展壮大，各项工作取得积极进展。2019 年，大宗固体废弃物综合利用率达到 55%，比 2015 年提高 5 个百分点；其中，煤矸石、粉煤灰、工业副产石膏、秸秆的综合利用率分别达到 70%、78%、70%、86%。"十三五"期间，累计综合利用各类大宗固体废弃物约 130 亿 t，减少占用土地面积超过 6.7 万 hm²，提供了大量资源综合利用产品，促进了煤炭、化工、电力、钢铁、建材等行业高质量发展，资源环境和经济效益显著，对缓解我国部分原材料紧缺、改善生态环境质量发挥了重要作用。

"十四五"时期，我国开启了全面建设社会主义现代化国家新征程，围绕推动高质量发展主题，全面提高资源利用效率的任务更加迫切。受资源禀赋、能源结构、发展阶段等因素影响，未来我国大宗固体废弃物仍将面临产生强度高、利用不充分、综合利用产品附加值低的严峻挑战。目前，大宗固体废弃物累计堆存量约为 600 亿 t，年新增堆存量近 30 亿 t，其中，赤泥、磷石膏、钢渣等固体废弃物利用率仍较低，占用大量土地资源，存在较大的生态环境安全隐患。要深入贯彻落实《固体废物污染环境防治法》等法律法规，大力推进大宗固体废弃物源头减量、资源化利用和无害化处置，强化全链条治理，着力解决突出矛盾和问题，推动资源综合利用产业实现新发展。

开展资源综合利用是我国深入实施可持续发展战略的重要内容。大宗固体废弃物量大面广、环境影响突出、利用前景广阔，是资源综合利用的核心领域。推进大宗固体废弃物综合利用对提高资源利用效率、改善环境质量、促进经济社会发展全面绿色转型具有重要意义。为深入贯彻落实党的十九届五中全会精神，进一步提升大宗固体废弃物综合利用水平，全面提高资源利用效率，推动生态文明建设，促进高质量发展，国家发展和改革委员会、科技部、工业和信息化部、财政部、自然资源部、生态环境部、住房和城乡建设部、农业农村部、市场监管总局、国管局联合制定本指导意见，并以发改环资〔2021〕381 号发布。

（二）总体要求

1. 指导思想

以习近平新时代中国特色社会主义思想为指导，深入贯彻党的十九大和十九届二中、三中、四中、五中全会精神，坚定不移贯彻新发展理念，以全面提高资源利用效率为目标，以推动资源综合利用产业绿色发展为核心，加强系统治理，创新利用模式，实施专项行动，促进大宗固体废弃物实现绿色、高效、高质、高值、规模化利用，提高大宗固体废弃物综合利用水平，助力生态文明建设，为经济社会高质量发展提供有力支撑。

2. 基本原则

（1）坚持政府引导与市场主导相结合。完善综合性政策措施，激发各类市场主体活力，充分发挥市场配置资源的决定性作用,更好地发挥政府作用,加快大宗固体废弃物综合利用产业发展壮大。

（2）坚持规模利用与高值利用相结合。积极拓宽大宗固体废弃物综合利用渠道,进一步扩大利用规模,不断提高资源综合利用产品附加值,增强产业核心竞争力。

（3）坚持消纳存量与控制增量相结合。依法依规、科学有序消纳存量大宗固体废弃物;因地制宜、综合施策,有效降低大宗固体废弃物产排强度,加大综合利用力度,严控新增大宗固体废弃物堆存量。

（4）坚持突出重点与系统治理相结合。加强大宗固体废弃物综合利用全过程管理,协同推进产废、利废和规范处置各环节,严守大宗固体废弃物综合利用和安全处置的环境底线。

（5）坚持技术创新与模式创新相结合。强化创新引领,突破大宗固体废弃物综合利用技术瓶颈,加快先进适用技术推广应用,加强示范引领,培育大宗固体废弃物综合利用新模式。

3. 主要目标

到 2025 年,煤矸石、粉煤灰、尾矿（共伴生矿）、冶炼渣、工业副产石膏、建筑垃圾、农作物秸秆等大宗固体废弃物的综合利用能力显著提升,利用规模不断扩大,新增大宗固体废弃物综合利用率达到 60%,存量大宗固体废弃物有序减少。大宗固体废弃物综合利用水平不断提高,综合利用产业体系不断完善;关键瓶颈技术取得突破,大宗固体废弃物综合利用技术创新体系逐步建立;政策法规、标准和统计体系逐步健全,大宗固体废弃物综合利用制度基本完善;产业间融合共生、区域间协同发展模式不断创新;集约高效的产业基地和骨干企业示范引领作用显著增强,大宗固体废弃物综合利用产业高质量发展新格局基本形成。

（三）重点任务

1. 提高大宗固体废弃物资源利用效率

（1）煤矸石和粉煤灰。持续提高煤矸石和粉煤灰综合利用水平,推进煤矸石和粉煤灰在工程建设、塌陷区治理、矿井充填以及盐碱地、沙漠化土地生态修复等领域的利用,有序引导利用煤矸石、粉煤灰生产新型墙体材料、装饰装修材料等绿色建材,在风险可控前提下深入推动农业领域应用和有价组分提取,加强大掺量和高附加值产品应用推广。

（2）尾矿（共伴生矿）。稳步推进金属尾矿有价组分高效提取及整体利用,推动采矿废石制备砂石骨料、陶粒、干混砂浆等砂源替代材料和胶凝回填利用,探索尾矿在生态环境治理领域的利用。加快推进黑色金属、有色金属、稀贵金属等共伴生矿产资源综合开发利用和有价组分梯级回收,推动有价金属提取后剩余废渣的规模化利用。依法依规推动已闭库尾矿库生态修复,未经批准不得擅自回采尾矿。

（3）冶炼渣。加强产业协同利用,扩大赤泥和钢渣利用规模,提高赤泥在道路材料中的掺用比例,扩大钢渣微粉作混凝土掺和料在建设工程等领域的利用。不断探索赤泥和钢渣的其他规模化利用渠道。鼓励从赤泥中回收铁、碱、氧化铝,从冶炼渣中回收稀有稀散金属和稀贵金属等有价组分,提高矿产资源利用效率,保障国家资源安全,逐步提高冶炼渣综合利用率。

（4）工业副产石膏。拓宽磷石膏利用途径,继续推广磷石膏在生产水泥和新型建筑材料等领域的利用,在确保环境安全的前提下,探索磷石膏在土壤改良、井下充填、路基材料等领域的应用。支持利用脱硫石膏、柠檬酸石膏制备绿色建材和石膏晶须等新产品新材料,扩大工业副产石膏高值化利用规模。积极探索钛石膏、氟石膏等复杂难用工业副产石膏的资源化利用途径。

（5）建筑垃圾。加强建筑垃圾分类处理和回收利用,规范建筑垃圾堆存、中转和资源化利用场所的建设和运营,推动建筑垃圾综合利用产品应用。鼓励建筑垃圾再生骨料及制品在建筑工程和道路工程中的应用,以及将建筑垃圾用于土方平衡、林业用土、环境治理、烧结制品及回填等,不断提高利用质量,扩大资源化利用规模。

（6）农作物秸秆。大力推进秸秆综合利用,推动秸秆综合利用产业提质增效。坚持农用优先,持续推进秸秆肥料化、饲料化和基料化利用,发挥好秸秆耕地保育和种养结合功能。扩大秸秆清洁能源利用规模,鼓励利用秸秆等生物质能供热供气供暖,优化农村用能结构,推进生物质天然气在工业领域应用。不断拓宽秸秆原料化利用途径,鼓励利用秸秆生产环保板材、碳基产品、聚乳酸、纸浆等,推动秸秆资源转化为高附加值的绿色产品。建立健全秸秆收储运体系,开展专业化、精细化的运管服务,打通秸秆产业发展的"最初一公里"。

2. 推进大宗固体废弃物综合利用绿色发展

（1）推进产废行业绿色转型,实现源头减量。开展产废行业绿色设计,在生产过程中充分考虑后续综合利用环节,切实从源头削减大宗固体废弃物。大力发展绿色矿业,推广应用矸石不出井模式,鼓励采矿企业利用尾矿和共伴生矿填充采空区、治理塌陷区,推动实现尾矿就地消纳。开展能源、冶金、化工等重点行业绿色化改造,不断优化工艺流程、改进技术装备,降低大宗固体废弃物产生强度。推动煤矸石、尾矿、钢铁渣等大宗固体废弃物产生过程自消纳,推动提升磷石膏、赤泥等复杂难用大宗固体废弃物净化处理水平,为综合利用创造条件。在工程建设领域推行绿色施工,推广废弃路面材料和拆除垃圾原地再生利用,实施建筑垃圾分类管理、源头减量和资源化利用。

（2）推动利废行业绿色生产,强化过程控制。持续提升利废企业技术装备水平,加大小散乱污企业整治力度。强化大宗固体废弃物综合利用全流程管理,严格落实全过程环境污染防治责任。推行大宗固体废弃物绿色运输,鼓励使用专用运输设备和车辆,加强大宗固体废弃物运输过程管理。鼓励利废企业开展清洁生产审核,严格执行污染物排放标准,完善环境保护措施,防止二次污染。

（3）强化大宗固体废弃物规范处置,守住环境底线。加强大宗固体废弃物贮存及处置管理,强化主体责任,推动建设符合有关国家标准的贮存设施,实现安全分类存放,杜绝混排混堆。统筹兼顾大宗固体废弃物增量消纳和存量治理,加大重点流域和重点区域大宗固体废弃物的综合整治力度,健全环保长效监督管理制度。

3. 推动大宗固体废弃物综合利用创新发展

（1）创新大宗固体废弃物综合利用模式。在煤炭行业推广"煤矸石井下充填＋地面回填",促进煤矸石减量;在矿山行业建立"梯级回收＋生态修复＋封存保护"体系,推动绿色矿山建设;在钢铁冶金行业推广"固体废弃物不出厂",加强全量化利用;在建筑建造行业推动建筑垃圾"原地再生＋异地处理",提高利用效率;在农业领域开展"工农复合",推动产业协同;针对退役光伏组件、风电机组叶片等新兴产业固体废弃物,探索规范回收以及可循环、高值化的再生利用途径;在重点区域推广大宗固体废弃物"公铁水联运"的区域协同模式,强化资源配置。因地制宜推动大宗固体废弃物多产业、多品种协同利用,形成可复制、可推广的大宗固体废弃物综合利用发展新模式。

(2)创新大宗固体废弃物综合利用关键技术。鼓励企业建立技术研发平台,加大关键技术研发投入力度,重点突破源头减量减害与高质综合利用关键核心技术和装备,推动大宗固体废弃物利用过程风险控制的关键技术研发。依托国家级创新平台,支持产、学、研、用有机融合,鼓励建设产业技术创新联盟等基础研发平台。加大科技支撑力度,将大宗固体废弃物综合利用关键技术、大规模高质综合利用技术研发等纳入国家重点研发计划。适时修订资源综合利用技术政策大纲,强化先进适用技术推广应用与集成示范。

(3)创新大宗固体废弃物协同利用机制。鼓励多产业协同利用,推进大宗固体废弃物综合利用产业与上游煤电、钢铁、有色、化工等产业协同发展,与下游建筑、建材、市政、交通、环境治理等产品应用领域深度融合,打通部门间、行业间堵点和痛点。推动跨区域协同利用,建立跨区域、跨部门联动协调机制,推动京津冀协同发展、长江经济带发展、粤港澳大湾区建设、长三角一体化发展、黄河流域生态保护和高质量发展等国家重大战略区域的大宗固体废弃物协同处置利用。

(4)创新大宗固体废弃物管理方式。充分利用大数据、互联网等现代化信息技术手段,推动大宗固体废弃物产生量大的行业、地区和产业园区建立"互联网＋大宗固体废弃物"综合利用信息管理系统,提高大宗固体废弃物综合利用信息化管理水平。充分依托已有资源,鼓励社会力量开展大宗固体废弃物综合利用交易信息服务,为产废和利废企业提供信息服务,分品种及时发布大宗固体废弃物产生单位、产生量、品质及利用情况等,提高资源配置效率,促进大宗固体废弃物综合利用率整体提升。

(四)具体行动

1. 骨干企业示范引领行动

在煤矸石、粉煤灰、尾矿(共伴生矿)、冶炼渣、工业副产石膏、建筑垃圾、农作物秸秆等大宗固体废弃物综合利用领域,培育50家具有较强上下游产业带动能力、掌握核心技术、市场占有率高的综合利用骨干企业。支持骨干企业开展高效、高质、高值大宗固体废弃物综合利用示范项目建设,形成可复制、可推广的实施范例,发挥带动引领作用。

2. 综合利用基地建设行动

聚焦煤炭、电力、冶金、化工等重点产废行业,围绕国家重大战略实施,建设50个大宗固体废弃物综合利用基地和50个工业资源综合利用基地,推广一批大宗固体废弃物综合利用先进适用技术装备,不断促进资源利用效率提升。在粮棉主产区,以农业废弃物为重点,建设50个工农复合型循环经济示范园区,不断提升农林废弃物综合利用水平。

3. 资源综合利用产品推广行动

将推广使用资源综合利用产品纳入节约型机关、绿色学校等绿色生活创建行动。加大政府绿色采购力度,鼓励党政机关和学校、医院等公共机构优先采购秸秆环保板材等资源综合利用产品,发挥公共机构示范作用。鼓励绿色建筑使用以煤矸石、粉煤灰、工业副产石膏、建筑垃圾等大宗固体废弃物为原料的新型墙体材料、装饰装修材料。结合乡村建设行动,引导在乡村公共基础设施建设中使用新型墙体材料。

4. 大宗固体废弃物系统治理能力提升行动

加快完善大宗固体废弃物综合利用标准体系,推动上下游产业间标准衔接。加强大宗固体废弃物综合利用行业统计能力建设,明确统计口径、统计标准和统计方法,提高统计的及时性和准确性。鼓励企业积极开展工业固体废物资源综合利用评价,不断健全评价机制,加强评价机构能力建设,规范评价机构运行管理,积极推动评价结果采信,引导企业提高资源综合利用产品质量。

（五）大宗固体废弃物综合利用产业基地建设

为提高资源综合利用水平,推动资源综合利用产业高质量发展,国家发展和改革委员会、信息和工业化部印发《关于推进大宗固体废弃物综合利用产业集聚发展的通知》(发改办环资〔2019〕44号),部署了开展大宗固体废弃物综合利用基地建设的有关事项。

经各省、自治区、直辖市及计划单列市发展和改革委员会、工业和信息化主管部门申报、专家评审和公示等程序,2019年11月5日国家发展和改革委员会、工业和信息化部确定发布了50个大宗固体废弃物综合利用基地(表11-1)和48个工业资源综合利用基地(第二批),工业资源综合利用基地(第一批)有12个,共计60个(表11-2)。

表 11-1　大宗固体废弃物综合利用基地名单(50个)

序号	省份	基地名称
1	河北	唐山市(古冶区、迁安市)、邯郸市
2	山西	大同市、临汾市
3	内蒙古自治区	乌海市
4	辽宁	抚顺市、阜新市、朝阳市
5	吉林	白山市、汪清县
6	黑龙江	齐齐哈尔市
7	江苏	连云港市、邳州市、张家港市、如东县
8	安徽	淮南市、马鞍山市、淮北市、阜阳市(颍上县、阜南县、太和县)、利辛县
9	江西	上饶市、江西万载工业园区、永丰县
10	山东	滨州市、聊城市(临清市、茌平区)、新泰市、利津县
11	河南	渑池县
12	湖北	黄石市
13	湖南	娄底市、安化县、常宁市水口山经济开发区、汨罗高新技术产业开发区
14	广东	云浮市
15	广西壮族自治区	防城港市、贵港市
16	海南	昌江县
17	重庆	渝南(綦江区、南川区)、潼南区
18	四川	石棉县
19	贵州	铜仁市(松桃县、大龙经济开发区)、兴义市工业园区、和平经济开发区
29	云南	牟定县
21	陕西	西安市、榆林市
22	甘肃	临泽县、凉州区
23	宁夏回族自治区	宁夏中宁工业园区
24	新疆维吾尔自治区	阿勒泰地区

表 11-2 工业资源综合利用基地名单(60 个)

序号	省份	基地名称
1	河北	承德市、曹妃甸区
2	山西	朔州市、长治市、晋城市
3	内蒙古自治区	鄂尔多斯市、托克托、乌拉特前旗
4	辽宁	本溪市、鞍山市、营口市
5	黑龙江	七台河市、大庆市、鸡西市
6	浙江	湖州市
7	江苏	连云港市、邳州市、张家港市、如东县
8	安徽	铜陵市、合肥市
9	福建	漳州金峰经济开发区
10	江西	丰城市、新余市高新区、萍乡市、赣州市
11	山东	招远市、济南市钢城区、淄博市
12	河南	平顶山市、洛阳市、郑州市、安阳市、焦作市
13	湖北	宜昌市、襄阳市
14	湖南	湘乡市、郴州市、耒阳市
15	广西壮族自治区	河池市、梧州市、百色市、玉林市
16	四川	攀枝花市、德阳市、凉山彝族自治州
17	贵州	贵阳市、福泉市、瓮安县
18	云南	个旧市、安宁市、兰坪县、东川区
19	陕西	渭南市、韩城市
20	甘肃	金昌市、酒泉市、白银市
21	青海	西宁经济技术开发区
22	宁夏回族自治区	宁东、石嘴山市
23	新疆维吾尔自治区	昌吉回族自治州、伊犁哈萨克自治州伊宁县
24	新疆生产建设兵团	石河子市

(六)大宗固体废弃物综合利用示范建设

根据国家发展和改革委员会《关于开展大宗固体废弃物综合利用示范的通知》(发改办环资〔2021〕438 号)的部署,经各地发展和改革委员会审核推荐、专家评审、网上公示等程序,国家发展和改革委员会印发的《关于加快推进大宗固体废弃物综合利用示范建设的通知》(发改办环资〔2021〕1045 号)公布了 40 个大宗固体废弃物综合利用示范基地和 60 家大宗固体废弃物综合利用骨干企业(见表 11-3、表 11-4),并提出了进一步完善基地和骨干企业实施方案、加快推进综合利用示范建设、加快完善配套政策措施等要求。

表 11-3   2021 年大宗固体废弃物综合利用示范基地名单（40 个）

序号	省份	基地名称
1	天津	天津子牙经济技术开发区
2	河北	唐山市、宽城满族自治县
3	山西	阳泉市、河津市、保德县、吕梁市
4	内蒙古自治区	包头市
5	辽宁	本溪市、铁岭市
6	吉林	吉林蛟河经济开发区
7	江苏	高邮市、丰县
8	浙江	台州市
9	安徽	宁国经济技术开发区、涡阳县
10	福建	三明市三元区、罗源湾经济开发区、南平市
11	江西	赣州高新区、玉山县
12	山东	泰安市、兰陵县、枣庄市、邹城市
13	河南	鹤壁市山城区
14	湖北	钟祥市
15	湖南	湖南永兴经济开发区
16	广东	韶关市
17	四川	攀枝花市（东区、钒钛高新区）、雅安市（汉源工业园区、荥经县）
18	贵州	息烽县、毕节市、六盘水市、开阳县
19	陕西	汉中市
20	甘肃	兰州市红古区、嘉峪关市工业园区、金昌市经济技术开发区
21	新疆维吾尔自治区	奎屯-独山子经济技术开发区

表 11-4   2021 年大宗固体废弃物综合利用骨干企业名单（60 家）

序号	省份	骨干企业名称
1	北京	大唐同舟科技有限公司、北京金隅砂浆有限公司、北新集团建材股份有限公司
2	河北	唐山冀东水泥三友有限公司、唐山鹤兴废料综合利用科技有限公司、河北鼎星水泥有限公司、涞源县冀恒矿业有限公司、武安市新峰水泥有限责任公司
3	山西	太原钢铁（集团）粉煤灰综合利用有限公司、山西大地环境资源有限公司、山西山安立德环保科技有限公司、山西能投生物质能开发利用股份有限公司
4	内蒙古自治区	包钢集团节能环保科技产业有限责任公司、内蒙古超牌新材料股份有限公司
5	辽宁	辽宁佳合鹏程粉体科技有限公司
6	吉林	亚泰建材集团有限公司
7	上海	宝武集团环境资源科技有限公司、上海良延环保科技发展有限公司、上海国惠环境科技股份有限公司

表 11-4(续)

序号	省份	骨干企业名称
8	江苏	江苏绿和环境科技有限公司、江苏一夫科技股份有限公司、江苏新春兴再生资源有限责任公司、江苏锦明再生资源有限公司、张家港恒昌新型建筑材料有限公司、江苏中信世纪新材料有限公司
9	安徽	铜陵铜冠建安新型环保建材科技有限公司、铜陵万华禾香板业有限公司、安徽万秀园生态农业集团有限公司、安徽海盾建材有限公司
10	江西	江西新越沥青有限公司
11	山东	莱州市金都新型建筑材料有限公司、招远鸿福高科环保科技有限公司、天正浚源环保科技有限公司
12	河南	河南强耐新材股份有限公司、河南豫光金铅股份有限公司、洛阳北玻硅巢新材料有限公司、洛阳栾川钼业集团股份有限公司、河南万里资源再生有限责任公司
13	湖北	湖北三迪环保新材有限公司、湖北昌耀新材料股份有限公司、湖北力达环保科技有限公司、武汉光谷蓝焰新能源股份有限公司
14	湖南	湖南云中再生科技股份有限公司、长沙三树新材料科技有限公司、湖南金凤凰建材家居集成科技有限公司
15	广东	广东新瑞龙生态建材有限公司、深圳市德润生物质投资有限公司
16	广西壮族自治区	广西力源宝科技有限公司
17	四川	攀枝花钢城集团有限公司、攀枝花市润泽建材有限公司
18	云南	云南祥云飞龙再生科技股份有限公司、云龙县铂翠贵金属科技有限公司
19	陕西	陕西正元实业有限公司、洛南环亚源铜业有限公司
20	甘肃	窑街煤电集团有限公司、天水众兴菌业科技股份有限公司
21	青海	青海西部镁业有限公司
22	宁夏回族自治区	石嘴山市益瑞生态科技有限公司
23	新疆生产建设兵团	新疆越隆达再生资源科技有限公司、天伟水泥有限公司

三、《工业固体废物资源综合利用评价管理暂行办法》

工业和信息化部发布以 2018 年第 26 号公告发布了《工业固体废物资源综合利用评价管理暂行办法》(以下简称《办法》)和《国家工业固体废物资源综合利用产品目录》(以下简称《目录》),2018 年 5 月 15 日起施行。

（一）定义

工业固体废物资源综合利用评价是指对开展工业固体废物资源综合利用的企业所利用的工业固体废物种类、数量进行核定,对综合利用的技术条件和要求进行符合性判定的活动。

国家建立统一的工业固体废物资源综合利用评价制度,即《办法》,实行统一的国家工业固体废物资源综合利用产品目录,即《目录》。

（二）制定背景

党的十九大提出建设生态文明是中华民族永续发展的千年大计,对生态文明建设进行了一系列决策部署,要求推进绿色发展,建立绿色生产和消费的法律制度和政策导向,构建市场导向的绿色技术创新体系,推进资源全面节约和循环利用,降低能耗物耗。这为新时代工业绿色发展指明了方向。我国工业固体废物年产生量约为 33 亿 t,历史累计堆存量超过 600 亿 t,占地面积超过 200 万 hm²,不仅浪费资源、占用土地,而且还会带来严重的环境和安全隐患,危害生态环境和人体健康。加强工业固体废物资源综合利用,既可以减少对天然资源的开发使用,也能够有效缓解和降低固体废物造成的环境污染和安全隐患,对于促进产业结构优化、培育新的经济增长点、实现工业绿色发展、推进生态文明建设起到积极的作用。

我国经济已由高速增长转向高质量发展阶段,迫切要求建设现代化经济体系,提高供给体系质量。《中国制造 2025》明确提出绿色发展,要求坚持把可持续发展作为建设制造强国的重要着力点,提高资源回收利用效率,构建绿色制造体系,实施绿色制造工程,全面推行绿色制造,推进资源高效循环利用。

为推动资源综合利用,财政部、国家税务总局等部门先后发布《资源综合利用企业所得税优惠目录（2008 年版）》（财税〔2008〕117 号）、《资源综合利用产品和劳务增值税优惠目录》（财税〔2015〕78 号）,对资源综合利用企业和产品实施所得税、增值税减免等优惠政策。2018 年 1 月 1 日,《环境保护税法》《环境保护税法实施条例》实施,对煤矸石、尾矿、冶炼渣、粉煤灰、炉渣等固体废物排放征收 5～25 元/t 的环境保护税,并规定对相应的固体废物开展综合利用的,暂予免征环境保护税。根据《财政部 税务总局 生态环境部关于环境保护税征收有关问题的通知》（财税〔2018〕23 号）,纳税人对应税固体废物进行综合利用的,应当符合工业和信息化部制定的工业固体废物综合利用评价管理规范。这些政策的实施,将进一步鼓励和支持企业开展资源综合利用,促进工业固体废物资源综合利用产业的规模化、绿色化和可持续发展。

（三）总体思路

深入贯彻落实绿色发展理念,按照国家相关法律法规和生态文明体制改革的要求,充分发挥标准的引领作用,建立科学、规范的工业固体废物资源综合利用评价机制,引导企业开展工业固体废物资源综合利用,提高综合利用产品质量,促进绿色生产和绿色消费,推动工业绿色发展。

一是发挥市场作用。鼓励企业自愿开展工业固体废物资源综合利用评价,引入第三方评价机制,开展公平、公正、公开的评价活动。

二是强化服务功能。落实"放管服"改革要求,减少政府审批权限,简化评价流程,创新管理方式,提高政府服务效能,更好地为企业提供服务。

三是加强监督管理。加强事中事后的常态化、动态化监督管理。依法依规对第三方评价机构进行培育、监督和管理,积极营造公平、公正、公开的市场竞争环境。

（四）主要内容

《办法》共五章 28 条,包括总则、管理机制、评价程序、监督管理和附则。《办法》建立了工业固体废物资源综合利用评价管理机制,主要包括以下内容:

一是开展评价的目的。对开展工业固体废物资源综合利用的企业,按照自愿原则,公平、公正、公开地开展评价活动。企业可按照《财政部 税务总局 生态环境部关于环境保护税有关问题的通知》和有关规定,将评价结果用于申请暂予免征环境保护税等政策。目的是引导企业不断提高综合利用技术水平,提升综合利用产品质量,促进工业固体废物资源综合利用产业规范化、绿色化、规模化发展。

二是评价的方式和内容。国家建立统一的工业固体废物资源综合利用评价制度,实行统一的《目录》,采取第三方评价机构进行评价、出具评价结果。评价内容包括对企业利用的工业固体废物种类、数量进行核定,对综合利用的技术条件和要求进行符合性判定。

三是开展评价的工作程序。开展工业固体废物资源综合利用评价的企业,按照要求向列入推荐名单的第三方评价机构提交相关资料,由评价机构开展评价并向企业出具评价报告。企业申报纳税时,将评价报告作为证明固体废物综合利用量的纳税资料,报送税务机关。

四是评价机构的责任。列入推荐名单的评价机构应根据《办法》《目录》及省级工业和信息化主管部门发布的实施细则等要求,对企业开展资料审查、现场核查等工作,并出具评价报告。应在评价报告完成后三十日内,将评价报告报被评价企业所在地县级以上工业和信息化主管部门备案。评价机构对评价报告负责,并接受监督。评价机构应按照相关政策制定并公开工业固体废物资源综合利用评价收费标准。

五是评价机构的确定。省级工业和信息化主管部门制定实施细则,明确本辖区对评价机构的具体要求、推荐程序、调整机制等。负责合理确定评价机构数量,发布评价机构推荐名单,并报工业和信息化部备案。

六是加强事中事后监管。工业和信息化部负责对全国工业固体废物资源综合利用评价工作进行指导和管理,对《办法》实施情况进行跟踪、评估,适时修订调整《目录》。省级工业和信息化主管部门负责本辖区工业固体废物资源综合利用评价工作的监督管理,加强对评价机构的培育、指导和管理,建立有进有出的推荐名单动态调整机制,定期将辖区内工业固体废物综合利用产业发展、税收减免等情况报工业和信息化部。县级以上工业和信息化主管部门加强对评价结果的跟踪指导,对评价报告予以备案,并在其网站上对有关内容予以公布。

七是充分发挥社会监督作用。任何组织和个人发现工业固体废物资源综合利用评价中的违法违规行为,有权向当地工业和信息化主管部门或相关部门举报。对工业固体废物资源综合利用评价活动中的违法行为依照相关法律、行政法规和部门规章等予以处罚。

《目录》包含工业固体废物种类、综合利用产品、综合利用技术条件和要求等三部分内容。综合考虑《环境保护税法》中列出的征税固体废物种类及工业固体废物的产生量、综合利用水平等因素,《目录》主要包括煤矸石、尾矿、冶炼渣、粉煤灰、炉渣和部分其他固体废物等六类工业固体废物,暂不包括危险废物。对列入《目录》中的综合利用产品,提出了相应的综合利用技术条件和要求,需要满足相应的国家标准或行业标准,对没有国家、行业标准的,应当符合相应的地方标准或团体标准。工业和信息化部将依据工业固体废物资源综合利用技术发展水平、综合利用产品市场应用情况、目录实施情况等,适时调整《目录》。

四、《煤矸石综合利用管理办法》

(一) 煤矸石定义

煤矸石是指煤矿在开拓掘进、采煤和煤炭洗选等生产过程中排出的含碳岩石,是煤矿生产过程中的废弃物。

煤矸石综合利用是指利用煤矸石进行井下充填、发电、生产建筑材料、回收矿产品、制取化工产品、筑路、土地复垦等。

(二) 修订背景

近年来煤矸石综合利用虽然取得了一定成效,但我国以煤为主的能源结构没有改变,且随着洁净煤技术的发展,煤炭洗选量不断增加,洗矸产量增加的压力逐步增大,同时随着国家政策调整,新形势、新要求尤其是资源和环境的约束都对深入推动煤矸石综合利用持续发展提出了挑战,原有管理办法已不适应客观现实发展的需要,亟待修改完善。这次修订主要是综合考虑以下三个方面因素做出的。

一是适应大力推进生态文明建设的要求。"十二五"以来,国际上对于节能减排和气候变化的关注度不断提高,党的十八大报告中也将生态文明建设提升到国家战略高度。但随着近几年雾霾天气的频繁出现,大气污染防控形势异常严峻。煤矸石作为煤炭生产的副产物,其堆积不仅占用大量土地资源,而且自燃的煤矸石山排放大量 SO_2 和粉尘,对周边生态环境造成污染。面对日趋严格的节能环保要求,单纯对于煤矸石的堆存、排放等末端环节提出环保要求已经不能满足煤炭产业绿色发展的需要,应从全产业链的角度,依据减量化、再利用、资源化的要求提出新的管理模式。需要针对政策、法规、技术、市场等多方面新变化,在更高的起点上进行顶层设计,促进煤矸石综合利用良性发展。

二是应对煤矸石产量不断增长的需要。随着国民经济发展对于煤炭需求的增长,煤炭产量逐年提高,2013 年我国煤炭产量约 37 亿 t,较 2005 年增长了近 70%,同年煤矸石排放总量达到 7.5 亿 t,较 2005 年增长了近 1 倍。随着洁净煤技术的发展及采煤机械化水平的提高,煤矸石的比例还将逐步增加,煤矸石综合利用仍面临较大压力和挑战,要在管理上制定新措施,进行有序引导和规范,切实提高煤矸石综合利用量。

三是理顺现有管理体制的需要。原有《煤矸石综合利用管理办法》由国家经济贸易委员会等八部门联合发布,随着行政体制改革的深入,其中多个部门已经撤销或进行职能转变。因此,应当通过修订《煤矸石综合利用管理办法》进一步明确煤矸石综合利用管理主体,理顺相关部门在煤矸石综合利用管理中的职责,形成完善有效的管理体制和框架。

为引导和规范煤矸石综合利用行为,推进煤矸石综合利用健康有序发展,减少其对土地资源的占用和对环境的影响,促进循环经济发展,提高资源利用效率,促进煤矿安全生产,推进生态文明建设,国家发展和改革委员会、科学技术部、工业和信息化部、财政部、国土资源部、环境保护部、住房和城乡建设部、国家税务总局、国家质量监督检验检疫总局、国家安全生产监督管理总局等十个部门以联合令的形式发布了《煤矸石综合利用管理办法(2014 年修订版)》(以下简称《管理办法》),自 2015 年 3 月 1 日起施行。1998 年原国家经济贸易委员会等八部门联合发布的《煤矸石综合利用管理办法》(国经贸资〔1998〕80 号)同时废止。《管理办法》是根据《清洁生产促进法》《固体废物污染环境防治法》《循环经济促进法》《中华人民共和国煤炭法》（以下简称《煤炭法》）等法律制定的。

（三）主要修订内容

此次修订主要在立项审批、土地约束、环境保护、安全生产等方面强化了对企业和各级人民政府有关部门的要求，相应的鼓励和处罚措施也更加明确。同时，进一步建立完善了煤矸石产生和利用情况的统计体系，对煤矸石综合利用发电也强化了相关技术指标和环境保护要求。

《管理办法》分总则、综合管理、鼓励措施、监督检查、附则 5 章 26 条。规定煤矸石综合利用应当坚持减少排放和扩大利用相结合，实行就近利用、分类利用、大宗利用、高附加值利用，提升技术水平，实现经济效益、社会效益和环境效益有机统一，加强全过程管理，提高煤矸石利用量和利用率。

一是明确了煤矸石综合利用要求。应坚持减少排放和扩大利用相结合，实行就近利用、分类利用、大宗利用、高附加值利用，加强全过程管理，提高煤矸石利用量和利用率的总体要求。

二是建立完善了煤矸石产生和利用情况的统计机制。明确地市级环境保护部门、资源综合利用主管部门会同煤炭行业管理部门负责统计和发布本地区煤矸石产生、贮存、流向、利用、处置等数据信息。各省（区、市）环境保护部门和资源综合利用主管部门将本地区上年度统计数据报环境保护部、国家发展和改革委员会。

三是在立项审批、土地、环境保护等方面建立了相应约束机制和指标要求。《管理办法》规定煤炭开发规划和建设项目的可行性研究报告中须编制煤矸石综合利用和治理方案，明确煤矸石综合利用途径和处置方式。禁止新建煤矿及选煤厂建设永久性煤矸石堆场，确需建设临时堆场（库），其占地规模要与煤炭生产和洗选加工能力相匹配，原则上占地规模按不超过 3 年储矸量设计，且应有后续综合利用方案。煤矸石临时性堆放场（库）选址、设计、建设及运行管理应当符合《一般工业固体废物贮存、处置场污染控制标准》《煤炭工业工程项目建设用地指标》等相关要求。煤矸石发电要严格执行《火电厂大气污染物排放标准》等相关标准规定的限值要求和总量控制要求。煤矸石使用量要不低于入炉燃料的 60%（质量分数），且收到基低位发热量不低于 1 200 kcal/kg。

四是对煤炭产量超亿吨的产煤省份提出进一步要求。明确提出主要产煤的省、自治区（内蒙古、山西、陕西、河南、山东、新疆、贵州、安徽、云南等）资源综合利用主管部门要会同有关部门组织编制本行政区域煤矸石综合利用发展规划。

五是鼓励措施和处罚更加明确。通过国家科技计划（基金、专项）等，对煤矸石高附加值利用关键共性技术的自主创新研究和产业化推广给予支持。煤矸石利用单位可根据国家有关规定申请享受并网运行、财税等资源综合利用鼓励扶持政策。对符合燃煤发电机组环保电价及环保设施运行管理的煤矸石综合利用发电（含热电联产）企业，可享受环保电价政策。对弄虚作假、不符合质量标准和安全要求、超标排放的，取消其享受国家财税、价格等鼓励扶持政策资格，对已享受国家鼓励扶持政策的，将按照有关法律和相关规定予以处罚和追缴。

五、《粉煤灰综合利用管理办法》

（一）粉煤灰定义

粉煤灰是指燃煤电厂以及煤矸石、煤泥资源综合利用电厂锅炉烟气经除尘器收集后获得的细小飞灰和炉底渣。

粉煤灰综合利用是指从粉煤灰中进行物质提取，以粉煤灰为原料生产建材、化工、复合材料等产品，或将其直接用于建筑工程、筑路、回填和农业等。

（二）修订背景

粉煤灰的综合利用需要国家在经济政策方面给予扶持和引导，1994年，原国家经济贸易委员会等六部委联合发布实施了《粉煤灰综合利用管理办法》（简称《综合利用管理办法》），在投资政策、建设资金、税收减免等方面对粉煤灰综合利用给予支持。

修订主要考虑以下四方面因素：

一是粉煤灰产生量快速增加。近年来我国火力发电发展较快，粉煤灰产生量逐年增加，综合利用面临的形势十分严峻。

二是地区间的不平衡和利用领域的拓展需要宏观政策引导。从整体上看，粉煤灰综合利用在我国区域发展不平衡的问题仍较为突出，煤炭资源和火电厂较为集中的地区，受地域、产品市场和技术经济条件等因素限制，粉煤灰综合利用水平和规模偏低，一些地区占用土地和环境污染问题较为突出，粉煤灰综合利用工作需要继续巩固和深入推动。沿海经济发达地区和中心城市综合利用水平高，粉煤灰正在作为一种"资源"越来越受到社会的重视，地方政府和利废企业的积极性很高，一些地方甚至出现了粉煤灰供不应求的局面。此外，综合利用高铝粉煤灰提取氧化铝等高新技术也已研制成功并投入生产，这都对粉煤灰资源的合理、高效利用提出了进一步的要求。

三是原有《管理办法》难以适应新的发展环境。随着资源综合利用相关法律体系的日趋完善，《清洁生产促进法》《固体废物污染环境防治法》相继出台，尤其是《循环经济促进法》的颁布实施，对资源综合利用提出了更高的要求，而原有《综合利用管理办法》中的诸多内容都与其存在一定差距。《中华人民共和国行政许可法》（以下简称《行政许可法》）颁布实施后，对法规规章进一步加强了规范管理，提出了新的要求。

四是粉煤灰综合利用主管部门发生了调整。《综合利用管理办法》颁布以来，国家管理体制经历了两次机构改革，地方主管部门不明确，导致分级管理无法落实，造成了粉煤灰综合利用工作在管理效力上有所削弱，需进一步明确粉煤灰综合利用管理主体，理顺相关部门在粉煤灰综合利用管理中的职责，形成完善有效的管理体制。

为节约资源、保护环境、发展循环经济，深入推进粉煤灰综合利用健康发展，根据《循环经济促进法》《清洁生产促进法》《固体废物污染环境防治法》等有关法律法规，制定本办法。2013年1月5日，国家发展和改革委员会等十部门令第19号公布了《粉煤灰综合利用管理办法》，该办法自2013年3月1日起施行。1994年国家经济贸易委员等六部委联合发布的《粉煤灰综合利用管理办法》（国经贸节〔1994〕14号）予以废止。

（三）主要修订内容

《综合利用管理办法》分总则、综合管理、鼓励措施、法律责任、附则5章28条，进一步提出了粉煤灰利用的综合管理要求和鼓励扶持的重点,对大掺量粉煤灰新型墙体材料等技术进行支持,鼓励利用粉煤灰作为混凝土掺和料。

（1）《综合利用管理办法》进一步明确了粉煤灰概念。在原有粉煤灰概念的基础上,进一步扩展为粉煤灰不仅包括锅炉烟气经除尘器收集后获得的飞灰,还包括燃烧副产物炉底渣。

（2）增加了全过程管理要求。一是在常规燃煤电厂基础上,增加了煤矸石、煤泥综合利用电厂。二是明确新建和扩建燃煤电厂,项目可行性研究报告和项目申请报告中须提出粉煤灰综合利用方案,明确粉煤灰综合利用途径和处置方式。三是规定新建电厂应综合考虑周边粉煤灰利用能力,以及节约土地、防止环境污染,避免建设永久性粉煤灰堆场(库),确需建设的,原则上占地规模按不超过3年储灰量设计。四是在建材领域大宗利用的基础上,增加了高铝粉煤灰提取氧化铝及相关产品等高附加值利用。

（3）进一步明确了管理部门职责。一是进一步明确了国家发展和改革委员会作为粉煤灰综合利用组织协调和监督检查的牵头部门,科学技术部、工业和信息化部、财政部、国土资源部、环境保护部、住房和城乡建设部、交通运输部、税务总局、国家质量监督检验检疫总局等各有关部门根据职能共同推动的协调和管理机制。二是对省级管理部门提出相关要求。明确各省级资源综合利用主管部门牵头负责本区域粉煤灰综合利用管理,并建立完善粉煤灰综合利用数据信息统计体系。同时,对违规占地、产生环境污染以及综合利用产品达不到质量和建筑工程要求的行为,进一步明确了处罚部门等。

（4）要求以省为单位编制粉煤灰综合利用实施方案,从电厂建设、粉煤灰堆存、运输和综合利用等方面予以统筹考虑,并纳入地方社会经济发展规划。

（5）与现行法律法规衔接一致。根据《固体废弃物污染防治法》《循环经济促进法》《行政许可法》以及国务院相关法律法规,对粉煤灰堆放、运输、处置和利用规定进一步细化。如"粉煤灰堆场(库)选址、设计、建设及运行管理应当符合《一般工业固体废物贮存、处置场污染控制标准》"等要求。粉煤灰运输须使用专用封闭罐车,并严格按照环境保护部门有关规定和要求,避免二次污染等。

（四）鼓励政策

一是鼓励对粉煤灰进行高附加值和大掺量利用。包括支持发展高铝粉煤灰提取氧化铝及相关产品;支持发展技术成熟的大掺量粉煤灰新型墙体材料;鼓励利用粉煤灰作为水泥混合材并在生料中替代黏土进行配料;鼓励利用粉煤灰作商品混凝土掺和料等。

二是用灰单位可以按照《国家鼓励的资源综合利用认定管理办法》有关要求和程序申报资源综合利用认定。符合条件的用灰单位,可根据国家有关规定,申请享受资源综合利用相关优惠政策。

三是鼓励在具备条件的建筑、筑路等工程中使用符合国家或行业质量标准的粉煤灰及其制品。

四是对粉煤灰大掺量、高附加值关键共性技术自主创新研究,相关部门将给予一定支持。

五是各级资源综合利用主管部门会同相关部门,根据本地区实际情况制定相应的鼓励和扶持措施。

六、《煤矿充填开采工作指导意见》

(一)现实背景和重要意义

为推进煤炭生产方式变革,解决"三下"(建筑物下、铁路下、水体下等,下同)压煤和边角残煤等资源开采问题,提高煤炭资源开发利用水平,改善矿区环境,促进煤炭工业健康发展,建设和谐社会,根据《煤炭法》《矿产资源法》《循环经济促进法》等法律法规的要求,国家能源局、财政部、国土资源部、环境保护部于2013年1月印发了《煤矿充填开采工作指导意见》(以下简称《指导意见》)。

(1)煤矿开采技术亟待创新。我国人均煤炭资源拥有量较少,"三下"压煤量较大,矿井正常生产接续受到影响;常规垮落法煤炭开采方式引发地表沉陷和地下水及含水层破坏,造成地表建筑物损毁;大量矸石直接外排堆存,占压土地、污染环境。这些问题亟待通过开采技术创新予以解决。

(2)充填开采技术逐步成熟。充填开采是随着采煤工作面的推进,向采空区充填矸石、粉煤灰、建筑垃圾以及专用充填材料的煤炭开采技术。近年来,部分煤矿企业积极探索并实施了煤矸石等固体材料充填、膏体材料充填、高水材料充填等多种充填工艺技术,集成创新了较为成熟的充填开采技术和装备,提高了资源回收率,取得了良好的社会和环境效益,具备了一定的推广应用条件。

(3)实施充填开采具有重要意义。实施充填开采,可以减少井下采空区水、瓦斯积聚空间,降低采空区突水、瓦斯爆炸、有害气体突出、浮煤自燃等事故发生的可能性,抑制煤层及顶底板的动力现象,提高矿井安全保障程度;可以充分回收"三下"压煤和边角残煤,延长矿井服务年限;可以大量消化煤矸石,减轻煤炭开采对地表的影响,减少耕地占用和矿区村庄搬迁,保护和改善矿区生态环境,促进资源开发与生态环境协调发展。

(二)指导思想和主要目标

(1)指导思想:贯彻落实科学发展观,以建设绿色生态和谐矿区为目标,以科技进步为支撑,以"三下"压煤地区和环境敏感地区为重点,加强政策引导,强化规范管理,因地制宜,不断创新,大力推广充填开采技术,促进安全有保障、资源利用率高、环境污染少、综合效益好和可持续发展的新型煤炭工业体系建设。

(2)主要目标:安全保障程度不断提高。通过充填开采、以矸换煤,为"三下"压煤和边角残煤等资源回收创造安全生产条件。资源节约效果逐步显现。实施充填开采的"三下"煤炭资源,中厚煤层采区回采率达到85%以上,薄煤层采区回采率达到90%以上;对留设煤柱和边角残煤实施以矸换煤开采的,回采率达到70%以上。矿区生态环境明显改善。地面基本实现无煤矸石山堆存,地表变形和次生地质灾害得到有效控制,地下水系和地面生态环境破坏程度大幅度降低。

(三)实施要求

《指导意见》要求科学规划充填区域,切实保护村庄、农田和地下水;稳步开展禁采区充填试采;合理选择充填材料,充填材料必须对地下水无污染,鼓励充填材料(煤矸石、粉煤灰等)与建筑垃圾处理、河道清淤、沙漠流沙治理等相结合;充分利用煤矸石,新建煤矿不再设立永久性地面煤矸石山,临时周转堆存的煤矸石要制定综合利用方案,优先用于井下充填;

有效利用粉煤灰和炉渣,煤矸石综合利用电站、坑口电站排放的粉煤灰和炉渣,凡不能继续进行综合利用的,应优先用于附近煤矿充填开采,减少土地占压和环境污染;优化充填工艺;保证充填效果,对薄煤层、中厚煤层实施充填开采,煤矸石、尾矿、建筑垃圾等固体材料充填率应达到80%以上;严格充填计量;落实煤矿企业领导职责;强化企业内部管理;加强政府部门监管。

《指导意见》强调煤矿企业法人是充填开采工作的第一责任人,全面负责企业的充填开采工作。总工程师是第一技术负责人,组织制订和论证充填开采方案,协助企业法人制定完善的责任规章和日常生产运行管理制度。实施充填开采的煤矿企业要按要求建立健全工作体系,加强充填开采效果监测,做好岩层地表移动观测,建立充填开采台账,确保充填开采有关数据真实可靠。煤矿企业实施充填开采应制定规划和设计,报省级煤炭行业管理部门批准后实施。省级煤炭行业管理部门每年要对煤矿企业充填开采工作进行考核,并会同相关部门,对企业申报的充填规模、置换原煤产量、充填效果做出鉴定。

（四）保障措施

《指导意见》为合理开展煤矿充填做了以下保障措施:建立标准和评估体系,国家煤炭行业主管部门组织制定充填开采工艺、装备、材料、效果等行业技术标准,建立健全评估机制和评价体系,地方煤炭行业管理部门可根据国家有关规定,结合本地实际情况,制定区域性标准和管理办法;加大资金支持力度,煤矿企业实施充填开采,可作为重大技术改造、产业升级、生态环保、资源综合利用项目,符合相关要求的,优先享受有关专项资金支持,充填开采置换出的原煤产量经省级国土资源管理部门会同同级财政部门批准同意后,可相应减缴矿产资源补偿费;鼓励技术开发与转让;加强宣传交流,大力宣传煤矿实施充填开采的重要意义,宣传煤矿充填开采在保障安全生产、提高资源回收率、保护生态环境等方面的重要作用;行业协会、科研机构要加强信息、技术交流和咨询、推广工作,促进煤矿企业实施充填开采。

七、其他相关政策和规定

在国家规划引领下,2011年,国家发展和改革委员会下发《关于加强高铝粉煤灰资源开发利用的指导意见》,对高铝粉煤灰资源的有序开发利用工作进行鼓励和引导,并以"高铝粉煤灰提取氧化铝20万t/a示范项目""典型尾矿资源清洁高效利用技术"为代表的技术填补了国内空白,并迅速实现产业化。2013年,国务院印发了《循环经济发展战略及近期行动计划》,引导人们将粉煤灰建材产品推广并应用于市政建设、筑路等工程中,并从高铝粉煤灰中提取氧化铝,支持粉煤灰应用于造纸、橡胶生产中,进一步拓展了粉煤灰的利用途径。2015年,工业和信息化部等部门印发了《京津冀及周边地区工业资源综合利用产业协同发展行动计划》。2016年,工业和信息化部等四部委发布《绿色制造工程实施指南（2016—2020年）》,支持粉煤灰生产建材、提取有价组分、生产家居装饰材料。

粉煤灰和煤矸石综合利用产品在资源综合利用优惠政策中要求日趋严格和规范。1985年,原国家经济贸易委员会颁发《国家经委关于开展资源综合利用若干问题的暂行规定》,并印发《资源综合利用目录》,对企业积极开展包括粉煤灰、煤矸石在内的资源综合利用进行鼓励,并提出了利用措施和优惠政策。2003年修订的《资源综合利用目录》中,几乎涵盖了所有利用粉煤灰、煤矸石的产品;2008年颁布的《资源综合利用企业所得税优惠目录》对粉煤灰、煤矸石制建材产品原料标准进行了约束;同年下发的《关于资源综合利用及其他产品增值税政策的通知》和 2011 年下发的《关于调整完善资源综合利用产品及劳务增值税政策的通知》中,对粉煤灰、煤矸石产品优惠范围做了更加细化和严格的界定。国家对粉煤灰、煤矸石综合利用长期实行增值税、所得税优惠政策,支持和鼓励综合利用企业。1995 年、2001 年、2008 年和 2011 年分别下发了对粉煤灰、煤矸石综合利用的增值税不同要求,由最初只对建材产品给予免征增值税,据此扩大至制水泥、煤矸石发电等相应优惠政策,2008 年、2011 年对有关文件进行整合,对粉煤灰、煤矸石综合利用产品增值税政策进行调整完善,不属于生产建材产品的从 2009 年 1 月 1 日起不能享受增值税税收优惠。2015年,财政部和国家税务总局进一步推动资源综合利用和节能减排,规范和优化增值税政策,决定对资源综合利用产品和劳务增值税优惠政策进行整合和调整,印发了《资源综合利用产品和劳务增值税优惠目录》,包含煤矸石、粉煤灰的产品和劳务增值税优惠目录如表 11-5所示。

表 11-5　煤矸石、粉煤灰综合利用产品和劳务增值税优惠目录

综合利用的资源名称	综合利用产品和劳务名称	技术标准和相关条件	退税比例
建(构)筑废物、煤矸石	建筑砂石骨料	1. 产品原料 90% 以上来自所列资源; 2. 产品以建(构)筑废物为原料的,符合《混凝土用再生粗骨料》(GB/T 25177—2010)或《混凝土和砂浆用再生细骨料》(GB/T 25176—2010)的技术要求;以煤矸石为原料的,符合《建设用砂》(GB/T 14684—2022)或《建设用卵石、碎石》(GB/T 14685—2022)规定的技术要求	50%
粉煤灰、煤矸石	氧化铝、活性硅酸钙、瓷绝缘子、煅烧高岭土	氧化铝、活性硅酸钙生产原料 25% 以上来自所列资源,瓷绝缘子生产原料中煤矸石所占比重在 30% 以上,煅烧高岭土生产原料中煤矸石所占比重在 90% 以上	50%
煤矸石、煤泥、石煤、油母页岩	电力、热力	1. 产品燃料 60% 以上来自所列资源; 2. 纳税人符合《火电厂大气污染物排放标准》(GB 13223—2011)和国家发展和改革委员会、环境保护部、工业和信息化部《电力(燃煤发电企业)行业清洁生产评价指标体系》规定的技术要求	50%

　　一些地方政府也制定相应的政策。2013 年,黑龙江省哈尔滨市对《哈尔滨市粉煤灰综合利用管理条例》《哈尔滨市新型墙体材料发展应用和建筑节能管理条例》做出修改。2015年,山西省朔州市人民政府办公厅印发了《朔州市煤矸石污染治理工作方案》,并于 2018 年在其基础上又印发了《朔州市煤矸石和粉煤灰等污染综合治理工作方案》;山西省根据《指导意见》建立了地方标准《粉煤灰与煤矸石混合生态填充技术规范》(DB14/T 1217—2016),对粉煤灰、煤矸石用于露天矿坑和沟壑填充以及生态恢复提出了要求。2018 年,内蒙古自治区锡林郭勒盟行政公署印发了《粉煤灰综合利用管理暂行办法》。2019 年 1 月,广东省韶关市发展和改革局印发了《关于进一步加强煤矸石资源综合利用管理的通知》;2019 年 7月,淮南市发布《淮南市煤电工业固废物综合利用发展规划(2019—2021)》,将粉煤灰作为

重点研发的煤系固废物之一,促进其产业化、大宗化、高附加值利用。

第三节　标准规范

涉及煤矿固体废物综合利用技术与管理的规范很多,本节主要介绍国家宏观管理的相关标准和规范,主要包括《一般工业固体废物贮存和填埋污染控制标准》(GB 18599—2020)(中华人民共和国生态环境部等,2021)、《固体废物处理处置工程技术导则》(HJ 2035—2013)(中华人民共和国环境保护部,2013)和《煤炭工业污染物排放标准》(GB 20426—2006)(国家环境保护总局,2006)。

一、《一般工业固体废物贮存和填埋污染控制标准》

(一) 发布修订时间

为贯彻《环境保护法》、《固体废物污染环境防治法》、《中华人民共和国水污染防治法》(简称《水污染防治法》)、《中华人民共和国大气污染防治法》(简称《大气污染防治法》)、《中华人民共和国土壤污染防治法》等法律法规,防治环境污染,改善生态环境质量,推动一般工业固体废物贮存、填埋技术进步,制定本标准《一般工业固体废物贮存、处置场污染控制标准》(GB 18599—2001)。本标准规定了一般工业固体废物贮存场、填埋场的选址、建设、运行、封场、土地复垦等过程的环境保护要求,替代贮存、填埋处置的一般工业固体废物充填及回填利用环境保护要求,以及监测要求和实施与监督等内容。2020 年 11 月 26 日第一次修订并发布为《一般工业固体废物贮存和填埋污染控制标准》(GB 18599—2020),并于 2021 年 7 月 1 日起实施。

(二) 修订背景

一般工业固体废物产生量巨大,是环境风险防控的重要领域。《一般工业固体废物贮存、处置场污染控制标准》(GB 18599—2001)自 2001 年实施以来,对一般工业固体废物处置污染控制和环境风险防控发挥了重要作用。但随着技术进步以及生态环境质量改善要求提高,该已难以适应当前生态环境质量改善和精细化环境管理要求。为落实新修订的《固体废物污染环境防治法》,完善固体废物环境标准体系,修订《一般工业固体废物贮存、处置场污染控制标准》(GB 18599—2001)十分必要。

(三) 修订原则

一是坚持与管理体系相协调原则。基于我国颁布的一系列针对固体废物处理处置的相关法规、政策、标准等,结合我国国情和国际先进管理经验,弥补现行标准与固体废物环境管理法规标准体系衔接不协调的缺陷。

二是坚持与发展水平相适应原则。根据国内外固体废物处理处置污染控制可行技术,结合我国实际经济、技术发展水平,并参照国内外相关标准和技术规范的规定,制定切实可行的污染物控制要求,保证标准执行的可操作性。

三是坚持与环境要求相匹配原则。综合考虑我国新时代生态环境质量改善要求和环境管理能力提升要求指导标准的制修订工作,以促进处理处置技术进步,推动固体废物利用处置,助力"十四五"社会经济高质量发展和生态环境高水平保护。

（四）修订的主要内容

修订的主要内容包括：一是聚焦环境标准定位，进一步强化一般工业固体废物贮存、填埋全过程污染控制技术要求，加严了防渗技术规定，增加了废物入场有机质含量控制、封场后渗滤液处理及地表水、土壤自行监测等要求。二是为推动大宗一般工业固体废物综合利用，明确了充填及回填条件，并增加了相应污染控制技术要求。三是明确历史堆存一般工业固体废物场地的环境管理要求。针对历史堆存一般工业固体废物的场地，按照风险管控的思路，明确经评估后确保风险可控条件下可进行封场或土地复垦作业。

本次修订首次对一般工业固体废物回填提出污染控制技术要求，主要考虑我国矿山地下开采带来的地表沉陷问题日益剧增，国外发达国家大都将矿山废物应用于采空区充填，尽管近年来我国在尾矿井下充填的资源化利用方面取得了一定的进展，但由于受国家法律法规和标准的制约，尾矿用于采空区回填一直没有得到发展。本次修订通过鼓励合格的尾矿回填，明确其作为一般工业固体废物利用的一种方式，可大幅度降低尾矿库运行成本，减少土地占用，同时减少甚至消除采空区地质灾害隐患，既降低了企业运行成本，又将极大地提升尾矿资源化利用率。

本次修订完善了一般工业固体废物贮存和填埋的运行环境管理要求，主要考虑因素是现行标准对贮存、处置场的环境管理及自行监测技术要求比较薄弱，对Ⅰ类场建设甚至没有基本的防渗技术要求，也缺少对周边土壤、地表水监测的相关技术要求，对于地下水的监测频次等技术要求也未明确，亟待通过标准修订提升污染防治水平，确保一般工业固体废物贮存和填埋过程环境风险可控。

二、《固体废物处理处置工程技术导则》

（一）颁布时间

为贯彻《环境保护法》《固体废物环境污染防治法》，防治环境污染，保护环境和人体健康，制定《固体废物处理处置工程技术导则》（HJ 2035—2013）。该标准为指导性文件，2013年9月26日首次发布，2013年11月1日实施。

（二）适用范围

该标准规定了固体废物处理处置工程设计、施工、验收和运行维护的通用技术要求。该标准适用于除危险废物处理处置以及废物再生利用以外的固体废物处理处置工程。该标准可作为固体废物处理处置工程环境影响评价、设计、施工、环境保护验收及建成后运行与管理的技术依据。对于有相应的工艺技术规范或重点污染源技术规范的固体废物处理处置工程，应同时执行该标准和相应的技术规范。

（三）总体要求

固体废物处理处置应遵循减量化、资源化、无害化的原则，对固体废物的产生、运输、贮存、处理和处置应实现全过程控制；有条件的地区应建设固体废物集中处置设施，以提高规模效益；固体废物处理处置工程的建设和运行应由具有国家相应资质的单位承担，满足该项目环境影响评价报告书、审批文件和本标准要求；固体废物处理处置过程中应避免和减少二次污染，对产生的二次污染应执行国家、地方环境保护法规和标准的相关规定，治理后达标排放，二次污染的治理方案宜充分利用企业已有资源；固体废物处理处置工程应按照国家相关规定安装自动连续监测装置;固体废物处理处置工程应满足《建设项目环境保护管理条例》《建设项目竣工环境保护验收管理办法》的要求;固体废物处理处置工程的建(构)筑物、电气系统、给排水、暖通等主要辅助工程应符合国家相关标准的规定。

(四) 主要技术要求

主要技术要求包括八个方面:① 厂(场)址选择与总图布置;② 固体废物的收集、贮存及运输;③ 固体废物生物处理;④ 固体废物热处理;⑤ 固体废物填埋和处置;⑥ 劳动安全与职业卫生;⑦ 施工与验收;⑧ 运行与维护等。

三、《煤炭工业污染物排放标准》

(一) 颁布时间

为控制原煤开采、选煤及其所属煤炭贮存、装卸场所的污染物排放,保障人体健康,保护生态环境,促进煤炭工业可持续发展,根据《环境保护法》《水污染防治法》《大气污染防治法》《固体废物污染环境防治法》,制定《煤炭工业污染物排放标准》(GB 20426—2006)。本标准为强制性标准,2006 年 9 月 1 日首次发布,2006 年 10 月 1 日实施。

(二) 适用范围

该标准规定了原煤开采、选煤水污染物排放限值,煤炭地面生产系统大气污染物排放限值,以及煤炭采选企业所属煤矸石堆置场、煤炭贮存、装卸场所污染物控制技术要求。该标准适用于现有煤矿(含露天矿)、选煤厂及其所属煤矸石堆置场、煤炭贮存、装卸场所污染防治与管理,以及煤炭工业建设项目环境影响评价、环境保护设施设计、竣工环境保护验收及其投产后的污染防治与管理。

(三) 主要限制和控制要求内容

(1) 煤炭工业水污染物排放限制与控制要求,限制指标如下:

① 煤炭工业废水排放有毒有害物限值 10 个指标,包括汞、镉、总铬、六价铬、铅、砷、锌、氟、总 α 放射性、总 β 放射性。

② 采煤废水排放限值 6 个指标,包括 pH 值、总悬浮物、化学需氧量(COD)、石油类、总铁、总锰。

③ 选煤废水排放限值 6 个指标,包括 pH 值、总悬浮物、化学需氧量(COD)、石油类、总铁、总锰。

④ 煤炭开采(含露天开采)水资源利用技术规定。

(2) 煤炭工业地面生产系统大气污染物排放限制和控制要求,限制指标为颗粒物或设备去除效率。

(3) 煤矸石堆置场污染物控制与其他管理规定。

(4) 水污染物和大气污染物监测。

四、其他相关标准和规范

我国目前相关标准和规范还有《用于水泥和混凝土中的粉煤灰》(GB/T 1596—2017)、《用于耐腐蚀水泥制品的碱矿渣粉煤灰混凝土》(GB/T 29423—2012)、《蒸压粉煤灰多孔砖》

(GB 26541—2011)、《粉煤灰混凝土小型空心砌块》(JC/T 862—2008)、《赤泥粉煤灰耐火隔热砖》(YS/T 786—2012)、《烧结普通砖》(GB 5101—2017)、《烧结多孔砖和多孔砌块》(GB 13544—2011)、《烧结保温砖和保温砌块》(GB/T 26538—2011)等,规范了粉煤灰、煤矸石作为原料及以其为原料生产的产品的质量标准。《水工混凝土掺用粉煤灰技术规范》(DL/T 5055—2007)对各类水电水利工程掺用粉煤灰的混凝土进行规定。内蒙古地方标准《硅钙渣粉煤灰稳定材料路面基层应用规范》(DB15/T 1225—2017)促进了粉煤灰应用于道路工程中。《石油企业粉煤灰综合利用技术要求》(SY/T 7290—2016)对石油企业的粉煤灰排放、储存、运输和综合利用进行了规定。另外,在冶金领域,《氧化铝生产用粉煤灰标准样品》(GSB 04-3263—2015)促进了粉煤灰的精细化和高值化利用。

参 考 文 献

《火电厂废物综合利用技术》编写组,2015.火电厂废物综合利用技术[M].北京:化学工业出版社.

《煤矸石砖》编写组,1986.煤矸石砖[M].北京:煤炭工业出版社.

鲍超,凌琪,伍昌年,等,2016.改性煤气化灰渣吸附重金属离子的研究[J].应用化工,45(4):630-633.

毕进红,刘明华,等,2018.粉煤灰资源综合利用[M].北京:化学工业出版社.

边炳鑫,解强,赵由才,等,2005.煤系固体废物资源化技术[M].北京:化学工业出版社.

边炳鑫,赵凤林,王振国,1993.粉煤灰空心微珠的分选及综合利用的研究[J].中国矿业大学学报,22(2):20-27.

卞正富,金丹,董霁红,等,2007.煤矿矸石处理与利用的合理途径探讨[J].采矿与安全工程学报,24(2):132-136.

蔡毅,严家平,陈孝杨,等,2015.表生作用下煤矸石风化特征研究:以淮南矿区为例[J].中国矿业大学学报,44(5):937-943,958.

曹现刚,李莹,王鹏,等,2020.煤矸石识别方法研究现状与展望[J].工矿自动化,46(1):38-43.

陈杰,水中和,孙涛,等,2019.活化煤矸石在水泥基材料中的早期水化动力学研究[J].硅酸盐通报,38(7):1983-1990.

陈利生,李学良,2014.采煤塌陷区煤矸石回填复垦技术[J].金属矿山(9):137-141.

陈敏,陈孝杨,桂和荣,等,2017.煤矸石充填重构土壤剖面温度变化对覆土厚度的响应[J].煤炭学报,42(12):3270-3279.

陈孝杨,周育智,严家平,等,2016.覆土厚度对煤矸石充填重构土壤活性有机碳分布的影响[J].煤炭学报,41(5):1236-1243.

陈学航,李焱,高文龙,等,2015.粉煤灰漂珠提取及其在石油固井中的应用[J].硅酸盐通报,34(5):1320-1324.

陈忠范,王珊珊,2008.粉煤灰小型空心砌块砌体试验研究[J].实验力学,23(3):281-287.

程芳琴,2016.煤基固废资源化利用技术原理及工艺[M].北京:科学出版社.

程海勇,吴爱祥,王贻明,等,2016.粉煤灰-水泥基膏体微观结构分形表征及动力学特征[J].岩石力学与工程学报,35(增刊2):4241-4248.

仇韩峰,2021.煤气化灰渣资源环境属性研究[D].太原:山西大学.

大型煤电基地土地整治关键技术课题组,2018.东部草原区大型煤电基地生态修复与综合整治技术及示范项目大型煤电基地土地整治关键技术课题中期执行情况报告[R].国家能源集团雁宝能源.

董发勤,徐龙华,彭同江,等,2014.工业固体废物资源循环利用矿物学[J].地学前缘,21(5):

302-312.

董现锋,谷明川,2009.平煤集团自燃矸石山灭火工程实践[J].煤炭科学技术,37(1):82-84,21.

董作超,2016.煤矸石集料混凝土的力学性能与抗碳化试验研究[D].徐州:中国矿业大学.

杜寅,2019.环境立法确定性命题的提出与展开:以固废法体系为例[J].中国地质大学学报(社会科学版),19(3):42-51.

段万明,2003.煤矸石电厂提高经济效益的途径探讨[J].煤炭加工与综合利用(6):45-47.

段晓牧,2014.煤矸石集料混凝土的微观结构与物理力学性能研究[D].徐州:中国矿业大学.

樊懂平,2013.煤矸石制砖工艺中破碎设备的改进[J].煤炭技术,32(4):29-30.

范跃强,2016.煤矸石制备铝系化工产品技术研究[J].煤,25(11):67-69.

方军良,陆文雄,徐彩宣,2002.粉煤灰的活性激发技术及机理研究进展[J].上海大学学报(自然科学版),8(3):255-260.

丰曙霞,王培铭,2017.粉煤灰在硅酸盐水泥浆体中的化学反应[J].建筑材料学报,20(3):321-325.

冯成功,2017.煤矿老空区砂土充填材料的试验研究[D].北京:煤炭科学研究总院.

冯国瑞,贾学强,郭育霞,等,2016.矸石-废弃混凝土胶结充填材料配比的试验研究[J].采矿与安全工程学报,33(6):1072-1079.

傅利锋,2016.煤矸石综合利用的产业化发展[J].资源节约与环保(6):16.

高祥伟,胡振琪,费鲜芸,等.粉煤灰改良复垦土壤重金属污染的可拓评价[J].煤炭工程,2006(5):71-72.

高占国,华珞,郑海金,等,2003.粉煤灰的理化性质及其资源化的现状与展望[J].首都师范大学学报(自然科学版),24(1):70-77.

宫守才,昝东峰,刘治成,2019.固体充填采煤矸石下井系统设计研究[J].煤炭工程,51(7):1-5.

龚本根,2018.粉煤灰及其利用过程中微量元素迁移转化规律和环境影响研究[D].武汉:华中科技大学.

郭胜志,李云鹏,2012.前进式充填开采技术研究与实践[J].煤炭科学技术,40(增刊1):11-13,21.

郭惟嘉,张新国,刘进晓,2013.煤矿充填开采技术[M].北京:煤炭工业出版社.

郭秀军,2017.煤矸石分选技术研究与应用[J].煤炭工程,49(1):74-76.

郭彦霞,张圆圆,程芳琴,2014.煤矸石综合利用的产业化及其展望[J].化工学报,65(7):2443-2453.

郭友红,李树志,高均海,2010.不同年度复垦土壤微生物研究[J].安徽农业科学,38(16):8575-8576,8647.

郭忠平,黄万朋,王效勇,等,2013.矸石胶结条带充填开采的理论与应用研究[M].北京:煤炭工业出版社.

国家环境保护总局,2006.煤炭工业污染物排放标准:GB 20426—2006[S].北京:中国标准出版社.

国家经贸委,科技部,2000.煤矸石综合利用技术政策要点[J].煤炭加工与综合利用(2):1-5.

韩宝平,2010.固体废物处理与利用[M].武汉:华中科技大学出版社.

韩凤兰,吴澜尔,等,2017.工业固废循环利用[M].北京:科学出版社.

韩怀强,蒋挺大,2001.粉煤灰利用技术[M].北京:化学工业出版社.

何骞,肖旸,杨蒙,等,2020.矸石山自燃防治技术及综合治理模式发展趋势[J].煤矿安全,51(8):220-226.

侯博智,苏振国,高宏,等,2015.粉煤灰空心微珠多孔陶瓷的结构与性能[J].硅酸盐学报,43(12):1747-1752.

侯龙超,王哲皓,汪灵,等,2020.晋北煅烧高岭土用煤矸石的应用矿物学特征[J].矿物学报,40(2):149-154.

侯小萍,2017.我国固体废弃物异地倾倒问题的政府规制研究[D].武汉:湖北大学:49-53.

胡伯,2021.小保当煤矿矸石充填技术研究及应用[J].煤炭工程,53(8):16-19.

胡振琪,2019.我国土地复垦与生态修复30年:回顾、反思与展望[J].煤炭科学技术,47(1):25-35.

胡振琪,戚家忠,司继涛,2003.不同复垦时间的粉煤灰充填复垦土壤重金属污染与评价[J].农业工程学报,19(2):214-218.

胡振琪,张明亮,马保国,等,2009.粉煤灰防治煤矸石酸性与重金属复合污染[J].煤炭学报,34(1):79-83.

黄乐亭,唐志新,1996.采动区煤矸石地基浸水压缩试验研究[J].煤炭学报,21(5):468-472.

黄齐真,石林,何柳青,2021.粉煤灰的农业高效资源化研究与应用[J].非金属矿,44(4):12-14,18.

季慧慧,黄明丽,何键,等,2017.粉煤灰对土壤性质改善及肥力提升的作用研究进展[J].土壤,49(4):665-669.

贾亚娟,赵敏娟,夏显力,等,2019.农村生活垃圾分类处理模式与建议[J].资源科学,41(2):338-351.

江嘉运,2007.高掺量粉煤灰烧结砖的原料制备工艺[J].新型建筑材料,34(1):12-15.

蒋翠蓉,刘瑞芹,2009.浅谈煤矸石的综合利用[J].煤质技术(增刊1):54-58.

柯国军,杨晓峰,彭红,等,2005.化学激发粉煤灰活性机理研究进展[J].煤炭学报,30(3):366-370.

雷彤,2017.掺煤气化粗渣水泥稳定基层材料组成及路用性能研究[D].西安:长安大学.

李东升,刘东升,2015a.固结煤矸石抗剪强度特征试验[J].重庆大学学报,38(3):58-65.

李东升,刘东升,2015b.煤矸石抗剪强度特性试验对比研究[J].岩石力学与工程学报,34(增刊1):2808-2816.

李东升,刘东升,贺文俊,等,2016.风化煤矸石抗剪强度粒径影响试验研究[J].工程地质学报,24(3):376-383.

李国学,2005.固体废物处理与资源化[M].北京:中国环境科学出版社.

李建军,但宏兵,谢蔚,等,2018.粉煤灰磁性吸附剂的制备及磷吸附机理[J].无机化学学报,34(8):1455-1462.

李杰锋,2022.煤矿复垦区土壤重金属形态分布与富集污染研究[J].矿产综合利用(1):116-120,163.

李霖皓,马昆林,龙广成,等,2019.煤矸石作为骨料对不同水泥基材料耐久性影响[J].科学技术与工程,19(1):227-235.

李明辉,2014.煤炭洗选加工60年回顾[J].煤炭工程,46(10):24-29.

李念,李荣华,冯静,等,2015.粉煤灰改良重金属污染农田的修复效果植物甄别[J].农业工程学报,31(16):213-219.

李鹏波,胡振琪,吴军,等,2006.煤矸石山的危害及绿化技术的研究与探讨[J].矿业研究与开发,26(4):93-96.

李强,孙利鹏,亢福仁,等,2019.煤气化渣-沙土复配对毛乌素沙地苜蓿生长及重金属迁移的影响[C]//中国环境科学学会2019年科学技术年会——环境工程技术创新与应用分论坛论文集(四).西安:590-595.

李琴,杨岳斌,刘君,等,2022.我国粉煤灰利用现状及展望[J].能源研究与管理(1):29-34.

李瑞冰,张廷安,李景江,等,2013.利用电厂粉煤灰酸法生产氧化铝[J].中国电力,46(2):40-45.

李树志,2019.我国采煤沉陷区治理实践与对策分析[J].煤炭科学技术,47(1):36-43.

李树志,高荣久,2006.塌陷地复垦土壤特性变异研究[J].辽宁工程技术大学学报,25(5):792-794.

李树志,李学良,门雷雷,等,2020.高潜水位平原矿区采煤塌陷地复垦方向划定及规划分区[J].煤炭科学技术,48(4):60-69.

李松,万洁,2005.煤矸石自燃机理及其防治技术研究[J].环境科学与技术,28(2):82-84.

李晓光,吕晶,刘云霄,2013.高岭土类煤矸石的热活化性能[J].长安大学学报(自然科学版),33(2):63-67,72.

李永生,郭金敏,王凯,2006.煤矸石及其综合利用[M].徐州:中国矿业大学出版社.

李祯,李胜荣,申俊峰,等,2005.粉煤灰和城市污泥配施对荒漠土壤持水性能影响的实验研究[J].地球与环境,33(2):74-78.

李祯,毛新国,申俊峰,等,2006.城市污泥和粉煤灰配施影响砂化土壤微生物区系的实验研究[J].地球与环境,34(3):38-43.

刘宝勇,姚同宇,马淑花,等,2021.粉煤灰基土壤调理剂中重金属赋存形态和溶出规律[J].环境科学与技术,44(增刊2):292-298.

刘博,刘墨祥,陈晓平,2017.用废弃煤矸石制备高比表面积的 SiO_2-Al_2O_3 二元复合气凝胶[J].化工学报,68(5):2096-2104.

刘常春,陈利清,王全强,2017.燃用煤矸石分选提质研究[J].煤炭工程,49(9):97-100.

刘恒凤,张吉雄,周楠,等,2021.矸石基胶结充填材料重金属浸出及其固化机制[J].中国矿业大学学报,50(3):523-531.

刘建功,赵庆彪,2016.煤矿充填开采理论与技术[M].北京:煤炭工业出版社.

刘琪,尹洪峰,汤云,等,2020.利用煤气化炉渣制备中空陶粒及其发泡机理研究[J].煤炭转化,43(4):89-96.

刘谦,郭玉森,仲涛,等,2021.高火山灰活性煅烧煤矸石添加量对水泥抗压强度的影响[J].

硅酸盐通报,40(3):936-942.

刘锁,2016.煤矸石混凝土抗冻性能和抗氯离子渗透性能研究[D].沈阳:沈阳建筑大学.

刘婷,姜春露,郭燕,等,2016.粉煤灰含量对砂土中毛细水上升规律的影响[J].煤炭学报,41(11):2836-2840.

刘鑫,肖旸,邓军,等,2011.新型水泥灌浆材料的防灭火性能测定[J].煤矿安全,42(5):87-89.

刘振阁,张晓辉,康志勇,1999.烧结粉煤灰多孔砖砌体力学性能分析[J].新型建筑材料,26(4):44.

娄鸿飞,王建江,胡文斌,等,2010.空心微珠的制备及其电磁性能的研究进展[J].硅酸盐通报,29(5):1103-1108.

吕登攀,2021.气流床煤气化细渣的结构特征及燃烧特性研究[D].银川:宁夏大学.

吕学涛,2019.激发剂对煤气化渣微粉胶凝体系性能的影响研究[D].包头:内蒙古科技大学.

罗庆明,张宏伟,王雪雪,等,2022.我国固体废物分类体系构建的原则、方法与框架[J].环境工程学报,16(3):738-745.

马世申,2021.粉煤灰-赤泥-气化渣复合胶凝体系力学性能研究[D].太原:山西大学.

蒙井,2021.纳米材料改性粉煤灰-水泥路用混凝土的制备与性能[D].哈尔滨:哈尔滨工业大学.

芈振明,高忠爱,祁梦兰,等,1993.固体废物的处理与处置(修订版)[M].北京:高等教育出版社.

宁永安,段一航,高宁博,等,2020.煤气化渣组分回收与利用技术研究进展[J].洁净煤技术,26(增刊1):14-19.

牛国峰,2021.煤气化渣制备烧结墙体材料工艺及烧结机理研究[D].包头:内蒙古科技大学.

潘利文,饶德旺,杨超,等,2020.空心微珠/金属基复合泡沫制备方法与吸能性能的研究进展[J].复合材料学报,37(6):1370-1382.

庞立新,2012.综采工作面煤矸石充填开采技术研究与实践[J].中国煤炭,38(6):14-17.

裴晓东,张人伟,杜高举,等,2008.煤矸石的综合利用技术探讨[J].煤矿安全,39(9):99-101.

裴宗阳,陈泽银,邵学栋,等,2011.煤矸石山生态恢复理论研究和工程实践的进展初探[J].中国水土保持(8):11-14.

彭凯,薛群虎,邓少侠,2009.粒度和陈化时间对制砖煤矸石泥料可塑性的影响[J].煤炭科学技术,37(4):121-123.

秦身钧,徐飞,崔莉,等,2022.煤型战略关键微量元素的地球化学特征及资源化利用[J].煤炭科学技术,50(3):1-38.

裘国华,2012.煤矸石、尾矿代粘土匹配低品位石灰石煅烧水泥熟料试验研究[D].杭州:浙江大学.

曲江山,张建波,孙志刚,等,2020.煤气化渣综合利用研究进展[J].洁净煤技术,26(1):184-193.

屈慧升,索永录,刘浪,等,2022.改性煤气化渣基矿用充填材料制备与性能[J].煤炭学报,47(5):1958-1973.

全北平,徐宏,古宏晨,等,2003.粉煤灰空心微珠的研究与应用进展[J].化工矿物与加工,32(11):31-33.

桑宇,张宏伟,陈瑛,2022.我国不同行业协同处置利用固体废物情况分析[J].现代化工,42(2):40-44.

邵宁宁,2017.碱激发粉煤灰过程机理及其发泡胶凝材料的高性能化[D].北京:中国矿业大学(北京).

石焕,程宏志,刘万超,2016.我国选煤技术现状及发展趋势[J].煤炭科学技术,44(6):169-174.

史建君,徐寅良,2002.华东地区粉煤灰农田模拟试验和放射性分析[J].核农学报,16(4):212-216.

史兆臣,戴高峰,王学斌,等,2020.煤气化细渣的资源化综合利用技术研究进展[J].华电技术,42(7):63-73.

宋瑞领,蓝天,2021.气流床煤气化炉渣特性及综合利用研究进展[J].煤炭科学技术,49(4):227-236.

宋伟,2021.煤矸石预煅烧对陶粒支撑剂性能的影响研究[D].太原:太原科技大学.

宋文娟,许红亮,郭辉,等,2011.原料粒度对煤矸石烧结砖结构和性能的影响[J].中国陶瓷,47(9):8-11,18.

苏德纯,张福锁,WONG J W C,1997.粉煤灰钝化污泥对土壤理化性质及玉米重金属累积的影响[J].中国环境科学,17(4):321-325.

苏铁成,1998.矸石山复垦造林树种选择的试验研究[J].林业科技通讯(1):24-26.

孙翠玲,顾万春,郭玉文,1999.废弃矿区生态环境恢复林业复垦技术的研究[J].资源科学,21(3):68-71.

孙红娟,曾丽,彭同江,2021.粉煤灰高值化利用研究现状与进展[J].材料导报,35(3):3010-3015.

孙希奎,赵庆民,李秀山,等,2017.煤矿充填开采技术与实践[M].徐州:中国矿业大学出版社.

孙亚楠,张培森,颜伟,等,2019.采空区破碎砂岩承压变形特性试验研究[J].煤炭科学技术,47(12):56-61.

孙颖,田志辉,张雷,等,2019.煤矸石粒度分布检测中基于凸包分析的图像分割研究[J].山西大学学报(自然科学版),42(2):340-346.

田怡然,张晓然,刘俊峰,等,2020.煤矸石作为环境材料资源化再利用研究进展[J].科技导报,38(22):104-113.

仝炳炎,卫建军,袁广林,等,2009.煤矸石地基承载力与变形的试验研究[J].西安科技大学学报,29(6):718-721.

王爱爱,王宏宾,吴永峰,2021.粉煤灰酸法提取氧化铝脱钙工艺分析比较[J].轻金属(6):16-19.

王爱国,朱愿愿,徐海燕,等,2019.混凝土用煤矸石骨料的研究进展[J].硅酸盐通报,38(7):

2076-2086.

王彩根,1993.煤矸石作井下护巷充填材料[J].煤炭加工与综合利用(5):25-28.

王殿武,刘国新,1994.污泥和粉煤灰配施对土壤物理性状和汞积累的影响[J].河北农业大学学报,17(增刊1):269-274.

王栋民,房奎圳,2021.煤矸石资源化利用技术[M].北京:中国建材工业出版社.

王海成,金娇,刘帅,等,2021.环境友好型绿色道路研究进展与展望[J].中南大学学报(自然科学版),52(7):2137-2169.

王宏宾,杜艳霞,2020.粉煤灰盐酸法提取氧化铝技术研究[J].现代化工,40(8):194-197.

王建新,李晶,赵仕宝,等,2018.中国粉煤灰的资源化利用研究进展与前景[J].硅酸盐通报,37(12):3833-3841.

王龙飞,王海,2019.古书院煤矿矸石山注浆加固与灭火技术[J].煤矿安全,50(3):65-68.

王腾飞,张金山,李侠,等,2019.碱法提取高铝粉煤灰中氧化铝的研究进展[J].矿产综合利用(1):16-21.

王相,李金洪,2011.准格尔露天矿煤矸石制备精细煅烧高岭土的实验研究[J].硅酸盐通报,30(6):1249-1253.

王小龙,刘允秋,2020.留矿法残留老空区尾砂胶结充填治理综合技术研究[J].现代矿业,36(2):164-166,169.

王兴华,刘峰,倪萌,等,2020.矸石山自燃治理及生态修复研究与应用[J].煤炭科学技术,48(增刊2):128-131.

王学锋,朱桂芬,张会勇,2004.粉煤灰和石灰对土壤重金属污染的影响[J].河南师范大学学报(自然科学版),32(3):133-136.

王玉涛,2022.煤矸石固废无害化处置与资源化综合利用现状与展望[J].煤田地质与勘探,50(10):54-66.

王玉涛,2022.煤矸石固废无害化处置与资源化综合利用现状与展望[J].煤田地质与勘探,50(10):54-66.

位蓓蕾,胡振琪,王晓军,等,2016.煤矸石山的自燃规律与综合治理工程措施研究[J].矿业安全与环保,43(1):92-95.

魏应乐,2011.速凝混凝土巷旁充填材料试验研究[J].混凝土(12):59-61.

邹俊,高文华,张宗堂,等,2021.煤矸石路基填料强度与变形特性研究[J].铁道科学与工程学报,18(4):885-891.

吴海军,曾凡宇,姚海飞,等,2013.矸石山自燃危险性评价及治理技术[J].煤炭科学技术,41(4):119-123.

吴先锋,李建军,朱金波,等,2015.粉煤灰磁珠资源化利用研究进展[J].材料导报,29(23):103-107.

吴宜灿,赵永康,马成辉,等,2020.国际放射性废物处置政策及经验启示[J].中国科学院院刊,35(1):99-111.

吴振华,何静,2020.煤矸石对水泥抗压强度性能的影响[J].混凝土(7):81-83.

武立波,宋牧原,谢鑫,等,2021.中国煤气化渣建筑材料资源化利用现状综述[J].科学技术与工程,21(16):6565-6574.

武琳,郑永红,张治国,等,2020.粉煤灰用作土壤改良剂的养分和污染风险评价[J].环境科学与技术,43(9):219-227.

肖永丰,2020.粉煤灰提取氧化铝方法研究[J].矿产综合利用(4):156-162.

谢士兵,李猛,王友成,2019.免烧粉煤灰陶粒的制备及在造纸废水处理中的应用[J].中国造纸,38(11):85-89.

谢晓康,2020.煤系高岭土制备低密高强陶粒支撑剂的研究[D].太原:太原理工大学.

徐金芳,杨洋,常智慧,等,2011.粉煤灰农业利用的研究进展[J].湖北农业科学,50(23):4771-4774.

徐良骥,黄璨,章如芹,等,2014.煤矸石充填复垦地理化特性与重金属分布特征[J].农业工程学报,30(5):211-219.

徐良骥,黄璨,章如芹,等,2014.煤矸石充填复垦地理化特性与重金属分布特征[J].农业工程学报,30(5):211-219.

徐良骥,许善文,严家平,等,2012.基于粉煤灰基质充填覆土复垦的最佳覆土厚度[J].煤炭学报,37(增刊2):485-488.

徐淑民,陈瑛,滕婧杰,等,2019.中国一般工业固体废物产生、处理及监管对策与建议[J].环境工程,37(1):138-141.

徐涛,兰海平,杨超,等,2018.粉煤灰物理化学性质对比分析研究[J].无机盐工业,50(7):65-68.

徐献海,张聚军,张亚鹏,2014.煤矸石抗剪强度试验研究[J].硅酸盐通报,33(3):682-685,696.

许立军,王永旺,陈东,等,2019.粉煤灰酸法提取氧化铝工艺综述[J].无机盐工业,51(4):10-13.

薛永杰,朱书景,侯浩波,2007.石灰粉煤灰固化重金属污染土壤的试验研究[J].粉煤灰(3):10-12.

鄢朝勇,2002.粉煤灰小型空心砌块的生产与应用[J].新型建筑材料,29(8):71-73.

晏方,陈宇良,陈宗平,等,2020.粉煤灰陶粒轻骨料混凝土循环受压力学性能试验研究[J].硅酸盐通报,39(8):2615-2621.

燕飞,李春林,吕辉,2021.空心微珠增强铝基复合材料的制备工艺及性能研究进展[J].材料导报,35(增刊2):376-380.

杨长俊,2022.关于煤矸石回填工艺技术的研究和思考[J].矿业安全与环保,49(1):104-108.

杨闯,唐朝晖,柴波,等,2017.煤矸石击实特性试验[J].地质科技情报,36(3):230-234.

杨名,顾一帆,吴玉锋,等,2021.面向固废资源化的能源-环境-经济综合绩效评价研究进展[J].材料导报,35(17):17103-17110,17124.

杨潘,2021.改性煤气化渣充填材料的制备及其水化与微观结构演变研究[D].西安:西安科技大学.

杨权成,2020.煤矸石提取氧化铝及其制备功能材料研究[D].北京:中国矿业大学(北京).

杨莎莎,张贵泉,2017.煤矸石特性与资源化利用研究综述[J].商品混凝土(10):23-26.

姚嵘,张玉波,2001.以过火煤矸石为立窑混合材生产高标号水泥[J].煤炭加工与综合利用

(5):27-28.

姚苏琴,查文华,刘新权,等,2021.萍乡废弃煤矸石理化特性及热活化性能研究[J].硅酸盐通报,40(7):2280-2287.

姚阳阳,2018.煤气化粗渣制备活性炭/沸石复合吸附材料及其性能研究[D].长春:吉林大学.

易树平,马海毅,郑春苗,2011.放射性废物处置研究进展[J].地球学报,32(5):592-600.

尹青亚,娄广辉,李峰,等,2020.工业废渣煤矸石和赤泥烧制多孔砖工艺性能研究[J].新型建筑材料,47(4):73-76.

于淼,毕银丽,张翠青,等,2013.菌根真菌对粉煤灰充填复垦中金属元素的利用[J].煤炭学报,38(9):1675-1680.

袁蝴蝶,2020.煤气化炉渣本征特征及应用基础研究[D].西安:西安建筑科技大学.

岳超平,2007.我国煤矿自燃矸石山治理技术[J].矿业安全与环保,34(增刊1):73-75.

曾琳,张天柱,2012.循环经济与节能减排政策对我国环境压力影响的研究[J].清华大学学报(自然科学版),52(4):478-482.

翟小伟,马灵军,朱国忠,等,2015.煤矿矸石山自燃治理技术研究与实践[J].煤炭科学技术,43(4):53-56.

张长森,2018.煤矸石资源再生利用技术[M].北京:化学工业出版社.

张鸿龄,孙丽娜,郝栋,等,2008.粉煤灰、城市污泥、尾矿砂配施用于无土排岩场生态修复人工土壤的持水性能研究[J].农业环境科学学报,27(1):160-164.

张吉雄,2008.矸石直接充填综采岩层移动控制及其应用研究[D].徐州:中国矿业大学.

张吉雄,缪协兴,郭广礼,2015.固体密实充填采煤方法与实践[M].北京:科学出版社.

张农科,2017.关于中国垃圾分类模式的反思与再造[J].城市问题(5):4-8.

张清峰,王东权,2013.煤矸石地基在强夯冲击荷载作用下的物理模型试验研究[J].岩石力学与工程学报,32(5):1049-1056.

张锐,张成梁,李美生,等,2008.煤矸石山风化堆积物水分动态研究[J].水土保持通报,28(1):124-129.

张少婷,2013.我国固体废物污染防治法律制度研究[D].重庆:重庆大学.

张相红,王锐,李朝霞,等,2003.高溶物煤矸石制砖工艺研究[J].新型建筑材料,30(4):26-27.

张祥成,孟永彪,2020.浅析中国粉煤灰的综合利用现状[J].无机盐工业,52(2):1-5.

张小翌,王德明,杨雪花,等,2019.古书院矿郭山排矸场火区快速治理技术[J].煤矿安全,50(7):96-99.

张泽琳,葛小冬,2016.煤矸石中硫铁矿分选方法研究进展[J].化工矿物与加工,45(6):76-81.

赵吉,康振中,韩勤勤,等,2017.粉煤灰在土壤改良及修复中的应用与展望[J].江苏农业科学,45(2):1-6.

赵旭炜,贾树海,李明,等,2014.对矸石山不同植被恢复模式的土壤质量评价[J].东北林业大学学报,42(11):98-102.

赵智,唐泽军,杨凯,等,2013.PAM与粉煤灰改良沙土中重金属的迁移和富集规律[J].农业机械学报,44(7):83-89.

郑以梅,郑刘根,李立园,等,2017.淮北低硫燃煤电厂粉煤灰的理化特征[J].环境化学,36(2):309-315.

郑永红,张治国,胡友彪,等,2014.淮南矿区煤矸石风化物特性及有机碳分布特征[J].水土保持通报,34(5):18-24.

中华人民共和国环境保护部,2013.固体废物处理处置工程技术导则:HJ 2035—2013[S].北京:中国环境科学出版社.

中华人民共和国生态环境部,国家市场监督管理总局,2021.一般工业固体废物贮存和填埋污染控制标准:GB 18599—2020[S].北京:中国环境科学出版社.

周炳炎,郭平,王琪,2005.固体废物相关概念的基本特点[J].环境污染与防治,27(8):615-617.

周锦华,胡振琪,2003.固体废弃物煤矸石室内击实试验研究[J].金属矿山(12):53-55.

周楠,姚依南,宋卫剑,等,2020.煤矿矸石处理技术现状与展望[J].采矿与安全工程学报,37(1):136-146.

朱丹丹,2021.煤气化细渣在土壤改良及水污染治理中的资源化利用研究[D].长春:吉林大学.

朱菊芬,李健,闫龙,等,2021.煤气化渣资源化利用研究进展及应用展望[J].洁净煤技术,27(6):11-21.

朱科明,张馨圆,王乐,等,2019.粉煤灰碱法提取氧化铝工艺研究进展[J].轻金属(9):4-8.

朱留生,2012.煤矿矸石山灭火治理与自燃预警技术研究[J].煤炭科学技术,40(8):111-114.

朱龙涛,王庆平,王彦君,等,2022.煤矸石制备地质聚合物注浆材料的研究进展[J].矿产综合利用(4):129-133.

朱万旭,鄢磊,周红梅,等,2017.新型免烧粉煤灰陶粒的研制及应用浅析[J].混凝土(5):59-62.

左鹏飞,2009.煤矸石的综合利用方法[J].煤炭技术,28(1):186-189.

AKDEMIR O,SÖNMEZ I,2003. Investigation of coal and ash recovery and entrainment in flotation[J]. Fuel processing technology,82(1):1-9.

FINKELMAN R B,OREM W,CASTRANOVA V,et al,2002. Health impacts of coal and coal use:possible solutions[J]. International journal of coal geology,50(1/2/3/4):425-443.

QIAN T T,LI J H,2015. Synthesis of Na-A zeolite from coal gangue with the in situ crystallization technique[J]. Advanced powder technology,26(1):98-104.

WU X W,MA H W,WU N,et al,2016. Nepheline-based water-permeable bricks from coal gangue and aluminum hydroxide[J]. Environmental progress & sustainable energy,35(3):779-785.